Klassische

Ottomotorsteuerung

Bosch Fachinformation Automobil

1. Auflage

Herausgeber
© Robert Bosch GmbH
Automotive Tradition
www.bosch-automotive-tradition.com

Redaktion
Dipl.-Ing. Karl-Heinz Dietsche;
Technischer Redakteur (FH) Matthias Thiess.

Bildmaterial
Soweit nichts anderes angegeben
Robert Bosch GmbH;
Nutzungsrecht für die Bilder zu den Vergaser-Themen von Pierburg GmbH, Neuss.

Herausgeber weiterer Titel der Reihe Bosch Fachinformation Automobil
Prof. Dr.-Ing. Konrad Reif, Duale Hochschule Baden-Württemberg, Ravensburg, Campus Friedrichshafen,
Studiengangsleiter Fahrzeugelektronik und Mechatronische Systeme.

ISBN 978-3-658-13063-3

Die Deutsche Nationalbibliothek verzeichnet diese Publikation in der Deutschen Nationalbibliografie;
detaillierte bibliografische Daten sind im Internet über http://dnb.d-nb.de abrufbar.

Springer Vieweg
Springer Fachmedien Wiesbaden 2016

Gedruckt auf säurefreiem und chlorfrei gebleichtem Papier.

Springer Fachmedien Wiesbaden GmbH ist Teil von Springer Nature
(www.springer.com)

Für mehr als die Hälfte der Bevölkerung zählen klassische Pkw und Motorräder als technisches Kulturgut. Zu diesem Schluss kam das Institut für Demoskopie Allensbach aufgrund einer durchgeführten Studie. Seit Einführung des H-Kennzeichens im Jahre 1997 sind die Zulassungszahlen für historische Fahrzeuge jährlich mit zweistelligem Prozentsatz gestiegen. Jedes Jahr kommen weitere Fahrzeuge hinzu, die das Alter von 30 Jahren erreicht haben. Fahrzeuge, die den Oldtimer-Status schon innehaben, werden gepflegt und gehegt, sodass sehr viel weniger alte Fahrzeuge abgemeldet als neue angemeldet werden. Über 300 Tausend Pkw sind mit H-Kennzeichen zugelassen, hinzu kommen 300 Tausend Oldtimer ohne dieses H-Kennzeichen sowie 100 Tausend nicht angemeldete Fahrzeuge, die in Garagen im Dornröschenschlaf schlummern und darauf warten, restauriert zu werden.

Die Oldtimer-Gemeinde wird immer größer, auszumachen ist das an der großen Zahl von Oldtimer-Treffen und Oldtimer-Rallyes. Dass auch Interesse an der Technik vorhanden ist, machen die vielen Nachfragen nach Literatur deutlich, die uns auf unserem Messestand bei den Oldtimer-Messen erreichen. Einen hohen Bekanntheitsgrad bei diesen Messebesuchern haben die „Gelben Hefte" von Bosch, die die Systeme im Kraftfahrzeug beschreiben, die für die Steuerung des Ottomotors sorgen. Diese Hefte sind die Basis, auf der das Buch „Klassische Ottomotorsteuerung" beruht.

Themen dieses Buchs sind die Einspritzsysteme von Bosch, angefangen von der D-Jetronic über die verschiedenen Varianten der L-Jetronic, der K-, KE- bis zur Mono-Jetronic. Aufgezeigt wird auch die Entwicklung von der einfachen Spulenzündung bis hin zur vollelektronischen Zündung, wie sie schon in Youngtimern zu finden ist. Und sogar das moderne Motormanagement-System Motronic blickt auf eine über 30-jährige Geschichte zurück, die ersten Fahrzeuge mit diesem kombinierten Einspritz- und Zündsystem haben somit schon längst Oldtimer-Status erreicht.

Was wäre aber ein Oldtimer ohne Vergaser. Bis 1967, als mit der D-Jetronic die erste elektronische Benzineinspritzung Einsatz fand, war der Vergaser der Standard für die Gemischbildung im Ottomotor. Erst in den 1990er-Jahren wurde er endgültig durch die elektronische Einspritzung verdrängt. Deshalb ist auch dieses System hier in diesem Buch umfangreich beschrieben.

Das Buch „Klassische Ottomotorsteuerung" ist somit für alle Technikbegeisterte das ideale Nachschlagewerk, um sich ein Bild über die Technik von damals zu verschaffen.

An dieser Stelle soll ein Dank an alle Kollegen ausgesprochen werden, die beim Entstehungsprozess des Buchs immer ein offenes Ohr für Fragen hatten. Dies sind Klaus Lerchenmüller, Harald Siebler, Dr. Ronald Ritter, Klaus Balzereit, Stefan Dorsch, Bernhard Utz, Günter Haas, Frank Meier und Armin Hassdenteufel. Besonderer Dank gebührt Herrn Walter Busch, der für das Kapitel Vergaser die Inhalte vollständig neu zusammengetragen hat.

Karlsruhe, im Januar 2016
Karl-Heinz Dietsche, Bosch Automotive Tradition

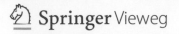

▶ Inhalt

6 Gemischbildung im Ottomotor
6 Arbeitsweise
10 Gemischbildungssysteme

14 Kraftstoffförderung in Vergaseranlagen
14 Kraftstoffversorgung

22 Vergaser für Kraftfahrzeuge
22 Prinzip des Kraftfahrzeugvergasers
26 Vergaserbauarten und Anwendung
33 Vergaserbauteile
38 Typenbezeichnungen
40 Schwimmereinrichtung und Schwimmerkammerbelüftung
47 Starteinrichtungen
62 Leerlauf und Leerlaufsysteme
73 Betriebszustände oberhalb des Leerlaufs
88 Gleichdruckvergaser
106 Elektronisch gesteuerter Vergaser

114 Historie der Benzineinspritzung
114 Motivation für die Entwicklung der Benzineinspritzung
115 Historie der mechanischen Benzineinspritzung
118 Übersicht der elektronischen Benzineinspritzung

120 Jetronic-Systeme
120 D-Jetronic
132 L-Jetronic
151 L3-Jetronic
154 LH-Jetronic
158 K-Jetronic
178 KE-Jetronic
198 Mono-Jetronic

226 Motronic
226 Systemübersicht
232 Kraftstoffversorgungssystem
233 Zündung
234 Betriebsdatenerfassung
240 Betriebsdatenverarbeitung
247 Betriebszustand
251 Zusatzfunktionen

263 Schnittstellen zu anderen Systemen
266 Steuergerät
270 Diagnose

278 Komponenten der Jetronic und Motronic
278 Kraftstoffversorgung
287 Einspritzventile
293 Komponenten für die Gemischanpassung
299 Sensoren

314 Zündsysteme
314 Zündung im Ottomotor
323 Konventionelle Spulenzündung
330 Kontaktgesteuerte Transistor-Spulenzündung
332 Transistor-Spulenzündung mit Hall-Geber
337 Transistor-Spulenzündung mit Induktionsgeber
342 Elektronische Zündung
348 Vollelektronische Zündung
353 Klopfregelung
358 Hochspannungs-Kondensatorzündung
360 Verbindungsmittel
362 Funkentstörung
365 Zündungstest

368 Zündkerzen
368 Funktion der Zündkerze
372 Aufbau
380 Wärmewert der Zündkerze
385 Betriebsverhalten der Zündkerze
387 Zündkerzenausführungen
392 Werkstatttechnik

400 Abgasreinigung
400 Abgaszusammensetzung
401 Katalytische Nachbehandlung
402 λ-Regelung

406 Sachwortverzeichnis
406 Sachwörter

Gemischbildung im Ottomotor

Im Ottomotor wird der Kraftstoff mit der Luft in einem für die Zündung und Verbrennung geeigneten Mischungsverhältnis verdichtet und durch einen elektrischen Funken gezündet. Dies kann grundsätzlich auf zwei Arten geschehen: Die Kraftstoffmenge wird entweder von einem Vergaser oder von einer Einspritzanlage zugeteilt.

Die Gemischbildung beginnt mit der Zuführung des Kraftstoffs zu der angesaugten Luft. Die Luftfüllung in den Zylindern richtet sich nach den wechselnden Betriebsbedingungen des Motors, sie wird vom Fahrer über die Drosselklappe vorgegeben. Bei Volllast ist die Luftfüllung am größten, da die Drosselklappe ganz geöffnet, d. h., das Fahrpedal ganz durchgedrückt ist.

Die Aufgabe der Kraftstoffzumessung besteht somit darin, die Kraftstoffmenge der jeweiligen Luftmenge anzupassen.

Arbeitsweise

Der Ottomotor ist ein fremdgezündeter Verbrennungsmotor, der die im Kraftstoff chemisch gebundene Energie in Bewegungsenergie umwandelt. Die Kraftstoffzuführung erfolgte bis zu Beginn dieses Jahrtausends in der Regel in das Saugrohr (bei Vergasermotor und bei Saugrohreinspritzung). Bei geöffnetem Einlassventil strömt der Kraftstoff mit der Luft in den Brennraum (Bild 1). Bei diesem Vorgang wird der Kraftstoff mit der Luft vermischt, es entsteht ein homogenes Luft-Kraftstoff-Gemisch.

Die neue Generation von Ottomotoren arbeitet mit Direkteinspritzung. Aber auch die ersten Fahrzeugen mit mechanischer Einspritzung, z. B. der Mercedes 300 SL (Modelljahr 1954), waren mit einem direkteinspritzendem Motor ausgerüstet. Der Kraftstoff wird hier direkt in den Brennraum eingespritzt und bildet dort das Luft-Kraftstoff-Gemisch.

Bild 1

a   Ansaugtakt
b   Verdichtungstakt
c   Arbeitstakt
d   Ausstoßtakt

1   Auslassnockenwelle
2   Zündkerze
3   Einlassnockenwelle
4   Einspritzventil
5   Einlassventil
6   Auslassventil
7   Brennraum
8   Kolben
9   Zylinder
10 Pleuelstange
11 Kurbelwelle
OT oberer Totpunkt
UT unterer Totpunkt
α Kurbelwinkel
s Kolbenhub
M Drehmoment
V_h Hubvolumen
V_c Kompressionsvolumen

Bei Motoren mit nur einer Nockenwelle überträgt ein Hebelmechanismus die Hubbewegung der Nocken auf die Gaswechselventile

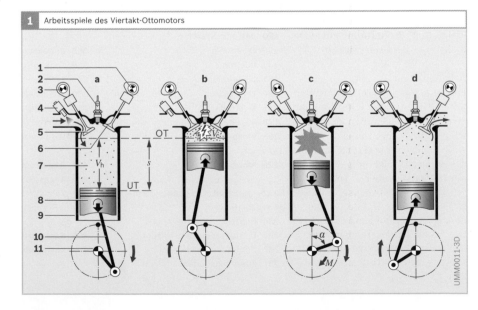

1   Arbeitsspiele des Viertakt-Ottomotors

Viertaktverfahren

Die meisten in Kraftfahrzeugen eingesetzten Verbrennungsmotoren arbeiten nach dem Viertaktverfahren. Bei diesem Verfahren steuern Gaswechselventile (Einlass- und Auslassventile) den Ladungswechsel. Sie öffnen und schließen abhängig von der Kurbelwellenstellung die Einlass- und Auslasskanäle der Zylinder und steuern so die Zufuhr von Frischgas und das Ausstoßen der Abgase. Nach jeweils zwei Kurbelwellenumdrehungen beginnt ein neues Arbeitsspiel mit dem Ansaugtakt.

Ansaugtakt

Ausgehend vom oberen Totpunkt (OT) bewegt sich der Kolben abwärts und vergrößert das Brennraumvolumen im Zylinder (Bild 1a). Dadurch strömt über das geöffnete Einlassventil frische Luft (bei der Direkteinspritzung) oder das Luft-Kraftstoff-Gemisch (bei der Saugrohreinspritzung) in den Brennraum. Bei der Direkteinspritzung wird der Kraftstoff im Verlauf des Ansaugtakts oder im Verdichtungstakt eingespritzt.

Verdichtungstakt

Die Gaswechselventile sind nun geschlossen. Der aufwärts gehende Kolben verkleinert das Brennraumvolumen und verdichtet das Gemisch (Bild 1b).

Arbeitstakt

Bereits bevor der Kolben den oberen Totpunkt (OT) erreicht, leitet die Zündkerze zu einem vorgegebenen Zeitpunkt (Zündwinkel) die Verbrennung des Luft-Kraftstoff-Gemischs ein (Fremdzündung). Bis das Gemisch vollständig entflammt, hat der Kolben den oberen Totpunkt überschritten. Die Gaswechselventile sind weiterhin geschlossen (Bild 1c). Die frei werdende Verbrennungswärme erhöht den Druck im Zylinder und treibt den Kolben nach unten. Dabei wird über die Pleuelstange Arbeit an die Kurbelwelle abgegeben.

Ausstoßtakt

Bereits kurz vor dem unteren Totpunkt (UT) öffnet das Auslassventil. Die unter hohem Druck stehenden heißen Gase strömen aus dem Zylinder. Der aufwärts gehende Kolben stößt die restlichen Rückstände aus.

Ladungswechsel und Ventilsteuerzeiten

Der Austausch der verbrauchten Zylinderladung (Abgas) gegen Frischgas geschieht durch ein zeitlich abgestimmtes Öffnen und Schließen der Einlass- und Auslassventile. Die Nocken auf der Nockenwelle bestimmen die Zeitpunkte des Öffnens und Schließens der Ventile (Ventilsteuerzeiten) sowie den Verlauf der Ventilerhebung. Dadurch wird der Ladungswechselvorgang und somit auch die für die Verbrennung verfügbare Frischgasmenge beeinflusst.

Die Steuerzeiten geben die Schließ- und die Öffnungszeiten der Ventile bezogen auf die Kurbelwellenstellung an. Die Steuerzeiten werden deshalb in „Grad Kurbelwelle" angegeben. Die Ventilöffnungszeiten überschneiden sich in einem gewissen Kurbelwinkelbereich (Bild 2).

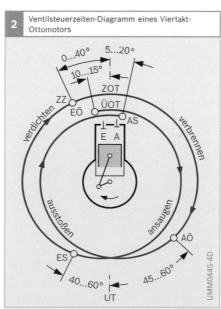

2 Ventilsteuerzeiten-Diagramm eines Viertakt-Ottomotors

Bild 2
Im Ventilsteuerzeiten-Diagramm sind die Öffnungs- und Schließzeiten der Einlass- und Auslassventile aufgetragen

E   Einlassventil
EÖ Einlassventil öffnet
ES Einlassventil
     schließt
A   Auslassventil
AÖ Auslassventil
     öffnet
AS Auslassventil
     schließt
OT oberer Totpunkt
ÜOT Überschneidungs-
     OT
ZOT Zünd-OT
UT unterer Totpunkt
ZZ Zündzeitpunkt

Dadurch werden Gasströmungen und Gasschwingungen zum besseren Befüllen und Entleeren des Brennraums ausgenutzt. Die Kurbelwelle treibt die Nockenwelle über einen Zahnriemen (oder eine Kette) an. Ein Arbeitsspiel dauert beim Viertaktverfahren zwei Kurbelwellenumdrehungen. Die Drehzahl der Nockenwelle ist deshalb nur halb so groß die die Drehzahl der Kurbelwelle. Das Untersetzungsverhältnis zwischen Kurbelwelle und Nockenwelle beträgt somit 2 : 1.

Verbrennungsverlauf

Für den Verlauf und die Güte der Verbrennung ist es ausschlaggebend, dass der Kraftstoff sich innig mit der Luft vermischt, damit er im Verbrennungstakt möglichst vollständig verbrennt. Weiterhin ist es wichtig, dass die Flammenfront von der Zündstelle aus räumlich und zeitlich in gleichmäßiger Form fortschreitet, bis das gesamte Gemisch verbrannt ist. Der Verbrennungsverlauf wird wesentlich davon beeinflusst, an welcher Stelle im Verbrennungsraum das Gemisch entzündet wird und in welchem Mischungsverhältnis und in welcher Weise es dem Verbrennungsraum zugeführt wird.

Luft-Kraftstoff-Gemisch

Die Zündung und Verbrennung des Luft-Kraftstoff-Gemischs kann nur innerhalb bestimmter Mischungsverhältnisse erfolgen. Der theoretische Luftbedarf ist die zur vollständigen Verbrennung des Kraftstoffs gerade erforderliche Luftmasse, ausgedrückt als „stöchiometrisches Verhältnis". Bei Benzin beträgt dieses Verhältnis ca. 14,7 kg Luft zu 1 kg Kraftstoff. In Raumteilen ausgedrückt werden ca. 9 800 l Luft zur vollständigen Verbrennung von 1 l Kraftstoff verbraucht.

Die Luftzahl λ gibt an, wie weit das tatsächliche Luft-Kraftstoffverhältnis vom idealen, theoretisch notwendigen stöchiometrischen Gemisch ($\lambda = 1$) abweicht. λ ist definiert als Quotient von zugeführter Luftmasse zum theoretischen Luftbedarf.

Ist der Kraftstoffanteil im Verhältnis zum stöchiometrischen Gemisch größer als der Luftanteil (fettes Gemisch, $\lambda < 1$), wird der Kraftstoff nicht genügend ausgenützt. Außerdem ist der Anteil an unverbrannten schädlichen Bestandteilen im Abgas höher. Ist der Kraftstoffanteil im Verhältnis zur Luftmenge geringer (mageres Gemisch, $\lambda > 1$), dann lässt die Leistung nach und als Folge der langsameren Verbrennung steigt die Motor- und die Abgastemperatur an. Es ist daher notwendig, dass beim Ottomotor mit Vergaser oder mit Kraftstoffeinspritzung stets in allen Zylindern ein Gemisch angesaugt wird, das innerhalb dieser Grenzen der Mischungsverhältnisse liegt.

Ottomotoren erreichen bei 5…10 % Luftmangel gegenüber dem theoretischen Luftbedarf die größte Leistung, bei 10 % Luftüberschuss den minimalen Kraftstoffverbrauch (Bild 3). In Bild 4 ist die Abhängigkeit der Schadstoffemissionen von der Luftzahl λ dargestellt. Aus diesen Diagrammen lässt sich ableiten, dass es keine ideale Luftzahl gibt, bei der alle Faktoren den günstigsten Wert annehmen. Ein „optimaler" Kraftstoffverbrauch bei „optimaler" Leistung erreicht man bei einer Luftzahl von $\lambda = 0,9…1,1$. Für eine effektive

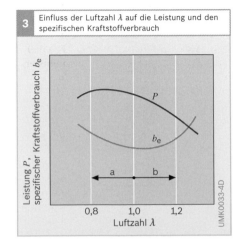

3 Einfluss der Luftzahl λ auf die Leistung und den spezifischen Kraftstoffverbrauch

Leistung P, spezifischer Kraftstoffverbrauch b_e

P

b_e

a   b

0,8   1,0   1,2

Luftzahl λ

UMK0033-4D

Bild 3
a   Fettes Gemisch
(Luftmangel)
b   mageres Gemisch
(Luftüberschuss)

Abgasreinigung in Einspritzanlagen mit Katalysator regelt die λ-Regelung das Luft-Kraftstoff-Gemisch bei betriebswarmen Motor in einem engen Bereich um $\lambda = 1$ (λ-Fenster, siehe λ-Regelung).

Verdichtung

Je höher die Verdichtung, um so höher ist der thermische Wirkungsgrad des Verbrennungsmotors und um so besser wird der Kraftstoff ausgenützt. Das Verdichtungsverhältnis beträgt beim Ottomotor je nach Motorbauweise und Einspritzart (Saugrohr- oder Direkteinspritzung) $\varepsilon = 7...13$.

Die Höhe der Verdichtung ist durch die Klopfgrenze begrenzt. Das nach der Zündung noch nicht verbrannte Gemisch erreicht bei zu hoher Verdichtung durch die Temperatursteigerung infolge der fortschreitenden Verbrennung die Zündtemperatur. Es verbrennt gleichzeitig, ohne weitere kontrollierte Flammenausbreitung. Die dabei entstehenden Druckpulsationen führen zu Motorschäden (siehe Klopfen, Klopfregelung).

Motorbetriebszustände

Bei einigen Betriebszuständen weicht der Kraftstoffbedarf stark vom stationären Bedarf des betriebswarmen Motors ab, so-

dass korrigierende Eingriffe in die Gemischbildung erforderlich sind.

Kaltstart
Beim Kaltstart verarmt das angesaugte Luft-Kraftstoff-Gemisch, es magert ab. Dies ist auf ungenügende Durchmischung der angesaugten Luft mit dem Kraftstoff, auf geringe Verdampfungsneigung des Kraftstoffs und auf starke Wandbenetzung (Kondensation des Kraftstoffs) an den noch kalten Saugrohr- und Zylinderwänden zurückzuführen. Um dies auszugleichen und den Motorstart zu erleichtern, muss im Augenblick des Starts zusätzlich Kraftstoff zugeführt werden.

Nachstartphase
Nach dem Start ist bei tiefen Temperaturen für kurze Zeit ein Anreichern mit zusätzlichem Kraftstoff notwendig, bis durch erhöhte Brennraumtemperaturen eine verbesserte Gemischaufbereitung im Zylinder erfolgen kann (Nachstartanreicherung). Zusätzlich ergibt sich durch das fette Gemisch ein größeres Drehmoment und dadurch ein besserer Übergang auf die gewünschte Leerlaufdrehzahl.

Warmlaufphase
Solange der Motor seine Betriebstemperatur noch nicht erreicht hat, ist auch nach dem Startvorgang eine Anreicherung des Gemischs erforderlich. Der Motor benötigt in dieser Phase eine Warmlaufanreicherung, weil ein Teil des Kraftstoffs an den noch kalten Zylinderwänden kondensiert. Im Saugrohr entsteht aufgrund der schlechten Kraftstoffaufbereitung ein Kraftstoffniederschlag, der erst bei höheren Temperaturen verdampft. Diese Einflüsse bedingen ein mit fallender Temperatur zunehmendes Anfetten.

Beschleunigung und Verzögerung
Die Verdampfungsneigung des Kraftstoffs hängt bei der Saugrohreinspritzung stark von dem im Saugrohr herrschenden Druck ab. Im Bereich der Einlassventile entsteht

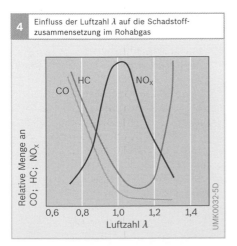

4 Einfluss der Luftzahl λ auf die Schadstoffzusammensetzung im Rohabgas

CO
HC
NO$_x$

Relative Menge an CO; HC; NO$_x$

0,6   0,8   1,0   1,2   1,4

Luftzahl λ

UMK0032-5D

dadurch an den Saugrohrwänden ein Kraftstofffilm (Wandfilm). Schnelle Änderungen des Saugrohrdrucks, wie sie bei schnellen Änderungen der Drosselklappenöffnung auftreten, führen daher dazu, dass sich der Wandfilm verändert. Bei einer starken Beschleunigung steigt der Saugrohrdruck an, die Verdampfungsneigung des Kraftstoffs wird schlechter und der Wandfilm damit dicker. Da sich also ein Teil des zugemessenen Kraftstoffs als Wandfilm niederschlägt, magert der Motor kurzzeitig ab, bis der Wandfilm wieder stabil ist. Eine schnelle Verzögerung führt in analoger Weise zur Anfettung des Motors, da wegen des abnehmenden Saugrohrdrucks der Wandfilm abgebaut und von den Zylindern abgesaugt wird. Eine temperaturabhängige Korrekturfunktion („Übergangskompensation" mit Beschleunigungsanreicherung und Verzögerungsabmagerung) korrigiert das Gemisch, um bestmögliches Fahrverhalten zu erhalten.

Schiebebetrieb
Im Schiebebetrieb wird die Kraftstoffzumessung unterbrochen (Schubabschalten). Das spart Kraftstoff beim Bergabfahren, schützt aber vor allem den Katalysator vor Überhitzen durch schlechte und unvollständige Verbrennungen.

Gemischbildungssysteme

Einspritzsysteme und Vergaser haben die Aufgabe, ein dem jeweiligen Betriebszustand des Motors bestmöglich angepasstes Luft-Kraftstoff-Gemisch bereitzustellen. Der Vergaser war bis in die 1970er-Jahre die gebräuchlichste Art der Gemischaufbereitung, wurde dann aber nach und nach durch die Einspritzsysteme verdrängt. Dieser Trend wurde hervorgerufen durch die Vorteile, die das Einspritzen von Kraftstoff in Zusammenhang mit den Forderungen nach Wirtschaftlichkeit (geringerer spezifischer Kraftstoffverbrauch), Leistungsfähigkeit (höhere spezifische Hubraumleistung und höheres Drehmoment bei niedrigen Drehzahlen) und schadstoffärmeres Abgas bietet.

Vorteile der Benzineinspritzung gegenüber Vergaser
Hohe Leistung
Die Gründe für die höhere Leistung gegenüber einem vergleichbaren Vergasermotor liegen darin, dass die Einspritzung eine sehr gute Zumessung des Kraftstoffs in Abhängigkeit vom Betriebs- und Lastzustand des Motors unter Berücksichtigung der Umwelteinflüsse zulässt. Außer-

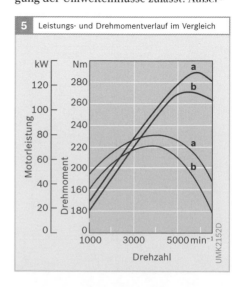

5 Leistungs- und Drehmomentverlauf im Vergleich

UMK2152D

Bild 5
a Motor mit Benzineinspritzung
b Vergasermotor

dem erreicht man – bei Einzeleinspritzanlagen – durch die Zuordnung von je
einem Einspritzventil pro Zylinder eine
bessere Gemischverteilung. Gegenüber
dem Vergasermotor können die Ansaugwege strömungsgünstig gestaltet werden,
dies führt zu einer besseren Füllung der
Zylinder und dadurch zu einer höheren
spezifischen Leistung und einem gün-
stigeren Drehmomentverlauf (Bild 5).
Kurze Einspritzwege stellen das Leistungs-
potential nahezu verzögerungsfrei zur
Verfügung. Die Benzineinspritzung ermöglicht kleine, sparsame Motoren höherer
spezifischer Leistung und hoher Elastizität.

Geringerer Kraftstoffverbrauch
Bei Vergaseranlagen ergeben sich durch
Entmischungsvorgänge in den Ansaug-
rohren ungleiche Luft-Kraftstoff-Gemische
für die einzelnen Zylinder. Durch Erzeugen eines Gemischs, das auch dem am ungünstigsten versorgten Zylinder noch genügend Kraftstoff zuführt, ergibt sich
keine optimale Kraftstoffzuteilung. Die
Folgen sind ein hoher Kraftstoffverbrauch
und eine unterschiedliche Belastung der
Zylinder.

Eine Einzeleinspritzanlage (jeweils ein
Einspritzventil für jeden Zylinder) teilt jedem Zylinder die gleiche Menge Kraftstoff
zu. Mit den optimal gestalteten Saugrohren
ergibt sich ein gut zusammengesetztes
Luft-Kraftstoff-Gemisch. Der Motor bekommt nur die Kraftstoffmenge zugeteilt,
die er braucht. Moderne leistungsfähigere
Motorsteuerungen können die Kraftstoffzuteilung zylinderindividuell beeinflussen,
was noch einen besseren Motorbetrieb zulässt.

In der Anfangszeit der Benzineinspritzung sah man das „E" (für Einspritzung)
oder das „I" (für Injection) nur am Heck
teurer Fahrzeuge, damals ein Symbol für
hohe Motorleistung. Die Einspritzung
setzte sich aber aufgrund der Vorteile im
Kraftstoffverbrauch und im Abgasverhalten schon bald in allen Fahrzeugklassen
durch.

Vergleichsmessung
An der Technischen Universität wurden
Messungen durchgeführt, die den Unterschied im Kraftstoffverbrauch eines Ver-
gasermotors und eines Einspritzmotors
belegen sollte. Ein Fahrzeug mit einem
serienmäßigen Vergasermotor durchfuhr
ein ausgeklügeltes Testprogramm. Dann
wurde das gleiche Fahrzeug auf eine
Benzineinspritzung von Bosch (D-Jetronic)
umgerüstet und das Testprogramm wiederholt. Der technische Unterschied lag
alleine bei der Benzineinspritzung.

Die Fahrt ging über Hunderte von Kilometern, durch dichten Stadtverkehr, über
Landstraßen und über Autobahnen. Das
Ergebnis war eindeutig: Im praktischen
Fahrbetrieb in der Stadt und auf der Land-
straße sparte das Fahrzeug mit Benzineinspritzung gegenüber dem baugleichen Mo-
dell mit Vergaser bis zu 11 % Kraftstoff,
mit Schubabschaltung (Abschaltung der
Kraftstoffzufuhr im Schiebebetrieb) ging
die Einsparung sogar bis 16 %.

Dieses Ergebnis betätigte Messungen,
die Bosch seit 1951 durchgeführt hat, seit-
dem Bosch Einspritzsysteme erzeugt hat.

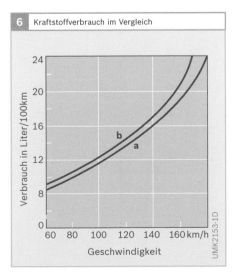

6 Kraftstoffverbrauch im Vergleich

Verbrauch in Liter/100km

24
20
16
b
12
a
8

0
60 80 100 120 140 160 km/h

Geschwindigkeit

UMK2153-1D

Bild 6
a   Motor mit
    Benzineinspritzung
b   Vergasermotor

Dynamik
Einspritzanlagen passen sich wechselnden Lastbedingungen nahezu verzögerungsfrei an, da die erforderliche Kraftstoffmenge vom Steuergerät im Millisekundenbereich berechnet und eingespritzt wird.

Schadstoffarmes Abgas
Die Konzentration der Schadstoffe im Abgas steht in direktem Zusammenhang mit dem Luft-Kraftstoff-Verhältnis. Will man den Motor mit der geringsten Schadstoffemission betreiben, so setzt dies eine Gemischaufbereitung voraus, die in der Lage ist, ein bestimmtes Luft-Kraftstoff-Verhältnis einzuhalten. Die ersten Einspritzanlagen arbeiteten schon so präzise, dass sie die damaligen Abgasbestimmungen einhalten konnten.

Aufgrund der fortschreitenden Herabsetzung der Abgasgrenzwerte, allen voran für die kalifornische Abgasgesetzgebung, wurde der Katalysator eingeführt. Er arbeitet am effektivsten bei einem stöchiometrisch eingestellten Luft-Kraftstoff-Verhältnis. Einspritzsysteme können das geforderte Gemisch mit einer λ-Regelung einstellen (siehe λ-Regelung). Die zunächst höheren Kosten der Einspritzsysteme gegenüber dem Vergaser relativierten sich bald, da der bei Einspritzmotoren erreichte Reinheitsgrad der Abgase bei Vergasermotoren nur durch zusätzliche, verteuernde Maßnahmen erreicht werden konnte.

Entwicklung der Einspritzsysteme
Im Laufe der Zeit kamen verschiedene Einspritzsysteme auf den Markt. Heute sind nur noch elektronisch gesteuerte Einzeleinspritzsysteme von Bedeutung. Die Einspritzung ist in die komplexe Motorsteuerung (Motronic von Bosch) integriert.

Äußere Gemischbildung
Bei Systemen mit äußerer Gemischbildung wird das Luft-Kraftstoff-Verhältnis im Saugrohr gebildet. Auch der Vergaser ist ein System zur äußeren Gemischbildung.

Einzeleinspritzanlage
Bei Einzeleinspritzanlagen ist jedem Zylinder ein Einspritzventil zugeordnet (Mehrpunkteinspritzung, Multi Point Injection), das den Kraftstoff direkt im Saugrohr vor das Einlassventil des Zylinders spritzt (Bild 7).

Mechanisches Einspritzsystem
Die K-Jetronic arbeitet antriebslos und spritzt den Kraftstoff kontinuierlich ein. Die eingespritzte Kraftstoffmasse wird abhängig von der vom Luftmengenmesser erfassten Luftmenge über den Kraftstoff-

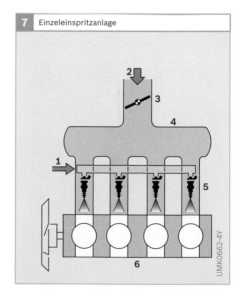

7 Einzeleinspritzanlage

Bild 7
1   Kraftstoffzufuhr
2   Ansaugluft
3   Drosselklappe oder Drosselvorrichtung (elektronisch angesteuerte Drosselklappe, EGAS)
4   Saugrohr
5   Einspritzventile
6   Motor

mengenteiler zugemessen (siehe K-Jetronic).

Kombiniert mechanisch-elektronisches Einspritzsystem
Die KE-Jetronic basiert auf dem mechanischen Grundsystem der K-Jetronic. Sie ermöglicht durch eine weitere Betriebsdatenerfassung elektronisch gesteuerte Zusatzfunktionen, um die Einspritzmenge den veränderlichen Motorbetriebszuständen besser anpassen zu können (siehe KE-Jetronic).

Elektronische Einspritzsysteme
Elektronisch gesteuerte Einspritzsysteme spritzen den Kraftstoff mit elektromagnetisch betätigten Einspritzventilen intermittierend ein. Die eingespritzte Kraftstoffmasse wird durch die Ventilöffnungszeit bestimmt.
  Beispiele für elektronische Einspritzsysteme sind die L-Jetronic und die LH-Jetronic. In der Motronic ist ein elektronisch gesteuertes Einzeleinspritzsystem als Teil der Motorsteuerung integriert.

Zentraleinspritzanlage
Bei der Zentraleinspritzanlage sitzt ein elektromagnetisches Einspritzventil an zentraler Stelle vor der Drosselklappe (Einzelpunkteinspritzung, Single Point Injection) und spritzt den Kraftstoff intermittierend in das Saugrohr ein (Bild 8). Die Zentraleinspritzsysteme von Bosch werden als Mono-Jetronic beziehungsweise Mono-Motronic bezeichnet.

Innere Gemischbildung
Bei Direkteinspritzsystemen wird der Kraftstoff durch elektromagnetisch betätigte Hochdruck-Einspritzventile direkt in den Brennraum eingespritzt. Jedem Zylinder ist ein Einspritzventil zugeordnet (Bild 9). Die Gemischbildung findet innerhalb des Brennraums statt.

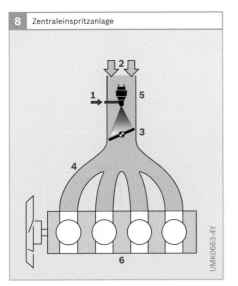

8 Zentraleinspritzanlage

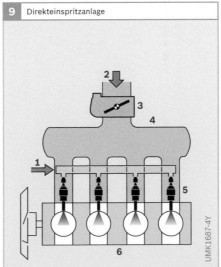

9 Direkteinspritzanlage

Bild 8
1 Kraftstoffzufuhr
2 Ansaugluft
3 Drosselklappe
4 Saugrohr
5 Einspritzventil
6 Motor

Bild 9
1 Kraftstoffzufuhr
2 Ansaugluft
3 Drosselvorrichtung
   (elektronisch angesteuerte Drosselklappe, EGAS)
4 Saugrohr
5 Hochdruck-Einspritzventile
6 Motor

Kraftstoffförderung in Vergaseranlagen

Der Vergaser ist eine Vorrichtung zur äußeren Gemischbildung am Ottomotor. Der Kraftstoff wird im Vergaser vom angesaugten Luftstrom mitgerissen und fein zerstäubt. Dabei entsteht ein zündfähiges Luft-Kraftstoff-Gemisch, das durch das Saugrohr strömt und im Ansaugtakt von den Zylindern angesaugt wird.

Die Drehzahl und damit auch die Leistung des Motors wird durch die im Vergaser erzeugte Gemischmenge bestimmt. Der Kraftstoff wird im Vergaser jedoch nicht durch Verdampfen vollständig in den gasförmigen Zustand überführt, sondern es bildet sich ein Aerosol aus Benzintröpfchen und Luft.

Im Kraftfahrzeugbereich wurden Vergaser ab den 1980er-Jahren zunehmend von Einspritzanlagen verdrängt. In Kleinmotoren sind sie noch z. B. bei Rasenmähern und bei Kettensägen zu finden.

Kraftstoffversorgung

Eine Vergaseranlage besteht aus dem eigentlichen Vergaser und einer Vorrichtung, die den Kraftstoff vom Kraftstoffbehälter zum Vergaser fördert.

Historie:
Oberflächenvergaser und Fallbenzin

Seit es Automobile gibt, war die Art und Weise der Kraftstoffzufuhr zum Vergaser ein Thema. Bei den ersten Automobilen wurde der Kraftstoff in einen Oberflächenvergaser gefüllt, dort mithilfe der heißen Abgase verdampft und als Brenngas vom Motor angesaugt. Nach einigen Kilometern musste Kraftstoff wieder nachgefüllt werden. Ein Fahrbetrieb war damit nur eingeschränkt möglich.

Nachdem die Schwimmereinrichtung für den Vergaser erfunden war (siehe Schwimmer), wurde bis etwa 1915 ausnahmslos mit Fallbenzin, d. h. mit Gefälle vom höher gelegenen Kraftstoffbehälter zum Verga-

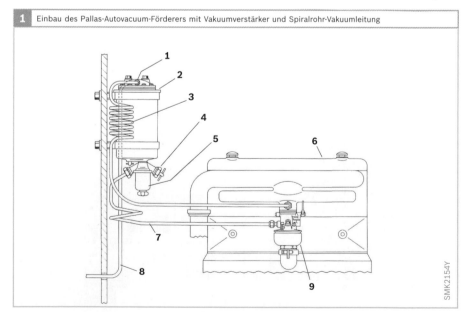

1 | Einbau des Pallas-Autovacuum-Förderers mit Vakuumverstärker und Spiralrohr-Vakuumleitung

Bild 1

1 Verstärkerventil
2 Unterdruckförderer
3 Vakuumleitung
4 Absperrventil
5 Kraftstofffilter
6 Motor
7 Kraftstoffleitung zum Vergaser
8 Kraftstoffleitung zum Kraftstoffbehälter
9 Vergaser

Innenliegender Förderbehälter im Bild nicht sichtbar

SMK2154Y

ser, gearbeitet. Die Kraftstoffförderung erfolgte hier durch die Schwerkraft. Die Leitung war im Idealfall stetig mit leichtem Gefälle verlegt. Kleine Buckel im Leitungsverlauf bargen die Gefahr, dass Gasblasen den Kraftstoffzufluss zum Vergaser hemmten.

Der Betrieb mit Fallbenzin war nicht unproblematisch, da der Druck in der Leitung bei einer Fahrt bergauf je nach Steigung und Einbauort des Kraftstoffbehälters geringer wird und bergab zunimmt. Entsprechend der Leistungsanforderung an den Motor wäre das Gegenteil sinnvoll. Fallbenzin kam bei Kleinwagen – z. B. dem Goggomobil – noch bis zum Serienauslauf in den 1960er-Jahren zur Anwendung.

Da die Kraftstoffzufuhr durch Fallbenzin für einen Betrieb mit höheren Leistungen und Drehzahlen nicht ausreichend war, suchte man schon frühzeitig nach besseren Lösungen.

Pallas-Autovacuum-Förderer
Eine dieser Lösungen war der Pallas-Autovacuum-Förderer (Bild 1). Es war eine Entwicklung aus den USA. Dieses Verfahren wurde ab 1919 bis 1928 bei fast 75 % aller deutschen Fahrzeuge angewendet. Der Pallas-Autovacuum besteht aus einem Außenbehälter, der unter Atmosphärendruck steht und einem innenliegenden Förderbehälter, der mit Saugrohr- oder Mischkammerdruck beaufschlagt wird. Bei kleiner Drosselklappenöffnung ist dies der Saugrohrdruck, bei voll geöffneter Drosselklappe der Mischkammerdruck. Die Mischkammer ist Teil des Vergasergehäuses zwischen Hauptgemischaustritt und Drosselklappe. Durch die Vakuumleitung kann der Unterdruck auf den Förderbehälter wirken. Über den Außenbehälter und das Verstärkerventil wird der Unterdruck zur Kraftstoffförderung reguliert. Dabei wird der Kraftstoff durch die Druckdifferenz zwischen Außendruck und Saugrohrunterdruck gefördert. Bei leerer Schwimmerkammer musste der Pallas-Autovacuum vor dem Start mit Kraftstoff befüllt werden, damit der Motor anspringen konnte. Dieses Verfahren war umständlich und reichte nicht aus, um die gestiegenen Anforderungen der Automobilhersteller zu erfüllen.

Mechanisch angetriebene Membrankraftstoffpumpen
Ab Mitte der 1920er-Jahre wurden die Fahrzeuge zunehmend mit mechanisch angetriebenen Membrankraftstoffpumpen ausgerüstet (Bild 2). Mit Einsatz dieser Pumpen erfolgte die Kraftstoffzufuhr in

Bild 2
1 Vergaser
2 mechanische Kraftstoffpumpe
3 Kraftstoffbehälter

Bild 3
1 Kappe
2 Anschluss für Kraftstoffleitung
3 Oberteil
4 Einlassventil bestehend aus Ventilsitz Ventilplättchen und Ventilfeder
5 Membrane
6 Membranfeder
7 Ölschutzblech
8 Membranstößel
9 Unterteil
10 Sieb
11 Auslassventil bestehend aus Ventilkorb Ventilfeder und Ventilplättchen
12 Ventilplatte
13 Gelenkstück
14 Antriebshebel
15 Nockenwelle
A Eintritt des Kraftstoffs
B Austritt des Kraftstoffs

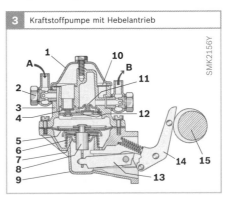

2 Schema einer Kraftstoffanlage für Vergasermotoren für den Zeitraum von 1928 bis 1972

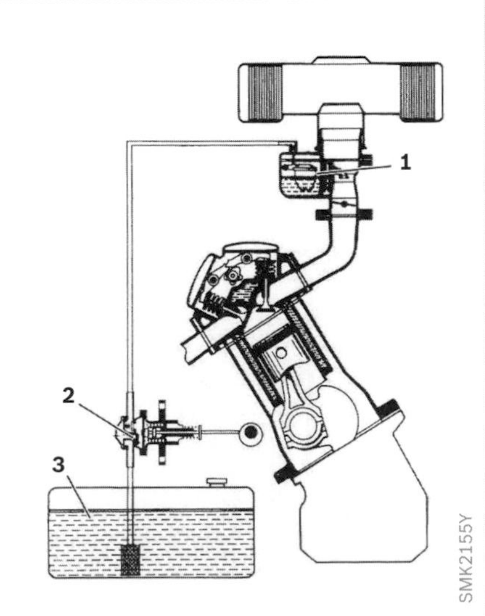

1
2
3

SMK2155Y

3 Kraftstoffpumpe mit Hebelantrieb

A
1
10
B
2
11
3
4
12
5
6
7
8
9
14 15
13

SMK2156Y

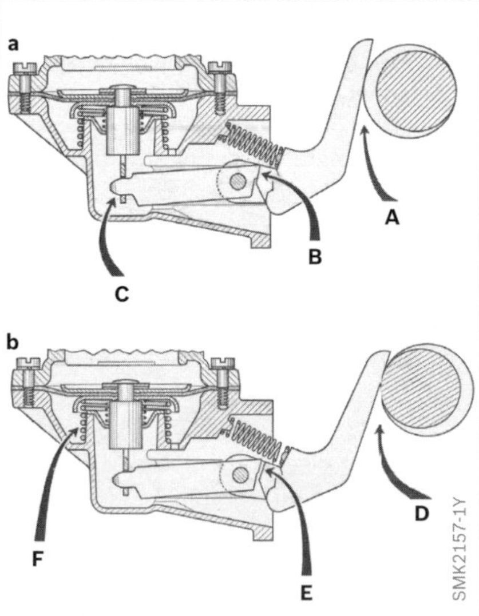

Bild 4
a Saughub
b Freilauf der Pumpe
  beim Druckhub

A Exzenter der
  Nockenwelle läuft
  auf den Antriebs-
  hebel auf
B Antriebshebel
  drückt gegen das
  kurze Ende des
  Gelenkstücks
C Nase am langen
  Ende des Gelenk-
  stücks zieht den
  Membranstößel
  abwärts
D Exzenter der
  Nockenwelle läuft
  vom Antriebshebel
  ab
E Membrane bewegt
  sich unter dem
  Druck der
  Membranfeder
  aufwärts
F Sobald ein Gegen-
  druck des Kraft-
  stoffs wirksam
  wird, löst sich der
  Antriebshebel vom
  Gelenkstück
  (Freilauf der Pumpe
  beim Druckhub)

Bild 5
1 Einlassventil
  (Saugventil)
2 Membranfeder
3 Abdichtungsbalg
4 Antriebsstößel
5 Kraftstofffilter
6 Heißstartventil
7 Auslassventil
  (Druckventil)
8 Pumpenmembrane
9 Kupplungstopf
10 Anschraubflansch
11 Stößelfeder
A Vom Kraftstoff-
  behälter
B zum Vergaser

Abhängigkeit von der Motordrehzahl mit Druck. Die Lage (Neigung) des Fahrzeugs hatte damit kaum noch Einfluss auf die Kraftstoffzufuhr. Auch Motoren mit höherer Leistung bekamen ausreichend Kraftstoff und die Dampfblasenbildung wurde durch den höheren Druck im Kraftstoffsystem reduziert.

Der Antrieb erfolgte durch die Nockenwelle oder die Verteilerwelle des Motors, die dafür einen zusätzlichen Exzenter hatte. Es gab unterschiedliche Ausführungen des Antriebs – die Hebelpumpe (Bild 3), die Pumpe mit Schubstangenantrieb (eine Hebelpumpe, die über einen Zwischenstößel betätigt wird) und die Stößelpumpe (Bild 5). Das Funktionsprinzip ist bei allen drei Bauarten vergleichbar. Die Stößelpumpe hat eine Stößelfeder und eine Membranfeder. Wenn der Antriebsstößel auf dem Exzenter abläuft, zieht die stärkere Stößelfeder über einen Kupplungstopf die Pumpenmembrane nach unten. Die Membranfeder wird dabei zusammengedrückt. Das ist der Saughub – das Auslassventil ist geschlossen, das Einlassventil öffnet, Kraftstoff wird angesaugt.

Beim nachfolgenden Druckhub wird die Stößelfeder beim Auflaufen des Antriebsstößels auf dem Exzenter zusammengedrückt. Die Membranfeder entspannt sich und drückt die Membrane nach oben (Druckhub). Dabei ist das Einlassventil geschlossen und das Auslassventil geöffnet.

Bei der Hebelpumpe und bei der Pumpe mit Schubstangenantrieb ist es umgekehrt. Hier erfolgt der Saughub beim Auflaufen des Hebels oder der Schubstange auf dem Exzenter (Bild 4). Einige Hebelpumpen haben zusätzlich einen Handhebel für die Befüllung der Schwimmerkammer nach langen Standzeiten.

Bei allen Pumpenvarianten wird der Pumpendruck nur durch die Membranfeder bestimmt. Der Druck liegt je nach Ausführung im Bereich von 0,12…0,3 bar.

Membranpumpen waren bis zum Ende der Vergaserära zur Kraftstoffförderung im Einsatz. Die Pumpen wurden kontinuierlich weiterentwickelt. Zinkdruckguss war das vorherrschende Material für diese Pumpen. Sie konnten weitgehend zerlegt und repariert werden. Ab ca. 1970 wurden die Pumpenoberteile zunehmend aus Blech gefertigt. Gleichzeitig kam für die Unterteile Aluminiumdruckguss zur Anwendung. Diese Materialumstellung brachte entscheidende Vorteile. Es wurde

4 Funktion der mechanisch angetriebenen Membrankraftstoffpumpe mit Hebelantrieb

a

A
B
C

b

D
E
F

SMK2157-1Y

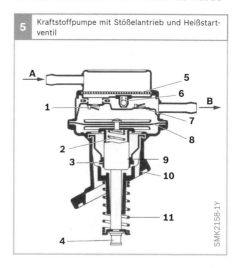

5 Kraftstoffpumpe mit Stößelantrieb und Heißstartventil

A
1
2
3
4
5
6
7
8
9
10
11

SMK2158-1Y

deutlich Gewicht eingespart und die Pumpen speicherten weniger Wärme; damit verbesserte sich das Heißförderverhalten. Die Aluminiumunterteile waren stabiler, es gab weniger Verzug und dadurch seltener Ölundichtigkeiten am Flansch. Diese Pumpen sind nicht zerlegbar und damit nicht zu reparieren. Anstelle von Kraftstofffiltern mit „Schauglas" kamen zunehmend Inline-Filter zur Anwendung.

Andere Pumpen

Pneumatisch angetriebene Pumpen
Neben mechanisch angetriebenen Pumpen kamen bei Zweitaktern pneumatisch, durch die Druckwechsel im Kurbelgehäuse angetriebene Pumpen zur Anwendung.

Elektrische Kraftstoffpumpen
Teilweise wurden Sport- und Sonderfahrzeuge anstelle von mechanischen Kraftstoffpumpen mit elektrischen Pumpen ausgerüstet.

Hilfspumpen
Sonderfahrzeuge für Militär sowie Rettungsfahrzeuge waren zusätzlich mit Hilfspumpen (für Hand- oder für Fußbetätigung) ausgerüstet (Bild 6), um leere Kraftstoffsysteme befüllen zu können. Sie waren zweckmäßigerweise in der Saug-

leitung der vom Motor betriebenen Kraftstoffpumpe in der Nähe des Fahrersitzes montiert. Die Hilfspumpe hatte einige Vorteile:

▶ Schonung der Batterie, da das Auffüllen der Kraftstoffleitung und des Vergasers ohne Betätigung des Starters möglich war.
▶ Beseitigung von Dampfblasen, die sich in der Hauptkraftstoffpumpe bei ungünstigen Betriebsumständen (z. B. Überhitzung) bilden konnten.
▶ Erhöhung der Betriebssicherheit, da die Fahrt auch bei Ausfall der Hauptkraftstoffpumpe fortgesetzt werden konnte.

Heißbetrieb

Mit der ersten Stufe des Benzin-Blei-gesetzes ab 1.1.1972 änderten sich die Eigenschaften des Kraftstoffs. Insbesondere wenn dem Kraftstoff Methanol oder Flüssiggas zugesetzt war, kam es zunehmend zu Heißstart- und Heißlaufproblemen. Die Ursachen waren aber nicht nur im Kraftstoff begründet, sondern auch in der geänderten Bauweise der Fahrzeuge. Immer mehr Einbauten im Motorraum und zunehmend strömungsoptimierte Karosserien führten zu höheren Temperaturen am Vergaser, an den Leitungen sowie an der Kraftstoffpumpe. Speziell bei Fahrzeugen ohne Lüfternachlauf können nach dem Abstellen des Motors die Temperaturen in der Kraftstoffanlage und am Vergaser auf

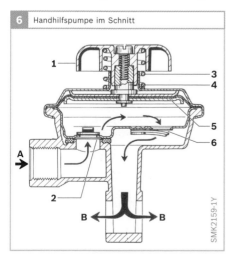

6 Handhilfspumpe im Schnitt

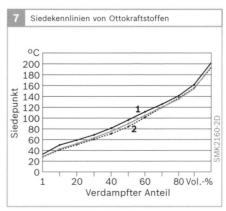

7 Siedekennlinien von Ottokraftstoffen

Bild 6
1 Handknopf
2 Einlassventil (Saugventil)
3 Stößelfeder
4 Membranstößel
5 Membrane
6 Auslassventil (Druckventil)
A Vom Kraftstoffbehälter
B zum Vergaser

Bild 7
1 Sommerkraftstoff
2 Winterkraftstoff

+120 ° C steigen. Da Kraftstoff bei +70 °C bereits zu 50 Volumenprozent verdampft (Bild 7), kommt es zum Ausdampfen des Vergasers sowie zur Dampfblasenbildung in der Kraftstoffanlage. In manchen Fällen treten erhebliche Probleme beim Heißstart, Heißabfahren und im Leerlauf auf. Hinzu kommt, dass bei Schrägstellung des abgestellten Fahrzeugs und ausgedampfter Schwimmerkammer je nach Lage des Kraftstoffbehälters ein Überfluten des Vergasers möglich ist. Um dies zu vermeiden, bekamen bestimmte Kraftstoffpumpen ein integriertes Kraftstoffabsperrventil (Bild 8). Dieses Ventil ist ein in die Kraftstoffpumpe integriertes Membranventil, das durch Federdruck geschlossen ist. Zusätzlich wirkt der vom Kraftstoffbehälter her anliegende Kraftstoffdruck auf die Oberseite der Membrane in Richtung Schließen. Damit ist sichergestellt, dass auch bei hochliegenden Kraftstoffbehältern oder Schräglage des Fahrzeugs der Vergaser nicht überflutet wird. Sobald die Kraftstoffpumpe arbeitet, wird unterhalb der Membrane Druck aufgebaut und das Ventil öffnet.

In anderen Anwendungsfällen wurden die Pumpen zur Verbesserung des Heißlaufverhaltens mit einem zusätzlichen Heißstartventil ausgerüstet (Bild 5). Durch das Heißstartventil wird der nach dem Abstellen des Motors entstehende Dampf-

druck zur Saugseite hin abgeleitet. Die damit erzielten Verbesserungen waren jedoch nicht ausreichend, sodass die meisten Fahrzeuge ab 1972 ein Kraftstoffrücklaufsystem erhielten.

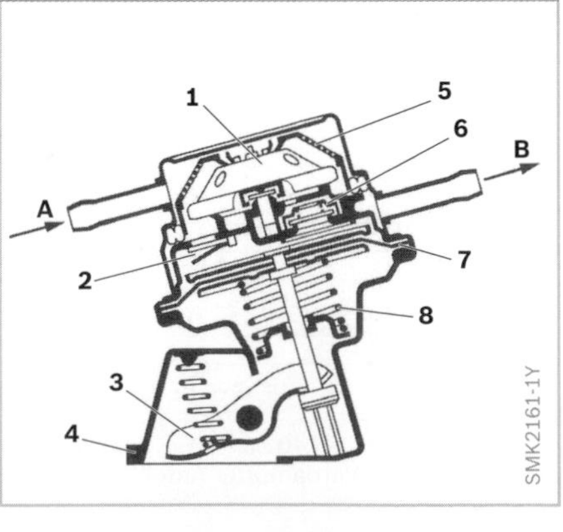

Zusatzgeräte in der Kraftstoffanlage
Die Kraftstoffrücklaufsysteme wurden in der Folgezeit durch eine Reihe von Zusatzgeräten wie Vorvolumen, Gasblasenabscheider, Druckreduzier- und Rückschlagventile optimiert (Bild 9).

Gasblasenabscheider und Vorvolumen
Gasblasenabscheider und Vorvolumen sind in die Druckleitung zwischen Pumpe und Vergaser eingebaut. In beiden Geräten wird der Kraftstoff vorentgast. Damit ist beim Heißstart ausreichend entgaster Kraftstoff für den Durchlauf vorhanden. Beide Geräte haben einen Rücklauf. Beim Gasblasenabscheider (Bild 10) ist dieser variabel. Vorvolumen haben einen größeren Inhalt. Es gibt sie sowohl mit fixem als auch mit variablem Rücklauf und mit angebautem Druckreduzierventil. Bei variablem Rücklauf gibt ein Kugelventil bei Gasanfall einen größeren Querschnitt frei.

Bild 8
1 Kraftstoffabsperrventil
2 Einlassventil (Saugventil)
3 Antriebshebel
4 Anschraubflansch
5 Kraftstofffilter
6 Auslassventil (Druckventil)
7 Pumpenmembrane
8 Membranfeder
A Vom Kraftstoffbehälter
B zum Vergaser

Bild 9
1 Druckregelventil
2 Gasblasenabscheider
3 Rückschlagventil
4 mechanische Kraftstoffpumpe
5 Kraftstoffbehälter
6 Vergaser

8 Kraftstoffpumpe mit Kraftstoffabsperrventil

SMK2161-1Y

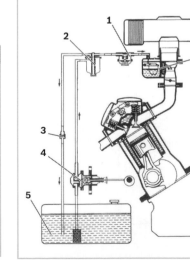

9 Kraftstoffanlage mit Zusatzgeräten ab ca. 1972

SMK2162Y

Sobald flüssiger Kraftstoff fließt, schließt die Kugel und der Rücklauf wird stark reduziert.

Beide Geräte sind gut nachrüstbar. Sie sollten in Höhe der Schwimmerkammer, möglichst in Vergasernähe montiert werden.

Kraftstoffventile

Zusätzlich wurden Druckregelventile und Rückschlagventile angewendet. Druckregelventile verhindern das Durchschlagen von Druckspitzen in den Vergaser. Sie können nach dem Heißstart im Kraftstoffsystem entstehen und führen zum Absterben des Motors.

Rückschlagventile (Bild 11) in der Saugleitung verhindern, dass die Leitung leer läuft oder in der Nachhitze leer gedrückt wird. In der Kraftstoffrücklaufleitung verhindern sie ein Überfluten des Vergasers bei schräg abgestelltem Fahr-

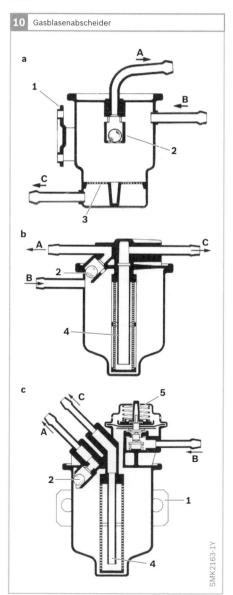

10 Gasblasenabscheider

SMK2163-1Y

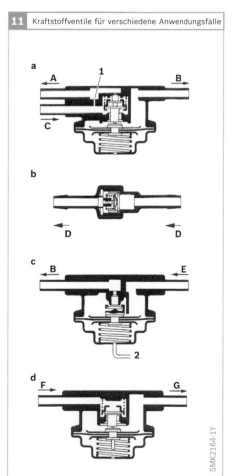

11 Kraftstoffventile für verschiedene Anwendungsfälle

SMK2164-1Y

Bild 10

a Gasblasenabscheider (70 cm³) mit gesteuertem Rücklauf

b Gasblasenabscheider (120 cm³) mit gesteuertem Rücklauf

c Gasblasenabscheider (120 cm³) mit Druckregler und gesteuertem Rücklauf

1 Halter
2 Kugelventil
3 Filter
4 Steigrohr mit Filter
5 Druckregelventil
A Rücklauf zum Kraftstoffbehälter
B von der Kraftstoffpumpe
C zum Vergaser

Bild 11

a Kraftstoffrücklaufventil mit Druckregelung

b Kraftstoffrücklaufventil

c Absaugventil für Kraftstoffdampf

d Kraftstoffabsperrventil

1 Bypass (wahlweise)
2 Steuerunterdruck
A Rücklauf zum Kraftstoffbehälter
B zum Vergaser
C von der Kraftstoffpumpe
D Durchflussrichtung
E vom Aktivkohlebehälter
F vom Kraftstoffbehälter
G zur Kraftstoffpumpe

zeug. Die Ventile sind ebenfalls gut nachrüstbar.

Mit diesen Zusatzgeräten und einer Rücklaufleitung wurde eine deutliche Verbesserungen im Heißbetrieb erreicht. Bei Oldtimern mit Heißbetriebsproblemen ist die Nachrüstung eine gute Möglichkeit, diese Probleme zu beseitigen oder aber zumindest zu reduzieren. Beim Verlegen der Rücklaufleitung und dem Anschluss in den Kraftstoffbehälter sind die Sicherheitsvorschriften zu beachten.

Hinweise

Kraftstoffleitungen aus Kunststoff werden bei hohen Temperaturen länger. Dadurch kann es zum Abknicken der Kraftstoffleitung, meist im Bereich der Hinterachse, kommen.

Beim Auswechseln der Kraftstoffpumpen ist bei einigen Fahrzeugtypen die Dicke der Dichtung zu beachten, sie werden mit zwei Dichtungen geliefert.

Prüfpunkte bei Störungen in der Kraftstoffversorgung
- ▸ Kraftstoff vorhanden?
- ▸ Belüftung und Entlüftung des Kraftstoffbehälters in Ordnung?
- ▸ Leitungen gequetscht oder abgeknickt?
- ▸ Kraftstofffilter-Durchgang in Ordnung?
- ▸ Wasser in der Kraftstoffanlage?
- ▸ Schwimmernadelventil verklebt oder verschmutzt?
- ▸ Förderdruck in Ordnung? (Druck sollte bei Last nicht unter 0,1 bar sinken).
- ▸ Fördermenge ausreichend? (je nach Motor nicht unter 40 l/h).
- ▸ Statischer Druck in Ordnung? (Druck sollte minimal 0,2 bar betragen).
- ▸ Kraftstoffseitige Dichtheit gegeben? (Anschlüsse, Pumpe und Leitungen).
- ▸ Ölseitige Dichtheit gegeben? (Pumpenflansch, Antriebsstößel).

Empfehlung

Ist eine Pumpe irreparabel defekt und Ersatz nicht mehr zu beschaffen, ist der Einbau einer geeigneten elektrischen Kraftstoffpumpe eine gute Lösung. Bei Inline-Pumpen (Strömungspumpen) ist allerdings ein Kraftstoffrücklauf zwingend notwendig. Auch eine Sicherheitsabschaltung (Abschalten der Versorgungsspannung bei stehenden Motor) wird dringend empfohlen.

Vergaser für Kraftfahrzeuge

Seit dem frühen 19. Jahrhundert gab es Versuche, aus brennbaren Flüssigkeiten Brenngas zu erzeugen, um damit mobile Kraftmaschinen zu betreiben. Nachdem es 1833 gelungen war, Benzin herzustellen, versuchte man auf unterschiedliche Arten, den flüssigen Kraftstoff in den gasförmigen Zustand für die Verbrennung im Motor aufzubereiten.

Schon die ersten Fahrzeuge gegen Ende des 19. Jahrhunderts setzten Vergaser zur Gemischbildung ein. Im Laufe der Zeit wurden sie immer weiter entwickelt und den gestiegenen Anforderungen angepasst. Es entstand eine Vielzahl von Varianten für Pkw, Nutzfahrzeuge und Motorräder. Dieses Kapitel befasst sich ausschließlich mit Vergasern für Pkw.

Funktionsprinzip des Kraftfahrzeugvergasers

Historie
Prinzip und Bauarten
Der Vergaser in seinen Grundzügen wurde schon im 18. Jahrhundert entwickelt. Damals versuchte man, flüssige Kraftstoffe so zu verdampfen, dass damit eine Beleuchtungs- oder eine Heizeinrichtung betrieben werden konnte.

Die ersten für atmosphärische Maschinen eingesetzten Vergaser arbeiteten mit Terpentin oder Petroleum als Kraftstoff. Für den ersten mit Benzin betriebenen Vergaser erhielt William Barnett 1838 ein Patent.

In der Folgezeit wurden verschiedene Vergaserprinzipien entwickelt. Beim Dochtvergaser saugt ein Docht den Kraftstoff an, ähnlich wie bei einer Öllampe. Dieser Docht führt durch einen Luftstrom

Bild 1
 1 Hauptgemisch-
   austritt
 2 Luftkorrekturdüse
 3 Schwimmer-
   kammerbelüftung
 4 Kraftstoffniveau in
   der Schwimmer-
   kammer
 5 Lufttrichter
 6 Mischkammer
 7 Drosselklappe
 8 Mischrohr
 9 Hauptdüse
10 Schwimmerkammer
   mit Schwimmer
11 Schwimmernadel-
   ventil
 A Lufteintritt
 h Höhe zwischen
   dem Kraftstoff-
   stand in der
   Schwimmerkammer
   (Niveau) und der
   Gemischaustritts-
   öffnung

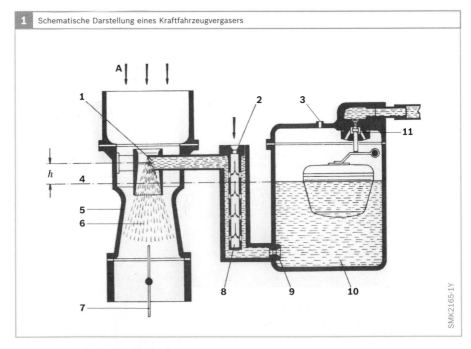

1 Schematische Darstellung eines Kraftfahrzeugvergasers

SMK2165-1Y

im Motor, wodurch sich Luft und Kraftstoff vermischen.

Im Oberflächenvergaser wird der Kraftstoff durch die Abgase des Motors erhitzt. Dadurch entsteht an der Oberfläche des Kraftstoffs eine Dampfschicht, die sich mit einem Luftstrom zum Luft-Kraftstoff-Gemisch zusammenfügt.

Beim Bürstenvergaser (Erfindung von Siegfried Marcus) sorgt eine über ein Antriebsrad getriebene schnell rotierende kreisrunde Bürste im Zusammenspiel mit einem Abstreifer für die Bildung von Kraftstoffnebel in der Bürstenkammer. Dieser Nebel wird über einen Stutzen vom Motor angesaugt.

Nikolaus August Otto präsentierte 1885 auf der Weltausstellung in Antwerpen seinen Motor – der erste mit einem Oberflächenvergaser und elektrischen Zündapparat eigener Konstruktion ausgerüstete und nach dem Viertaktverfahren arbeitende Benzinmotor.

Das Patent für den ersten praxistauglichen Kraftwagen erhielt Carl Benz 1886. Sein Patent-Motorwagen arbeitete mit einem Oberflächenvergaser eigener Konstruktion mit einem Benzinvorrat von ca. 1,5 l. Mit einem Verbrauch von ca. 10 l pro 100 km musste also spätestens nach 15 km Benzin in den Vergaser nachgefüllt werden.

Eine weitere Variante stellt der von Wilhelm Maybach 1893 vorgestellte Spritzdüsenvergaser dar. Bei diesem Vergaser wird der Kraftstoff aus einer Kraftstoffdüse auf eine Prallfläche gesprüht, wodurch sich der Kraftstoff kegelförmig verteilt.

Weiterentwicklungen

Nachdem zwischen 1886 und 1908 die Schwimmereinrichtung sowie ein Regelorgan für den Luftdurchsatz – meist eine Drosselklappe und das Hauptdüsensystem mit Lufttrichter und Korrekturluft – erfunden waren, wurde um 1915 ein separates System für den Leerlauf eingeführt. Damit gab es Vergaser, die für den Betrieb von

Kraftfahrzeugen gut geeignet waren. Im Zuge der weiteren Entwicklung entstand bis zum Ende der Vergaserzeit um 1990 eine Vielzahl von sehr unterschiedlichen Varianten. Schwerpunktmäßig werden im Folgenden Solex-, Zenith- und Stromberg-Vergaser behandelt.

Funktionsprinzip

Arbeitsweise

Vergaser arbeiten ohne Fremdantrieb. Die für die Zumessung und den Transport des Kraftstoffs benötigte Energie wird dem Luftstrom entnommen. Sobald sich der Motor dreht, saugt er Luft an. Strömt diese Luft durch eine Engstelle, nimmt die Luftgeschwindigkeit an der Engstelle zu. Gleichzeitig entsteht gegenüber dem Einlauf ein Druckgefälle, das auch als Druckdifferenz – oder allgemein als Unterdruck – bezeichnet wird. Bei voll geöffneter Drosselklappe ist der Lufttrichter des Vergasers die engste Stelle (Bild 2).

An dieser engsten Stelle ist der Hauptgemischaustritt positioniert (Bild 1). Damit wirkt der Unterdruck auf das Hauptdüsensystem, während der Kraftstoff in der Schwimmerkammer mit dem atmosphärischen Außendruck beaufschlagt wird. Es entsteht ein Druckgefälle zwischen Schwimmerkammer und Haupt-

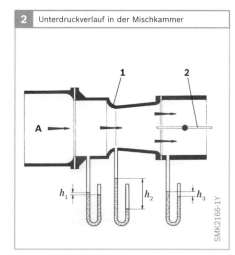

2 Unterdruckverlauf in der Mischkammer

SMK2166-1Y

Bild 2
1   Lufttrichter
2   Drosselklappe
A   Lufteintritt
h_1 Unterdruck am Lufteintritt
h_2 Unterdruck an der engsten Stelle
h_3 Unterdruck an der Drosselklappe

gemischaustritt. Sobald das Druckgefälle ein bestimmtes Maß erreicht hat, wird der Kraftstoff durch die Hauptdüse zum Mischrohr gedrückt. Gleichzeitig tritt durch die Luftkorrekturdüse Luft ein. Im Mischrohr entsteht daraus ein Gemisch, das infolge des Unterdrucks durch den Hauptgemischaustritt in die Mischkammer strömt. Durch die hier herrschende hohe Luftgeschwindigkeit wird das austretende Luft-Kraftstoff-Gemisch fein zerstäubt.

Mischungsverhältnis
Für den Betrieb benötigt der Benzinmotor ein Luft-Kraftstoff-Gemisch – das Brenngemisch. Dabei kommt es auf die Zusammensetzung an, da Luft-Kraftstoff-Gemische nur in Mischungsverhältnissen von ca. 7...19 kg Luft zu 1 kg Kraftstoff zündfähig sind (Bild 3). Das theoretisch ideale Gemisch ist ein Gemisch, bei dem der Kraftstoff vollständig verbrennt. Hier ist das Mischungsverhältnis ca. 14,7 kg Luft zu 1 kg Kraftstoff. Es wird als stöchiometrisches Gemisch mit der Luftzahl $\lambda = 1$ bezeichnet (siehe Gemischbildung im Ottomotor, Luft-Kraftstoff-Gemisch).
 Bei Vergasermotoren wird für den Kaltstart ein Gemisch von 3...5 kg Luft pro 1 kg Kraftstoff benötigt, weil es im kalten Ansaugkrümmer zu einer Entmischung

kommt. Ein Teil des Kraftstoffs schlägt sich dort nieder, das heißt, es gelangt nicht der gesamte Kraftstoff, der im Vergaser der Luft beigemischt wurde, in den Motor.

Aufgabe des Vergasers
Die Aufgabe eines Vergasers ist es, dem Motor in jedem Betriebszustand, vom Kaltstart über den Leerlauf und die Beschleunigung bis zur Volllast ein genau dosiertes Luft-Kraftstoff-Gemisch zu liefern. Dazu werden folgende Einrichtungen und Systeme benötigt:
▸ Schwimmereinrichtung zur Niveauregulierung,
▸ Schwimmerkammerbelüftung,
▸ Starteinrichtung,
▸ System für Leerlauf und Übergang,
▸ Beschleunigungspumpe,
▸ Hauptdüsensystem, bestehend aus Lufttrichter, Hauptgemischaustritt, Mischrohr, Luftkorrekturdüse und Hauptdüse.
▸ Anreicherungssysteme für Teillast und Volllast,
▸ Zusatzeinrichtungen für Start, Leerlauf und Schiebebetrieb.

Infolge gestiegener Anforderungen bezüglich Leistung, Verbrauch, Bedienkomfort und Abgas mussten die Systeme immer differenzierter ausgeführt werden. Im Zusammenhang mit den Vergaserfunktionen bei verschiedenen Betriebszuständen werden diese Systeme im Folgenden beschrieben.

Auswahl eines Vergasers
Die Auswahl eines Vergasers ergibt sich aus der vorgesehenen Anwendung. Die Anzahl der Mischkammern, die Größe der Lufttrichter und die Düsenabstimmung sowie die Art des Luftfilters – er beeinflusst den Luftdurchsatz und damit die Druckverhältnisse im Vergaser – richten sich nach dem Verwendungszweck. Bei einem Drosselmotor (Industriemotor, für niedrige Drehzahlen mit hohem Drehmoment ausgelegt; aber auch alle VW Typ 1 – der Käfer – und viele andere Fahrzeuge waren

Bild 3
A Theoretisch richtiges Mischungsverhältnis
B Mischungsverhältnis für Höchstleistung

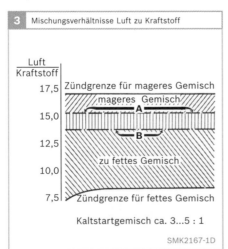

3 Mischungsverhältnisse Luft zu Kraftstoff

Luft / Kraftstoff

17,5 Zündgrenze für mageres Gemisch
mageres Gemisch
A
15,0
B
12,5
zu fettes Gemisch
10,0
7,5 Zündgrenze für fettes Gemisch

Kaltstartgemisch ca. 3...5 : 1

SMK2167-1D

mit einem Drosselmotor ausgestattet) sind die freien Querschnitte klein, der Unterdruck im Lufttrichter und in der Mischkammer steigt mit zunehmender Drehzahl stark an. Der Motor ist bei niedrigen Drehzahlen gut zu betreiben, bei hohen Drehzahlen mangelt es an Leistung.

Bei Sport- und Rennmotoren wählt man große Querschnitte, der Unterdruckanstieg ist deutlich geringer (Bild 4). Hier ist es genau umgekehrt, ein Betrieb mit ruckfreier Beschleunigung („Motor hängt am Gas") ist nur bei höheren Drehzahlen möglich.

Die richtige Abstimmung aller Bauteile, die die Gemischbildung beeinflussen, erfolgte im Versuch auf Motor- und Rollenprüfständen, aber auch im Fahrbetrieb und im Dauerlauf, zum Teil unter extremen Bedingungen. Änderungen an der Vergaserbestückung sind weder zulässig noch sinnvoll. Vergaser sind Mitbestandteil der Allgemeinen Betriebserlaubnis (ABE), da sie Leistung, Abgas und Verbrauch beeinflussen. Änderungen des Luftfilters oder der Düsenbestückung, meist als Tuning verstanden, führen ohne entsprechendes Gutachten zum Erlöschen der Allgemeinen Betriebserlaubnis und bringen fast immer Nachteile mit sich.

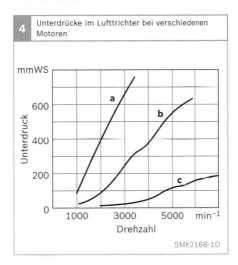

4 Unterdrücke im Lufttrichter bei verschiedenen Motoren

SMK2168-1D

Bild 4
a   Drosselmotor
b   Sportmotor
c   Rennmotor

1000 mm Wassersäule entsprechen ungefähr einem Druck von 100 mbar

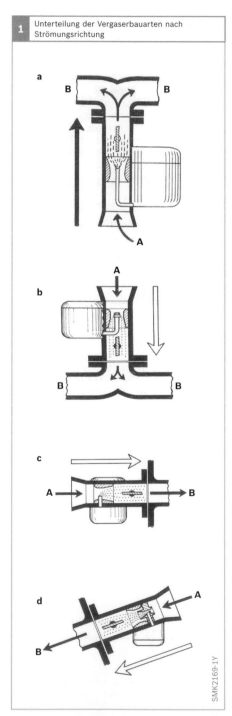

1 Unterteilung der Vergaserbauarten nach Strömungsrichtung

Bild 1
a Steigstromvergaser
b Fallstromvergaser
c Flachstromvergaser
d Schrägstrom-
   vergaser

A Lufteintritt
B Austritt des Luft-
   Kraftstoff-Gemischs

Vergaserbauarten und Anwendung

Vergaser unterscheiden sich im Wesentlichen durch die Strömungsrichtung, die Anzahl der Mischkammern und nach dem Prinzip des Festdüsen- oder des Gleichdruckvergasers, oder einer Kombination von beiden.

Strömungsrichtung

Steigstromvergaser
Beim Steigstromvergaser strömt die Luft von unten nach oben (Bild 1a). Sie sind seitlich, tief am Motor angebaut und wurden bis ca.1950 vielfach verwendet. Diese Einbaulage hat den Vorteil, dass die Schwimmerkammer tief liegt und die Kraftstoffzuführung über Fallbenzin (siehe Fallbenzin) erfolgen kann. Der Nachteil ist, dass die Schwerkraft der Luftströmung entgegenwirkt.

Fallstromvergaser
Beim Fallstromvergaser ist der Strömungsverlauf günstiger, die Luft strömt von oben nach unten (Bild 1b). Es ergibt sich aber eine größere Bauhöhe. Ab ca.1950 kamen, abgesehen von sportlichen Fahrzeugen, fast ausschließlich Fallstromvergaser zur Anwendung.

Flachstrom- und Schrägstromvergaser
Beim Flachstromvergaser strömt die Luft waagerecht (Bild 1c), beim Schrägstromvergaser leicht schräg nach unten durch den Vergaser (Bild 1d). Schrägstrom- und Flachstromvergaser haben den Vorteil einer geringeren Bauhöhe. Häufig sind es Doppelvergaser für sportlich ausgelegte Fahrzeuge.

Anzahl der Mischkammern

Einfachvergaser
4-Zylinder-Motoren bis ca. 1,7 l Hubraum wurden meist mit Einfach-Fallstromvergasern ausgerüstet (Bild 2a). Je nach Anwendung haben die Vergaser unterschiedliche Drosselklappendurchmesser und sind mit

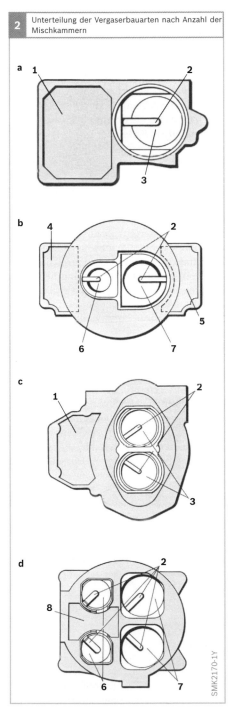

2 Unterteilung der Vergaserbauarten nach Anzahl der Mischkammern

SMK2170-1Y

verschiedenen Start- oder Zusatzsystemen ausgerüstet.

Registervergaser
Bei Motoren mit mehr Zylindern, größerem Hubraum oder höherer Leistung wurden häufig Registervergaser oder Doppelvergaser eingesetzt.

Registervergaser haben eine erste und eine zweite Stufe (Bild 2b). Die Drosselklappe der ersten Stufe wird mit der Gasbetätigung direkt geöffnet, die der zweiten

3 Mechanisch geschaltete Drosselklappe der zweiten Stufe eines Registervergasers

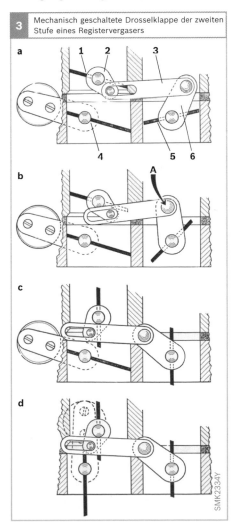

SMK2334Y

Bild 2
a Einfachvergaser
b Registervergaser
c Doppelvergaser
d Doppelregister-
   vergaser

1 Schwimmerkammer
2 Gemischaustritt
3 Mischkammer
4 Schwimmerkammer
   erste Stufe
5 Schwimmerkammer
   zweite Stufe
6 Mischkammer
   erste Stufe
7 Mischkammer
   zweite Stufe
8 zentrale
   Schwimmerkammer

Bild 3
a Ruhezuszand
b Teillast
   Drosselklappe erste
   Stufe geöffnet
   zweite Stufe ge-
   schlossen
   Unterdruckklappe
   geschlossen
c Volllast bei nied-
   riger Drehzahl
   Drosselklappe erste
   Stufe geoffnet
   zweite Stufe ge-
   öffnet
   Unterdruckklappe
   geschlossen
d Volllast bei hoher
   Drehzahl
   Unterdruckklappe
   geöffnet und zweite
   Stufe somit aktiv

1 Drosselklappe
   zweite Stufe
2 Mitnehmerhebel
3 Mitnehmerstange
4 Luftklappe mit
   Gegengewicht
5 Drosselklappe
   erste Stufe
6 Drosselhebel
A Angriffspunkt des
   Vergasergestänges

Stufe mechanisch oder durch Unterdruck zeitversetzt. Bei der mechanischen Betätigung öffnet die Drosselklappe der zweiten Stufe erst, wenn die Drosselklappe der ersten Stufe mehr als zur Hälfte geöffnet ist. Ältere Vergasertypen (Bild 3) haben in der zweiten Stufe zusätzlich zur Drosselklappe eine Luftklappe. Die Luftklappe ist unterhalb der Drosselklappe angeordnet. Die Drosselklappe wird über Hebel und Gestänge geöffnet. Die einseitig gelagerte Luftklappe ist noch geschlossen. Erst bei

geöffneter Drosselklappe kann der mit höherer Last und Drehzahl stark steigende Unterdruck auf den längeren Teil der Luftklappe wirken und die Klappe öffnen. Das Gegengewicht beeinflusst die Öffnung und sichert das Schließen.

Bei der Betätigung der zweiten Stufe durch eine Unterdruckdose werden das Öffnen und Schließen der Drosselklappe durch einen Hebel (Bild 4) oder durch eine Kurve (Bild 5) gesteuert.

Bei Registervergasern ist der Unterdruckverlauf am Lufttrichter weniger steil ansteigend (Bild 6). Daraus ergeben sich folgende Vorteile: Die erste Stufe kann relativ klein ausgeführt werden, damit wird ein hohes Drehmoment bei günstigem Verbrauch im unteren Drehzahlbereich erreicht. Die zweite Stufe kann deutlich größer dimensioniert werden, das ergibt bei komfortablem Fahrverhalten eine hohe Leistung im oberen Drehzahlbereich.

Doppel- und Dreifachvergaser
Doppel- und Dreifachvergaser haben nebeneinanderliegende gleich große Mischkammern (Bild 2c). Die Drosselklappen öffnen beim Betätigen des Gaspedals gleichzeitig. Dabei gibt es zwei verschiedene Arten, die Drosselklappen einzubauen. Bei der einen Ausführung sind die Drosselklappen in eine Drosselklap-

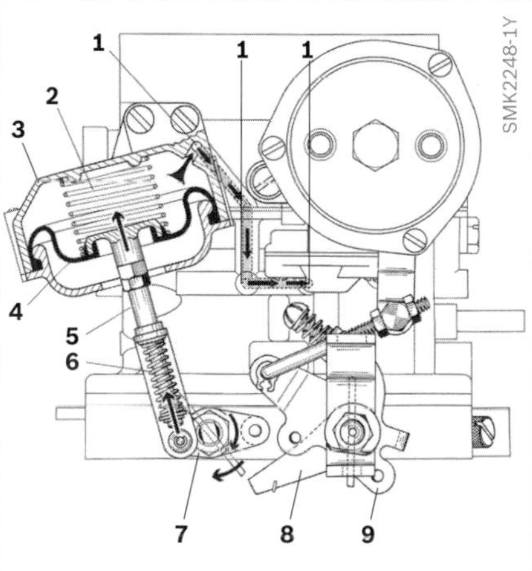

Bild 4
1 Unterdruck bohrungen
2 Membranfeder
3 Unterdruckdose
4 Membrane
5 Verbindungsstange
6 Druckfeder
7 Mitnehmerhebel
8 Rücknahmehebel
9 Drosselhebel erste Stufe

Bild 5
1 Vergaserdeckel
2 Zylinderschraube
3 Platineblock
4 Unterdruckentnahme aus beiden Stufen steuert automatisch das Ein- und Ausschalten der zweiten Stufe
5 Unterdruckdose
6 Membranfeder
7 Membrane
8 Verbindungsstange
9 Druckfeder
10 Vorzerstäuber
11 Austrittsarm zweite Stufe
12 Austrittsarm erste Stufe
13 Starterklappe
14 Pumpenhebel innen
15 Pumpenhebel außen
16 Schwimmerkammerbelüftung
17 Einspritzrohr
18 Betätigungshebel
19 Zugfeder
20 Anschlagschraube zweite Stufe
21 Gelenkhebel
22 Drosselhebel erste Stufe

Bild 6
1 Einfachvergaser
2 Registervergaser

1 000 mm Wassersäule entsprechen ungefähr einem Druck von 100 mbar

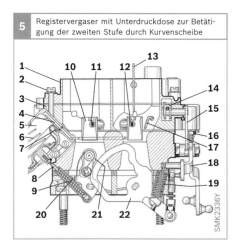

4 Registervergaser mit Unterdruckdose zur Betätigung der zweiten Stufe durch Rücknahmehebel

SMK2248-1Y

5 Registervergaser mit Unterdruckdose zur Betätigung der zweiten Stufe durch Kurvenscheibe

SMK2336Y

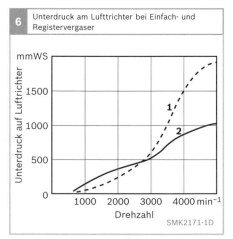

6 Unterdruck am Lufttrichter bei Einfach- und Registervergaser

mmWS

Unterdruck auf Lufttrichter

1500

1000

500

0

1000 2000 3000 4000 min⁻¹

Drehzahl

SMK2171-1D

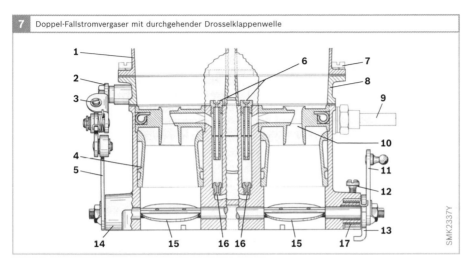

7 Doppel-Fallstromvergaser mit durchgehender Drosselklappenwelle

SMK2337Y

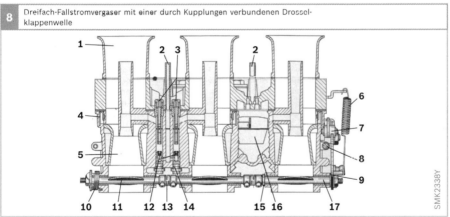

8 Dreifach-Fallstromvergaser mit einer durch Kupplungen verbundenen Drossel-klappenwelle

SMK2338Y

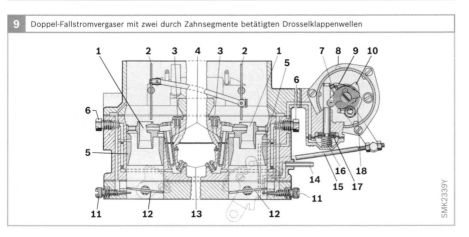

9 Doppel-Fallstromvergaser mit zwei durch Zahnsegmente betätigten Drosselklappenwellen

SMK2339Y

Bild 7
1 Einlauftrichter
2 äußerer Pumpen-
  hebel
3 Einstellschraube
  Pumpenhub
4 Lufttrichter
5 Pumpenübertra-
  gungshebel
6 Luftkorrekturdüse
  mit Mischrohr
7 Zylinderschraube
8 Vergaserdeckel
9 Kraftstoffzufluss
10 Austrittsarm mit
   Vorzerstäuber
11 Drosselhebel
12 Leerlaufeinstell-
   schraube
13 Anschlaghebel
14 Vergasergehäuse
15 Drosselklappen
16 Hauptdüsen
17 Rückdrehfeder

Bild 8
1 Einlauftrichter
2 Schwimmerkam-
  mer-Belüftungsrohr
  (Innenbelüftung)
3 Luftkorrekturdüse
  mit Mischrohr
4 Haltefeder für
  Vorzerstäuber
5 Lufttrichter
6 Rückzugfeder
7 Pumpenhebel mit
  Rolle
8 Leerlaufeinstell-
  schraube
9 Wellscheibe
10 Rückdrehfeder
11 Drosselklappe
12 Hauptdüse
13 Kupplung
14 Hauptdüsenträger
15 Anlaufscheibe
16 Doppelschwimmer
17 Drosselklappen-
   welle

Bild 9
1 Vorzerstäuber
2 Starterklappe
3 Luftkorrekturdüse
4 Mischrohre
5 Lufttrichter
6 Leerlaufdüse
7 Bimetallfeder
8 Startautomatik
9 Mitnehmerhebel
10 Stufenscheibe
11 Leerlaufgemisch-
   Regulierschraube
12 Drosselklappe
13 Hauptdüsen
14 Anschlussrohr für
   Zündverstellung
15 Verbindungsstange
16 Membranfeder
17 Pulldown-
   Membrane
18 Anschlaghebel

penwelle gesetzt (Bild 7). Um zu verhindern, dass es temperaturbedingt zum Klemmen der Drosselklappen kommt, sind die Wellen teilweise geteilt und durch Kupplungsstücke verbunden (Bild 8). Vergaser der anderen Ausführung haben zwei Drosselklappenwellen. Die Betätigung der zweiten Welle erfolgt durch Zahnsegmente (Bild 9). Dabei öffnen die Drosselklappen gegenläufig.

Mehrvergaseranlagen
Motoren für sportliche Einsätze haben häufig Mehrvergaseranlagen mit zwei bis drei Doppelvergasern und bis zu sechs Einzelvergasern (Bild 10 und Bild 11).

Doppelregistervergaser
Beim Doppelregistervergaser sind zwei Registervergaser in einem Gehäuse parallel geschaltet (Bild 2d). Doppelregisterver-

gaser ersetzen eine Zweivergaseranlage mit zwei Registervergasern. Das spart Platz im Motorraum und Gewicht.

Lage der Drosselklappenwelle
Bei längs eingebauten Reihenmotoren liegt die Drosselklappenwelle des Vergasers parallel zum Motor. Bei quer eingebauten Reihenmotoren oder Boxermotoren sind Vergaser mit quer liegender Drosselklappenwelle eingebaut. Großvolumige Motoren oder V-Motoren sind in der Regel mit Doppel- oder Doppelregistervergasern ausgerüstet, bei denen die Drosselklappen gegenläufig öffnen.

Querschnitte
Neben der Einteilung der Vergaser nach Strömungsrichtung und Anzahl der Mischkammern gibt es ein weiteres, wesentliches Unterscheidungsmerkmal.

Bild 10
1 Elektronischer Schalter
2 elektromagnetisches Ventil
3 Drosselklappenansteller
4 vorderer Vergaser
5 hinterer Vergaser
a Umschaltventil
b zur Klemme 31
c zum Zündschloss Klemme 15
d zum Unterbrecher Klemme 1

10 Zweivergaseranlage mit Drosselklappenansteller für den Schiebebetrieb

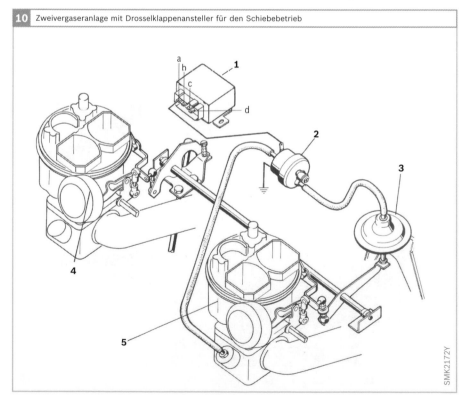

SMK2172Y

Vergaser mit fixen Querschnitten
Bei Vergasern mit fixen Querschnitten haben Lufttrichter, Gemischaustrittsöffnung und Düsen Festmaße (Festdüsenvergaser). Der Unterdruck in der Mischkammer ist je nach Drosselklappenstellung, Last und Drehzahl sehr unterschiedlich. Für eine einwandfreie Gemischbildung in allen Betriebszuständen sind verschiedene Düsensysteme (z. B. Leerlaufsystem) notwendig. Die meisten Vergaser arbeiten nach diesem Prinzip (Bild 12).

Gleichdruckvergaser
Gleichdruckvergaser (Bild 13) arbeiten nach dem Prinzip des konstanten Unterdrucks bei variablem Lufttrichter und Düsenquerschnitt. Der Querschnitt der Mischkammer wird durch einen Kolben, einen Schieber oder eine Klappe bestimmt. Die Steuerung erfolgt durch Unterdruck, in Abhängigkeit von der Drosselklappenstellung, Last und Drehzahl. Der Unterdruck und die Strömungsgeschwindigkeit in der Mischkammer sind in den verschiedenen Betriebszuständen annähernd konstant.

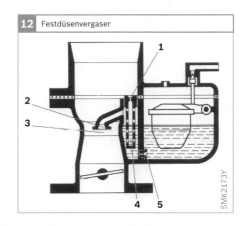

12 Festdüsenvergaser

Bild 12
1 Luftkorrekturdüse
2 Gemischaustritts-
arm
3 Lufttrichter
4 Mischrohr
5 Hauptdüse

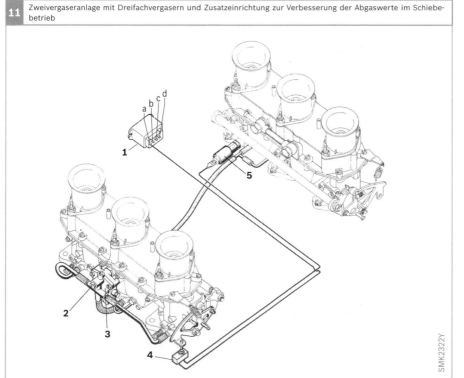

11 Zweivergaseranlage mit Dreifachvergasern und Zusatzeinrichtung zur Verbesserung der Abgaswerte im Schiebebetrieb

Bild 11
1 Elektronischer
Schalter
2 Regulierschraube
für Durchsatz-
menge
3 unterdruck-
gesteuertes Zusatz-
gemischventil
4 Mikroschalter
5 elektrisches
Ventil
a Umschaltventil
b zur Klemme 31
c zum Zündschloss
Klemme 15
d zum Unterbrecher
Klemme 1

Gleichdruckvergaser arbeiten im gesamten Warmbetrieb mit nur einem Düsensystem. Nur für den Kaltstart sind sie mit einer Zusatzeinrichtung oder einem separaten System ausgerüstet. Die meisten Gleichdruckvergaser sind Flachstromvergaser (Details siehe Gleichdruckvergaser).

Mischform

Bei Registervergasern kommen beide Prinzipien zur Anwendung, sowohl das Prinzip des fixen Querschnitts mit variablen Unterdrücken, als auch das Prinzip des konstanten Unterdrucks bei variablen Querschnitten.

Fallstrom-Registervergaser wurden ab 1972 in Deutschland in Serie eingesetzt. Dabei arbeitet die erste Stufe mit variablem Unterdruck, die zweite Stufe – durch eine federbelastete Klappe – mit variablen Querschnitten nach dem Gleichdruckprinzip (Bild 14).

Bild 13

a   Leerlaufbetrieb
b   Teillastbetrieb
c   Volllastbetrieb

Bild 14

1   Schwimmer-
    kammer-Umschalt-
    belüftung
2   Leerlaufdüse
3   Leerlaufluftdüse
4   Luftkorrekturdüse
    mit Mischrohr
    erste Stufe
5   Düsennadel
    zweite Stufe
    (für nadelgesteu-
    erte Hauptdüse)
6   Luftkorrekturdüse
    zweite Stufe
7   Kurvenscheibe
8   Übertragungshebel
9   Luftklappe
    zweite Stufe
10 Hohlschraube
11 Leerlaufgemisch-
    Abschaltventil
12 Kraftstofffilter
13 Hauptdüse
    erste Stufe
14 Drosselklappe
    erste Stufe
15 Hauptgemisch-
    austritt erste Stufe
16 Hauptdüse
    zweite Stufe
    nadelgesteuert
17 Steigrohr
18 Drosselklappe
    zweite Stufe
19 Leitblech
20 Hauptgemischaus-
    tritt zweite Stufe
21 Justierschraube

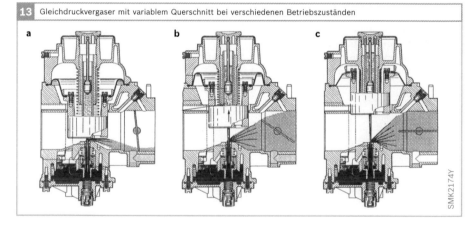

13 Gleichdruckvergaser mit variablem Querschnitt bei verschiedenen Betriebszuständen

a   b   c

SMK2174Y

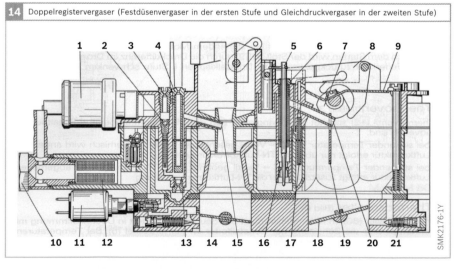

14 Doppelregistervergaser (Festdüsenvergaser in der ersten Stufe und Gleichdruckvergaser in der zweiten Stufe)

1   2   3   4   5   6   7   8   9

10 11 12   13 14 15 16 17 18 19 20 21

SMK2176-1Y

Vergaserbauteile

Übersicht

Die Hauptbauteile eines Vergasers sind das Vergasergehäuse und der Vergaserdeckel, auch als Vergaseroberteil bezeichnet (Bild 1, siehe auch Bild 1 in Abschnitt „Funktionsprinzip des Kraftfahrzeugvergasers"). Das Vergasergehäuse beinhaltet die Schwimmerkammer, die Mischkammer, das Hauptdüsensystem sowie in manchen Fällen die Drosselklappe, das Schwimmernadelventil, die Beschleunigungspumpe und die Teillastanreicherung. Der Vergaserdeckel enthält die Schwimmerkammerbelüftung, in den meisten Fällen das Schwimmernadelventil, Teile der Anreicherungseinrichtung – wenn vorhanden – sowie die Starteinrichtung bei Vergasern mit Starterklappe. Bei manchen Vergasern sind Drosselklappenteile und Starteinrichtungen separate Baugruppen.

Im Folgenden werden diese Bauteile für einen Überblick beschrieben. Ergänzende Erläuterungen und weitere Bauteile für die Dosierung von Kraftstoff und Luft werden im Zusammenhang mit den jeweiligen Systemen erklärt.

Vergasergehäuse

Bis ca. 1930 wurden Vergasergehäuse und Vergaserdeckel im Messinggussverfahren hergestellt, später dann aus Zinkdruckguss. Ab ca. 1960 wurden bestimmte Bauteile und ab ca.1970 zunehmend auch komplette Vergaser aus Aluminiumdruckguss hergestellt.

Bauteile zur Dosierung von Kraftstoff und Luft

Um die richtige Gemischzusammensetzung zu erreichen, müssen Kraftstoff und Luft dosiert zusammengeführt werden. Die Dosierung erfolgt durch genau kalibrierte Düsen und den Lufttrichter. Die für die Vergaserabstimmung erforderlichen Kalibrierungen wurden im Versuch ermittelt und als „Bestückung" festgeschrieben. Sie stellen einen optimalen Kompromiss dar, der nicht verändert werden sollte.

Vergaser sind mit unterschiedlichen Düsen und Mischrohren bestückt. Auch

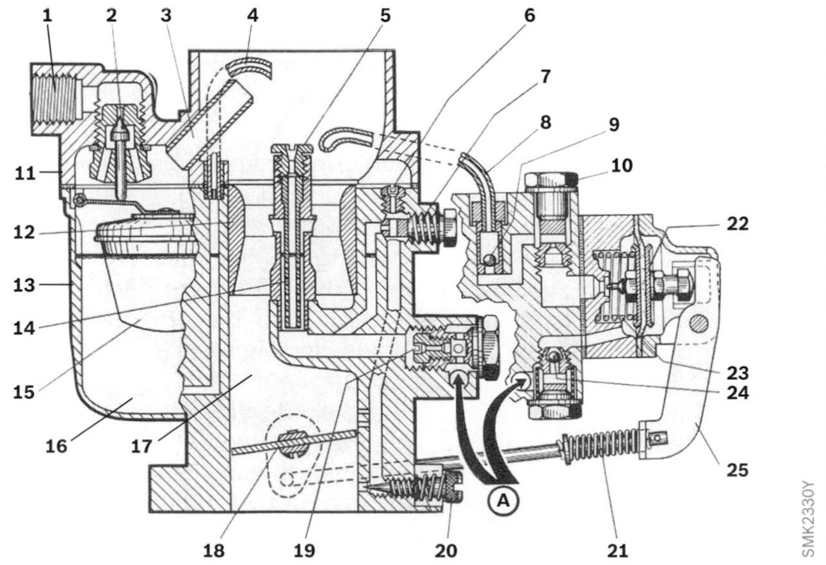

Bild 1

1 Kraftstoffanschluss
2 Schwimmernadelventil
3 Schwimmerkammerbelüftung
4 Anreicherungsrohr
5 Luftkorrekturdüse
6 Leerluftluftdüse
7 Leerlaufdüse
8 Einspritzrohr
9 Kugelventil
10 Pumpendüse
11 Vergaserdeckel
12 Lufttrichter
13 Vergasergehäuse
14 Mischrohr im Mischrohrträger
15 Schwimmer
16 Schwimmerkammer
17 Mischkammer
18 Drosselklappe
19 Hauptdüse
20 Leerlaufgemisch-Regulierschraube
21 Verbindungsstange mit Druckfeder
22 Pumpenmembrane der Beschleunigungspumpe
23 Membranfeder
24 Kugelventil
25 Pumpenhebel
A Kraftstoffzufluss

1 Bauteile zur Dosierung von Luft und Kraftstoff am Beispiel eines PICB-Vergasers um 1955

SMK2330Y

bei den Einbauorten und der Anordnung der Kanäle gibt es Unterschiede, die im Zusammenhang mit dem jeweiligen System detailliert behandelt werden.

Da Düsen Einfluss auf Leistung und Abgas haben, sind sie auch Mitbestandteil der Allgemeinen Betriebserlaubnis (ABE).

Lufttrichter
Der Lufttrichter ist die engste Stelle in der Mischkammer. Durch die Einschnürung werden der Unterdruck und die Strömungsgeschwindigkeit so erhöht, dass das im Mischrohr gebildete Vorgemisch aus dem Hauptgemischaustritt gefördert und fein zerstäubt wird. Lufttrichter gibt es in unterschiedlichen Formen (Bild 2). Ziel der Abstimmung ist es, den höchsten Unterdruck bei größtem Luftdurchsatz zu erreichen. Der Lufttrichter hat einen entscheidenden Einfluss auf den Drehmomentverlauf eines Motors. Änderungen am Lufttrichter machen meist eine komplette Neuabstimmung erforderlich.

Hauptgemischaustritt und Vorzerstäuber
Neben dem Lufttrichter hat der Hauptgemischaustritt einen großen Einfluss auf die Gemischbildung. Bei älteren Vergasern erfolgt der Gemischaustritt aus den Bohrungen des Mischrohrträgers (Bild 1). Ab etwa 1960 erfolgte der Gemischaustritt zunehmend durch Vorzerstäuber. Vorzerstäuber sind eine Art zweiter kleiner Lufttrichter (Bild 3). Man erreicht damit eine

Stabilisierung des Unterdrucks am Hauptgemischaustritt und eine Verbesserung der Kraftstoffzerstäubung. Zusätzlich kann man durch Vorzerstäuber die Strömungsrichtung optimieren.

Der Durchmesser der Gemischaustrittsbohrung beeinflusst den Einsatz des Hauptdüsensystems und begrenzt den Gemischaustritt über dieses System bei Volllast. Auch die Höhenposition des Hauptgemischaustritts im Lufttrichter hat Einfluss auf den Einsatz des Hauptdüsensystems.

Düsen
Um aus Kraftstoff und Luft für die verschiedenen Betriebszustände das jeweils optimale Gemisch zu bilden, sind Vergaser mit einer Reihe von Düsen bestückt. Bei älteren Vergasern waren das meist Hauptdüse, Düsenhütchen, Luftkorrekturdüse und Leerlaufdüse. Später kamen noch eine Starterkraftstoffdüse, eine Starterluftdüse sowie eine Leerlaufluftdüse und ein Einspritzrohr hinzu.

Da im Zuge der Motorenentwicklung immer größere Drehzahlbereiche abzudecken waren, wurden die Vergaser um zusätzliche Systeme für Teillast- und Volllastanreicherung, für Umluft- und Umgemisch sowie für automatische Starteinrichtungen erweitert. Damit wurden weitere zusätzliche Düsen notwendig.

Bild 2
a Form für beste Zerstäubung
b gebräuchlichste Form
c ungünstige Form

Bild 3
a Normaler Vorzerstäuber
b Vorzerstäuber mit Belüftungsbohrung
c Vorzerstäuber für Sportvergaser

A Hauptgemischaustritt

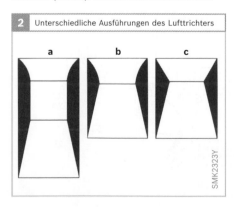

2 Unterschiedliche Ausführungen des Lufttrichters

a   b   c

SMK2323Y

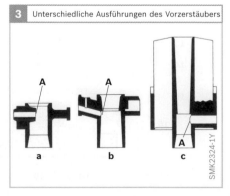

3 Unterschiedliche Ausführungen des Vorzerstäubers

A   A

A

a   b   c

SMK2324-1Y

Hauptdüsen

Hauptdüsen sind die wichtigsten Düsen. Durch die Hauptdüse fließt der Kraftstoff für alle Betriebszustände. Ihre Größe beeinflusst damit den Betrieb vom Leerlauf bis zur Volllast, besonders aber den Teillastbetrieb. Ausnahme sind Vergaser mit unabhängigem Leerlauf. Hier gelangt der Leerlaufkraftstoff unter Umgehung der Hauptdüse zur Leerlaufdüse.

Es gibt Hauptdüsen in unterschiedlichen Ausführungen. Bis ca. 1960 wurden bei Solex- und Zenith-Vergasern O-Düsen verwendet. Die O-Düse ist in einen Düsenträger eingeschraubt. Die Durchflussrichtung ist von der Gewindeseite her (Bild 4). Ab ca. 1960 wurden zunehmend X-Düsen verwendet. X-Düsen sind in der Schwimmerkammer direkt ins Gehäuse eingeschraubt. Hier ist der Durchfluss von der Kopfseite her.

Luftkorrekturdüse

Durch die Luftkorrekturdüse tritt die Luft für die Gemischbildung im Mischrohr ein. Sie ist entweder direkt über dem Mischrohr oder in einer Bohrung zur Reserve eingeschraubt. Die Größe der Luftkorrekturdüse beeinflusst den Einsatz des Hauptdüsensystems und den oberen Drehzahlbereich.

Leerlaufdüse

Die Leerlaufdüse dosiert den Kraftstoff für den Leerlauf. Ihre Größe beeinflusst den Leerlauf und den Übergangsbereich. Leerlaufdüsen gibt es in normaler Düsenform, als eine Art Sechskantschraube (Achtung: Beim Einschrauben nicht zu fest anziehen) und als Leerlaufabschaltventil (Bild 5). Dies ist ein Magnetventil, bei dem die Leerlaufdüse mit dem Ausschalten der Zündung durch eine Ventilnadel verschlossen wird. Damit wird ein Nachdieseln des Motors sicher verhindert. Leerlaufabschaltventile sind problemlos

5 Leerlaufdüsen und Leerlaufabschaltventil

SMK2327-1Y

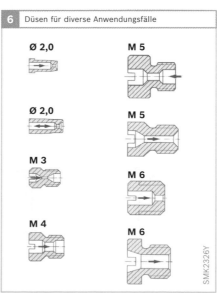

6 Düsen für diverse Anwendungsfälle

Ø 2,0   M 5
Ø 2,0   M 5
M 3   M 6
M 4   M 6

SMK2326Y

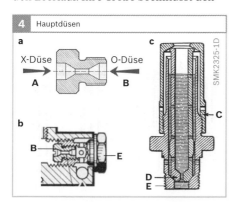

4 Hauptdüsen

X-Düse   O-Düse
A   B

SMK2325-1D

Bild 5
a Neue Ausführung einer Leerlaufdüse
b alte Ausführung einer Leerlaufdüse
c Leerlaufabschaltventil

1 Leerlaufdüse
2 Dichtring
3 Magnetspule
4 Leerlaufluftdüse
5 Leerlaufgemischkanal
6 Leerlaufkraftstoffkanal

Bild 4
a Meistverwendete Hauptdüse
b Hauptdüse im Düsenträger
c Hauptdüsensystem Montage 12

A X-Düse mit Durchfluss von der Kopfseite
B O-Düse mit Durchfluss von der Gewindeseite
C Düsenhütchen
D Hauptdüse mit Mischrohrfunktion im Düsenträger
E Düsenträger

Bild 6
Hinweis: Der auf den Düsen eingeschlagene Zahlenwert entspricht nur in etwa dem Durchmesser in 1/100 mm. Die Düsen werden nicht nach ihrem Durchmesser, sondern nach ihrem Durchflusswert gekennzeichnet. Ein Durchfluss entsprechend der Größenangabe ist nur in der Durchflussrichtung gewährleistet.

nachrüstbar. Sie werden an Klemme 15 angeschlossen.

Leerlaufluftdüse
Durch die Leerlaufluftdüse wird die Luft für das Leerlaufgemisch dosiert. Bei älteren Vergasern ist die Düse eingeschraubt. Neuere Vergaser haben anstelle der Düse meist eine Bohrung oder eine kombinierte Leerlaufkraftstoff-Luftdüse (Bild 9).

Alle Solex-Düsen sind in Strömungsrichtung auf Durchfluss geprüft. Eine Prüfung auf Durchmesser ist zu ungenau, da die Länge der Kalibrierung und die Art der Ansenkung den Durchfluss erheblich beeinflussen (Bild 6). Die Durchflussrichtung ist bei der Verwendung immer zu beachten. Die Düsengröße ist im Kopf eingeschlagen.

Mischrohre
Ein weiteres wesentliches Bauteil für die Gemischbildung ist das Mischrohr. Im Mischrohr wird aus dem durch die Hauptdüse dosierten Kraftstoff und der von der Luftkorrekturdüse begrenzten Luft das Vorgemisch gebildet.

Mischrohre gibt es in unzähligen Varianten mit unterschiedlichen Durchmessern und Querbohrungen, nach unten geschlossen oder offen, zum Teil in Kombination mit der Luftkorrekturdüse (Bild 7). Bei neueren Vergasertypen sitzt das Mischrohr in einer Bohrung – der Reserve – zwischen Hauptdüse und dem Hauptgemisch-

austritt. Die Reserve ist oben mit einem Butzen (Stopfen) verschlossen. Der Butzen hat eine Belüftungsbohrung. Damit wird verhindert, dass beim Schließen der Drosselklappe weiter Gemisch austritt. Bei älteren Vergasern sind die Mischrohre im Mischrohrträger unter der Luftkorrekturdüse platziert.

Die Größe des Ringspaltes in der Reserve, der Innendurchmesser des Mischrohres sowie die Anzahl und Lage der Querbohrungen haben einen erheblichen Einfluss auf die Gemischbildung und den Einsatz des Hauptdüsensystems, besonders im Übergangsbereich von Leerlauf auf Normalbetrieb.

Einspritzrohre und Rohre für Volllastanreicherung
Weitere kalibrierte Bauteile sind Einspritzrohre und Rohre für die Vollastanreicherung. Auch hier gibt es sehr unterschied-

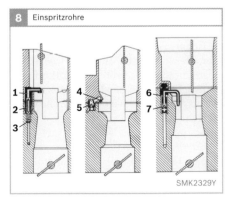

8 Einspritzrohre

SMK2329Y

Bild 8
1 Einspritzrohr hoch
2 mit Schwimmer
3 Kugelventil
4 Einspritzrohr im Deckel
5 Kugelventil im Gehäuse
6 Einspritzrohr tief
7 mit integriertem Kugelventil

Bild 7
1 Luftkorrekturdüse
2 Reserve-Ringspalt
3 Mischrohr
4 Kanal zum Hauptgemischaustritt
5 Reserve
6 Gewinde Sitz der Hauptdüse
7 Hauptdüse
8 Kraftstoffzufluss von der Hauptdüse
9 Hauptgemischaustritt

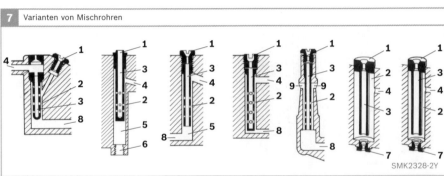

7 Varianten von Mischrohren

SMK2328-2Y

liche Ausführungen und Einbauhöhen (Bild 8). Durch das Einspritzrohr wird beim Beschleunigen der Kraftstoff aus der Beschleunigungspumpe in die Mischkammer gespritzt (Bild 9). Da die Spritzrichtung die Funktion beeinflusst, ist sie zu überprüfen und gegebenenfalls einzurichten. Wenn Angaben dazu fehlen, sollte man das Rohr zuerst so justieren, dass der Strahl in den Spalt geht und das Ergebnis in einer Probefahrt überprüfen. Weitere Varianten wären es, den Strahl auf die Lufttrichterwand oder den Vorzerstäuber zu richten.

Eine Volllastanreicherung erfolgt in vielen Fällen über ein einfaches Steigrohr mit Kalibrierung am unteren Ende (Bild 10)). Die Höhe, in der das Rohr in die Mischkammer mündet, ist entscheidend dafür, wann die Anreicherung einsetzt. Bei älteren Vergasern kommt es häufig vor, dass die Rohre fehlen. Dann kommt es zu einer unkontrollierten Volllastanreicherung.

Düsen für Gleichdruckvergaser

Abweichend von den beschriebenen Düsen und Düsenmontagen für Vergaser mit Lufttrichter haben Gleichdruckvergaser nur eine Düse für den gesamten Betriebsbereich. Die Düse ist gleichzeitig der Kraftstoffaustritt. Ein Vorgemisch wird dabei nicht gebildet. Der freie Querschnitt ist variabel und wird durch die Eintauchtiefe einer Düsennadel bestimmt (siehe Gleichdruckvergaser).

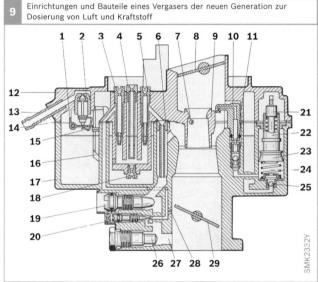

9 Einrichtungen und Bauteile eines Vergasers der neuen Generation zur Dosierung von Luft und Kraftstoff

SMK2332Y

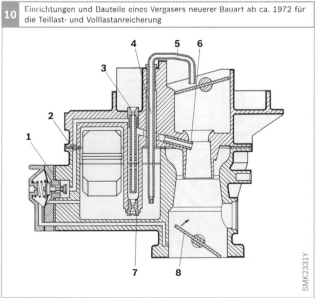

10 Einrichtungen und Bauteile eines Vergasers neuerer Bauart ab ca. 1972 für die Teillast- und Volllastanreicherung

SMK2331Y

Bild 9
1 Schwimmerhebel
2 Schwimmernadelventil
3 Leerlaufkraftstoff-Luftdüse
4 Luftkorrekturdüse mit Mischrohr
5 Zusatzkraftstoff-Luftdüse
6 Mischrohr für Zusatzgemisch
7 Hauptgemischaustritt
8 Starterklappe
9 Vorzerstäuber
10 Einspritzrohr
11 Pumpendruckventil
12 Vergaserdeckel
13 Kraftstoffanschluss
14 Vergaserdeckeldichtung
15 Drahtbügel
16 Schwimmer
17 Vergasergehäuse
18 Hauptdüse
19 Zusatzgemisch-Regulierschraube
20 Grundleerlauf-Gemischregulierschraube
21 Pumpenstößel
22 Pumpenkolben
23 Pumpenmanschette
24 Pumpenfeder
25 Pumpensaugventil
26 Verschlussstopfen
27 Leerlaufgemischaustritt
28 Übergangsbohrungen
29 Drosselklappe

Bild 10
1 Teillastanreicherungsventil
2 Anreicherungsdüse
3 Luftkorrekturdüse mit Mischrohr
4 Steigrohr
5 Volllast-Anreicherungsrohr
6 Hauptgemischaustritt
7 Hauptdüse
8 Drosselklappe

Typenbezeichnungen

Für Vergaser gibt es, je nach Hersteller, sehr unterschiedliche Typen-Bezeichnungen. In manchen Fällen ist es der Herstellername mit einer Zahlenkombination. Das können eine Serien-Typnummer, aber auch Größenangaben in Kombination mit der Serien-Typnummer sein.

Solex-, Weber- und Zenith-Vergaser werden mit Zahlen und Buchstaben bezeichnet. Die Zahlen stehen für den Durchmesser der Mischkammer, die Buchstaben kennzeichnen den Vergasertyp.

Bei Solex-Vergasern gibt es eine Art Normung für die Bezeichnung der Vergasertypen, die von allen Solex-Lizenznehmern weltweit weitgehend eingehalten wurde. Aus dieser Vergaserbezeichnung kann man den Mischkammerdurchmesser, die Strömungsrichtung, die Anzahl der Mischkammern und die Art der Starteinrichtung herauslesen und ersehen, ob der Vergaser z. B. eine Beschleunigungspumpe hat.

Beispiel am Solex-Fallstromvergaser 40 PDSIT (Bild 1):
▸ 40: Durchmesser der Drosselklappe
▸ P: Beschleunigungspumpe
▸ D: in Verbindung mit dem I ist es ein DI-Hauptdüsensystem
▸ S: steht für Starterklappe in Verbindung mit dem T
▸ I: Fallstromvergaser
▸ T: Startautomatik-Kühlmittel beheizt

Weitere Einzelheiten sind aus Tabelle 1 bis Tabelle 3 zu ersehen. Die Erklärungen sind so genau wie möglich. Die Verwendung der Buchstaben erfolgte allerdings nicht konsequent, daher die zum Teil irreführenden Bezeichnungen. Zum Beispiel ist mit Änderungen des DIDTA die Wasserbeheizung des Drosselklappenteils entfallen, das „A" in der Bezeichnung wurde aber beibehalten.

Weitere Beispiele:
▸ 18 / 32 HHD für den Registervergaser des NSU-Wankel-Spider,
▸ 2 x 44 PHH für die Registervergaseranlage des MB 190 SL.

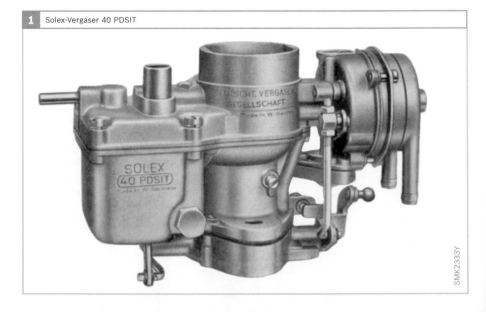

1 Solex-Vergaser 40 PDSIT

SMK2333Y

1	Aufschlüsselung der Typenbezeichnung für Solex- und Zenith-Vergaser der DVG	
Zahl, Buchstaben	Erklärung	Beispiel
32	Vergaser mit 32 mm Mischkammer- und Drosselklappendurchmesser	32 PICB
32/35	Registervergaser, 32 mm Durchmesser in der ersten Stufe und 35 mm in der zweiten Stufe	32/35 DIDTA
PDSI-2	Zahl nach Buchstaben kennzeichnet weitere Variante oder Anwendungsfall	35PDSI-2 30PICT-5
I	Fallstromvergaser (Inversé)	ICB, PICB
FI	Fallstromvergaser mit Montage 20-21	FI
IF	Fallstromvergaser mit Montage 4-12 Ausgleichsluftbohrungen und Hauptdüsenbohrung in einem Düsenstück	IFP
FH	Horizontalvergaser aus Druckguss mit angeschraubter automatischer Starteinrichtung, alte Ausführung (1940)	FHR
LH	Horizontalvergaser, Anbau links	BFLH
RH	Horizontalvergaser, Anbau rechts	BFRH
LV	Vertikal-Steigstromvergaser, Startvorrichtung links	BFLV
RV	Vertikal-Steigstromvergaser, Startvorrichtung rechts	BFRV
DD	Zwei gleiche Buchstaben stehen für Doppelvergaser	DDIST
DID	Zwei gleiche Buchstaben durch einen anderen getrennt stehen für Stufen-Registervergaser	DIDTA
A	Drosselklappenteil wasserbeheizt	DIDTA
B	Vergaser aus Druckguss, neueste Ausführung mit automatischer Starteinrichtung (Stand 1940)	
C	Starterluftventil (bei Vergasern mit Starterdrehschieber)	CIB
BI/IB	Hauptdüsensystem mit Mischrohr im Mittelzerstäuber bzw. Mischrohrträger	BIC PICB
DI/DSI	System mit seitlich eingebautem Mischrohr, Gemischaustritt seitlich oder über Vorzerstäuber	PDSIT DDIST
F	Vergaser aus Druckguss (ca. 1940)	
P	mit Beschleunigungspumpe	PICB
N	Niveauunempfindlich (geländegängig)	NDIX
R	Regler zur Drehzahlbegrenzung	RBI
S	Starterklappe (manuell betätigt)	PDSI
T	Startautomatik, Kühlmittel beheizt (T = Thermostarter)	PDSIT
ST	Startautomatik, elektrisch beheizt	
FFIP	Doppelfallstrom-Geländevergaser mit Beschleunigungspumpe	FFIP II
MO	Einfachvergaser alter Ausführung	MOV
MMOV	Doppelvergaser alter Ausführung	MMOVS

2	Aufschlüsselung der Typenbezeichnung für Stromberg CD-Vergaser der DVG	
Zahl, Buchstaben	Erklärung	Beispiel
125	Durchmesser 1,25 Zoll = 31,75 mm	125 CD
150	Durchmesser 1,50 Zoll = 38,10 mm	150 CD
175	Durchmesser 1,75 Zoll = 44,45 mm	175 CDTU
CD	Constant Depression (Durch variablen Lufttrichter konstanter Unterdruck am Kraftstoffaustritt)	CD
E	Emission (Abgasreduzierend)	CDE I
S	Handchoke (Starteinrichtung)	CDSU
T	Thermostarter	CDT
U	Umluft	CDTU

Tabelle 2
DVG Deutsche
Vergaser-
Gesellschaft

3	Aufschlüsselung der Typenbezeichnung für Pierburg-Vergaser (neue Baureihen ab 1973)	
Zahl, Buchstaben	Erklärung	Beispiel
32	Vergaser mit 32 mm Mischkammer- und Drosselklappendurchmesser	32 1B1
32/34	Registervergaser, 32 mm Durchmesser in der ersten Stufe und 34 mm in der zweiten Stufe	32/34 2B2
4A1	4 Mischkammern (Doppelregistervergaser), Baureihe A, Variante 1	
2B2-2B6	2 Mischkammern (Registervergaser), Baureihe B, Varianten 2, 3, 5, und 6 mit Startautomatik, Variante 4 mit Startvollautomatik	
2BE	2 Mischkammern (Registervergaser), Baureihe B, E = elektronisch gesteuert	
1B1–1B3	1 Mischkammer, Baureihe B, Variante 1 Handchoke, Varianten 2 und 3 mit Startautomatik	
2E1-4	2 Mischkammern, Baureihe E, Variante 1 mit Handchoke, Variante 2 und 3 mit Startautomatik, Variante 4 mit Leerauffüllungsregelung	
2EE	2 Mischkammern, Baureihe E, E = Elektronisch gesteuert (λ-Regelung)	
E	Emission (Abgasentgiftung), aber auch für Elektronik	EEIT 2E2

Tabelle 3

Tabelle 1
DVG Deutsche
Vergaser-
Gesellschaft

Schwimmereinrichtung und Schwimmerkammerbelüftung

Kraftstoffzufluss

Der Kraftstoffzufluss in den Vergaser muss unabhängig davon, ob er als Fallbenzin oder über eine Kraftstoffpumpe gefördert in den Vergaser fließt, dem jeweiligen Betriebszustand angepasst werden. Die Schwimmereinrichtung regelt den Kraftstoffzufluss.

Niveauregulierung

Die Schwimmereinrichtung besteht aus dem Schwimmer und dem Schwimmernadelventil (Bild 1). Sie hält den Kraftstoffstand in der Schwimmerkammer – das Niveau – bei allen Betriebszuständen weitgehend konstant. Ein konstantes Niveau ist Voraussetzung für eine einwandfreie Vergaserfunktion. Weil Steigung oder Gefälle Einfluss auf das Niveau haben, sind Vergaser grundsätzlich mit der Schwimmerkammer nach vorne einzubauen (Bild 2), sonst kommt es im Fahrbetrieb zu Störungen.

Der von der Kraftstoffpumpe zum Vergaser geförderte Kraftstoff fließt durch den Kraftstoffanschluss und das geöffnete Schwimmernadelventil in die Schwimmerkammer (Bild 1). Der einfließende Kraftstoff hebt den Schwimmer nach oben, dabei wird die Schwimmernadel in Richtung Ventilsitz geschoben. Mit Erreichen des Niveaus schließt das Schwimmernadelventil. Das Ventil öffnet erst wieder, wenn das Niveau in der Schwimmerkammer durch Kraftstoffverbrauch sinkt.

Manche Fahrzeuge sind mit einem Kraftstoffrücklauf zur Verbesserung des Heißleerlaufs ausgerüstet. Die Vergaser haben dafür am Kraftstoffanschluss, vor dem Schwimmernadelventil, eine kalibrierte Bohrung oder ein Ventil für den Kraftstoffrücklauf. Die Ventile werden mechanisch in Anhängigkeit von der Drosselklappenstellung (Bild 3) oder durch Unter-

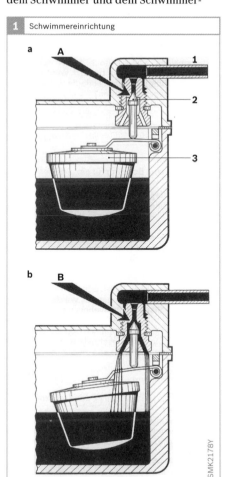

1 Schwimmereinrichtung

a

A

1
2
3

b

B

SMK2178Y

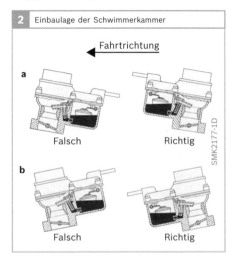

2 Einbaulage der Schwimmerkammer

Fahrtrichtung

a

Falsch Richtig

b

Falsch Richtig

SMK2177-1D

Bild 1

a Kraftstoffzufuhr durch Schwimmernadelventil unterbrochen

b Kraftstoffzufuhr freigegeben

1 Kraftstoffzufluss
2 Schwimmernadel
3 Schwimmer
A Schwimmernadelventil geschlossen
B Schwimmernadelventil geöffnet

Meistverwendete Schwimmereinrichtung von ca. 1955 bis 1970

Bild 2

a Steigung

b Gefälle

Vergaser ist mit der Schwimmerkammer nach vorne einzubauen

druck (Bild 4) betätigt. Im Leerlauf sind die Ventile geöffnet, im Fahrbetrieb schließen die Ventile den Rücklauf. Bei der Ausführung mit Bohrung ist der Rücklauf permanent. Durch den Rücklauf werden Gasblasen, die bei hohen Temperaturen in der Kraftstoffleitung entstehen, zum Kraftstoffbehälter hin abgeleitet.

Niveau

Für einen sicheren Betrieb wird ein Niveau gewählt, bei dem der Kraftstoff 3...5 mm unterhalb der Kante des Hauptgemischaustritts steht (Bild 5). Das Niveau wird durch den Förderdruck der Kraftstoffpumpe, den Durchmesser des Schwimmer-

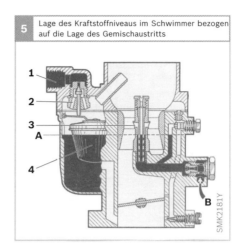

5 Lage des Kraftstoffniveaus im Schwimmer bezogen auf die Lage des Gemischaustritts

SMK2181Y

Bild 5
1 Kraftstoffanschluss
2 Schwimmernadelventil
3 Hauptgemischaustritt
4 Schwimmer
A Höhe des Kraftstoffniveaus in der Schwimmerkammer
B Zufluss des Kraftstoffs zur Hauptdüse

Bild 3
a Ventil geöffnet
b Ventil schließt

1 Membranstange„
2 Membranfeder
3 Membrane
4 Schraubstutzen
5 Ringschlauchstück
6 Kraftstoffrücklaufventil
7 Betätigungshebel (gefedert)
A Zur Schwimmerkammer
B Rücklaufventil geöffnet
C Kraftstoffzufluss
D Rücklauf
E Rücklaufventil geschlossen

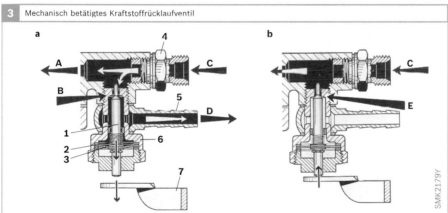

3 Mechanisch betätigtes Kraftstoffrücklaufventil

SMK2179Y

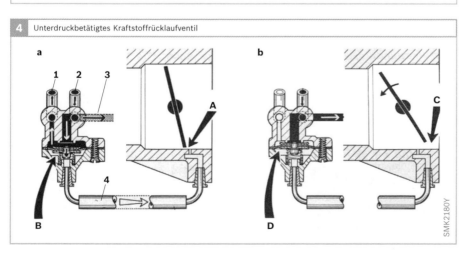

4 Unterdruckbetätigtes Kraftstoffrücklaufventil

SMK2180Y

Bild 4
a Kraftstoffrücklaufventil geöffnet
b Kraftstoffrücklaufventil geschlossen

1 Kraftstoffrücklauf
2 Kraftstoffzufluss
3 zur Schwimmerkammer
4 Unterdruckleitung
A hoher Unterdruck
B Membrane angezogen
C Unterdruck fällt ab
D Kraftstoffrücklaufventil geschlossen

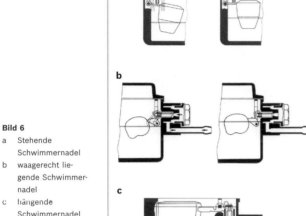

6 Lage der Schwimmernadel

a

b

c

SMK2182-1Y

Bild 6

a Stehende
   Schwimmernadel
b waagerecht lie-
   gende Schwimmer-
   nadel
c hängende
   Schwimmernadel

Bild 7

a Schwimmer
   für stehende
   Schwimmernadel
b Schwimmer
   für liegende
   Schwimmernadel
c Standard für Hohl-
   schwimmer
d Schwimmer für
   Gleichdruck-
   vergaser
e Schwimmer für
   zwangsgesteuerte
   Schwimmernadel
f Standard-
   schwimmer mit
   Flosse
g Schwimmer für
   Geländevergaser
h Zentralschwimmer
i Schwimmer
   für hängende
   Schwimmernadel

1 Schwimmerarm
2 Schwimmertopf
   (Unterteil) für
   Hohlschwimmer
3 Feststoff-
   Schwimmerkörper
4 Schwimmerhalter

nadelventils, den Dichtring des Schwimmernadelventils und den Auftrieb des Schwimmers beeinflusst.

Schwimmernadelventile gibt es mit Durchmessern von 1,25…3,0 mm. Zum Teil werden Schwimmernadeln mit einer gefederten Kugel oder einem Stift zur Dämpfung verwendet.

Bis ca. 1970 waren die Ventile meist von unten in den Vergaserdeckel geschraubt. Bei dieser Anordnung des Ventils steht die Schwimmernadel auf dem Schwimmerarm, der zugeführte Kraftstoff spritzt auf den Schwimmer (Bild 6a). Dies kann nachteilig für die Funktion sein. Die Dichtringe (aus Kupfer) haben Dicken von 0,5…2 mm. Ändert man bei normalen Schwimmern (Solex- oder Zenith-Vergaser) den Dichtring um 0,5 mm, ändert sich das Niveau um 2 mm.

Bei Vergasern ab 1976 sind die Schwimmernadeln – zur besseren Entgasung im Heißbetrieb – vielfach waagerecht (Bild 6b) oder hängend (Bild 6c) eingebaut.

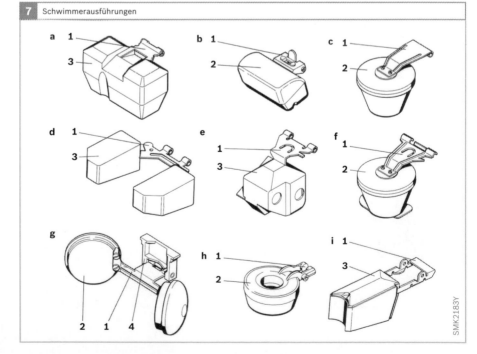

7 Schwimmerausführungen

a 1 3

b 1 2

c 1 2

d 1 3

e 1 3

f 1 2

g 2 1 4

h 1 2

i 1 3

SMK2183Y

Diese Schwimmernadeln sind zwangs-
gesteuert, sie sind mit einer Klammer an
den Schwimmerarm gekoppelt. Damit wird
u. a. ein Kleben der Schwimmernadel am
Ventilsitz verhindert. Die Schwimmer-
nadelventilsitze sind meist eingepresst.

Schwimmerausführungen

Schwimmer gibt es in sehr unterschiedlichen Formen. Bis in die 1950er-Jahre
wurden Schwimmer aus Messingblech
verwendet. Danach setzten sich Kunst-
stoffschwimmer durch. Es gibt sie als
Hohl- oder Feststoffschwimmer (Bild 7).
Für bestimmte Anwendungsfälle, z. B.
Geländefahrzeuge, wurden Schwimmerkammer und Schwimmer so gestaltet, dass
auch bei Schräglagen das Niveau weitgehend konstant bleibt.

Ab 1968 kam es bei neuen Fahrzeug-
modellen beim Befahren von Kopfstein-
pflaster immer wieder zu Überlaufen der
Schwimmerkammer. Ursachen waren das
Aufschaukeln des Schwimmers oder ein
Schäumen des Kraftstoffs. Daraufhin bekamen Topfschwimmer eine Flosse.

Auch eine lose Saugrohrstütze oder ein
verspannt eingebauter Auspuff können ein
Überlaufen des Vergasers verursachen.

Schwimmerkammerbelüftung
Außenbelüftung

Damit das Vergaserprinzip – die Kraftstoffförderung im Vergaser durch Unterdruck
(Druckdifferenz) – funktioniert, muss die
Schwimmerkammer belüftet werden. Die
einfachste Form ist die Außenbelüftung
(Bild 8). Dazu reicht eine Öffnung im Vergaserdeckel, durch die der Atmosphärendruck auf den Kraftstoff wirken kann.

Die Außenbelüftung hat den Vorteil,
dass Kraftstoffdampf, wie er nach dem Abstellen bei heißem Motor entsteht, nicht in
das Saugrohr gelangt, sondern nach außen
abgeführt wird. Sie hat aber den Nachteil,
dass bei großen Luftdurchsätzen das Gemisch sehr stark angefettet wird. Insbesondere bei hoch drehenden Motoren ist
die Außenbelüftung daher nur im Zusammenhang mit großen Lufttrichtern an-
wendbar.

Die offene Außenbelüftung ist seit den
1990er-Jahren nicht mehr zulässig. Die
entstehenden Gase werden ab diesem Zeitpunkt in einen Aktivkohlefilter geleitet.

Innenbelüftung

Bei Vergasern, die nach 1950 in Serie kamen, ist die Schwimmerkammer vielfach
nach innen belüftet. Innen, das kann die
Reinluftseite des Luftfilters oder auch der

Bild 8
1 Leerlaufluftdüse
2 Außenbelüftung
3 Schwimmernadel-
  ventil
4 Vergaserdeckel
5 Vergasergehäuse
6 Schwimmer
7 Leerlaufdüse
8 Hauptdüse
9 Starterklappe
10 Luftkorrekturdüse
11 Gemischaustritts-
  arm
12 Pumpendüse
13 Mischrohr
14 Lufttrichter
15 Pumpenventil
16 Pumpenmembran
17 Membranfeder
18 Pumpenhebel
19 Kugelventil
20 Leerlaufgemisch-
  Regulierschraube
21 Pumpen-
  übertragungshebel
22 Drosselklappe
23 Verbindungsstange

Bild 9
1 Innenbelüftung
2 Leerlaufluftdüse
3 Schwimmernadel-
  ventil
4 Vergaserdeckel
5 Vergasergehäuse
6 Schwimmergelenk
7 Schwimmer
8 Leerlaufdüse
9 Hauptdüsenträger
10 Leerlaufgemisch-
  Regulierschraube
11 Drosselklappe
12 Starterklappe mit
  Luftventil
13 Luftkorrekturdüse
14 Einspritzrohr mit
  Luftkorrekturdüse
  für Anreicherung
15 Kraftstoffdüse
16 Mischrohrträger
17 Lufttrichter
18 Membranfeder
19 Pumpenmembran
20 Pumpenhebel
21 Verbindungsstange
A Kraftstoffzulauf

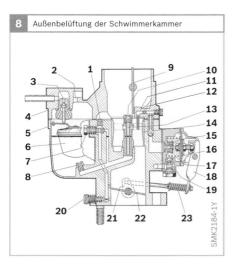

8 Außenbelüftung der Schwimmerkammer

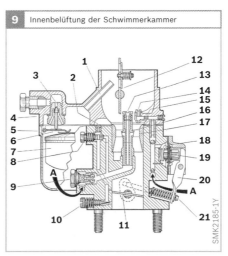

9 Innenbelüftung der Schwimmerkammer

Bild 11

1 Elektroumschalt-
  ventil
2 Gehäuse
3 Ventilplättchen
4 Außenbelüftung
  mit Spritzschutz
A Kanal zur
  Schwimmerkammer
B Kanal zur Reinseite
  des Luftfilters

Bild 10

1 Schwimmer-
  kammer-Umschalt-
  belüftung
2 Einspritzrohr
3 Starterklappe
4 Gemischaustritt im
  Vorzerstäuber
5 Anreicherung für
  zweite Stufe
6 Anreicherungsdüse
7 Schwimmernadel-
  ventil
8 Kraftstoffzufluss
9 Schwimmer
10 Membranfeder
11 Pumpenmembrane
12 Membranpumpe
13 Ventilstange mit
  Druckfeder
14 Drosselklappenteil
15 Unterdruck-
  entnahme für
  Startautomatik
16 Lufttrichter
17 Drosselklappe
18 Mischrohr
19 Hauptdüse
20 Kugelventil
21 Pumpenstange mit
  Druckfeder
22 Pumpenhebel
A Innenbelüftung
B Außenbelüftung

obere Teil des Vergaserdeckels sein
(Bild 9). Mit der Innenbelüftung erfolgt
eine weitgehende selbsttätige Anpassung
an die jeweiligen Druckverhältnisse im
Vergaser. Die Innenbelüftung hat aber den
Nachteil, dass der Kraftstoffdampf, der
nach dem Abstellen bei heißem Motor entsteht, in die Mischkammer und damit in
das Saugrohr gelangt. Beim Heißstart führt
dies häufig zu Problemen. Darüber hinaus
kann es bei häufigem Heißbetrieb zu Öl-
verdünnung kommen, da der Kraftstoffdampf bei der Abkühlung im Saugrohr
kondensiert und flüssig in den Motor gelangt.

Schwimmerkammer-Umschaltbelüftung
Die Lösung des Problems ist eine Schwimmerkammer-Umschaltbelüftung. Dabei
wird im Leerlauf nach außen und bei
höheren Drehzahlen nach innen belüftet.
Die Umschaltung erfolgt mechanisch
(Bild 10) oder über ein Elektromagnetventil (Bild 11). Pneumatische Umschalt-
ventile haben sich nicht bewährt.

Die mechanisch betätigte Umschaltbelüftung wurde ab ca. 1960 bei vielen
Vergasertypen eingeführt. Sie sollte nach
jeder Leerlaufkorrektur geprüft und eventuell neu eingestellt werden. Bei Drehzahlen unter 1500 min^{-1} muss nach außen

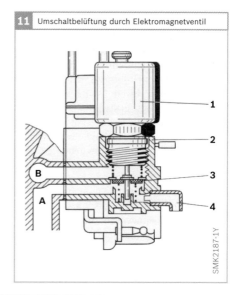

11 Umschaltbelüftung durch Elektromagnetventil

SMK2187-1Y

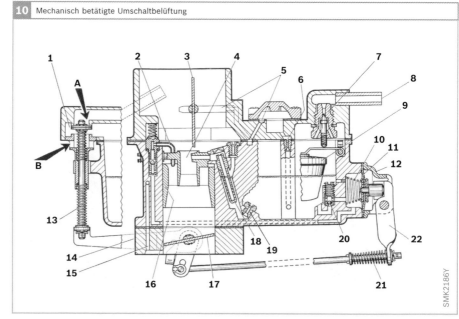

10 Mechanisch betätigte Umschaltbelüftung

SMK2186Y

und über 1700 min^{-1} nach innen belüftet werden. Die Messungen sind ohne Last durchzuführen. Das Elektromagnetventil schaltet mit Einschalten der Zündung auf Innenbelüftung.

Wichtiger Hinweis: Bei fehlerhafter Einstellung der Umschaltbelüftung gibt es neben Heißstartproblemen häufig einen stark erhöhten Kraftstoffverbrauch. So kann der Kraftstoffverbrauch bei einem 1,9 l Motor mit 90 PS ohne weiteres auf bis zu 30 l/100 km ansteigen, wenn die Belüftung nicht – wie vorgesehen – umschaltet. In manchen Fällen ist die Anfettung so stark, dass es bei hoher Last und hohen Drehzahlen zu Fettaussetzern oder zum Absterben des Motors kommt.

Sparvorrichtung
Bei bestimmten Vergasertypen vor 1950 nutzte man die Schwimmerkammerbelüftung für eine „Sparvorrichtung". Mit einem Bowdenzug konnte der Fahrer die freie Öffnung verkleinern, damit änderten sich die Druckverhältnisse so, dass das Gemisch abmagerte (Bild 12). Im Volllast-

betrieb wurde die Schwimmerkammer durch eine zusätzliche Bohrung belüftet und damit die Sparvorrichtung außer Funktion gesetzt.

Überlaufsysteme
Bei Sportfahrzeugen kamen Überlaufvergaser zum Einsatz. Es sind Mehrvergaseranlagen mit einer oder zwei separaten Schwimmerkammern. Bei diesem System werden zwei Förderpumpen benötigt (Bild 13). Die erste fördert den Kraftstoff in die unterhalb der Vergaser liegende separate Schwimmerkammer. Hier wird das Kraftstoffniveau mit einem konventionellen Schwimmersystem geregelt. Die zweite Pumpe fördert den Kraftstoff von der separaten Schwimmerkammer in die Vergaser (Bild 14). Hier wird das Niveau durch die Höhe eines Überlaufrohrs bestimmt. Der überschüssige Kraftstoff fließt durch dieses Rohr zur Schwimmerkammer zurück.

Da es in Vergasern mit Überlaufsystem nur durchfließenden Kraftstoff gibt, sind sie unempfindlich gegen Kurven-, Stei-

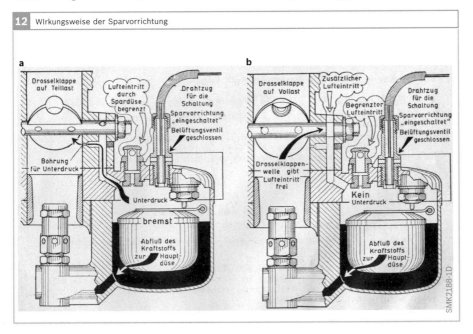

12 | Wirkungsweise der Sparvorrichtung

a

Drosselklappe auf Teillast
Lufteintritt durch Spardüse begrenzt
Drahtzug für die Schaltung
Sparvorrichtung „eingeschaltet" Belüftungsventil geschlossen
Bohrung für Unterdruck
Unterdruck
bremst
Abfluß des Kraftstoffs zur Hauptdüse

b

Drosselklappe auf Vollast
Zusätzlicher Lufteintritt
Drahtzug für die Schaltung
Begrenzter Lufteintritt
Sparvorrichtung „eingeschaltet" Belüftungsventil geschlossen
Drosselklappenwelle gibt Lufteintritt frei
Kein Unterdruck
Abfluß des Kraftstoffs zur Hauptdüse

SMK2188-1D

Bild 12
a Eingeschaltet in Wirkung
b eingeschaltet außer Wirkung (bei Volllast)

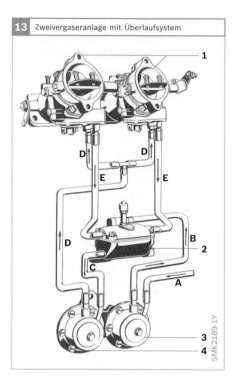

13 Zweivergaseranlage mit Überlaufsystem

Bild 13
1 Zweivergaseranlage
2 separate
   Schwimmerkammer
3 Pumpe fördert
   Kraftstoff in sepa-
   rate Schwimmer-
   kammer
4 Pumpe fördert
   Kraftstoff in den
   Vergaser
A Kraftstoffzufuhr
   vom Kraftstoff-
   behälter
B Kraftstofffluss in
   die Schwimmer-
   kammer
C Kraftstoffrücklauf
   aus der
   Schwimmerkammer
D Kraftstoffzufuhr in
   den Vergaser
E Kraftstoffrücklauf
   vom Vergaser

gungs- und Beschleunigungskräfte. Zudem wird bei diesem System den Vergasern relativ kühler Kraftstoff zugeführt, Dampfblasen werden damit weitgehend vermieden. Bis zu Ende der Vergaserära wurden viele Wettbewerbsfahrzeuge auf Überlaufsysteme umgerüstet.

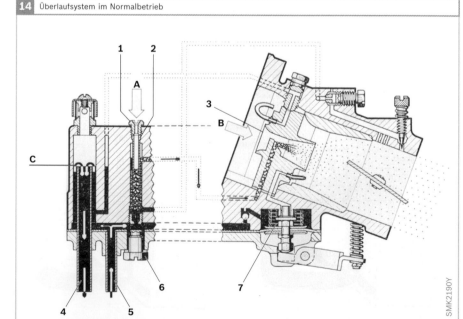

14 Überlaufsystem im Normalbetrieb

Bild 14
1 Luftkorrekturdüse
2 Mischrohr
3 Austrittsarm mit
   Vorzerstäuber
4 Kraftstoffüberlauf
   (Kraftstoffrück-
   fluss)
5 Kraftstoffzufluss
6 Hauptdüse
7 Abschaltventil für
   Teillastanreicherung
A Eintritt der
   Korrekturluft
B Eintritt der
   Hauptluft
C Niveau

Starteinrichtungen

Der Kaltstart eines Motors war bis ca.1930 meist mühsam. Ein Motor, der angekurbelt oder vom Anlasser durchgedreht wird, erzeugt einen sehr geringen Unterdruck. Dieser Unterdruck reicht nicht aus, um im Vergaser ein Gemisch zu bilden, mit dem der Motor anspringt. Für den Kaltstart ist ein fettes Gemisch von 3...5 kg Luft pro 1 kg Kraftstoff notwendig, weil sich ein Teil des Kraftstoffs im kalten Saugrohr niederschlägt und infolge der geringen Strömungsgeschwindigkeit auch nicht aufbereitet wird. Man suchte nach Lösungen, und so kamen ab ca.1930 Vergaser mit Zusatzeinrichtungen für den Kaltstart in Serie.

Die ersten Starteinrichtungen waren Starterdrehschieber, Starterkolben oder Startventile. Ab 1958 wurden zunehmend Starterklappen verwendet. Ab ca.1964 wurden die Klappen vielfach in Abhängigkeit von der Temperatur durch eine Bimetallfeder gesteuert. Ab ca.1976 ka-

men vollautomatische Starteinrichtungen in Serie.

Da es eine Vielzahl von unterschiedlichen Starteinrichtungen sowohl für Vergaser mit festem Lufttrichter als auch für Vergaser mit variablem Querschnitt (Gleichdruckvergaser) gibt, werden hier nur die häufigsten Varianten behandelt.

Erste Startsysteme

Startsysteme mit Drehschieber, Starterkolben oder Startventil sind eine Art Zusatzvergaser für Start und Warmlauf. Sie wurden manuell betätigt. Bild 1 zeigt als Beispiel einen Fallstromvergaser mit Starterdrehschieber. Bei einigen Ausführungen wurden Drehschieber auch temperaturabhängig über eine warmluftbeheizte Bimetallfeder gesteuert (Bild 2).

Aufbau
Diese Startsysteme haben einen Kanal für das Startgemisch, der motorseitig der Drosselklappe mündet. Durch diesen Startgemischkanal wird auch mit dem geringen Unterdruck bei Anlasserdrehzahl

Bild 1

a Fallstromvergaser
b Starterdrehschieber in einfacher Ausführung
c Starterdrehschieber als Stufenstarter mit Starterzug

1 Drosselklappe
2 Starterluftdüse
3 Starterkraftstoffdüse
4 Schwimmer
5 Schwimmergehäuse
6 Drehschieber
7 Raste
8 Bowdenzug zum Einschalten der Starteinrichtung (Starterknopf)
A Luft
B Startgemisch
C Eintritt des Kraftstoffs
D Austritt der Startemulsion
E Eintritt der Luft durch die Starterluftdüse
F Kaltstart
G Warmlauf
H Startvorrichtung ausgeschaltet

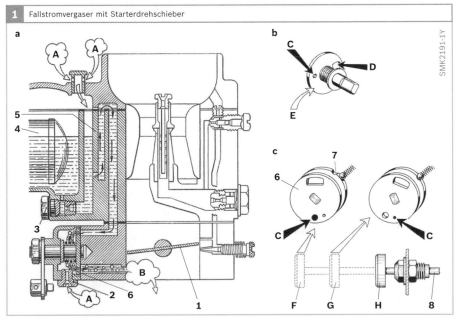

1 Fallstromvergaser mit Starterdrehschieber

SMK2191-1Y

ein so kraftstoffreiches Gemisch erzeugt, dass der kalte Motor sicher anspringt.

Der Starterdrehschieber ist eine Scheibe mit unterschiedlichen Bohrungen für Kraftstoff und Gemisch. Starterdrehschieber gibt es in drei Ausführungen. Die einfache Ausführung hat, wie auch der Starterkolben, zwei Stellungen – Starter „ein" und Starter „aus". Bei den verbesserten Ausführungen – dem Stufenstarter, dem progressiven Starter und beim Startventil – gibt es eine dritte Stellung für den Warmlauf. Bei Vergasern für Zweitaktmotoren gibt es zusätzlich eine Stellung für den Warmstart.

Startvorgang
Durch Ziehen des Starterknopfs werden der Drehschieber, der Kolben oder das Startventil in Kaltstartstellung auf großen Durchgang gestellt. Damit ist der Kanal für das Startgemisch geöffnet. Beim Start muss die Drosselklappe in Leerlaufstellung stehen, damit der volle Unterdruck durch den Kanal auf das Startsystems wirkt. Im Start-

system steht der Kraftstoff in gleicher Höhe wie in der Schwimmerkammer. Sobald der Unterdruck ausreicht, bildet sich im Startsystem ein kraftstoffreiches Gemisch, das motorseitig der Drosselklappe austritt (Bild 1 und Bild 3). Der Kraftstoff wird durch die Starterkraftstoffdüse dosiert, die Luft durch die Starterluftdüse oder die Starterluftbohrung. In Verbindung mit der Luft, die durch den Drosselklappenspalt strömt, entsteht das Startgemisch.

Nach dem Anspringen des Motors steigt der Unterdruck durch die höheren Drehzahlen stark an. Dabei sinkt der Kraftstoffstand im Startsystem so weit ab, dass durch das Startertauchrohr, eine Belüftungsbohrung oder durch einen Kanal zusätzlich Luft eintreten kann (Bild 4). Das Gemisch wird abgemagert und eine Überfettung vermieden.

Im Zuge der Weiterentwicklung wurde das Starterluftventil – ein Membranventil, das beim Start geschlossen ist – eingeführt. Nach dem Anspringen des Motors öffnet

Bild 2

a Fallstromvergaser
b Starterluftventil geöffnet
c Kaltstartstellung
d Warmlaufstellung
e Starter ausgeschaltet

1 Klammer für den Halter der Bimetallfeder
2 Bimetallfeder
3 Halter für Bimetallfeder
4 Anschlussrohr für Warmluft
5 Krümmer für Lufterwärmung
6 Starterdrehschieber
7 Kanal für Startgemisch zum Drehschieber
8 Öffnung für Startgemisch
9 Belüftungsdüse
10 Kanal für Startgemisch zum Saugrohr
11 Starterluftventil
12 Starterluftkanal
13 Starterkraftstoffreserve
14 Schwimmergehäuse
15 Starterkraftstoffdüse

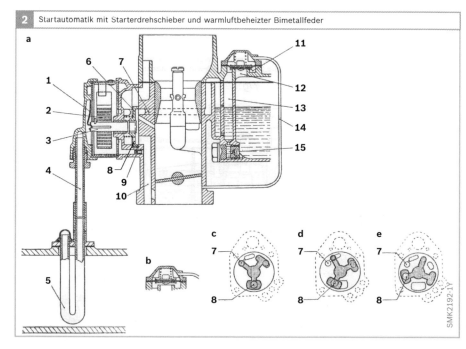

2 Startautomatik mit Starterdrehschieber und warmluftbeheizter Bimetallfeder

SMK2192-1Y

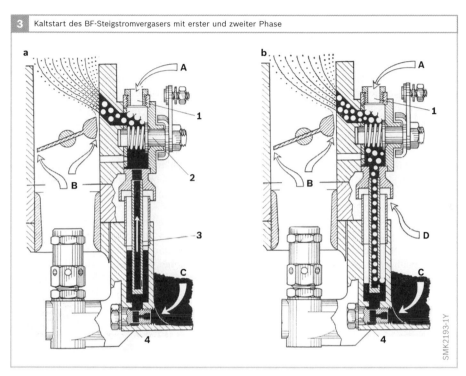

3 Kaltstart des BF-Steigstromvergasers mit erster und zweiter Phase

a

b

Bild 3
a Erste Phase
b zweite Phase

1 Starterluftdüse
2 Starterdrehschieber
3 Starter tauchrohr
4 Starterkraftstoff-
düse
A Eintritt der Starter-
luft
B Zustrom von Haupt-
luft
C Zufluss des Kraft-
stoffs
D Eintritt der Brems-
luft für Starter

SMK2193-1Y

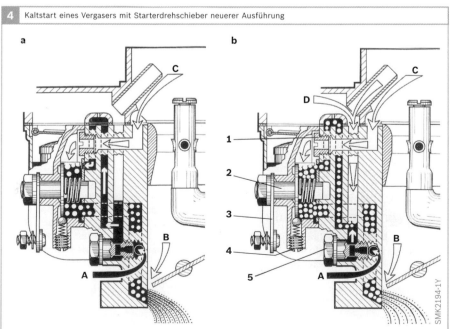

4 Kaltstart eines Vergasers mit Starterdrehschieber neuerer Ausführung

a

b

Bild 4
a Erste Phase
b zweite Phase

1 Starterluftdüse
2 Starterdrehschieber
3 Starterhebel
4 Kugelraste
5 Starterkraftstoff-
düse
A Kraftstoffzufluss
B Zustrom von Haupt-
luft
C Eintritt der Start-
luft
D Eintritt der Brems-
luft für Starter

SMK2194-1Y

Bild 5

1 Starterdrehschieber
2 Starterhebel
3 kalibrierte Bohrung
  für Startemulsion
4 Starterkraftstoff-
  düse
A Unterdruck öffnet
  das Starterluftventil
B Eintritt der Starter-
  bremsluft
C Eintritt der Starter-
  luft
D Unterdruck wirkt
E Eintritt der Zusatz-
  luft
F Zustrom der Haupt-
  luft
G Zufluss des Kraft-
  stoffs

Bild 6

a Starterklappe
  geöffnet (Startein-
  richtung ausge-
  schaltet)
b Starterklappe beim
  Kaltstart (Kaltstart-
  stellung)

1 Starterklappe mit
  Luftventil
2 Mischrohr
3 Mischrohrträger
A Kraftstoffzufluss
B Eintritt der Start-
  luft

das Ventil durch den höheren Unterdruck, es tritt zusätzlich Luft ein und das Startgemisch wird abgemagert (Bild 5).

Ist der Motor angesprungen, wird der Starterknopf auf Mittelstellung zurückgeschoben. Damit werden der Drehschieber oder das Startventil auf Warmlaufstellung, d.h. auf kleineren Durchgang gestellt und das Gemisch für den Warmlauf weiter abgemagert. Wird mit dieser Starterstellung der Fahrbetrieb aufgenommen, kann der Unterdruck so weit abfallen, dass die Gemischbildung im Startsystem aussetzen würde, wenn nicht durch das gleichzeitige Schließen des Starterluftventils das Gemisch angereichert würde. Sobald der Motor rund läuft, kann der Starterknopf ganz zurückgeschoben werden. Das Startsystem ist damit abgeschaltet.

Bei Zweitaktmotoren ist der Warmstart problematisch, wenn sich im Ansaugtrakt durch das Ausdampfen der Schwimmerkammer ein kraftstoffreiches Gemisch gebildet hat. Bei der Stellung „Warmstart" steht der Drehschieber so, dass der Kanal für das Startgemisch voll geöffnet, aber der Zugang für das Startgemisch geschlossen ist. Wird nun mit Drosselklappe in Leerlaufstellung der Motor angelassen,

strömt durch den Startgemischkanal nur Luft, der Motor springt an.

Startsysteme mit Drehschieber oder Kolben werden als Nebenschlussstartsysteme bezeichnet, da das Startgemisch in einem separaten System mit zusätzlichen Düsensystemen außerhalb der Mischkammer gebildet wird.

Hinweis: Drehschieber bei älteren Vergasern sind häufig in der „Aus-Stellung" undicht. Dies führt zu einem unregelmäßigen, nicht einstellbaren Leerlauf und zu unkontrollierter Anfettung im Normalbetrieb. Ursachen sind ein beschädigter Drehschieber oder eine fehlerhafte Feder. Darüber hinaus findet man immer wieder Drehschieber, die verdreht auf die Welle gesetzt sind.

Starterklappen

Starteinrichtungen mit Starterklappen kamen ab ca. 1958 in Serie. Bei ihnen wird das Gemisch für den Kaltstart in der Mischkammer durch das Hauptdüsensystem gebildet. Es gibt zwei Ausführungen. Bei der älteren Ausführung wird die Starterklappe mechanisch fest geschlossen. In der Klappe befindet sich ein Flatterventil (Bild 6). Bei der neueren Variante wird die Klappe durch Federkraft geschlossen (Bild 7). Sie ist damit begrenzt beweglich.

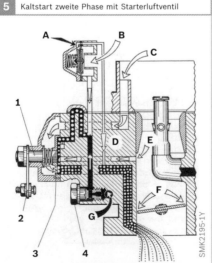

5 Kaltstart zweite Phase mit Starterluftventil

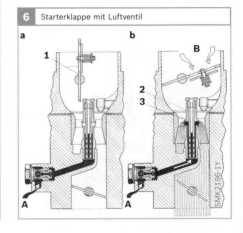

6 Starterklappe mit Luftventil

Kaltstart mit Starterklappe

Zum Kaltstart wird die Starterklappe vollständig geschlossen. Das Schließen erfolgt mit dem Starterknopf manuell über einen Bowdenzug. Mit dem Schließen der Klappe wird die Drosselklappe über eine Verbindungsstange oder – bei neueren Ausführungen – über eine Kurvenscheibe und einen Hebel auf Vollstartstellung geöffnet (Bild 8). Durch diese Öffnung der Drosselklappe und die geschlossene Starterklappe wirkt der beim Anlassen des Motors entstehende Unterdruck auf das Hauptdüsensystem. Es bildet sich ein kraftstoffreiches Gemisch, das durch den Hauptgemischaustritt in die Mischkammer strömt. Mit der durchströmenden Luft bildet sich daraus das Startgemisch. Die für das Startgemisch benötigte Luft wird bei den älteren Ausführungen durch ein Ventil – das Flatterventil in der Starterklappe, das sich unterdruckabhängig öffnet – zugeführt. Bei den neueren Ausführungen ist die Starterklappe asymmetrisch gelagert und beweglich. Das Schließen erfolgt nur durch Federkraft. Die Klappe kann damit beim Start gegen die Federkraft unterdruckabhängig bis zu einem Anschlag öffnen (Bild 7). Die für das Startgemisch erforderliche Luft wird zugeführt, indem die

Klappe während des Startvorgangs schnell öffnet und schließt (schnüffelt). Man bezeichnet diese Ausführung als halbautomatische Starterklappe.

Sobald der Motor angesprungen ist, läuft er mit erhöhter Drehzahl. Damit er durchläuft, muss das Startgemisch abgemagert werden. Dazu wird der Starterknopf soweit zurückgeschoben, dass die Starterklappe etwas öffnet und gleichzeitig die Drosselklappe etwas schließt, der Motor aber noch sicher mit leicht erhöhter Leerlaufdrehzahl läuft. Das vollständige Zurückstellen des Starterknopfes ist abhängig von der Motortemperatur und vom Betriebspunkt.

Einstellung: Bei geschlossener Starterklappe muss die Drosselklappe etwas geöffnet in Vollstartstellung stehen. Diese Öffnung muss eingestellt werden. Je nach Vergaser sind Drosselklappenspalte von 0,6...0,8 mm einzustellen. Bei Vergasern mit Starterstange wird der Spalt durch Biegen der Stange und bei Vergasern mit Hebel und Kurve durch Biegen des Hebels oder mit einer Einstellschraube im Hebel eingestellt.

Anmerkung: Bei der Bedienung einer manuellen Starteinrichtung können fahrzeugspezifische Erfahrungen für die optimale Nutzung von Vorteil sein.

7 Halbautomatische Starterklappe

B

1

2

3

A

4

SMK2197Y

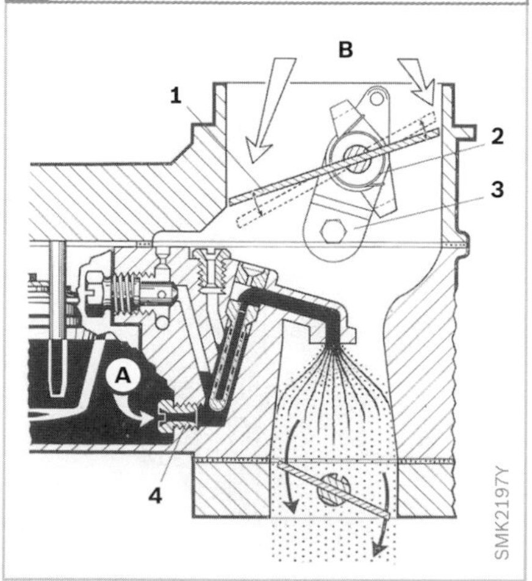

8 Schema einer manuell betätigten Starteinrichtung

1 2 3

4

5

6 7

SMK2198Y

Bild 7
1 Starterklappe
2 Rückdrehfeder
3 Starterhebel
4 Hauptdüse
A Kraftstoffeintritt
B Eintritt der Starterluft

Bild 8
1 Starterklappe mit Welle
2 Kurvenscheibe zur Anstellung der Drosselklappe
3 Einstellschraube für die Drosselklappenanstellung
4 Hebel zur Drosselklappe
5 Zugfeder
6 Starterknopf
7 Drosselklappe

Startautomatik

Mit Modelljahr 1961 bekam der VW Käfer als erstes Großserienfahrzeug einen Vergaser mit Startautomatik (Vergaser 28 PICT, Bild 9). Ab ca.1964 bekamen dann die meisten Fahrzeuge ab der Mittelklasse einen Vergaser mit Startautomatik. Die Bauteile einer Startautomatik sind (Bild 9):

▸ der Starterkörper,
▸ die Starterklappenwelle mit Starterklappe,
▸ die Stufenscheibe,
▸ der Mitnehmerhebel und Rückdrehfeder für die Stufenscheibe (im Bild gezeigter PICT-Vergaser ohne Rückdrehfeder, Rückdrehung erfolgt durch einseitige Gewichtsverteilung der Stufenscheibe),
▸ der Starterhebel und ein Hebel oder eine Verbindungsstange, um die Drosselklappe auf Vollstartstellung zu öffnen,
▸ der Starterdeckel mit Bimetallfeder sowie
▸ die Pulldown-Einrichtung.

Die normale Startautomatik ist eine Halbautomatik, die durch Betätigen des Gaspedals vor dem Kaltstart aktiviert, d. h. eingeschaltet werden muss. Danach arbeitet die Starteinrichtung vom Kaltstart bis zum Erreichen der Betriebstemperatur automatisch. Die Steuerung erfolgt temperaturabhängig durch die Bimetallfeder im Starterdeckel (Bild 10). Die Beheizung der Bimetallfeder erfolgt bei luftgekühlten Motoren mit Einschalten der Zündung elektrisch, bei wassergekühlten Motoren durch das Kühlmittel oder kombiniert, bei Vergasern ab ca.1978 auch durch PTC-Elemente.

Kaltstart mit Startautomatik
Durch Betätigen des Gaspedals wird die Stufenscheibe freigegeben. In Abhängigkeit von der Temperatur steuert die Bimetallfeder die Starterklappe. Bei Temperaturen unter 20 °C wird die Starterklappe ganz geschlossen. Beim Schließen wird die Stufenscheibe mitgeführt. Bei Rücknahme des Gaspedals kommt der He-

Bild 9
a Zusammenwirken von Starterklappe, Gestänge, Drosselklappe und Bimetallfeder
b Startautomatik in Kaltstartstellung
c Startautomatik beim Warmlauf
d Startautomatik abgeschaltet

1 Bimetallfeder
2 Starterklappenwelle
3 Starterklappe
4 Stufenscheibe
5 Leerlaufeinstellschraube
6 Mitnehmerhebel
7 Drosselklappenwelle
8 Drosselklappe
9 Drosselklappenhebel
10 Starterklappe ganz geöffnet
11 Stufenscheibe in Leerlaufstellung
12 Starterklappe geschlossen
13 Stufenscheibe in Kaltstartstellung
14 Rückzugfeder für Drosselklappe
15 Starterklappe leicht geöffnet
16 Stufenscheibe in Stellung für erhöhten Leerlauf

9 Startautomatik an einem PICT-Vergaser

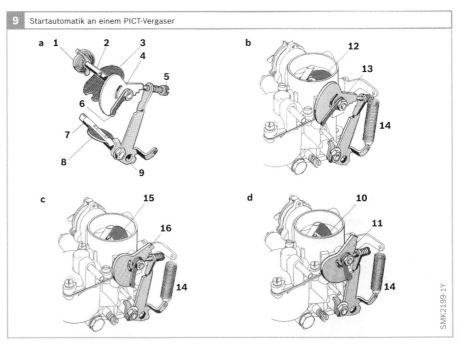

SMK2199-1Y

bel für die Drosselklappenanhebung auf der entsprechenden Stufe zur Auflage. Die Drosselklappe ist damit angestellt. Bei vollständig geschlossener Starterklappe liegt der Hebel auf der obersten Stufe auf und die Drosselklappe ist auf Vollstartstellung – den Drosselklappenspalt – geöffnet (Bild 11). Der Drosselklappenspalt ist ein Einstellmaß.

Einstellung: Bei älteren PICT-Vergasern ist die Vollstartstellung abhängig von der Leerlaufeinstellung. Bei allen anderen Vergasern muss die Vollstartstellung extra eingestellt werden. Je nach Vergaser sind Drosselklappenspalte von 0,4...0,8 mm einzustellen. Die Einstellung erfolgt durch Verdrehen der Muttern auf der Starterverbindungsstange (Bild 12) oder an der Einstellschraube im Starterhebel.

Die Einstellung kann bei betriebswarmem Motor überprüft werden. Dazu wird bei abgestelltem Motor die Drosselklappe etwas geöffnet und die Starterklappe ganz geschlossen. Der Starterhebel kommt damit auf der höchsten Stufe der Stufenscheibe zur Auflage, die Drosselklappe ist auf Vollstartstellung angestellt. Nun wird, ohne das Gaspedal zu berühren,

der Motor gestartet. Nach dem Anspringen läuft er im „Schnellleerlauf".

Bei 4-Zylinder-Motoren sollen es ca. 2500...2700 min^{-1}, bei 6-Zylinder-Motoren ca. 2700...2900 min^{-1} sein. Die Schnellleerlaufdrehzahlen sind je nach Fahrzeugtyp und Hersteller unterschiedlich.

Startvorgang
Der Startvorgang ist der Gleiche wie zuvor beschrieben. Auch bei der Startautomatik

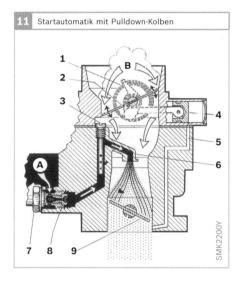

11 Startautomatik mit Pulldown-Kolben

SMK2200Y

Bild 11
1 Bimetallfeder
2 Starterklappe
3 Luftkorrekturdüse mit Mischrohr
4 Pulldown-Kolben
5 Unterdruckkanal
6 Gemischaustrittsarm
7 Düsenträger
8 Hauptdüse
9 Drosselklappe
A Kraftstoffeintritt
B Eintritt der Startluft

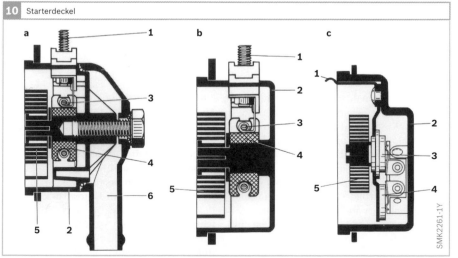

10 Starterdeckel

SMK2261-1Y

Bild 10
a Kombiniert beheizt
b elektrisch beheizt
c mit PTC-Elementen beheizt

1 Elektrischer Anschluss
2 Starterdeckel
3 Heizspirale
4 keramischer Einsatz
5 Bimetallfeder
6 Kühlmittelanschluss

Bild 12

 1 Starterklappe
 2 Mischrohr
 3 Hauptdüse
 4 Drosselklappe
 5 Unterdruckbohrung
    für Startautomatik
 6 Stufenscheibe
 7 Anschlaghebel
 8 Mitnehmerhebel
 9 Zugstange
10 Deckel
11 Einstellschraube für
    Pulldown
12 Startverbindungs-
    stange zum
    Drosselhebel
13 Startergehäuse
14 Dichtring
15 Haltering
16 Wasseranschluss-
    stutzen
17 Starterdeckel
18 Zylinderschraube
19 Bimetallfeder
20 Einstellring
 A Kraftstoffzufluss
 B Eintritt der Start-
    luft durch den
    Starterklappenspalt

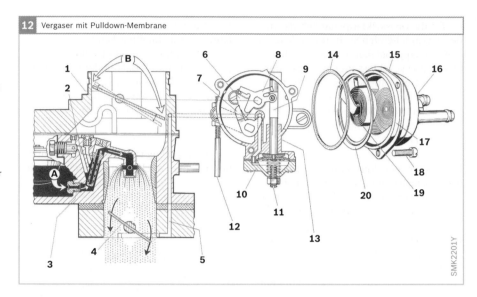

12 Vergaser mit Pulldown-Membrane

SMK2201Y

ist die Starterklappe asymmetrisch gelagert. Durch den Unterdruck beim Anlassen wird die Starterklappe gegen die Schließkraft der Bimetallfeder so weit geöffnet, dass Luft für das Startgemisch eintreten kann.

Pulldown-Einrichtung

Sobald der Motor angesprungen ist, steigt der Unterdruck unterhalb der Starterklappe so stark an, dass es zu einer Überfettung und zum Abstellen des Motors kommen würde. Durch die Pulldown-Einrichtung wird dies verhindert, in dem die Starterklappe etwas geöffnet wird. Unmittelbar nach dem Ansprinen des Motors werden die Pulldown-Membrane oder der Pulldown-Kolben durch den zunehmenden Unterdruck gegen einen Anschlag gezogen. Da Kolben und Membrane durch eine Verbindungsstange mit der Starterklappenwelle verbunden sind, wird die Starterklappe gegen die Schließkraft der Bimetallfeder auf den „Starterklappenspalt" geöffnet (Bild 12). Das Startgemisch wird abgemagert und eine Überfettung verhindert. Der Starterklappenspalt ist ein Einstellmaß.

Hinweis: Die Pulldown-Kolben bei älteren Vergasern hängen häufig fest. Die Membranen sind dagegen recht problemlos, hier kann es aber nach längeren Lauf- und Standzeiten zu Defekten an der Membrane kommen. In beiden Fällen gibt es durch Überfettung Probleme mit Start und Durchlauf, bei defekter Membrane zusätzlich Leerlaufprobleme, weil unkontrolliert Luft eintritt.

Einstellung: Der Starterklappenspalt ist ein Einstellmaß. Die Einstellung erfolgt je nach Ausführung durch Verstellen der Einstellschraube oder durch Biegen des Mitnehmerhebels im Startergehäuse.

Stufen-Pulldown (Volumen-Pulldown)

Ab 1979 wurden zweistufige Pulldown-Einrichtungen zur Verbesserung der Abgaswerte eingesetzt. Bei diesen Ausführungen erfolgt die Öffnung der Starterklappe stufenweise (Bild 13a).

In der ersten Phase, direkt nach dem Anspringen, wirkt der Unterdruck auf die Pulldown-Membrane. Die Starterklappe wird auf den kleinen Spalt „a" aufgezogen, damit der Motor sicher durchläuft (Bild 13b). Dabei stößt die Membranstange an das Regelventil, bis das Ventil öffnet. Die Pulldown-Dose ist nun mit dem Volumen außerhalb des Vergasers verbunden. Sobald im Volumen der gleiche Unterdruck wie in der Pulldown-Dose herrscht, stellt sich der größere Spalt „a_1" ein. Das Gemisch wird weiter abgemagert (Bild 13c).

Warmlauf
Obwohl die Starterklappe mit zunehmender Erwärmung der Bimetallfeder kontinuierlich öffnet, bleibt die Stufenscheibe in Vollstartposition. Damit nimmt

die Drehzahl im Leerlauf mit steigender Motortemperatur zu. Erst wenn das Gaspedal betätigt wird, wird die Stufenscheibe freigegeben und folgt der sich öffnenden Starterklappe. Beim Zurücknehmen des Gaspedals kommt der Hebel für die Drosselklappenanhebung auf einer tieferen Stufe zur Auflage, die Leerlaufdrehzahl nimmt ab. Mit Erreichen der Betriebstemperatur steht die Starterklappe senkrecht, die Stufenscheibe ist ohne Funktion und die Drosselklappe geht auf Leerlaufstellung.

Wide-open-kick
Der Wide-open-kick (Zieh-auf) ist eine Einrichtung, die ein Wiederstarten ermöglicht, wenn der Motor durch Überfettung abgestellt hat. Bei durchgetretenem Gaspedal wird die Starterklappe mechanisch, gegen die Schließkraft der Bimetallfeder so weit geöffnet, dass ausreichend Luft zur Abmagerung für einen Neustart eintritt.

Vollautomatische Starteinrichtungen
Ab ca. 1975 wurden Vergaser zunehmend mit vollautomatischen Starteinrichtungen ausgerüstet. Dabei werden die Drosselklappen durch Drosselklappenansteller oder Dehnstoffelemente in Start-, Leerlauf- und Schubstellung gestellt. Die Steuerung erfolgt durch Unterdruck und elektrische Thermo- und Thermozeitventile. Die Stufenscheibe ist entfallen. Das Gemisch für den Warmlauf wird durch einen TN-Starter (Thermo-Nebenschluss-Starter) gesteuert.

Vollautomatische Starteinrichtung für Zweivergaseranlage
Die INAT-Zweivergaseranlagen für die 6-Zylinder-Motoren von BMW bekamen ab 1976 eine vollautomatische Starteinrichtung (Bild 14). Die Startautomatik entspricht im Wesentlichen der bisherigen Ausführung. Hinzugekommen sind ein TN-Starter, ein Drosselklappenansteller, ein Thermozeitventil, ein Thermoschalter und ein Thermoventil. Da die Stufenscheiben

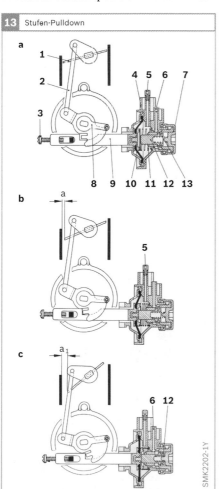

13 Stufen-Pulldown

a
1
2
3
4 5 6 7
8 9 10 11 12 13

b
a
5

c
a_1
6 12

SMK2202-1Y

Bild 13
a Stufen-Pulldown in Kaltstartstellung
b Stufen-Pulldown erste Phase kleiner Spalt
c Stufen-Pulldown zweite Phase großer Spalt

1 Starterklappe
2 Starterverbindungsstange
3 Elnstellschraube 2
4 Pulldown-Dose
5 Unterdruckanschluss Pulldown-Dose
6 Anschluss Dämpfervolumen
7 Einstellschraube 1
8 Mitnehmerhebel
9 Membranstange
10 Membrane
11 Pulldown-Feder
12 Regelventil
13 Ventilfeder
a Kleiner Starterklappenspalt
a_1 großer Starterklappenspalt

entfallen sind, schließen die Starterklappen – ohne dass das Gaspedal betätigt wird – in Abhängigkeit von der Temperatur der Bimetallfedern im Starterdeckel.

Aufbau der Starteinrichtung
Starterdeckel
Die Starterdeckel werden elektrisch mit je zwei PTC-Elementen beheizt. Mit dem Einschalten der Zündung steht in beiden Starterdeckeln ein Element unter Spannung. Die Bimetallfedern werden beheizt. Das zweite Element wird über den Thermoschalter zugeschaltet, wenn die Ansauglufttemperatur den Schalter auf +17 °C erwärmt hat.

Drosselklappensteller
Bei stehendem Motor werden über den Hebel (Bild 15) und die Drehwelle die Drosselklappen beider Vergaser auf Vollstartstellung geöffnet. Der Drosselklappensteller übernimmt damit teilweise die Funktion der entfallenen Stufenscheibe. Wird die Membrane im Drossel-

klappensteller mit Unterdruck beaufschlagt, zieht sie den Stößel gegen die Federspannung zurück und die Drosselklappen gehen in Leerlaufstellung. Stößellänge und Federspannung sind einzustellen.

TN-Starter
Der Thermo-Nebenschluss-Starter (Bild 14 und Bild 16) ist an die zweite Stufe des vorderen Vergasers angeschlossen und durch ein Rohr mit dem hinteren Saugrohr verbunden. Der Steuerkolben (Bild 16) im Starter wird von einem Dehnstoffelement in Abhängigkeit von der Kühlmitteltemperatur gegen eine Feder verstellt. Bei 60...65 °C ist der TN-Starter abgeschaltet.

Der Luftschieber verschließt den Luftkanal vom Luftfilter in den TN-Starter. Wird die Membrane des Luftschiebers mit Unterdruck beaufschlagt, öffnet der Luftschieber gegen eine Feder.

Mit der Gemischregulierschraube wird die Gemischmenge, die in die Starterluft eintritt, eingestellt.

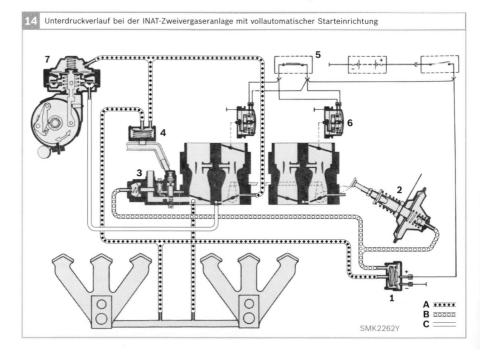

14 Unterdruckverlauf bei der INAT-Zweivergaseranlage mit vollautomatischer Starteinrichtung

Bild 14
1 Thermozeitventil
2 Drosselklappen-
   ansteller
3 Thermo-Neben-
   schluss-Starter
   (TN-Starter)
4 Thermoventil
5 Thermoschalter
6 Starterdeckel
7 Zündverteiler
A Schlauchfarbe
   schwarz (früh)
B Schlauchfarbe
   blau (Drossel-
   klappenansteller
   und TN-Starter)
C Schlauchfarbe
   weiß (spät)

SMK2262Y

Thermozeitventil

Das Thermozeitventil (Bild 14) ist ein elektrisch beheiztes Bimetallventil. Es arbeitet als Zu-Auf-Ventil. Unter +20° C ist das Ventil geschlossen, der Durchgang für den Unterdruck zum Drosselklappenansteller

und der Membrane des Luftschiebers im TN-Starter ist gesperrt. Mit dem Einschalten der Zündung setzt die Beheizung ein. Bei –20 °C öffnet das Ventil nach ca. 15 Sekunden, bei +20 °C ist das Ventil gerade geöffnet.

15 Über ein Thermozeitventil angesteuerter Drosselklappenansteller für den Kaltstart

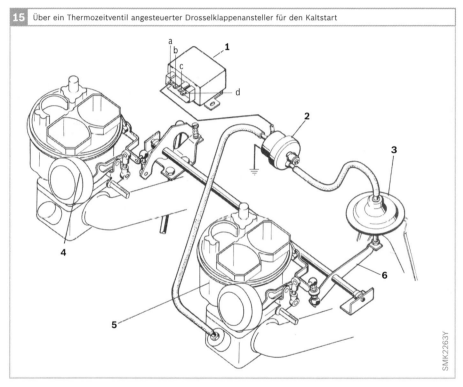

Bild 15

1	Elektronischer Schalter
2	elektromagnetisches Ventil
3	Drosselklappenansteller
4	vorderer Vergaser
5	hinterer Vergaser
6	Hebel für Drosselklappenanstellung
a	Umschaltventil
b	zur Klemme 31
c	zum Zündschloss Klemme 15
d	zum Unterbrecher Klemme 1

SMK2263Y

16 Thermo-Nebenschluss-Starter (TN-Starter) an der zweiten Stufe des vorderen Vergasers

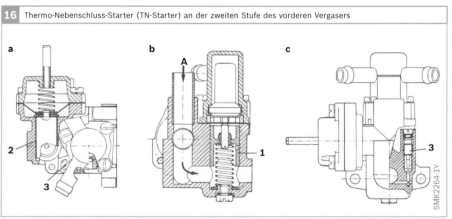

Bild 16

a	TN-Starter in Kaltstartstellung
b	TN-Starter in zweiter Phase mit geöffnetem Luftschieber
c	Einstellschraube für das TN-Startergemisch

1	Steuerkolben
2	Luftschieber
3	Gemischregulierschraube
A	Luft vom Luftfilter

SMK2264-1Y

Thermoventil

Das Thermoventil (Bild 14) sitzt im Kühlmittelkreis und steuert in Abhängigkeit
von der Kühlmitteltemperatur die Zündunterdruckverstellung im Zündverteiler
von „Spät" auf „Früh". Bei Temperaturen
unter +15...20 °C ist das Ventil geöffnet, der
Saugrohrdruck wirkt auf die Frühdose des
Zündverteilers. Der Zündzeitpunkt wird in
Richtung „Früh" verstellt. Bei gleichem
Unterdruck an Früh- und Spätdose erfolgt
aufgrund einer größeren Membrane die
Verstellung immer in Richtung „Früh".
Über 15...20 °C ist das Thermoventil geschlossen. Die Früh- und die Spätverstellung erfolgen nun nur durch den Unterdruck in Abhängigkeit von der Drosselklappenstellung (Bild 17).

Thermoschalter

Der Thermoschalter (Bild 14) im Luftfilter
steuert in Abhängigkeit von der Ansauglufttemperatur die Zusatzheizung, das
zweite PTC-Element im Starterdeckel. Bei
Temperaturen unter 17...24 °C ist der
Schalter geöffnet. Über 17...24 °C schließt
der Schalter und die Zusatzbeheizung
setzt ein.

Funktion der Starteinrichtung

Kaltstart erste Phase

Beim Kaltstart (Bild 17) sind die Drosselklappen vom Drosselklappenansteller auf
den Drosselklappenspalt, die Vollstartstellung, geöffnet (Bild 18). Durch die Öffnung
der Drosselklappen wirkt der Unterdruck
beim Anlassen unterhalb der geschlossenen Starterklappen in der Mischkammer. Aus dem Hauptgemischaustritt
tritt Kraftstoff aus. Da gleichzeitig die
Starterklappen durch einseitige Lagerung
gegen die Schließkraft der Bimetallfeder
etwas öffnen, kann die für die Gemischbildung benötigte Luft eintreten. Im
TN-Starter steht der Steuerkolben in ober-
ster Stellung, der Luftschieber verschließt
den Durchgang vom Luftfilter her. Es bildet sich auch hier ein kraftstoffreiches
Gemisch, das zusammen mit dem Gemisch

aus der Mischkammer das Startgemisch
bildet, das den Motor anspringen lässt.

Kaltstart zweite Phase

Unmittelbar nach dem Anspringen wirkt
der höhere Unterdruck auf die Starter-
membranen und zieht sie gegen die An-
schlagschrauben (Pulldown-Funktion,
Bild 17). Die Starterklappen werden auf
den Starterklappenspalt geöffnet. Der
Starterklappenspalt ist ein Einstellmaß.
Durch die Öffnung wird das Gemisch soweit abgemagert, sodass der Motor sicher
durchläuft.

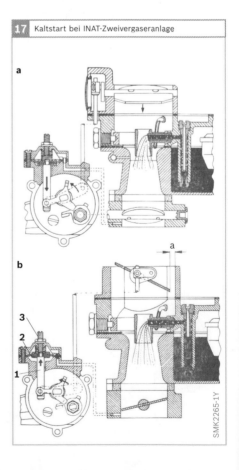

17 Kaltstart bei INAT-Zweivergaseranlage

a

b

SMK2265-1Y

Warmlauf

Nach ca. 15 Sekunden bei –20 °C öffnet das Thermozeitventil. Damit wirkt der Unterdruck auf die Membrane des Drosselklappenanstellers, dessen Stößel wird zurückgezogen und die Drosselklappen gehen in Leerlaufstellung (Bild 19). Zeitgleich wird die Membrane des Luftschiebers im TN-Starter mit Unterdruck beaufschlagt, der Luftschieber (Bild 16) gibt den Luftkanal vom Luftfilter in den TN-Starter frei, das Gemisch für den Warmlauf wird weiter abgemagert.

Mit zunehmender Erwärmung der Bimetallfedern öffnen die Starterklappen. Gleichzeitig verringert der vom Dehnstoffelement betätigte Steuerkolben (Bild 16) kontinuierlich die Gemischmenge aus dem TN-Starter. Bei einer Kühlmitteltemperatur von 60...65 °C ist der TN-Starter abgeschaltet. Der Motor läuft mit Leerlaufgemisch.

Zündverstellung

Bei Motortemperaturen von 15...20 °C wird die Zündung durch Unterdruck in Richtung „Früh" verstellt. Das Thermoventil (Bild 14) ist geöffnet. Über 20 °C Kühlmitteltemperatur schließt das Ventil und die Zündung verstellt sich im Leerlauf in Richtung „Spät". Die Unterdruckanschlüsse am Vergaser sind aus Bild 14 und Bild 20 zu ersehen.

Vergaser ohne Starteinrichtung

Sportfahrzeuge sind teilweise mit Vergasern ohne Starteinrichtung ausgerüstet. Vor dem Kaltstart wird durch mehrmaliges Betätigen des Gaspedals mit der Beschleunigungspumpe Kraftstoff ins Saugrohr gespritzt. Springt der Motor an, wird mit dem Gaspedal so gespielt, dass der Motor durchläuft. Auch hierbei können fahrzeugspezifische Erfahrungen von Nutzen sein.

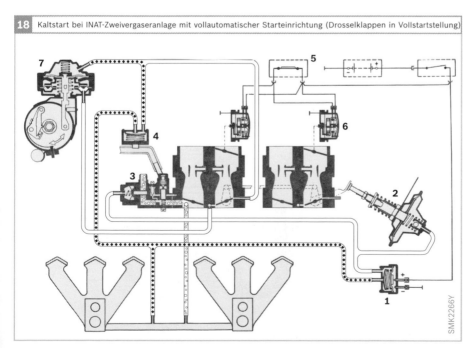

18 Kaltstart bei INAT-Zweivergaseranlage mit vollautomatischer Starteinrichtung (Drosselklappen in Vollstartstellung)

SMK2266Y

Bild 18

1 Thermozeitventil
2 Drosselklappenansteller
3 Thermo-Nebenschluss-Starter (TN-Starter)
4 Thermoventil
5 Thermoschalter
6 Starterdeckel
7 Zündverteiler

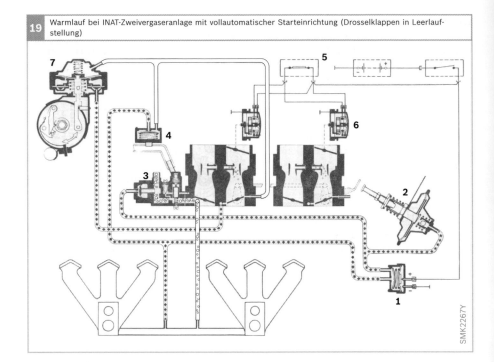

19 Warmlauf bei INAT-Zweivergaseranlage mit vollautomatischer Starteinrichtung (Drosselklappen in Leerlaufstellung)

Bild 19

1   Thermozeitventil
2   Drosselklappen-
    ansteller
3   Thermo-Neben-
    schluss-Starter
    (TN-Starter)
4   Thermoventil
5   Thermoschalter
6   Starterdeckel
7   Zündverteiler

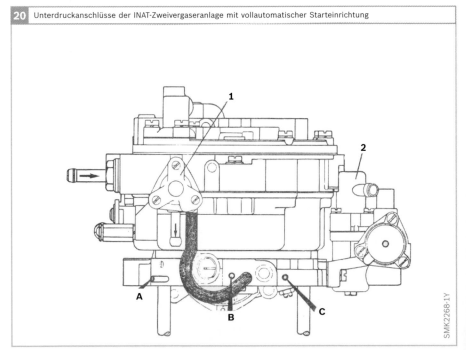

20 Unterdruckanschlüsse der INAT-Zweivergaseranlage mit vollautomatischer Starteinrichtung

Bild 20

1   Kraftstoffrücklauf-
    ventil
2   Thermo-Neben-
    schluss-Starter
    (TN-Starter)
A   Zündunterdruck
    Früh (Schlauch-
    farbe schwarz)
B   Zündunterdruck
    Spät (Schlauch-
    farbe weiß)
C   Unterdruck für
    Thermozeitventil
    Drosselklappen-
    ansteller
    TN-Starter
    Thermoventil
    (Schlauchfarbe
    blau)

Zusatzeinrichtungen für den Warmlauf

Durch Zusatzeinrichtungen – wie Ansaugluftvorwärmung und Saugrohrbeheizung – wird das Gemisch in der Warmlaufphase aufbereitet. Diese Einrichtungen machen eine deutlich magerere Abstimmung des Warmlaufgemischs möglich. Bei der Ansaugluftvorwärmung gibt es drei Varianten:

▸ Die von Hand umzustellende Klappe,
▸ die über Dehnstoffelement verstellte Klappe (Bild 21) und
▸ die durch Unterdruck betätigte Klappe (Bild 22).

Das Stellen der Klappe wird über ein Thermoventil gesteuert.

Bei der Saugrohrbeheizung gibt es ebenfalls drei Methoden.

▸ Die Beheizung durch Kühlmittel,
▸ die Beheizung durch Abgase (Bild 23) und
▸ die elektrische Beheizung durch Heizgitter, Heizplatten oder Heizigel (Bild 24).

Die elektrische Beheizung hat den Vorteil, dass sie bedarfsgerecht gesteuert werden kann und dass gezielt das Gemisch direkt unterhalb des Vergasers aufbereitet wird.

Bild 21
1 Kompensationsbohrung mit Luftführungsrohr
2 Luftfilter
3 Klappe
4 Ansaugrohr
5 Regelelement (Thermostat)
6 Regelstange
7 Druckfeder für die Regelstange
8 Druckfeder für die Klappenbetätigung
9 Anschlussstutzen für Warmluftschlauch
A Lufteintritt
B Eintritt der Warmluft

Bild 23
a Klappe mit Vorwärmstellung
b Vorwärmung abgeschaltet

1 Vergaserflansch
2 Ansaugleitung
3 vom Auspuffkrümmer
4 Vorwärmklappe
5 zur Auspuffleitung

Bild 22
1 Luftfilter
2 Nebenluftventil
3 Temperaturregler
4 Rückschlagventil
5 Unterdruckdose
6 Ansaugstutzen
7 Warmluftkanal
8 Luftklappe
A Lufteintritt
B Eintritt der Warmluft

Bild 24
1 Saugrohr
2 Isolierung
3 Dichtring
4 Vorwärmdeckel

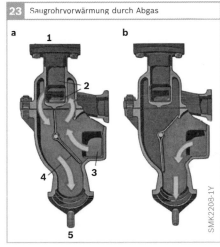

23 Saugrohrvorwärmung durch Abgas

21 Ansaugluftvorwärmung mit Dehnstoffelement

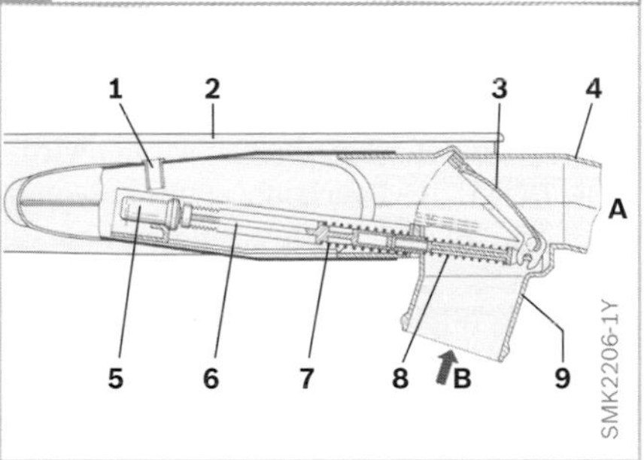

SMK2206-1Y

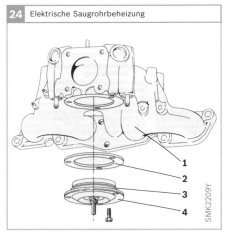

22 Unterdruckbetätigte Ansaugluftvorwärmung über Thermoventil gesteuert

SMK2207Y

24 Elektrische Saugrohrbeheizung

SMK2209Y

Leerlauf und Leerlaufsysteme

Die ersten Motoren liefen im gesamten Betrieb mit Drehzahlen von 300...700 min^{-1} und leisteten ca. 1 PS. Hierfür waren Vergaser mit einem Düsensystem ausreichend. Für mehr Motorleistung waren höhere Drehzahlen erforderlich. Das war nur mit mehr Luftzufuhr und durch größere Vergaserquerschnitte möglich. Um 1914 waren schon Drehzahlen von ca. 600 min^{-1} im Leerlauf und bis zu 2 100 min^{-1} bei Volllast üblich. Für die Gemischbildung über diesen größeren Drehzahlbereich war ein Düsensystem nicht mehr ausreichend. Die Vergaser wurden weiterentwickelt und für bestimmte Betriebszustände zusätzliche Systeme wie das Leerlaufsystem eingeführt.

Leerlaufbetrieb und Leerlaufdrehzahlen

Der Leerlauf ist ein Betrieb, bei dem das Gaspedal nicht betätigt wird. Die Drosselklappe ist weitgehend geschlossen. Je nach Betriebs- und Außentemperatur können die Leerlaufdrehzahlen aber unterschiedlich sein. Hat der Motor Betriebstemperatur und der Drosselhebel liegt an der Drosselklappenanschlagschraube an, läuft der Motor mit normaler Leerlaufdrehzahl im Leerlauf.

Nach dem Kaltstart, bei noch ganz oder teilweise eingeschalteter Starteinrichtung, läuft der Motor mit erhöhter Drehzahl im Kaltleerlauf, bis er Betriebstemperatur erreicht und die Starteinrichtung ausgeschaltet ist. Im Zusammenhang mit dem Kaltstart gibt es noch die Schnellleerlaufdrehzahl. Bei Vergasern mit Stufenscheibe in der Startautomatik kann die Kaltstartstellung der Drosselklappe bei Betriebstemperatur nach der Schnellleerlaufdrehzahl überprüft und eingestellt werden.

Sind im Leerlaufbetrieb Motortemperatur und Außentemperatur sehr hoch, spricht man von Heißleerlauf, häufig verbunden mit schwankenden Leerlaufdrehzahlen. Da der Heißleerlauf problematisch sein kann, wurden Zusatzgeräte entwickelt und eingesetzt (Einzelheiten siehe Kraftstoffversorgung, Heißbetrieb).

Unabhängig davon, ob der Motor im normalen Leerlaufbetrieb oder im Heißleerlauf läuft, ist die Drosselklappe im Leerlauf nur wenig angestellt. Die Strömungsgeschwindigkeit und damit der Unterdruck am Hauptgemischaustritt sind so niedrig, dass das Hauptdüsensystem nicht anspricht. Hier setzt das Leerlaufsystem ein.

Leerlaufsysteme

Komponenten und Arbeitsweise

Das Leerlaufsystem ist eine Art „Kleinvergaser im Vergaser" für den unteren Drehzahlbereich. Das klassische Leerlaufsystem beinhaltet eine Leerlaufdüse (Leerlaufkraftstoffdüse), eine Leerlaufluftdüse oder eine kalibrierte Bohrung für die Luft, eine Regulierschraube für die Leerlaufluft oder für das Gemisch sowie die Drosselklappenanschlagschraube, die auch als Leerlaufeinstellschraube bezeichnet wird.

Die Düsen des Leerlaufsystems haben einen erheblichen Einfluss auf den Übergangsbereich und den Kraftstoffverbrauch. In Bild 1 und Bild 2 sind die meist-

Bild 1

1   Leerlaufluftdüse
2   Leerlaufdüse
3   Hauptdüse
4   Leerlaufgemisch-
    Regulierschraube
A   Eintritt der
    Leerlaufluft
B   Zustrom der
    Hauptluft
C   Kraftstoffzufluss

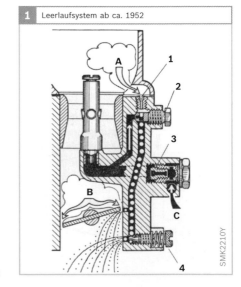

1 Leerlaufsystem ab ca. 1952

verwendeten Leerlaufsysteme bis ca. 1970 abgebildet. Bild 3 zeigt das Leerlaufsystem des NDIX-Vergasers mit anderer Düsenanordnung.

Bei laufendem Motor wird das Leerlaufsystem über die unterhalb der Drosselklappe (motorseitig) liegende Gemisch-

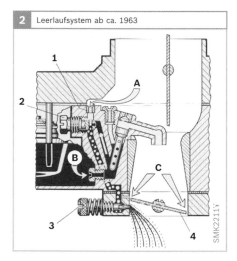

2   Leerlaufsystem ab ca. 1963

austrittsbohrung mit dem Saugrohrunterdruck beaufschlagt. Bei Leerlaufstellung der Drosselklappe und laufendem Motor ist der Unterdruck an der Bohrung so hoch, dass das Leerlaufsystem einsetzt. Kraftstoff fließt dosiert durch die Leerlaufdüse. Gleichzeitig tritt Luft durch die Leerlaufluftdüse ein, im Leerlaufsystem bildet sich daraus ein Gemisch. Dieses Vorgemisch tritt unterhalb der Drosselklappe aus und bildet mit der Hauptluft, die durch den Drosselklappenspalt strömt, das Leerlaufgemisch. Mit der Regulierschraube wird das Vorgemisch an die Hauptluft angepasst. Bei jeder Änderung der Drosselklappenstellung ist eine erneute Anpassung mit der Regulierschraube notwendig. Dabei gibt es zwei Varianten.

Varianten von Regulierschrauben
Leerlaufluft-Regulierschraube
Mit der Leerlaufluft-Regulierschraube wird die Luftmenge, die ins Leerlaufsystem eintritt, reguliert (Bild 4). Damit wird die Zusammensetzung des Vorgemischs beeinflusst. Die Leerlaufluftregulierung war bis ca. 1950 üblich. Danach stellten fast alle Vergaserhersteller ihre Leerlauf-

Bild 2
1   Leerlaufluftdüse
2   Leerlaufdüse
3   Leerlaufgemisch-Regulierschraube
4   Drosselklappe
A   Eintritt der Leerlaufluft
B   Kraftstoffzufluss
C   Zustrom der Hauptluft

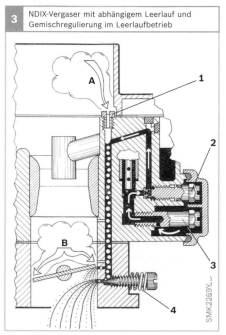

3   NDIX-Vergaser mit abhängigem Leerlauf und Gemischregulierung im Leerlaufbetrieb

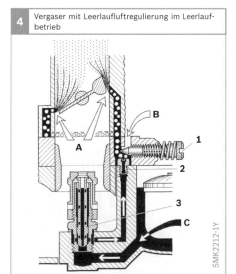

4   Vergaser mit Leerlaufluftregulierung im Leerlaufbetrieb

Bild 3
1   Leerlaufluftdüse
2   Leerlaufdüse
3   Hauptdüse
4   Leerlaufgemisch-Regulierschraube
A   Eintritt der Leerlaufluft
B   Zustrom der Hauptluft

Bild 4
1   Leerlaufluft-Regulierschraube
2   Leerlaufdüse
3   Mischrohr mit Hauptdüse
A   Zustrom der Hauptluft
B   Eintritt der Leerlaufluft
C   Kraftstoffzufluss

systeme auf die Gemischregulierschraube um.

Leerlaufgemisch-Regulierschraube
Mit der Leerlaufgemisch-Regulierschraube wird die austretende Vorgemischmenge reguliert (Bild 2). Damit ist eine bessere Anpassung der Vorgemischmenge an die Hauptluft möglich. Auch ist der Einfluss der Gemischregulierschraube auf die Stellung der Drosselklappe geringer als bei Ausführungen mit einer Luftregulierschraube. Die Einstellung von Leerlaufdrehzahl und CO (Kohlenmonoxid) ist einfacher und die Einstellungen sind stabiler.

Kraftstoffzufluss
Auch im Kraftstoffzufluss unterscheiden sich die klassischen Leerlaufsysteme. Bei den meisten Vergasertypen wird der Kraftstoff für den Leerlauf hinter der Hauptdüse abgeführt, d.h., der Kraftstoff fließt erst durch die Hauptdüse (Bild 3). Der Leerlauf ist damit ein abhängiger Leerlauf. Ein abhängiges Leerlaufsystem ist je nach Motor und Last bis zu 60 km/h in Funktion.

In Sonderfällen, z.B. bei Sportvergasern, wird der Leerlaufkraftstoff direkt der Schwimmerkammer entnommen. Das ist ein unabhängiger Leerlauf (Bild 5). Unabhängige Leerlaufsysteme sind bis in den Teillast-Normalbetrieb in Funktion.

Leerlaufeinstellung
Ob abhängiger oder unabhängiger Leerlauf, klassisch oder mit Zusatzeinrichtungen, Umluft und Zusatzgemisch – das Leerlaufsystem hat einen erheblichen Einfluss auf das Fahrverhalten, auf die Abgasemissionen und auf den Kraftstoffverbrauch. Daher sollte eine Leerlaufeinstellung sorgfältig durchgeführt werden. Insbesondere bei Mehrvergaseranlagen sind sowohl der Luftdurchsatz als auch das Leerlaufgemisch aller Mischkammern sorgfältig zu synchronisieren.

Vorrausetzungen für eine Leerlaufeinstellung und einen einwandfreien Leerlauf sind folgende Punkte:
▶ Kein Schmutz im Vergaser.
▶ Kein erkennbarer Verschleiß der Drosselklappe.
▶ Drosselklappenwelle hat maximal 0,2 mm Spiel.
▶ Alle Stopfen (Butzen) sind vorhanden.
▶ Heißleerlaufventil, falls vorhanden, ist geschlossen.
▶ Thermostartventil, falls vorhanden, ist abgeschaltet.
▶ Leerlaufabschaltventil mit einwandfreier Funktion.
▶ Keine Falschluft am Ansaugkrümmer, am Flansch oder an Unterdruckleitungen.
▶ Ventil- und Zündeinstellung nach Vorgabe.
▶ Zündanlage mit Zündverteiler, Zündkabel, Zündkerzenstecker und Zündkerzen ist in Ordnung.
▶ Kein Schmutz im Kraftstoffsystem.
▶ Luftfilter einwandfrei.
▶ Motor hat Betriebstemperatur.
▶ Ansaugluftvorwärmung (wenn vorhanden) schaltet ab.
▶ Saugrohrvorwärmung (wenn vorhanden) arbeitet einwandfrei.
▶ Bei Fahrzeugen mit geschlossener Kurbelgehäuseentlüftung (ab ca. 1969) sollte kein zu hoher Ölanteil über die Kurbelgehäuseentlüftung kommen.

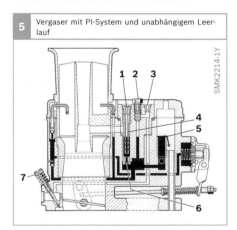

5 Vergaser mit PI-System und unabhängigem Leerlauf

SMK2214-1Y

1 2 3

4
5

7

6

Bild 5
1 Luftkorrekturdüse
2 Leerlaufdüse
3 Leerlaufluftdüse
4 Mischrohr
5 Kraftstoffüberlauf
6 Hauptdüse
7 Leerlaufgemisch-Regulierschraube

Leerlaufeinstellung an Vergasern mit klassischem Leerlaufsystem

Zur Leerlaufeinstellung wird zuerst die Drosselklappe etwas angestellt und die Gemischregulierschraube ca. 2,5 Umdrehungen herausgedreht. Dann wird der Motor gestartet und mit der Regulierschraube das Gemisch angepasst bis der Motor rund läuft. Ist die Drehzahl nun zu hoch, wird zuerst die Drosselklappe nachreguliert und dann das Gemisch erneut angepasst. Diese Vorgänge werden wiederholt, bis die vorgegebene Leerlaufdrehzahl erreicht ist und der Motor sauber rund läuft. Dann wird die Gemischregulierschraube geringfügig in Richtung „zu" verstellt, bis die Drehzahl gerade abzufallen beginnt.

Die Einstellung von Mehrvergaseranlagen ist etwas schwieriger. Zuerst werden die Drosselklappen der einzelnen Vergaser – bei getrennten Verbindungselementen – mit Synchrontester auf gleichen Luftdurchsatz eingestellt. Dann werden die Gemischregulierschrauben einzeln, genau wie beim Einzelvergaser, eingestellt. Erst wenn Luftdurchsatz und Gemisch synchronisiert sind, werden die Verbindungselemente eingehängt und bei erhöhter Drehzahl ebenfalls synchronisiert. Dabei ist die Drehzahlerhöhung immer von der Seite vorzunehmen, von der die Gasbetätigung

erfolgt. Wird dies nicht gemacht, führt Spiel im Gestänge oder an den Hebeln zu Fehleinstellungen.

Auch bei Oldtimern von vor 1970 sind bei korrekter Einstellung CO-Werte von deutlich unter 4,5 Volumenprozent realisierbar.

Änderungen an Leerlaufsystemen zur Abgasreduzierung ab 1969

Leerlaufsysteme wurden im Laufe der Entwicklung, speziell im Zusammenhang mit der Abgasreduzierung, erheblich verändert und durch zusätzliche Systeme und Bauteile ergänzt. Als erste Maßnahme wurde in den späten 1960er-Jahren, je nach Vergaserbaureihe und Anwendungsfall, eine Minimal- und eine Maximalbegrenzung für das Leerlaufgemisch eingeführt. Ab Modelljahr 1970 kamen Vergaser mit Umluft- oder mit Zusatzgemischsystemen in Serie. Als Bauteile kamen Umgemisch-Regulierschrauben, Zusatzgemisch-Regulierschrauben oder Zusatzgemisch-Mengenregulierschrauben sowie eine Zusatzkraftstoff-Luftdüse und in einigen Fällen eine Zusatzkraftstoff-Regulierschraube hinzu. Die Bezeichnungen der verschiedenen Regulierschrauben sind leider je nach Fahrzeug-

Bild 6
a Vergaser mit klassischen Düsensystemen
b Vergaser mit neu entwickelten Düsensystemen

1 Luftkorrekturdüse
2 Leerlaufluftbohrung
3 Leerlaufdüse
4 Zündunterdruckanschluss
5 Hauptdüse
6 Mischrohr
7 Übergangsbohrungen
8 Gemischregulierschraube
9 Leerlaufkraftstoff-Luftdüse
10 Zusatzkraftstoff-Luftdüse
11 Mischrohr für Zusatzgemisch
12 Zusatzgemisch-Regulierschraube
13 Grundleerlauf-Gemischregulierschraube
14 Leerlaufabschaltventil
15 Übergangsbohrungen

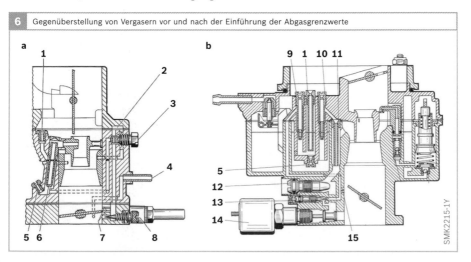

6 Gegenüberstellung von Vergasern vor und nach der Einführung der Abgasgrenzwerte

a

1
2
3
4

5 6   7   8

b

9 1 10 11

5
12
13
14

15

SMK2215-1Y

hersteller und Anwendungsfall unterschiedlich.

Gleichzeitig wurden die Toleranzen, besonders im leerlaufrelevanten Bereich, verringert. Zur Kontrolle der Einstellungen und der Funktion wurden alle Vergaser auf Fließbänken überprüft und grundeingestellt. Weitere Maßnahmen waren gehärtete Drosselklappenanschlagschrauben mit Feingewinde in Einsätzen mit selbsthemmenden Gewinden, Gemischregulierschrauben mit schlankerer Spitze und Feingewinde für die CO-Einstellung. Anstelle der außen liegenden Gemischregulierschrauben mit Feder waren die Schrauben nun innen liegend und durch O-Ringe gegen Verstellen gesichert. Hebel und Gestänge wurden verstärkt, Anschläge bekamen gehärtete Einsätze. Zur Verbesserung des Heißbetriebs wurden bei neueren Vergasertypen anstelle der seitlich eingeschraubten Leerlaufdüsen senkrecht eingebaute Tauchdüsen verwendet. Einzelheiten sind in Bild 6 ersichtlich.

Damit erreichte man eine deutliche Stabilisierung der Einstellungen und der Abgaswerte über eine längere Betriebszeit. Schwachpunkte waren und sind man-

gelnde Sachkunde und Fehler bei der Anpassung an den jeweiligen Motor.

Umluft- und Zusatzgemischsysteme
Wie zuvor beschrieben, muss nach jedem Verstellen der Drosselklappe das Gemisch an den veränderten Luftdurchsatz angepasst werden. Mit jeder Einstellung der Drosselklappe ändert sich auch die Position der Klappe zu den Bypass-Bohrungen und der Zündunterdruckbohrung. Selbst wenn es nur wenige Winkelgrade sind, kann dadurch die Zündverstellung unkontrolliert einsetzen oder mehr Vorgemisch als notwendig über die Bypass-Bohrungen austreten. Beides ist abgasrelevant und führt zu höherem Schadstoffausstoß.

Mit der Einführung von Umluft- und Zusatzgemischsystemen zusätzlich zum klassischen Leerlaufsystem wurde es möglich, die Drosselklappe werkseitig auf einen festgelegten Winkel anzustellen.

Umluftsysteme
Bei Umluftsystemen und Zusatzgemischsystemen wird die Drosselklappe mit einem Kanal umgangen (Bild 7). Die Klappe hat damit eine genaue Position zu den Bypass-Bohrungen und zur Zündunter-

Bild 7
a Umluftkanal
b Umluftkanal mit Begrenzung

1 Vergaserdeckel
2 Vorzerstäuber
3 Vergasergehäuse
4 Umluft-Regulierschraube
5 Drosselklappenteil
6 Drosselklappe

Bild 8
1 Elektromagnetisches Abschaltventil
2 Umluftdüse
3 Hauptdüse
4 Drosselklappe
5 Leerlaufgemisch-Regulierschraube
6 Umluftregulierschraube
A Zustrom der Leerlaufluft
B Zustrom der Umluft
C Kraftstoffzufluss
D Zustrom der Hauptluft

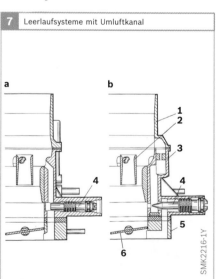

7 Leerlaufsysteme mit Umluftkanal

a   b

SMK2216-1Y

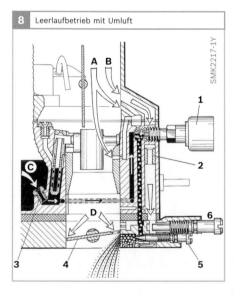

8 Leerlaufbetrieb mit Umluft

SMK2217-1Y

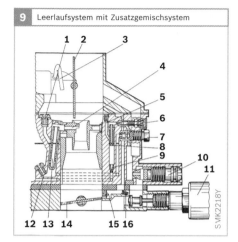

9 Leerlaufsystem mit Zusatzgemischsystem

SMK2218Y

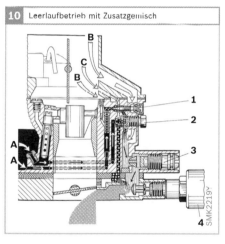

10 Leerlaufbetrieb mit Zusatzgemisch

SMK2219Y

druckbohrung. Zur Anpassung an den jeweiligen Motor wird der freie Querschnitt des Kanals mit der Umluftregulierschraube verändert (Bild 8). So ist eine Leerlaufeinstellung möglich, ohne die Grundeinstellung der Drosselklappe zu verändern. Bei Leerlaufsystemen mit Umluftkanal wird mit der Umluftregulierschraube nur der Luftdurchsatz eingestellt. Das Gemisch wird, wie zuvor, mit der Gemischregulierschraube angepasst. Bei zu viel Umluft kann es Probleme mit der Gemischregulierung geben, weil der Luftdurchsatz am Drosselklappenspalt zu gering ist.

Zusatzgemischsysteme
Bei Systemen mit Zusatzgemisch wird aus der Umluft und einem zusätzlichen Vorgemisch das Zusatzgemisch gebildet (Bild 9). Die Einstellung erfolgt an der Zusatzgemisch-Regulierschraube, häufig auch als Umgemisch-Regulierschraube bezeichnet. Eine Leerlaufeinstellung ist damit möglich, ohne dass dabei die Gemischzusammensetzung spürbar verändert wird.

Bei einer weiteren Variante gibt es neben einer deutlich kleineren Zusatzgemisch-Regulierschraube noch eine Zusatzgemisch-Mengenregulierschraube zur Drehzahleinstellung. Hier wird der Leerlauf an beiden Schrauben eingestellt (Bild 10).

Bild 9
1 Luftkorrekturdüse
2 Starterklappe
3 Anreicherungsrohr
4 Austrittsarm mit Vorzerstäuber
5 Leerlaufluftdüse
6 Emulsions-Regulierschraube
7 Leerlaufdüse
8 Tauchrohr
9 Kraftstoffdüse
10 Zusatzgemisch-Regulierschraube
11 Abschaltventil
12 Hauptdüse
13 Mischrohr
14 Drosselklappe
15 Bypassbohrungen
16 Emulsionsdüse

Bild 10
1 Emulsions-Regulierschraube
2 Leerlaufdüse
3 Zusatzgemisch-Regulierschraube
4 Abschaltventil
A Kraftstoffzufluss
B Zustrom der Luft für das Zusatzgemisch
C Zustrom der Leerlaufluft

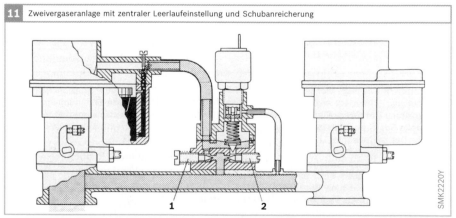

11 Zweivergaseranlage mit zentraler Leerlaufeinstellung und Schubanreicherung

SMK2220Y

Bild 11
1 Einstellschraube für Leerlauf
2 Einstellschraube für Schiebebetrieb

Auch Zweivergaseranlagen bekamen eine zentrale Leerlaufeinrichtung. Damit wurde es möglich, eine Grundeinstellung an beiden Vergasern vorzunehmen. Die Leerlaufeinstellung und die Anpassung an den Motor erfolgt zentral (Bild 11). Dazu hat ein Vergaser zusätzlich zum Grund-Leerlaufsystem ein System, in dem ein Zusatzgemisch gebildet wird. Das Zusatzgemisch wird durch eine Leitung und ein zentral angeordnetes Verteilerstück dem Saugrohr zugeführt. Im Verteilerstück befinden sich die Zusatzgemisch-Regulierschraube und ein Leerlaufabschaltventil sowie in manchen Fällen ein Ventil für eine Anreicherung in der Schubphase.

Vergaser mit diesen Zusatzeinrichtungen wurden als Abgasvergaser bezeichnet, wobei diese Bezeichnung leicht irreführend ist. Alle Fahrzeuge ab Baujahr 1970 laufen im Leerlauf mit CO-Werten von 1,5...3,5 Volumenprozent.

Leerlaufeinstellung an Vergasern ab 1970

Bei Vergasern mit Umluft- oder Zusatzgemischsystemen (Abgasvergaser) gibt es zwei Einstellungen – die Grundeinstellung und die Leerlaufeinstellung. Die Grundeinstellung des Vergasers umfasst die Einstellung der Drosselklappenposition und des Grundgemischs. Bei der Leerlaufeinstellung wird der Vergaser an den Bedarf des Motors angepasst, ohne die Grundeinstellung zu verändern.

Grundeinstellung der Drosselklappe
Für die Grundeinstellung der Drosselklappe gibt es, je nach Fahrzeughersteller und Fahrzeugtyp, unterschiedliche Methoden.
1. Einstellung der Drosselklappe mit einer Messuhr: Dazu muss der Vergaser abgebaut werden. Die in einer Vorrichtung genau positionierte Messuhr wird aufgesetzt und die Drosselklappe wird nach Angabe angestellt. Üblich sind Anstellungen von 0,1...0,25 mm, je nach Typ. Bei abgebautem Vergaser wird vor dem Einbau die

Gemischregulierschraube etwas herausgedreht. Üblich ist eine Einstellung von ganz geschlossen um ca. 2,5 Umdrehungen in Richtung „Auf".
2. Einstellung nach Zündunterdruck: Hier wird ein genaues Unterdruckmanometer an das Zündunterdruckentnahmerohr angeschlossen und die Drosselklappe angestellt, bis der vorgegebene Zündunterdruck erreicht ist. Zum Beispiel sind es bei Opel, je nach Typ, Werte von 0...30 mm Hg.
3. Einstellung einer Grundleerlaufdrehzahl: Dabei wird die Drosselklappe auf eine niedrige Drehzahl von ca. 600 min^{-1}, bei der der Motor noch sicher durchläuft, eingestellt und das Gemisch angepasst.

Leerlaufeinstellung
Die eigentliche Leerlaufeinstellung (Anpassung an den Motor) erfolgt durch Einstellung der Umluft oder des Zusatzgemischs, sobald der Motor Betriebstemperatur hat. Bei Vergasern mit Umluft wird die Leerlaufdrehzahl mit der Umluftregulierschraube und der Leerlauf-CO-Wert an der Gemischregulierschraube eingestellt. Bei Zusatzgemischsystemen ist die Einstellung vom Aufbau des Systems abhängig. Entweder wird nur mit der Umgemischbeziehungsweise Zusatzgemisch-Regulierschraube eingestellt, oder neben der Zusatzgemisch-Mengenregulierschraube wird die CO-Feineinstellung an der Zusatzkraftstoff-Regulierschraube vorgenommen.

Leerlaufbeanstandungen
Die häufigsten Leerlaufbeanstandungen in den 1960er- und 1970er-Jahren waren:

Leerlaufdrehzahl zu hoch
Bei Neufahrzeugen oder neuen Motoren waren nach Laufleistungen von 150...200 km Leerlaufdrehzahlen von bis zu 1 200 min^{-1} keine Seltenheit.
Ursache: Starke Verringerung der Motorreibung innerhalb der ersten Betriebsstunden.

Ausgehen im Leerlauf bei kaltem Motor
Besonders betroffen waren Fahrzeuge mit
Motoren, bei denen die Ventile durch Bei-
lagescheiben eingestellt wurden. Hier war
das häufig nach der ersten Inspektion ein
Thema.
Ursache: Zu geringes Ventilspiel. Bei der
Einstellung muss der Motor auf unter 20 °C
abgekühlt sein, sonst wird das Ventilspiel
zu gering.
Anmerkung: Statt die Ventileinstellung zu
korrigieren, wurde heftig am Vergaser,
meist ohne Erfolg, nachgestellt.

Schwankende Leerlaufdrehzahlen
Ursachen: Verschleiß am Vergaser, aber
auch an Gasgestängen können Ursache für
schwankende Leerlaufdrehzahlen sein.
Aber auch Einstellfehler, besonders bei
Mehrvergaseranlagen, können diese Probleme verursachen.

Ausgehen bei hohen Temperaturen
Ursachen hierfür können ein verändertes
Siedeverhalten bestimmter Kraftstoffe sowie höhere Temperaturen im Motorraum
durch flachere Karosserieformen und zusätzliche Einbauten wie Lenkhilfe, Klimakompressor, Beheizung von Saugrohr usw.
sein.

*Ausgehen im Leerlauf bei hoher Luftfeuch-
tigkeit*
Ursache kann der Entfall der Anti-icing-
Zusätze im Kraftstoff und damit Vergaser-
vereisung sein. Diese Störung könnte auch
bei warmem Motor auftreten, wenn die
Ansaugluftvorwärmung nicht funktioniert.
  Bei diesen Fehlern muss man berücksichtigen, dass es an Vergasermotoren weder Sensoren zur Istwert-Erfassung noch
Aktoren zur Korrektur gibt.

Eingriffsicherung
Ab Modelljahr 1977 (Fertigung ca. ab
01.10.76) wurde für alle Länder mit Abgasgrenzwerten nach ECE-Richtlinie die Eingriffsicherung, auch als Tamper-Proof
oder Idle-Limiter bezeichnet, vorgeschrie-

ben. Mit Inkrafttreten mussten alle leerlaufrelevanten Einstellschrauben so gesichert sein, dass ein unbefugtes Verstellen
nicht möglich war, ohne die Sicherung zu
zerstören. Damit hatten Werkstätten und
TÜV die Möglichkeit, durch Sichtkontrolle
festzustellen, ob die Einstellung verändert
wurde. Als Sicherung kamen Kappen und
Stopfen in unterschiedlichen Farben zur
Anwendung. Sowohl die Farben als auch
die Form der Sicherungen waren je nach
Land unterschiedlich (Bild 12). Nach jeder
Einstellung im Service waren die Schrauben neu zu sichern. Zum Setzen und Ent-
fernen gibt es Sonderwerkzeuge.

Zusatzeinrichtungen für Leerlauf-
systeme
Um Leerlaufprobleme, wie instabiler Leerlauf bei heißem Motor, Drehzahlabfall
beim Einlegen einer Fahrstufe bei Automatikgetrieben, oder Vereisung und Nachlaufen zu vermeiden, wurden die Leerlaufsysteme, aber auch das Umfeld des Vergasers, durch Zusatzeinrichtungen
aufgerüstet.

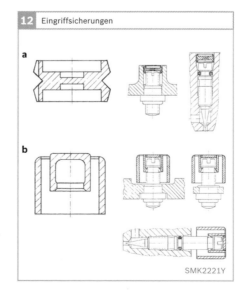

12 Eingriffsicherungen

a

b

SMK2221Y

Bild 12
a Stopfen
b Kappen

Heißleerlauf-Luftventil

Im Leerlaufbetrieb bei hohen Temperaturen (Heißleerlauf) kommt es durch Verdampfen von Kraftstoff zu einer Gemischanfettung. Damit verschlechtert sich der Leerlauf, er wird instabil. Zur Verbesserung des Heißleerlaufs wurden bestimmte Vergaser, vor allem für Fahrzeuge mit Automatikgetriebe, mit einem Heißleerlauf-Luftventil ausgerüstet. Diese Ventile stabilisieren den Leerlauf im Heißbetrieb.

Das Ventil sitzt am Drosselklappenteil. Es hat einen Ventilkegel, der von einer Bimetallfeder betätigt wird. Bei normaler Betriebstemperatur ist das Ventil geschlossen (Bild 13). Es öffnet bei höheren Temperaturen. Damit tritt unterhalb der Drosselklappe zusätzlich Luft ein, der Leerlauf stabilisiert sich bei etwas höherer Drehzahl. Bei neueren Ventilen kann der Öffnungspunkt eingestellt werden.

Bei der Leerlaufeinstellung muss das Ventil geschlossen sein.

Thermostartventil

Bei Fahrzeugen mit Automatikgetriebe kommt es beim Einlegen einer Fahrstufe zu einem Drehzahlabfall. Zur Stabilisierung des Kaltleerlaufs wurde bei bestimmten Anwendungen das Thermostartventil eingeführt.

Das Thermostartventil besteht aus dem Gehäuse, der Bimetallfeder, dem Heizelement und dem Ventilkegel (Bild 14). Der Ventilkegel steuert, über die Bimetallfeder betätigt, den Lufteintritt. Im kalten Zustand ist das Ventil geschlossen. Es öffnet, sobald die Bimetallfeder durch das Heizelement entsprechend beheizt ist. Die Beheizung erfolgt mit Einschalten der Zündung.

Durch das Thermostartventil wird unabhängig von der Startautomatik ein zusätzliches Düsensystem angesteuert. Bei geschlossenem Ventil wirkt der Unterdruck auf das System, es bildet sich ein kraft-

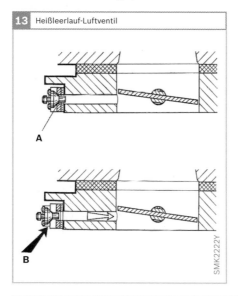

13 Heißleerlauf-Luftventil

A

B

SMK2222Y

Bild 13

A   Motor kalt
     Leerlaufventil
     geschlossen
B   Motor heiß
     Leerlaufventil
     geöffnet

Bild 14

1   Kraftstoffzufluss
2   Schwimmernadel-
     ventil
3   Schwimmer
4   Starterkraftstoff-
     Zusatzdüse
5   Startgemisch-
     Austrittsdüse
6   Starterluft-
     Zusatzdüse
7   Vergaserdeckel
8   Ventilsitz (einstell-
     bar)
9   Thermostartventil
10   Ventilkegel
11   Bimetallfeder
12   Heizelement
13   Steckerzunge
14   Drosselklappenteil

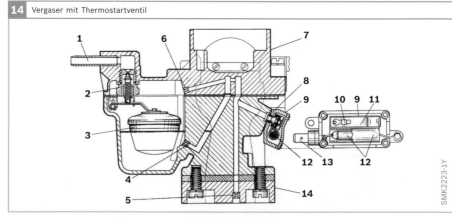

14 Vergaser mit Thermostartventil

SMK2223-1Y

stoffreiches Gemisch, das unterhalb der Drosselklappe austritt. Bei geöffnetem Ventil wird das System belüftet und stellt ab.

Bei der Leerlaufeinstellung muss das Thermostartventil abgeschaltet haben.

Bypass-Beheizungen
Um eine Vereisung im leerlaufnahen Bereich zu verhindern, wurden Drossel-klappenteile an den Kühlmittelkreis angeschlossen. Damit wurden die Leerlauf-gemischbohrung und die Bypass-Boh-rungen beheizt. Da der Durchfluss nicht gesteuert war, gab es Probleme bei höheren Temperaturen. Durch den Zusatz von Anti-icing in den Kraftstoff in den 1960er-Jahren wurden diese Beheizungen überflüssig. Ab Mitte der 1970er-Jahre wurde den Kraftstoffen dann kaum noch Anti-icing zugesetzt. Um die damit neu entstehenden Vereisungsprobleme abzu-mildern, kamen zunehmend elektrische Bypass-Beheizungen zur Anwendung. Dabei wird der Bypass-nahe Bereich durch ein PTC-Element beheizt (Bild 15). PTC-Heizelemente sind selbstregelnd (Positive Temperature Coefficient), d. h., bei vorge-

gebener Betriebstemperatur ist der Strom-bedarf nur von der Wärmeabgabe des PTC-Elementes abhängig.

Bypass-Beheizungen verhindern eine Vereisung im Leerlauf und unteren Dreh-zahlbereich.

Leerlaufabschaltventile
Mit Ausschalten der Zündung sollte ein Motor abstellen. Das funktionierte aber häufig nicht, Motoren liefen nach und mussten durch Gangeinlegen abgewürgt werden. Abhilfe schafften Leerlauf-abschaltventile, sie unterbrechen mit dem Ausschalten der Zündung die Leerlauf-kraftstoff- oder die Leerlaufgemisch-zufuhr.

Leerlaufabschaltventile wurden ab den 1960er-Jahren zunehmend eingebaut. Das elektromagnetische Ventil schließt strom-los die Leerlaufdüse mit einer Ventilnadel (Bild 16). Mit Einschalten der Zündung wird das Ventil bestromt und öffnet. Leer-laufabschaltventile sind problemlos nach-rüstbar.

Bei Vergasern mit Zusatzgemischsyste-men kommen größere Umluftabschaltven-tile zur Anwendung. Hier wird mit einem

Bild 15
1 Leerlaufabschalt-
ventil
2 PTC-Heizelement
3 Bypass-Schlitz
4 Gemischregulier-
schraube
5 Gemischaustritts-
bohrung
6 Drosselklappe

Bild 16
a Ventil schließt die
Lerlaufdüse
b Ventil schließt den
Vorgemischkanal
c Ventil schließt den
Zusatzgemischkanal

1 Leerlaufabschalt-
ventil
2 Leerlaufluftdüse
3 Vorgemischkanal
4 Leerlaufdüse
5 Kraftstoffkanal
6 Ventil
7 Zusatzgemischkanal

| 15 | Elektrische Bypass-Beheizung durch ein PTC-Element |

1
2
3
4 5 6

SMK2224Y

| 16 | Leerlaufabschaltventile |

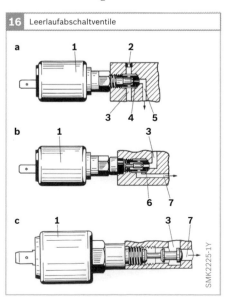

a 1 2
3 4 5

b 1 3
6 7

c 1 3 7

SMK2225-1Y

Ventilpilz der gesamte Zusatzgemisch-kanal abgesperrt.

Drosselklappenansteller
Drosselklappenansteller können Einzel-funktionen oder gleichzeitig mehrere Funktionen ausführen:
▸ Leerlaufstabilisierung bei Belastung durch Automatikgetriebe oder Klima-anlage.
▸ Anstellen der Drosselklappe auf Voll-startstellung beim Kaltstart.
▸ Funktion als Schließdämpfer, um in Schubphasen hohe HC-Werte zu vermei-den.

Drosselklappenansteller sind Membran-dosen mit einer Membrane und einem Stö-ßel mit Druckfeder (Bild 17). Die Feder wird von einer Mutter auf dem Stößel ge-halten. Durch Verdrehen der Mutter kann die Federspannung und damit der Hub verändert werden. Mit einer Schraube ist die Stößellänge zu verändern. Bei stehen-dem Motor drückt der Stößel auf den Drosselhebel, die Drosselklappe ist etwas angestellt. Im Leerlauf wirkt der Unter-druck auf die Membrane, der Stößel wird zurückgezogen. Dabei wird die Stößel-

feder gespannt. Bei abfallender Leerlauf-drehzahl verringert sich der Unterdruck, die Feder entspannt sich, der Stößel fährt aus und die Drosselklappe wird wieder an-gestellt. Je nach Bedarf wird der auf den Drosselklappenansteller wirkende Unter-druck über Thermo- oder Thermozeit-ventile gesteuert.

Drosselklappen-Schließdämpfer
Mit Schließdämpfern werden hohe HC-Werte in Schubphasen vermieden. Der Schließdämpfer ist ebenfalls eine Memb-randose (Bild 18). Er wirkt als Puffer nur in eine Richtung und wird nicht mit Unter-druck beaufschlagt. Beim Schließen der Drosselklappe drückt der Drosselhebel auf den Stößel und schiebt diesen gegen eine weiche Feder zurück. Dabei wird die Luft aus der Dose durch eine enge Drosselboh-rung herausgedrückt und ein schlagartiges Schließen der Drosselklappe verhindert. Mit Öffnen der Drosselklappe schiebt die Feder den Stößel wieder vor.

Bild 17
a In Vollstartstellung
b in Leerlaufstellung

1 Kontermutter
2 Einstellschraube (Stößellänge)
3 Unterdruck-anschluss am Drosselklappenteil
4 Membrandose
5 Druckfeder zur Hubeinstellung
6 Drosselklappen-anschlagschraube
7 Drosselklappe

Bild 18
1 Stößel
2 Manschette
3 Druckfeder
4 Membranteller
5 Membrane
6 Ventilplatte
7 Ventil
8 Belüftungsbohrung
9 Drosselbohrung

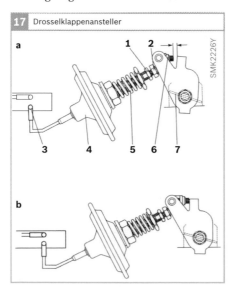

17 Drosselklappenansteller

SMK2226Y

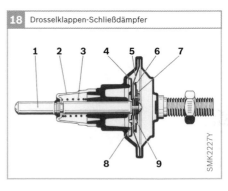

18 Drosselklappen-Schließdämpfer

SMK2227Y

Betriebszustände oberhalb des Leerlaufs

Funktion in den Teillastbereichen

Übergangsbereich und untere Teillast
Der Übergang ist der Bereich, bei dem die Drosselklappe über den Leerlauf hinaus geöffnet ist, aber das Hauptdüsensystem noch nicht eingesetzt hat. Um ein gutes Fahrverhalten in der unteren Teillast und einen einwandfreien Übergang auf das Hauptdüsensystem zu erreichen, gibt es in der Mischkammer oberhalb der Leerlaufstellung der Drosselklappe zwei bis vier Übergangsbohrungen (Bypass-Bohrungen). Die Bohrungen sind genau kalibriert, ihre Position wurde im Versuch ermittelt. Beim Öffnen der Drosselklappe werden diese Bohrungen freigegeben und mit Unterdruck beaufschlagt (Bild 1). Damit strömt durch die Bypass-Bohrungen zusätzliches Gemisch aus dem Leerlaufsystem in die Mischkammer.

Bei Fahrzeugen, die einen Zündverteiler mit Unterdruckverstellung haben, sind in der Mischkammer in Höhe der Bypass-Bohrungen eine oder zwei Bohrungen für die Unterdruckzündverstellung vorhanden. Auch diese Bohrungen sind kalibriert,

die Lage wurde ebenfalls im Versuch ermittelt.

Für den Übergangsbereich wurden durch die Einführung von Umluft und Zusatzgemisch – bis auf die fixe Grundeinstellung der Drosselklappen – keine wesentlichen Änderungen erforderlich. Bei einigen Vergasern wurden aber die Bohrungen durch Bypass-Schlitze ersetzt.

Teillastbereich
Wird die Drosselklappe weiter geöffnet, setzt das Hauptdüsensystem ein, sobald ausreichender Unterdruck am Hauptgemischaustritt herrscht. Beim konstanten Fahren im Normalbetrieb – dem Teillastbereich – erfolgt die Gemischbildung im Hauptdüsensystem. Dabei fließt der Kraftstoff aus der Schwimmerkammer durch die Hauptdüse in die Reserve. Im Mischrohr bildet sich mit der durch die Luftkorrekturdüse eintretenden Luft das Hauptgemisch, das durch den Hauptgemischaustritt in die Mischkammer strömt (Bild 2). Dort bildet es mit der durchströmenden Hauptluft das Gemisch für den jeweiligen Betriebszustand, bei Doppelvergasern in beiden Mischkammern zeitgleich.

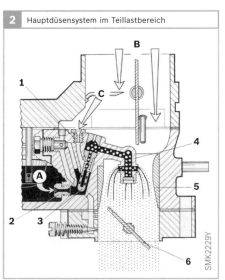

| **1** Betrieb im Übergangsbereich | **2** Hauptdüsensystem im Teillastbereich |

SMK2228Y

SMK2229Y

Bild 1
1   Leerlaufdüse
2   Leerlaufluftbohrung
3   Leerlaufgemisch-
    Regulierschraube
4   Drosselklappe
A   Kraftstoffeintritt
B   Eintritt der
    Leerlaufluft
C   Hauptluft

Bild 2
1   Luftkorrekturdüse
2   Hauptdüse
3   Mischrohr
4   Austrittsarm
    (Hauptgemisch-
    austritt)
5   Lufttrichter
6   Drosselklappe
A   Kraftstoffeintritt
B   Hauptluft
C   Korrekturluft

Systemaufbau der Hauptdüsensysteme

Das Haupdüsensystem beeinflusst die Vergaserfunktion vom Leerlauf bis zur Volllast. Dabei haben der Höhenunterschied der Gemischübertrittsbohrung zum Kraftstoffniveau (Bild 7) und der Durchmesser der Austrittsbohrung einen erheblichen Einfluss auf den Einsatz des Systems. Der Durchmesser der Austrittsbohrung beeinflusst den Einsatz des Hauptdüsensystems und begrenzt den Gemischaustritt dieses Systems bei Volllast.

Obwohl es Hauptdüsensysteme in sehr unterschiedlicher Ausführung gibt, ist die Gemischbildung bei allen Systemen weitgehend vergleichbar. Nachfolgend werden die wichtigsten Systeme erklärt.

Solex-Vergaser vor 1950
Bei Solex-Vergasern vor 1950 wurden die Hauptdüsensysteme als Montage bezeichnet. Die unterschiedlichen Montagen sind mit Nummern, z. B. Montage 14, gekennzeichnet. Eine Montage besteht aus einem Düsenträger mit eingestecktem Mischrohr (Bild 3 und Bild 4). Das Mischrohr ist gleichzeitig die Hauptdüse. Es wird vom aufgeschraubten Düsenhütchen, das bei einigen Montagen gleichzeitig Luftkorrekturdüse und Hauptgemischaustritt ist, gehalten. Andere Montagen haben eine separate Hauptdüse. Dabei ist die Hauptdüse in einem Hauptdüsenträger eingeschraubt. Der Kraftstoff strömt von der Gewindeseite durch die Hauptdüse.

BI-System
Von 1950 bis ca. 1963 hatten die meisten Vergaser das BI-System (Bild 5 und Bild 6). Beim BI-System ist der Mischrohrträger mit den Hauptgemischaustrittsbohrungen mitten im Lufttrichter positioniert. Der Mischrohrträger enthält das Mischrohr und die Luftkorrekturdüse. Die Hauptdüse

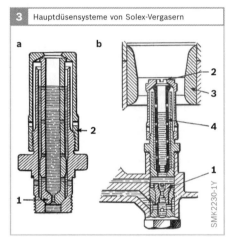

3 Hauptdüsensysteme von Solex-Vergasern

Bild 3
a Montage 12
b Montage 14

1 Hauptdüse im Düsenträger
2 Düsenhütchen
3 Lufttrichter
4 Mischrohr

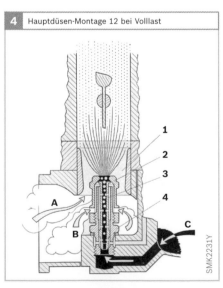

4 Hauptdüsen-Montage 12 bei Volllast

Bild 4
1 Lufttrichter
2 Düsenhütchen
3 Hauptdüse
4 Düsenträger
A Zustrom der Hauptluft
B Eintritt der Ausgleichsluft
C Kraftstoffzufluss

Bild 5
1 Luftkorrekturdüse
2 Mischrohr
3 Mischrohrträger
4 Lufttrichter
5 Niveau
6 Hauptdüse

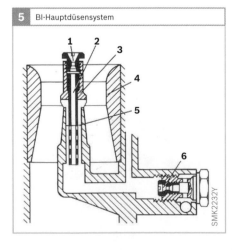

5 BI-Hauptdüsensystem

sitzt auch hier im Hauptdüsenträger. Bis in die 1960er-Jahre wurden viele Vergasertypen, wie PCI und PICB, nach diesem System gebaut.

DI-System

Vergasertypen wie PDSI, DIDTA oder DDIST hatten ab ca. 1963 ein DI-System. Bei diesem System ist die Reserve eine schräge Bohrung seitlich neben der Mischkammer (Bild 7 und Bild 8). In diese Bohrung ist das Mischrohr eingepresst. Oben ist die Reserve durch einen Butzen mit Belüftungsbohrung verschlossen. Die Hauptgemischaustrittsbohrung liegt zwischen Mischrohr und Butzen. Das Gemisch strömt durch einen Austrittsarm oder einen Vorzerstäuber in die Mischkammer. Die Hauptdüse ist in der Schwimmerkammer direkt ins Gehäuse geschraubt. Die Luftkorrekturdüse ist neben der Reserve positioniert und über eine Bohrung mit dieser verbunden.

Die Reserve ist eine Art Vorvolumen im Hauptdüsensystem. Durch den Kraftstoff in der Reserve wird sichergestellt, dass bei einem schlagartigen Einsatz des Hauptdüsensystems ausreichend Kraftstoff hinter der Hauptdüse vorhanden ist.

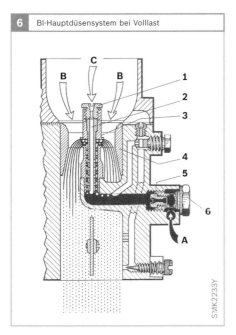

6 BI-Hauptdüsensystem bei Volllast

SMK2233Y

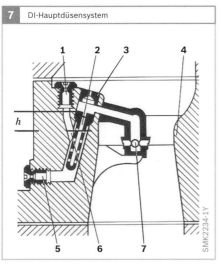

7 DI-Hauptdüsensystem

SMK2234-1Y

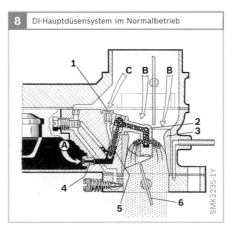

8 DI-Hauptdüsensystem im Normalbetrieb

SMK2235-1Y

Bild 6
1 Luftkorrekturdüse
2 Mischrohr
3 Mischrohrträger
4 Lufttrichter
5 Hauptdüse
6 Hauptdüsenträger
A Kraftstoffzufluss
B Hauptluft
C Korrekturluft

Bild 7
1 Luftkorrekturdüse
2 Mischrohr
3 Belüftungsbohrung
4 Lufttrichter
5 Hauptdüse
6 Niveau h
7 Hauptgemischaustritt
h Niveau

Bild 8
1 Luftkorrekturdüse
2 Gemischaustrittsarm
3 Lufttrichter
4 Hauptdüse
5 Mischrohr
6 Drosselklappe
A Kraftstoffzufluss
B Hauptluft
C Korrekturluft

Bei den Zenith NDIX-Vergasern ist das Hauptdüsensystem abweichend aufgebaut. Die Hauptdüsen und die Leerlaufdüsen sind seitlich liegend, unter einer Abdeckung in das Schwimmergehäuse geschraubt (Bild 10). Die Funktion ist wie zuvor beschrieben (Bild 9).

PI-System
Sportfahrzeuge haben vielfach einen Vergaser mit PI-System (Bild 11). Bei diesem System sind das Mischrohr in der Reserve und die Luftkorrekturdüse meist ein Bau-

Bild 9
1 Luftkorrekturdüse
2 Mischrohr
3 Mischrohrträger mit Vorzerstäuber und Austrittsrohr
4 Hauptdüse
5 Lufttrichter
A Eintritt der Ausgleichsluft
B Zustrom der Hauptluft

Bild 11
1 Luftkorrekturdüse mit Mischrohr
2 Belüftungsbohrung
3 Vorzerstäuber
4 Lufttrichter
5 Hauptdüse
6 Niveau
7 Hauptgemischaustritt

Bild 10
1 Pumpenhebel außen
2 Pumpenhebel innen
3 Kolbenstange
4 Kolbenfeder
5 Pumpendüse
6 Einspritzrohr
7 Luftkorrekturdüsen
8 Mischrohrträger
9 Mischrohr
10 Austrittsrohr
11 Vorzerstäuber
12 Leerlaufluftdüse
13 Leerlaufdüse
14 Pumpenkolben mit Entlastungsventil
15 Pumpenstange
16 Pumpensaugventil
17 Pumpenhebel unten
18 Drosselklappenwelle
19 Pumpendruckventil
20 Lufttrichter
21 Drosselklappen
22 Leerlaufgemisch-Regulierschraube
23 Hauptdüse

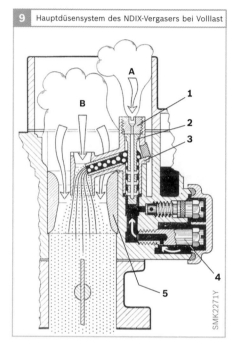

9 Hauptdüsensystem des NDIX-Vergasers bei Volllast

SMK2271Y

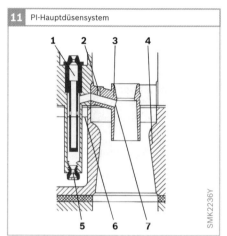

11 PI-Hauptdüsensystem

SMK2236Y

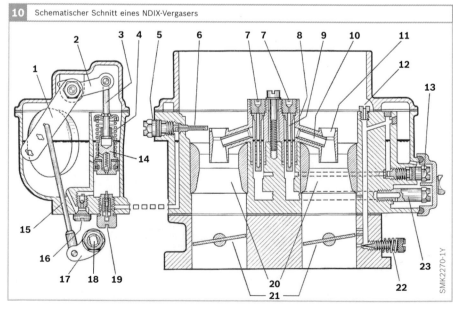

10 Schematischer Schnitt eines NDIX-Vergasers

SMK2270-1Y

teil und senkrecht über der Hauptdüse angeordnet. Der Hauptgemischaustritt erfolgt durch den Vorzerstäuber. Vorzerstäuber sind eine Art zweiter kleiner Lufttrichter. Man erreicht damit eine Stabilisierung des Unterdrucks am Hauptgemischaustritt und eine Verbesserung der Kraftstoffzerstäubung. Zusätzlich kann man durch Vorzerstäuber die Strömungsrichtung optimieren.

PI-Systeme haben den Vorteil, dass sie bei hohen Temperaturen besser entgasen. Sie sind damit weniger störanfällig im Heißbetrieb. Bild 12 zeigt ein unabhängiges Leerlaufsystem, das im Gegensatz zum abhängigen Leerlauf in der Teillast noch in Funktion ist.

Neuere Vergaser, bei denen das gesamte Vergaseroberteil vom Luftfiltergehäuse abgedeckt ist, haben ab ca.1973 ein Standard-Hauptdüsensystem (Bild 13 und Bild 14), das weitgehend dem PI-System entspricht.

Düsensysteme der beschriebenen Art kamen bei allen SOLEX- und Zenith-Vergasern aus weltweiter Fertigung zur Anwendung. Die meisten Vergaser anderer Hersteller sind vergleichbar aufgebaut.

Zusatzeinrichtungen zum Hauptdüsensystem

Höhenkorrektur

Jede Veränderung des Luftdrucks hat Einfluss auf die Luftdichte und damit auf das Mischungsverhältnis von Luft zu Kraftstoff. Im normalen Betrieb gibt es kaum spürbare Auswirkungen, obwohl die Vergaserbestückung auf Normalhöhe abgestimmt ist. Bei Betrieb in größeren Höhen nimmt die Luftdichte ab, das Gemisch wird fetter, die Leistung fällt ab, der Kraftstoffverbrauch steigt. In sehr großen Höhen ist ein Betrieb kaum noch möglich, ohne das Mischungsverhältnis anzupassen. Zur Anpassung müsste der Hauptdüsenquer-

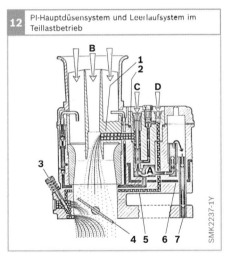

12 PI-Hauptdüsensystem und Leerlaufsystem im Teillastbetrieb

SMK2237-1Y

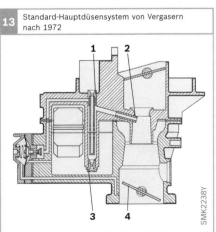

13 Standard-Hauptdüsensystem von Vergasern nach 1972

SMK2238Y

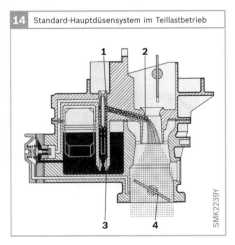

14 Standard-Hauptdüsensystem im Teillastbetrieb

SMK2239Y

Bild 12
1 Austrittsarm mit Vorzerstäuber
2 Mischrohr
3 Leerlaufgemisch-Regulierschraube
4 Drosselklappe in Teillaststellung
5 Hauptdüse
6 Kraftstoffzufluss
7 Kraftstoffüberlauf (Rückfluss)
A Kraftstoffzufluss und -abfluss
B Hauptluft
C Korrekturluft
D Leerlaufluft

Bild 13
1 Luftkorrekturdüse mit Mischrohr
2 Hauptgemischaustritt
3 Hauptdüse
4 Drosselklappe

Bild 14
1 Luftkorrekturdüse mit Mischrohr
2 Hauptgemischaustritt
3 Hauptdüse
4 Drosselklappe

schnitt verkleinert oder der Querschnitt der Luftkorrekturdüse vergrößert werden. Bei dauernden Berg- und Talfahrten, z. B. in den Anden, ist dies kaum möglich. Abhilfe schaffen automatisch regelnde Höhenkorrektoren, die bei bestimmten Länderausführungen eingesetzt wurden. Zur Höhenkorrektur kann man den Kraftstoffdurchfluss der Hauptdüse, den Luftdurchsatz der Luftkorrekturdüse sowie die Belüftung der Schwimmerkammer anpassen oder – unter Umgehung der Mischkammer – Zusatzluft zugeben. Alle Varianten kamen zur Anwendung. Die Korrektur über die Hauptdüse (Bild 15) wurde am häufigsten angewendet. Sie ist nachfolgend kurz beschrieben.

Hauptbestandteil eines Höhenkorrektors ist das Gehäuse mit eingeschraubter Barometerdose, die mit einer konischen Düsennadel verbunden ist. Die Düsennadel wird in einer Buchse geführt. Buchse und Gehäuse bilden eine Einheit. Die Buchse ist in die Schwimmerkammer geschraubt. In der Buchse sind eine Blende (kalibrierte Bohrung), durch die der Kraftstoff zur Hauptdüse fließt, und die Hauptdüse. Mit zunehmender Höhe und abnehmender Luftdichte dehnt sich die Barometerdose aus, die Düsennadel wird weiter in

die Blende geschoben und der Kraftstoffzufluss zur Hauptdüse reduziert. Damit wird das Mischungsverhältnis angepasst.

Beschleunigungsanreicherung
Wird aus der Teillast heraus schlagartig beschleunigt, kann der Unterdruck am Gemischaustritt so stark abfallen, dass die Gemischbildung aussetzt. Bei großvolumigen Motoren und Vergasern mit kleineren Lufttrichtern ist das kaum ein Problem. Bei Motoren mit geringerem Hubraum und relativ großen Lufttrichtern kann der Motor abstellen. Um diesen instabilen Zustand zu überbrücken, wurden ab ca. 1950 im Zusammenhang mit immer größeren Vergaserquerschnitten Beschleunigungspumpen eingeführt.

Beschleunigungspumpen
Mit der Beschleunigungspumpe wird beim Beschleunigen zusätzlich Kraftstoff eingespritzt. Bei Doppelvergasern in beide, bei Registervergasern nur in die Mischkammer der ersten Stufe. Die Beschleunigungspumpen gibt es als Membran- und als Kolbenpumpen. Membranpumpen sind – von Ausnahmen abgesehen – seitlich an die Schwimmerkammer geschraubt (Bild 16). Die Hauptbauteile sind der Pum-

Bild 15
1 Hauptdüse im Höhenkorrektor
2 Sechskantmutter für Montage
3 Düsennadel
4 Barometerdose
5 Regelmutter
6 Regelbohrung
7 Höhenkorrektorgehäuse
8 Sicherungsscheibe
A Kraftstoffzufluss

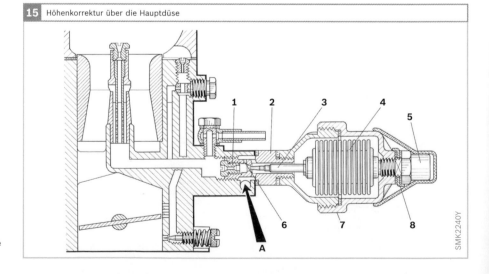

15 | Höhenkorrektur über die Hauptdüse

SMK2240Y

pendeckel mit Hebel, die Membrane mit Stößel, das Saug- und das Druckventil.

Kolbenpumpen sind senkrecht, meist in die Schwimmerkammer eingebaut (Bild 17). Betätigt werden die Pumpen überwiegend mechanisch, sobald die Drosselklappe betätigt wird. Bei älteren Vergasern und in Ausnahmefällen gibt es auch durch Unterdruck betätigte Membranpumpen.

Alle Pumpen haben ein Saug- und ein Druckventil. Überwiegend sind es Kugelventile, zum Teil sind diese eingepresst. Die Pumpendruckventile sind vielfach in das Einspritzrohr integriert. Membranen gibt es in unterschiedlichen Stärken, auch als Doppelmembrane. Pumpenkolben dichten durch Manschetten ab, die bei älteren Vergasern aus Leder, bei neueren aus Kunststoff bestehen.

Funktion der Beschleunigungspumpen
Mechanisch betätigte Pumpen
Im Ruhezustand ist der Pumpenraum mit Kraftstoff gefüllt. Eine Feder drückt die Pumpenmembrane oder den Pumpenkolben gegen den Pumpenhebel. Wird die Drosselklappe geöffnet, überträgt sich diese Bewegung über die Pumpenstange oder eine Kurvenscheibe auf den Pumpen-

hebel. Um mögliche Schäden durch schlagartiges Gasgeben zu vermeiden, erfolgt die Kraftübertragung dabei nicht starr, sondern über eine Feder auf der Pumpenstange. Bei der Pumpenbetätigung durch eine Kurvenscheibe sitzt die Feder im Membranstößel, bei Kolbenpumpen im Kolben. Beim Beschleunigen wird die Membrane nach innen (Bild 18), oder der Kolben nach unten (Bild 19) gegen die Pumpenfeder gedrückt. Dabei wird Kraftstoff durch das Pumpendruckventil und das Einspritzrohr in die Mischkammer ge-

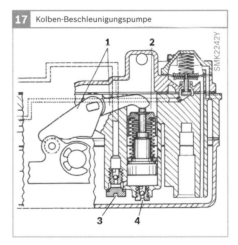

17 Kolben-Beschleunigungspumpe

SMK2242Y

Bild 17
1 Pumpenhebel
2 Pumpenkolben mit Feder
3 Pumpendruckventil
4 Pumpensaugventil

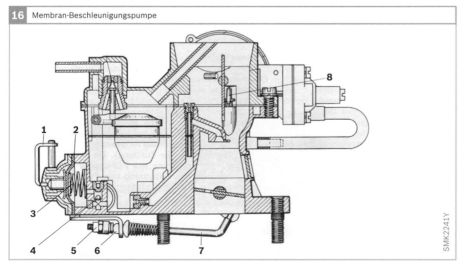

16 Membran-Beschleunigungspumpe

SMK2241Y

Bild 16
1 Pumpenhebel
2 Membrane
3 Feder
4 Kugelventil
5 Einstellschraube
6 Kunststoffbuchse
7 Pumpenstange
8 Einspritzrohr

spritzt. Beim Zurückgehen in Leerlauf-
position drückt die Pumpenfeder die
Membrane oder den Kolben wieder in
Ruhestellung. Dabei wird erneut Kraftstoff
durch das Pumpensaugventil in den
Pumpenraum gesaugt. Das Pumpendruckventil ist dabei geschlossen. Die volle Einspritzmenge wird von Leerlauf- bis Volllaststellung erreicht.

Die Einspritzmenge ist eine wichtige
Einstellgröße. Sie ist entsprechend der
Einstelltabelle einzustellen. Die Einstellung wird an der Verbindungsstange oder
am Pumpenhebel vorgenommen (Bild 20).
Auch die Einspritzrichtung ist einzurichten. Die Dauer der Einspritzung wird im
Wesentlichen vom Hub und von der Kalibrierung der Einspritzrohre bestimmt. Bei
Membranpumpen spielt auch die Dicke
der Membrane und die Größe des Mem-
brantellers eine Rolle.

Die mechanisch betätigten Membran-
pumpen gibt es mit unterschiedlichen
Funktionen.
▶ „Pumpe neutral", sie spritzt ein.
▶ „Pumpe reich", sie spritzt ein und rei-
chert zusätzlich an.

Bild 19
a Saughub
b Druck-Einspritzhub

1 Pumpendruckventil
2 Pumpensaugventil

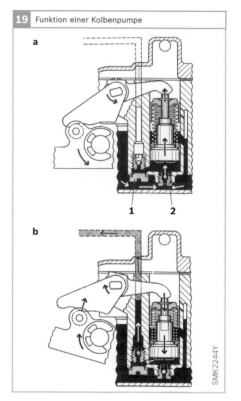

19 | Funktion einer Kolbenpumpe

a

1   2

b

SMK2244Y

Bild 18
1 Kraftstoffzufluss
2 Pumpenhebel
3 Membranpumpe
4 Pumpenmembrane
5 Pumpenstange mit
   Druckfeder
6 Hauptdüse
7 Einspritzrohr
8 Austrittsarm
9 geöffnetes Kugel-
   ventil
10 Drosselklappe
A Kraftstoffzufluss
B Hauptluft
C Korrekturluft

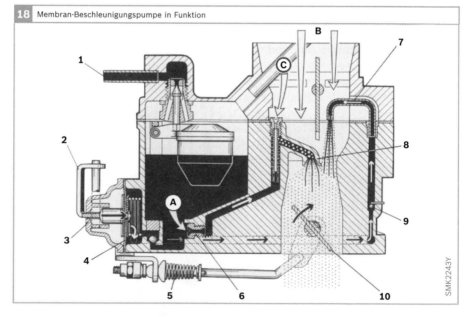

18 | Membran-Beschleunigungspumpe in Funktion

SMK2243Y

▶ „Pumpe arm", sie spritzt ein und magert ab.

Diese Zusatzfunktionen sind im weiteren Verlauf beschrieben.

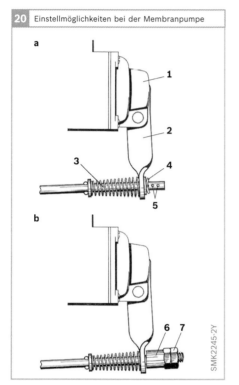

20 Einstellmöglichkeiten bei der Membranpumpe

a

b

SMK2245-2Y

Unterdruckbetätigte Pumpen
Unterdruckbetätigte Pumpen (Bild 22) haben eine Doppelmembrane. Bei kleiner Drosselklappenöffnung wirkt der hohe Unterdruck auf die äußere Membrane und zieht die Membrane gegen einen Anschlag. Dabei wird die Feder gespannt. Bei größerer Öffnung der Drosselklappe baut der Unterdruck ab und die Feder drückt die Membrane in den Pumpenraum, dabei wird eingespritzt. In einigen Anwendungsfällen geht die Einspritzmenge unter Um-

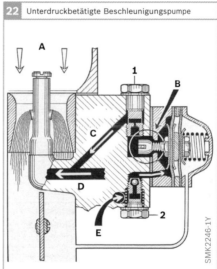

22 Unterdruckbetätigte Beschleunigungspumpe

SMK2246-1Y

Bild 20
a Verstellung der Einspritzmenge durch Splintstellung
b Verstellung der Einspritzmenge durch Ansatzmutter

1 Pumpendeckel
2 Pumpenhebel
3 Verbindungsstange mit Druckfeder
4 Splint
5 Splintlöcher
6 Ansatzmutter
7 Kontermutter

Bild 22
1 Pumpendüse
2 Pumpensaugventil
A Hauptluft
B Pumpenventil geöffnet
C Kraftstoff von der Pumpe
D Kraftsoff von der Hauptdüse
E Zufluss des Kraftstoffs

21 Unterdruckbetätigte Mambranpumpe zusätzlich zur mechanisch betätigten Pumpe

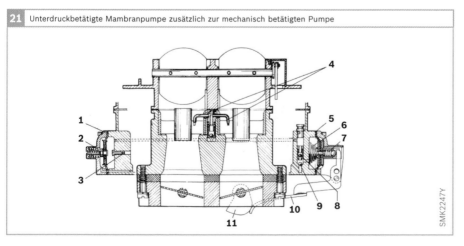

SMK2247Y

Bild 21
1 Membrane
2 Druckfeder
3 Rücklaufdüse
4 Einspritzrohr mit Druckventil
5 Pumpenmembrane
6 Pumpenfeder
7 Pumpenstößel
8 Druckventil
9 Saugventil
10 Pumpenhebel
11 Kurvenscheibe

Bild 23

1 Unterdruck-
   bohrungen
2 Membranfeder
3 Unterdruckdose
4 Membrane
5 Verbindungsstange
6 Druckfeder
7 Mitnehmerhebel
8 Rücknahmehebel
9 Drosselhebel

Bild 24

1 Leerlaufdüse
2 Mischrohr
3 Luftkorrekturdüse
4 Austrittsarm mit
   Vorzerstäuber
5 Hauptdüse
6 Drosselklappe
   erste Stufe (rechts)
   und Drosselklappe-
   zweite Stufe (links)
A Kraftstoffzufluss
B Hauptluft
C Korrekturluft
D Leerlaufluft für
   Übergangssystem
   zweite Stufe

gehung der Hauptdüse in die Reserve. Diese Ausführung der Pumpe dient gleichzeitig als Anreicherungssystem.

Unterdruckbetätigte Pumpen werden auch als zusätzliche Pumpe angewendet, wenn die Einspritzmenge einer Pumpe nicht ausreicht. Dabei wird zusätzlich zur mechanischen Pumpe durch das Einspritzrohr gespritzt (Bild 21). Die Einspritzmenge wird an der Anschlagschraube, die den Saughub begrenzt, oder durch Längenänderung des Membranstößels eingestellt.

Bei allen Pumpenvarianten sind die Einspritzrohre kalibriert oder es gibt eine Pumpendüse. Viele Membranpumpen haben eine Pumpenentlastungsbohrung. Das ist eine kalibrierte Bohrung mit einem Durchmesser von 0,2...0,3 mm, die den oberen Pumpenraum mit der Schwimmerkammer verbindet. Durch diese Bohrung wird der in der Nachhitze im Pumpenraum entstehende Dampfdruck abgeleitet, ein Kraftstoffaustritt aus dem Einspritzrohr verhindert und damit das Heißstartverhalten verbessert.

Einsatz der zweiten Stufe bei Registervergasern in der oberen Teillast

Bei Registervergasern ist die Drosselklappe der zweiten Stufe im Teillast-

bereich geschlossen. Erst in der oberen Teillast, wenn die Drosselklappe der ersten Stufe mehr als zur Hälfte geöffnet ist, kann die Klappe mechanisch oder durch Unterdruck zugeschaltet werden.

Die Öffnung durch Unterdruck erfolgt, wenn mit zunehmender Drehzahl ein höherer Unterdruck auf die Membrane der Unterdruckdose wirkt (Bild 23). Die Unterdruckentnahme erfolgt an der engsten Stelle der Lufttrichter in der ersten und in der zweiten Stufe. Der Unterdruck in der ersten Stufe bewirkt das Öffnen. Durch die Bohrung in der zweiten Stufe tritt gleichzeitig Luft ein, damit wird ein schlagartiges Öffnen verhindert. Der Einsatz der zweiten Stufe wird durch ein Übergangssystem unterstützt, das mit dem Bypass-System der ersten Stufe vergleichbar ist (Bild 24). Das Gemisch tritt motorseitig der Drosselklappe aus. Beim weiteren Öffnen der Drosselklappe setzt das Hauptdüsensystem der zweiten Stufe ein.

Damit wirkt der Unterdruck auch an der Entnahmebohrung in der zweiten Stufe und die Öffnung wird stabilisiert. Wird die Drosselklappe der ersten Stufe auf weniger als die halbe Öffnung zurückgenommen, baut der Unterdruck ab. Durch die Entnahmebohrungen im Lufttrichter wird die Unterdruckdose belüftet, damit geht

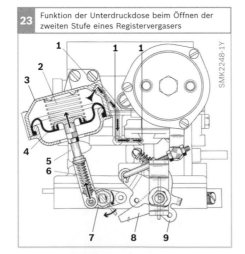

23 Funktion der Unterdruckdose beim Öffnen der zweiten Stufe eines Registervergasers

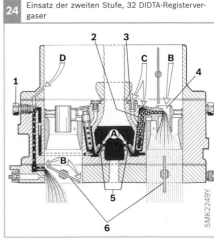

24 Einsatz der zweiten Stufe, 32 DIDTA-Registervergaser

die Membrane in die Ausgangsposition.
Die Drosselklappe der zweiten Stufe kann
nun – durch den Rücknahmehebel (Bild 23)
oder eine Kurvenscheibe (Bild 25) – geschlossen werden.

Bei Vergasern mit mechanischer Betätigung der zweiten Stufe werden das Öffnen
und Schließen über einen Hebel gesteuert.
Durch die Form der Kurve wird ein zu harter Einsatz und ein zu abruptes Schließen
der zweiten Stufe verhindert.

Anreicherung in der Volllast

Volllast ist erreicht, wenn die Drosselklappen bis zum Anschlag geöffnet sind. Bei
Volllast und hohen Drehzahlen steigt der
Unterdruck in den Mischkammern soweit
an, dass über die Hauptgemischaustritte
die maximale Gemischmenge austritt
(Bild 27). Zusätzlich tritt Kraftstoff über
das Einspritzrohr und, wenn vorhanden,
über das Anreicherungsrohr aus (Bild 26).
Beide Rohre sind kalibriert.

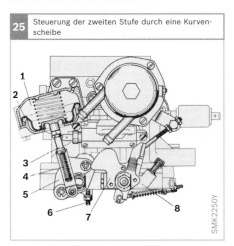

25 Steuerung der zweiten Stufe durch eine Kurvenscheibe

SMK2250Y

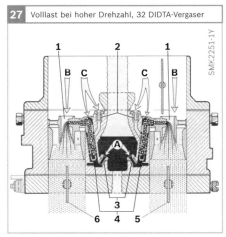

27 Volllast bei hoher Drehzahl, 32 DIDTA-Vergaser

SMK2251-1Y

Bild 25
1 Unterdruckdose
2 Unterdruckmembrane
3 Mitnehmerstange
4 Druckfeder
5 Betätigungshebel
 (zweite Stufe)
6 Anschlagschraube
7 Kurvenscheibe
8 Drosselhebel

Bild 27
1 Austrittsarm mit
 Vorzerstäuber
2 Luftkorrekturdüsen
3 Hauptdüsen
4 Mischrohre
5 Drosselklappe
 erste Stufe
6 Drosselklappe
 zweite Stufe
A Kraftstoffzufluss
B Hauptluft
C Korrekturluft

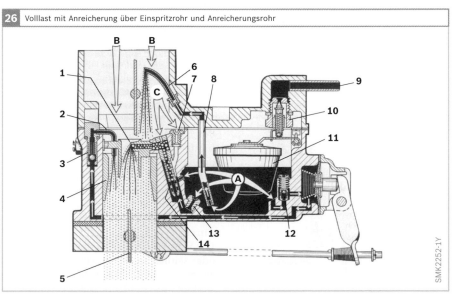

26 Volllast mit Anreicherung über Einspritzrohr und Anreicherungsrohr

SMK2252-1Y

Bild 26
1 Austrittsarm mit
 Vorzerstäuber
2 Einspritzrohr
3 Kugelventil
 (geöffnet)
4 Lufttrichter
5 Drosselklappe
6 Anreicherungsrohr
7 Luftkorrekturdüse
8 Steigrohr
9 Kraftstoffzufluss
10 Schwimmernadelventil
11 Schwimmer
12 Kugelventil
 (geöffnet)
13 Hauptdüse
14 Mischrohr
A Kraftstoffzufluss
B Hauptluft
C Korrekturluft

Bei Volllast und niedrigen Drehzahlen erfolgt ein Gemischaustritt nur über das Hauptdüsensystem.

Fällt die Drehzahl bei voll geöffneter Drosselklappe zu weit ab, bricht der Unterdruck zusammen. Es kommt zu Aussetzern und unter Umständen zum Ausgehen des Motors.

Anreicherungssysteme

Für einen optimalen Betrieb in der Teillast oder bei Volllast muss das Gemisch je nach Last und Drehzahl angepasst werden. Dazu wird das Gemisch angereichert oder – in seltenen Fällen – auch abgemagert. Je nach Ausführung wird die Anreicherung mechanisch durch die Beschleunigungspumpe, saugrohrdruckabhängig durch Anreicherungsventile, oder bei Volllast nur durch den Unterdruck in der Mischkammer aktiviert. Wann und wie angereichert wird, ist vom Lufttrichter und von der Abstimmung des Hauptdüsensystems abhängig.

Anreicherung und Abmagerung durch die Beschleunigungspumpe

Bei Membranpumpen gibt es drei Varianten. Die „Pumpe reich", die „Pumpe arm" und die „Pumpe neutral". Hat der Vergaser eine „Pumpe reich", wird ab einem bestimmten Drosselklappenwinkel durch den Pumpenstößel ein zusätzliches Ventil in der Pumpe geöffnet (Bild 28). Damit fließt durch einen Bypass-Kanal Kraftstoff an der Hauptdüse vorbei in die Reserve, solange die Drosselklappe über den Einsatzpunkt hinaus geöffnet ist. Begrenzt wird die Menge durch die Pumpendüse. Der Einsatzpunkt ist einzustellen.

Bei einer „Pumpe arm" ist das Ventil im unteren Teillastbereich geöffnet (Bild 29). Es wird angereichert. Ab einem bestimmten Öffnungswinkel der Drosselklappe wird das Ventil durch den Stößel der Membrane betätigt und schließt. Das Gemisch wird abgemagert. Der Schließpunkt ist einzustellen.

Bei SOLEX-Vergasern mit DI- und PI-System kam nur noch die „Pumpe neutral" zur Anwendung. Mit einer „Pumpe neutral" wird im Volllastbereich über das Einspritzrohr angereichert, wenn ein ausreichend hoher Unterdruck anliegt (Bild 30). Neben dem Unterdruck sind die Einbauhöhe und die Lage der Austrittsöffnung des Einspritzrohrs in der Mischkammer für den Einsatz der Anreicherung von Bedeutung.

Anreicherung durch Membranventil

Doppel- und Registervergaser mit DI-System sowie 1B- und 2E-Vergaser haben ein Anreicherungssystem mit Membranventil. Das Ventil ist auf das Vergaseroberteil oder seitlich an die Schwimmerkammer angeschraubt. Die Anreicherungsdüse sitzt im Kraftstoffkanal der Schwimmer-

28 Anreicherung durch eine Pumpe „reich" mit Kugelventil

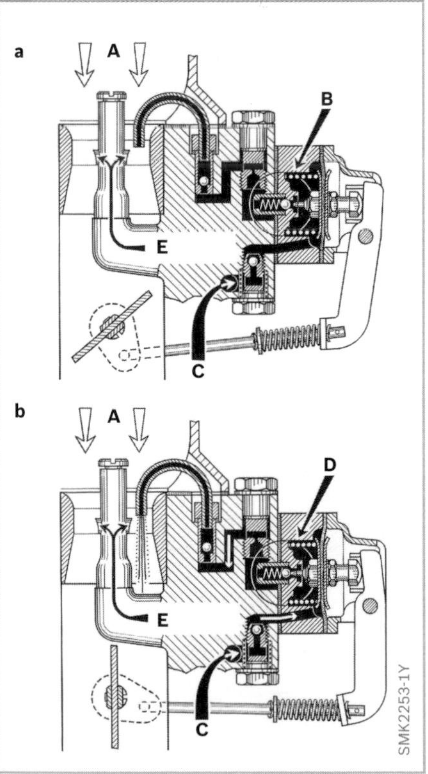

Bild 28

a Teillast ohne Anreicherung

b Volllast mit Anreicherung

A Hauptluft

B Pumpenventil geschlossen

C Kraftstoffzufluss

D Pumpenventil geöffnet

E Kraftstoff aus der Hauptdüse

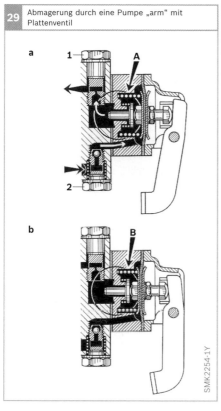

29 Abmagerung durch eine Pumpe „arm" mit Plattenventil

a

b

SMK2254-1Y

kammer. Die Membrane wird durch einen Kanal, der unterhalb der Drosselklappe mündet, mit Saugrohrunterdruck beaufschlagt. Im Leerlauf – bei hohem Unterdruck – wird sie gegen eine Feder gezogen und das Ventil schließt (Bild 31). Beim Öffnen der Drosselklappe fällt der Unterdruck ab, das Ventil öffnet, die Anreicherung setzt ein und Kraftstoff fließt an der Hauptdüse vorbei in die Reserve. Der Öffnungspunkt ist durch das Vorspannen der Feder werkseitig eingestellt.

Anreicherung durch Kolben mit separatem Ventil
Vergaser der Baureihen PDSI und PDSIT haben meist eine kolbenbetätigte Anreicherung. Das kalibrierte Anreicherungsventil ist von unten in die Schwimmerkammer geschraubt (Bild 32). Der Kolben mit Stange und Feder sitzt senkrecht im Vergaseroberteil. Im Leerlauf liegt Saugrohrunterdruck am Kolben an. Durch den hohen Unterdruck wird der Kolben gegen eine Feder hochgezogen und das Anreicherungsventil schließt. Beim Öffnen der Drosselklappe verringert sich der Unterdruck. Durch das Gewicht und die Feder-

Bild 29
a   Teillast (Ventil geöffnet)
b   Volllast (Ventil geschlossen)

1   Pumpendüse
2   Pumpensaugventil
A   Pumpenventil geöffnet
B   Pumpenventil geschlossen

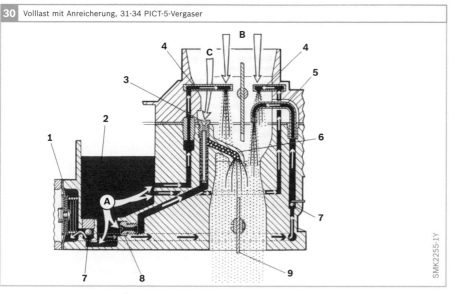

30 Volllast mit Anreicherung, 31-34 PICT-5-Vergaser

SMK2255-1Y

Bild 30
1   Pumpenmembrane
2   Schwimmerkammer
3   Luftkorrekturdüse mit Mischrohr
4   Anreicherungsrohr
5   Einspritzrohr
6   Austrittsarm
7   Kugelventil geöffnet
8   Hauptdüse
9   Drosselklappe
A   Kraftstoffuifluss
B   Hauptluft
C   Korrekturluft

kraft geht der Kolben nach unten, das Ventil öffnet. Damit fließt Kraftstoff durch die Anreicherungsdüse und das Ventil in die Reserve. Auch hier ist der Öffnungspunkt werkseitig eingestellt.

Anreicherung durch nadelgesteuerte Korrekturluft
Doppel-Registervergaser mit PI-System haben eine Teillast- und Volllaststeuerung durch Veränderung der Korrekturluft. Dabei wird der freie Querschnitt der Luftkorrekturdüse durch eine konische Nadel verändert. Die Nadel wird durch einen Kolben, der mit Saugrohrunterdruck beaufschlagt ist, betätigt (Bild 33). Im unteren Bereich, bei hohem Unterdruck, wird der Kolben gegen eine Feder bis zum Anschlag nach unten verstellt. Kolben und Nadel sind in tiefster Stellung. Damit ist der größte Querschnitt für die Korrekturluft frei. Mit abnehmendem Unterdruck drückt die Feder den Kolben nach oben. Damit wird die Nadel verstellt, der Lufteintritt reduziert und das Gemisch angereichert. Bei Volllast sind Kolben und Nadel in der oberen Stellung, der Lufteintritt ist

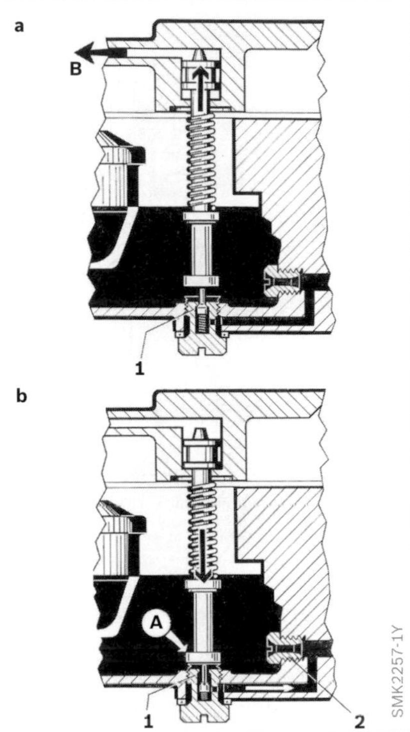

Bild 32
a Anreicherungsventil geschlossen
b Anreicherungsventil geöffnet

1 Anreicherungsventil
2 Hauptdüse
A Kraftstoffzufluss
B Unterdruck zieht den Kolben an

Bild 31
a Hoher Unterdruck
b Unterdruck fällt ab

1 Anreicherungsdüse
A Kraftstoffzufluss
B Membrane angezogen
C Anreicherungsventil geschlossen
D Saugrohrunterdruck
E Membrane unten (Membranfeder drückt gegen Membrane)
F Anreicherungsventil geöffnet
G Unterdruck fällt ab

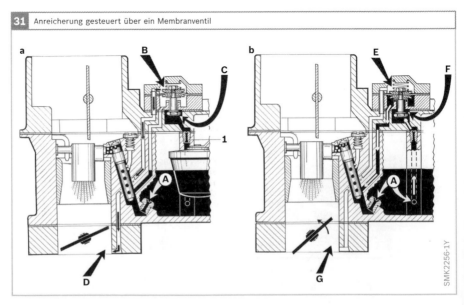

32 Anreicherung über Kolben gesteuert mit Anreicherungsventil

31 Anreicherung gesteuert über ein Membranventil

SMK2257-1Y

SMK2256-1Y

nochmals reduziert und das Gemisch weiter angereichert.

Vollllastanreicherung über Steigrohr
Das Vollllastanreicherungssystem besteht aus einem kalibrierten Steigrohr und dem Anreicherungsrohr (Bild 34). Beide Rohre sind in das Oberteil eingepresst. Das Steigrohr taucht in die Schwimmerkammer ein. Das Anreicherungsrohr ragt im oberen Bereich in die Mischkammer. Teilweise gibt es zwischen Steigrohr und Anreicherungsrohr ein Kugelventil oder eine Belüftungsbohrung. Sowohl das Ventil als auch die Bohrung haben Einfluss auf den Einsatz und das Aussetzen der Anreicherung. Die Anreicherung setzt nur bei hohem Unterdruck in der Mischkammer ein. Sie arbeitet progressiv bis zur Höchstdrehzahl. Bei Vollllast wird zusätzlich auch über die Teillastanreicherungssysteme angereichert.

Bei Vollllast und niedrigen Drehzahlen ist der Unterdruck oberhalb des Lufttrichters so gering, dass die unterdruckabhängigen Anreicherungssysteme aussetzen. Ein Gemischaustritt erfolgt dann nur noch über das Hauptdüsensystem und, falls vorhanden, eine „Pumpe reich". Das Gemisch ist damit zu kraftstoffarm, die Füllung zu gering, die Folgen sind Leistungsabfall und Aussetzer. Fällt die Drehzahl bei voll geöffneter Drosselklappe noch weiter ab, bricht der Unterdruck zusammen und der Motor stellt ab.

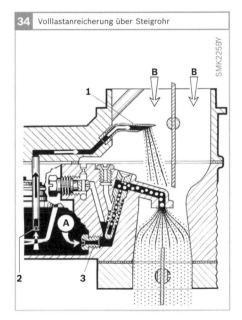

34 Volllastanreicherung über Steigrohr

SMK2259Y

Bild 34
1 Anreicherungsrohr
2 kalibrierte Bohrung im Steigrohr
3 Hauptdüse
A Kraftstoffzufluss
B Eintritt der Hauptluft

33 Anreicherung durch nadelgesteuerte Korrekturluft

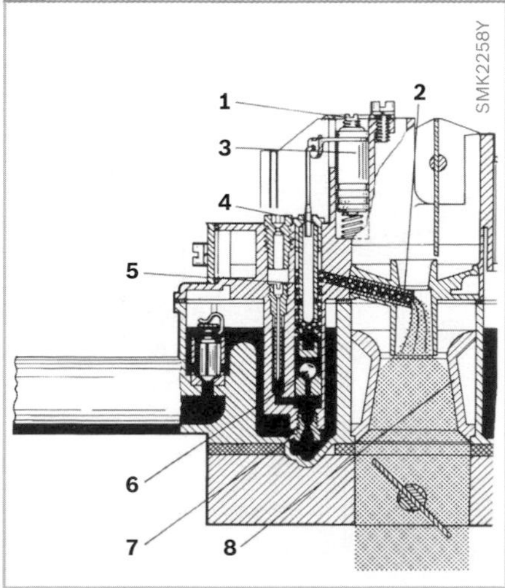

SMK2258Y

35 Volllastanreicherung über Anreicherungsventil und Steigrohr

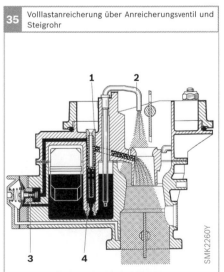

SMK2260Y

Bild 33
1 Justierschraube
2 Hauptgemischaustritt erste Stufe
3 Unterdruckkolben
4 nadelgesteuerte Luftkorrekturdüse
5 Mischrohr
6 Kugelventil
7 Hauptdüse erste Stufe
8 Lufttrichter

Bild 35
1 Luftkorrekturdüse mit Mischrohr
2 Steigrohr der Volllastanreicherung
3 Anreicherungsventil
4 Hauptdüse

Gleichdruckvergaser

Grundprinzip

Im Gegensatz zu Festdüsenvergasern arbeiten Gleichdruckvergaser mit variablen Querschnitten bei weitgehend konstantem Unterdruck. Der freie Querschnitt der Mischkammer wird durch einen Kolben, einen Schieber oder eine Klappe bestimmt. Die Steuerung erfolgt durch Unterdruck in Abhängigkeit von Drosselklappenstellung, Last und Drehzahl. Der Unterdruck und die Strömungsgeschwindigkeit in der Mischkammer sind in den verschiedenen Betriebszuständen annähernd gleich.

Gleichdruckvergaser arbeiten im gesamten Warmbetrieb mit einem Düsensystem, wobei der freie Querschnitt der Düse von der Kolben- oder der Klappenstellung abhängig ist. Nur für den Kaltstart sind sie mit einer Zusatzeinrichtung oder einem separaten System ausgerüstet. Im Zusammenhang mit den strengeren Abgasgrenzwerten wurden weitere Einrichtungen für den Leerlauf eingeführt.

Die bekanntesten Gleichdruckvergaser sind die SU-Vergaser der Firma Skinner Union und der Stromberg-CD-Vergaser (Constant Depression), hergestellt von den Firmen Zenith GB und der Deutschen Vergaser-Gesellschaft (DVG, ab Mitte der 1980er-Jahre Pierburg).

Merkmale

Obwohl SU- und CD-Vergaser nach dem gleichen Grundprinzip arbeiten, unterscheiden sie sich in wesentlichen Bauteilen.

Der SU-Vergaser (Bild 1) hat einen Kolben mit zwei Durchmessern (Bild 2). Der untere Teil des Kolbens, der den Querschnitt der Mischkammer bestimmt, hat einen deutlich geringeren Durchmesser als der obere Teil im Steuerraum, auf den der Unterdruck wirkt.

CD-Vergaser (Bild 3) haben nur den Kolben in der Mischkammer (Bild 4). Der Unterdruck wirkt auf eine Membrane, die mit dem Kolben verbunden ist und den Membranraum gegen die Mischkammer abschließt.

Die Größen der CD-Vergaser sind in Zoll angegeben. 125 CD-Vergaser haben einen Mischkammerdurchmesser von 1,25 Zoll,

Bild 1
1 Unterdruckkanal
2 Dämpfer
3 Kolbenfeder
4 Steuerraum
5 Vergaseroberteil
6 Steuerkolben
7 Kolben mit
  Führungsrohr
8 Unterdruckbohrung
9 Nadeldüse
10 Düsennadel
11 Lufttrichter
  (variabel)
12 Drosselklappe
13 Verschlussschraube
  (Bohrung zum
  Anschluss eines
  Unterdrucktesters)

Bild 2
1 Führungsrohr
2 oberer Teil des
  Kolbens
3 unterer Teil des
  Kolbens
4 Klemmschraube für
  Düsennadel
5 Düsennadel
6 Bohrung für
  Unterdruck

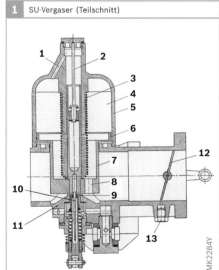

1 SU-Vergaser (Teilschnitt)

SMK2284Y

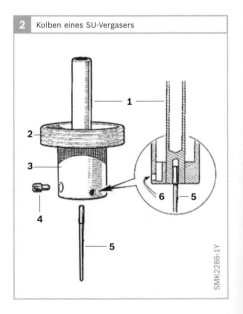

2 Kolben eines SU-Vergasers

SMK2286-1Y

150 CD von 1,5 Zoll und 175 CD von 1,75 Zoll.

CD-Vergaser sind aufgrund der zentralen Anordnung der Nadeldüse und des Doppelschwimmers unempfindlich gegen Schräglagen oder Fliehkräfte.

Die ersten CD-Vergaser aus englischer Fertigung haben eine sehr einfache Starteinrichtung, deren Bedienung Übung erfordert. Die von der Deutschen Vergaser-Gesellschaft gefertigten 175 CDS-Vergaser haben eine Handstarteinrichtung mit Drehschieber. Ab 1970 bekamen alle CD-Vergaser aus deutscher Fertigung eine Startautomatik. Nur Volvo und Saab blieben bis zum Serienauslauf bei der Handstarteinrichtung.

Anwendungen

Viele in Großbritannien gebaute Fahrzeuge sind sowohl mit SU-Vergasern als auch mit Zenith-CD-Vergasern ausgerüstet worden. Auch einige Volvo- und Saab-Fahrzeuge haben Zenith-CD-Vergaser.

Ab 1968 wurden CD-Vergaser auch in Deutschland von der Deutschen Vergaser-Gesellschaft hergestellt. Bei Daimler-Benz sind die Fahrzeuge W115 und W123 mit

2,0-*l*- und 2,3-*l*-Motor und der W124 mit 2,0-*l*-Motor bis 1984 damit ausgerüstet worden. Der BMW 520 4-Zylinder hat eine CDET-Zweivergaseranlage mit zentraler Leerlaufeinstellung. Ab 1977 bis 1984 wurden auch verschiedene Volvo- und Saab-Fahrzeuge mit CD-Vergasern der Deutschen Vergaser-Gesellschaft bestückt.

Nachfolgend sind CD-Vergaser aus deutscher Fertigung beschrieben.

Aufbau und Unterschiede der CD-Vergaser

Basisversion

Die Hauptbauteile der CD-Vergaser sind das Vergasergehäuse, der Vergaserdeckel, die Schwimmerkammer und die Starteinrichtung (Bild 5 bis Bild 9). Hinzu kommen der Kolben mit der Düsennadel, Kolbenfeder, Dämpferkolben und Kolbenmembrane sowie die Nadeldüse und die Einstellschraube für die Nadeldüse.

Die Einstellschraube wurde kurz nach Serienanlauf durch ein Kraftstoffabschaltventil ersetzt. Das Ventil ist stromlos geöffnet und hat drei Funktionen.

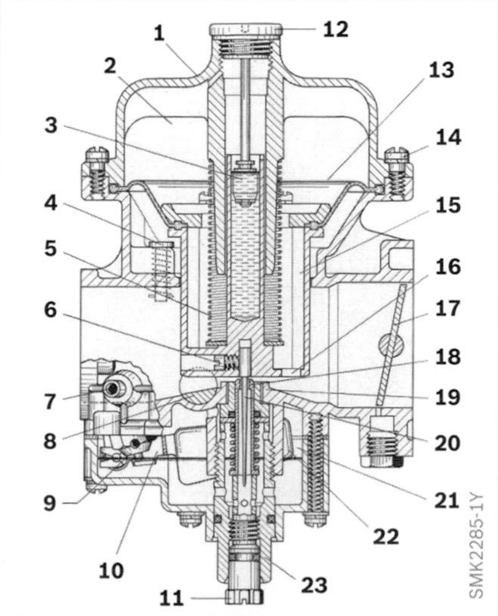

Bild 3
1 Vergaserdeckel
2 Unterdruckkammer
3 Dämpferkolben
4 Tupfer
5 Kolbenfeder
6 Klemmschraube für Dosiernadel
7 Kraftstoffzufluss
8 Starterwelle
9 Schwimmernadelventil
10 Schwimmerarm
11 Regulierschraube
12 Verschlussschraube
13 Membrane
14 Deckelschraube
15 Kolben
16 Ausgleichsbohrung zur Unterdruckkammer
17 Drosselklappe
18 Nadeldüse
19 Brücke
20 Düsennadel
21 Schwimmerkammer
22 Doppelschwimmer
23 Düsenhalter

Bild 4
1 Kolbenfeder
2 Kolbenmembrane
3 Klemmschraube
4 Düsennadel

3 CD-Vergaser (Zenith GB)

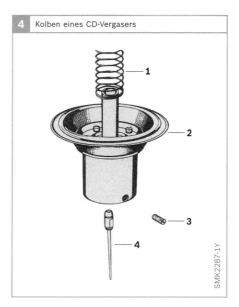

4 Kolben eines CD-Vergasers

SMK2285-1Y

SMK2287-1Y

Bild 5
1 Vergaserdeckel
2 Zylinderschraube
3 Vergasergehäuse
4 Umschaltventil für
   Innen-Außenbelüf-
   tung
5 Lufteinlass
6 Kraftstoffrücklauf
7 Kraftstoffrücklauf-
   ventil
8 Schwimmerkammer
9 Verschlussschraube
10 Anschlussrohre
   für Zündunterdruck
11 Starterdrehschieber
12 Starterhebel
13 Drosselhebel
14 Rückzugfeder
15 Kraftstoffzufluss
16 Unterdruckleitung
17 Leerlauf-Kraftstoff-
   regulierschraube

Bild 6
1 Vergaserdeckel
2 Unterdruckkammer
3 Führungsbuchse
4 Dämpferkolben
5 Membrane
6 Kolben
7 Mischkammer
8 Klemmschraube für
   Düsennadel
9 Kraftstoffzufluss
10 Kraftstoffrücklauf
11 Führungsrohr
12 Unterdruck-
   membrane
13 Schwimmernadel-
   ventil
14 Doppelschwimmer
15 Verschlussschraube
16 Kolbenfeder
17 Zylinderschraube
18 Anschlussrohre
   für Zündunterdruck
19 Drosselklappe
20 Unterdruckbohrung
21 Nadeldüse
22 Kraftstoffzufluss
   für Kaltstart
23 Unterdruckent-
   nahme für Kraft-
   stoffrücklaufventil
24 Düsennadel
25 Schwimmerkammer
26 Halteschraube
27 Leerlauf-Kraftstoff-
   regulierschraube

5 CDS-Vergaser für DB W115

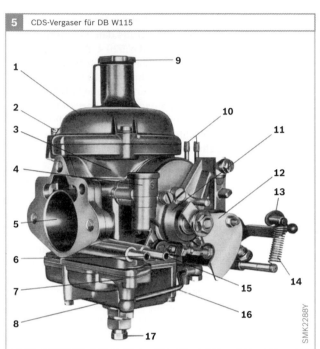

SMK2288Y

6 CDS-Vergaser (Längsschnitt)

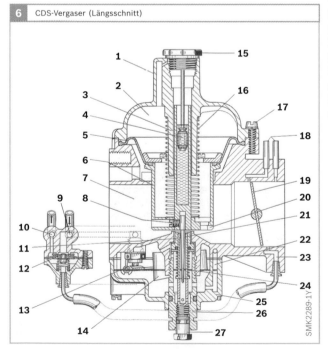

SMK2289-1Y

▶ Es verhindert Nachdie-seln: Beim Ausschalten der Zündung erhält das Ventil über ein Relais für 6...16 Sekunden Strom und sperrt den Kraft-stoffzufluss zur Nadel-düse.

▶ Drehzahlbegrenzung: Bei Drehzahlen von $6\,100 \pm 50\ \text{min}^{-1}$ schaltet das Relais Strom auf das Ventil, der Kraftstoff-zufluss wird unterbro-chen.

▶ Gemischeinstellung: Mit dem Kraftstoff-abschaltventil wird der Leerlauf-CO-Wert einge-stellt.

Schwimmereinrichtung mit Nadelventil, Schwim-mer, Kraftstoffrücklauf-ventil und Schwimmer-kammer-Umschaltbelüf-tung sowie die Drossel-klappe mit Drossel-klappenwelle, Drossel-hebel und Anschlag-schraube sind wie bei konventionellen Verga-sern ausgeführt.

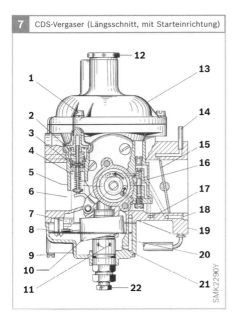

7 CDS-Vergaser (Längsschnitt, mit Starteinrichtung)

Weiterentwicklung

Im Zusammenhang mit der Reduzierung der Abgasgrenzwerte wurden die CD-Vergaser weiterentwickelt. Ab 1976 wurde für die Leerlaufeinstellung ein Umluftsystem mit Abschaltventil eingeführt (Bild 10). Zweivergaseranlagen bekamen die Kolbenumluft, um Toleranzen im Luftdurchsatz auszugleichen, sowie das zentrale Zusatzgemischsystem. Damit ist eine Leerlaufeinstellung möglich, ohne die Grundeinstellung der Drosselklappen zu verändern.

Um temperaturbedingte Querschnittsveränderungen an Nadeldüse und Nadel zu kompensieren, wurde die starre Düsennadel durch eine federnde Nadel, die an der Düse anliegt, ersetzt. Die Nadeldüsen wurden in eine Hülse mit Bimetallscheiben eingesetzt, die die Position der Düse an die jeweilige Temperatur anpassen. Die Pulldown-Funktion wird temperaturabhängig

Bild 7
1 Zylinderschraube
2 Innenbelüftung Schwimmerkammer
3 Belüftungsventil
4 Außenbelüftung Schwimmerkammer
5 Starterdrehschieber
6 Mischkammer
7 Schwimmernadelventil
8 Schwimmerachse
9 Zylinderschraube
10 Doppelschwimmer
11 Kraftstoffzufluss zur Hauptdüse
12 Verschlussschraube
13 Vergaserdeckel
14 Anschlussrohr für Zündunterdruck
15 Drosselklappe
16 Füllstift
17 Startgemischaustritt Kaltstart zweite Phase
18 Startgemischaustritt Kaltstart erste Phase
19 Vergasergehäuse
20 Kraftstoffzufluss für Kaltstart
21 Schwimmerkammer
22 Leerlauf-Kraftstoffregulierschraube

Bild 8
1 Drosselklappenansteller
2 Membrane
3 Vergasergehäuse
4 Tupfer
5 Warmwasseranschluss
6 Kolben
7 Doppelschwimmer
8 Schwimmerkammer
9 Leerlauf-Kraftstoffregulierschraube
10 Verschlussschraube
11 Vergaserdeckel
12 Startergehäuse
13 Starterzug
14 Starterdrehschieber
15 Starterkörper
16 Betätigungshebel für Innen-Außenbelüftung
17 Rückzugfeder
18 Starterscheibe
19 Verbindungsstange
20 Leerlaufeinstellschraube
21 Kraftstoffzufluss für Kaltstart

8 CDS-Vergaser (schematischer Querschnitt)

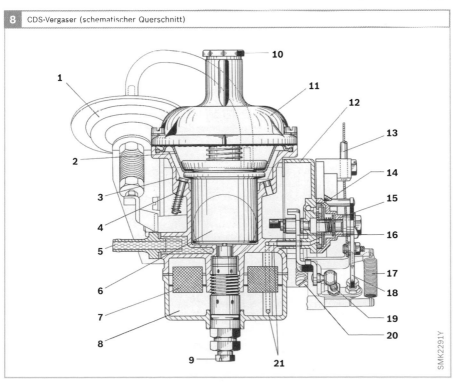

Bild 9
A Vergaseroberteil
B Vergasergehäuse
C Schwimmerkammer
D Starteinrichtung
1 Verbindungs-
 schlauch
 (Unterdruck)
2 Führungsbuchse
3 Dämpferkolben
4 Drosselklappen-
 ansteller
5 Drosselklappen-
 welle
6 Schwimmer
7 Kraftstoffeinstell-
 schraube
8 Verschlussstopfen
 (Öleinfüllstutzen)
9 Kolbenfeder
10 Kolbenmembrane
11 Kolben
12 Düsennadel
13 Nadeldüse
14 Düsenhalter
15 Unterdruck-
 anschluss
16 Pulldown-
 Membrane
17 Mitnehmerhebel
18 Starterzusatzluft-
 Regulierschraube
19 Pulldown
20 Stufenscheibe
21 Starterhebel
22 Starterverbindungs-
 stange
23 Bimetallfeder
24 Membranstange
25 Starterschieber
26 Starteranreiche
 rungsventil
27 Kühlmittelkammer

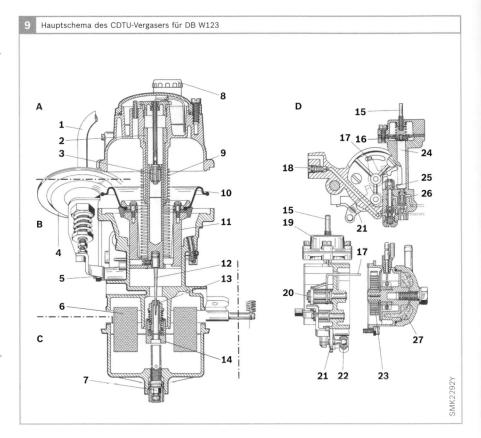

9 Hauptschema des CDTU-Vergasers für DB W123

SMK2292Y

10 CDTU-Vergaser (Längsschnitt)

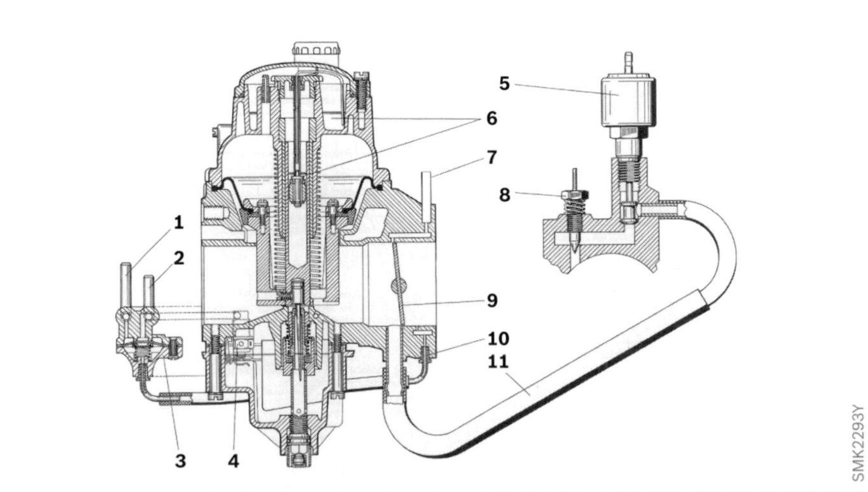

SMK2293Y

Bild 10
1 Kraftstoffrücklauf
2 Kraftstoffzufluss
3 Kraftstoffrücklauf-
 ventil
4 Schwimmernadel-
 ventil
5 Leerlaufgemisch-
 Abschaltventil
6 Dämpferöl
7 Anschlussrohr für
 Zündunterdruck
8 Leerlaufgemisch-
 Mengenregulier-
 schraube
9 Drosselklappe
10 Unterdrucksteue-
 rung für Kraftstoff-
 rücklauf
11 Schlauch für Leer-
 laufgemisch-
 umführung

über ein Thermoventil gesteuert. Das Dämpferölvolumen wurde entsprechend der längeren Wartungsintervalle vergrößert. Fahrzeuge mit Automatikgetriebe oder Klimaanlage bekamen Vergaser mit Drosselklappenansteller.

Gleichdruckprinzip und Funktion
Starteinrichtungen für CD-Vergaser
Prinzipbedingt ist bei Gleichdruckvergasern eine Starterklappe nicht möglich. Daher werden Starteinrichtungen angewendet, die je nach Ausführung und Herstellungsland sehr unterschiedlich aufgebaut sind.

CD-Vergaser englischer Bauart
Ältere CD-Vergaser aus englischer Fertigung haben eine Art Halbwelle (Starterwelle), die mit einem Bowdenzug (Choke) zum Kaltstart verdreht wird (Bild 11). Dabei wird der Luftspalt zwischen Kolben und Gehäuse verschlossen und der Kolben angehoben. Beim Anlassen bildet sich ein sehr fettes Startgemisch. Die Benutzung dieser Starteinrichtung erfordert Übung.

CD-Vergaser deutscher Bauart
Bei CD-Vergasern der Deutschen Vergaser-Gesellschaft kamen zwei unterschiedliche Startsysteme zur Anwendung. Bei den Vergasertypen CDS und CDUS ist eine manuell zu betätigende Starteinrichtung mit Drehschieber vorhanden (Bild 12). Die Vergasertypen CDT, CDET und CDTU haben eine Startautomatik mit einem Starterschieber (Kolben) und einem zusätzlichen Anreicherungsventil. Dieses Ventil ist temperaturabhängig von einer Bimetallfeder gesteuert, die elektrisch und durch das Kühlmittel beheizt wird (Bild 13).

Bild 11
1 Kolbenführungsrohr (mit Öl gefüllt)
2 Membrane
3 Kolben
4 Starterwelle in Kaltstartstellung (hat Kolben angehoben)
5 Dämpferkolben
6 Ausgleichsbohrung zur Unterdruckkammer
7 Drosselklappe
8 Doppelschwimmer
9 Schwimmerkammer
10 Düsenhalter
A Kraftstoffzufuhr
B Starterluft

Bild 12
a Startergehäuse ohne Starterdrehschieber
b Starterdrehschieber (rechts) und Starterkörper mit Starterscheibe (links)

1 Startergehäuse
2 Kraftstoffzufluss
3 Verschlussschraube
4 Unterdruckkolben
5 Anschlag
6 Anschlagstück
7 Starterkörper
8 Starterscheibe
9 Klemmschraube
10 Starterzug
11 kalibrierte Bohrungen für Kraftstoffzufluss
12 Starterdrehschieber
13 Ringraum
A dosierter Kraftstoff über kalibrierte Bohrungen

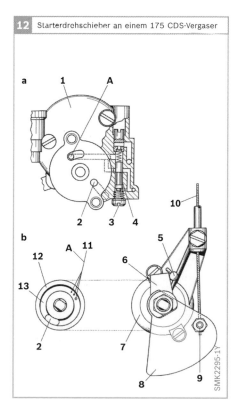

11 Starteinrichtung an einem CD-Vergaser (Zenith GB) in Kaltstartstellung

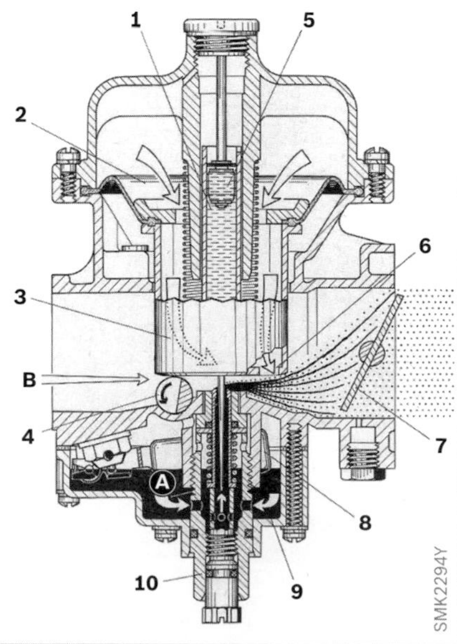

12 Starterdrehschieber an einem 175 CDS-Vergaser

Bild 13
a   Starteinrichtung
    mit Starterschieber
    (1970 bis 1974)
b   Startereinrichtung
    mit Starterschieber
    und Starteranrei-
    cherungsventil
    (1974 bis 1984)

1   Starterschieber
2   Pulldown-
    Membranstange
3   Ventilstößel
4   Ventilfeder
5   Starteranreiche-
    rungsventil
6   Ventilkugel
A   Mitnehmerhebel
B   Kraftstoffzufluss
    Ventil geschlossen

Bild 14
1   Startergehäuse
2   Schwimmerkam-
    mer-Umschalt-
    belüftung
3   Kolben angehoben
4   Starterdrehschieber
5   Starterdeckel
    (aufgeschnitten)
6   Austritt des
    Starterkraftstoffs
    erste Phase
7   Kolben unten
8   Kanal für
    Starterkraftstoff
A   Eintritt Startluft
B   Kraftstoffzufluss

Bild 15
1   Startergehäuse
2   Starterkörper
    (aufgeschnitten)
3   Starterdrehschieber
    in Warmlaufstellung
4   Kolben angehoben
5   Ventilkolben durch
    Unterdruck nach
    oben gezogen
6   Austritt des
    Starterkraftstoffs
    zweite Phase
7   Verschlussschraube
A   Eintritt Startluft
B   Kraftstoffzufluss
C   Unterdruck wirkt

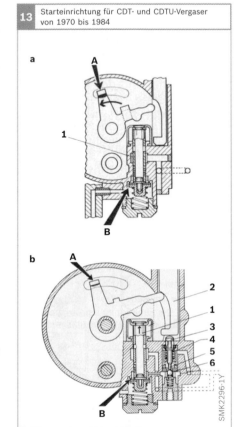

13 Starteinrichtung für CDT- und CDTU-Vergaser
von 1970 bis 1984

a

b

SMK2296-1Y

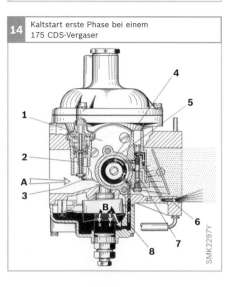

14 Kaltstart erste Phase bei einem
175 CDS-Vergaser

SMK2297Y

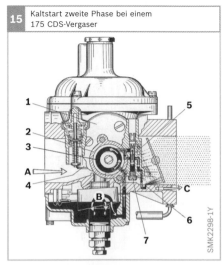

15 Kaltstart zweite Phase bei einem
175 CDS-Vergaser

SMK2298-1Y

**Kaltstart bei Vergaser mit Starterdreh-
schieber**
Der Starterdrehschieber wird durch Betätigen des Starterzugs in Startstellung ge-
dreht. Dabei wird die Drosselklappe auf
Vollstartstellung angestellt (Spalt, ca.
0,9 mm). Beim Anlassen des Motors wird
Kraftstoff durch das Startsystem – unter
Umgehung der Drosselklappe – direkt ins
Saugrohr gefördert. Die Dosierung des
Starterkraftstoffs erfolgt in Abhängigkeit
von der Stellung des Drehschiebers und
den damit freigegebenen Bohrungen. Die
für das Startgemisch benötigte Luft strömt
durch die angestellte Drosselklappe ins
Saugrohr. Dabei tritt zusätzlich Kraftstoff
über die Nadeldüse aus. Es bildet sich ein
sehr kraftstoffreiches Startgemisch
(Bild 14).

Durch den stark zunehmenden Unterdruck nach dem Anspringen des Motors
(Bild 15) wird ein Kolben im Starter angezogen und damit der Starterkraftstoffkanal
zum Saugrohr geschlossen. Starterkraftstoff tritt nun nur noch durch einen zweiten Kanal zwischen Kolben und Drosselklappe aus (Bild 16). Das Gemisch wird
abgemagert und eine Überfettung verhindert. Mit zunehmender Motortemperatur
wird der Starter zurückgestellt.

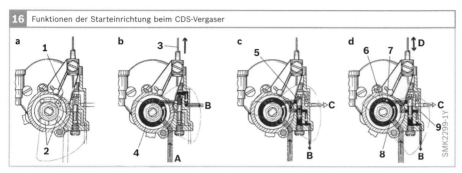

16 Funktionen der Starteinrichtung beim CDS-Vergaser

Kaltstart bei Vergaser mit Startautomatik

Bei der Startautomatik der CDT-Vergaser ist vor dem Kaltstart das Gaspedal zu betätigen. Damit wird die Stufenscheibe freigegeben. In Abhängigkeit von der Temperatur drückt die Bimetallfeder über den Mitnehmerhebel den Starterschieber nach unten (Bild 17). Die Stufenscheibe wird dabei mitgeführt. Bei Temperaturen unter ca. 20 °C erreicht der Starterschieber die unterste Stellung. Damit sind alle Steuerbohrungen für den Kraftstoffdurchfluss freigegeben. Bei Rücknahme des Gaspedals kommt der Hebel für die Drosselklappenanhebung auf der höchsten Stufe zur Auflage, die Drosselklappe ist damit auf Vollstartstellung angestellt (Bild 18). Die Membranstange des Pulldown ist in unterster Stellung. Bei Vergasern mit Starteranreicherungsventil ist das Ventil geöff-

18 Kaltstart erste Phase beim CDT-Vergaser

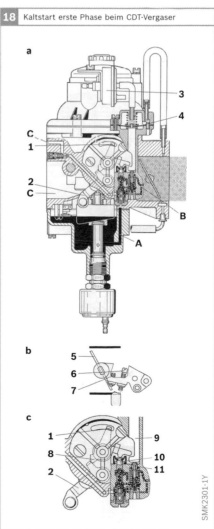

17 Starteinrichtung mit Starterschieber im Kaltstart erste Phase beim CDT-Vergaser

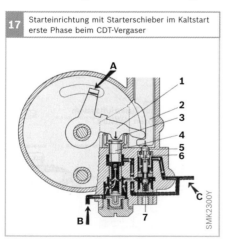

Bild 16
a Startvorrichtung abgeschaltet
b Kaltstart erste Phase
c Kaltstart zweite Phase
d Warmlauf
1 Kalibrierte Bohrungen für Kraftstoffzufluss
2 Kraftstoffzufluss in Starterdrehschieber gesperrt
3 Starterzug
4 Starterdrehschieber in Kaltstartstellung
5 hoher Unterdruck Kolben angezogen
6 Kraftstoffzufluss noch offen
7 Kraftstoffzufluss zu
8 Kraftstoffzufluss verringert
9 Kolben angezogen
A Kraftstoff aus der Schwimmerkammer
B Starterkraftstoff zum Saugrohr
C Unterdruck wirkt
D stufenlose Regulierung durch Starterzug

Bild 17
1 Mitnehmerhebel
2 Pulldown-Membranstange
3 Gummibalg
4 Starterschieber
5 Ventilstößel
6 Starteranreicherungsventil
7 Ventilkugel geöffnet
A Mitnehmerhebel in Kaltstartstellung
B Kraftstoffzufluss
C Startgemisch zur Brücke

Bild 18
a Längsschnitt
b Drosselklappenstellung bei Kaltstart
c Starteinrichtung in Kaltstartstellung
1 Mitnehmerhebel
2 Starterhebel
3 Thermozeitventil
4 Pulldown-Membrane
5 Drosselklappe
6 Drosselklappenanschlagschraube
7 Schnellleerlauf-Einstellschraube
8 Stufenscheibe
9 Membranstange
10 Starterschieber
11 Starteranreicherungsventil
A Kraftstoff
B Vorgemisch
C Luft

net. Bei Vergasern mit Thermoverzögerungsventil ist das Verzögerungsventil ebenfalls geöffnet (Bild 20). Mit Einschalten der Zündung wird das Ventil beheizt.

Beim Anlassen des Motors entsteht Unterdruck, der aufgrund der angestellten Drosselklappe auf die Membrane des Kolbens wirkt. Der Kolben wird etwas angehoben und Luft strömt durch den Spalt zwischen Kolbenboden und Brücke. Der Unterdruck wirkt auf die Nadeldüse, Kraftstoff tritt aus, es bildet sich ein Gemisch. Gleichzeitig strömt Luft durch den Starterluftkanal, die mit dem Kraftstoff im Starterschieber ebenfalls ein Gemisch bildet. Dieses Gemisch wird durch zusätzlichen Kraftstoff über das geöffnete Starteranreicherungsventil angereichert.

Bild 19
1 Mitnehmerhebel
2 Rollmembrane
3 Starterschieber
4 Stößel
5 Starteranreicherungsventil
6 Startgemischkanal zur Brücke
A Mitnehmerhebel in Warmlaufstellung
B Kraftstoffzufluss
C Kugelventil geschlossen

Bild 21
1 Thermozeitventil
2 Drosseldüse
3 Pulldown-Membrane
4 Drosselklappe
5 Drosselklappenanschlagschraube
6 Schnellleerlauf-Einstellschraube
7 Mitnehmerhebel
8 Stufenscheibe
9 Starterhebel
10 Pulldown-Membranstange
11 Starterschieber
12 Starteranreicherungsventil

Bild 20
1 Drosseldüse
2 Pulldown-Feder
3 Unterdruckanschluss für Pulldown
4 Belüftungsrohr
5 Dichtring
6 Thermoverzögerungsventil
7 PTC-Heizelement
8 Bimetall-Ventilplatte
9 elektrischer Anschluss
10 Pulldown-Membrane
11 Pulldown-Membranstange
12 Mitnehmerhebel
13 Starterschieber
14 Starteranreicherungsventil
15 Starterabschaltventil

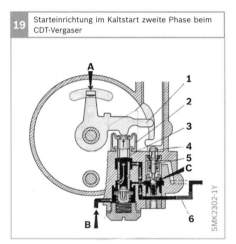

19 Starteinrichtung im Kaltstart zweite Phase beim CDT-Vergaser

SMK2302-1Y

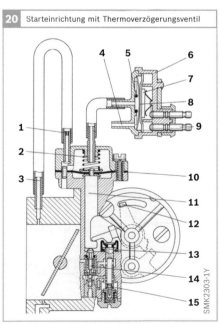

20 Starteinrichtung mit Thermoverzögerungsventil

SMK2303-1Y

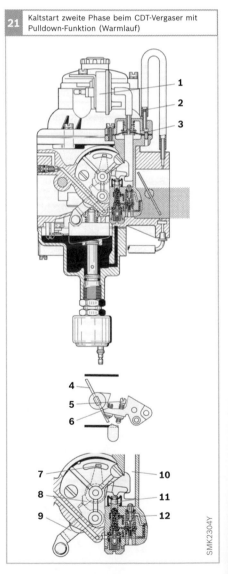

21 Kaltstart zweite Phase beim CDT-Vergaser mit Pulldown-Funktion (Warmlauf)

SMK2304Y

Das Gemisch aus der Starteinrichtung bildet mit dem vom Kolben gesteuerten Gemisch das kraftstoffreiche Startgemisch, der Motor springt an.

Pulldown-Funktion bei CD-Vergasern
Nach dem Anspringen des Motors wirkt der höhere Saugrohrunterdruck auf die Puldown-Membrane. Die Membrane geht nach oben gegen die Anschlagschraube. Über die Membranstange wird der Mitnehmerhebel gegen die Schließkraft der Bimetallfeder verstellt und der Starterschieber durch Federkraft nachgeführt. Damit ist die erste Steuerbohrung für den Starterkraftstoff geschlossen, das Gemisch wird soweit abgemagert, dass der Motor sicher durchläuft (Bild 19). Bei Startern mit Starteranreicherungsventil ist auch das Anreicherungsventil geschlossen.

Bei Vergasern mit Thermoverzögerungsventil ist der Pulldown bei Temperaturen unter ca. 40 °C ohne Funktion (Bild 20). Beim Einschalten der Zündung wird die Bimetall-Ventilplatte durch ein PTC-Element beheizt. Abhängig von der Umgebungstemperatur schließt das Thermoverzögerungsventil. Erst wenn das Ventil geschlossen ist, wird die Membrane mit Unterdruck beaufschlagt und der Pulldown aktiviert (Bild 21).

Neben dem Thermoverzögerungsventil am Vergaser gibt es bei Fahrzeugen mit CDTU-Vergaser ein Thermoventil (Bild 23) für die Starterzusatzluft und die Pulldown-Verzögerung durch ein Elektro-Umschaltventil, das über einen Thermozeitschalter gesteuert wird (Bild 22). Mit Einschalten der Zündung wird das Umschaltventil bei Temperaturen unter + 35 °C über den Thermozeitschalter angesteuert, das Ventil schließt. Mit zunehmender Erwärmung des Thermozeitschalters wird das Ventil stromlos, es öffnet und die Pulldown-Membrane wird mit Unterdruck beaufschlagt – bei –20 °C nach maximal 27 Sekunden.

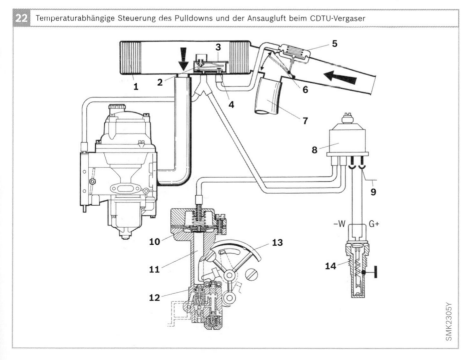

22 Temperaturabhängige Steuerung des Pulldowns und der Ansaugluft beim CDTU-Vergaser

SMK2305Y

Bild 22
1 Luftfilter
2 Nebenluftventil
3 Temperaturregler
4 Rückschlagventil
5 Unterdruckdose
6 Luftklappe
7 Warmluftkanal
8 Elektro-Umschaltventil
9 Stromzufuhr
10 Pulldown-Membrane
11 Membranstange
12 Starteranreicherungsventil
13 Startergehäuse
14 Thermozeitschalter

Mit dem Einschalten der Zündung beim Startvorgang setzt auch die elektrische Beheizung des Starterdeckels ein. Die Schließkraft der Bimetallfeder lässt nach, der Mitnehmerhebel und damit die Stufenscheibe werden verstellt. Dieser Verstel-

lung folgend wird der Starterschieber durch Federkraft stetig nach oben verschoben und damit die Steuerbohrungen geschlossen. Gleichzeitig wird das Thermoventil für die Starterzusatzluft – wenn vorhanden – beheizt (Bild 23). Öffnet

23 Thermoventil für Starterzusatzluft beim 175 CDTU-Vergaser

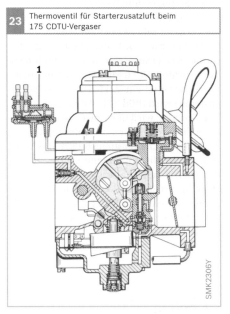

SMK2306Y

25 Leerlaufbetrieb des-CDT-Vergasers

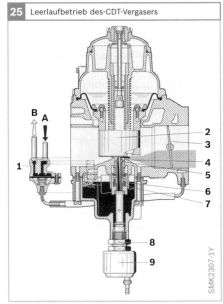

SMK2307-1Y

Bild 23
1 Thermoventil für Starterzusatzluft

Bild 25
1 Kraftstoffrücklaufventil
2 Kolben
3 Drosselklappe
4 Düsennadel
5 Nadeldüse
6 Düsenhalter
7 Bimetallscheiben
8 Kontermutter
9 Kraftstoffabschaltventil
A Kraftstoffzufluss
B Kraftstoffrücklauf

24 Leerlaufbetrieb des CDTU-Vergasers

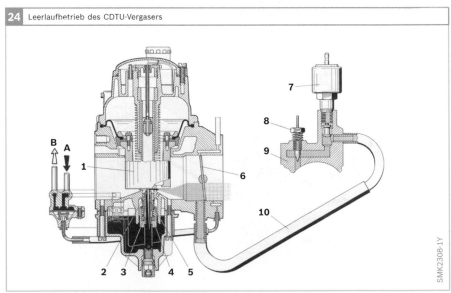

SMK2308-1Y

Bild 24
1 Kolben
2 Nadeldüse
3 Bimetallscheiben
4 Düsenhalter
5 Düsennadel
6 Drosselklappe
7 Leerlaufgemisch-Abschaltventil
8 Leerlaufgemisch-Mengenregulierschraube
9 Saugrohr
10 Schlauch für Leerlaufgemischumführung
A Kraftstoffzufluss
B Kraftstoffrücklauf

das Ventil, tritt zusätzlich Luft ein, das Gemisch für den Warmlauf wird weiter abgemagert. Bei einer Kühlmitteltemperatur von über +70 °C ist die Starteinrichtung abgeschaltet. Die Drosselklappe geht in die normale Leerlaufstellung.

Leerlauf

Bei ausgeschalteter Starteinrichtung und Leerlaufstellung der Drosselklappe liegt der Kolben auf der Brücke – einer Erhöhung in der Mischkammer – auf. Die Nadeldüse ist zentral in dieser Brücke positioniert. Zwei Erhöhungen am Kolbenboden verhindern, dass der Kolben die Mischkammer vollständig abschließt. Es bleibt ein kleiner Spalt, durch den die Leerlaufluft strömt. An dieser Engstelle entsteht so viel Unterdruck, dass Kraftstoff aus dem Ringspalt zwischen der konischen Düsennadel und der Nadeldüse gefördert und fein zerstäubt wird. Es bildet sich das Leerlaufgemisch (Bild 25). Durch Verstellen der Nadeldüse wird der Leerlauf-CO-Wert eingestellt. Bei Verstellen der Düse

nach unten vergrößert sich der Spalt, es tritt mehr Kraftstoff aus, das Gemisch wird fetter. Durch Verstellen nach oben wird das Gemisch magerer. Dabei ist zu beachten, dass mit der Leerlaufeinstellung bei CD-Vergasern die Gemischzusammensetzung über den gesamten Betriebsbereich beeinflusst wird.

Bei CDTU-Vergasern ist die Drosselklappe auf einen Grundleerlaufwert fest eingestellt. Die fast geschlossene Drosselklappe wird mit einem Kanal umgangen. Der Hauptanteil des Leerlaufgemischs wird aus der Mischkammer durch diesen Kanal, den Umgemischkanal, in das Saugrohr geführt (Bild 24). Mit der Leerlaufgemisch-Regulierschraube wird die Gemischmenge für den Leerlauf eingestellt. Ein Abschaltventil verhindert ein Nachlaufen.

Motoren mit höherer Leistung wurden mit Mehrvergaseranlagen (Bild 26) ausgerüstet. Auch bei der Zweivergaseranlage sind Drosselklappen auf einen festen Grundleerlaufwert eingestellt. Beide Ver-

26 Vergaseranlage mit zwei Stromberg 175 CDET-Vergasern für BMW 520

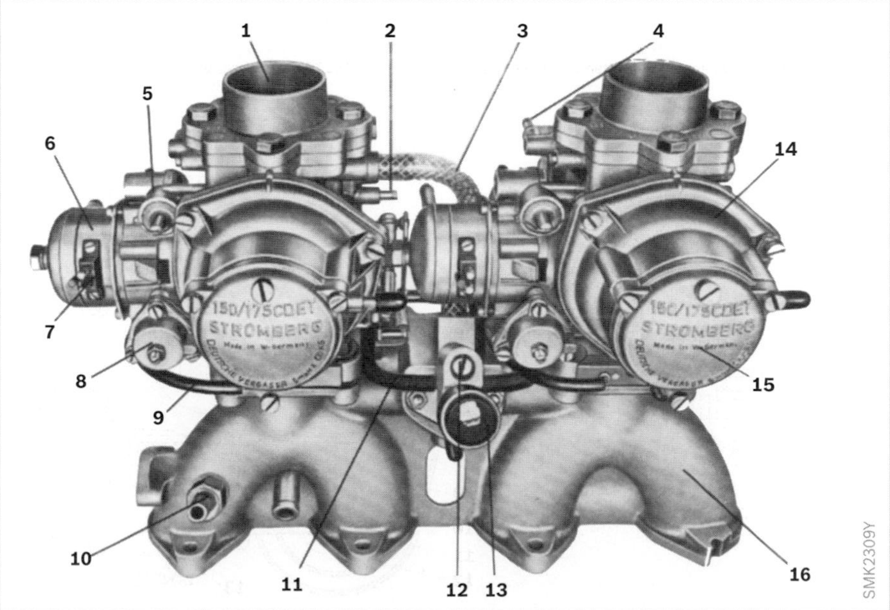

SMK2309Y

Bild 26
1 Lufteinlass
2 Zusatzkraftstoff-Regulierschraube
3 Schlauchleitung für Zusatzgemisch
4 Kraftstoffzufluss
5 umschaltbare Innen-Außenbelüftung (Schwimmerkammer)
6 Startautomatik
7 elektrischer Anschluss
8 Pulldown
9 Unterdruckleitung (Starterabmagerungsventil)
10 Unterdruckanschluss (Servosystem)
11 Schlauchleitung für Grundleerlaufgemisch aus den Mischkammern
12 Zusatzgemisch-Regulierschraube
13 Abschaltventil
14 Vergaserdeckel
15 Verschlussklappe
16 Saugrohr

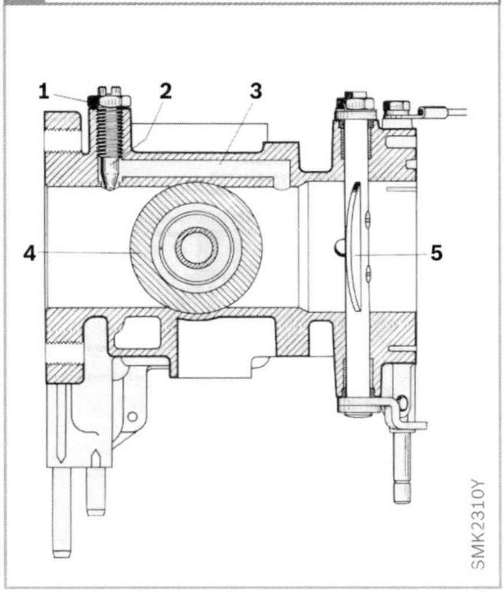

Bild 27
1 Kontermutter
2 Kolbenumluft-
Regulierschraube
3 Kolbenumluftkanal
4 Kolben
5 Drosselklappe

Bild 29
1 Dämpferkappe
2 Verschlussdeckel
3 Kolbenmembrane
4 Dämpferkolben
5 Kolbenfeder
6 Führungsbuchse
7 Kolbenführungsrohr
8 Nadeldüse
9 Düsennadel
10 Klemmfeder
11 Zylinderschraube
12 Rohr
13 Vergaserdeckel
14 Dämpferöl
15 Vergasergehäuse
16 Drosselklappe
17 Gemischableitung
für Grundleerlauf
18 Schwimmer
19 Schwimmerkammer
20 Zylinderschraube
A Eintritt der
Kolbenumluft

Bild 28
1 Abschaltventil
2 Schlauchleitung
für das Grundleer-
laufgemisch aus
den Mischkammern
3 Zusatzgemisch-
Regulierschraube
4 Kolbenumluft-
Regulierschraube
5 Kolben
6 Zusatzkraftstoff-
Regulierschraube
7 Verteilerstück
8 Schlauchleitung
für Zusatzgemisch
9 Schwimmer
10 Zusatzluftdüse
11 Zusatzkraftstoff-
düse
12 Schwimmerkammer
13 Startabmagerungs-
ventil
14 Kraftstoffzufluss
A Schlauchleitung
für das Grundleer-
laufgemisch aus
den Mischkammern
B Kurbelgehäuse-
belüftung
C Leerlauf-
gemischaustritt ins
Saugrohr

gaser haben einen Kolbenumluftkanal mit Regulierschraube, um unterschiedliche Durchsätze in Leerlaufstellung des Kolbens auszugleichen (Bild 27 und Bild 29). Wie bei allen CD-Vergasern bildet sich im Spalt zwischen Brücke und Kolben ein Gemisch. Beim CDET ist es das Gemisch für den Grundleerlauf. Es wird vor der Dros-

selklappe abgeführt und strömt in das auf dem Saugrohr befestigte Verteilerstück.

Für das Leerlaufgemisch hat der hintere Vergaser ein separates Zusatzgemisch-system (Bild 28). Es beinhaltet die Zusatz-kraftstoffdüse, die Zusatzluftdüse, eine Zusatzgemisch-Regulierschraube und in bestimmten Ausführungen ein Abschalt-

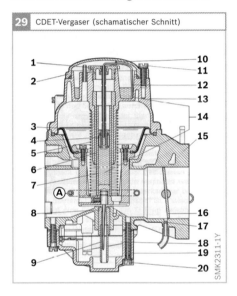

27 Kolbenumluft an CDET- und CDTU-Vergaser

SMK2310Y

29 CDET-Vergaser (schamatischer Schnitt)

SMK2311-1Y

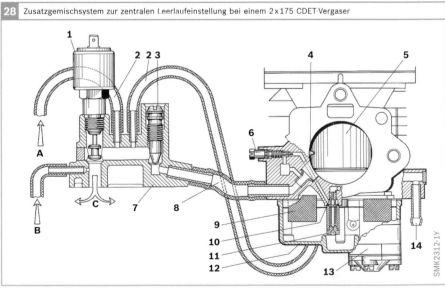

28 Zusatzgemischsystem zur zentralen Leerlaufeinstellung bei einem 2×175 CDET-Vergaser

SMK2312-1Y

ventil. Die Luft für das Zusatzgemisch wird vor dem Kolben abgeführt. In Verbindung mit dem Zusatzgemisch bildet sich das Gemisch für die Leerlaufeinstellung. Dieses Gemisch strömt durch einen Verbindungsschlauch in das Verteilerstück. Mit der Zusatzgemisch-Regulierschraube im Verteilerstück wird der Leerlauf eingestellt, ohne die Drosselklappenstellung zu verändern (Bild 30). Ein Abschaltventil schließt mit dem Abschalten der Zündung den Zusatzgemischaustritt.

Übergang und Volllast

Wird die Drosselklappe weiter geöffnet, gelangt Unterdruck durch Bohrungen im Kolbenboden in den Membranraum im Vergaseroberteil, der auch als Unterdruckkammer oder Steuerraum bezeichnet wird und wirkt auf die Kolbenmembrane. Durch den Unterdruck wird der Kolben proportional zu der an der Drosselklappe vorbeiströmenden Luft angehoben und der Lufttrichterquerschnitt vergrößert. Mit jeder Änderung der Drosselklappenstellung ändert sich auch der Unterdruck, der auf die Kolbenmembrane wirkt. Entsprechend den geänderten Druckverhältnissen wird der Kolben weiter angehoben oder abgesenkt. Da die Düsennadel mit dem Kolben verbunden ist, ändert sich damit auch der

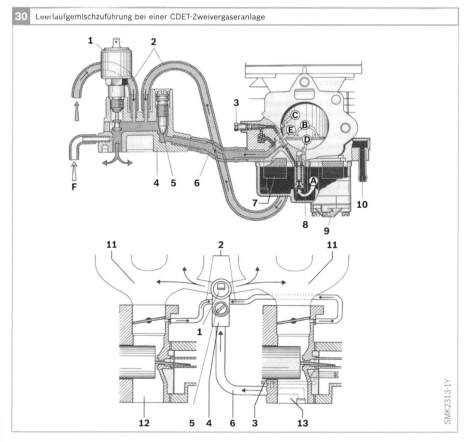

30 Leerlaufgemischzuführung bei einer CDET-Zweivergaseranlage

Bild 30

1 Abschaltventil
2 Schlauchleitung für Gemisch
3 Zusatzkraftstoff-Regulierschraube
4 Verteilerstück
5 Zusatzgemisch-Regulierschraube
6 Schlauchleitung für Zusatzgemisch
7 Schwimmer
8 Zusatzluftdüse
9 Starterabmagerungsventil
10 Kraftstoffzufluss
11 Saugrohr
12 linker Vergaser
13 rechter Vergaser (mit Blickrichtung auf den Motor)
A Kraftstoffzufluss
B Zustrom der Hauptluft
C Eintritt der Kolbenumluft
D Eintritt der Zusatzluft
E Eintritt der Luft für das Zusatzgemisch
F Kurbelgehäusebelüftung

SMK2313-1Y

Ringspalt zwischen Düsennadel und Nadeldüse. Die Luftgeschwindigkeit und der Unterdruck an der Nadeldüse bleiben annähernd konstant und relativ hoch. Damit sind in allen Betriebsbereichen eine stufenlos angepasste Kraftstoffzuteilung zur angesaugten Luftmenge und eine gute Zerstäubung des Kraftstoffs gewährleistet. Voraussetzung ist allerdings eine sorgfältige Abstimmung der Nadeldüse (Bild 31).

Bei der Abstimmung (Anpassung des Vergasers an den Motor) sind die verschiedenen Durchmesser der Düsennadeln entscheidend für Fahrverhalten, Leistung und Verbrauch. Auf einer Länge von 38 mm (CD-Vergaser) gibt es je nach Nadel 13 bis 37 Messpunkte. Durch Ändern des jeweiligen Durchmessers kann das Gemisch an bestimmten Betriebspunkten angereichert oder abgemagert werden. Neben der Nadeldüse und der Düsennadel sind weitere die Funktion beeinflussende Bauteile anzupassen. So z.B. die Belüftungsöffnung des unteren Membranraums, die Größe und Lage der Bohrungen im Kolbenboden, das Gewicht des Kolbens, die Kolbenfeder, der Dämpferkolben, das Dämpferöl, die Dicke und Flexibilität der Kolbenmembrane sowie die Art der Schwimmerkammerbelüftung. Darüber hinaus sind mögliche temperaturabhängige Einflüsse zu berücksichtigen.

Kolbendämpfung für Beschleunigung und Schub

Für eine schnelle Beschleunigung muss das Gemisch kurzzeitig angereichert werden. Bei Gleichdruckvergasern erfolgt die Beschleunigungsanreicherung durch eine Erhöhung des Unterdrucks und der Strömungsgeschwindigkeit an der Nadeldüse. Die Vergaser haben dazu im Deckel einen Dämpferkolben, der in das mit Öl gefüllte Führungsrohr des Kolbens eintaucht

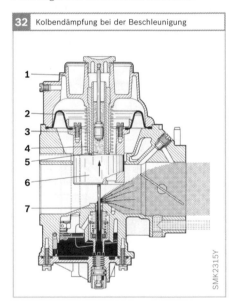

32 Kolbendämpfung bei der Beschleunigung

SMK2315Y

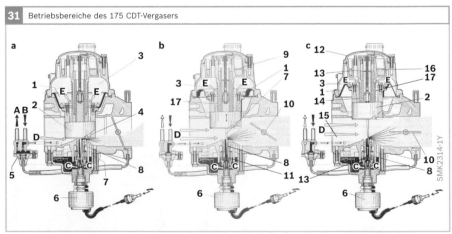

31 Betriebsbereiche des 175 CDT-Vergasers

SMK2314-1Y

Bild 32

1 Vergaserdeckel
2 Kolbenmembrane
3 Dämpferkolben
4 Kolbenfeder
5 Dämpferöl
6 Kolben
7 Nadeldüse

Bild 31

a Funktion im Leerlauf
b Funktion bei Teillast
c Funktion bei Volllast

1 Membrane
2 Kolben
3 Unterdruckkammer
4 Ausgleichsbohrung zur Unterkammer
5 Rücklaufventil
6 Abschaltventil
7 Düsennadel
8 Nadeldüse
9 Ölstand
10 Drosselklappe
11 Bimetallscheiben
12 Verschlussdeckel
13 Führungsachse
14 Dämpfer
15 Schwimmernadelventil
16 Ölvorrat
17 Kolbenfeder
A Kraftstoffrücklauf
B Kraftstoffzufluss von der Kraftstoffförderpumpe
C Kraftstoffzufluss zur Nadeldüse
D Hauptluft
E wirksamer Unterdruck

(Bild 32). Durch diesen Dämpfer wird die Aufwärtsbewegung des Kolbens beim schnellen Öffnen der Drosselklappe gebremst. Dadurch ändern sich kurzzeitig die Druckverhältnisse in der Mischkammer, es tritt mehr Kraftstoff aus, das Gemisch wird angereichert. Beim schnellen Schließen der Drosselklappe verhindert der Dämpfer, dass der Kolben schlagartig nach unten geht. Damit werden Aussetzer im Schubbetrieb verhindert. Der Dämpfer wird in der Regel mit Motoröl befüllt.

Vergaser mit der zweiten Stufe nach dem Gleichdruckprinzip

Registervergaser, bei denen die erste Stufe mit variablem Unterdruck und fixen Querschnitten und die zweite Stufe mit variablem Querschnitt nach dem Gleichdruckprinzip arbeitet, kamen ab ca. 1972 in Europa in Serie. Der bei Opel verwendete Varajet ist ein solcher Vergaser. Für 6- oder 8-Zylinder-Motoren wurden diese Vergaser auch als Doppel-Registerverga-

ser mit zwei Mischkammern in jeder Stufe von verschiedenen Firmen hergestellt, so zum Beispiel der Quadrajet von Rochester für US-Fahrzeuge und die 4A1-Vergaser für BMW, Daimler-Benz, Rolls-Royce und Opel von der Deutschen Vergaser-Gesellschaft (Pierburg). Durch die Anwendung von Doppelregistervergasern wird Gewicht gespart, es wird nur ein einfaches Gasgestänge benötigt und der Platzbedarf ist geringer als bei einer Zweivergaseranlage.

Beim Registervergaser mit Gleichdruckstufe (Bild 33) entspricht die erste Stufe einem konventionellen Vergaser. Allerdings erfolgt die Teillastanreicherung bei bestimmten Ausführungen durch eine Nadelsteuerung der Korrekturluft. In der zweiten Stufe, der Gleichdruckstufe, sind die Drosselklappe und der Querschnitt der Mischkammer deutlich größer als bei konventionellen Registervergasern. Hier ist der Hauptdüsenquerschnitt nadelgesteuert (Bild 34). Der Gleichdruck wird durch eine federbelastete Luftklappe hergestellt.

33 Doppelregistervergaser 4A1 mit der zweiten Stufe nach dem Gleichdruckprinzip

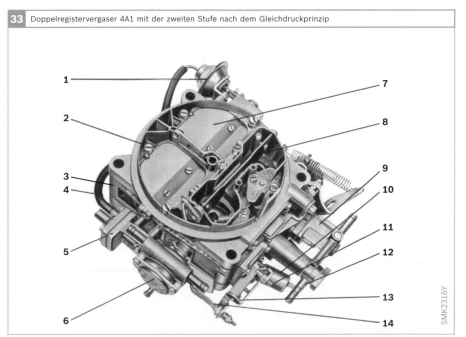

SMK2316Y

Bild 33
1 Dämpfer
2 Vergaserdeckel
3 Vergasergehäuse
4 Verbindungs-
   schlauch
   (Unterdruck für
   Pulldown)
5 Pulldown
6 Startergehäuse mit
   Starterdeckel
7 Luftklappe
8 Starterklappe
9 TN-Starter
10 Abschaltventil
11 Einstellschraube
   für Einspritzmenge
12 Anschlussrohr
   (Kraftstoffzufluss)
13 Pumpenhebel
14 Pumpenstange

Bild 34
1 Nadelgesteuerte
  Luftkorrekturdüse
  erste Stufe
2 Unterdruckkolben
  mit Druckfeder und
  Stellschraube
3 Starterklappe
4 Führungsstift
5 Düsennadel
  zweite Stufe
6 Luftkorrekturdüse
7 Bypass-Bohrung
8 Kurvenscheibe
9 Übertragungshebel
10 Luftklappe
11 Leerlaufluftdüse
  erste Stufe
12 Mischrohr
13 Austrittsarm mit
  Vorzerstäuber
14 Schwimmernadel-
  ventil
15 Kraftstofffilter
16 Leerlaufabschalt-
  ventil
17 Leerlaufdüse
18 Leerlaufgemisch-
  Regulierschraube
19 Hauptdüse
20 Drosselklappe
  erste Stufe
21 nadelgesteuerte
  Blende
22 Steigrohr
23 Drosselklappe
  zweite Stufe
24 Leitblech
25 Austrittsarm
26 Regulierschraube

Bild 35
1 Schwimmernadel-
  ventil
2 Mischrohr
3 Luftkorrekturdüse
4 Austrittsarm mit
  Vorzerstäuber
5 Stift
6 Düsennadel
7 Austrittsbohrung
8 Luftklappe
9 Gabel
10 Steigrohr
11 Leitblech
12 Drosselklappe
  zweite Stufe
13 Blende
14 Drosselklappe
  erste Stufe
15 Hauptdüse
  erste Stufe
A Kraftstoffzufluss
B Hauptluft
C Korrekturluft

Die Luftklappe hat die gleiche Funktion wie der Kolben bei CD-Vergasern.

Die Drosselklappe der zweiten Stufe kann erst bei abgeschalteter Starteinrichtung und ca. ¾-Öffnung der ersten Stufe geöffnet werden. Mit dem Öffnen der Drosselklappe – bei noch geschlossener Luftklappe – wird das Hauptdüsensystem mit Unterdruck beaufschlagt, Gemisch tritt aus. Mit zunehmender Drosselklappenöffnung steigt der Unterdruck unterhalb der Luftklappe. Bei einer bestimmten Druckdifferenz öffnet die exzentrisch gelagerte Klappe gegen eine genau justierte Drehfeder. Dabei wird die Düsennadel über eine Kurvenscheibe und einen Hebel angehoben, es tritt mehr Gemisch aus (Bild 35).

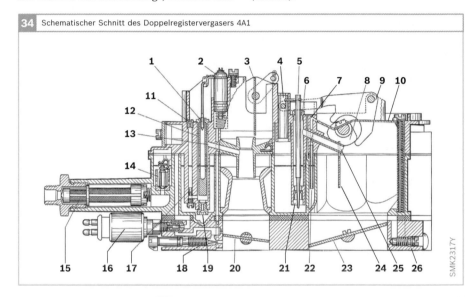

34 Schematischer Schnitt des Doppelregistervergasers 4A1

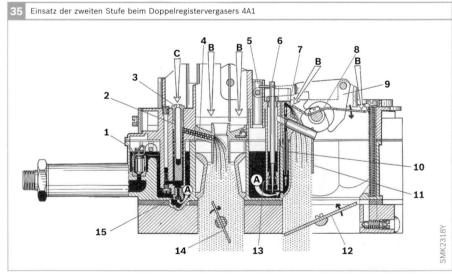

35 Einsatz der zweiten Stufe beim Doppelregistervergasers 4A1

Die Anpassung des Gemischs an den Luft-durchsatz bei Vergasern mit Luftklappe ist vergleichbar mit der stufenlosen Anpassung bei CD-Vergasern. Auch Vergaser mit Luftklappe haben eine Dämpfereinrichtung (Bild 37). Durch eine Dämpferdose, auf die der Unterdruck wirkt, wird die Öffnung der Luftklappe verzögert und das Gemisch für die Beschleunigung angereichert. Mit der Dämpferdose wird auch ein schlagartiges Schließen der Luftklappe beim schnellen Schließen der Drosselklappe verhindert.

Bei Volllast sind die Drosselklappen der ersten und der zweiten Stufe geöffnet, die freie Öffnung der Luftkorrekturdüsen der ersten Stufe ist reduziert und die Hauptdüsen der zweiten Stufe haben den größten freien Durchgang (Bild 36).

Neben den beschriebenen Vergasern gibt es eine Vielzahl weitere Ausführungen verschiedener Hersteller. Die meisten dieser Vergaser arbeiten weitgehend nach dem gleichen Prinzip, auch wenn sie in den Bauteilen unterschiedlich ausgeführt sind.

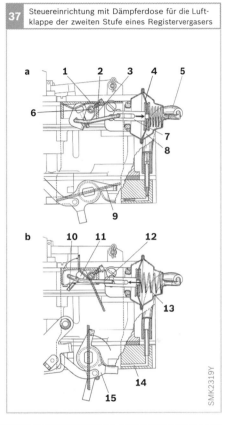

37 Steuereinrichtung mit Dämpferdose für die Luft-klappe der zweiten Stufe eines Registervergasers

Bild 37
a Zweite Stufe
Gleichdruckstufe
geschlossen
b zweite Stufe
Gleichdruckstufe
geöffnet

1 Luftklappe
2 Klemmschraube für
Rückdrehfeder
3 Rückdrehfeder
4 Membrane
5 Unterdruckleitung
6 drehbare Welle
7 Dämpferstange
8 Dämpferdose
9 Drosselklappe
zweite Stufe
10 Stange für
Rückdrehfeder
11 Luftklappenwelle
12 Verbindungsstange
13 Dämpferfeder
14 Unterdruckkanal
zur Dämpferdose
15 Drosselhebel
zweite Stufe

SMK2319Y

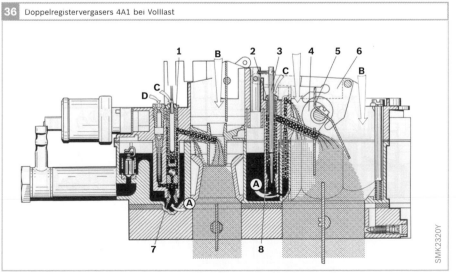

36 Doppelregistervergasers 4A1 bei Volllast

Bild 36
1 Luftkorrekturdüse
mit Mischrohr
erste Stufe
nadelgesteuert
2 Luftkorrekturdüse
zweite Stufe
3 Düsennadel
zweite Stufe
4 Kurvenscheibe
5 Luftklappe
6 Übertragungshebel
7 Hauptdüse
erste Stufe
8 Hauptdüse
zweite Stufe
nadelgesteuert
A Kraftstoffzufluss
B Hauptluft
C Korrekturluft
D Leerlaufluft

SMK2320Y

Elektronisch gesteuerter Vergaser

Systemübersicht

Das elektronisch gesteuerte Vergasersystem ECOTRONIC kam ab 1983 in Fahrzeugen von Audi, BMW, Daimler, Opel und VW mit und ohne λ-Regelung in Serie. Für den BMW 316 und den 518 wurde der 2BE- und für die anderen Anwendungen der 2EE-Vergaser verwendet. Beide Vergaser sind Fallstrom-Registervergaser. Die Vergaser sind auf die Grundsysteme vereinfacht. Die Einrichtungen für Kaltstart, Warmlauf, Beschleunigung und Anreicherung sind entfallen. Die Funktionen werden von zwei elektronisch gesteuerten Stellern, dem Vordrosselsteller und dem Drosselklappenansteller übernommen.

Bild 1 zeigt das Schema des elektronisch gesteuerten Vergasers. Die Starterklappe (hier als Vordrossel bezeichnet) arbeitet bei diesem Vergaser in allen Betriebsbereichen, nicht nur beim Kaltstart. Sie wird von einem Stellmotor (Vordrosselsteller) betätigt, der vom elektronischen Steuergerät angesteuert wird. Durch kurzzeitiges Schließen der Vordrossel wird das Luft-Kraftstoff-Gemisch angefettet, durch Öffnen abgemagert. Ebenfalls über das Steuergerät wird der Drosselklappenansteller angesteuert, sodass der Leerlauf geregelt werden kann.

Bild 1

1 Elektronisches Steuergerät
2 Drosselklappenansteller
3 Vordrosselsteller
4 Luftfilter
5 Vordrossel (Starterklappe)
6 Vergaser
7 Drosselklappe erste Stufe
8 Drosselklappe zweite Stufe
9 Drosselklappenpotentiometer
10 Heizwabe für Saugrohrbeheizung
11 Saugrohr
12 Katalysator
13 λ-Sonde
14 Kühlmitteltemperatursensor
a Relais für Heizwabe
b Leerlaufsignal
c Messsignal Leerlaufeinstellung
d Position Drosselklappenansteller
e Drosselklappenwinkel
f Kühlmitteltemperatur
g λ-Sondensignal
h Motordrehzahl
i Klimaanlage
k Automatikgetriebe
l Multifunktionscodierung

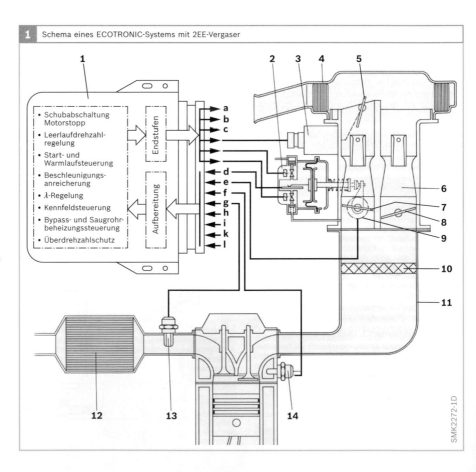

1   Schema eines ECOTRONIC-Systems mit 2EE-Vergaser

Endstufen

- Schubabschaltung Motorstopp
- Leerlaufdrehzahlregelung
- Start- und Warmlaufsteuerung
- Beschleunigungsanreicherung
- λ-Regelung
- Kennfeldsteuerung
- Bypass- und Saugrohrbeheizungssteuerung
- Überdrehzahlschutz

Aufbereitung

SMK2272-1D

Systemkomponenten

Vergaser

Der Basisvergaser ist ein konventioneller Fallstrom-Registervergaser mit Schwimmersystem, Leerlauf- und Hauptdüsensystem (Bild 2 bis Bild 5). Die Leerlaufluft wird über die Leerlaufluftkorrekturnadel gesteuert. Anstelle der Starteinrichtung tritt die Vordrossel mit dem Vordrosselsteller, der zusätzlich zur Vordrossel auch die Leerlaufluft steuert. Die Drosselklappe der ersten Stufe wird manuell, die der zweiten Stufe über Unterdruck geöffnet. Die Schwimmerkammerbelüftung erfolgt über ein Umschaltventil (siehe Bild 12). Der Vergaser hat eine Einrichtung zur Kraftstoffabschaltung und eine Bypassbeheizung.

Anbaukomponenten und Stellglieder

Drosselklappensteller

Der Drosselklappensteller (Bild 1) ist ein elektropneumatischer Steller zur Füllungssteuerung. Der Stößel des Stellers betätigt über einen Hebel die Drossel-

klappe der ersten Stufe. Zwei Magnetventile steuern den Arbeitsdruck, indem sie Atmosphären- oder Saugrohrdruck aufschalten. Wenn Saugrohrunterdruck auf die Membrane wirkt, wird der Stößel gegen die Kraft der Rückstellfeder verstellt, die Drosselkappe schließt. Wird der Membranraum mit Atmosphäre belüftet, schiebt der Stößel die Drosselklappe in Richtung Auf. Ein im Steller integriertes Potentiometer ermöglicht die Stellungsrückmeldung des Stößels. Der Drosselklappenansteller steuert die Drosselklappe unter allen Betriebsbedingungen vom Kaltstart bis zum Motorstopp.

Vordrosselsteller

Der Vordrosselsteller steuert durch Verstellen der Vordrossel (Bild 2 und Bild 3) das Mischungsverhältnis bei allen Betriebszuständen, auch im Kennfeld der $\lambda = 1$-Regelung. Die Vordrossel ist anstelle der Starterklappe in der ersten Stufe des Vergasers positioniert. Durch die einseitige Lagerung der Klappe wirkt der Luft-

Bild 2
1 Leerlaufluftdüse
2 Hebel für Nadelsteuerung
3 Vordrossel
4 Vorzerstäuber erste Stufe
5 Luftkorrekturdüse mit Mischrohr erste Stufe
6 Luftkorrekturdüse mit Mischrohr zweite Stufe
7 Belüftung mit Mischrohr für Übergangskraftstoff zweite Stufe
8 Volllastanreicherung zweite Stufe
9 Vorzerstäuber zweite Stufe
10 Leerlaufluftkorrekturnadel
11 Druckfeder
12 Vergaserdeckel
13 Vergaserdeckeldichtung
14 Mischrohr
15 Leerlaufdüse
16 Vergasergehäuse
17 Bypassbeheizung
18 Gemischregulierschraube
19 Übergangsschlitz erste Stufe
20 Leerlaufvorgemischaustritt
21 Drosselklappe erste Stufe
22 Hauptdüse erste Stufe
23 Hauptdüse zweite Stufe
24 Platte für Kraftstoffabschaltung (Überdrehzahlschutz)
25 Übergangskraftstoffdüse zweite Stufe
26 Drosselklappe zweite Stufe
27 Übergangsschlitz zweite Stufe

2 Hauptschema eines 2EE-Vergaser

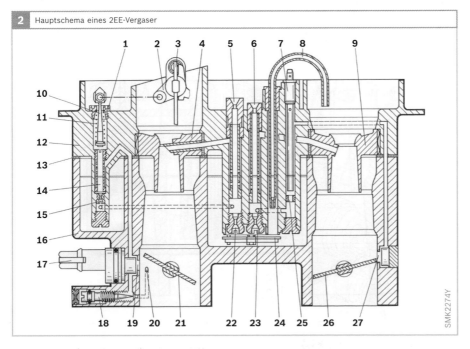

SMK2274Y

strom auf die Vordrossel in Richtung Öffnen. Der Vordrosselsteller arbeitet als Drehmomentmotor der Öffnung entgegen.

Durch Schließen der Vordrossel wird der Unterdruck am Hauptgemischaustritt verstärkt und das Gemisch angereichert. Durch Öffnen der Vordrossel wird das Gemisch abgemagert. Mit jedem Verstellen wird über die Leerlaufluftkorrekturnadel auch der freie Querschnitt der Leerlaufluftdüse verändert. Beim Schließen der Vordrossel geht die Nadel nach oben, es wird angereichert, beim Öffnen wird ab-

gemagert. Der Vordrosselsteller dient auch als Stellglied für die Kraftstoffabschaltung bei zu hohen Drehzahlen (Überdrehzahlschutz).

Sensoren
Drosselklappenpotentiometer
Das Drosselklappenpotentiometer ist ein Drehpotentiometer mit integrierter Rückdrehfeder. Es dient zur Erfassung der Stellung und der Bewegungsrichtung der Drosselklappe.

Bild 3

1 Schwimmerkammer-Umschaltbelüftungsventil
2 Drosselhebel
3 Vordrossel
4 Anschluss Kraftstoffrücklauf
5 Anschluss Kraftstoffzulauf
6 Steueranschluss für Regenerierung eines Aktivkohlefilters
7 Bypassbeheizung
8 Regerieranschluss
9 Hebel zur Steuerung der Leerlaufluftkorrekturnadel
10 Leerlaufluftdüse
11 Leerlaufluftkorrekturnadel
12 Druckfeder
13 Mischrohr
14 Leerlaufdüse
15 Hebel für Überdrehzahlschutz

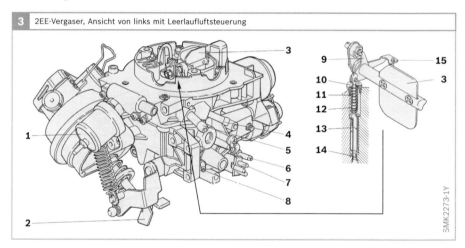

3 2EE-Vergaser, Ansicht von links mit Leerlaufluftsteuerung

SMK2273-1Y

Bild 4

1 Drosselklappenpotentiometer
2 Vordrosselsteller
3 Membrandose zweite Stufe
4 Unterdruckanschluss
5 Drosselklappenansteller

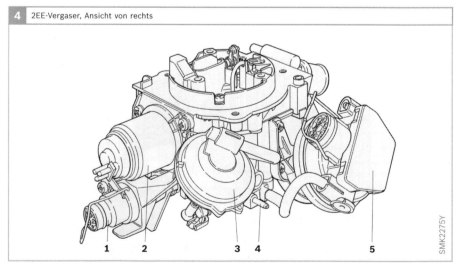

4 2EE-Vergaser, Ansicht von rechts

SMK2275Y

Temperatursensor

Der Temperatursensor (NTC-Element) dient zur Erfassung der Kühlmitteltemperatur. Die gemessenen Temperaturwerte sind eine weitere Eingangsgröße für das Steuergerät.

Beim Opel Rekord, Schweden-Ausführung, erfasst ein zweiter Temperatursensor die Temperatur der Saugrohrwand zur genaueren Gemischanpassung in der Warmlaufphase.

Leerlaufschalter

Mit dem Leerlaufschalter – nur beim 2BE-Vergaser für BMW und 2EE-Vergaser für Opel in der Schweden-Ausführung – wird die Betätigung des Gaspedals erkannt. Durch Software-Maßnahmen ist er bei den anderen 2EE-Vergasern entfallen.

In Bild 6 sind der Kabelbaum, die Steller, die Sensoren und weitere Eingänge dargestellt.

Grundfunktionen

Der Basisvergaser bestimmt die Grundfunktionen des Systems. Die Abstimmung im Motorkennfeld erfolgt mit Hilfe des Leerlauf-, Übergangs- und Volllastsystems. Diese Stationärabstimmung kann bewusst

mager erfolgen, da Korrekturen in Richtung Fett mithilfe der Vordrosselsteuerung möglich sind. Bei Ausfall der Elektrik oder der Elektronik behält das System Notlaufeigenschaften entsprechend der Grundabstimmung des Vergasers.

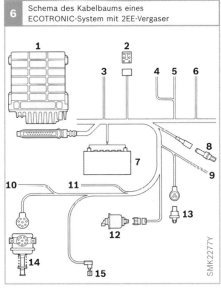

6 Schema des Kabelbaums eines ECOTRONIC-System mit 2EE-Vergaser

SMK2277Y

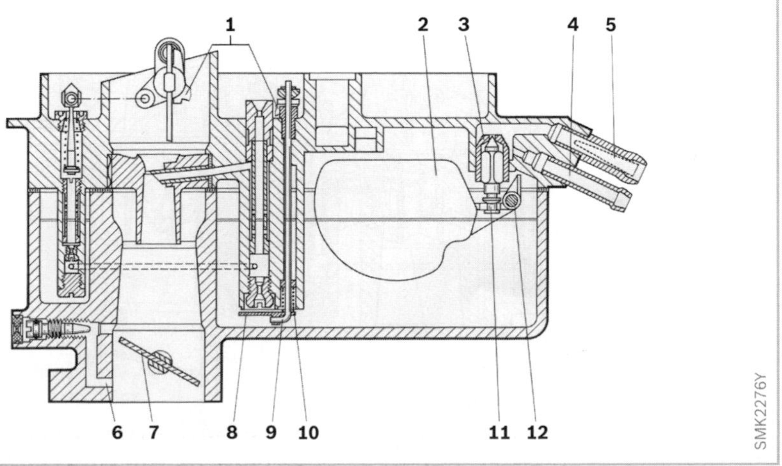

Bild 6
1 Elektronisches Steuergerät
2 Relais für Bypass- und Saugrohrbeheizung
3 Messsignal Leerlaufeinstellung (Diagnosedose)
4 Drehzahlsignal vom Zündschaltgerät
5 Leerlaufsignal zum Zündschaltgerät
6 Zündschloss Klemme 15
7 Batterie
8 λ-Sonde
9 Multifunktionscodierung
10 Erkennung Schaltzustand der Klimaanlage
11 Erkennung Schaltzustand des Automatikgetriebes
12 Vordrosselsteller
13 Drosselklappenpotentiometer
14 Drosselklappenansteller
15 Motortemperatursensor

Bild 5
1 Hebel für Kraftstoffabschaltung (Überdrehzahlschutz)
2 Schwimmer
3 Schwimmernadelventil
4 Anschluss Kraftstoffrücklauf
5 Anschluss Kraftstoffzulauf
6 Luftbypass
7 Drosselklappe erste Stufe
8 Platte für Kraftstoffabschaltung (Überdrehzahlschutz)
9 Verbindungsstange
10 Druckfeder
11 Zwangsrücknahme der Nadel
12 Schwimmerachse

5 2EE-Vergaser mit Schwimmerkammer und Kraftstoffabschaltung

SMK2276Y

Elektronische Funktionen

Start und Warmlauf

Beim Start stellt eine temperatur- und drehzahlabhängige Steuerung der Drosselklappe die für einen sicheren Hochlauf erforderliche Gemischmenge sicher. Die Vordrosselsteuerung bewirkt die erforderliche Anreicherung (Bild 7a).

Im anschließenden Warmlauf regelt der Drosselklappenansteller die Leerlaufdrehzahl in Abhängigkeit von der Motortemperatur. Auch hier geschieht die erforderliche Anreicherung über die Stellung der Vordrossel beziehungsweise die Stellung der Leerlaufkorrekturnadel (Bild 7b).

Kennfeldkorrektur

Falls der Stationärbetrieb in bestimmten Punkten des Kennfelds eine Korrektur der Vergaser-Grundabstimmung erfordert, lässt sich dies durch eine genau abgestimmte Steuerung der Vordrossel erreichen.

λ-Regelung

Der elektronisch gesteuerte Vergaser arbeitet mit λ-Regelung. Als Abgassensor dient die λ-Sonde. Der Eingriff in die Gemischbildung geschieht über den Vordrosselsteller.

Leerlaufdrehzahlregelung

Die Leerlaufdrehzahlregelung hält die Leerlaufdrehzahl konstant und ermöglicht damit eine deutliche Absenkung der Leerlaufdrehzahl, da keine Reserven zum Abfangen von Störeinflüssen erforderlich sind.

Bei Abweichung der Drehzahl vom Sollwert erfolgt über das Steuergerät eine Korrektur der Position des Drosselklappenanstellers (Bild 8a). Das Regelsystem gestattet im Mittel eine Motordrehzahlkonstanz von ± 10 min^{-1}. Der Leerlaufdrehzahl-Sollwert wird temperaturabhängig geführt, d.h., im Bereich niedriger Temperaturen etwas angehoben.

Bild 7
a Kaltstart
   erste Phase – Start
b zweite Phase
   Warmlauf

1 Leerlaufkorrektur-
   nadel
2 Vordrossel
3 Hauptgemisch-
   austritt erste Stufe
4 Luftkorrekturdüse
   erste Stufe
5 Leerlaufkraftstoff-
   düse
6 Hauptdüse
   erste Stufe
7 Gemischaustritt
   Übergangsschlitz
   erste Stufe
8 Drosselklappe
   erste Stufe

Bild 8
a Leerlauf bei
   Betriebstemperatur
b Beschleunigung

1 Leerlaufkorrektur-
   nadel
2 Vordrossel
3 Hauptgemisch-
   austritt erste Stufe
4 Luftkorrekturdüse
   erste Stufe
5 Leerlaufkraftstoff-
   düse
6 Hauptdüse
   erste Stufe
7 Gemischaustritt
   Übergangsschlitz
   erste Stufe
8 Drosselklappe
   erste Stufe
9 Leerlaufgemisch-
   Regulierschraube

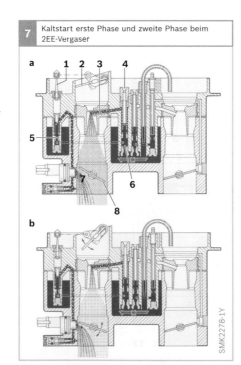

7 Kaltstart erste Phase und zweite Phase beim 2EE-Vergaser

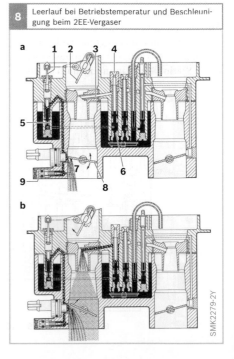

8 Leerlauf bei Betriebstemperatur und Beschleunigung beim 2EE-Vergaser

Beschleunigungsanreicherung
Die für den Instationärbetrieb erforderliche Beschleunigungsanreicherung erfolgt durch kurzzeitiges Schließen der Vordrossel (Bild 8b), die bisherige Beschleunigungseinrichtung ist somit entbehrlich. Damit ist es möglich, eine genaue, mengenmäßig und zeitlich differenzierte Anreicherung für den Instationärbetrieb des kalten und des betriebswarmen Motors zu erzielen.

Schubabschalten und Motorstopp
Da der Motor im Schubbetrieb keine Leistung erbringen muss, lässt sich der in dieser Betriebsphase zugeführte Kraftstoff einsparen. Beim Schubbetrieb schwenkt die vom Drosselklappenansteller gesteuerte Drosselklappe der ersten Stufe in Schubstellung. Dabei gelangt der Leerlaufgemischaustritt in den Bereich oberhalb der Steuerkante der Drosselklappe, sodass die Kraftstoffförderung unterbrochen ist. Die Kraftstoffabschaltung im Schubbetrieb

erfolgt bei Drehzahlen, die geringfügig über der Leerlaufdrehzahl liegen. Eine gesteuerte Schubabfangfunktion leitet ruckfrei aus dem Schub in den aktiven Betriebszustand des Motors über.
  Beim Abstellen des Motors schließt die Drosselklappe, unterbricht dadurch die Kraftstoffförderung und verhindert so ein Nachlaufen. Nach dem Stillstand des Motors nimmt die Drosselklappe wieder die Startposition ein.

Katalysator-Schutzfunktion
Bei motornah angebrachten Katalysatoren kann es bei Überdrehen des Motors zu einer Schädigung des Katalysators kommen. Um dies zu verhindern, lässt sich der Zulauf des Kraftstoffs aus der Schwimmerkammer in die Düsensysteme mit einem Plattenventil unterbinden. Der über ein Gestänge mit dem Ventil verbundene Vordrosselsteller erhält zum Schließen des Ventils einen Stellbefehl für eine Drehbewegung in Gegenrichtung.

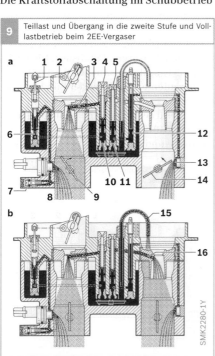

9 Teillast und Übergang in die zweite Stufe und Volllastbetrieb beim 2EE-Vergaser

SMK2280-1Y

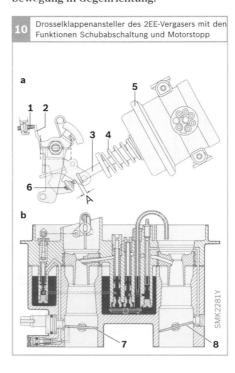

10 Drosselklappenansteller des 2EE-Vergasers mit den Funktionen Schubabschaltung und Motorstopp

SMK2281Y

Bild 9
a Erste Phase und Übergang auf die zweite Stufe
b Volllastbetrieb

1 Leerlaufluftkorrekturnadel
2 Vordrossel
3 Hauptgemischaustritt 1
4 Luftkorrekturdüse 1
5 Luftkorrekturdüse 2
6 Leerlaufdüse
7 Gemischregulierschraube
8 Gemischaustritt Übergangsschlitz 1
9 Drosselklappe 1
10 Hauptdüse 1
11 Hauptdüse 2
12 Übergangskraftstoffdüse 2
13 Gemischaustritt Übergangsschlitz 2
14 Drosselklappe 2
15 Volllastanreicherungsrohr
16 Hauptgemischaustritt 2

Bild 10
a Komponente
b Vergaser

1 Einstellschraube für Grundanschlag der Drosselklappe erste Stufe
2 Hebel für Anschlag im Schubbetrieb
3 Stößel
4 Druckfeder
5 Drosselklappenansteller
6 Einstellschraube für Drosselklappenansteller
7 Drosselklappe erste Stufe
8 Drosselklappe zweite Stufe
A Freigang im Schubbetrieb und bei Motorstopp

Zündungssteuerung

Neben der Gemischbildung kann das Steuergerät die Zündung kennfeld- und betriebszustandsabhängig steuern.

Weitere Funktionen

Aus dem Verbrauchskennfeld kann das Steuergerät in Abhängigkeit vom Betriebszustand den Kraftstoffverbrauch pro Zeiteinheit berechnen.

Das Steuergerät lässt sich so programmieren, dass die ankommenden Signale der Sensoren und die Ausgangssignale für die Stellglieder überwachbar sind. Speicherung von Fehlermeldungen und Ausgabe gespeicherter Fehler über Blinkcode oder mithilfe von Diagnosegeräten ist möglich.

Das Steuergerät kann weitere Schaltaufgaben für eine Saugrohrbeheizung, ein Aktivkohlefiltersystem, eine Abgasrückführung usw. übernehmen.

Regeneriereinrichtung

Mit Einführung der Grenzwerte für die Verdunstungsemissionen wurde die Schwimmerkammer-Umschaltbelüftung

mit dem Aktivkohlefilter verbunden (Bild 11 und Bild 12). Die bei abgestelltem Motor oder im Leerlaufbetrieb in der Schwimmerkammer entstehenden Kraftstoffdämpfe werden in den Aktivkohlefilter geleitet. Im Fahrbetrieb öffnet ab einer bestimmten Drosselklappenstellung das pneumatische Umschaltventil, das auch als Regenerierventil oder AKF-Ventil bezeichnet wird. Damit wirkt der Unterdruck auf den Aktivkohlefilter (AKF) und das gespeicherte Gemisch strömt in die Mischkammer des Vergasers.

Steuergerät

Das elektronische Steuergerät ist in Digitaltechnik aufgebaut. Es kann in Eingabe-, Verarbeitungs- und Ausgabeteil aufgeteilt werden. Eingabe- und Ausgabeteil definieren die Schnittstelle mit dem Ottomotor (Betriebsparameter) und dem Gemischbildner (Stellgliedansteuerung).

Im Eingabeteil werden die Versorgungsspannungen für die Sensoren (Drosselklappenwinkel, Temperatur, Position des Drosselklappenanstellers, λ-Sonde) bereitgestellt und die Signale dieser analog arbeitenden Sensoren digitalisiert. Die Drehzahl wird aus dem zeitlichen Abstand zweier aufeinenderfolgenden Zündimpulse bestimmt.

Der Verarbeitungsteil besteht aus dem Rechner (CPU) einschließlich Betriebshardware und dem Hauptspeicher, der in

Bild 11

1 Drosselklappe erste Stufe
2 Regenrieranschluss
3 Steueranschluss
4 Thermoventil
5 pneumatisches Umschaltventil
6 zum Schwimmerkammer-Umschaltbelüftungsventil
7 zum Aktivkohlefilter

Bild 12

1 Innenbelüftungskanal
2 Außenbelüftungskanal
3 Schwimmerkammer-Umschaltbelüftungsventil
4 Schwimmerkammer

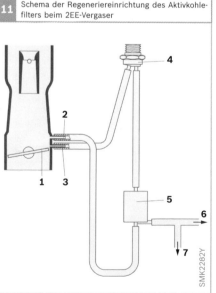

11 Schema der Regeneriereinrichtung des Aktivkohlefilters beim 2EE-Vergaser

SMK2282Y

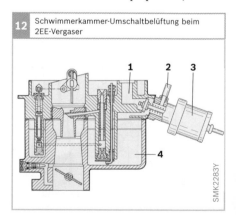

12 Schwimmerkammer-Umschaltbelüftung beim 2EE-Vergaser

SMK2283Y

einen Lesespeicher (ROM) mit 4 Kilobyte Speichertiefe und einem Schreib-Lese-Speicher (RAM) mit 128 Byte aufgeteilt werden kann. Im Verarbeitungsteil werden die Eingangsgrößen nach fest programmierten Funktionsabläufen bearbeitet und die Ausgabewerte berechnet.

Die Berechnung der Ausgabewerte zur Ansteuerung des Vordrosselstellers und des Drosselklappenanstellers erfolgt über eine lineare Interpolation zwischen Stützstellen von Kennlinien. Jeweils sechs Stützstellen für Drehzahl und Drosselklappenwinkel und jeweils vier Stützstellen für Temperatur und Öffnungsgeschwindigkeit

der Drosselklappe sind im Lesespeicher abgelegt.

Die berechneten Ausgabewerte des Verarbeitungsteils steuern nach Verstärkung in den Leistungsendstufen des Ausgabeteils die Steller zur Betätigung der Vordrosselklappe und der Drosselklappe an.

Da sich die Betriebsbedingungen wie Umgebungstemperatur und Bordnetzspannung im Kraftfahrzeug in weiten Bereichen ändern, sind im Steuergerät Maßnahmen getroffen, die seine Funktionssicherheit unter allen in der Praxis vorkommenden Bedingungen sicherstellen.

13 Elektronischer Vergaser ECOTRONIC

SMK2321Y

Historie der Benzineinspritzung

Die Anfänge der Benzineinspritzung reichen sehr weit zurück. Schon seit den Anfängen des Verbrennungsmotors gab es die Idee der Benzineinspritzung.

Im Jahre 1884 konstruierte Johannes Spiel bei der Halleschen Maschinenfabrik einen Stationärmotor mit einer mechanischen Einspritzpumpe. Robert Bosch begann 1912 mit seinen Versuchen zur Benzineinspritzung, um eine Leistungssteigerung des Motors zu erzielen. Er setzte eine umgebaute Schmierölpumpe, den „Bosch-Öler" ein; der durchschlagende Erfolg blieb jedoch aus. Ein Einzelstück blieb 1930 ein Rennmotorrad von Moto Guzzi mit einer elektrischen Benzineinspritzung. Erst die Weiterentwicklung brachte in den 1930er-Jahren Kolbenflugmotoren mit Benzineinspritzung hervor. Bis sich die Benzineinspritzung im Kfz-Bereich durchsetzen konnte, vergingen noch viele Jahre. Eines der ersten Fahrzeuge mit mechanischer Benzineinspritzung war der legendäre Mercedes 300 SL (Bild 1), der 1954 in Serie ging.

Motivation für die Entwicklung der Benzineinspritzung

Sicherheit

Eine der Triebfedern für die Entwicklung von Systemen zur Benzineinspritzung war die Fliegerei. Leistungsfähige Flugzeuge mit Benzineinspritzung ermöglichten ab den 1930er-Jahren Flüge in größeren Höhen, bei stärkeren Wettereinflüssen, sowie extreme Fluglagen, bei denen eine Kraftstoffversorgung mit den herkömmlichen Vergasersystemen nicht immer gewährleistet war. Die Benzineinspritzung mit Einspritzpumpen ermöglichte die vollständige Beherrschung dieser Probleme.

Leistungssteigerung

In den 1950er-Jahren erzielten die Rennsportwagen von Daimler-Benz, die legendären Silberpfeile, Sieg auf Sieg. Grundlage dieser Erfolge waren die zuverlässigen und leistungsstarken Rennmotoren mit Benzineinspritzung. Die konsequente Weiterentwicklung der Einspritzanlagen, basierend auf den Erfahrungen mit Einspritzanlagen für Dieselmotoren, führte zur sicheren Beherrschung der Höchstleistungen unter der extremen Belastung

1   Mercedes-Benz 300 SL (1954)

UMK1963-1Y

Bild 1
Bildquelle:
Mercedes-Classic
Archive

des Rennens. Die hohen Kosten einer Benzineinspritzung mit Einspritzpumpen rechtfertigten in den Jahren danach nur die Verwendung in Sportwagen und in anspruchsvollen Reiselimousinen. Für die Verwendung im Großserienfahrzeug war die Benzineinspritzung noch zu aufwändig.

Sparsamkeit

Mit der herkömmlichen Art der Kraftstoffzuteilung war man nicht in der Lage, den Kraftstoffverbrauch ohne Leistungseinbußen zu senken. Die stetige Steigerung der Weltmarktpreise für Mineralöle verlangte aber eine Lösung des Problems. Mit der Benzineinspritzung kann die Kraftstoffzuteilung exakt an den tatsächlichen Kraftstoffbedarf des Motors bei den verschiedensten Lastzuständen angepasst werden. Eine genaue Anpassung führt zu einer Verringerung des spezifischen Kraftstoffverbrauchs.

Sauberes Abgas

Ein weiteres Problem, das die Entwicklung von Einspritzanlagen entscheidend beeinflusste, war der Anteil der umwelt- und gesundheitsschädigenden Bestandteile im Abgas. Dieser ließ sich nur durch die genaue Einhaltung eines bestimmten Luft-Kraftstoff-Verhältnisses vermindern. Auch hier kam die Benzineinspritzung mit der Möglichkeit einer genauen Kraftstoffzumessung den Bemühungen der Konstrukteure entgegen.

Historie der mechanischen Benzineinspritzung

Bei der Benzineinspritzung wird der Kraftstoff direkt in den Zylinder oder in das Saugrohr eingespritzt. Der Druckaufbau erfolgt in der Einspritzpumpe. Die ersten Einspritzsysteme für Benzinmotoren waren Direkteinspritzer. Einer der Gründe hierfür liegt in der Nähe zur Diesel-Entwicklung.

Einsatz in Flugzeugmotoren

Die ersten in Serie gefertigten mechanischen Einspritzanlagen für Benzin-Direkteinspritzung wurden für den Einsatz in Flugzeugmotoren parallel ab ca. 1934 bei den Junkers Flugzeug- und Motorenwerken und bei der Daimler-Benz AG in Zusammenarbeit mit Bosch entwickelt. Ein Beispiel ist der 24-Zylinder-Motor in Reihen-X-Form vom Typ DB 604, bei dem sechs Vierzylinder-Sterne in Reihe angeordnet sind. Für diesen Motor wurden zwei 12-Zylinder-Reiheneinspritzpumpen benötigt, welche jeweils auf dem Kurbelgehäuse zwischen den Zylinderbänken angebracht waren. Eine solche Pumpe hatte eine Baulänge von ca. 70 cm.

Auch in der legendären dreimotorigen Ju 52 haben Ende der 1930er-Jahre Direkteinspritzsysteme in Verbindung mit 9-Zylinder-Sternmotoren von BMW und mechanischen Einspritzpumpen von Bosch Anwendung gefunden.

Einsatz in Pkw-Motoren

Mit der Benzineinspritzung konnte im Vergleich zu Vergasermotoren die Leistung gesteigert und der Kraftstoffverbrauch reduziert werden. Die Effekte waren bei Viertaktmotoren aber nicht groß genug, um den hohen technischen Aufwand für die Anwendung in Alltagsfahrzeugen zu rechtfertigen. Mechanische Einspritzanlagen kamen deshalb ab den 1950er-Jahren vorwiegend in besonders hubraum- und leistungsstarken Fahrzeugen sowie im Rennsport zum Einsatz.

Zweitaktmotoren mit Benzin-Direkteinspritzung

Bei Zweitaktmotoren mit äußerer Gemischbildung gelangt beim Spülvorgang – also beim Verdrängen des verbrannten Restgases durch einströmendes Frischgas – ein merklicher Anteil des Frischgases unverbrannt in den Auslasskanal. Bei innerer Gemischbildung mit direkt einspritzendem Zweitaktmotor erfolgt der Spül-

vorgang nur mit Luft, der Kraftstoff wird erst bei geschlossenem Auslassventil zugeführt. Daraus ergibt sich eine deutliche Kraftstoffeinsparung. Daher waren die ersten Serienfahrzeuge mit Benzin-Direkteinspritzung von Bosch kleinere Pkw mit Zweizylinder-Zweitaktmotor und weniger als einem Liter Hubraum – der Gutbrod Superior ab 1952 und der Goliath GP 700 E ab 1954. Entsprechend klein (Länge ca. 15 cm) war auch die Einspritzpumpe, die für den nötigen Kraftstoffdruck sorgte.

Die Komponentenübersicht dieses Zweizylinder-Einspritzsystems, das als erstes Benzin-Direkteinspritzsystem in die Geschichte der Automobilentwicklung einging, ist in Bild 2 ersichtlich.

Viertaktmotoren mit Benzin-Direkteinspritzung

Im Jahre 1954 folgte mit dem Sportwagen Mercedes 300 SL (Bild 1) das erste Fahrzeug mit Viertaktmotor und mechanischer Benzin-Direkteinspritzung von Bosch. Sein

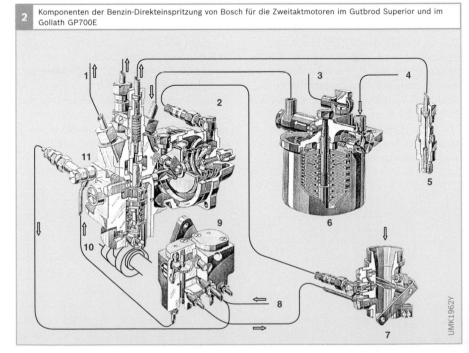

2 Komponenten der Benzin-Direkteinspritzung von Bosch für die Zweitaktmotoren im Gutbrod Superior und im Goliath GP700E

Bild 2

1 Entlüftungsleitung
2 Membranblock des
   Gemischreglers
3 Entlüftungsleitung
4 vom Kraftstoff-
   behälter
5 Einspritzventil
6 Kraftstofffilter
7 Klappenstutzen des
   Gemischreglers
8 vom Ölbehälter
9 Öl-Schmierpumpe
10 Einspritzpumpe
11 Überströmventil

UMK1962Y

6-Zylinder-Reihenmotor hatte 2996 cm³ Hubraum und leistete 215 PS (159 kW). Bild 3 zeigt das Anlagenschema dieses Einspritzsystems.

Viertaktmotoren mit Benzin-Saugrohreinspritzung

Die Saugrohreinspritzung fand erstmals 1957 im Mercedes 300 Anwendung. Ab den 1960er-Jahren wurde für die mechanische Saugrohreinspritzung in mehreren Fahrzeugen mit leistungsstarken Motoren die Kugelfischer-Einspritzung eingesetzt. Beliebt war die Kugelfischer-Einspritzung seit den 1960er-Jahren auch im Rennsport. Der Formel-1-Weltmeister von 1983 fuhr mit dieser Einspritzanlage. Der Geschäftszweig Kugelfischer-Einspritzsysteme des Herstellers Kugelfischer wurde 1979 von Bosch übernommen.

Der letzte Pkw mit mechanischer Benzineinspritzung war das bis 1981 gebaute Repräsentationsfahrzeug Mercedes 600.

Weiterentwicklung der mechanischen Benzineinspritzung

Eine andere Art der mechanischen Benzineinspritzung wurde Anfang der 1970er-Jahre mit der K-Jetronic entwickelt. 1973 ging das erste Fahrzeug mit dieser Einspritzung, ein Porsche 911, in Serie. Sie wurde hauptsächlich in Fahrzeugen mit leistungsstarken Motoren eingesetzt. Erst in den 1990er-Jahren wurde sie — ebenso wie der Vergaser — von elektronischen Einspritzsystemen in Digitaltechnik verdrängt. Die immer strengeren Abgasgrenzwerte ließen sich mit mechanischen Einspritzsystemen nicht mehr erfüllen.

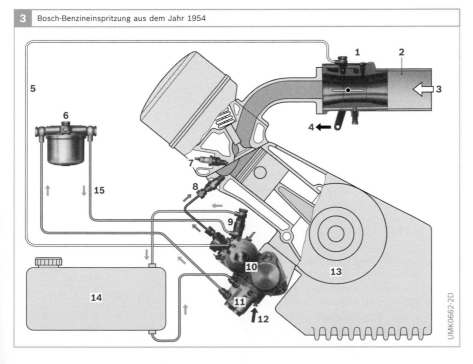

3 | Bosch-Benzineinspritzung aus dem Jahr 1954

UMK0662-2D

Bild 3

1 Venturi-Steuereinheit vom Gemischregler
2 Luftfilter
3 angesaugte Verbrennungsluft
4 zum Fahrpedal
5 Vakuumleitung
6 Kraftstofffilter
7 Zündkerze
8 Einspritzventil mit Versorgungsleitung
9 Überströmventil mit Rückleitung
10 Einspritzpumpe mit Absperrventil und Membraneinheit des Gemischreglers mit Luftdruck- und Temperatursensor
11 Kraftstofffförderpumpe
12 Drucköolanschluss
13 Viertakt-Ottomotor
14 Kraftstoffbehälter
15 Kraftstoffleitung

Übersicht der elektronischen Benzineinspritzung

Erste Versuche

Das erste Serienfahrzeug mit einer elektronischen Benzineinspritzung war das US-Modell Chrysler 300 von 1958. Es wurden aber nur wenige Fahrzeuge mit diesem System ausgestattet. Wegen der Störanfälligkeit wurden die meisten dieser Anlagen durch den sonst üblichen Doppelvergaser ersetzt.

Serienentwicklungen

Neue Technologien ermöglichten es, ein elektronisches Einspritzsystem für die Verwendung im Großserien-Fahrzeugbau zu entwickeln. Messfühler erfassen den Betriebszustand des Motors, leiten die Informationen in Form elektrischer Signale einem elektronischen Steuergerät zu, das daraus den Kraftstoffbedarf des Motors ermittelt und Einspritzventile ansteuert, die dem Motor den benötigten Kraftstoff zuteilen.

Als Ergebnis intensiver Entwicklungsarbeit wurde von Bosch im Jahre 1967 eine elektronisch gesteuerte Benzineinspritzung, als D-Jetronic bezeichnet, zur Serienreife gebracht. Dieses mit analoger Schaltungstechnik arbeitende System wurde erstmals im VW 1600 eingesetzt. Weitere Automobilhersteller folgten und setzten dieses elektronische System ein. Wegen der hohen Kosten der elektronischen Anlagen setzten die Automobilhersteller aber für viele Modelle auf die neu entwickelte K-Jetronic mit mechanisch gesteuerter Einspritzung.

Parallel zur K-Jetronic wurden die elektronischen Einspritzsysteme weiterentwickelt. Leistungsfähige Digitaltechnik ermöglichte den Siegeszug der elektronischen Benzineinspritzung. Meilensteine dieser Entwicklung waren die L-Jetronic, die LH-Jetronic, die Mono-Jetronic (siehe Tabelle 1) und schließlich die Motronic als komplexes System zur Motorsteuerung mit integrierter Benzineinspritzung und elektronischer Zündung. Die mechanisch-hydraulische K-Jetronic und die Mono-Jetronic mit nur einem einzigen, zentral angeordneten elektromagnetischen Einspritzventil ermöglichten die Verbreitung der Einspritztechnik auch in Mittelklassefahrzeugen und im Kleinwagensegment. Der Vergaser wurde dadurch nach und nach verdrängt.

Entwicklungsziele

Bei der Entwicklung der elektronisch gesteuerten Benzineinspritzung wurden unterschiedliche Ziele verfolgt. So wurde einmal bei gleichbleibender Leistung die Reduzierung der Schadstoffkonzentration im Abgas verlangt, während zum anderen auch eine Leistungssteigerung, teilweise gleichzeitig mit Abgasentgiftung entwickelt wurde. Somit konnten mit Jetronic-Anlagen im Hinblick auf die immer schärfer werdenden Bestimmungen zur Abgasentgiftung die geforderten Grenzwerte eingehalten werden.

1	Entwicklung der Benzineinspritzsysteme	
Jahr	System	Merkmale
1967	D-Jetronic	– Elektronisches Mehrpunkt-Einspritzsystem in Analogtechnik – Intermittierende Einspritzung – saugrohrgesteuert
1973	K-Jetronic	– Mechanisch-hydraulisches Mehrpunkteinspritzsystem – Kontinuierliche Einspritzung
1973	L-Jetronic	– Elektronisches Mehrpunkteinspritzsystem (zunächst Analog-, später Digitaltechnik) – Intermittierende Einspritzung – Luftmengenmessung
1981	LH-Jetronic	– Elektronisches Mehrpunkteinspritzsystem – Intermittierende Einspritzung – Luftmassenmessung
1982	KE-Jetronic	– K-Jetronic mit elektronisch gesteuerten Zusatzfunktionen
1987	Mono-Jetronic	– Zentraleinspritzsystem (Einzelpunkteinspritzung) – Intermittierende Einspritzung – Luftmengenberechnung über Drosselklappenwinkel und Motordrehzahl

Tabelle 1

Jetronic-Systeme

Im Jahr 1967 begann mit der D-Jetronic
die Ära der elektronischen Benzineinspritzsysteme von Bosch. Die Systeme
wurden stetig weiterentwickelt. Aufgrund der zunächst begrenzten Leistungsfähigkeit der Elektronik entstand
parallel zu den elektronischen Systemen
mit der K-Jetronic auch ein mechanisch-
hydraulisch gesteuertes Einspritzsystem.

Die für den Kraftstoffbedarf des Motors
repräsentativen Größen werden von Mess-
fühlern erfasst. Bei der K-Jetronic wird auf
hydraulischem Weg die Einspritzung der
angesaugten Luft angepasst. Bei den elektronisch gesteuerten Systemen werden
elektrische Signale erzeugt, aus denen das
Steuergerät den Kraftstoffbedarf ermittelt.
Entsprechend der ermittelten Kraftstoffmenge spritzen die Einspritzventile den
Kraftstoff vor die Einlassventile des Motors (Saugrohreinspritzung).

D-Jetronic

Bei der von Bosch entwickelten D-Jetronic
handelt es sich um eine vorwiegend durch
Saugrohrdruck und Drehzahl gesteuerte
intermittierend arbeitende Niederdruck-
Benzineinspritzung in das Saugrohr. Daher
die Bezeichnung D-Jetronic (druckfühler-
gesteuert).

Systemübersicht
Dic D-Jetronic besteht im Wesentlichen
aus dem Kraftstoffsystem, dem Ansaugsystem und dem Steuerungssystem mit
dem elektronischen Steuergerät (Bild 1
und Bild 2).

Kraftstoffsystem
Im Kraftstoffsystem der D-Jetronic saugt
die Elektrokraftstoffpumpe – eine Rollenzellenpumpe – den Kraftstoff vom Kraftstoffbehälter an und fördert ihn stetig über

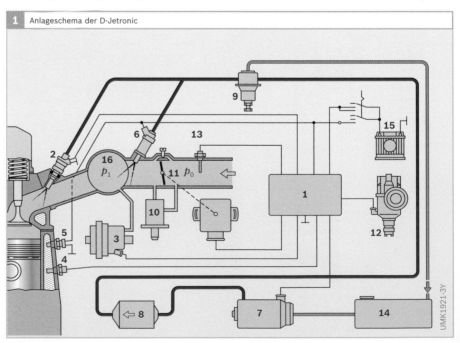

1 Anlageschema der D-Jetronic

UMK1921-3Y

eine Ringleitung und deren Abzweigungen zu den über Magnetventile elektromagnetisch betätigten Einspritzventilen (Bild 1, siehe auch Einspritzventile). Der Kraftstoffdruck (Systemdruck) an den Einspritzventilen wird durch den Kraftstoffdruckregler konstant gehalten, er kann im Bereich von 2,0 bis 2,2 bar eingestellt werden. Der überschüssige Kraftstoff fließt drucklos zum Kraftstoffbehälter zurück. Das Kraftstofffilter zwischen Elektrokraftstoffpumpe und Einspritzventilen hält Verunreinigungen von den Einspritzventilen fern.

Jedem Zylinder ist ein Einspritzventil zugeordnet, das je Arbeitstakt (Nockenwellenumdrehung) ein Mal für die aus den Eingangsgrößen ermittelte Einspritzdauer öffnet. Der Kraftstoff wird somit intermittierend eingespritzt (intermittierende Einspritzung). Je nach Motorbauart sind die Einspritzventile entweder im Ansaugrohr oder im Zylinderkopf eingebaut. In jedem Fall wird aber in das Saugrohr vor die Einlassventile eingespritzt.

Damit der konstruktive Aufwand im Steuergerät klein bleibt, werden bei 4-Zylinder-Motoren zwei Gruppen zu je zwei Einspritzventilen gebildet. Die Einspritzventile einer Gruppe sind elektrisch parallel geschaltet und öffnen gleichzeitig. Entsprechendes gilt für 6- und 8-Zylinder-Motoren (zwei Gruppen zu je drei beziehungsweise vier Gruppen zu je zwei Einspritzventilen).

Das Einspritzdiagramm (Bild 3) zeigt die zeitliche Folge von Einspritzbeginn, Einlassventilöffnung und Zündzeitpunkt in Abhängigkeit der Kurbelwellenstellung in

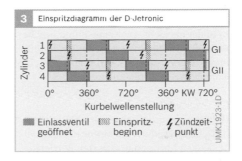

3 Einspritzdiagramm der D-Jetronic

Bild 3
GI Einspritzventil-gruppe 1
GII Einspritzventil-gruppe 2

2 Komponenten der D-Jetronic

Bild 2
1 Elektrokraftstoffpumpe
2 Zündverteiler
3 Druckfühler
4 Kraftstofffilter
5 Zündspule
6 Drosselklappenschalter
7 Druckregler
8 Thermozeitschalter
9 Kaltstartventil
10 Temperatursensor
11 Zusatzluftschieber (Abbildung zeigt Sonderfall mit Bimetallspirale für luftgekühlte Motoren)
12 Zündkerzen
13 Steuergerät
14 Einspritzventile

Grad bei einem 4-Zylinder-Motor. Das Luft-Kraftstoff-Gemisch wird in allen Zylindern vorgelagert und nach dem Öffnen der Einlassventile angesaugt. Die Zündung des Gemischs erfolgt für jeden Zylinder zeitlich versetzt kurz nach dem Schließen der Einlassventile.

Ansaugsystem

Die zur Verbrennung des eingespritzten Kraftstoffs notwendige Luftmenge gelangt vom Luftfilter an der Drosselklappe vorbei in das Sammelsaugrohr. Von hier zweigen zu jedem Zylinder gleich lange Einzelsaugrohre ab. Auf diese Weise wird eine exakt gleiche Luftverteilung auf die einzelnen Zylinder erreicht. Die Gemischbildung beginnt mit der Einspritzung der Kraftstoffmenge zu der durch die Hubbewegung der Kolben angesaugten Luftmenge.

Elektronische Steuerung

Die Steuerungsaufgabe bei der D-Jetronic besteht darin, der vom Motor pro Hub angesaugten Luftmenge eine den Betriebsbedingungen des Motors entsprechende Kraftstoffmenge zuzumessen.

Das elektronisches Steuergerät (Bild 4) empfängt Signale über Saugrohrdruck, Ansauglufttemperatur, Kühlmittel- beziehungsweise Zylinderkopftemperatur, Stellung und Bewegung der Drosselklappe, den Startvorgang sowie über Motordrehzahl und Einspritzzeitpunkt. Es verarbeitet diese Daten, gibt elektrische Impulse für Einspritzbeginn und Einspritzdauer an die elektromagnetischen Einspritzventile und schaltet die Kraftstoffpumpe ein. Mit den elektrischen Aggregaten ist das Steuergerät über einen 25-poligen Vielfachstecker und Kabelbaum verbunden. Durch das Einschalten der Zündung wird über ein Relais die Einspritzanlage betriebsbereit.

Arbeitsweise

Druckmessung

Im Saugrohr herrscht vor der Drosselklappe der atmosphärische Druck der Umgebung, hinter der Drosselklappe ein niedrigerer Druck, der sich — je nach Stellung der Drosselklappe — laufend verändert (Bild 5). Für die Ermittlung der wichtigsten Information, der Motorbelastung, dient

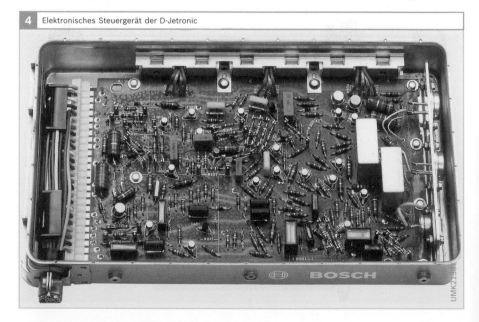

4 Elektronisches Steuergerät der D-Jetronic

dieser niedrigere Absolutdruck im Sammelsaugrohr als Messgröße. Er ist ein Maß für das Volumen der angesaugten Luft und damit der Motorbelastung. Die Information über den Druck im Sammelsaugrohr ermittelt der Druckfühler.

Einspritzzeitpunkt

Der Beginn des Impulses zum Öffnen der Einspritzventile wird – entsprechend der Nockenwellenstellung – von besonderen Kontakten im Zündverteiler (Einspritzauslöser, Impulsauslöser) bestimmt. Der Einspritzauslöser erzeugt für jede Einspritzventilgruppe je Nockenwellenumdrehung einen Auslöseimpuls. Bei 4-Zylinder-Motoren mit 2-Gruppen-Einspritzung besteht der Einspritzauslöser aus zwei um 180° gegeneinander versetzten Kontaktunterbrechern, die durch einen zusätzlichen Nocken auf der Verteilerwelle betätigt werden (Bild 6). Jedem der beiden Unterbrecher ist eine Einspritzventilgruppe zugeordnet. Material und Strombelastung der Kontakte sind so gewählt, dass ein wartungsfreier Betrieb über die gesamte Lebensdauer des Zündverteilers gewährleistet ist. Die Kontakte des Einspritzauslösers sind unter der fliehkraftabhängigen Zündverstelleinrichtung im Zündverteiler eingebaut, die Bauhöhe des Zündverteilers wird durch den Einspritzauslöser um nur 5...10 mm vergrößert.

Durch jeden dieser Auslöseimpulse werden die zu der entsprechenden Einspritzgruppe gehörenden Magnetventile der Einspritzventile geöffnet. Gleichzeitig wird das die Öffnungsdauer bestimmende elektronische Zeitglied (siehe Steuergerät, Zeitglied) eingeschaltet, das nach einer vom Betriebszustand des Motors abhängigen Zeitdauer die Magnetventile wieder schließt. Das nur einmal vorhandene zeitbestimmende Glied wird von einer Einspritzventilgruppe auf die andere durch die getrennten Auslöseimpulse zwangsläufig umgeschaltet. Ein Vertauschen der Spritzfolge der Einspritzventilgruppen während des Betriebs ist dadurch ausgeschlossen.

Einspritzdauer

Die Öffnungsdauer der Einspritzventile (Einspritzdauer), also die eingespritzte Kraftstoffmenge, wird hauptsächlich von zwei Faktoren bestimmt: Vom Lastzustand

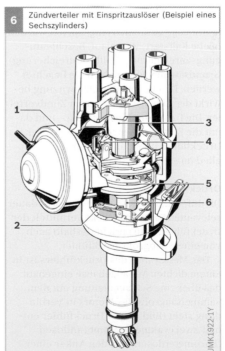

6   Zündverteiler mit Einspritzauslöser (Beispiel eines Sechszylinders)

UMK1922-1Y

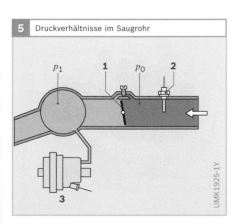

5   Druckverhältnisse im Saugrohr

p_1 1 p_0 2

3

UMK1925-1Y

Bild 5

1   Drosselklappe
2   Lufttemperatursensor
3   Druckfühler
p_0 Atmosphärischer Druck
p_1 Druck im Sammelsaugrohr

Bild 6

1   Unterdruckdose
2   Einspritzauslöser
3   Verteilerläufer
4   Unterbrecherkontakt
5   fliehkraftabhängiger Zündversteller
6   Nocken

des Motors und von der Motordrehzahl. Druckfühler und Einspritzauslöser liefern die erforderlichen Signale an das Steuergerät.

Die Motordrehzahl wird aus dem zeitlichen Abstand der Auslöseimpulse ermittelt. Der Lastzustand (z. B. Teillast) kann aus den Druckverhältnissen im Sammelsaugrohr bestimmt werden. Der hier jeweils herrschende Druck wird vom Druckfühler in einen elektrischen Wert umgewandelt und dem Steuergerät gemeldet. Dieses lässt über elektrische Impulse nach errechneter Dauer die Einspritzventile mehr oder weniger Kraftstoff einspritzen. Auf diese Weise wird die Kraftstoffgrundmenge festgelegt. Da der Öffnungsquerschnitt der Einspritzventile genau kalibriert ist und der Kraftstoffdruck konstant gehalten wird, hängt die Einspritzmenge nur von der Öffnungsdauer (Einspritzdauer) der Einspritzventile ab.

Neben dieser Grundmenge muss während besonderer Betriebsbedingungen eine bestimmte, genau bemessene Kraftstoffmenge zusätzlich eingespritzt werden (siehe Kaltstart, Warmlauf, Beschleunigungsanreicherung, Volllastanreicherung). Grundsätzlich muss Folgendes beachtet werden: Den Beginn der Einspritzung bewirkt der Einspritzauslöser im Zündverteiler. Die Dauer der Einspritzung — und damit die Einspritzmenge — bestimmt der Druckfühler über das elektronische Zeitglied im Steuergerät.

Druckfühler

Die Information des für die Einspritzdauer relevanten Saugrohrdrucks vermittelt der Druckfühler. Man spricht deshalb auch von einem Saugrohrdruckfühler.

Das Messsystem des Druckfühlers ist in einem dichten Metallgehäuse eingebaut, das über eine Schlauchleitung mit dem Sammelsaugrohr des Motors in Verbindung steht (Bild 5). Der Druckfühler enthält zwei evakuierte Membrandosen (Barometerdosen), die den Anker einer Spule verschieben (Bild 7). Mit zuneh-

mender Last – d. h. mit zunehmendem Absolutdruck im Sammelsaugrohr – werden die Membrandosen zusammengedrückt und der Anker weiter in die Spule gezogen, wodurch sich deren Induktivität verändert (Bild 8 bis Bild 10). Der Anker der Spule wird in zwei geschlitzten Blattfedern reibungsfrei geführt. Um eine Schwingungsanregung des Fühlersystems durch den pulsierenden Druck im Ansaugsystem zu verhindern, ist am Anschlussstutzen für den Druckschlauch eine Dämpfungsdrossel angebracht. Damit trotzdem der Motor beim raschen Öffnen der Drosselklappe schnell anspricht, wird die Drosselbohrung bei raschem Ansteigen des Saugrohrdrucks durch ein Überdruckventil großen Querschnitts überbrückt.

Beim Druckfühler handelt es sich somit um einen Messwandler, der ein pneumatisches Signal in ein elektrisches umwandelt. Der Induktivgeber des Druckfühlers ist an ein elektronisches Zeitglied im Steuergerät angeschlossen. Dieses bestimmt die Dauer der elektrischen Impulse zu den Einspritzventilen. Während der Impulsdauer ist die Einspritzventilgruppe geöffnet. Damit wird der Saugrohrdruck unmittelbar in die entsprechende Einspritzdauer umgewandelt.

7 Druckfühler mit zusätzlicher Membran für die Volllastanreicherung

Bild 7

1 Membran
2 Membrandose 1
3 Membrandose 2
4 Blattfeder
5 Spule
6 Anker
7 Kern
8 Volllastanschlag
9 Teillastanschlag
10 Überdruckventil
11 Anschlussstutzen für Druckschlauch

UMK1924-3Y

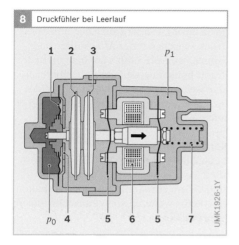

8 Druckfühler bei Leerlauf

1 2 3 p_1

p_0 4 5 6 5 7

UMK1926-1Y

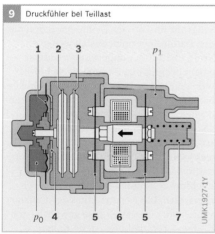

9 Druckfühler bei Teillast

1 2 3 p_1

p_0 4 5 6 5 7

UMK1927-1Y

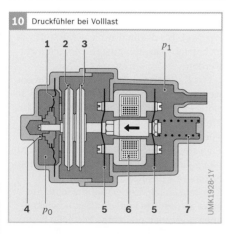

10 Druckfühler bei Volllast

1 2 3 p_1

4 p_0 5 6 5 7

UMK1928-1Y

Anpassung an Betriebsbedingungen

Leerlauf

Bei geschlossener Drosselklappe ist der Saugrohrdruck p_1 niedrig. Die Membrandosen im Druckfühler sind weniger stark zusammengedrückt und schieben den Anker aus der Spule (Bild 8). Die Induktivität der Spule wird kleiner, der vom Zeitglied erzeugte Impuls wird kürzer, die Einspritzventile spritzen weniger Kraftstoff ein.

Teillast

Bei Teillastbetrieb des Motors wird der Kraftstoff so bemessen, dass der Kraftstoffverbrauch und der Anteil unverbrannter Abgasbestandteile möglichst gering sind.

Im Teillastbereich (Bild 9) ist der Atmosphärendruck p_0 größer als der Druck p_1 im Saugrohr. Die Membran legt sich infolgedessen an ihren Teillastanschlag an. Nur die Membrandosen 1 und 2 wirken auf den Anker.

Volllast

Bei Volllast dagegen wird die Kraftstoffmenge nach der maximalen Leistung festgelegt, d.h., es muss bei Volllast zusätzlich Kraftstoff eingespritzt werden (Volllastanreicherung).

Volllasterkennung mit Druckfühler

Eine Möglichkeit zur Erfassung dieses Betriebszustands bietet der Druckfühler, der die Druckverhältnisse im Saugrohr erfasst. Gesteuert vom Membranteil verändert sich die Induktivität der Spule. Im Volllastfall (Bild 10) ist der Saugrohrdruck etwa gleich dem atmosphärischen Druck. Die Feder im Druckfühler ist dann in der Lage, die Membran gegen ihren Volllastanschlag zu drücken. Diese zusätzliche Bewegung überlagert sich der Bewegung durch die Membrandosen 1 und 2 und signalisiert dem Steuergerät den Volllastfall.

Bild 8

$p_1 \ll p_0$

p_0 Atmosphärendruck
p_1 Saugrohrdruck
Grundfunktion:
Membrandosen (2, 3) gedehnt
Zusatzfunktion:
Membran liegt am Teillastanschlag

1 Membran
2 Membrandose 1
3 Membrandose 2
4 Teillastanschlag
5 Blattfeder
6 Spule
7 Feder

Bild 9

$p_1 < p_0$

p_0 Atmosphärendruck
p_1 Saugrohrdruck
Grundfunktion:
Membrandosen leicht zusammengedrückt.
Zusatzfunktion:
Membran liegt am Teillastanschlag

1 Membran
2 Membrandose 1
3 Membrandose 2
4 Teillastanschlag
5 Blattfeder
6 Spule
7 Feder

Bild 10

$p_1 \approx p_0$

p_0 Atmosphärendruck
p_1 Saugrohrdruck
Grundfunktion:
Membrandosen zusammengedrückt
Zusatzfunktion:
Membran liegt am Volllastanschlag

1 Membran
2 Membrandose 1
3 Membrandose 2
4 Volllastanschlag
5 Blattfeder
6 Spule
7 Feder

Volllasterkennung mit Druckschalter
In den ersten D-Jetronic-Anlagen wurde die Volllasterkennung von einem Druckschalter vorgenommen. Dieser besteht aus einem Schalter mit Schnappcharakteristik und Hysterese, der von einer über die Schlauchleitung mit dem Ansaugsystem verbundenen Membrandose betätigt wird. Im Gegensatz zum Druckfühler spricht der Druckschalter auf die Druckdifferenz gegen den äußeren Luftdruck im Saugrohr an, damit auch beim Fahren in großer Höhe die Volllastanreicherung wirksam wird.

Volllasterkennung mit Drosselklappenschalter
Bei einigen Anlagen (für die damals verschärften Abgasbedingungen), wird die Volllastanreicherung durch einen weiteren Kontakt im Drosselklappenschalter gesteuert (Details siehe Drosselklappenschalter). Dadurch entfällt der Membranteil des Druckfühlers für die Volllastanreicherung.

Höhenkorrektur
In Anlagen mit Volllastanreicherung über den Drosselklappenschalter enthält der Druckfühler keine Doppelmembrandose, sondern eine geschlossene Membrandose und eine weitere, gegenüber der freien Atmosphäre offene Membrandose (Bild 11).

Damit wird nicht allein der Absolutdruck im Saugrohr, sondern auch der Differenzdruck zwischen freier Atmosphäre und Sammelsaugrohr mitberücksichtigt. In der Praxis heißt dies, dass im Teillastbereich eine weitaus bessere Anpassung des Motors an unterschiedliche Höhenlagen erreicht wird.

Korrekturgrößen
Neben der exakten Kraftstoffdosierung in allen Lastzuständen des warmen Motors sind für ein einwandfreies Motorverhalten eine Reihe weiterer Korrekturmaßnahmen erforderlich.

Kaltstart
Bei kaltem Motor schlägt sich Kraftstoff im Saugrohr und an den Zylinderwänden nieder. Dadurch vermischt sich weniger Kraftstoff mit der angesaugten Luft zu einem brennfähigen Gemisch als bei warmem Motor. Das heißt, es entsteht kein homogenes, zündfähiges Gemisch. Es kann deshalb bei zu magerem Gemisch zu Zündaussetzern kommen. Das Kaltstartventil (auch als Elektrostartventil bezeichnet, siehe Bild 1) nahe der Drosselklappe sorgt dafür, dass die Luft im Sammelsaugrohr mit fein zerstäubten Kraftstoff angereichert wird. Die Konstruktion des Kaltstartventils mit einer Dralldüse gewährleistet die feine Zerstäubung (siehe Kaltstartventil). Unmittelbar nach dem Start – zum Beispiel bei –20 °C – muss je nach Motortyp zwei- bis dreimal soviel Kraftstoff wie im betriebswarmen Zustand eingespritzt werden.

Das Kaltstartventil spritzt nur dann ein, wenn der Starter betätigt wird und gleichzeitig ein im Motorkühlmittel befindlicher Thermoschalter beziehungsweise ein Thermozeitschalter geschlossen ist. Der Thermoschalter schließt oder öffnet in Abhängigkeit von der Motortemperatur den Stromkreis des Kaltstartventils. Der Thermozeitschalter erfüllt dieselbe Aufgabe wie der Thermoschalter, bewirkt aber zusätzlich noch eine zeitliche Begren-

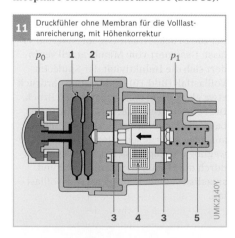

11 Druckfühler ohne Membran für die Volllastanreicherung, mit Höhenkorrektur

p_0 **1**   **2** p_1

UMK2140Y

3   **4**   **3**   **5**

Bild 11
1 Membrandose 1, offen
2 Membrandose 2, geschlossen
3 Blattfeder
4 Spule
5 Feder
p_0 Atmosphärendruck
p_1 Saugrohrdruck

zung der Einschaltdauer (siehe Thermoschalter und Thermozeitschalter).

Warmlauf
An den Kaltstart schließt sich die Warmlaufphase des Motors an. Der Motor benötigt eine beträchtliche Warmlaufanreicherung, weil ein Teil des Kraftstoffs an den
noch kalten Zylinderwandungen kondensiert. Außerdem würde sich ohne zusätzliche Kraftstoffanreicherung nach dem
Wegfall der vom Kaltstartventil eingespritzten Kraftstoffmenge ein erheblicher
Drehzahlabfall bemerkbar machen.

Die Anreicherung muss mit steigender
Motortemperatur zurückgenommen und
bei Erreichen der Betriebstemperatur eingestellt werden. Gesteuert wird dieser
Vorgang bei wassergekühlten Motoren
durch den im Motorkühlmittel angebrachten Temperatursensor beziehungsweise bei luftgekühlten Motoren durch einen Temperatursensor im Zylinderkopf.
Die Anreicherung erfolgt auch während
des Startvorgangs, sodass bei tiefen Temperaturen noch eine zusätzliche Menge an
Kraftstoff zu der vom Kaltstartventil abgegebenen Menge hinzukommt.

Leerlauf
Zur Überwindung der erhöhten Reibungsverluste muss der kalte Motor im Leerlauf
ein höheres Drehmoment abgeben. Neben
einem fetteren Luft-Kraftstoff-Gemisch
beim Kaltstart und anschließendem Warmlauf wird auch eine zusätzliche Luftmenge
im Leerlauf benötigt. Dies wird durch die
Zusatzluft erreicht. Die Steuerung der
Zusatzluft erfolgt durch ein die Drosselklappe umgehendes Bypassventil (Bild 1,
siehe Zusatzluftschieber). Durch diese
Zusatzluftmenge wird zusätzlich Kraftstoff
zugemessen, dem Motor steht somit mehr
Gemisch für den Warmlauf zur Verfügung.

Der Öffnungsquerschnitt des Zusatzluftschiebers stellt sich in Abhängigkeit von
der Temperatur so ein, dass bei jeder
Motortemperatur die notwendige Leerlaufdrehzahl eingehalten wird. Bei steigender Motortemperatur wird der Luftdurchlass stetig verringert. Eine zeitliche
Begrenzung der Anreicherung wird durch
die Beheizung des Zusatzluftschiebers erreicht.

Beschleunigungsanreicherung
Beim schnellen Öffnen der Drosselklappe
– also beim Beschleunigen – meldet der
Druckfühler den Druckanstieg mit einer
geringen Verzögerung an das Steuergerät.
Diese geringe Ansprechverzögerung ist
deshalb vorhanden, weil der Druckaufbau
im Druckfühler gegenüber der Drossel-
klappenänderung eine gewisse Zeit erfordert. Um diese geringe Ansprechverzögerung zu überbrücken, ist ein Drosselklappenschalter vorhanden, der beim
Öffnen der Drosselklappe über das Steuergerät für zusätzliche Einspritzimpulse
sorgt und eine Verlängerung der Einspritzzeit für die Beschleunigungsanreicherung
bewirkt (Details siehe Drosselklappenschalter).

Schiebebetrieb
Im Schiebebetrieb (z. B. Bergabfahrt) ist
die Drosselklappe ganz geschlossen. Um
Kraftstoff zu sparen und Emission von Ab-
gasen zu verringern, wird im Schiebebetrieb die Kraftstoffzufuhr vollständig
abgesperrt. Damit der Motor beim Auskuppeln nicht ausgeht, wird die Kraftstoff-
absperrung bei Motordrehzahlen zwischen 1 000 und 1 500 min^{-1} wieder auf-
gehoben. Die Information über die
geschlossene Drosselklappe geht vom
Drosselklappenschalter aus zum Steuergerät. Die Drehzahl errechnet das Steuergerät aus dem zeitlichen Abstand der Auslöseimpulse, die vom Zündverteiler kommen.

Bei einigen anderen Anlagen wird die
Verbrennung im Schiebebetrieb aufrecht
erhalten. Die Motordrehzahl stellt sich
aufgrund des Schiebebetriebs selbst ein.
Der Grund für das Aufrechterhalten der
Verbrennung liegt darin, dass – ohne Katalysator – die schädlichen Abgase bei

laufendem Motor geringer sind als bei Wiederinbetriebnahme eines Motors, dessen Brennraum nach dem Aussetzen der Verbrennung erkaltete. Da sich in einem erkalteten Brennraum eine schlechtere Durchmischung von Luft und Kraftstoff ergibt, würde dies beim erneuten Zünden des Gemischs zum Ausstoß einer höheren Menge an unvollständig verbrannten und damit schädlichen Abgasbestandteilen führen.

Einfluss der Ansauglufttemperatur
Die Einspritzmenge wird in erster Linie durch den Saugrohrdruck gesteuert. Jedoch gilt die Steuerung der Kraftstoffmenge exakt nur für eine konstante Temperatur. Bei niedriger Außentemperatur ist nämlich die Dichte der angesaugten Luft höher, sodass das Luft-Kraftstoff-Gemisch magerer würde, falls die Steuerung die Lufttemperatur nicht berücksichtigen würde. Vor allem bei Außentemperaturen von 0 °C bis –20 °C kann dies zu Verbrennungsaussetzern führen. Um diesen Nachteil zu vermeiden, wird ein Temperatursensor eingebaut, der die Außenlufttemperatur erfasst (siehe Temperatur-

sensor). Mit abnehmender Lufttemperatur (d. h. höhere Luftdichte) bewirkt dieser Temperatursensor über das Steuergerät eine Zunahme der Einspritzmenge entsprechend der Luftdichte.

Elektronisches Steuergerät
Das elektronische Steuergerät besteht im Wesentlichen aus je einem Leistungsverstärker für jede Einspritzventilgruppe und dem eigentlichen Zeitglied. Bild 12 zeigt das Blockschaltbild der elektronischen Steuerung. Die Leistungsverstärker (Endstufen) sind dann eingeschaltet, wenn sie von dem im Zündverteiler untergebrachten Impulsauslöser angesteuert werden und wenn außerdem das gleichzeitig in Gang gesetzte Zeitglied (monostabile Kippstufe) eingeschaltet ist. Durch eine geeignete logische Verknüpfung ist gewährleistet, dass eine eindeutige Zuordnung der Leistungsverstärker zum Impulsauslöser besteht und dass Fehlauslösungen durch Prellen der Auslösekontakte ausgeschlossen sind.

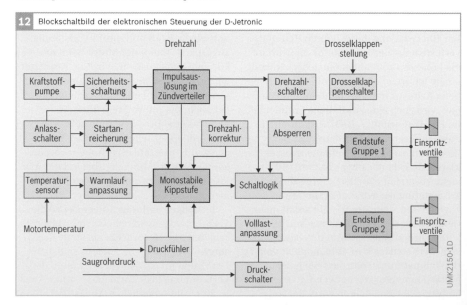

12 Blockschaltbild der elektronischen Steuerung der D-Jetronic

UMK2150-1D

Zeitglied

Das Kernstück des Zeitglieds wird durch eine monostabile Kippstufe gebildet, die durch die Impulsauslösung aus ihrer stabilen Ausschaltstellung in ihre instabile Einschaltstellung gebracht wird. Die Verweildauer der monostabilen Kippschaltung in ihrer Einschaltstellung wird im Wesentlichen durch die Größe der Induktivität des Druckfühlers bestimmt. Sie wird außerdem über eine gesonderte Drehzahlkorrekturschaltung entsprechend den Forderungen des Kennfelds von der Motordrehzahl beeinflusst.

Korrekturschaltungen

Über geeignete Schaltungszusätze werden die Korrekturen in der Einspritzung mit den entsprechenden Funktionsverläufen (z. B. Kaltstart, Warmlauf) eingeführt. Neben diesen Korrektureingaben enthält das Steuergerät noch eine Spannungskorrekturschaltung, durch die die Dauer der Einspritzimpulse bei höheren Spannungen etwas verkürzt wird. Dies ist deshalb erforderlich, weil mit steigender Spannung die Anzugszeit der Magnetventile kleiner und ihre Abfallverzögerung größer wird, sodass bei gleicher Dauer des elektrischen Öffnungsimpulses die von den Magnetventilen eingespritzte Kraftstoffmenge mit steigender Spannung zunehmen würde.

Sicherungsschaltung

Die Schaltung enthält außerdem noch eine Sicherung, die dafür sorgt, dass die Kraftstoffpumpe nur dann in Betrieb ist, wenn entweder der Starter betätigt oder eine bestimmte Mindestdrehzahl von etwa 100 min^{-1} überschritten wird. Dadurch wird verhindert, dass bei stehendem Motor die Zylinder mit Kraftstoff volllaufen können, wenn einmal infolge einer Störung an der Anlage ein Magnetventil nicht mehr schließen sollte.

Kurzschlüsse und Masseberührungen an den Ein- und Ausgängen des Steuergeräts sowie an den Magnetventilen und Messwertaufnehmern haben keine Beschädigung der Einspritzanlage zur Folge.

Temperaturfehler

Der Temperaturfehler des Geräts ist im gesamten Bereich von –30 °C bis +70 °C Umgebungstemperatur kleiner ±2 %. Umgebungstemperaturen von +70 °C am Steuergerät werden werden bei geeignetem Einbau des Steuergeräts im Fahrzeug auch bei einem in den Tropen in der Sonne stehendem Fahrzeug nicht überschritten.

Aufbau

Das elektronische Steuergerät ist in gedruckter Schaltungstechnik aufgebaut (Bild 4) und enthält je nach Ausführung etwa 250 bis 300 Bauelemente, davon etwa 30 Transistoren und 40 Dioden. Es ist mit dem Fahrzeugkabelbaum durch einen 25-poligen Vielfachstecker mit Gabelkontakten verbunden, der direkt auf die gedruckte Leiterplatte ausgesteckt ist.

Zuverlässigkeit und Lebensdauer

Bei der Dimensionierung der Schaltung und der Auswahl der Bauelemente wurde der Forderung nach hoher Zuverlässigkeit und Lebensdauer größte Beachtung geschenkt. Die gesamte Schaltung wurde aufgrund einer Worst-case-Berechnung ausgelegt. Das bedeutet, dass selbst noch bei zufälligen Zusammentreffen von Bauelementen, deren Kennwerte sämtlich an der ungünstigen Grenze des Toleranzbands liegen, mit den ungünstigsten Werten von Versorgungsspannung und Umgebungstemperatur noch eine einwandfreie Funktion gewährleistet ist. Die Möglichkeit alterungsbedingter Änderungen der Kennwerte der Bauelemente wurde bei der Worst-case-Berechnung ebenfalls berücksichtigt. Um die Lebensdauer der einzelnen Bauelemente zu erhöhen, wurden die vom Hersteller zugelassenen Grenzwerte von Strom, Spannung und Verlustleistung durchweg nicht voll ausgenützt und zum Teil weit unterschritten.

Die Ergebnisse einer unter verschärften Bedingungen durchgeführten Dauererprobung haben gezeigt, dass das elektronische Steuergerät durch die beschriebenen Maßnahmen den Grad der Zuverlässigkeit und Lebensdauer erreicht hat, der für seine Verwendung im Fahrzeug erforderlich ist.

Entwicklung der D-Jetronic

Entwicklung und Erprobung
Die D-Jetronic war das erste in Serie eingesetzte elektronische Benzineinspritzsystem. Sie war das Ergebnis einer mehrjährigen Entwicklungsarbeit einschließlich umfangreicher Messungen an Motoren und Fahrzeugen. Das Erprobungsprogramm reichte von reinem Stadtverkehr über gemischte Stadt-, Landstraßen- und Autobahnfahrt bis zum Dauerbetrieb bei Volllast und Höchstgeschwindigkeit. Bei der Erprobung wurde bis zum Serienanlauf eine Gesamtlaufstrecke von weit über 2 000 000 km erreicht. Die Konstanz aller wichtigen Kennwerte jedes einzelnen eingebauten Aggregats sowie das Verhalten des gesamten Ottomotors einschließlich seiner Abgasemission wurden in regelmäßigen Abständen überprüft. Es hat sich dabei gezeigt, dass die gesamte Einspritzanlage Laufzeiten von über 100 000 km ohne ein Auswechseln irgendwelcher Teile – mit Ausnahme des Kraftstofffilters – und ohne Nachjustieren erreicht.

Serienfertigung
Im Sommer 1967 startete die Serienfertigung der elektronischen Einspritzanlage, die erstmals beim 4-Zylinder-Motor des VW 1600 serienmäßig eingebaut wurde. Die Anpassung der Anlage an diesen Motor und ihre Dauerprüfung erfolgten in enger Zusammenarbeit mit dem Volkswagenwerk.

Entwicklungsziel
Das Entwicklungsziel beim VW 1600 bestand vor allem in der Erreichung der damals in den USA geforderten Grenzwerte für die Abgasemission. Die gewählte Anpassung der Einspritzmenge sowie auch die Einstellung der Zündung war ein Kompromiss zwischen Abgasemission einerseits und Kraftstoffverbrauch und Fahrverhalten andererseits. Trotzdem war es möglich, neben den seinerzeit sehr günstigen Abgaswerten gleichzeitig noch ein sehr gutes Fahrverhalten und eine beachtliche Senkung des Kraftstoffverbrauchs zu erzielen.

Praxiswerte
Für die Fahrt auf horizontaler Straße mit konstanten Geschwindigkeiten von 32, 48, 80 und 120 km/h wurden bei Verbrauchswerten von 5,5, 5,1, 6,0 und 9,8 l/100 km CO-Emissionen (Kohlenmonoxid) von 0,15 bis zu 0,3 % und HC-Emissionen (Kohlenwasserstoffe) von 20 bis 100 ppm erreicht. Die im Kalifornientest beim VW 1600 erzielten Emissionswerte lagen damals bei etwa 0,3 bis 1 % CO und etwa 180 bis 270 ppm unverbrannter Kohlenwasserstoffe. Die damals zulässigen Grenzwerte lagen bei 2,3 % CO und bei 410 ppm Kohlenwasserstoffe.

Der Kraftstoffverbrauch verringerte sich im gemischten Streckenbetrieb gegenüber dem Vergasermotor um etwa 1,0...1,3 l/100 km, im Stadtverkehr war der Verbrauchsvorteil noch höher. Gleichzeitig konnte das Drehmoment fast im gesamten Drehzahlbereich erhöht sowie die Elastizität des Motors und die Gleichmäßigkeit der Verbrennung in den einzelnen Zylindern verbessert werden.

Das Kaltstartverhalten der elektronischen Benzineinspritzung war gut, bis −24°C waren keine besonderen Maßnahmen erforderlich.

Es hat sich gezeigt, dass die Anlage sehr einfach und mit geringem Raumbedarf eingebaut werden konnte. Die einzelnen Elemente brauchten nicht besonders aufeinander abgestimmt zu sein und waren voll austauschbar. Ein Einjustieren der Anlage am Motor war nicht erforderlich.

L-Jetronic

Jetronic-Einspritzanlagen haben sich seit ihrer Einführung millionenfach bewährt. Die laufende Weiterentwicklung des Steuergeräts und der Messfühler haben von der D-Jetronic zur L-Jetronic geführt und dieses Einspritzsystem noch exakter und zuverlässiger gemacht. Neue Schaltungsvarianten in der Auswertung der Messsignale führten zu wirtschaftlicheren und komfortableren Laufeigenschaften des Motors. Durch den Einsatz einer λ-Sonde und durch die Integration eines λ-Reglers in das Steuergerät konnte die L-Jetronic schon damals die zukünftigen Abgasbestimmungen erfüllen.

Systemübersicht

Aufgabe

Die L-Jetronic ist ein antriebsloses, elektronisch gesteuertes Einspritzsystem mit intermittierender Kraftstoffeinspritzung in das Saugrohr (Bild 1). Die Aufgabe der Benzineinspritzung ist, jedem Arbeitszylinder gerade so viel Kraftstoff zuzumessen, wie für den augenblicklichen Betriebszustand des Motors gebraucht wird. Das setzt allerdings voraus, möglichst viele Einflussdaten zu erfassen, die für die Kraftstoffzumessung wichtig sind. Da aber der Betriebszustand des Motors sich oft rasch ändert, ist eine rasche Anpassung der Kraftstoffmenge an die augenblickliche Fahrsituation von ausschlaggebender Bedeutung. Die elektronisch gesteuerte Benzineinspritzung eignet sich hierfür in besonderer Weise. Mit ihr lassen sich viele Betriebsdaten an beliebiger Stelle des Kraftfahrzeugs erfassen und durch Messfühler in elektrische Signale umwandeln. Diese Signale werden dem Steuergerät der Einspritzanlage zugeleitet. Das Steuergerät verarbeitet sie und errechnet daraus sofort die von den Einspritzventilen einzu-

Bild 1

1 Kraftstoffbehälter
2 Elektrokraftstoffpumpe
3 Kraftstofffilter
4 Steuergerät
5 Einspritzventil
6 Kraftstoffverteilerrohr und Kraftstoffdruckregler
7 Sammelsaugrohr
8 Kaltstartventil
9 Drosselklappe mit Drosselklappenschalter
10 Luftmengenmesser
11 λ-Sonde
12 Thermozeitschalter
13 Motortemperatursensor
14 Zündverteiler
15 Zusatzluftschieber
16 Batterie
17 Zünd-Start-Schalter
18 Relaiskombination

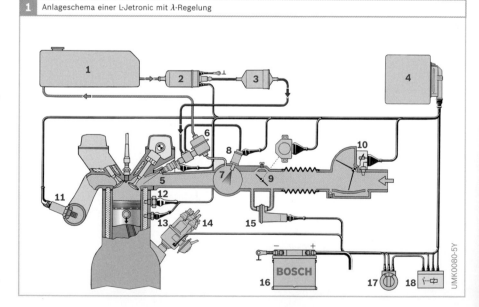

1 Anlageschema einer L-Jetronic mit λ-Regelung

UMK0080-5Y

spritzende Kraftstoffmenge. Diese wird über die Einspritzdauer beeinflusst (Bild 2).

Prinzip
Die L-Jetronic besteht im Wesentlichen aus folgenden Funktionsbereichen (Bild 1).

Kraftstoffsystem
Das Kraftstoffsystem fördert den Kraftstoff vom Kraftstoffbehälter zu den Einspritzventilen, erzeugt den zum Einspritzen nötigen Druck und hält ihn konstant. Zum Kraftstoffsystem zählen die Förderpumpe (Elektrokraftstoffpumpe), das Kraftstofffilter, das Kraftstoffverteilerrohr, der Kraftstoffdruckregler, die Einspritzventile und das Kaltstartventil.

Ansaugsystem
Das Ansaugsystem führt dem Motor die benötigte Luftmenge zu. Es besteht aus Luftfilter, Saugrohr, Drosselklappe und den Einzelsaugrohren.

Sensoren
Sensoren (Messfühler) erfassen die den Betriebszustand des Motors kennzeichnenden Messgrößen. Wichtigste Messgröße ist die vom Motor angesaugte Luftmenge, die vom Luftmengenmesser erfasst wird. Weitere Sensoren erfassen die Stellung der Drosselklappe, die Motordrehzahl, die Luft- und die Motortemperatur.

Komponenten
Elektrokraftstoffpumpe
Die Elektrokraftstoffpumpe (Bild 3) fördert stetig Kraftstoff zu den Einspritzventilen.

Kraftstofffilter
Das Kraftstofffilter ist zur Kraftstoffreinigung in die Kraftstoffleitung eingebaut.

Kraftstoffdruckregler
Der Kraftstoffdruckregler hält den Druck in den Kraftstoffleitungen konstant.

Einspritzventile
Die Einspritzventile spritzen den Kraftstoff in die Saugrohre der Zylinder. Sie werden elektromagnetisch betätigt und durch elektrische Impulse vom Steuergerät geöffnet und wieder geschlossen.

Kaltstartventil
Das Kaltstartventil (Elektrostartventil) spritzt während des Startens bei niederen Temperaturen zusätzlich Kraftstoff in das Sammelsaugrohr.

Thermozeitschalter
Der Thermozeitschalter schaltet selbsttätig das Kaltstartventil.

Zusatzluftschieber
Der Zusatzluftschieber sorgt temperaturabhängig für zusätzliche Luft während des Warmlaufs.

Elektronisches Steuergerät
Das elektronische Steuergerät (Bild 3) empfängt die Signale der Sensoren, verarbeitet diese Daten und bildet die Steuerimpulse für die Einspritzventile.

Luftmengenmesser
Der Luftmengenmesser gibt Daten über die angesaugte Luftmenge an das Steuergerät und schaltet die Elektrokraftstoffpumpe ein.

2 Prinzip der L-Jetronic

UMK0015-1D

Temperatursensor
Der Temperatursensor meldet die Temperatur von Kühlmittel oder Zylinderkopf.

Drosselklappenschalter
Der Drosselklappenschalter signalisiert dem Steuergerät Leerlauf und Volllast.

Relaiskombination
Über Relais wird das Steuergerät und die Elektrokraftstoffpumpe eingeschaltet.

Arbeitsprinzip

Prinzip der Luftmengenmessung
Bei der von Bosch entwickelten L-Jetronic handelt es sich um eine Benzineinspritzung, die durch die angesaugte Luftmenge gesteuert wird. Bei ihrer Entwicklung wurde die Reduzierung der schädlichen Abgasbestandteile sowie ein vereinfachter Aufbau der Einspritzanlage in den Vordergrund gestellt. Diese verschiedenartigen Aufgaben wurden durch das Prinzip der Luftmengenmessung erfüllt. Weiterhin ergaben sich Vorteile durch Anwendung in-

---

3　Komponenten der L-Jetronic

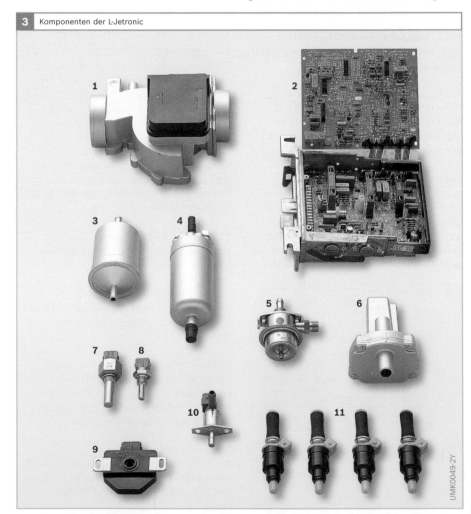

Bild 3

1　Luftmengenmesser
2　Steuergerät
3　Kraftstofffilter
4　Elektrokraftstoff-
　　pumpe
5　Kraftstoffdruck-
　　regler
6　Zusatzluftschieber
7　Thermozeitschalter
8　Temperatursensor
9　Drosselklappen-
　　schalter
10　Kaltstartventil
11　Einspritzventile

UMK0049-2Y

tegrierter Schaltkreise im elektronischen Steuergerät und durch die konstruktive Vereinfachung einzelner Aggregate.

Das stöchiometrische Verhältnis von Luft zu Kraftstoff liegt bei ca. 14,7 : 1. Daraus ist zu erkennen, dass die angesaugte Luftmenge ein recht genaues Maß für die erforderliche Kraftstoffmenge ist. Die Messung der angesaugten Luftmenge geschieht mit einem speziell für die Anforderungen im Kraftfahrzeug entwickelten Luftmengenmesser. Er übermittelt dem elektronischen Steuergerät die wichtigste Information für die Kraftstoffzumessung. Die Anlage heißt deshalb „luftmengengesteuerte" Jetronic oder kurz „L-Jetronic".

Vorteile der Luftmengenmessung
Das Einspritzsystem mit Luftmengenmessung erfasst alle motorischen Änderungen, die während der Lebensdauer des Fahrzeugs auftreten können (Verschleiß, Ablagerungen im Brennraum, Änderung der Ventileinstellung). Eine gleichbleibend gute Abgasqualität war damit gesichert.

Ein Teil des Abgases kann bei der L-Jetronic zur Senkung der Brennraumtemperatur zurückgeführt werden (Abgasrückführung). Der Luftmengenmesser misst nur die angesaugte Frischluft, und das Steuergerät teilt nur die für den Frischluftanteil notwendige Kraftstoffmenge zu.

Die Vorteile der elektronisch gesteuerten Benzineinspritzung wie höhere Motorleistung und geringer Kraftstoffverbrauch wurden auch bei der L-Jetronic voll gewahrt. Das Einspritzsystem ist einfach im Aufbau und in der Steuerelektronik. Mit der Luftmengenmessung gelangte ein robustes Messsystem zum Einsatz, das viele Einflussgrößen direkt erfasst. Die Verwendung integrierter Schaltkreise im Steuergerät führte zu geringer Störanfälligkeit. Zudem konnte das Steuergerät ohne großen Aufwand für die Überwa-

chung und Steuerung einer späteren Abgaskontrolleinrichtung ausgelegt werden. Die L-Jetronic stellte somit ein weiterentwickeltes, noch wirksameres Hilfsmittel zur Erfüllung der damals zu erwartenden verschärften Abgasbestimmungen dar.

Kraftstoffsystem
Das Kraftstoffsystem stellt die vom Motor benötigte Kraftstoffmenge bei jedem Betriebszustand unter Druck zur Verfügung (Bild 4). Der Kraftstoff wird von der Elektrokraftstoffpumpe (Rollenzellenpumpe) vom Kraftstoffbehälter durch das Kraftstofffilter in das Kraftstoffverteilerrohr gefördert. Von dem Kraftstoffverteilerrohr zweigen Leitungen zu den Einspritzventilen ab. Am Ende des Kraftstoffverteilerrohrs befindet sich der Kraftstoffdruckregler. Dieser membrangesteuerte Überströmdruckregler regelt den Einspritzdruck je nach Anlage auf 2,5 oder 3,0 bar. Er ist über eine Leitung mit dem Sammelsaugrohr des Motors hinter der Drosselklappe verbunden. Dies bewirkt, dass der Druck im Kraftstoffsystem vom absoluten Druck im Saugrohr abhängt, der Druckabfall über die Einspritzventile also bei jeder Drosselklappenstellung gleich ist. Dadurch ist die Einspritzmenge nur von der Einspritzzeit abhängig (siehe Kraftstoffdruckregler).

Im Kraftstoffsystem wird mehr Kraftstoff gefördert, als der Motor unter extremsten Bedingungen verbraucht. Der überschüssige Kraftstoff wird durch den Druckregler drucklos zum Kraftstoffbehälter zurückgeleitet. Durch die ständige Durchspülung des Kraftstoffsystems wird dieses stets mit kühlem Kraftstoff versorgt. Dadurch wird eine Dampfblasenbildung vermieden und ein gutes Heißstartverhalten erreicht.

Gemischbildung

Die Gemischbildung erfolgt im Saugrohr und in den Zylindern des Motors. Die Einspritzventile spritzen den Kraftstoff vor die Einlassventile (Bild 5). Beim Öffnen des Einlassventils reißt die angesaugte Luftmenge die Kraftstoffwolke mit und bewirkt durch Verwirbelung während des Ansaugtakts die Bildung eines zündfähigen Gemischs.

Steuersystem

Mit Sensoren wird der Betriebszustand des Motors erfasst und in Form elektrischer Signale in das Steuergerät eingegeben. Sensoren und Steuergerät bilden das Steuersystem (Bild 6).

Messgrößen und Betriebszustand
Die den Betriebszustand des Motors kennzeichnenden Messgrößen können nach folgendem Schema unterschieden werden:
▶ Hauptmessgrößen,
▶ Messgrößen zur Anpassung,
▶ Messgrößen zur Feinanpassung.

Hauptmessgrößen
Hauptmessgrößen sind die Motordrehzahl und die vom Motor angesaugte Luftmenge.

Aus ihnen wird die Luftmenge pro Hub bestimmt, die als direktes Maß für den Lastzustand des Motors gilt.

Messgrößen zur Anpassung
Für Betriebszustände, die vom Normalbetrieb abweichen, muss das Gemisch den veränderten Bedingungen angepasst werden. Es handelt sich dabei um die folgenden Betriebszustände: Kaltstart, Warmlauf und Lastanpassung. Die Erfassung von Kaltstart und Warmlauf erfolgt über einen Sensor, der dem Steuergerät die Motortemperatur mitteilt. Zur Anpassung an

5 Intermittierende Einspritzung vor das Einlassventil

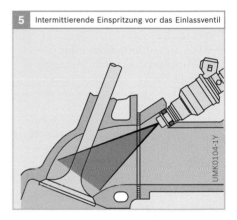

UMK0104-1Y

4 System der Kraftstoffversorgung

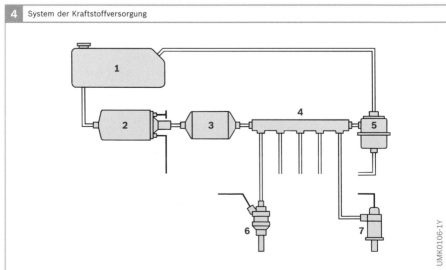

UMK0106-1Y

Bild 4
1 Kraftstoffbehälter
2 Elektrokraftstoff-
  pumpe
3 Kraftstofffilter
4 Kraftstoffverteiler-
  rohr
5 Kraftstoffdruck-
  regler
6 Einspritzventil
7 Kaltstartventil

verschiedene Lastzustände wird dem Steuergerät über den Drosselklappen-schalter der Lastbereich (Leerlauf, Teillast, Volllast) mitgeteilt.

Messgrößen zur Feinanpassung
Um das Fahrverhalten zu optimieren, kön-nen bei der Zumessung des Kraftstoffs noch weitere Betriebsbereiche und Ein-flüsse berücksichtigt werden: Übergangs-verhalten beim Beschleunigen, Höchst-drehzahlbegrenzung und Schiebebetrieb erfolgt durch die bereits erwähnten Sen-soren. Die Signale dieser Sensoren stehen bei diesen Betriebsbereichen in bestimm-tem Zusammenhang zueinander. Diese Zu-sammenhänge werden vom Steuergerät er-kannt und beeinflussen die Steuersignale der Einspritzventile entsprechend.

Zusammenwirken der Messgrößen
Alle Messgrößen zusammen werden vom Steuergerät in der Weise ausgewertet, dass der Motor stets mit der für den augen-blicklichen Betriebsfall notwendigen Kraftstoffmenge versorgt wird. Dadurch wird ein optimales Fahrverhalten erreicht.

Drehzahlerfassung
Die Information über Drehzahl und Ein-spritzzeitpunkt wird bei kontaktgesteu-erten Zündanlagen vom Unterbrecherkon-takt im Zündverteiler (Bild 7), bei kontakt-los gesteuerten Zündanlagen von der Zündspule, Klemme 1, an das Steuergerät der L-Jetronic geliefert.

Impulsverarbeitung
Die von der Zündanlage gelieferten Im-pulse werden im Steuergerät aufbereitet. Sie durchlaufen dabei zunächst einen Im-pulsformer, der aus dem in Form gedämpf-ter Schwingungen angelieferten Signal

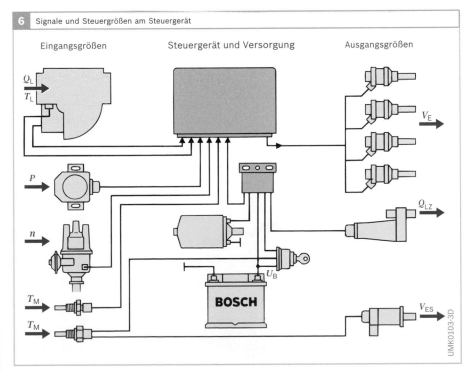

6   Signale und Steuergrößen am Steuergerät

Eingangsgrößen   Steuergerät und Versorgung   Ausgangsgrößen

Q_L
T_L
P
n
T_M
T_M
U_B
BOSCH
V_E
Q_{LZ}
V_{ES}

UMK0103-3D

Bild 6
Q_L Angesaugte Luftmenge
T_L Lufttemperatur
n Motordrehzahl
P Lastbereich des Motors
T_M Motortemperatur
V_E Einspritzmenge
Q_{LZ} Zusatzluftmenge
V_{ES} Startmehrmenge
U_B Bordnetzspannung

Rechteckimpulse bildet. Diese Rechteckimpulse werden einem Frequenzteiler zugeführt (Bild 8).

Der Frequenzteiler teilt die durch die
Zündfolge gegebene Impulsfrequenz in
der Weise, dass unabhängig von der Zylinderzahl je Arbeitsspiel zwei Impulse entstehen. Bei einem 4-Zylinder-Motor öffnet
der Unterbrecherkontakt viermal pro Arbeitszyklus des Motors, also muss im
Steuergerät eine Halbierung der Frequenz
vorgenommen werden. Bei 6-Zylinder-
Motoren gilt entsprechend ein Unterset-
zungsfaktor 3. Der Impulsbeginn ist
gleichzeitig der Einspritzbeginn für die
Einspritzventile. Somit spritzen die Einspritzventile, die elektrisch alle parallel
geschaltet sind, ein Mal pro Kurbelwellenumdrehung ein.

Luftmengenmessung

Die vom Motor angesaugte Luftmenge ist
ein Maß für dessen Lastzustand. Die gesamte, vom Motor angesaugte Luftmenge
wird gemessen und dient als Hauptmess-
größe für die Kraftstoffzuteilung. Die
durch die Luftmengenmessung und die
Motordrehzahl ermittelte Kraftstoffmenge
wird als Kraftstoffgrundmenge bezeichnet.

Die Luftmengenmessung erfasst alle motorischen Änderungen, die während der
Lebensdauer des Fahrzeugs auftreten können wie beispielsweise Verschleiß, Ablagerungen im Brennraum, Änderung der
Ventileinstellung.

Da die angesaugte Luftmenge erst den
Luftmengenmesser passieren muss, bevor
sie in den Motor gelangt, eilt das Signal des
Luftmengenmessers beim Beschleunigen
der tatsächlichen Luftfüllung der Zylinder
zeitlich voraus. Dadurch, dass damit schon
vorzeitig mehr Kraftstoff zugeteilt wird,
ergibt sich eine erwünschte Beschleunigungsanreicherung.

Komponenten

Luftmengenmesser
Der wesentliche Unterschied zwischen
dem Ansaugsystem der L-Jetronic und
dem Ansaugsystem der D-Jetronic besteht
im Luftmengenmesser, einem Aggregat,
das dem Einspritzsystem den Namen gegeben hat. Der Luftmengenmesser hat die
Aufgabe, ein von der angesaugten Luft-

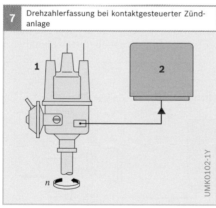

7 Drehzahlerfassung bei kontaktgesteuerter Zündanlage

UMK0102-1Y

Bild 7
1 Zündverteiler
2 Steuergerät
n Motordrehzahl

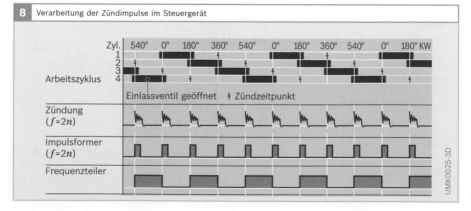

8 Verarbeitung der Zündimpulse im Steuergerät

Zyl.	540°	0°	180°	360°	540°	0°	180°	360°	540°	0°	180° KW

Arbeitszyklus — Zyl. 1 2 3 4

Einlassventil geöffnet ⚡ Zündzeitpunkt

Zündung
($f=2n$)

Impulsformer
($f=2n$)

Frequenzteiler

UMK0025-3D

Bild 8
f Zündimpuls-
frequenz,
n Motordrehzahl

menge abhängiges Spannungssignal zu liefern. Dieses Signal und die Information der Drehzahl werden als Hauptsteuergrößen für das Steuergerät zur Bestimmung der Grundeinspritzmenge herangezogen.

Im Luftmengenmesser übt die vom Motor angesaugte Luftmenge eine Kraft auf eine bewegliche Stauklappe entgegen der Rückstellkraft einer Feder aus (Bilder 9, 10 und 11). Die Stauklappe wird entsprechend der Luftströmung und der wirksamen Rückstellkraft in einer bestimmten Winkelstellung gehalten, die auf ein Potentiometer übertragen wird. Die Klappe wird so ausgelenkt, dass zusammen mit dem Profil des Messkanals der freie Querschnitt mit zunehmender Luftmenge immer größer wird. Die Änderung des freien Luftmengenmesserquerschnitts in Abhängigkeit von der Stellung der Stauklappe ist so gewählt, dass sich ein logarithmischer Zusammenhang zwischen Stauklappenwinkel und angesaugter Luftmenge ergibt. Man erreicht dadurch, dass bei kleinen Luftmengen, bei denen eine hohe Genauigkeit gefordert wird, die Empfindlichkeit des Luftmengenmessers groß ist.

Damit die durch die Saughübe der einzelnen Zylinder angeregten Schwingungen im Ansaugsystem nur einen geringen Einfluss auf die Stellung der Stauklappe haben, ist eine Kompensationsklappe fest mit der messenden Stauklappe verbunden. Die Druckschwingungen wirken dabei gleichermaßen auf Stauklappe und Kompensationsklappe. Die ausgeübten Momente heben sich dabei auf, sodass die Messung nicht beeinflusst wird. Gleichzeitig bewirkt die Kompensationsklappe in Verbindung mit einem Dämpfungsvolumen eine Verringerung der Schwingungen im Messsystem.

In der Stauklappe befindet sich außerdem ein Rückschlagventil, das bei Rückdruckspitzen den Luftmengenmesser vor Beschädigung schützt. Zur Einstellung des Gemischverhältnisses im Leerlauf ist ein einstellbarer Bypass vorgesehen, über den eine geringe Luftmenge die Stauklappe umgeht.

Die Winkelstellung der Stauklappe wird von einem Potentiometer in eine elektrische Spannung umgesetzt. Das Potentiometer ist so abgeglichen, dass sich ein umgekehrt proportionaler Zusammenhang zwischen Luftmenge und abgegebener Spannung ergibt. Damit Alterung und Temperaturgang des Potentiometers keinen Einfluss auf die Genauigkeit haben,

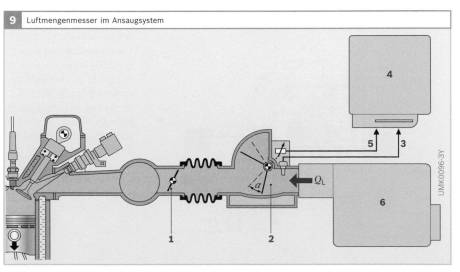

9   Luftmengenmesser im Ansaugsystem

Q_L

UMK0096-3Y

Bild 9
1   Drosselklappe
2   Luftmengenmesser
3   Ansaugluft-
    temperatursignal
    zum Steuergerät
4   Steuergerät
5   Luftmengenmesser-
    signal zum Steuer-
    gerät
6   Luftfilter
Q_L angesaugte Luft-
    menge
α Auslenkwinkel der
    Stauklappe

werden im Steuergerät nur Widerstandsverhältnisse ausgewertet.

Bild 12 zeigt die Zusammenhänge zwischen Luftmenge, Stauklappenwinkel, Potentiometerspannung und eingespritzter Kraftstoffmenge. Geht man von einer bestimmten angesaugten Luftmenge Q_L aus, die durch den Luftmengenmesser strömt (Punkt Q), so ergibt sich die theoretisch notwendige Kraftstoffmenge Q_K (Punkt D). Außerdem stellt sich in Abhängigkeit von der Luftmenge ein bestimmter Stauklappenwinkel (Punkt A) ein. Durch den annähernd logarithmischen Kurvenverlauf bleibt der relative Messfehler im gesamten Bereich weitgehend konstant, was für eine genaue Anpassung im Leerlauf und bei Teillast Vorteile bringt. Das von der Stauklappe betätigte Potentiometer liefert – gemäß der Winkelstellung der Stauklappe – ein Spannungssignal U_S (Punkt B) an das Steuergerät.

Vom Steuergerät werden die Einspritzventile angesteuert, wobei der Punkt C die eingespritzte Kraftstoffmenge V_E in Abhängigkeit von der Potentiometerspannung, der Punkt D die eingespritzte Kraftstoffmenge V_E in Abhängigkeit von der Luftmenge darstellt. Man erkennt, dass die theoretisch notwendige und die praktisch eingespritzte Kraftstoffmenge gleich sind (Linie C-D).

Kraftstoffdruckregler
Ein wesentlicher Unterschied zum Kraftstoffdruckregler der D-Jetronic besteht darin, dass die Federkammer durch eine Leitung mit dem Saugrohr in Verbindung steht. Dadurch wird die Differenz zwischen Saugrohrdruck und Kraftstoffdruck konstant gehalten. Der Druckabfall über die Einspritzventile ist damit für alle Lastzustände gleich (siehe Kraftstoffdruckregler).

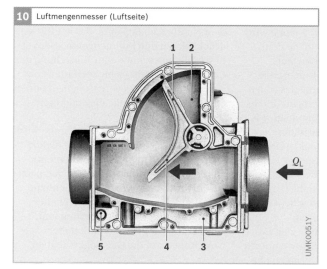

10 Luftmengenmesser (Luftseite)

UMK0051Y

Bild 10
1   Kompensationsklappe
2   Dämpfungsvolumen
3   Bypass
4   Stauklappe
5   Leerlaufgemisch-Einstellschraube

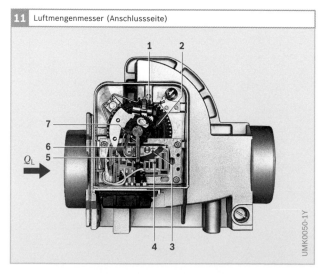

11 Luftmengenmesser (Anschlussseite)

UMK0050-1Y

Bild 11
1   Zahnkranz für die Federvorspannung
2   Rückholfeder
3   Schleiferbahn
4   Keramikplatte mit Widerständen und Leitungszügen
5   Schleiferabgriff
6   Schleifer
7   Pumpenkontakt

Einspritzventile

Die Einspritzventile der L-Jetronic unterscheiden sich von den Ausführungen, die bei der D-Jetronic Verwendung finden, nur durch einen kleineren Öffnungsquerschnitt (siehe Einspritzventile). Diese Verringerung ist notwendig, weil ein zweimaliges Einspritzen des Kraftstoffs je Nockenwellenumdrehung erfolgt, während bei der D-Jetronic nur einmal abgespritzt wird. Pro Einspritzvorgang muss bei der L-Jetronic deshalb nur die Hälfte an Kraftstoff eingespritzt werden.

Drosselklappenschalter

Der Drosselklappenschalter ist gegenüber dem der D-Jetronic stark vereinfacht. Die Kontaktbahnen der Übergangsanreicherung sind weggefallen. Der Drosselklappenschalter enthält nur noch je einen Kontakt für Leerlauf und Volllast. Der Schaltkontakt wird in einer Kulisse geführt und schließt bei einer bestimmten Drosselklappenstellung die Kontakte für Leerlauf beziehungsweise Volllast (siehe Drosselklappenschalter).

Relaiskombination

Beim Einschalten der Zündung schaltet die Relaiskombination die Batteriespannung an das Steuergerät und die Einspritzventile, beim Starten schaltet sie die Elektrokraftstoffpumpe, das Kaltstartventil, den Thermozeitschalter und den Zusatzluftschieber ein. Springt der Motor an, wird die Stromversorgung für die Elektrokraftstoffpumpe und den Zusatzluftschieber über einen Kontakt im Luftmengenmesser aufrechterhalten. War der Startversuch nicht erfolgreich, so unterbricht die Relaiskombination den Kraftstoffpumpenstromkreis (Sicherheitsschaltung).

Elektronisches Steuergerät

Das elektronische Steuergerät empfängt Angaben über die angesaugte Luftmenge, Kühlmittel- beziehungsweise Zylinderkopftemperatur, Stellung der Drosselklappe, den Startvorgang sowie über Motordrehzahl und Einspritzzeitpunkt. Es verarbeitet diese Daten und bildet daraus Steuerimpulse für die Einspritzventile. Die Menge des abzuspritzenden Kraftstoffs wird über die Öffnungsdauer der Einspritzventile bestimmt.

Die elektronischen Bauteile des Steuergeräts sind auf Leiterplatten angeordnet (siehe Bild 3). Die Leistungsbauteile der Endstufen befinden sich auf dem Metallrahmen des Steuergeräts, wodurch eine gute Wärmeabfuhr gewährleistet wird. Durch die Verwendung von integrierten Schaltkreisen und Hybridbausteinen ist die Zahl der verwendeten Bauteile reduziert. Die Zusammenfassung von Funktionsgruppen in integrierten Schaltkreisen (z. B. Impulsformer, Impulsteiler, Divisions-Steuer-Multivibrator) und Bauteilen in Hybridbausteinen steigert die Zuverlässigkeit des Steuergeräts. Das Steuergerät der ersten Generation enthält etwa 80 Bauelemente, davon drei integrierte Schaltkreise. Es ist in der Technik der gedruckten Schaltung aufgebaut.

Das Steuergerät der L-Jetronic befindet sich in einem Metallgehäuse, das spritz-

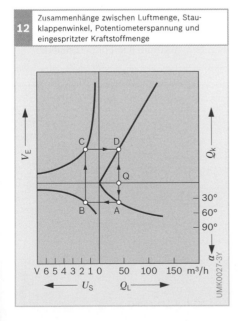

12 Zusammenhänge zwischen Luftmenge, Stauklappenwinkel, Potentiometerspannung und eingespritzter Kraftstoffmenge

Bild 12
V_E Eingespritzte Kraftstoffmenge
U_S Spannungssignal des Luftmengenmessers
Q_L durch den Luftmengenmesser strömende Luftmenge
Q_K theoretisch benötigte Luftmenge
α Stauklappenwinkel

wassergeschützt und außerhalb der Wärmeabstrahlung des Motors im Fahrgastraum untergebracht ist.

Die Verbindung des Steuergeräts zu den Einspritzventilen, den Sensoren und dem Bordnetz erfolgt durch einen Vielfachstecker und einen Kabelbaum. Die Eingangsschaltung im Steuergerät ist so ausgelegt, dass das Steuergerät verpolsicher und kurzschlusssicher ist.

Für Messungen am Steuergerät und an den Sensoren wurden spezielle Bosch-Testgeräte entwickelt, die mit Vielfachsteckern zwischen Kabelbaum und Steuergerät geschaltet werden können.

Kraftstoffzumessung
Bild 13 zeigt die prinzipielle Funktion des Steuergeräts.

Einspritzzeitpunkt
Alle Einspritzventile sind elektrisch parallel geschaltet und spritzen gleichzeitig zweimal pro Nockenwellenumdrehung jeweils die Hälfte der für einen Arbeitszyklus benötigten Kraftstoffmenge ab. Die vom Frequenzteiler erzeugten Impulse triggern gleichzeitig den Einspritzbeginn für die Einspritzventile (Bild 14, siehe auch Drehzahlerfassung). Jedes Einspritzventil spritzt also pro Umdrehung der Kur-

belwelle einmal ein, und zwar unabhängig von der Stellung des Einlassventils. Bei geschlossenem Einlassventil wird der Kraftstoff vorgelagert und beim nächsten Öffnen des Einlassventils zusammen mit der Luft in den Verbrennungsraum gesaugt.

Durch die Parallelschaltung vereinfacht sich der elektronische Aufwand im Steuergerät, außerdem ist eine Zuordnung zwischen Nockenwellenwinkel und Einspritzzeitpunkt nicht notwendig. Damit entfällt der Einspritzauslöser im Zündverteiler. Die Steuerung der Einspritzimpulse erfolgt vom Unterbrecherkontakt.

Einspritzdauer
Die Einspritzdauer ist von der Luftmenge und Drehzahl abhängig. Die vom Frequenzteiler erzeugten Rechteckimpulse werden zur Aufladung eines Kondensators im Divisions-Steuer-Multivibrator verwendet (Bild 14). Mit der Entladung des Kondensators beginnt der Einspritzimpuls t_i, wobei die Stauklappenstellung im Luftmengenmesser als Maß für die angesaugte Luftmenge Q_L die ausschlaggebende Größe für die Einspritzdauer ist.

Verschiedene Korrekturgrößen (Volllast und Leerlauf über Drosselklappenschalter, Motortemperatur über Temperatursensor) ergeben zusammen mit dem Signal des

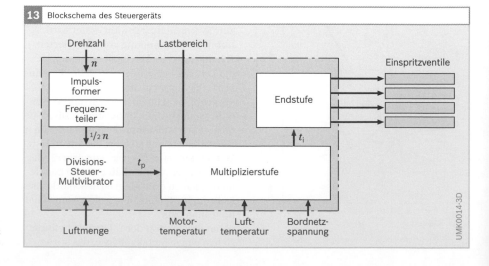

13 Blockschema des Steuergeräts

Bild 13
t_i Einspritzzeit der
       Einspritzimpulse
t_p Grundeinspritzzeit
n Motordrehzahl

UMK0014-3D

Luftmengenmessers und der Einspritz-
frequenz (aus der Drehzahl) die Einspritzdauer, die als Impulse an die Einspritzventile gegeben werden.

**Informationsverarbeitung und Bildung der
Einspritzimpulse**
Die Taktfrequenz der Einspritzimpulse
wird aus der Motordrehzahl ermittelt.
Drehzahl und angesaugte Luftmenge be-
stimmen die Grundeinspritzzeit. Die Bil-
dung der Grundeinspritzzeit erfolgt in ei-
ner speziellen Schaltungsgruppe des
Steuergeräts, dem Divisions-Steuer-Multi-
vibrator.
Der Divisions-Steuer-Multivibrator
(DSM) bekommt vom Frequenzteiler die

Drehzahlinformation n und wertet sie zusammen mit dem Luftmengensignal U_s aus.
Zum Zwecke der intermittierenden Kraftstoffeinspritzung verwandelt der DSM die
Spannung U_s in rechteckförmige Steuerimpulse. Die Dauer t_p dieser Impulse bestimmt die Grundeinspritzmenge, d.h. die
einzuspritzende Kraftstoffmenge je Ansaughub, ohne Berücksichtigung von Korrekturen. t_p bezeichnet man deshalb als
Grundeinspritzzeit. Je größer die angesaugte Luftmenge je Ansaughub, umso länger ist die Grundeinspritzzeit. Zwei Grenz-
fälle sind hierbei denkbar: Steigt die Motordrehzahl n unter der Voraussetzung
eines konstant bleibenden Luftdurch-
satzes Q_L, dann sinkt der absolute Druck

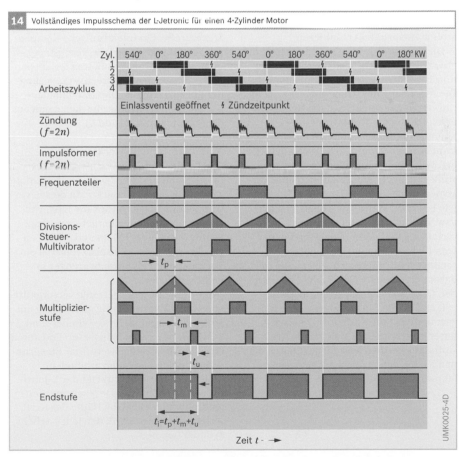

14 Vollständiges Impulsschema der L-Jetronic für einen 4-Zylinder Motor

UMK0025-4D

Bild 14
f Zündimpuls-
    frequenz,
n Motordrehzahl
t_p Grundeinspritzzeit
t_m Impulsverlängerung
    durch Korrekturen
t_u Impulsverlängerung
    durch Spannungs-
    kompensation
t_i Impulssteuerzeit:
    Die wirkliche Ein-
    spritzzeit je Zyklus
    weicht wegen der
    Ansprech- und
    Abfallverzögerung
    von der Impuls-
    steuerzeit ab

hinter der Drosselklappe und die Zylinder saugen pro Hub weniger Luft an, d. h., die Zylinderfüllung ist kleiner. Infolgedessen ist weniger Kraftstoff zur Verbrennung erforderlich und die Impulsdauer t_p dementsprechend kurz. Nimmt die Motorleistung und damit die pro Minute angesaugte Luftmenge unter der Voraussetzung gleichbleibender Drehzahl zu, dann nimmt auch die Zylinderfüllung zu und es wird mehr Kraftstoff gebraucht; die Impulsdauer t_p des DSM ist länger. Im Fahrbetrieb ändern sich Motordrehzahl und Motorleistung meist gleichzeitig, woraus der DSM laufend die Grundeinspritzzeit t_p ermittelt. Bei hoher Drehzahl ist normalerweise die Motorleistung groß (Volllast), und das bedeutet, dass daraus im Endeffekt eine längere Impulsdauer t_p und damit mehr Kraftstoff je Einspritztakt resultieren.

Die Grundeinspritzzeit wird entsprechend dem Betriebszustand des Motors durch die Signale der Sensoren erweitert. Die Anpassung der Grundeinspritzzeit an die verschiedenen Betriebsbedingungen erfolgt durch die Multiplizierstufe im Steuergerät. Diese Stufe wird mit den Impulsen der Dauer t_p vom DMS angesteuert. Weiterhin sammelt die Multiplizierstufe zusätzliche Informationen über verschiedene Betriebszustände des Motors wie Kaltstart, Warmlauf, Volllastbetrieb usw. Hieraus errechnet sie einen Korrekturfaktor k und multipliziert ihn mit der vom Divisions-Steuer-Multivibrator errechneten Grundeinspritzzeit t_p. Die sich daraus ergebende Zeit sei mit t_m bezeichnet. t_m addiert sich zur Grundinspritzzeit t_p, d. h., die Einspritzzeit wird verlängert und das Luft-Kraftstoff-Gemisch fetter. t_m ist somit ein Maß für die Kraftstoffanreicherung, ausgedrückt durch einen Faktor, den man als Anreicherungsfaktor bezeichnet.

Spannungskompensation

Die Anzugszeit der Einspritzventile hängt stark von der Batteriespannung ab. Die daraus sich ergebende Ansprechverzögerung hätte ohne elektronische Spannungskorrektur eine zu kurze Einspritzdauer und somit eine zu kleine Einspritzmenge zur Folge. Je niedriger die Batteriespannung, desto weniger Kraftstoff bekäme der Motor. Aus diesem Grund muss eine niedrige Betriebsspannung, z. B. nach Kaltstart mit stark entladener Batterie, durch eine entsprechend gewählte Verlängerung t_u der vorberechneten Impulszeit ausgeglichen werden, damit der Motor die richtige Kraftstoffmenge bekommt. Man nennt das Spannungskompensation.

Zur Spannungskompensation erfasst das Steuergerät die Batteriespannung als Steuergröße. Eine elektronische Kompensationsstufe verlängert die Ventilsteuerimpulse gerade um den Betrag t_u der spannungsabhängigen Ansprechverzögerung der Einspritzventile. Die Gesamtdauer t_i der Einspritzimpulse ergibt sich damit aus der Summe von t_p, t_m und t_u.

Ansteuerung der Einspritzventile

Die von der Multiplizierstufe gebildeten Einspritzimpulse werden in einer nachfolgenden Endstufe verstärkt. Mit diesen verstärkten Impulsen werden die Einspritzventile angesteuert. Sämtliche Einspritzventile des Motors öffnen und schließen gleichzeitig. Jedem Einspritzventil ist ein Vorwiderstand als Strombegrenzer in Reihe geschaltet.

Die Endstufe der L-Jetronic versorgt drei oder vier Einspritzventile gleichzeitig mit Strom. Steuergeräte für 6-Zylinder- und 8-Zylinder-Motoren haben zwei Endstufen für je drei beziehungsweise vier Einspritzventile. Beide Endstufen arbeiten im Gleichtakt. Der Einspritztakt der L-Jetronic ist so gewählt, dass je Nockenwellenumdrehung zweimal die Hälfte des Kraftstoffs eingespritzt wird, den jeder Arbeitszylinder benötigt.

Neben der Ansteuerung der Einspritzventile über Vorwiderstände gibt es Steuergeräte mit geregelter Endstufe. Bei diesen Steuergeräten werden die Einspritzventile ohne Vorwiderstände betrieben. Die Ansteuerung der Einspritzventile geschieht dabei wie folgt: Sobald bei Impulsbeginn die Ventilanker angezogen haben, wird der Strom für den Rest der Impulsdauer auf einen bedeutend schwächeren Strom, den Haltestrom, abgeregelt. Da diese Einspritzventile am Impulsbeginn mit sehr hohem Strom eingeschaltet werden, erhält man kurze Ansprechzeiten. Durch die nach dem Einschalten zurückgeregelte Stromstärke wird die Endstufe weniger belastet. Man kann dadurch bis zu zwölf Einspritzventile mit einer Endstufe schalten.

Anpassung an Betriebsbedingungen
Im Vergleich zur D-Jetronic sind bei der L-Jetronic weniger Korrekturen für die Einspritzzeit notwendig. Dies liegt daran, dass das Prinzip der Luftmengenmessung eine Vielzahl von Einflüssen direkt erfasst, die den Kraftstoffbedarf des Motors beeinflussen.

Kaltstartanreicherung
Beim Kaltstart entstehen Kondensationsverluste des Kraftstoffanteils im angesaugten Gemisch. Um dies auszugleichen und das Anspringen des kalten Motors zu erleichtern, muss im Moment des Startens zusätzlich Kraftstoff eingespritzt werden. Das Einspritzen dieser zusätzlichen Kraftstoffmenge erfolgt in Abhängigkeit von der Motortemperatur zeitlich begrenzt. Dieser Vorgang wird Kaltstartanreicherung genannt. Bei der Kaltstartanreicherung wird das Gemisch „fetter", d. h., die Luftzahl ist vorübergehend kleiner als 1. Unmittelbar nach dem Start, zum Beispiel bei −20 °C, muss je nach Motortyp zwei- bis dreimal so viel Kraftstoff wie in betriebswarmem Zustand eingespritzt werden.

Die Kaltstartanreicherung kann auf zweierlei Methoden erfolgen – durch die Startsteuerung über das Steuergerät und die Einspritzventile oder durch ein Kaltstartventil in Verbindung mit einem Thermozeitschalter.

Startsteuerung
Durch Verlängerung der Einspritzdauer der Einspritzventile wird während der Startphase mehr Kraftstoff eingespritzt. Die Startsteuerung wird im Steuergerät durch die Auswertung der Signale vom Startschalter und dem Motortemperatursensor veranlasst.

Anreicherung mit Kaltstartventil
Das Kaltstartventil wird elektromagnetisch betätigt (siehe Kaltstartventil). In Ruhestellung ist das Ventil geschlossen. Im angesteuerten Zustand wird der Kraftstoff-

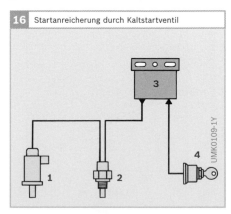

15 Startanreicherung durch Startsteuerung

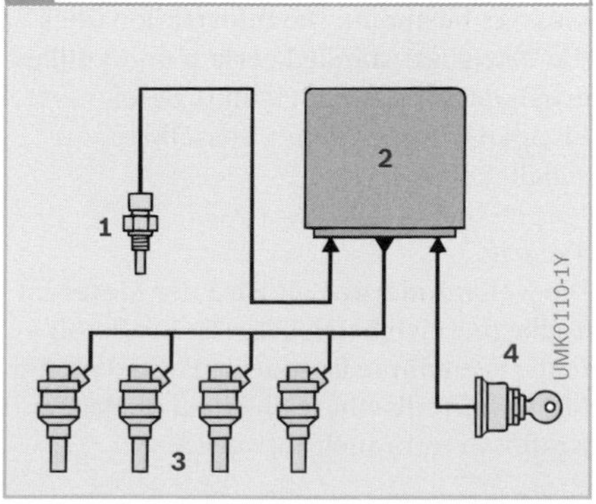

16 Startanreicherung durch Kaltstartventil

UMK0110-1Y

UMK0109-1Y

Bild 15
1 Motortemperatursensor
2 Steuergerät
3 Einspritzventile
4 Zünd-Start-Schalter

Bild 16
1 Kaltstartventil
2 Thermozeitschalter
3 Relaiskombination
4 Zünd-Start-Schalter

durchfluss freigegeben. Der Kraftstoff gelangt nun tangential in eine Düse, wo er in Rotation versetzt wird. Durch diese Form der Düse – eine Dralldüse – wird der Kraftstoff besonders fein zerstäubt und reichert die Luft im Sammelsaugrohr hinter der Drosselklappe mit Kraftstoff an (siehe Bild 1).

Thermozeitschalter
Der Thermozeitschalter begrenzt die Spritzzeit des Kaltstartventils in Abhängigkeit von der Motortemperatur (siehe Thermozeitschalter). Er ist an einer für die Motortemperatur charakteristischen Stelle eingebaut (siehe Bild 1). Er bestimmt die Einschaltdauer des Kaltstartventils. Die Einschaltdauer ist dabei abhängig von der Erwärmung des Thermozeitschalters durch die Motorwärme, die Umgebungstemperatur und durch die in ihm selbst befindliche elektrische Heizung. Diese Eigenheizung ist erforderlich, um die maximale Einschaltdauer des Kaltstartventils zu begrenzen, damit der Motor nicht zu stark angereichert wird und überfettet.

Nachstart- und Warmlaufanreicherung
An den Kaltstart schließt sich die Warmlaufphase des Motors an. Der Motor benötigt eine beträchtliche Warmlaufanreicherung, weil ein Teil des Kraftstoffs an den noch kalten Zylinderwandungen kondensiert. Außerdem würde sich ohne zusätzliche Kraftstoffanreicherung nach dem Wegfallen der vom Kaltstartventil eingespritzten zusätzlichen Kraftstoffmenge ein erheblicher Drehzahlabfall bemerkbar machen.

Im ersten Teil der Warmlaufphase muss eine zeitabhängige Anreicherung – die Nachstartanhebung – erfolgen. Die erforderliche Dauer liegt bei etwa 30 s, die Anreicherung erfordert je nach Temperatur zwischen 30 ...60 % Mehrmenge (Bild 17).

Nach Ablauf der Nachstartanhebung benötigt der Motor nur noch eine geringere Anreicherung, die über die Motortemperatur abgeregelt wird. Bild 17 zeigt einen typischen Verlauf der Anreicherung über der Zeit bei einer Starttemperatur von 20 °C. Um diese Regelvorgänge auslösen zu können, muss dem Steuergerät die Motortemperatur mitgeteilt werden. Dies geschieht durch den Motortemperatursensor (siehe Temperatursensor).

Lastanpassung
Unterschiedliche Lastbereiche erfordern unterschiedliche Gemischzusammensetzungen. Die Kraftstoffbedarfskennlinie wird für alle Betriebsbereiche motorspezifisch durch die Kennlinie des Luftmengenmessers bestimmt. Die Information über die Betriebszustände Leerlauf und Volllast erhält das Steuergerät vom Drosselklappenschalter (siehe Drosselklappenschalter).

Teillast
Die weitaus meiste Zeit wird der Motor im Teillastbereich betrieben. Die Kraftstoffbedarfskennlinie ist so festgelegt, dass der Motor im Teillastbereich einen niedrigen Kraftstoffverbrauch aufweist.

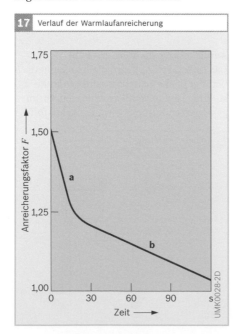

17 Verlauf der Warmlaufanreicherung

UMK0028-2D

Bild 17
Anreicherungsfaktor F als Funktion der Zeit

a Überwiegend zeitabhängiger Anteil
b motortemperaturabhängiger Anteil

Leerlauf

Bei zu magerem Gemisch im Leerlauf kann es zu Verbrennungsaussetzern und damit zu unrundem Lauf des Motors kommen. Wenn nötig, wird deshalb das Gemisch in diesem Betriebszustand etwas angereichert. Zur Einstellung des Gemischverhältnisses im Leerlauf ist im Luftmengenmesser ein einstellbarer Bypass vorgesehen, über den eine geringe Luftmenge die Stauklappe umgeht. Die Leerlaufgemisch-Einstellschraube im Bypass ermöglicht die Grundeinstellung des Gemischverhältnisses beziehungsweise die Gemischanreicherung durch Veränderung des Bypass-Querschnitts (Bild 18).

Volllast

Bei Volllast muss der Motor seine höchste Leistung abgeben. Dies wird erreicht, wenn das Gemisch gegenüber der Zusammensetzung im Teillastbereich angereichert ist. Die Höhe der Anreicherung ist motorspezifisch im Steuergerät festgelegt. Die Volllastinformation aus dem Drosselklappenschalter wird im Steuergerät verarbeitet.

Leerlaufsteuerung bei kaltem Motor

Um auch bei kaltem Motor einen runden Leerlauf zu erzielen, hebt die Leerlaufsteuerung zusätzlich die Leerlaufdrehzahl an. Bei kaltem Motor bestehen erhöhte Reibungswiderstände. Diese müssen vom Motor im Leerlauf zusätzlich überwunden werden. Deshalb lässt man während des Warmlaufs durch den Zusatzluftschieber (siehe Zusatzluftschieber) den Motor unter Umgehung der Drosselklappe mehr Luft ansaugen (siehe Bild 18). Eine Bimetallfeder steuert temperaturabhängig den Strömungsquerschnitt des Bypasses. Da diese zusätzliche Luft vom Luftmengenmesser gemessen und bei der Kraftstoffzuteilung berücksichtigt wird, erhält der Motor insgesamt mehr Gemisch. Dadurch wird bei kaltem Motor eine Leerlaufstabilisierung erreicht. Die Erhöhung der Leerlaufdrehzahl bewirkt außerdem eine raschere Erwärmung des Motors.

Ein genaues Anpassen und Abregeln der Zusatzluft bei zunehmender Motortemperatur ist mit einem elektrisch beheizten Zusatzluftschieber gegeben. Dabei bestimmt die Motortemperatur die Anfangsmenge der Zusatzluft und die elektrische Beheizung im Wesentlichen die zeitlich gesteuerte Zurücknahme dieser Menge.

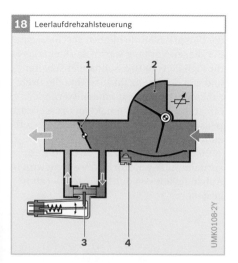

18 Leerlaufdrehzahlsteuerung

UMK0108-2Y

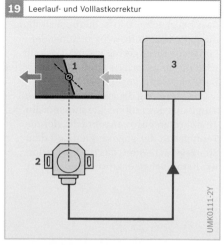

19 Leerlauf- und Volllastkorrektur

UMK0111-2Y

Bild 18

1 Drosselklappe
2 Luftmengenmesser
3 Zusatzluftschieber
4 Leerlaufgemisch-
　Einstellschraube

Bild 19

1 Drosselklappe
2 Drosselklappen-
　schalter
3 Steuergerät

Beschleunigungsanreicherung

Bei Übergängen von einem Betriebs-zustand in einen anderen ergeben sich Gemischabweichungen, die zu einer Verbesserung des Fahrverhaltens korrigiert werden. Während dem Beschleunigen wird deshalb zusätzlich Kraftstoff eingespritzt.

Wird bei konstanter Drehzahl die Drosselklappe plötzlich geöffnet, so durchströmt den Luftmengenmesser sowohl die Luftmenge, die in die Brennräume gelangt, als auch die Luftmenge, die erforderlich ist, um den Druck im Saugrohr auf das neue Niveau anzuheben. Die Stauklappe schwingt dadurch kurzzeitig über die Stellung bei voller Drosselklappenöffnung hinaus. Dieses Überschwingen bewirkt eine höhere Kraftstoffzuteilung (Beschleunigungsanreicherung), mit der ein gutes Übergangsverhalten erreicht wird.

Während der Warmlaufphase kann diese Beschleunigungsanreicherung nicht ausreichen. In diesem Betriebszustand wird zusätzlich die Geschwindigkeit, mit der die Stauklappe im Luftmengenmesser ausschlägt, über das elektrische Signal im Steuergerät ausgewertet.

Lufttemperaturanpassung

Die für die Verbrennung maßgebende Luftmasse ist von der Temperatur der angesaugten Luftmenge abhängig. Kalte Luft ist dichter als warme Luft. Dies bedeutet, dass bei gleicher Drosselklappenstellung die Zylinderfüllung mit zunehmender Lufttemperatur geringer wird. Deshalb wird die eingespritzte Kraftstoffmenge der Lufttemperatur angepasst.

Zur Erfassung dieses Effekts ist im Ansaugkanal des Luftmengenmessers ein Temperatursensor angebracht, der die Temperatur der angesaugten Luft dem Steuergerät meldet, das die zugeteilte Kraftstoffmenge entsprechend steuert.

Ergänzungsfunktionen

λ-Regelung

Mit der λ-Regelung kann das Luft-Kraftstoff-Verhältnis recht genau bei $\lambda = 1$ eingehalten werden (siehe λ-Regelung). Im Steuergerät wird das Signal der λ-Sonde mit einem Sollwert verglichen und damit ein Zweipunktregler angesteuert (Bild 20). Der Eingriff in die Kraftstoffzumessung erfolgt über die Öffnungsdauer der Einspritzventile.

Drehzahlbegrenzung

Bei der Drehzahlbegrenzung früherer Motorsteuerungen wird beim Erreichen einer bestimmten Höchstdrehzahl die Zündung durch den Verteilerläufer kurzgeschlossen. Diese Methode ist bei Fahrzeugen mit Katalysatoren nicht mehr möglich, da der weiterhin eingespritzte Kraftstoff unverbrannt in den Katalysator gelangen würde. Dies führt in Katalysatoren zu thermischen Ausfällen. Die elektronische Drehzahlbegrenzung unterdrückt bei Überschreiten der zulässigen Motordrehzahl die Ansteuerimpulse für die Einspritzventile, sodass kein Kraftstoff mehr eingespritzt wird.

Schubabschalten

Beim Übergang in den Schiebebetrieb kann oberhalb einer bestimmten Drehzahl die Kraftstoffzufuhr gesperrt werden, d. h., die Einspritzventile bleiben geschlossen. Für diesen Vorgang wertet das Steuergerät die Signale vom Drosselklappenschalter und von der Drehzahl aus. Sinkt die Drehzahl unter einen bestimmten Wert oder öffnet der Leerlaufkontakt im Drosselklappenschalter wieder, so setzt die Kraftstoffzufuhr wieder ein.

Die Höhe der Drehzahl, ab der die Einspritzimpulse unterdrückt werden, wird in Abhängigkeit von der Motortemperatur gesteuert.

20 λ-Regelkreis der L-Jetronic

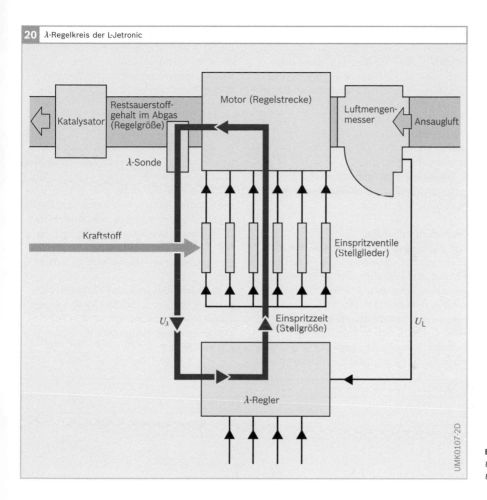

Katalysator

Restsauerstoff-
gehalt im Abgas
(Regelgröße)

Motor (Regelstrecke)

Luftmengen-
messer

Ansaugluft

λ-Sonde

Kraftstoff

Einspritzventile
(Stellglieder)

$U_λ$

Einspritzzeit
(Stellgröße)

U_L

λ-Regler

UMK0107-2D

Bild 20
U_L Luftmengensignal
$U_λ$ λ-Sondensignal

Elektrische Schaltung

Die Gesamtschaltung der L-Jetronic ist so ausgelegt, dass sie über nur eine Trennstelle an das Bordnetz des Fahrzeugs angeschlossen ist. An dieser Trennstelle befindet sich die Relaiskombination, die vom Zünd-Start-Schalter gesteuert wird und die Bordnetzspannung zum Steuergerät und zu den anderen Komponenten der Jetronic durchschaltet.

Die Relaiskombination verfügt über zwei getrennte Steckverbindungen zum Bordnetz und zur Jetronic.

Sicherheitsschaltung

Um zu verhindern, dass bei Unfällen die Elektrokraftstoffpumpe weiter Kraftstoff fördert, wird sie über eine Sicherheitsschaltung betrieben. Ein vom Luftmengenmesser bei Luftdurchsatz betätigter Schalter steuert die Relaiskombination, die ihrerseits die Elektrokraftstoffpumpe schaltet. Kommt der Motor bei eingeschalteter Zündung zum Stehen – d.h., es findet kein Luftdurchsatz mehr statt – dann wird die Stromversorgung zur Pumpe unterbrochen. Während des Startvorgangs wird die Relaiskombination in entsprechender Weise über Klemme 50 vom Zünd-Start-Schalter angesteuert.

Anschlussplan

Bei dem in Bild 21 gezeigten Beispiel handelt es sich um einen typischen Anschlussplan für ein Fahrzeug mit 4-Zylinder-Motor. Beim Kabelbaum ist zu beachten, dass die Klemme 88z der Relaiskombination direkt und ohne Sicherung mit dem Pluspol (Polklemme) der Batterie verbunden ist, um Störungen und Spannungseinbrüche durch Übergangswiderstände zu vermeiden.

Die Klemmen 5, 16 und 17 des Steuergeräts sowie der Anschluss 49 des Temperatursensors sind mit getrennten Leitungen an einem gemeinsamen Massepunkt anzuschließen.

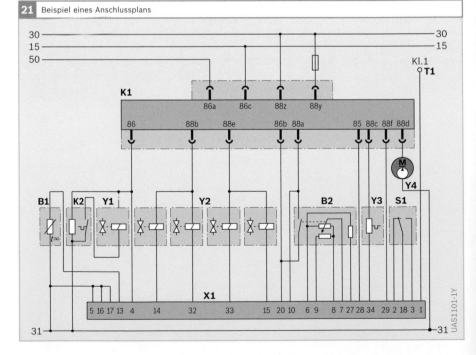

21 Beispiel eines Anschlussplans

Bild 21
L-Jetronic mit
geregelter Endstufe

B1 Motortemperatur-
sensor
B2 Luftmengenmesser
K1 Relaiskombination
K2 Thermozeitschalter
S1 Drosselklappen-
schalter
T1 Zündspule
X1 Steuergerät
Y1 Kaltstartventil
Y2 Einspritzventil
Y3 Zusatzluftschieber
Y4 Elektrokraftstoff-
pumpe

L3-Jetronic

Aus der L-Jetronic sind spezielle Systeme
hervorgegangen. Für den europäischen
Markt wurde die LE-Jetronic eingesetzt,
für den USA-Markt die LU-Jetronic mit
λ-Regelung. Ein Entwicklungssprung ge-
lang schließlich mit der L3-Jetronic.

Systemübersicht

Die L3-Jetronic unterscheidet sich von der
L-Jetronic in folgenden Einzelheiten:
▸ Das motorraumtaugliche Steuergerät ist
  am Luftmengenmesser angebaut und benötigt damit keinen Platz im Fahrgastraum.
▸ Die Einheit von Steuergerät und Luftmengenmesser mit internen Verbindungen vereinfacht den Kabelbaum und
  senkt den Montageaufwand.
▸ Der Einsatz der Digitaltechnik mit einem
  Mikrocomputer ermöglicht im Gegensatz zur in der L-Jetronic angewandten
  Analogtechnik die Realisierung von

neuen Funktionen mit besseren Anpas-
sungsmöglichkeiten.

Bezüglich der Kraftstoffversorgung, der
Betriebsdatenerfassung, der Kraftstoffzumessung und der Anpassung an die
Betriebszustände entspricht die L3-Jetro-
nic der L-Jetronic.

Die L3-Jetronic gibt es sowohl mit
λ-Regelung (Bild 1) als auch ohne. Beide
Versionen verfügen über eine Notlauffunktion, die es ermöglicht, bei Ausfall des
Mikrocomputers das Fahrzeug noch bis
zur nächsten Werkstatt zu fahren. Außerdem werden die Eingangssignale auf Plausibilität geprüft, d. h., ein unrealistisches
Eingangssignal (z. B. Motortemperatur
tiefer als –40 °C) wird ignoriert und durch
einen im Steuergerät gespeicherten Wert
ersetzt.

---

1 Anlageschema einer L3-Jetronic mit λ-Regelung

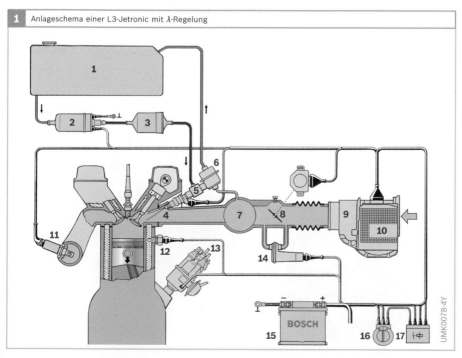

Bild 1
1 Kraftstoffbehälter
2 Elektrokraftstoff-
   pumpe
3 Kraftstofffilter
4 Einspritzventil
5 Kraftstoffverteiler-
   rohr
6 Kraftstoffdruck-
   regler
7 Sammelsaugrohr
8 Drosselklappe mit
   Drosselklappen-
   schalter
9 Luftmengenmesser
10 Steuergerät
11 λ-Sonde
12 Motortemperatur-
   sensor
13 Zündverteiler
14 Zusatzluftschieber
15 Batterie
16 Zünd-Start-Schalter
17 Relaiskombination

Komponenten

Gegenüber der L-Jetronic unterscheidet sich die L3-Jetronic im Wesentlichen durch folgende Komponenten.

Luftmengenmesser

Der Luftmengenmesser der L3-Jetronic erfasst die vom Motor angesaugte Luftmenge nach dem gleichen Messprinzip wie der Luftmengenmesser der herkömmlichen L-Jetronic. Die Integration des Steuergeräts mit dem Luftmengenmesser zu einer Mess- und Steuereinheit setzt jedoch einen veränderten Aufbau voraus (Bild 2).

Die Abmessungen sowohl der Potentiometerkammer des Luftmengenmessers als auch des Steuergeräts sind so weit reduziert, dass die Bauhöhe der gesamten Einheit die des Luftmengenmessers der L-Jetronic nicht übertrifft.

Weitere Merkmale des Luftmengenmessers sind das verringerte Gewicht des Aluminiumgehäuses anstelle des Zinkgehäuses, der erweiterte Messbereich und das verbesserte Dämpfungsverhalten bei plötzlichen Änderungen der angesaugten Luftmenge (Bild 3). Damit weist die L3-Jetronic deutliche Verbesserungen sowohl bei den elektronischen als auch bei den mechanischen Komponenten bei verringertem Platzbedarf auf.

Elektronisches Steuergerät

Das digitale Steuergerät mit Mikrocomputer passt das Luft-Kraftstoff-Verhältnis – im Unterschied zur in Analogtechnik aufgebauten L-Jetronic – über ein Last-Drehzahl-Kennfeld an. Das Steuergerät berechnet aus den Eingangssignalen der Sensoren die Einspritzzeit als Maß für die einzuspritzende Kraftstoffmenge. Das Steuergerät ermöglicht die Beeinflussung der erforderlichen Funktionen.

Das Steuergerät für den Anbau am Luftmengenmesser muss minimale Baugröße und wenige Steckverbindungen aufweisen sowie widerstandsfest gegen Hitze, Vibrationen und Feuchtigkeit sein. Diese Bedingungen werden durch den Einsatz eines speziellen Hybrids und einer kleinen Leiterplatte im Steuergerät erfüllt. Auf dem Hybrid befinden sich außer dem Mikrocomputer fünf weitere integrierte Bausteine (IC) sowi 88 gedruckte Widerstände und 23 Kondensatoren. Nur 33 µm dünne

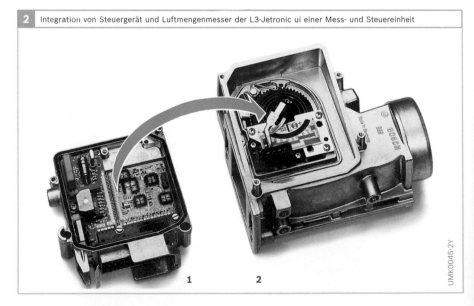

2 Integration von Steuergerät und Luftmengenmesser der L3-Jetronic ui einer Mess- und Steuereinheit

Bild 2
1 Steuergerät
2 Luftmengenmesser
  mit Potentiometer

UMK0045-2Y

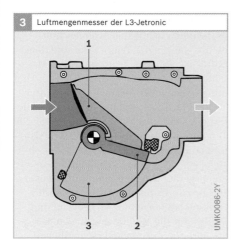

3 Luftmengenmesser der L3-Jetronic

1

3   2

UMK0086-2Y

Golddrähte stellen die Verbindung von den IC zu der Dickschichtplatte des Hybrids her.

Leerlaufdrehzahlregelung

Wie bei der L-Jetronic hat auch die L3-Jetronic eine Vorrichtung zur Beeinflussung der Leerlaufdrehzahl. Der Zusatzluftschieber ist als Bypass zur Drosselklappe geschaltet. Der durch eine Bimetallfeder oder ein Dehnstoffelement bewegte Schieber führt dem Motor während der Warmlaufphase eine Mehrluftmenge zu, die vom Luftmengenmesser gemessen wird. Dies führt zu der für einen einwandfreien Rundlauf erforderlichen höheren Leerlaufdrehzahl im Warmlauf.

Statt des Zusatzluftschiebers zur Steuerung der Leerlaufdrehzahl bei kaltem Motor kann eine Drehzahlregelung als separates System eingesetzt sein. Der Bypass um die Drosselklappe wird hier über einen Leerlaufdrehsteller realisiert (siehe Leerlaufdrehzahlregelung bei der LH-Jetronic).

Bild 3
1   Stauklappe
2   Kompensations-
    klappe
3   Dämpfungsvolumen

LH-Jetronic

Systemübersicht

Die LH-Jetronic ist mit der L-Jetronic beziehungsweise mit der L3-Jetronic eng verwandt. Es handelt sich ebenso um ein antriebsloses, elektronisch gesteuertes Benzineinspritzsystem (Bild 1). Der Hauptunterschied liegt in der Lasterfassung mit einem Luftmassenmesser statt eines Luftmengenmessers.

Kraftstoffversorgung

Bezüglich den Komponenten der Kraftstoffversorgung entspricht die LH-Jetronic der L-Jetronic.

Betriebsdatenerfassung

Während die L-Jetronic die angesaugte Luftmenge, also das von der Luftdichte abhängige Volumen misst, erfasst die LH-Jetronic die vom Motor angesaugte Luftmasse (siehe Luftmassenmesser). Das Messergebnis ist damit unabhängig von der Luftdichte, die von der Temperatur und dem Luftdruck abhängt. Es entsteht kein Messfehler beim Fahren in großer Höhe und bei unterschiedlicher Ansauglufttemperatur.

Die Informationen über die Drehzahl liefert die Zündanlage an das Steuergerät. Ein Temperatursensor im Kühlmittelkreislauf misst die Motortemperatur und wandelt sie in ein elektrisches Signal für das Steuergerät um (siehe Temperatursensor). Der Drosselklappenschalter meldet die Drosselklappenstellungen Leerlauf und Volllast für die Motorsteuerung an das Steuergerät, um den unterschiedlichen Optimierungskriterien in den Betriebszuständen gerecht zu werden (siehe Drosselklappenschalter). Das Steuergerät erfasst die Schwankungen der Bordnetzspannung und gleicht die dadurch bewirkten Ansprechverzögerungen der

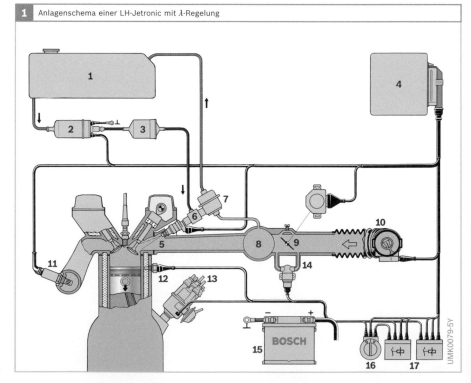

1 Anlagenschema einer LH-Jetronic mit λ-Regelung

Bild 1
1 Kraftstoffbehälter
2 Elektrokraftstoff-
   pumpe
3 Kraftstofffilter
4 Steuergerät
5 Einspritzventil
6 Kraftstoffverteiler-
   rohr
7 Kraftstoffdruck-
   regler
8 Sammelsaugrohr
9 Drosselklappe mit
   Drosselklappen-
   schalter
10 Hitzdraht-
   Luftmassenmesser
11 λ-Sonde
12 Motortemperatur-
   sensor
13 Zündverteiler
14 Leerlaufdrehsteller
15 Batterie
16 Zünd-Start-Schalter
17 Relaiskombination

Einspritzventile duch Korrektur der Einspritzzeit aus.

Betriebsdatenverarbeitung
Das elektronische Steuergerät ist wie bei der L3-Jetronic in Digitaltechnik aufgebaut. Es verarbeitet die Eingabesignale der Sensoren und berechnet hieraus die Einspritzzeit als Maß für die einzuspritzende Kraftstoffmenge. Das Luft-Kraftstoff-Verhältnis wird über ein Last-Drehzahl-Kennfeld eingestellt

Das Steuergerät arbeitet mit einem Mikrocomputer, einem Programm- und einem Datenspeicher sowie einem Analogdigital-Wandler. Zum Betrieb des Mikrocomputers gehört eine geeignete Spannungsversorgung und ein stabiler Grundtakt, in dessen Zeitraster die Rechenvorgänge ablaufen. Den Takt liefert ein Quarzoszillator.

Kraftstoffzumessung
Die Kraftstoffzumessung bei der LH-Jetronic entspricht weitgehend der L-Jetronic. Der Kraftstoff wird durch elektromagnetisch betätigte Einspritzventile in das Saugrohr vor die Einlassventile eingespritzt. Jedem Zylinder ist ein Einspritzventil zugeordnet, das je Kurbelwellenumdrehung einmal betätigt wird. Zur Verringerung des Schaltungsaufwands sind alle Einspritzentile elektrisch parallelgeschaltet. Bei geschlossenem Einlassventil wird der Kraftstoff vorgelagert und beim nächsten Öffnen des Einlassventils zusammen mit der Luft in den Verbrennungsraum gesaugt.

Der Differenzdruck zwischen Kraftstoffdruck und Saugrohrdruck wird – je nach Anlage – auf 2,5 bar oder 3 bar konstant gehalten, sodass die eingespritzte Kraftstoffmenge nur von der Öffnungsdauer der Einspritzventile abhängt (siehe Kraftstoffdruckregler). Vom Steuergerät werden hierfür Steuerimpulse geliefert, deren Dauer von der angesaugten Luftmasse, von der Motordrehzahl und von weiteren Einflussgrößen abhängt. Diese werden von Sensoren erfasst und im Steuergerät verarbeitet.

Einspritzgrundmenge
Das Steuergerät bildet die Einspritzgrundmenge aus dem Luftmassignal und dem Drehzahlsignal. Beide Signale zusammen ergeben ein Maß für die Motorlast (Luftmasse pro Hub), aus der die Einspritzgrundzeit und somit die Kraftstoffgrundmenge berechnet wird. Diese Menge wird je nach Betriebszustand von Korrekturfaktoren beeinflusst. Die LH-Jetronic passt das Luft-Kraftstoff-Verhältnis an geringen Kraftstoffverbrauch und geringe Abgasemission über ein Last-Drehzahl-Kennfeld an, falls keine λ-Regelung eingreift.

Kaltstartanreicherung
Um das Anspringen des kalten Motors zu erleichtern, muss im Augenblick des Startens, abhängig von der Motortemperatur, zusätzlich Kraftstoff eingespritzt werden. Die erhöhte Einspritzmenge wird durch eine Verlängerung der Einspritzzeit der Einspritzventile erreicht. Das Reduzieren der hohen Anfangsmenge erfolgt nach Überschreiten einer temperaturabhängigen Drehzahlschwelle und nach einer bestimmten Anzahl von Umdrehungen.

Nachstartanreicherung
Nach dem Start ist bei kaltem Motor für kurze Zeit ein Anreichern mit zusätzlichem Kraftstoff erforderlich, um die erhöhte Wandbenetzung auszugleichen. Die Funktion ist so angepasst, dass ein einwandfreier Hochlauf bei allen Temperaturen unter Minimierung der Kraftstoffmenge gegeben ist. Die Nachstartanreicherung ist temperatur- und zeitabhängig.

Warmlaufanreicherung
Der Motor erhält abhängig von der Motortemperatur, Last und Drehzahl die genaue Kraftstoffmenge zugeteilt. Die Anpassung ist so vorgesehen, dass bei allen Temperaturen bei möglichst geringem Anfetten ein

einwandfreier Verbrennungsablauf sich einstellt.

Volllastanreicherung
Bei Volllast wird das Luft-Kraftstoff-Gemisch gegenüber der Teillastanpassung angereichert. Der Umfang der Kraftstoffanreicherung ist über die Einspritzdauer motorspezifisch im Steuergerät programmiert. Es erhält die Information über den Lastzustand Volllast vom Drosselklappenschalter. Die Anreicherung ist drehzahl- und lastabhängig programmiert, um über den gesamten Drehzahlbereich ein maximales Drehmoment unter Vermeiden von Klopfen zu erzielen und um gleichzeitig einen möglichst geringen Kraftstoffverbrauch zu erreichen.

Beschleunigungsanreicherung
Beim Beschleunigen bedarf es einer höheren Kraftstoffanreicherung, um ein gutes Übergangsverhalten zu erzielen. Das Steuergerät erkennt aus Änderungen des Lastsignals, ob ein Beschleunigungsvorgang vorliegt und löst eine Beschleunigungsanreicherung aus. Die Anreicherung ist abhängig von der Motortemperatur.

Schiebebetrieb
Durch Unterdrücken der Einspritzimpulse im Schiebebetrieb (Schubabschalten) lässt sich der Kraftstoffverbrauch nicht nur bei Bergabfahrten, sondern auch im Stadtverkehr spürbar senken.

Drehzahlbegrenzung
Beim Erreichen einer maximal zulässigen Motordrehzahl unterdrückt das Steuergerät die Einspritzimpulse und schützt den Motor vor Überdrehen.

Luftmassenmesser
Bei den in der LH-Jetronic eingesetzten Luftmassenmessern, dem Hitzdraht-Luftmassenmesser und dem Heißfilm-Luftmassenmesser (daher die Systembezeichnung LH-Jetronic), handelt es sich um thermische Lastsensoren. Sie sind zwischen Luftfilter und Drosselklappe eingebaut und erfassen den vom Motor angesaugten Luftmassenstrom zur Bestimmung der Motorlast. Beide Sensoren arbeiten nach dem gleichen Prinzip, sie erfassen die durch die vorbeiströmende Luft verursachte Temperaturänderung eines beheizten Sensorelements.

Hitzdraht-Luftmassenmesser
Beim Hitzdraht-Luftmassenmesser ist der elektrisch beheizte Körper der Hitzdraht, ein 70 µm dünner Platindraht (Bild 2). Die Ansauglufttemperatur wird durch einen Temperatursensor erfasst. Hitzdraht und Temperatursensor sind Bestandteil einer Brückenschaltung und funktionieren als temperaturabhängige Widerstände. Der Heizstrom wird so geregelt, dass er eine konstante Übertemperatur gegenüber der Ansauglufttemperatur annimmt. Der Heizstrom ist ein Maß für den Luftmassenstrom (Details siehe Hitzdraht-Luftmassenmesser).

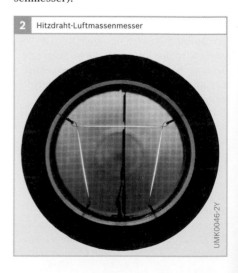

2 Hitzdraht-Luftmassenmesser

UMK0046-2Y

Heißfilm-Luftmassenmesser HFM2

Der Heißfilm-Luftmassensensor ist eine Weiterentwicklung des Hitzdraht-Luftmassensensor. Das Heizelement ist hier ein elektrisch beheizter Platin-Heizwiderstand, der zusammen mit weiteren Brückenwiderständen auf einem Keramikplättchen (Substrat) aufgebracht ist. Der Platin-Heizwiderstand ragt in den Ansaugluftstrom, wo ihn die vorbeiströmende Luft abkühlt. Eine Regelschaltung führt den Heizstrom so nach, dass der Heizwiderstand eine konstante Übertemperatur gegenüber der Ansauglufttemperatur annimmt. Der Heizstrom ist ein Maß für die Luftmasse, die integrierte Elektronik erzeugt daraus eine für das Steuergerät angepasste Spannung (Details siehe Heißfilm-Luftmassenmesser).

Leerlaufdrehzahlregelung

Während der Zusatzluftschieber bei der L-Jetronic die Leerlaufdrehzahl im Warmlauf anhebt und so für einen runden Motorlauf sorgt, regelt die LH-Jetronic die Leerlaufdrehzahl auch bei betriebswarmem Motor. Dies erlaubt eine stabile niedrige und damit verbrauchssparende Leerlaufdrehzahl, die sich über die Lebensdauer des Fahrzeugs nicht ändert. Mit der Leerlaufdrehzahlregelung entspricht die Gemischmenge jeweils der Menge, die für das Aufrechterhalten der Leerlaufdrehzahl bei der jeweiligen Belastung (z. B. bei kaltem Motor und erhöhter Reibung) erforderlich ist.

Weiter erreicht man konstante Abgasemissionswerte auf lange Zeit ohne Einstellen des Leerlaufs. Die Leerlaufdrehzahlregelung kompensiert teilweise auch alterungsbedingte Veränderungen des Motors und sorgt für einen über die Lebensdauer stabilen Leerlauf des Motors.

Anstelle des Zusatzluftschiebers befindet sich bei der LH-Jetronic ein Leerlaufdrehsteller in der Bypass-Leitung um die Drosselklappe. Er teilt dem Motor je nach Abweichung der augenblicklichen Leerlaufdrehzahl von der Solldrehzahl mehr oder weniger Luft zu. Die vom Steuergerät ausgegebenen Ansteuersignale beeinflussen den Bypass-Querschnitt, der vom Drehschieber im Leerlaufdrehsteller freigegeben wird (Details siehe Leerlaufdrehsteller). Somit wird die Zylinderfüllung beeinflusst. Da der Luftmassenmesser diese Zusatzluft misst, ändert sich auch die Einspritzmenge.

λ-Regelung

Zur Erreichung niedriger Abgasemissionen ist der Einsatz eines Katalysators nötig. Das setzt eine Gemischzusammensetzung voraus, die dem stöchiometrischen Verhältnis entspricht. Die Regelung auf diesen Wert von $\lambda = 1$ übernimmt die λ-Regelung in Verbindung mit einer λ-Sonde (Details siehe λ-Regelung).

Der λ-Regelkreis ist der Gemischsteuerung überlagert. Die von der Gemischsteuerung vorgegebene Einspritzmenge wird durch die λ-Regelung verbrennungsoptimal angepasst (siehe λ-Regelung).

K-Jetronic

Die K-Jetronic von Bosch ist ein mechanisch-hydraulisch gesteuertes, antriebsloses Einspritzsystem. Das heißt, sie benötigt keinen Antrieb vom Motor. Der Kraftstoff wird in Abhängigkeit von der angesaugten Luftmenge zugemessen und kontinuierlich vor die Einlassventile des Motors gespritzt. Abweichend von der Grundmenge erfordern bestimmte Betriebszustände des Motors korrigierende Eingriffe in die Gemischbildung, die die K-Jetronic zur Optimierung von Start- und Fahrverhalten, Leistung und Abgaszusammensetzung vornimmt.

Die K-Jetronic ging 1973, im gleichen Zeitraum wie die L-Jetronic, in Serie. Sie wurde ursprünglich als rein mechanisch arbeitendes System konzipiert. Mit elektronischer Zusatzausrüstung wurde eine λ-Regelung für die Abgasnachbehandlung mit Katalysator realisiert.

Systemübersicht

Kraftstoffversorgung

Eine elektrisch angetriebene Rollenzellenpumpe (Elektrokraftstoffpumpe) saugt den Kraftstoff aus dem Kraftstoffbehälter und fördert ihn über den Kraftstoffspeicher, den Kraftstofffilter (siehe Kraftstoffversorgung) und den Systemdruckregler zum Kraftstoffmengenteiler (Bild 1).

Um das erneute Starten – insbesondere des heißen Motors – zu erleichtern, wird mithilfe des Kraftstoffspeichers das Kraftstoffversorgungssystem nach Abstellen des Motors für eine gewisse Zeit unter Druck gehalten.

Luftmengenmessung

Die vom Motor während des Betriebs angesaugte Luftmenge wird von der mit dem Fahrpedal gekoppelten Drosselklappe gesteuert. Sie wird mit dem Luftmengenmesser gemessen, der vor der Drosselklappe eingebaut ist. Je nach Stellung der Drosselklappe beziehungsweise des Fahrpedals wird mehr oder weniger Luft angesaugt.

Bild 1

1 Kraftstoffbehälter
2 Elektrokraftstoffpumpe
3 Kraftstoffspeicher
4 Kraftstofffilter
5 Warmlaufregler
6 Einspritzventil
7 Sammelsaugrohr
8 Kaltstartventil
9 Kraftstoffmengenteiler
10 Luftmengenmesser
11 Taktventil für λ-Regelung
12 λ-Sonde
13 Thermozeitschalter
14 Zündverteiler
15 Zusatzluftschieber
16 Drosselklappe mit Drosselklappenschalter
17 Systemdruckregler
18 Steuergerät für Variante mit λ-Regelung
19 Zünd-Start-Schalter
20 Batterie
21 elektronisches Steuerrelais

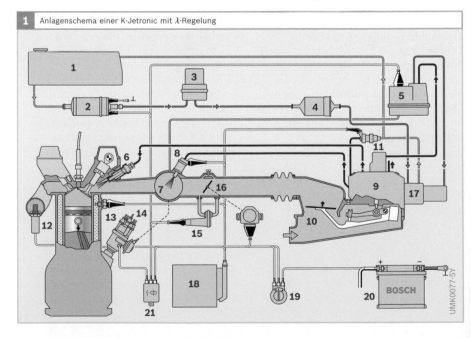

1 Anlagenschema einer K-Jetronic mit λ-Regelung

Kraftstoffzumessung

Als Kriterium für die Kraftstoffzumessung dient die vom Motor entsprechend der Drosselklappenstellung angesaugte Luftmenge. Der Luftmengenmesser erfasst diese Luftmenge und steuert über einen Hebelmechanismus den Kraftstoffmengenteiler. Entsprechend der erfassten Luftmenge teilt der Kraftstoffmengenteiler den einzelnen Motorzylindern über das jeweilige Einspritzventil eine Kraftstoffmenge zu, die ein optimales Luft-Kraftstoff-Gemisch hinsichtlich Motorleistung, Kraftstoffverbrauch und Abgaszusammensetzung ergibt.

Das Einspritzen des Kraftstoffs in den Einlasskanal vor das Einlassventil erfolgt kontinuierlich, d. h. ohne Rücksicht auf die Stellung des Einlassventils. Während der Schließphase des Einlassventils wird das Luft-Kraftstoff-Gemisch vorgelagert.

Zur Anpassung an verschiedene Betriebszustände wie Start, Warmlauf, Leerlauf und Volllast erfolgt eine Steuerung der Gemischanreicherung über den Warmlaufregler. Zusätzlich sind Ergänzungsfunktionen wie Schubabschalten, Drehzahlbegrenzung und λ-Regelung möglich.

Bild 2 zeigt die Komponenten der K-Jetronic.

2 Komponenten der K-Jetronic

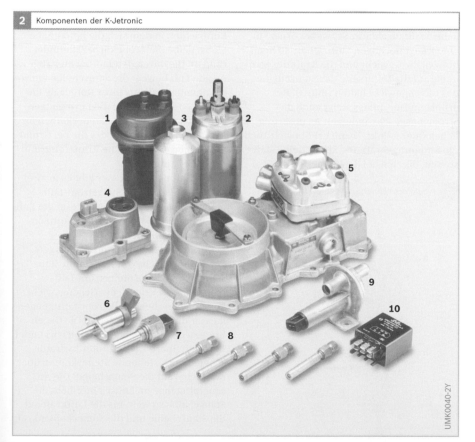

UMK0040-2Y

Bild 2

1 Kraftstoffspeicher
2 Elektrokraftstoffpumpe
3 Kraftstofffilter
4 Warmlaufregler
5 Gemischregler mit Luftmengenmesser und Kraftstoffmengenteiler
6 Kaltstartventil
7 Thermozeitschalter
8 Einspritzventile
9 Zusatzluftschieber
10 elektronisches Steuerrelais zur Ansteuerung der elektrischen Komponenten

Luftmengenmessung

Aufgabe der Gemischaufbereitung ist die Zumessung einer Kraftstoffmenge, die mit der angesaugten Luftmenge ein für den Betrieb des Motors optimales Luft-Kraftstoff-Verhältnis ergibt. Die Kraftstoffzumessung erfolgt in der Grundfunktion durch den Gemischregler. Er besteht aus dem Luftmengenmesser und dem Kraftstoffmengenteiler.

Luftmengenmesser

Die vom Motor angesaugte Luftmenge ist ein Maß für dessen Lastzustand. Der Luftmengenmesser arbeitet nach dem Schwebekörperprinzip und misst die vom Motor angesaugte Luftmenge.

Prinzip

Im Luftmengenmesser steigt eine runde Scheibe (Stauscheibe, Schwebekörper) in einem kegelförmigen Lufttrichter so hoch, bis sich ihr Gewicht und die Kraft der Strömung auf die Unterseite der Stauscheibe das Gleichgewicht halten (Bild 3). Bei erhöhtem Durchfluss steigt auch die Strömungsgeschwindigkeit im ursprünglichen Querschnitt. Damit erhöht sich auch die Strömungskraft. Die Stauscheibe steigt so weit, bis sich bei dem neuen, größeren

Querschnitt wieder die alte Strömungsgeschwindigkeit ergibt. Die Stauscheibe kommt hier wieder zur Ruhe. Die Stellung der Stauscheibe im Lufttrichter bildet also ein Maß für den Luftdurchsatz und somit für die benötigte Kraftstoffmenge. Die Anhebung der Stauscheibe erfolgt etwa proportional zum Luftdurchsatz.

Die Ansaugluftmenge dient als Hauptsteuergröße zum Bilden der Grundeinspritzmenge. Veränderungen im Ansaugverhalten des Motors bleiben ohne Auswirkungen auf die Gemischbildung, da die gesamte vom Motor angesaugte Luftmenge durch den Luftmengenmesser, der vor der Drosselklappe eingebaut ist, strömt (Bild 1).

Ausführung

Der Luftmengenmesser besteht aus einem Lufttrichter, in dem sich die bewegliche Stauscheibe (Schwebekörper) befindet (Bild 4). Die durch den Lufttrichter strömende Luft bewegt die Stauscheibe um ein bestimmtes Maß aus ihrer Ruhelage. Ein Hebelsystem überträgt die Bewegungen der Stauscheibe auf den Steuerkolben im Kraftstoffmengenteiler, der die bei Grundfunktionen erforderliche Kraftstoffgrundmenge bestimmt.

Den Luftmengenmesser gibt es in zwei Ausführungen. Beim Steigstrom-Luftmengenmesser strömt die angesaugte Luft von unten ein, beim Fallstrom-Luftmengenmesser von oben.

Der Hebel ist im Drehpunkt gelagert. Das Eigengewicht von Hebel und Stauscheibe wird beim Steigstrom-Luftmengenmesser durch ein Gegengewicht kompensiert, beim Fallstrom-Luftmengenmesser durch eine Zugfeder. Die Gegenkraft zu der auf die Stauscheibe wirkenden Luftkraft überträgt der unter hydraulischem Druck stehende Steuerkolben über den Hebel auf die Stauscheibe. Die Ansaugluftmenge im Lufttrichter hebt die Stauscheibe so weit, bis die Luftkraft auf die Stauscheibe und die Steuerkolbenkraft

3 Prinzip des Luftmengenmessers

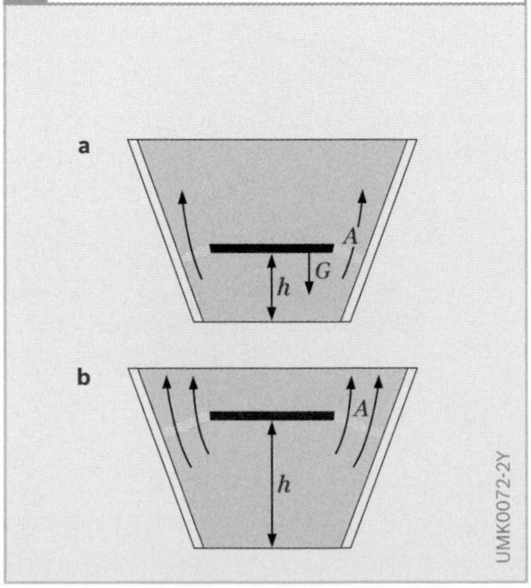

Bild 3
a   Angesaugte Luftmenge ist gering
    → Stauscheibe wenig angehoben
b   angesaugte Luftmenge ist groß
    → Stauscheibe stark angehoben

h Auslenkung der Stauscheibe
G Gewicht der Stauscheibe
A Strömungsquerschnitt zwischen Lufttrichter und Stauscheibe

eine Gleichgewichtsstellung erreicht haben.

Bei möglichen Saugrohrrückzündungen
(Fehlzündungen) des Motors können erhebliche Druckstöße im Ansaugsystem
auftreten. Der Luftmengenmesser ist deshalb so gebaut, dass die Stauscheibe bei einer Rückzündung in die Gegenrichtung
schwingen kann. Dadurch entsteht ein
Entlastungsquerschnitt. Ein Gummipuffer
begrenzt den Abwärtshub (beim Fallstrom-Luftmengenmesser den Aufwärts-
hub). Eine Blattfeder sorgt für die korrekte
Nulllage in der Abstellphase.

Kraftstoffzumessung

Die Kraftstoffzumessung und die Kraft-
stoffaufteilung auf die verschiedenen
Zylinder erfolgt in der Grundfunktion
durch den Kraftstoffmengenteiler. Bei einigen Betriebszuständen weicht der Kraftstoffbedarf aber stark von diesem Normalwert (Kraftstoffgrundmenge) ab, sodass
hier zusätzliche Eingriffe in die Gemischbildung erforderlich sind (siehe Gemischanpassung).

Kraftstoffmengenteiler

Der Kraftstoffmengenteiler teilt die Kraftstoffgrundmenge entsprechend der Stellung der Stauscheibe im Luftmengenmesser den einzelnen Zylindern zu. Die
Stellung der Stauscheibe ist ein Maß für
die vom Motor angesaugte Luftmenge. Der
Hebelmechanismus überträgt die Stellung
der Stauscheibe auf den Steuerkolben
(Bild 5), der die einzuspritzende Kraftstoffmenge steuert. Je nach seiner Stellung
im Schlitzträger (Bild 6 und Bild 7) gibt die
waagerechte Steuerkante des Steuerkolbens einen entsprechenden Durchflussquerschnitt der Steuerschlitze frei, durch
die der Kraftstoff zu den Differenzdruckventilen und damit zu den Einspritzventilen strömen kann.

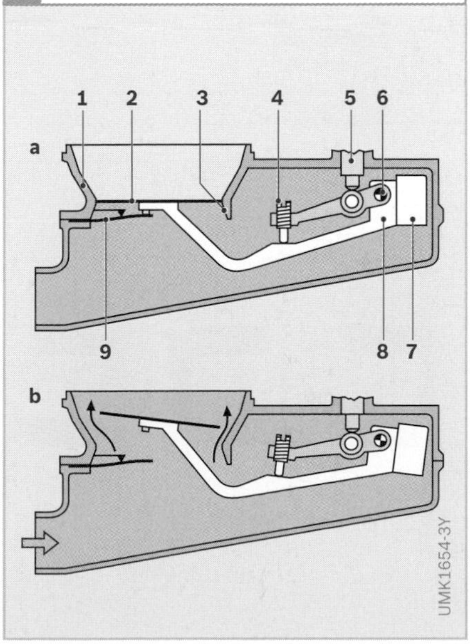

Bild 4

a Stauscheibe
   In Ruhestellung
b Stauscheibe
   in Arbeitsstellung

1 Lufttrichter
2 Stauscheibe
3 Entlastungs-
   querschnitt
4 Gemischeinstell-
   schraube
5 Steuerkolben des
   Kraftstoffmengen-
   teilers
6 Drehpunkt
7 Gegengewicht
8 Hebel
9 Blattfeder
   (federnder-
   Anschlag)

Bild 5

1 Ansaugluft
2 Steuerdruck
3 Kraftstoffzulauf
4 zugemessene
   Kraftstoffmenge
5 Steuerkolben
6 Schlitzträger
7 Kraftstoffmengen-
   teiler

| 4 | Steigstrom-Luftmengenmesser |

UMK1654-3Y

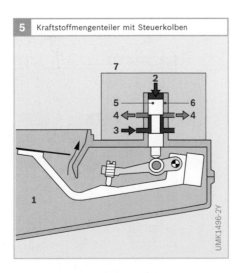

| 5 | Kraftstoffmengenteiler mit Steuerkolben |

UMK1496-2Y

Bei kleinem Hub der Stauscheibe ist der Steuerkolben nur wenig abgehoben und damit nur ein kleiner Querschnitt der Steuerschlitze freigegeben (Bild 6b). Bei großem Hub der Stauscheibe gibt der Steuerkolben einen größeren Querschnitt der Steuerschlitze frei (Bild 6c). Es besteht ein linearer Zusammenhang zwischen Stauscheibenhub und freigegebenem Querschnitt an den Steuerschlitzen.

Durch diesen linearen Zusammenhang ergibt sich zunächst eine genaue und stabile Grundanpassung für eine konstante Luftzahl, z. B. $\lambda = 1$. Die für die Erfüllung der Abgasvorschriften notwendige, sehr genaue λ-Korrektur wird bei der Grundausführung der K-Jetronic durch eine Korrektur des Lufttrichters erzielt. So wird zur Anpassung der Mischungsverhältnisse an die verschiedenen Belastungsstufen – Leerlauf, Teillast, Volllast – der Lufttrichter stufenförmig ausgebildet (siehe Gemischanpassung, Lastzustände).

Systemdruckregler

Aufgabe des Systemdruckreglers ist, den Druck im Kraftstoffsystem konstant zu halten. Er ist im Kraftstoffmengenteiler integriert. Der Systemdruckregler regelt den Förderdruck (Systemdruck) auf ca. 5 bar. Da die Elektrokraftstoffpumpe mehr Kraft-

stoff fördert als der Motor benötigt, gibt der Kolben im Systemdruckregler eine Öffnung (Absteueröffnung) frei, durch die der überschüssig geförderte Kraftstoff drucklos zum Kraftstoffbehälter zurückfließt (Bild 8).

Der Druck im Kraftstoffsystem und die Kraft der Regelfeder auf den Kolben des Systemdruckreglers halten sich im Gleichgewicht. Fördert die Kraftstoffpumpe etwas weniger Kraftstoff, so verkleinert der von der Regelfeder in seine neue Lage gedrückte Kolben den Abflussquerschnitt. Dadurch wird weniger Kraftstoff abgesteu-

7 Schlitzträger

1
2   2
3
4

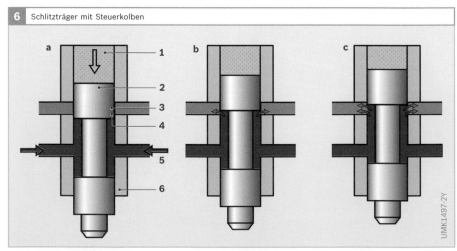

6 Schlitzträger mit Steuerkolben

a   1
        2
        3
        4

        5

        6

ert und der Systemdruck wieder auf den vorgegebenen Wert geregelt.

Beim Abstellen des Motors wird die Kraftstoffpumpe abgeschaltet. Der Systemdruck fällt vom Systemnormaldruck zunächst auf den Schließdruck des Systemdruckreglers. Dann steigt er – bedingt durch den Kraftstoffspeicher – auf einen Wert, der aber noch unter dem Öffnungsdruck der Einspritzventile liegt (Bild 9). Der Systemdruckregler schließt die Absteueröffnung und verhindert einen weiteren Druckabbau im Kraftstoffsystem.

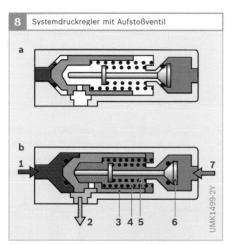

8 Systemdruckregler mit Aufstoßventil

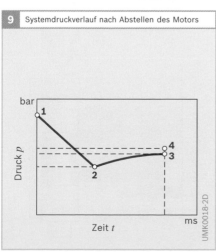

9 Systemdruckverlauf nach Abstellen des Motors

Steuerdruck

Auf den Steuerkolben wirkt – entgegen der von der Stauscheibe übertragenen Hubbewegung – eine hydraulische Kraft, die von einem Steuerdruck erzeugt wird (Bild 10). Sie bewirkt unter anderem, dass der Steuerkolben der Bewegung der Stauscheibe folgt und nicht zum Beispiel beim Abwärtshub der Stauscheibe in der oberen Endstellung bleibt. Eine weitere wichtige Funktion des Steuerdrucks ist die Gemischanpassung (siehe Warmlaufanreicherung, Volllastanreicherung).

Der Steuerdruck wird über eine Drosselbohrung im Kraftstoffmengenteiler vom Systemdruck abgezweigt. Die Drossel dient dabei zur Entkopplung von Steuerdruckkreis und Systemdruckkreis. Eine Leitung stellt die Verbindung zwischen Mengenteiler und Warmlaufregler (Steuerdruckregler) her.

Der Steuerdruck beträgt beim Kaltstart etwa 0,5 bar und wird mit zunehmender Erwärmung des Motors vom Warmlaufregler auf etwa 3,7 bar angehoben. Der überschüssige Kraftstoff fließt vom Warmlaufregler drucklos zum Kraftstoffbehälter zurück (siehe Bild 15).

Der Steuerdruck wirkt über eine Dämpfungsdrossel auf den Steuerkolben und bildet somit die Gegenkraft zur Luftkraft,

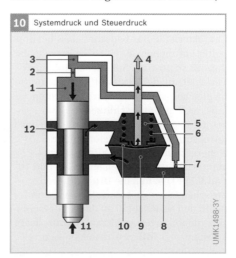

10 Systemdruck und Steuerdruck

Bild 8
a Ruhestellung
b Arbeitsstellung

1 Zulauf Systemdruck
2 Rücklauf (zum Kraftstoffbehälter)
3 Kolben des Systemdruckreglers
4 Regelfeder
5 Feder zum Betätigen des Aufstoßventils
6 Aufstoßventil
7 Zulauf Steuerdruck (vom Warmlaufregler)

Bild 9
1 Systemnormaldruck
2 Schließdruck des Druckreglers
3 maximal erreichter Druck nach Abstellen des Motors
4 Öffnungsdruck der Einspritzventile

Bild 10
1 Wirkung des Steuerdrucks (hydraulische Kraft)
2 Dämpfungsdrossel
3 Leitung zum Warmlaufregler
4 Leitung zum Einspritzventil (Einspritzdruck)
5 Oberkammer des Differenzdruckventils
6 Ventilfeder
7 Drosselbohrung (Entkoppeldrossel)
8 Systemdruck (Förderdruck)
9 Unterkammer des Differenzdruckventils
10 Membran des Differenzdruckventils
11 Wirkung der Luftkraft auf die Stauscheibe
12 Steuerkante

die am Luftmengenmesser auftritt. Die Dämpfungsdrossel verhindert dabei ein Schwingen der Stauscheibe infolge der Ansaugpulsation.

Die Höhe des Steuerdrucks beeinflusst die Kraftstoffzumessung. Bei geringem Steuerdruck kann die angesaugte Luftmenge die Stauscheibe weiter anheben. Dadurch werden über den Steuerkolben die Steuerschlitze weiter geöffnet und dem Motor mehr Kraftstoff zugeteilt. Bei höherem Steuerdruck kann die angesaugte Luftmenge die Stauscheibe nicht so weit anheben, die Kraftstoffmengenzuteilung ist folglich geringer.

Um den Steuerdruckkreis nach dem Abstellen des Motors sicher abzudichten und den Druck im Kraftstoffsystem zu halten, befindet sich in der Rücklaufleitung des Warmlaufreglers ein Absperrventil. Es ist an den Systemdruckregler angebaut und wird durch den Kolben des Systemdruckreglers aufgestoßen (Aufstoßventil) und während des Betriebs offengehalten (Bild 8). Der Kraftstoff aus dem Rücklauf des Warmlaufreglers fließt somit über den Rücklauf des Systemdruckreglers ab. Geht nach Abstellen des Motors der Kolben des Systemdruckreglers in seine Ruhelage, so schließt eine Feder das Aufstoßventil.

Differenzdruckventile

Der Luftmengenmesser hat eine lineare Charakteristik. Das bedeutet, dass bei doppelter Luftmenge der Hub der Stauscheibe doppelt so groß ist. Soll dieser Hub eine Veränderung der Kraftstoffgrundmenge im gleichen Verhältnis zur Folge haben, muss an den Steuerschlitzen ein konstanter Druckabfall – unabhängig von der durchströmenden Kraftstoffmenge – sichergestellt sein. Die Differenzdruckventile im Kraftstoffmengenteiler (Bild 10 und Bild 11) halten die Druckdifferenz zwischen Ober- und Unterkammer – und damit den Druckabfall an den Steuerschlitzen – unabhängig vom Kraftstoffdurchsatz konstant. Der Differenzdruck beträgt

0,1 bar. Man erreicht damit eine hohe Zumessgenauigkeit.

Als Differenzdruckventile werden Flachsitzventile verwendet. Sie befinden sich im Kraftstoffmengenteiler und sind je einem Steuerschlitz zugeordnet. Eine Membran trennt die Oberkammer von der Unterkammer des Ventils (Bild 10 und Bild 11). Im Mengenteiler gelangt der Kraftstoff zunächst in einen Kanal (Ringleitung), der die Unterkammern der Differenzdruckventile miteinander verbindet. Damit herrscht in jeder Unterkammer der gleiche Kraftstoffdruck (Förderdruck, Systemdruck), der von dem im Mengenteiler eingebauten Systemdruckregler konstant gehalten wird.

Bild 11

a Stellung bei kleiner Einspritzmenge

b Stellung bei großer Einspritzmenge

1 Leitung zum Einspritzventil (Einspritzdruck)

2 Ventilfeder

3 Oberkammer

4 Ventilsitz

5 Ventilmembran

6 Unterkammer

7 Kraftstoffzulauf (Systemdruck)

8 Steuerschlitz

9 Steuerkolben

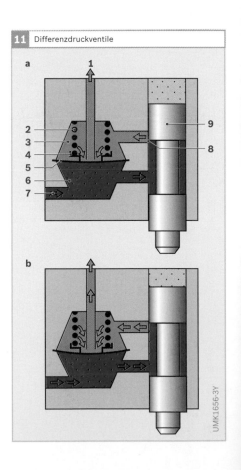

11 Differenzdruckventile

UMK1656-3Y

Der Ventilsitz befindet sich in der Oberkammer. Die Oberkammern sind mit je
einem Steuerschlitz und den Anschlüssen
zu den Einspritzventilen verbunden. Sie
sind gegeneinander abgedichtet. Die
Membranen sind ferderbelastet. Der Differenzdruck wird durch die Kraft der Ventilfeder (Schraubenfeder) bestimmt.

Strömt eine große Kraftstoffgrundmenge in die Oberkammer, so wölbt sich
die Membran nach unten und öffnet den
Auslassquerschnitt des Ventils, bis sich
wieder der eingestellte Differenzdruck ergibt. Wird die Durchflussmenge geringer,
so verringert sich aufgrund des Kräfte-
gleichgewichts an der Membran der Ven-
tilquerschnitt, bis sich wieder eine Druckdifferenz von 0,1 bar einstellt.

An der Membran herrscht also Kräfte-
gleichgewicht, das für jede Kraftstoffgrundmenge durch Regeln des Ventilquer-
schnitts aufrecht erhalten wird.

Gemischbildung und Einspritzung
Die Luft-Kraftstoff-Gemischbildung erfolgt
im Saugrohr und in den Zylindern des Motors. Die von den Einspritzventilen in fein
zerstäubter Form kontinuierlich eingespritzte Kraftstoffmenge wird den Einlassventilen vorgelagert (Bild 12). Beim Öffnen
des Einlassventils reißt die angesaugte
Luftmenge die Kraftstoffwolke mit und bewirkt durch Verwirbelung während des
Ansaugtakts die Bildung eines zündfähigen Gemischs.

Luftumfasste Einspritzventile begünsti-
gen die Gemischbildung, da sie den Kraftstoff an der Austrittsstelle sehr gut zer-
stäuben.

Einspritzventile
Die Einspritzventile sind in einem speziellen Halter befestigt, der sie gut gegen die
vom Motor abgestrahlte Wärme isoliert.
Durch die Wärmeisolierung wird verhindert, dass sich nach Abstellen des Motors
Dampfblasen in der Einspritzleitung bilden, die zu einem schlechten Warmstartverhalten führen würden.

Die Einspritzventile haben keine Zumessfunktion. Sie öffnen selbsttätig, sobald der
Öffnungsdruck von z. B. 3,3 bar überschritten wird (siehe Einspritzventile). Sie
spritzen somit kontinuierlich ein. Nach
dem Abstellen des Motors schließt das
Einspritzventil dicht ab, wenn der Druck
im Kraftstoffsystem unter den Öffnungsdruck der Einspritzventile gesunken ist.
Dadurch kann nach dem Abstellen des
Motors kein Kraftstoff mehr in die Ansaugstutzen nachtropfen.

Luftumfasste Einspritzventile
Unter Ausnutzung des Druckabfalls über
der Drosselklappe wird ein Teil der vom
Motor angesaugten Luft über die Einspritzventile geführt (Bild 12). Dadurch
zerstäubt der Kraftstoff an der Austrittsstelle sehr gut (siehe Einspritzventile). Der
Effekt ist besonders ausgeprägt bei einem
hohen Druckgefälle. Luftumfasste Einspritzventile verbessern deshalb die
Gemischaufbereitung besonders im Leerlauf. Sie verringern den Kraftstoffverbrauch und die schädlichen Abgasanteile.

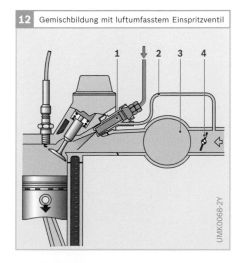

12 Gemischbildung mit luftumfasstem Einspritzventil

UMK0068-2Y

Bild 12
1 Einspritzventil
2 Luftversorgungs-
   leitung
3 Sammelsaugrohr
4 Drosselklappe

Gemischanpassung

Über die bisher beschriebene Grundfunktion hinaus erfordern bestimmte Betriebszustände korrigierende Eingriffe in die Gemischbildung, um die Leistung zu optimieren, die Abgaszusammensetzung sowie das Start- und Fahrverhalten zu verbessern.

Lastzustände

Die Grundanpassung des Luft-Kraftstoff-Gemischs an die Betriebsbedingungen Leerlauf, Teillast und Volllast erfolgt durch eine bestimmte Gestaltung des Lufttrichters im Luftmengenmessers.

Bei konstanter Form des Lufttrichters ergibt sich über den gesamten Hubbereich (Messbereich) des Luftmengenmessers ein konstantes Luft-Kraftstoff-Gemisch. Es ist jedoch erforderlich, in bestimmten Betriebsbereichen wie Leerlauf, Teillast und Volllast ein für jeweils diesen Betriebsbereich optimales Gemisch dem Motor zuzuteilen. In der Praxis bedeutet dies fettere Gemische für Leerlauf und Volllast

sowie mageres Gemisch für den Teillastbereich. Man erreicht diese Anpassung durch verschiedene Kegelwinkel des Lufttrichters im Luftmengenmesser (Bild 13).

Bildet der Lufttrichter einen flacheren Kegel als die Grundform, die für ein bestimmtes Gemisch (z. B. $\lambda = 1$) festgelegt wurde, so ergibt sich ein mageres Gemisch. Bei einem steileren Kegelwinkel wird die Stauscheibe bei der gleichen vom Motor angesaugten Luftmenge weiter angehoben. Dadurch misst der Steuerkolben im Kraftstoffmengenteiler mehr Kraftstoff zu, das Gemisch wird fetter.

Der Lufttrichter kann dementsprechend so geformt sein, dass sich je nach Stauscheibenstellung (Leerlauf, Teillast, Volllast) ein unterschiedlich angereichertes Gemisch ergibt – bei Leerlauf und Volllast ein fetteres (Leerlauf- und Volllastanreicherung), bei Teillast ein mageres Gemisch (Bild 14).

Kaltstartanreicherung
Funktion

Bei Kaltstart entstehen Kondensationsverluste des Kraftstoffanteils im angesaugten Gemisch. Um dies auszugleichen und das Anspringen des kalten Motors zu erleichtern, muss im Moment des Startens zusätzlich Kraftstoff eingespritzt werden.

Das Einspritzen dieser zusätzlichen Kraftstoffmenge erfolgt durch das Kaltstartventil in das Sammelsaugrohr (siehe Bild 1). Die Einschaltdauer des Kaltstartventils wird von einem Thermozeitschalter

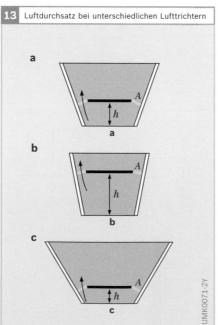

13 Luftdurchsatz bei unterschiedlichen Lufttrichtern

UMK0071-2Y

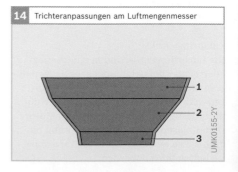

14 Trichteranpassungen am Luftmengenmesser

UMK0155-2Y

in Abhängigkeit von der Motortemperatur zeitlich begrenzt.

Dieser Vorgang wird als Kaltstartanreicherung bezeichnet. Das Luft-Kraftstoff-Gemisch ist fetter, die Luftzahl λ ist vorübergehend kleiner als 1.

Kaltstartventil

Das Kaltstartventil ist ein elektromagnetisch betätigtes Ventil (siehe Kaltstartventil). In der Ruhestellung ist es geschlossen. Beim Ansteuern öffnet es und der Kraftstoff gelangt tangential in eine Düse, die dem Kraftstoffstrahl einen Drall verleiht. Diese Dralldüse zerstäubt den Kraftstoff besonders fein und reichert die Luft im Sammelsaugrohr hinter der Drosselklappe mit Kraftstoff an.

Das Kaltstartventil ist so an das Sammelsaugrohr angebaut, dass eine günstige Verteilung des Luft-Kraftstoff-Gemischs auf alle Zylinder gegeben ist.

Thermozeitschalter

Der Thermozeitschalter begrenzt beim Kaltstart die Einschaltdauer des Kaltstartventils. Bei länger dauerndem Startvorgang oder wiederholtem Startversuch spritzt das Kaltstartventil nicht mehr ein. Die Einschaltdauer ist dabei abhängig von der Erwärmung des Thermozeitschalters durch die Motorwärme, die Umgebungstemperatur und durch die in ihm selbst befindliche elektrische Heizung. Diese Eigenheizung ist erforderlich, um die Einschaltdauer des Kaltstartventils zu begrenzen, damit das Gemisch nicht zu stark angereichert wird und der Motor überfettet (siehe Thermozeitschalter).

Warmlaufanreicherung
Funktion
Zu Beginn der an den Kaltstart anschließenden Warmlaufphase kondensiert noch ein Teil des eingespritzten Kraftstoffs in den Saugrohren und an den Zylinderwänden. Dadurch könnten Verbrennungsaussetzer auftreten. Das Luft-Kraftstoff-Gemisch muss daher während des Warmlaufs angereichert werden ($\lambda < 1$). Dabei muss bei steigender Motortemperatur die Anreicherung kontinuierlich verringert werden, um eine Überfettung des Gemischs bei höheren Motortemperaturen zu verhindern.

Diese Art der Gemischregelung für den Warmlauf wird über den Steuerdruck vom Warmlaufregler (Steuerdruckregler) vorgenommen.

Warmlaufregler (Standardausführung)
Der Warmlaufregler wird so am Motor angebracht, dass er dessen Temperatur annimmt. Zusätzlich wird er elektrisch beheizt. Durch die elektrische Heizung kann

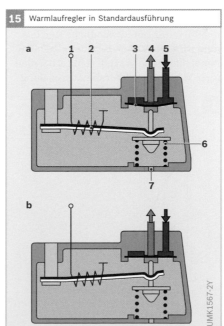

15 Warmlaufregler in Standardausführung

Bild 15
a Stellung bei kaltem Motor
b Stellung bei betriebswarmem Motor

1 Elektrische Heizung
2 Bimetallfeder
3 Ventilmembran des Flachsitzventils
4 Rücklauf zum Kraftstoffbehälter
5 Steuerdruck (vom Gemischregler)
6 Ventilfeder

der Warmlaufregler genau auf die Charakteristik des Motors abgestimmt werden.

Der Warmlaufregler besteht aus einem federgesteuerten Flachsitzventil und einer elektrisch beheizten Bimetallfeder (Bild 15). Im kalten Zustand drückt die Bimetallfeder gegen die Ventilfeder und verringert dadurch die wirksame Federkraft auf die Unterseite der Ventilmembran. Der Absteuerquerschnitt des Ventils ist dann etwas weiter geöffnet, wodurch mehr Kraftstoff aus dem Steuerdruckkreis abgesteuert wird und damit der Steuerdruck niedriger ist.

Die elektrische Heizung und der Motor erwärmen ab Startbeginn die Bimetallfeder. Sie biegt sich und verringert dabei die Gegenkraft auf die Ventilfeder. Die Wirkung der Ventilfeder auf das Flachsitzventil nimmt dadurch zu. Es verkleinert den Absteuerquerschnitt, wodurch der Druck im Steuerdruckkreis ansteigt. Um den Steuerdruck an die fahrzeugspezifischen Erfordernisse anpassen zu können, schaltet ein im Warmlaufregler optional integrierter Thermoschalter verschiedene Heizwiderstände zu. Durch die daraus resultierende unterschiedliche Heizleistung wird die Aufheizgeschwindigkeit der Bimetallfeder so verändert, dass bei niedriger Motortemperatur die Ausregelung

langsamer erfolgt. Der Umschaltpunkt ist temperaturabhängig.

Die Warmlaufanreicherung ist beendet, wenn die Bimetallfeder völlig von der Ventilfeder abgehoben hat. Die nun ausschließlich wirkende Ventilfeder regelt den Steuerdruck auf seinen Normalwert.

Der Steuerdruck beträgt fahrzeugspezifisch beim Kaltstart z. B. ca. 0,5 bar, bei warmem Motor ca. 3,7 bar (Bild 16).

Volllastanreicherung
Funktion
Wird der Motor im Teillastbereich mit sehr magerem Gemisch betrieben, benötigt er bei Volllastbetrieb eine Anreicherung zu-

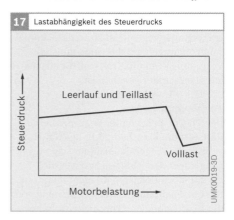

17 Lastabhängigkeit des Steuerdrucks

Leerlauf und Teillast

Volllast

Steuerdruck →

Motorbelastung →

UMK0019-3D

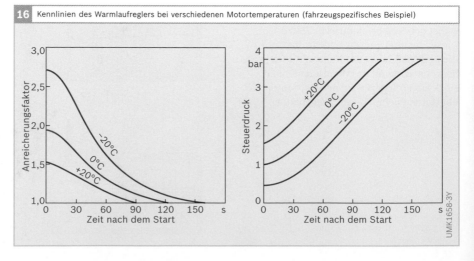

16 Kennlinien des Warmlaufreglers bei verschiedenen Motortemperaturen (fahrzeugspezifisches Beispiel)

Bild 16
Anreicherungsfaktor 1,0 entspricht der Kraftstoffzumessung bei betriebswarmem Motor

UMK1658-3Y

sätzlich zur Gemischkorrektur durch die Lufttrichterform. Diese Aufgabe übernimmt ein dafür speziell ausgelegter Warmlaufregler durch Regelung des Steuerdrucks in Abhängigkeit vom Saugrohrdruck (Bild 17).

Warmlaufregler mit Volllastmembran
Diese Variante des Warmlaufreglers (Bild 18) weist statt einer zwei Ventilfedern auf. Die äußere Feder liegt wie beim Standard-Warmlaufregler am Gehäuse auf, die innere Feder dagegen auf einer Membran. Diese Volllastmembran teilt den Warmlaufregler in eine Oberkammer und eine Unterkammer. In der Oberkammer ist über eine Schlauchleitung zum Saugrohr hinter der Drosselklappe der Saugrohrdruck wirksam. Die Unterkammer ist je nach Ausführung direkt mit der Atmosphäre oder über eine zweite Schlauchleitung zum Luftfilter hin belüftet.

Durch den niedrigen Saugrohrdruck im Leerlauf- und im Teillastbereich wird die Membran bis zu ihrem oberen Anschlag gehoben. Dadurch hat die innere Feder ihre maximale Vorspannung. Die Federvorspannung der beiden Ventilfedern verursacht somit den bestimmten Steuerdruckwert für diese Lastbereiche.

Bei weiterer Öffnung der Drosselklappe bei Volllast steigt der Druck im Saugrohr, die Membran löst sich vom oberen Anschlag und wird gegen den unteren Anschlag gedrückt. Die innere Ventilfeder wird entlastet, der Steuerdruck um den vorgegebenen Wert abgesenkt und damit eine Gemischanreicherung erzielt.

Warmlaufregler mit abgekoppelter Volllastanreicherung
Beim zuvor beschriebenen Warmlaufregler mit Volllastmembran wird durch den sich ändernden Saugrohrdruck nicht nur die Volllastmembran gesteuert, sondern auch das Flachsitzventil beeinflusst, das den Steuerdruck regelt. Diesen Nachteil vermeidet der Warmlaufregler mit abgekoppelter Volllastanreicherung.

Dieser Warmlaufregler (Bild 19) ist durch eine zusätzliche Membran in drei

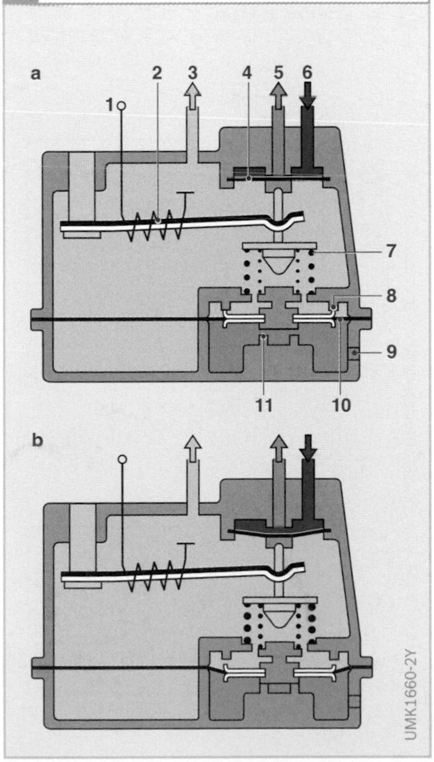

Bild 18
a Warmer Motor bei Leerlauf und bei Teillast
b Warmer Motor bei Volllast

1 Elektrische Heizung
2 Bimetallfeder
3 Unterdruck-anschluss (vom Saugrohr)
4 Ventilmembran des Flachsitz-membranventils
5 Rücklauf zum Kraftstoffbehälter
6 Steuerdruck (vom Kraftstoff-mengenteiler)
7 Ventilfedern (innere und äußere Feder)
8 oberer Anschlag
9 Entlüftung
10 Volllastmembran
11 unterer Anschlag

Bild 19
1 Elektrische Heizung
2 Bimetallfeder
3 Atmosphärendruck-anschluss für obere Kammer
4 Ventilmembran des Flachsitz-membranventils
5 Steuerdruck (vom Kraftstoff-mengenteiler)
6 Rücklauf zum Kraftstoffbehälter
7 äußere Ventilfeder
8 innere Ventilfeder
9 Membran
10 Unterdruck-anschluss (vom Saugrohr)
11 Atmosphärendruck-anschluss
12 Membran
13 Zwischenkammer
14 untere Kammer

18 Warmlaufregler mit Volllastmembran

a
1

2 3 4 5 6

7
8
9

11 10

b

UMK1660-2Y

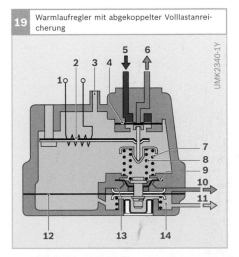

19 Warmlaufregler mit abgekoppelter Volllastanreicherung

5 6

2 3 4
1

7
8
9
10
11

12 13 14

UMK2340-1Y

Kammern aufgeteilt. Die Zwischenkammer ist pneumatisch mit dem Saugrohr verbunden, die obere und die untere Kammer stehen unter Atmosphärendruck. Somit ist das Flachsitzventil einem konstanten Druck ausgesetzt. Die Volllastmembran ist bei Leerlauf und in der Teillast bis zu ihrem oberen Anschlag angehoben, in der Volllast wird sie bis zum unteren Anschlag ausgelenkt. Das Funktionsprinzip entspricht somit dem zuvor beschriebenen Warmlaufregler.

Höhenkorrektur
Mit zunehmender Höhe nimmt der Luftdruck und damit die Luftdichte ab, das Luft-Kraftstoff-Gemisch wird zu fett. Abhilfe schafft hier ein Warmlaufregler, der zusätzlich zur Anreicherung im Warmlauf die Funktion der Höhenkorrektur hat.

Der Warmlaufregler mit Höhenkorrektur enthält zusätzlich eine vom Atmosphärendruck beaufschlagte Barometerdose (Bild 20). Sie belastet über eine Stelze das Steuerdruckventil entsprechend dem veränderten Atmosphärendruck, sodass bei betriebswarmem Motor die erforderliche Gemischzusammensetzung erreicht wird. Mit zunehmender Höhe und somit geringerem Luftdruck dehnt sich die Barometerdose aus, wodurch der Absteuer-

querschnitt des Steuerdruckventils verringert wird. Der Steuerdruck nimmt zu, daraus resultiert eine der geringeren Luftdichte angepasste geringere Einspritzmenge.

Bei niedrigen Motortemperaturen und entsprechend niedrigen Steuerdrücken führt die additive Korrektur der Barometerdose zu einer unzulässig starken Abmagerung. Die zusätzliche beheizte Bimetallfeder reduziert deshalb den Einfluss der Barometerdose unterhalb der Betriebstemperatur entsprechend den Motorerfordernissen.

Übergangsverhalten
Beschleunigungsanreicherung durch überschwingende Stauscheibe
Übergänge von einem Betriebszustand in einen anderen lösen Gemischabweichungen aus, die sich zu einer Verbesserung

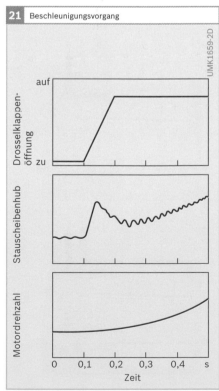

21 Beschleunigungsvorgang

Bild 20

1 Elektrische Heizung
2 Bimetallfeder
3 Unterdruck-
  anschluss
  (vom Saugrohr)
4 Ventilmembran
  des Flachsitz-
  membranventils
5 Steuerdruck
  (vom Kraftstoff-
  mengenteiler)
6 Rücklauf zum
  Kraftstoffbehälter
7 Ventilfeder
6 Stelze
9 Bimetallfeder mit
  Heizung
10 Barometerdose

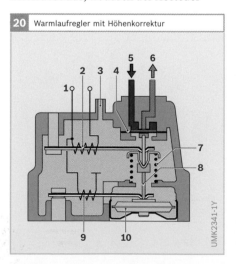

20 Warmlaufregler mit Höhenkorrektur

des Fahrverhaltens nutzen lassen. Ein gutes Übergangsverhalten beim Beschleunigen ergibt sich durch das Überschwingen der Stauscheibe des Luftmengenmessers.

Wird bei konstanter Drehzahl die Drosselklappe plötzlich geöffnet (Bild 21), durchströmt den Luftmengenmesser sowohl die Luftmenge, die in die Brennräume gelangt, als auch die erforderliche Luftmenge, um den Druck im Saugrohr auf das neue Niveau anzuheben. Die Stauscheibe schwingt dadurch kurzzeitig über den Hub bei voller Drosselklappenöffnung hinaus. Dies führt beim Beschleunigen zu einer Gemischanreicherung. Da die angesaugte Luftmenge erst den Luftmengenmesser passieren muss, bevor sie in den Motor gelangt, eilt die Luftmengenmessung der tatsächlichen Luftfüllung in den Zylindern zeitlich voraus. Das Überschwingen der Stauscheibe bewirkt somit mit der höheren Kraftstoffzufuhr (Beschleunigungsanreicherung) ein gutes Übergangsverhalten.

Beschleunigungsanreicherung durch modifizierten Warmlaufregler
Bei noch nicht betriebswarmem Motor reicht die von der überschwingenden Stauklappe ausgelöste Beschleunigungs-

anreicherung nicht in jedem Fall aus. Eine Beschleunigungsanreicherung mit zusätzlicher Kraftstoffmenge kann durch Anpassen des Steuerdrucks vorgenommen werden. Hierfür wurde der Warmlaufregler modifiziert.

Im Prinzip entspricht der für diese Funktion eingesetzte Warmlaufregler (Bild 22) weitgehend dem eines Warmlaufreglers mit abgekoppelter Volllastanreicherung. Das Volllastbauteil wird hier für die Funktion der Beschleunigungsanreicherung verwendet.

In der Zwischenkammer des Warmlaufreglers wirkt der Saugrohrunterdruck direkt, in der Unterkammer verzögert durch eine externe Festdrossel. Im Stationärbetrieb (gleicher Druck in Zwischenkammer und Unterkammer) drückt eine zusätzliche Feder im Unterteil den Membranverband an den oberen Anschlag, wodurch der stationär hohe Steuerdruck für ein mageres Gemisch eingestellt wird.

Beim Beschleunigungsvorgang erfolgt ein schneller Saugrohrdruckanstieg in der Zwischenkammer, während in dem über die Festdrossel abgekoppelten Gehäuseunterteil der Druckanstieg nur langsam erfolgt. Dadurch wird in der Druckausgleichsphase der Membranverband an den unteren Anschlag gezogen, das Ventil ent-

Bild 22
1 Elektrische Heizung
2 Bimetallfeder
3 Atmosphärendruckanschluss für obere Kammer
4 Ventilmembran des Flachsitzmembranventils
5 Steuerdruck (vom Kraftstoffmengenteiler)
6 Rücklauf zum Kraftstoffbehälter
7 äußere Ventilfeder
8 innere Ventilfeder
9 Membran
10 Unterdruckanschluss (vom Saugrohr)
11 Unterdruckanschluss (vom Saugrohr, verzögert über Drossel)
12 Membran
13 Zwischenkammer
14 untere Kammer
15 Festdrossel

Bild 23
1 Mengenteiler
2 Warmlaufregler
3 Umschaltventil
4 Unterdruckbehälter
5 Thermoventil
6 Festdrossel

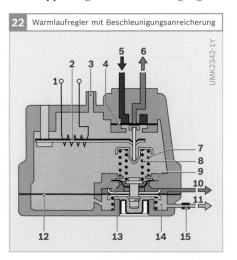

22 Warmlaufregler mit Beschleunigungsanreicherung

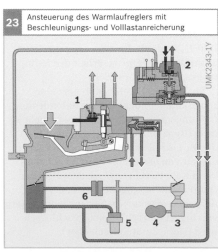

23 Ansteuerung des Warmlaufreglers mit Beschleunigungs- und Volllastanreicherung

lastet, der Steuerdruck abgesenkt und somit das Gemisch angereichert.

Dieser Warmlaufregler wurde mit Zusatzkomponenten so kombiniert, dass er bei niedriger Motortemperatur eine Beschleunigungsanreicherung, bei hoher Motortemperatur eine Volllastanreicherung auslöst (Bild 23). Bei einer Motortemperatur unter 50 °C ist das Thermoventil geschlossen. Der Saugrohrdruck wirkt in der Zwischenkammer direkt, im Unterteil verzögert über die Festdrossel und das geöffnete Umschaltventil. Beim Beschleunigen erfolgt die Gemischanreicherung durch schnelles Belüften der Zwischenkammer. Bei einer Motortemperatur über 50 °C ist das Thermoventil geöffnet, die Festdrossel somit überbrückt und die Beschleunigungsanreicherung abgeschaltet. Getriggert durch die Drosselklappe öffnet bei Volllast das Umschaltventil, das Unterteil wird zur Auslösung der Volllastanreicherung mit Unterdruck aus dem Unterdruckbehälter beaufschlagt.

Leerlaufstabilisierung

Bei kaltem Motor bestehen erhöhte Reibungswiderstände, die überwunden werden müssen. Um bei geschlossener Drosselklappe auch bei kaltem Motor einen stabilen Leerlauf zu garantieren, saugt der Motor in diesem Betriebszustand über den Zusatzluftschieber unter Umgehung der Drosselklappe zusätzlich Luft an (siehe Bild 1). Da der Luftmengenmesser diese zusätzliche Luft misst, erhält der Motor insgesamt mehr Gemisch.

Im Zusatzluftschieber steuert eine Bimetallfeder über eine Lochblende den Öffnungsquerschnitt der Umgehungsleitung (Bypass). Der Öffnungsquerschnitt dieser Lochblende stellt sich in Abhängigkeit von der Temperatur so ein, dass beim Kaltstart ein entsprechend großer Querschnitt freigegeben wird, der bei zunehmender Motortemperatur jedoch stetig verringert und schließlich geschlossen wird (siehe Zusatzluftschieber).

Die Bimetallfeder verfügt zusätzlich über eine elektrische Heizung, die eine Begrenzung der Öffnungszeit je nach Motortyp ermöglicht. Der Einbauort richtet sich danach, dass der Zusatzluftschieber die Temperatur des Motors annimmt. Dadurch ist gewährleistet, dass er nur bei kaltem Motor in Aktion tritt.

Ergänzungsfunktionen

Schubabschaltung

Die im Schiebebetrieb wirksam werdende, ruckfrei arbeitende Schubabschaltung spricht abhängig von der Drehzahl an. Die Drehzahlinformation liefert die Zündanlage. Der Eingriff erfolgt über einen Luft-Bypass zur Stauscheibe. Ein von einem Drehzahlrelais angesteuertes Magnetventil öffnet bei einer bestimmten Drehzahl den Bypass. Daraufhin geht die Stauscheibe in die Nulllage und unterbindet die Kraftstoffzumessung.

Durch das Abschalten der Kraftstoffzufuhr im Schiebebetrieb lässt sich der Kraftstoffverbrauch merklich verringern.

24 K-Jetronic mit λ-Regelung (Komponenten)

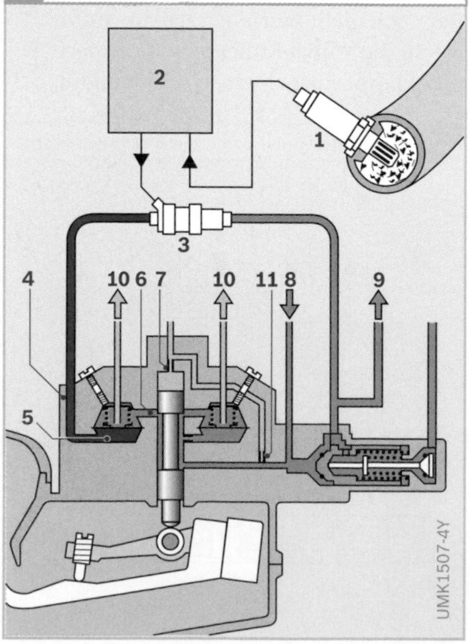

Bild 24

1 λ-Sonde
2 Steuergerät für
   λ-Regelung
3 Taktventil
   (variable Drossel)
4 Kraftstoff-
   mengenteiler
5 Unterkammern der
   Differenzdruck-
   ventile
6 Steuerschlitze
7 Dämpfungsdrossel
8 Kraftstoffzulauf
9 Kraftstoffrücklauf
10 zu den Einspritz-
   ventilen
11 Festdrossel
   (Entkoppeldrossel)

UMK1507-4Y

Drehzahlbegrenzung
Die Drehzahlbegrenzung wird bei Anlagen mit K-Jetronic durch Unterdrücken von Zündimpulsen realisiert.

λ-Regelung
Aufbau und Arbeitsweise
Zur Einhaltung niedriger Abgasgrenzwerte ist die Steuerung des Luft-Kraftstoff-Gemischs nicht genau genug. Die zum Betrieb eines Dreiwegekatalysators notwendige λ-Regelung bedingt bei der K-Jetronic den Einsatz eines elektronischen Steuergeräts, dessen wesentliche Eingangsgröße das Signal der λ-Sonde ist (siehe Kapitel Abgasreinigung).

Um die eingespritzte Kraftstoffmenge dem gewünschten Luft-Kraftstoff-Verhält-nis mit $λ = 1$ anzupassen, wird der Druck in den Unterkammern des Kraftstoffmengenteilers variiert (Bild 24). Senkt man beispielsweise den Druck in den Unterkammern, so steigt der Differenzdruck an den Steuerschlitzen an, wodurch die eingespritzte Kraftstoffmenge erhöht wird.

Um den Druck in den Unterkammern variieren zu können, sind diese im Vergleich zum normalen K-Jetronic-Mengenteiler über eine Festdrossel vom Systemdruck entkoppelt.

Eine weitere Drossel (Taktventil) stellt eine Verbindung zwischen den Unterkammern und dem Kraftstoffrücklauf her. Diese Drossel ist variabel. Ist sie geöffnet, kann sich der Druck in den Unterkammern abbauen. Ist sie geschlossen, stellt sich in

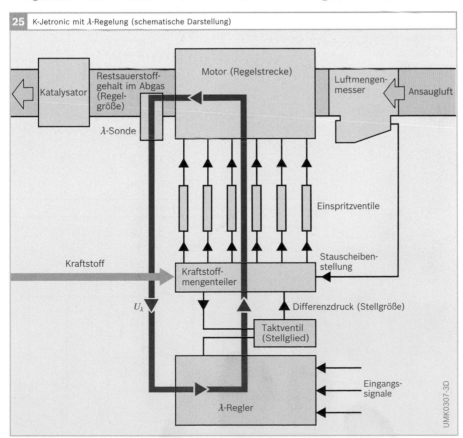

25 K-Jetronic mit λ-Regelung (schematische Darstellung)

Katalysator

Restsauerstoff-gehalt im Abgas (Regel-größe)

Motor (Regelstrecke)

Luftmengen-messer

Ansaugluft

λ-Sonde

Einspritzventile

Kraftstoff

Stauscheiben-stellung

Kraftstoff-mengenteiler

$U_λ$

Differenzdruck (Stellgröße)

Taktventil (Stellglied)

Eingangs-signale

λ-Regler

UMK0307-3D

Bild 25
$U_λ$ λ-Sondensignal

den Unterkammern der Systemdruck ein. Wird diese Drossel im schnellen Rhythmus geöffnet und wieder geschlossen, lässt sich entsprechend dem Verhältnis von Schließzeit zu Öffnungzeit der Druck in den Unterkammern variieren. Als variable Drossel wird ein elektromagnetisches Ventil, das Taktventil, eingesetzt. Es wird durch elektrische Impulse vom λ-Regler gesteuert.

Die Spannung der λ-Sonde stellt das Messsignal für die λ-Regelung dar. Sie zeigt an, ob das Luft-Kraftstoff-Gemisch fett ($\lambda < 1$) oder mager ($\lambda > 1$) ist. Somit kann es sehr genau bei $\lambda = 1$ eingehalten werden. Der λ-Regelkreis ist der Gemischsteuerung überlagert. Die von der Gemischsteuerung vorgegebene Einspritzmenge wird durch die λ-Regelung verbrennungsoptimal angepasst (Bild 25, siehe λ-Regelung).

Elektrische Schaltung

Die K-Jetronic verfügt über elektrische Komponenten wie Elektrokraftstoffpumpe, Warmlaufregler, Zusatzluftschieber, Kaltstartventil und Thermozeitschalter. Die Betätigung dieser Komponenten erfolgt über ein Steuerrelais, das vom Zünd-Start-Schalter geschaltet wird.

Neben Schaltaufgaben hat das Steuerrelais eine Sicherheitsfunktion. Eine häufig verwendete Schaltungsvariante ist nachfolgend beschrieben (Bild 26 bis Bild 29).

Bild 26
1   Zünd-Start-Schalter
2   Kaltstartventil
3   Thermozeitschalter
4   Steuerrelais
5   Elektrokraftstoff-
     pumpe
6   Warmlaufregler
7   Zusatzluftschieber

Mager dargestellte
Zahlen bezeichnen
Klemmenanschlüsse

Bild 27
1   Zünd-Start-Schalter
2   Kaltstartventil
3   Thermozeitschalter
4   Steuerrelais
5   Elektrokraftstoff-
     pumpe
6   Warmlaufregler
7   Zusatzluftschieber

Mager dargestellte
Zahlen bezeichnen
Klemmenanschlüsse

Beim Starten des kalten Motors sind das Kaltstartventil und der Thermozeitschalter eingeschaltet. Der Motor dreht sich (Impulse von Klemme 1 der Zündspule). Steuerrelais, Elektrokraftstoffpumpe, Zusatzluftschieber und Warmlaufregler sind eingeschaltet

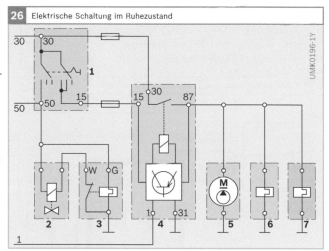

26 Elektrische Schaltung im Ruhezustand

UMK0196-1Y

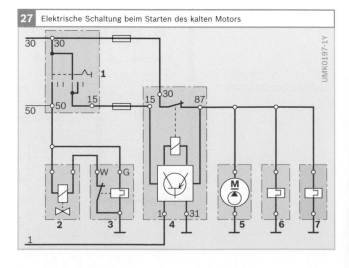

27 Elektrische Schaltung beim Starten des kalten Motors

UMK0197-1Y

Funktionen

Funktion des Thermozeitschalters

Beim Kaltstart des Motors wird vom Zünd-Start-Schalter über Klemme 50 Spannung an das Kaltstartventil und den Thermozeitschalter gelegt. Dauert der Startvorgang länger als 8...15 s, so schaltet der Thermozeitschalter das Kaltstartventil aus, damit der Motor nicht überfettet. Der Thermozeitschalter erfüllt in diesem Falle eine Zeitschalterfunktion.

Liegt beim Starten des Motors die Motortemperatur über ca. 35 °C, so hat der Thermozeitschalter die Verbindung zum Kaltstartventil bereits geöffnet. Das Kaltstartventil spritzt keinen zusätzlichen Kraftstoff ein. Der Thermozeitschalter wirkt in diesem Fall als Thermoschalter.

Sicherheitsschaltung für die Elektrokraftstoffpumpe

Weiterhin legt der Zünd-Start-Schalter beim Starten Spannung an das Steuerrelais. Es wird eingeschaltet, sobald der Motor läuft. Die beim Durchdrehen des Motors durch den Starter erreichte Drehzahl reicht dazu bereits aus. Als Kennzeichen für den Lauf des Motors dienen die Impulse von der Zündspule, Klemme 1. Die Impulse werden von einer elektronischen Schaltung im Steuerrelais ausgewertet. Nach dem ersten Impuls schaltet das Steuerrelais ein und legt Spannung an die Elektrokraftstoffpumpe, den Zusatzluftschieber und den Warmlaufregler. Das Steuerrelais bleibt eingeschaltet, solange die Zündung eingeschaltet ist und der Motor läuft. Bleiben die Impulse von der Zündspule, Klemme 1 aus, weil der Motor zum Stehen kommt (z. B. nach einem Unfall), dann wird das Steuerrelais etwa 1 s nach dem letzten Impuls abgeschaltet.

Durch diese Sicherheitsschaltung wird vermieden, dass die Elektrokraftstoffpumpe bei stehendem Motor und eingeschalteter Zündung Kraftstoff fördert.

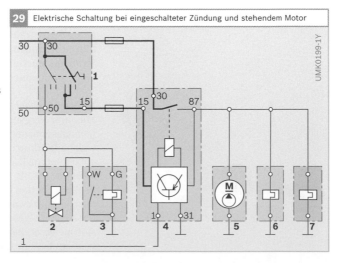

28 Elektrische Schaltung bei eingeschalteter Zündung und laufendem Motor

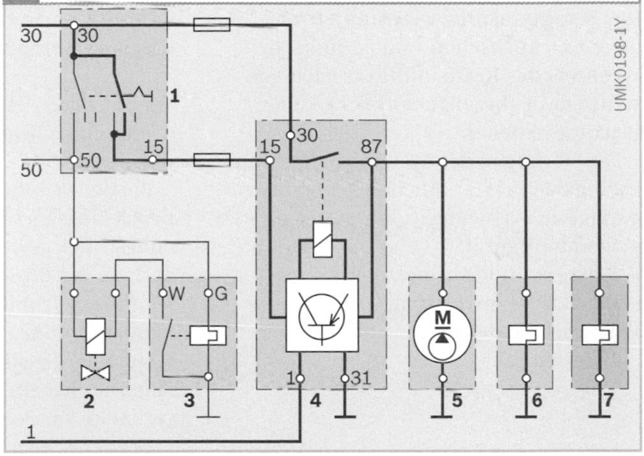

UMK0198-1Y

29 Elektrische Schaltung bei eingeschalteter Zündung und stehendem Motor

UMK0199-1Y

Bild 28
1 Zünd-Start-Schalter
2 Kaltstartventil
3 Thermozeitschalter
4 Steuerrelais
5 Elektrokraftstoffpumpe
6 Warmlaufregler
7 Zusatzluftschieber

Mager dargestellte Zahlen bezeichnen Klemmenanschlüsse

Zündung eingeschaltet, Motor läuft (Impulse von Klemme 1 der Zündspule). Steuerrelais, Elektrokraftstoffpumpe, Zusatzluftschieber und Warmlaufregler sind eingeschaltet

Bild 29
1 Zünd-Start-Schalter
2 Kaltstartventil
3 Thermozeitschalter
4 Steuerrelais
5 Elektrokraftstoffpumpe
6 Warmlaufregler
7 Zusatzluftschieber

Mager dargestellte Zahlen bezeichnen Klemmenanschlüsse

Zündung eingeschaltet, Motor läuft nicht (keine Impulse von Klemme 1 der Zündspule). Steuerrelais, Elektrokraftstoffpumpe, Zusatzluftschieber und Warmlaufregler sind ausgeschaltet

Werkstattprüftechnik

Aggregate und Systeme von Bosch sind mit ihren Kenndaten und Leistungswerten exakt auf das jeweilige Fahrzeug und den zum Fahrzeug gehörigen Motor abgestimmt. Um die notwendigen Prüfungen durchführen zu können, hat Bosch die zur Prüfung der K-Jetronic erforderliche Messtechnik, die Prüfgeräte und Spezialwerkzeuge entwickelt und die Kundendienstwerkstätten damit ausgerüstet. Diese Messtechnik ist in den Bosch Classic Car Services immer noch im Einsatz.

Prüftechnik für K-Jetronic

Das Benzineinspritzsystem K-Jetronic erfordert, abgesehen vom periodischen Wechseln des Kraftstofffilters nach Vorschrift des Fahrzeugherstellers, keine Wartungsarbeiten.

Bei Störungen des Systems stehen dem Fachmann im Wesentlichen folgende Prüfgeräte zur Verfügung:
▶ Ventilprüfgerät,
▶ Mengenvergleichsmessgerät,
▶ Druckmessvorrichtung,
▶ λ-Regelungstester (bei vorhandener λ-Regelung).

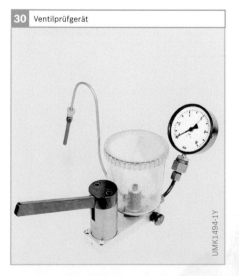

30 Ventilprüfgerät

UMK1494-1Y

Ohne diese Ausrüstung ist keine gezielte, preisgünstige Fehlersuche und keine fachgerechte Instandsetzung möglich. Fahrzeughalter sollten von eigenen Reparaturversuchen absehen.

Ventilprüfgerät

Das Ventilprüfgerät (Bild 30) wurde speziell zur Prüfung ausgebauter Einspritzventile der K- und der KE-Jetronic entwickelt. Geprüft werden die wichtigen Funktionen eines Einspritzventils, die für einen optimalen Motorlauf notwendig sind:
▶ Öffnungsdruck,
▶ Dichtheit,
▶ Strahlform und
▶ Schnarrverhalten.

Ventile, deren Öffnungsdruck außerhalb der Toleranz liegt, müssen ausgewechselt werden.

Bei der Dichtheitsprüfung wird der Druck langsam bis 0,5 bar unter den Öffnungsdruck gesteigert und gehalten. Innerhalb von 60 Sekunden darf sich am Ventil kein Tropfen bilden. Ein undichtes Ventil führt dazu, dass nach Abstellen des Motors der Druck im System zu schnell abfällt. Dies hat ein schlechtes Warmstartverhalten zur Folge.

Bei der Schnarrprüfung und Strahlbeurteilung muss das Ventil ein schnarrendes Geräusch abgeben. Es darf kein Schnurstrahl oder strähniger Strahl auftreten, es dürfen sich auch keine Tröpfchen im Strahl bilden. Gute Einspritzventile liefern einen zerstäubten Strahl.

Mengenvergleichsmessgerät

Mit einer Vergleichsmessung wird bei nicht ausgebautem Mengenteiler geprüft, welche Differenz die Fördermengen der einzelnen Auslässe zueinander haben (für alle Motoren bis zu acht Zylindern). Da die Prüfung mit den Original-Einspritzventilen durchgeführt wird, lässt sich gleichzeitig feststellen, ob eine Streuung vom Kraftstoffmengenteiler oder von den Einspritzventilen herrührt. Die kleine Messröhre des Geräts dient zur Leerlaufmessung, die große Messröhre zur Teillast- und Volllastmessung (Bild 31).

Acht Schlauchleitungen, in deren Automatikkupplungen die aus ihren Halterungen am Motor herausgezogenen Einspritzventile eingesteckt werden, stellen die Verbindung zum Kraftstoffmengenteiler her. In jeder Automatikkupplung befindet sich ein Aufstoßventil, damit an nicht benötigten Leitungen kein Kraftstoff austreten kann (z. B. bei Anlagen für Motoren mit sechs Zylindern, Bild 31). Über eine weitere Schlauchleitung wird der Kraftstoff zum Kraftstoffbehälter zurückgeführt.

Druckmessvorrichtung

Mit der Druckmessvorrichtung lassen sich alle für die Funktion der K-Jetronic wichtigen Drücke messen:

▶ Systemdruck: Aussage über Leistung der Kraftstoffförderpumpe, Durchlässigkeit des Kraftstofffilters und Zustand des Systemdruckreglers.

▶ Steuerdruck: Wichtig zur Beurteilung aller Betriebszustände (z. B. kalter Motor oder warmer Motor, Teillast oder Volllast, Anreicherungsfunktionen, Höhendruck).

▶ Dichtheit des Gesamtsystems: Besonders wichtig für das Kaltstart- und das Warmstartverhalten.

Automatikkupplungen an den Verbindungsschläuchen verhindern ein Auslaufen des Kraftstoffs.

λ-Regelungstester

Dieses Testgerät eignet sich bei K-Jetronic-Anlagen mit λ-Regelung zum Prüfen der Tastverhältnisse des Ansteuersignals für das Taktventil, des λ-Sondensignals (mit Simulation des Signals „fett"/„mager") und der Steuerung-Regelung-Funktion.

Für den Anschluss an die Sondenleitung der verschiedenen Fahrzeugmodelle gibt es spezielle Adapterleitungen. Die Messwerte werden analog angezeigt.

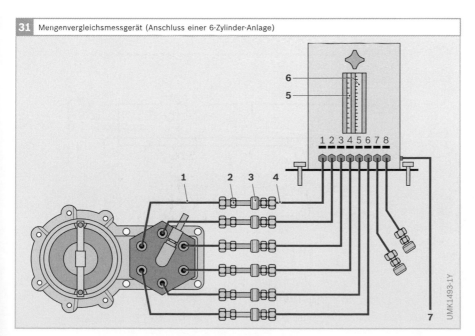

31 Mengenvergleichsmessgerät (Anschluss einer 6-Zylinder-Anlage)

Bild 31

1 Einspritzleitungen des Kraftstoffmengenteilers
2 Einspritzventile
3 Automatikkupplungen
4 Schlauchleitungen des Messgeräts
5 kleine Messröhre
6 große Messröhre
7 Rücklaufleitung zum Kraftstoffbehälter

UMK1493-1Y

KE-Jetronic

Ein Benzineinspritzsystem muss für viele verschiedene Betriebsbedingungen die richtige Kraftstoffmenge zumessen. Am Anfang der Entwicklung der Benzineinspritzung stand die Leistungssteigerung im Vordergrund, im Laufe der Zeit wurde der Reduzierung von Kraftstoffverbrauch und Abgasemissionen immer mehr Bedeutung zugemessen. Die mechanischen Systeme konnten diesen erweiterten Anforderungskatalog nicht erfüllen. Deshalb wurde die damals bewährte K-Jetronic als zuverlässiges mechanisches Grundeinspritzsystem beibehalten, aber durch eine zusätzliche Elektronik intelligenter und leistungsfähiger gemacht. Diese Synthese aus mechanischer Grundfunktion und elektronischer Anpassungs- und Optimierungsfunktion ist die KE-Jetronic.

Systemübersicht

Das Grundsystem der KE-Jetronic von Bosch ist ein mechanisch-hydraulisch gesteuertes, antriebsloses Einspritzsystem, das in Abhängigkeit von der angesaugten Luftmenge die Kraftstoffmenge zumisst und kontinuierlich vor die Einlassventile des Motors einspritzt. Der Systemaufbau der KE-Jetronic (Bild 1) gleicht im Wesentlichen der K-Jetronic. Zur Erhöhung der Flexibilität und zur Aufschaltung weiterer Funktionen ergänzt ein elektronisches Steuergerät dieses Grundsystem. Die weiteren wesentlichen zusätzlichen Komponenten sind der elektrohydraulische Drucksteller, der in die Gemischzusammensetzung eingreift sowie der Systemdruckregler (Kraftstoffdruckregler), der den Systemdruck konstant hält und beim Abstellen des Motors eine bestimmte Schließfunktion ausübt.

Bild 2 zeigt die Komponenten der KE-Jetronic.

Bild 1

1 Kraftstoffbehälter
2 Elektrokraftstoff-
   pumpe
3 Kraftstoffspeicher
4 Kraftstofffilter
5 Systemdruckregler
6 Einspritzventil
7 Sammelsaugrohr
8 Kaltstartventil
9 Kraftstoffmengen-
   teiler
10 Luftmengenmesser
11 elektrohydrauli-
   scher Drucksteller
12 λ-Sonde
13 Thermozeitschalter
14 Motortemperatur-
   sensor
15 Zündverteiler
16 Zusatzluftschieber
17 Drosselklappe mit
   Drosselklappen-
   schalter
18 elektronisches
   Steuerrelais
19 Steuergerät
20 Zünd-Start-Schalter
21 Batterie

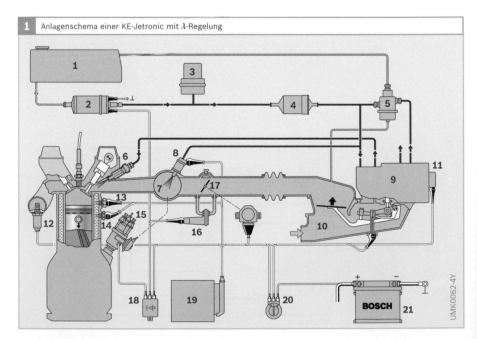

1 Anlagenschema einer KE-Jetronic mit λ-Regelung

Kraftstoffversorgung

Das System zur Kraftstoffversorgung besteht aus der Elektrokraftstoffpumpe, dem Kraftstoffspeicher, dem Kraftstofffilter, den Einspritzventilen (siehe Komponenten der Jetronic) und dem Systemdruckregler. Das Kraftstoffversorgungssystem unterscheidet sich in seinen Komponenten unwesentlich von der K-Jetronic.

Die elektrisch angetriebene Rollenzellenpumpe saugt den Kraftstoff aus dem Kraftstoffbehälter und fördert ihn mit einem Druck von über 5 bar in den Kraftstoffspeicher und durch den Kraftstofffilter in den Kraftstoffmengenteiler (Bild 1).

Der Systemdruckregler hält den Versorgungsdruck im System konstant und leitet den überschüssigen Kraftstoff zum Kraftstoffbehälter zurück.

Um das erneute Starten – insbesondere des heißen Motors – zu erleichtern, wird mithilfe des Kraftstoffspeichers das Kraftstoffversorgungssystem nach Abstellen des Motors für eine gewisse Zeit unter Druck gehalten.

Aufgrund der ständigen Durchspülung des Kraftstoffversorgungssystem steht immer kühler Kraftstoff zur Verfügung. Dadurch wird eine Dampfblasenbildung vermieden und ein gutes Heißstartverhalten erreicht.

2 Komponenten der KE-Jetronic

Bild 2
1 Luftmengenmesser
2 Kraftstoffmengen-
  teiler
3 elektrohydrauli-
  scher Drucksteller
4 elektronisches
  Steuergerät
5 Kraftstofffilter
6 Kraftstoffspeicher
7 Elektrokraftstoff-
  pumpe
8 Einspritzventile
9 Drosselklappen-
  schalter
10 Thermozeitschalter
11 Kaltstartventil
12 Motortemperatur-
   sensor
13 Zusatzluftschieber
14 Systemdruckregler

UMK0036-1Y

Die Elektrokraftstoffpumpe läuft nach dem Betätigen des Fahrtschalters ständig. Eine Sicherheitsschaltung vermeidet das Fördern von Kraftstoff bei eingeschalteter Zündung und stehendem Motor, zum Beispiel nach einem Unfall.

Luftmengenmessung

Die vom Motor während des Betriebs angesaugte Luftmenge wird von der mit dem Fahrpedal gekoppelten Drosselklappe gesteuert. Sie wird mit dem Luftmengenmesser gemessen, der vor der Drosselklappe eingebaut ist. Je nach Stellung der Drosselklappe beziehungsweise des Fahrpedals wird mehr oder weniger Luft angesaugt.

Kraftstoffzumessung

Als Kriterium für die Kraftstoffzumessung dient die vom Motor entsprechend der Drosselklappenstellung angesaugte Luftmenge. Der Luftmengenmesser erfasst diese Luftmenge und steuert über einen Hebelmechanismus den Kraftstoffmengenteiler (Bild 3). Entsprechend der erfassten Luftmenge teilt der Mengenteiler den einzelnen Motorzylindern über das jeweilige Einspritzventil eine Kraftstoffmenge zu, die ein optimales Luft-Kraftstoff-Gemisch hinsichtlich Motorleistung, Kraftstoffverbrauch und Abgaszusammensetzung ergibt.

In der Grundfunktion misst die KE-Jetronic den Kraftstoff in Abhängigkeit von der vom Motor angesaugten Luftmenge, der Hauptsteuergröße, zu. Im Unterschied zur K-Jetronic erfasst die KE-Jetronic weitere Betriebsdaten des Motors über Sensoren. Deren Ausgangssignale verarbeitet das Steuergerät elektronisch, das einen elektrohydraulischen Drucksteller steuert, der die Einspritzmenge den verschiedenen Betriebszuständen wie Start, Warmlauf, Leerlauf und Volllast im erforderlichen Maß anpasst. Zusätzlich sind Ergänzungsfunktionen wie Schubabschalten, Drehzahlbegrenzung und λ-Regelung möglich.

Bei einer Störung arbeitet die KE-Jetronic mit der Grundfunktion. Dem Fahrer steht dann bei warmem Motor noch ein System mit guter Funktion zur Verfügung.

Luftmengenmesser und Kraftstoffmengenteiler sind in einer Einheit, dem Gemischregler, zusammengefasst.

Das Einspritzen des Kraftstoffs in den Einlasskanal vor das Einlassventil erfolgt kontinuierlich, d. h. ohne Rücksicht auf die Stellung des Einlassventils. Während der Schließphase des Einlassventils wird das Luft-Kraftstoff-Gemisch vorgelagert.

Luftmengenmessung

Aufgabe der Gemischaufbereitung ist die Zumessung einer Kraftstoffmenge, die mit der angesaugten Luftmenge ein für den Betrieb des Motors optimales Luft-Kraftstoff-Verhältnis ergibt. Die Kraftstoffzumessung erfolgt in der Grundfunktion durch den Gemischregler. Er besteht aus dem Luftmengenmesser und dem Kraftstoffmengenteiler.

Luftmengenmesser

Die vom Motor angesaugte Luftmenge ist ein Maß für dessen Lastzustand. Der Luftmengenmesser der KE-Jetronic entspricht im Wesentlichen dem der K-Jetronic. Die vom Luftstrom ausgelenkte Stauscheibe

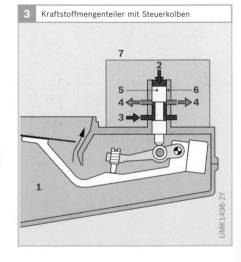

3 Kraftstoffmengenteiler mit Steuerkolben

Bild 3
1 Ansaugluft
2 Steuerdruck
3 Kraftstoffzulauf
4 zugemessene Kraftstoffmenge
5 Steuerkolben
6 Schlitzträger
7 Kraftstoffmengenteiler

UMK1496-2Y

steuert den Steuerkolben im Kraftstoffmengenteiler und öffnet damit mehr oder
weniger die Steuerschlitze (Bild 3 und
Bild 4).

Kraftstoffzumessung

Die Kraftstoffzumessung und die Kraft-
stoffaufteilung auf die verschiedenen
Zylinder erfolgt in der Grundfunktion
durch den Kraftstoffmengenteiler. Bei einigen Betriebszuständen weicht der Kraftstoffbedarf aber stark von diesem Normalwert (Kraftstoffgrundmenge) ab, sodass
hier zusätzliche Eingriffe in die Gemischbildung erforderlich sind (siehe Anpassung an Betriebszustände).

Kraftstoffmengenteiler

Der Kraftstoffmengenteiler teilt die Kraftstoffgrundmenge entsprechend der Stellung der Stauscheibe im Luftmengenmesser den einzelnen Zylindern zu. Die
Stellung der Stauscheibe ist ein Maß für
die vom Motor angesaugte Luftmenge. Der
Hebelmechanismus überträgt die Stellung
der Stauscheibe auf den Steuerkolben
(Bild 3), der die einzuspritzende Kraftstoffmenge steuert. Je nach seiner Stellung
im Schlitzträger (Bild 4 und Bild 5) gibt die
waagerechte Steuerkante des Steuerkolbens einen entsprechenden Durchfluss-

querschnitt der Steuerschlitze frei, durch
die der Kraftstoff zu den Differenzdruckventilen und damit zu den Einspritzventilen strömen kann (Bild 8).

Bei kleinem Hub der Stauscheibe ist der
Steuerkolben nur wenig abgehoben und
damit nur ein kleiner Querschnitt der
Steuerschlitze freigegeben (Bild 4b). Bei
großem Hub der Stauscheibe gibt der
Steuerkolben einen größeren Querschnitt
der Steuerschlitze frei (Bild 4c). Es besteht
ein linearer Zusammenhang zwischen
Stauscheibenhub und freigegebenem
Querschnitt an den Steuerschlitzen.

Auf den Steuerkolben wirkt entgegen
der von der Stauscheibe übertragenen
Hubbewegung eine hydraulische Kraft, die
einen konstanten Druckabfall der Luft an
der Stauscheibe bewirkt und den Steuerkolben immer der Bewegung des Stauscheibenhebels folgen lässt und ihn nicht
in der oberen Endstellung lässt. Im Unterschied zur K-Jetronic, bei der ein Warmlaufregler den Steuerdruck in Abhängigkeit der Betriebsbedingungen regelt, ist
bei der KE-Jetronic der hydraulische Gegendruck auf den Steuerkolben gleich dem
Systemdruck. Die Beeinflussung der Einspritzung geschieht hier über den elektrohydraulischen Drucksteller. Der Steuerdruck muss genau eingehalten werden,

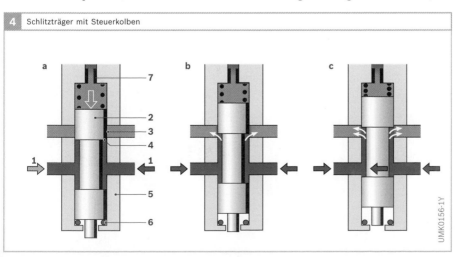

4 Schlitzträger mit Steuerkolben

UMK0156-1Y

Bild 4
a Ruhestellung
b Teillast
c Volllast

1 Kraftstoffzulauf
2 Steuerkolben
3 Steuerschlitz
  im Schlitzträger
4 Steuerkante
5 Schlitzträger
6 axialer Dichtring
7 Dämpfungsdrossel

auch wenn die Fördermenge der Elektrokraftstoffpumpe und die dem Motor eingespritzte Kraftstoffmenge sich stark ändern. Eine Schwankung des Steuerdrucks
würde sich direkt auf das Luft-Kraftstoff-
Verhältnis auswirken. Der Systemdruckregler regelt den Systemdruck.

Bei bestimmten Ausführungen der KE-
Jetronic unterstützt eine Druckfeder die
hydraulische Kraft und verhindert ein
Hochsaugen des Steuerkolbens durch Unterdruck beim Abkühlen der Anlage. Die
Dämpfungsdrossel (Bild 8) dämpft Schwingungen, die durch Stauscheibenkräfte angeregt werden können.

Funktion des Systemdruckreglers
Bild 6 zeigt einen Schnitt durch den in der
KE-Jetronic eingesetzten Systemdruckregler. Von links fließt der Kraftstoff zu,
rechts befindet sich der Rücklaufanschluss
vom Mengenteiler. Oben ist die Rücklaufleitung zum Kraftstoffbehälter angeschlossen. Sobald beim Start die Elektrokraftstoffpumpe Druck erzeugt, wandert die
Regelmembran des Druckreglers nach unten. Zunächst folgt der verschiebbare Ven-

tilkörper der Membran, weil ihn die oben-
liegende Gegenfeder nachschiebt. Nach
einem kurzen Hub stößt der Ventilkörper
an einen festen Anschlag und die Druck-
regelfunktion setzt ein. Die vom Kraftstoffmengenteiler rücklaufende Kraftstoffmenge, die sich aus der Durchströmung

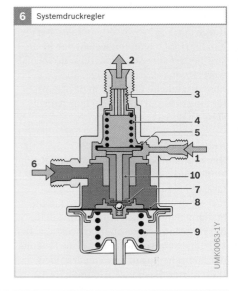

6 Systemdruckregler

Bild 6
1 Rücklauf vom
  Mengenteiler
2 zum Kraftstoff-
  behälter
3 Einstellschraube
4 Gegenfeder
5 Dichtung
6 Kraftstoffzulauf
7 Ventilteller
8 Regelmembran
9 Regelfeder
10 Ventilkörper

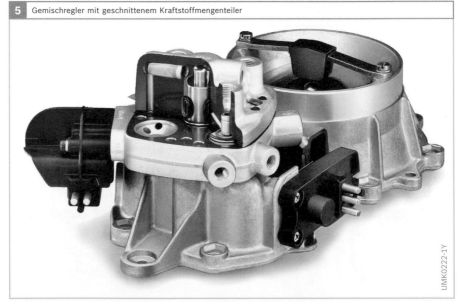

5 Gemischregler mit geschnittenem Kraftstoffmengenteiler

des elektrohydraulischen Druckstellers und der Leckmenge des Steuerkolbens zusammensetzt, kann zusammen mit der Abregelmenge über den jetzt geöffneten Dichtsitz zum Kraftstoffbehälter zurückfließen.

Beim Abstellen des Motors schaltet die Elektrokraftstoffpumpe ebenfalls ab. Wenn daraufhin der Druck im Kraftstoffversorgungssystem sinkt, dann geht der Ventilteller auf den Regelsitz zurück. Er schiebt anschließend den Ventilkörper entgegen der Kraft der Gegenfeder nach oben vor sich her, bis die Dichtung den Rücklauf zum Kraftstoffbehälter schließt. Der Druck im Kraftstoffversorgungssystem sinkt rasch auf den Schließdruck ab, sodass die Einspritzventile dicht schließen. Dann steigt der Druck im System wieder auf den durch den Kraftstoffspeicher bestimmten Wert an (Bild 7).

Differenzdruckventile
Der Luftmengenmesser hat eine lineare Charakteristik. Das bedeutet, dass bei doppelter Luftmenge der Hub der Stauscheibe doppelt so groß ist. Soll dieser Hub eine Veränderung der Kraftstoffgrundmenge im gleichen Verhältnis zur Folge haben, muss an den Steuerschlitzen ein konstanter Druckabfall – unabhängig von der durchströmenden Kraftstoffmenge – sichergestellt sein. Die Differenzdruckventile im Kraftstoffmengenteiler (Bild 8

und Bild 9) halten die Druckdifferenz zwischen Ober- und Unterkammer – und damit den Druckabfall an den Steuerschlitzen – unabhängig vom Kraftstoffdurchsatz

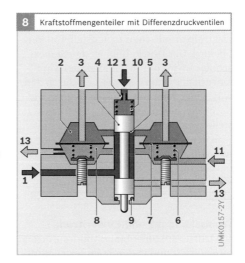

8 Kraftstoffmengenteiler mit Differenzdruckventilen

UMK0157-2Y

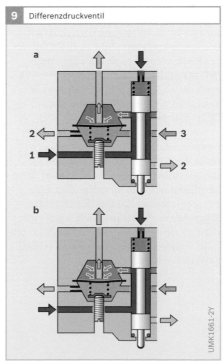

9 Differenzdruckventil

a

b

UMK1661-2Y

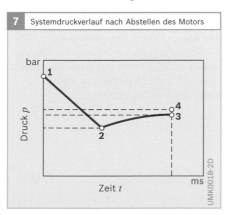

7 Systemdruckverlauf nach Abstellen des Motors

bar

Druck p

Zeit t

ms

UMK0018-2D

Bild 8
1 Kraftstoffzulauf (Systemdruck)
2 Oberkammer des Differenzdruckventils
3 Leitung zum Einspritzventil
4 Steuerkolben
5 Steuerkante und Steuerschlitz
6 Ventilfeder
7 Ventilmembran
8 Unterkammer des Differenzdruckventils
9 axialer Dichtring
10 Druckfeder
11 Kraftstoffzulauf vom elektrohydraulischen Drucksteller
12 Dämpfungsdrossel
13 Rücklaufleitung

Bild 7
1 Systemnormaldruck
2 Schließdruck des Druckreglers
3 maximal erreichter Druck nach Abstellen des Motors
4 Öffnungsdruck der Einspritzventile

Bild 9
a Stellung bei kleiner Einspritzmenge
b Stellung bei großer Einspritzmenge

1 Kraftstoffzulauf (Systemdruck)
2 Rücklaufleitung
3 Kraftstoffzulauf vom elektrohydraulischen Drucksteller

konstant. Der Differenzdruck beträgt bei der KE-Jetronic 0,2 bar.

Die in der KE-Jetronic eingesetzten Differenzdruckventile entsprechen im Prinzip denen aus der K-Jetronic. Im Unterschied zur K-Jetronic stehen bei der KE-Jetronic die Unterkammern mit dem elektrohydraulischen Drucksteller in Verbindung. Der Druckabfall an den Steuerschlitzen wird durch die Kraft der Ventilfeder in der Unterkammer und durch den wirksamen Membrandurchmesser sowie durch den elektrohydraulischen Drucksteller bestimmt.

In der Kraftstoffzuleitung zum elektrohydraulischen Drucksteller befindet sich ein Feinfilter mit einem magnetischen Abscheider für eisenhaltige Verunreinigungen.

Gemischbildung und Einspritzung

Die Luft-Kraftstoff-Gemischbildung erfolgt im Saugrohr und in den Zylindern des Motors. Die von den Einspritzventilen in fein zerstäubter Form kontinuierlich eingespritzte Kraftstoffmenge wird den Einlassventilen vorgelagert (Bild 1). Beim Öffnen des Einlassventils reißt die angesaugte Luftmenge die Kraftstoffwolke mit und bewirkt durch Verwirbelung während des Ansaugtakts die Bildung eines zündfähigen Gemischs.

Einspritzventile

Die in der KE-Jetronic eingesetzten Einspritzventile spritzen den Kraftstoff in Abhängigkeit der vom Mengenteiler zugemessenen Menge kontinuierlich in das Saugrohr ein. Es handelt sich um die gleichen Einspritzventile wie die für die K-Jetronic eingesetzten Komponenten (siehe Einspritzventile).

Elektronische Steuerung

Elektronisches Steuergerät

Das elektronische Steuergerät wertet die von Sensoren gelieferten Daten über den Betriebszustand des Motors aus. Es bildet daraus einen Steuerstrom für den elektrohydraulischen Drucksteller (Bild 10).

Betriebsdatenerfassung

Um über die angesaugte Luftmenge hinaus Kriterien für die notwendige Kraftstoffmenge zu erhalten, muss eine Reihe von Betriebsdaten von Sensoren erfasst und dem elektronischen Steuergerät gemeldet werden.

Aufbau und Arbeitsweise

Die elektronische Schaltung ist je nach Funktionsumfang in Analogtechnik oder einer Mischform aus Analog- und Digitaltechnik aufgebaut. Darauf aufbauend kommen die Module für die λ-Regelung und die Leerlaufdrehzahlregelung hinzu. Steuergeräte mit größerem Funktionsumfang sind in Digitaltechnik aufgebaut.

Die auf einer Leiterplatte untergebrachten elektronischen Bauelemente sind integrierte Schaltungen (z. B. Operationsverstärker, Komparatoren und Spannungsstabilisator), Transistoren, Dioden, Widerstände und Kondensatoren. Die Leiterplatten sind in das Gehäuse eingeschoben.

Das Gehäuse kann ein Druckausgleichselement haben. Ein 25-poliger Stecker verbindet das Steuergerät mit der Batterie, den Sensoren und dem Stellglied.

Das Steuergerät verarbeitet die Eingabesignale der Sensoren und berechnet hieraus den Steuerstrom für den elektrohydraulischen Drucksteller.

Spannungsstabilisierung
Das Steuergerät benötigt eine stabile Spannung, die unabhängig von der Bordnetzspannung konstant sein muss. Mit dieser Spannung wird der von den Motorzustandsgrößen abhängige Strom für den elektrohydraulischen Drucksteller gebildet. Die Stabilisierung der Steuergerätespannung geschieht in einer integrierten Schaltung.

Eingangsfilter
Eingangsfilter filtern aus den Eingangssignalen der Sensoren eventuell vorhandene Störsignale heraus.

Summierer
Im Summierer werden die ausgewerteten Sensorsignale zusammengefasst. Die elektrisch aufbereiteten Korrektursignale werden in einer Operationsverstärkerschaltung summiert und anschließend der Endstufe zugeführt.

Endstufe
Die Endstufe erzeugt einen Ansteuerstrom für den elektrohydraulischen Drucksteller. Dabei ist es möglich, in den Drucksteller entgegengesetzt gerichtete Ströme zu leiten, um den Druckabfall zu vergrößern oder zu verringern.

Mit einem stetig angesteuerten Transistor lässt sich die Stromstärke im Drucksteller in positiver Richtung beliebig einstellen. In negativer Richtung fließt der Strom bei Schiebebetrieb (Schubabschalten). Dieser Strom beeinflusst den Differenzdruck in den Differenzdruckventilen so, dass die Kraftstoffzufuhr zu den Einspritzventilen unterbunden wird.

Weitere Endstufen
Bei Bedarf sind weitere Endstufen möglich. Damit können z. B. Ventile zur Abgasrückführung oder ein Nebenschlussquerschnitt zur Drosselklappe für eine Leerlaufdrehzahlregelung gesteuert werden.

Elektrohydraulischer Drucksteller
Der elektrohydraulische Drucksteller verändert in Abhängigkeit vom Betriebszustand des Motors und dem entsprechend dazu vom Steuergerät gebildeten Stromsignal den Druck in den Unterkammern der Differenzdruckventile. Dadurch verändert sich die den Einspritzventilen zugemessene Kraftstoffmenge.

Aufbau
Der elektrohydraulische Drucksteller ist an den Kraftstoffmengenteiler angebaut (Bild 11) und stellt einen Differenzdruckregler dar, der nach Art eines Düse-Prallplatte-Systems arbeitet und dessen Druckabfall von einem elektrischen Strom gesteuert wird. Zwischen zwei Doppel-Magnetpolen hängt in einem Gehäuse aus nicht magnetischem Material ein Anker in reibungsfreier Spannungslagerung (Bild 12). Diese besteht aus einer Membranplatte aus federelastischem Werkstoff.

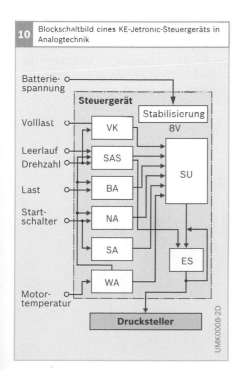

10 Blockschaltbild eines KE-Jetronic-Steuergeräts in Analogtechnik

Batteriespannung

Steuergerät

Stabilisierung 8V

Volllast — VK

Leerlauf — SAS
Drehzahl

SU

Last — BA

Startschalter — NA

SA

ES

WA

Motortemperatur

Drucksteller

UMK0008-2D

Bild 10
Die Korrektursignale aus den verschiedenen Blöcken werden im Summierer zusammengefasst, in der Endstufe verstärkt und dem elektrohydraulischen Drucksteller zugeleitet.

VK Volllastkorrektur
SAS Schubabschaltung
BA Beschleunigungsanreicherung
NA Nachstartanhebung
SA Startanhebung
WA Warmlaufanreicherung
SU Summierer
ES Endstufe

Arbeitsweise

In den Magnetpolen und den dazugehörigen Luftspalten überlagern sich die Magnetflüsse eines Dauermagneten (gestrichelte Linie in Bild 12) und eines Elektromagneten (ausgezogene Linien). Der Dauermagnet liegt real um 90° zur Bildebene versetzt. Die Wege der Magnetflussanteile über die beiden Polpaare sind symmetrisch und gleich lang. Die Magnetflüsse gehen von den Polen über Luftspalte auf den Anker über und von dort durch den Anker hindurch.

In den zwei diagonal zueinander liegenden Luftspalten L_2 und L_3 (Bild 12) addieren sich der dauermagnetische Fluss, in den beiden anderen Luftspalten L_1 und L_4 subtrahieren sich diese magnetischen Flüsse. Auf den Anker, der die Prallplatte bewegt, wirkt in dem Luftspalt eine Anzugskraft, die proportional zum Quadrat des magnetischen Flusses ist.

Weil der dauermagnetische Fluss konstant und der elektromagnetische Fluss proportional zum elektrischen Strom in der Magnetspule ist, ist das resultierende Drehmoment proportional zum Strom. Das Grundmoment auf den Anker ist so gewählt, dass sich in stromlosem Zustand des elektrohydraulischen Druckstellers ein Grunddifferenzdruck ergibt, der vorzugsweise $\lambda = 1$ entspricht. So ist bei Stromunterbrechung ein Notfahrbetrieb ohne Korrekturfunktionen sichergestellt.

Der Kraftstoffstrahl, der über die Düse eintritt, versucht die Prallplatte entgegen den magnetischen und mechanischen Kräften wegzudrücken. Die Druckdifferenz zwischen dem Zulauf- und dem Rücklaufanschluss bei einer Durchströmung, die durch eine in Reihe geschaltete Festdrossel bestimmt ist, ist proportional zum elektrischen Strom. Der entsprechend dem Druckstellerstrom veränderbare Druckabfall an der Düse ergibt einen veränderbaren Unterkammerdruck.

Um den gleichen Wert ändert sich der Oberkammerdruck. Dies wiederum bewirkt eine veränderte Differenz zwischen Oberkammer- und Systemdruck (also an den Steuerschlitzen) und stellt somit ein Mittel zum Beeinflussen der zu den Einspritzventilen strömenden Kraftstoffmenge dar,

Infolge der kleinen elektromagnetischen Zeitkonstanten und der geringen zu bewegenden Masse reagiert der elektrohydraulische Druckstellter sehr schnell auf Strom-

Bild 11

Durch die vom Steuergerät erzielte Beeinflussung der Prallplatte lässt sich der Kraftstoffdruck in den Oberkammern der Differenzdruckventile und somit die zugeteilte Kraftstoffmenge beeinflussen. Auf diese Weise sind Anpassungs- und Korrekturfunktionen möglich.

1 Stauklappe
2 Kraftstoffmengenteiler
3 Kraftstoffzufluss (Systemdruck)
4 Kraftstoff zu den Einspritzventilen
5 Kraftstoffrücklaufleitung zum Druckregler
6 Festdrossel
7 Oberkammer
8 Unterkammer
9 Membran
10 elektrohydraulischer Druckstellter (vereinfachte Darstellung)
11 Prallplatte
12 Düse
13 Magnetpol
14 Luftspalt

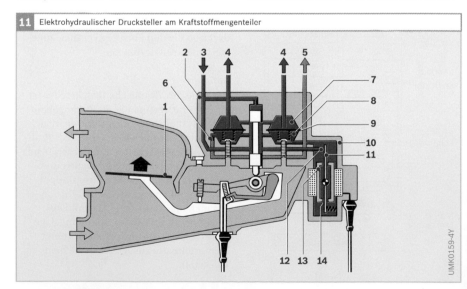

11 Elektrohydraulischer Druckstellter am Kraftstoffmengenteiler

änderungen an seinen Eingangsklemmen. Kehrt man die Richtung des Stroms um, dann zieht der Anker die Prallplatte von der Düse weg. Dabei fällt am Drucksteller ein Druck von wenigen Hundertstel bar ab. Damit können z. B. Zusatzfunktionen wie Schubabschaltung und Drehzahlbegrenzung mit einer Absperrung der Kraftstoffzuführung zu den Einspritzventilen erfüllt werden.

Anpassung an Betriebszustände
Über die bisher beschriebene Grundfunktion hinaus erfordern bestimmte Betriebszustände korrigierende Eingriffe in die Gemischbildung, um die Leistung zu optimieren, die Abgaszusammensetzung sowie das Start- und das Fahrverhalten zu verbessern. Durch zusätzliche Sensoren für die Motortemperatur und die Drosselklappenstellung (Lastsignal) kann das Steuergerät der KE-Jetronic diese Anpassungsaufgaben besser erfüllen als ein rein mechanisches oder mechanisch-hydraulisches System.

Grundanpassung
Die Grundanpassung des Luft-Kraftstoff-Gemischs an die Betriebsbedingungen Leerlauf, Teillast und Volllast erfolgt durch eine bestimmte Gestaltung des Lufttrichters im Luftmengenmesser.

Bei konstanter Form des Lufttrichters ergibt sich über den gesamten Hubbereich (Messbereich) des Luftmengenmessers ein konstantes Luft-Kraftstoff-Gemisch. Es ist jedoch erforderlich, in bestimmten Betriebsbereichen wie Leerlauf, Teillast und Volllast ein für jeweils diesen Betriebsbereich optimales Gemisch dem Motor zuzuteilen. In der Praxis bedeutet dies fettere Gemische für Leerlauf und Volllast sowie mageres Gemisch für den Teillastbereich. Man erreicht diese Anpassung durch verschiedene Kegelwinkel des Lufttrichters im Luftmengenmesser (siehe K-Jetronic). Bei der KE-Jetronic ist der Lufttrichter bevorzugt so geformt, dass sich im gesamten Arbeitsbereich ein Luft-Kraftstoff-Gemisch mit $\lambda = 1$ einstellt.

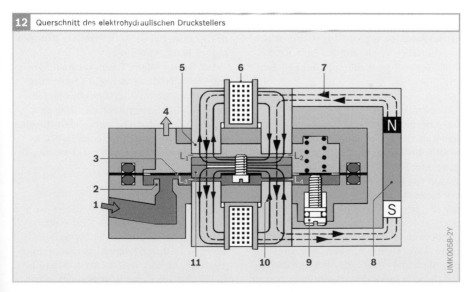

12 Querschnitt des elektrohydraulischen Druckstellers

Bild 12
1 Kraftstoffzufluss (Systemdruck)
2 Düse
3 Prallplatte
4 Kraftstoffabfluss
5 Magnetpol
6 Magnetspule
7 Dauermagnetfluss
8 Permanentmagnet (um 90 ° in die Zeichenebene gerückt)
9 Einstellschraube für Grundmoment
10 Elektromagnetfluss
11 Anker (L_1 bis L_4 Luftspalte)

Kaltstartanreicherung

Funktion

Bei Kaltstart entstehen Kondensationsverluste des Kraftstoffanteils im angesaugten Gemisch. Um dies auszugleichen und das Anspringen des kalten Motors zu erleichtern, muss im Moment des Startens zusätzlich Kraftstoff eingespritzt werden.

Das Einspritzen dieser zusätzlichen Kraftstoffmenge erfolgt durch das Kaltstartventil in das Sammelsaugrohr (siehe Bild 1). Die Einschaltdauer des Kaltstartventils wird von einem Thermozeitschalter in Abhängigkeit von der Motortemperatur zeitlich begrenzt.

Dieser Vorgang wird als Kaltstartanreicherung bezeichnet. Das Luft-Kraftstoff-Gemisch ist fetter, die Luftzahl λ ist vorübergehend kleiner als 1.

Kaltstartventil

Das Kaltstartventil ist ein elektromagnetisch betätigtes Ventil (siehe Kaltstartventil). In der Ruhestellung ist es geschlossen. Beim Ansteuern öffnet es und der Kraftstoff gelangt tangential in eine Düse, die dem Kraftstoffstrahl einen Drall verleiht. Diese Dralldüse zerstäubt den Kraftstoff besonders fein und reichert die Luft im Sammelsaugrohr hinter der Drosselklappe mit Kraftstoff an. Das Kaltstartventil ist so an das Sammelsaugrohr angebaut, dass eine günstige Verteilung des Luft-Kraftstoff-Gemischs auf alle Zylinder gegeben ist.

Thermozeitschalter

Der Thermozeitschalter begrenzt beim Kaltstart die Einschaltdauer des Kaltstartventils. Bei länger dauerndem Startvorgang oder wiederholtem Startversuch spritzt das Kaltstartventil nicht mehr ein. Die Einschaltdauer ist dabei abhängig von der Erwärmung des Thermozeitschalters durch die Motorwärme, die Umgebungstemperatur und durch die in ihm selbst befindliche elektrische Heizung. Diese Eigenheizung ist erforderlich, um die Einschaltdauer des Kaltstartventils zu begren-

zen, damit das Gemisch nicht zu stark angereichert wird und der Motor überfettet (siehe Thermozeitschalter).

Nachstartanreicherung

Das Anreichern mit zusätzlichem Kraftstoff verbessert bei tiefen Temperaturen das Nachstartverhalten. Die Nachstartanreicherung ist so angepasst, dass ein einwandfreier Hochlauf bei allen Temperaturen unter Minimierung der Kraftstoffmenge gegeben ist.

Die Nachstartanreicherung ist temperatur- und zeitabhängig; sie wird von einem temperaturabhängigen Anfangswert annähernd linear mit der Zeit zurückgenommen. Die Anreicherungsdauer ist demnach eine Funktion der Temperatur bei Auslösebeginn.

Das Steuergerät hält die von der Motortemperatur abhängige Anreicherung des Gemischs etwa 4,5 Sekunden auf ihrem Maximalwert und regelt dann ab, nach einem Start bei 20 °C innerhalb 20 Sekunden.

Motortemperatursensor

Der Motortemperatursensor misst die Motortemperatur und gibt ein elektrisches Signal an das Steuergerät. Er ist bei luftgekühlten Motoren in den Motorblock eingeschraubt. Bei wassergekühlten Motoren ragt er in das Kühlmittel.

Der Sensor (siehe Temperatursensor) „meldet" den der jeweiligen Temperatur entsprechenden Widerstand des Messelements an das Steuergerät, das über den elektrohydraulischen Drucksteller die einzuspritzende Kraftstoffmenge im Nachstart und beim Warmlaufen des Motors anpasst.

Warmlaufanreicherung

In der Warmlaufphase kondensiert noch ein Teil des eingespritzten Kraftstoffs in den Saugrohren und an den Zylinderwänden. Dadurch könnten Verbrennungsaussetzer auftreten. Das Luft-Kraftstoff-Gemisch muss daher während des Warmlaufs angereichert werden ($\lambda < 1$). Dabei muss bei steigender Motortemperatur die Anreicherung kontinuierlich verringert werden, um eine Überfettung des Gemischs bei höheren Motortemperaturen zu verhindern.

Während des Warmlaufs erhält der Motor, abhängig von Temperatur, Last und Motordrehzahl, zusätzlichen Kraftstoff. Der Motortemperatursensor erfasst die Kühlmitteltemperatur und meldet sie dem Steuergerät. Es setzt sie in einen entsprechenden Steuerstrom für den elektrohydraulischen Drucksteller um. Dabei ist das Anpassen über diesen Steller so vorgesehen, dass sich bei allen Temperaturen bei möglichst geringem Anfetten ein einwandfreier Verbrennungsablauf einstellt.

Beschleunigungsanreicherung

Öffnet sich die Drosselklappe beim Beschleunigen plötzlich, so magert das Luft-Kraftstoff-Gemisch kurzzeitig ab. Es bedarf einer kurzzeitigen Gemischanreicherung, um ein gutes Übergangsverhalten zu erzielen.

Das Steuergerät erkennt bei kaltem Motor aus der zeitlichen Änderung des Lastsignals, ob ein Beschleunigungsvorgang vorliegt und löst in diesem Fall eine Beschleunigungsanreicherung aus. Damit lässt sich ein „Beschleunigungsloch" vermeiden. Bei kaltem Motor ist wegen der weniger guten Gemischaufbereitung und eventueller Saugrohrbeheizung eine zusätzliche Anreicherung erforderlich. Während des Beschleunigens bei nicht betriebswarmem Motor misst die KE-Jetronic zusätzlich Kraftstoff zu.

Der Größtwert der Beschleunigungsanreicherung ist eine Funktion der Temperatur. Bei der Auslösung dieser Beschleunigungsanreicherung entsteht ein nadelförmiger Anreicherungsimpuls mit einer Dauer von etwa 1 Sekunde. Die Beschleunigungsanreicherung wird bei Temperaturen kleiner 80 °C ausgelöst. Die Anreicherungsrate ist umso höher, je kälter der

Motor ist; sie ist zusätzlich von der zeitlichen Laständerung abhängig.

Die Geschwindigkeit, mit der das Fahrpedal betätigt wird, wird aus der gegenüber der Drosselklappenbewegung nur geringfügig verzögerten Stauscheibenbewegung des Luftmengenmessers abgeleitet. Dieses Signal, das der zeitlichen Änderung der angesaugten Luftmenge – also etwa der Motorleistung – entspricht, erfasst das Potentiometer im Luftmengenmesser und liefert es an das elektronische Steuergerät, das den elektrohydraulischen Drucksteller entsprechend beeinflusst.

Die Kennlinie des Potentiometers ist nicht linear. Dadurch ist das Beschleunigungssignal bei Bewegung aus der Leerlaufstellung heraus am größten; es nimmt mit zunehmender Motorleistung ab. So lässt sich der Schaltungsaufwand im elektronischen Steuergerät verringern.

Stauscheiben-Potentiometer

Das Potentiometer im Luftmengenmesser (Bild 13) ist in Schichttechnik auf Keramikbasis aufgebaut. Ein Bürstenschleifer gleitet über die Potentiometerbahn. Das Bürstchen besteht aus mehreren feinen Drähten, die an einem Hebel angeschweißt sind. Die einzelnen Drähte üben nur einen geringen Druck auf die Widerstandsbahn aus, sodass der Verschleiß äußerst niedrig

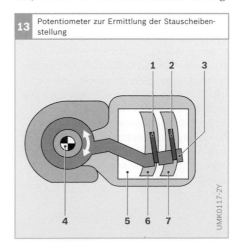

13 Potentiometer zur Ermittlung der Stauscheibenstellung

UMK0117-2Y

Bild 13
1 Abgriffsbürste
2 Hauptbürste
3 Schleiferhebel
4 Luftmengenmesserachse
5 Potentiometerplatte (aus der Bildebene gerückt)
6 Potentiometerbahn 1
7 Potentiometerbahn 2

bleibt. Infolge der Mehrzahl der Drähte gewährleistet der Schleifer auch bei rauer Widerstandsoberfläche und bei sehr schnellen Bewegungen einen guten elektrischen Kontakt.

Der Hebel des Potentiometers ist auf der Achse des Stauscheibenhebels befestigt. Von der Achse ist der Hebel elektrisch isoliert. Die Schleiferspannung greift ein zweiter Bürstenschleifer ab, der mit dem Hauptschleifer elektrisch verbunden ist.

Der Schleifer kann über den Messbereich hinaus nach beiden Seiten so weit überlaufen, dass bei Saugrohrrückschlägen eine Beschädigung ausgeschlossen ist. Zum Schutz gegen Beschädigung durch Kurzschluss liegt in Reihe zum Schleifer ein elektrischer Festwiderstand, der ebenfalls in Schichttechnik ausgeführt ist.

Volllastanreicherung

Bei Volllast gibt der Motor sein größtes Drehmoment ab. Gegenüber Teillast, bei der ein Abstimmen auf minimalen Verbrauch unter Einhalten der Emissionswerte im Vordergrund steht, wird bei Volllast das Luft-Kraftstoff-Gemisch angefettet. Diese Anreicherung ist drehzahlabhängig programmiert und ermöglicht über den gesamten Drehzahlbereich ein maximales Drehmoment. Dadurch ist gleichzeitig auch eine verbrauchsoptimierte Volllast möglich.

Die KE-Jetronic reichert bei Volllast z. B. in den Drehzahlbereichen 1 500...3 000 min^{-1} und oberhalb 4 000 min^{-1} an. Ein Volllastschalter an der Drosselklappe (siehe Drosselklappenschalter) oder ein Mikroschalter am Gasgestänge liefert das Volllastsignal. Die Drehzahlinformation kommt von der Zündanlage. Das elektronische Steuergerät errechnet hieraus die zur Anreicherung notwendige Mehrmenge, die der elektrohydraulische Drucksteller am Mengenteiler bewirkt.

Leerlaufstabilisierung durch Zusatzluftschieber

Um einen runden Leerlauf bei kaltem Motor zu erzielen, wird die Leerlaufdrehzahl angehoben. Dies dient außerdem dem raschen Erwärmen des Motors. Ein Zusatzluftschieber, der als Bypass zur Drosselklappe geschaltet ist (Bild 1), leitet abhängig von der Motortemperatur Zusatzluft zum Motor. Diese Zusatzluft wird beim Messen der Luftmenge berücksichtigt, und die KE-Jetronic teilt dem Motor mehr Kraftstoff zu. Ein genaues Anpassen ist mit einem elektrisch beheizten Zusatzluftschieber gegeben. Dabei bestimmt die Motortemperatur die Anfangsmenge der Zusatzluft und die elektrische Beheizung im Wesentlichen die zeitlich gesteuerte Zurücknahme dieser Menge.

Zusatzluftschieber

Im Zusatzluftschieber steuert eine Bimetallfeder über eine Lochblende den Öffnungsquerschnitt der Umgehungsleitung (Bypass). Der Öffnungsquerschnitt dieser Lochblende stellt sich in Abhängigkeit von der Temperatur so ein, dass beim Kaltstart ein entsprechend großer Querschnitt freigegeben wird, der bei zunehmender Motortemperatur jedoch stetig verringert und schließlich geschlossen wird (siehe Zusatzluftschieber).

Die Bimetallfeder ist elektrisch beheizt und verringert mit der Zeit den Öffnungsquerschnitt des Zusatzluftschiebers vom temperaturabhängigen Anfangswert. Der Einbauort des Zusatzluftschiebers ist so gewählt, dass er möglichst gut die Motortemperatur annimmt. Er arbeitet nicht bei warmem Motor.

Leerlaufdrehzahlregelung durch Drehsteller

Eine zu hohe Leerlaufdrehzahl erhöht den Leerlaufverbrauch und damit den Gesamtverbrauch des Fahrzeugs. Dieses Problem löst die Leerlaufdrehzahlregelung, bei der die Gemischmenge jeweils der Menge entspricht, die für das Aufrechterhalten der Leerlaufdrehzahl bei der jeweiligen Belastung (z. B. kalter Motor und erhöhte Reibung) erforderlich ist.

Weiter erreicht man konstante Abgasemissionswerte auf lange Zeit, ohne Einstellung des Leerlaufs. Die Leerlaufdrehzahlregelung kompensiert teilweise auch alterungsbedingte Veränderungen des Motors und sorgt für einen über die Lebensdauer stabilen Leerlauf des Motors.

Zur Leerlaufdrehzahlregelung ist die Luftmenge oder Füllung die vorteilhafteste Stellgröße (Leerlauffüllungsregelung). Ein Leerlaufdrehsteller öffnet einen Bypass zur Drosselklappe. Je nach Ansteuerung des Drehstellers ergibt sich ein bestimmter Öffnungsquerschnitt. Da die KE-Jetronic diese Zusatzluft mit der Stauklappe erfasst, ändert sich auch die Einspritzmenge entsprechend. Die Leerlaufdrehzahlregelung stabilisiert die Drehzahl wirkungsvoll, da sie einen Soll-Ist-Vergleich der Drehzahl vornimmt und bei entsprechendem Unterschied eingreift.

Leerlaufdrehsteller

Der Leerlaufdrehsteller ersetzt den Zusatzluftschieber und übernimmt zusätzlich zur Leerlaufdrehzahlregelung auch die Funktion des Zusatzluftschiebers. Er teilt dem Motor über einen Bypass zur Drosselklappe mehr oder weniger Luft zu, je nach Abweichung der augenblicklichen Leerlaufdrehzahl von der Solldrehzahl.

Das elektronische Steuergerät der KE-Jetronic wandelt die Drehzahlimpulse in Spannungssignale um und vergleicht sie mit einer von der Motortemperatur abhängigen Solldrehzahl entsprechenden Spannung. Aus der Differenzspannung bildet das Steuergerät ein Ansteuersignal und führt es dem Leerlaufdrehsteller zu. Daraufhin verändert der Drehschieber im Leerlaufdrehsteller den Bypass-Querschnitt (siehe Leerlaufdrehsteller).

Ergänzungsfunktionen

Schubabschaltung

Schubabschalten ist das vollständige Unterbrechen des Kraftstoffzuflusses zum Motor im Schiebebetrieb, um beim Bergabfahren und Bremsen (also auch im Stadtverkehr) den Kraftstoffverbrauch und die Abgasemissionen zu vermindern. Da kein Kraftstoff verbrennt, entstehen auch keine schädlichen Abgase.

Nimmt der Fahrer während der Fahrt den Fuß vom Fahrpedal, geht die Drosselklappe zurück in die Nulllage. Der Drosselklappenschalter meldet dem Steuergerät „Drosselklappe zu". Gleichzeitig erhält das Steuergerät von der Zündanlage die Drehzahlinformation. Liegt die Istdrehzahl im Arbeitsbereich der Schubabschaltung (also über der Leerlaufdrehzahl), dann kehrt das Steuergerät die Stromrichtung

im elektrohydraulischen Drucksteller um. Der Druckabfall am Steller ist dann fast Null. Im Kraftstoffmengenteiler drücken jetzt die Federn in den Unterkammern der Differenzdruckventile diese Ventile (Bild 14) zu und sperren damit die Kraftstoffzufuhr zu den Einspritzventilen.

Die Schubabschaltung, die wegen des kontinuierlichen Einspritzens der Einspritzventile ruckfrei arbeitet, spricht abhängig von der Kühlmitteltemperatur an. Um ständiges Ein- und Ausschalten zu vermeiden, liegt je nach Richtung der Drehzahlveränderung ein unterschiedlicher Schaltpunkt fest. Für den warmen Motor liegen die Schaltschwellen möglichst tief, damit möglichst viel Kraftstoff eingespart wird. Bei niedriger Kühlmitteltemperatur steigen die Schwellenwerte an, damit der

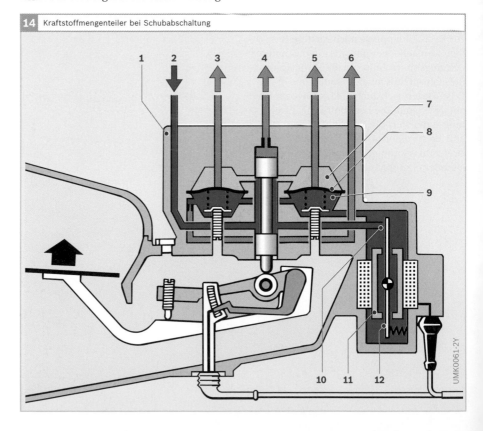

14 Kraftstoffmengenteiler bei Schubabschaltung

Bild 14

1 Kraftstoffmengenteiler
2 Kraftstoffzulauf
3 Zulauf zu den Einspritzventilen
4 Zulauf zum Kaltstartventil
5 Zulauf zu den Einspritzventilen
6 zum Systemdruckregler
7 Oberkammer der Differenzdruckventile
8 Membran (schließt Zulauf zu den Einspritzventilen)
9 Unterkammer der Differenzdruckventile
10 Düse im elektrohydraulischen Drucksteller
11 Spule
12 Prallplatte

UMK0061-2Y

kalte Motor auch bei plötzlichem Auskuppeln nicht ausgeht (Bild 15).

Drehzahlbegrenzung
Die Drehzahlbegrenzung sperrt beim Erreichen der maximal zulässigen Motordrehzahl die Kraftstoffzufuhr zu den Einspritzventilen.

Durch Stromrichtungsumkehr im elektrohydraulischen Drucksteller entfernt sich die Prallplatte von der Düse. Der Druckabfall geht gegen Null und die Membranen in den Differenzdruckventilen sperren die Kraftstoffzufuhr zu den Einspritzventilen. Es tritt der gleiche Ablauf wie bei der Schubabschaltung ein. Das elektronische Steuergerät, das die Istdrehzahl mit einer programmierten oberen Drehzahl n_o vergleicht, unterbindet die Kraftstoffeinspritzung beim Überschreiten der maximalen Drehzahl. Es stellt sich ein Drehzahlbereich von ±80 Umdrehungen pro Minute um die Höchstdrehzahl ein (Bild 16).

Die elektronisch gesteuerte Drehzahlbegrenzung schützt den Motor vor Überdrehen und begrenzt gleichzeitig Kraftstoffverbrauch und Abgasemissionen.

Gemischanpassung in großer Höhe
In großer Höhe entspricht der gemessene Volumenstrom infolge der geringeren Luftdichte nur einem geringeren Luftmengenstrom. Diese Abweichung kann die KE-Jetronic je nach Erweiterungsstufe kompensieren, indem sie die Kraftstoffmenge korrigiert. Damit lässt sich ein Überfetten mit zu hohem Kraftstoffverbrauch vermeiden.

Die Höhenkorrektur übernimmt ein Sensor, der den Luftdruck erfasst. Entsprechend dem momentan herrschenden Luftdruck gibt der Sensor ein Signal an das Steuergerät, das daraufhin den Ansteuerstrom für den elektrohydraulischen Drucksteller verändert. Dieser Strom steuert über den Unterkammerdruck im Differenzdruckventil den Differenzdruck an den Steuerschlitzen und somit auch die Kraftstoffmenge. Auch kontinuierliches Verstellen der Einspritzmenge bei sich änderndem Luftdruck ist möglich.

λ-Regelung
Aufbau und Arbeitsweise
Zur Einhaltung niedriger Abgasgrenzwerte ist die Steuerung des Luft-Kraftstoff-

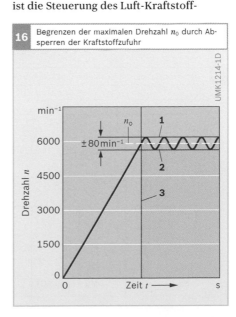

15 Mindestdrehzahl der Schubabschaltung, abhängig von der Kühlmitteltemperatur

UMK0035-1D

min⁻¹

-- Einschaltschwelle für Schubabschaltung
— Wiedereinschaltschwelle für Einspritzung

Drehzahl n

3800
3400
3000
2600
2200
1800
1400
1000
600

−30 −10 0 10 30 50 70 90 110 °C
Kühlmitteltemperatur

16 Begrenzen der maximalen Drehzahl n_o durch Absperren der Kraftstoffzufuhr

UMK1214-1D

min⁻¹

n_o **1**

±80 min⁻¹

2

3

Drehzahl n

6000
4500
3000
1500
0

0   Zeit t ⟶   s

Bild 16
1 Einspritzung abgeschaltet
2 Einspritzung eingeschaltet
3 Drehzahlbegrenzung „ein"
n_o obere Drehzahlschwelle

Gemischs nicht genau genug. Die zum Betrieb eines Dreiwegekatalysators notwendige λ-Regelung stellt die Luftzahl sehr genau auf $\lambda = 1$ ein. Die λ-Regelung ist bei der KE-Jetronic eine aufschaltbare Funktion, die im Prinzip jede elektronisch beeinflussbare Gemischsteuerung ergänzen kann. Wesentliche Eingangsgröße ist das Signal der λ-Sonde (siehe Kapitel Abgasreinigung, λ-Regelung), es wird im Steuergerät der KE-Jetronic verarbeitet. Der erforderliche Regeleingriff zur Korrektur der Kraftstoffzuteilung erfolgt über den elektrohydraulischen Drucksteller.

Elektrische Schaltung

Die KE-Jetronic verfügt über elektrische Komponenten wie Elektrokraftstoffpumpe, Zusatzluftschieber beziehungsweise Leerlaufdrehsteller, Kaltstartventil und Thermozeitschalter. Die Betätigung dieser Komponenten erfolgt über ein Steuerrelais, das vom Zünd-Start-Schalter geschaltet wird.

Neben Schaltaufgaben hat das Steuerrelais eine Sicherheitsfunktion. Eine häufig verwendete Schaltungsvariante ist nachfolgend beschrieben (Bild 17 bis Bild 20).

Funktionen
Funktion des Thermozeitschalters
Beim Kaltstart des Motors legt der Zünd-Start-Schalter über Klemme 50 Spannung an das Kaltstartventil und den Thermozeitschalter. Dauert der Startvorgang länger als 8...15 s, so schaltet der Thermozeitschalter das Kaltstartventil aus, damit der Motor nicht überfettet. Der Thermozeitschalter erfüllt in diesem Falle eine Zeitschalterfunktion.

Liegt beim Starten des Motors die Motortemperatur über ca. 35 °C, so hat der Thermozeitschalter die Verbindung zum Kaltstartventil bereits geöffnet. Das Kaltstartventil spritzt keinen zusätz-

Bild 17
K1 Thermozeitschalter
K2 Steuerrelais
S1 Zünd-Start-Schalter
Y1 Kaltstartventil
Y2 Elektrokraftstoffpumpe
Y3 Zusatzluftschieber

Mager dargestellte
Zahlen bezeichnen
Klemmenanschlüsse

Bild 18
K1 Thermozeitschalter
K2 Steuerrelais
S1 Zünd-Start-Schalter
Y1 Kaltstartventil
Y2 Elektrokraftstoffpumpe
Y3 Zusatzluftschieber

Mager dargestellte
Zahlen bezeichnen
Klemmenanschlüsse

Kaltstartventil und
Thermozeitschalter sind
eingeschaltet. Motor
dreht sich (Impulse von
Klemme 1 der Zündspule). Steuerrelais,
Elektrokraftstoffpumpe
und Zusatzluftschieber
sind eingeschaltet.

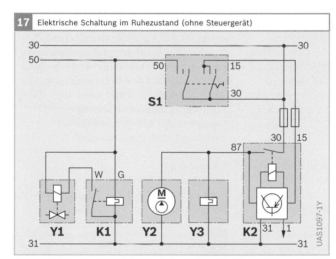

17 Elektrische Schaltung im Ruhezustand (ohne Steuergerät)

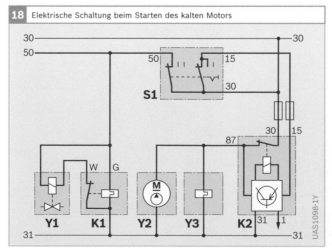

18 Elektrische Schaltung beim Starten des kalten Motors

lichen Kraftstoff ein. Der Thermozeitschalter wirkt in diesem Fall als Thermoschalter.

Sicherheitsschaltung für die Elektrokraftstoffpumpe
Weiterhin legt der Zünd-Start-Schalter beim Starten Spannung an das Steuerrelais. Es wird eingeschaltet, sobald der Motor läuft. Die beim Durchdrehen des Motors durch den Starter erreichte Drehzahl reicht dazu bereits aus. Als Kennzei-

chen für den Lauf des Motors dienen die Impulse von der Zündspule, Klemme 1. Die Impulse werden von einer elektronischen Schaltung im Steuerrelais ausgewertet. Nach dem ersten Impuls schaltet das Steuerrelais ein und legt Spannung an die Elektrokraftstoffpumpe und den Zusatzluftschieber. Das Steuerrelais bleibt eingeschaltet, solange die Zündung eingeschaltet ist und der Motor läuft. Bleiben die Impulse von Klemme 1 der Zündspule aus, weil der Motor zum Stehen kommt (z. B. nach einem Unfall), dann schaltet das Steuerrelais etwa 1 s nach dem letzten Impuls ab.

Diese Sicherheitsschaltung verhindert, dass die Elektrokraftstoffpumpe trotz stehendem Motor und eingeschalteter Zündung weiter Kraftstoff fördert.

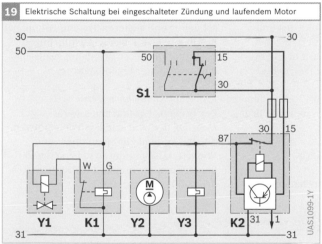

19 Elektrische Schaltung bei eingeschalteter Zündung und laufendem Motor

Bild 19
K1 Thermozeitschalter
K2 Steuerrelais
S1 Zünd-Start-Schalter
Y1 Kaltstartventil
Y2 Elektrokraftstoffpumpe
Y3 Zusatzluftschieber

Mager dargestellte Zahlen bezeichnen Klemmenanschlüsse

Zündung eingeschaltet, Motor läuft. Steuerrelais, Elektrokraftstoffpumpe und Zusatzluftschieber sind eingeschaltet.

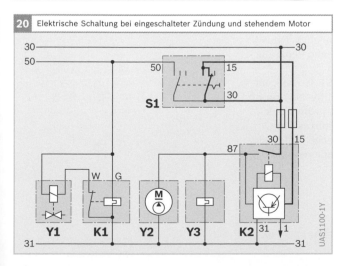

20 Elektrische Schaltung bei eingeschalteter Zündung und stehendem Motor

Bild 20
K1 Thermozeitschalter
K2 Steuerrelais
S1 Zünd-Start-Schalter
Y1 Kaltstartventil
Y2 Elektrokraftstoffpumpe
Y3 Zusatzluftschieber

Mager dargestellte Zahlen bezeichnen Klemmenanschlüsse

Keine Impulse von Klemme 1 der Zündspule. Steuerrelais, Elektrokraftstoffpumpe und Zusatzluftschieber sind ausgeschaltet.

Werkstattprüftechnik

Aggregate und Systeme von Bosch sind mit ihren Kenndaten und Leistungswerten exakt auf das jeweilige Fahrzeug und den zum Fahrzeug gehörigen Motor abgestimmt. Um die notwendigen Prüfungen durchführen zu können, hat Bosch die zur Prüfung der KE-Jetronic erforderliche Messtechnik, die Prüfgeräte und Spezialwerkzeuge entwickelt und die Kundendienstwerkstätten damit ausgerüstet. Diese Messtechnik ist in den Bosch Classic Car Services immer noch im Einsatz.

Prüftechnik für KE-Jetronic
Das Benzineinspritzsystem KE-Jetronic erfordert, abgesehen vom periodischen Wechseln des Kraftstofffilters nach Vorschrift des Fahrzeugherstellers, keine Wartungsarbeiten.

Bei Störungen des Systems stehen dem Fachmann im Wesentlichen folgende Prüfgeräte zur Verfügung:
▸ Ventilprüfgerät,
▸ Mengenvergleichsmessgerät,
▸ Druckmessvorrichtung,
▸ λ-Regelungstester (bei vorhandener λ-Regelung),
▸ Universal-Prüfadapter und
▸ Universal-Vielfachmessgerät.

Ohne diese Ausrüstung ist keine gezielte, preisgünstige Fehlersuche und keine fachgerechte Instandsetzung möglich. Fahrzeughalter sollten von eigenen Reparaturversuchen absehen.

Die Prüftechnik für die KE-Jetronic entspricht weitgehend der Prüftechnik für die K-Jetronic (siehe Werkstattprüftechnik K-Jetronic). Unterschiede gibt es beim λ-Regelungstester, zusätzliche Prüfgeräte bilden der Universal-Prüfadapter und das Universal-Vielfachmessgerät.

λ-Regelungstester
Dieses Testgerät eignet sich bei KE-Jetronic-Anlagen mit λ-Regelung zum Prüfen des Druckstellerstroms, des λ-Sondensignals (mit Simulation des Signals „fett"/ „mager") und der Steuerung-Regelung-Funktion.

Für den Anschluss an die Sondenleitung und den elektrohydraulischen Drucksteller der verschiedenen Fahrzeugmodelle gibt es spezielle Adapterleitungen. Die Messwerte werden analog angezeigt.

Universal-Prüfadapter
Der Universal-Prüfadapter dient zur schnellen und sicheren Systemprüfung bei bestimmten KE-Jetronic-Ausführungen ohne Eigendiagnose beziehungsweise mit eingeschränkter Eigendiagnose.

Universal-Vielfachmessgerät
Das Universal-Vielfachmessgerät ist zur Messung der Druckstellerströme notwendig und es dient zur Spannungs- und Widerstandsmessung an den verschiedenen Komponenten (z. B. Potentiometer des Luftmengenmessers).

Mono-Jetronic

Systemübersicht

Die Mono-Jetronic ist ein elektronisch gesteuertes Niederdruck-Zentraleinspritzsystem für 4-Zylinder-Motoren mit einem zentral angeordneten elektromagnetischen Einspritzventil – im Gegensatz zu je einem Einspritzventil pro Zylinder bei den Einzeleinspritzsystemen D-, K-, KE- und L-Jetronic.

Kernstück der Mono-Jetronic ist das Einspritzaggregat mit einem elektromagnetischen Einspritzventil, das den Kraftstoff intermittierend (zeitweilig aussetzend) oberhalb der Drosselklappe einspritzt. Die Verteilung des Kraftstoffs auf die einzelnen Zylinder erfolgt durch das Saugrohr.

Verschiedene Sensoren ermitteln alle wesentlichen Betriebsgrößen des Motors, die für eine optimale Gemischanpassung notwendig sind. Eingangsgrößen sind z. B.:

► Drosselklappenwinkel,
► Motordrehzahl,
► Motor- und Ansauglufttemperatur,
► Leerlauf- und Volllaststellung der Drosselklappe,
► Restsauerstoffgehalt im Abgas und
► optional (je nach Fahrzeugausstattung) Getriebestellung des Automatikgetriebes und Klimabereitschaft sowie Schaltstellung des Klimakompressors der Klimaanlage.

Eingangsschaltungen im elektronischen Steuergerät bereiten diese Daten auf. Ein Mikroprozessor im Steuergerät verarbeitet diese Betriebsdaten, erkennt daraus den Betriebszustand des Motors und berechnet abhängig davon Stellsignale. Endstufen verstärken diese Signale und steuern das

Bild 1

1 Kraftstoffbehälter
2 Elektrokraftstoffpumpe
3 Kraftstofffilter
4 Kraftstoffdruckregler
5 elektromagnetisches Einspritzventil
6 Lufttemperatursensor
7 elektronisches Steuergerät
8 Drosselklappensteller
9 Drosselklappe mit Drosselklappenpotentiometer
10 Regenerierventil
11 Aktivkohlebehälter
12 λ-Sonde
13 Motortemperatursensor
14 Zündverteiler
15 Batterie
16 Zünd-Start-Schalter
17 Relais
18 Diagnoseanschluss
19 Einspritzaggregat

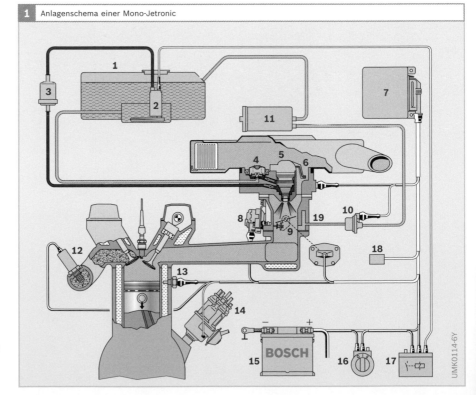

1 Anlagenschema einer Mono-Jetronic

UMK0114-6Y

Einspritzventil, den Drosselklappenansteller und das Regenerierventil (siehe Kraftstoffverdunstungs-Rückhaltesystem) an.

Ausführungen
Die nachfolgende Beschreibung bezieht sich auf eine typische Ausführung der Mono-Jetronic (Bild 1). Weitere Varianten wurden auf die individuellen Anforderungen der Automobilhersteller abgestimmt.

Die Mono-Jetronic gliedert sich in folgende Funktionsbereiche (Bild 2):
▸ Kraftstoffversorgung,
▸ Betriebsdatenerfassung und
▸ Betriebsdatenverarbeitung.

Grundfunktion
Die Steuerung der Benzineinspritzung bildet den Kern der Mono-Jetronic.

Zusatzfunktionen
Weitere Steuer- und Regelfunktionen erweitern die Grundfunktion und gestatten eine Überwachung der Komponenten, die Einfluss auf die Abgaszusammensetzung nehmen. Dazu gehören die Leerlaufdrehzahlregelung, die λ-Regelung und die Steuerung des Kraftstoffverdunstungs-Rückhaltesystems.

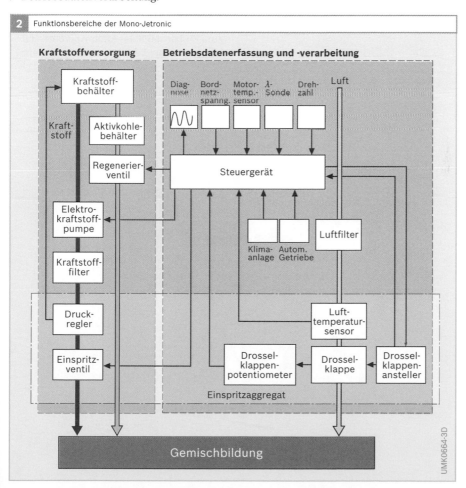

2 Funktionsbereiche der Mono-Jetronic

UMK0664-3D

Einspritzaggregat

Das Einspritzaggregat der Mono-Jetronic (Bild 3 und Bild 4) sitzt direkt auf dem Saugrohr und versorgt den Motor mit fein zerstäubtem Kraftstoff. Es bildet den Kern der Mono-Jetronic-Anlage. Sein Aufbau ist dadurch bestimmt, dass im Gegensatz zu Einzeleinspritzsystemen (z. B. L-Jetronic) die Benzineinspritzung zentral erfolgt und die vom Motor angesaugte Luftmenge indirekt durch die Verknüpfung der beiden Größen „Drosselklappenwinkel α" und „Motordrehzahl n" bestimmt wird.

Unterteil

Das Unterteil des Einspritzaggregats umfasst die Drosselklappe mit dem Drosselklappenpotentiometer zum Messen des Drosselklappenwinkels. Auf einer am Unterteil angebrachten Konsole befindet sich der Drosselklappenansteller als Stellglied der Leerlaufdrehzahlregelung.

Oberteil

Das Oberteil umfasst das gesamte Kraftstoffsystem des Einspritzaggregats, bestehend aus dem Einspritzventil, dem Kraftstoffdruckregler und den erforderlichen Kraftstoffkanälen, die sich im Haltearm des Einspritzaggregats für das Einspritzventil befinden. Es handelt sich um zwei zum Einbauraum des Einspritzventils fallende Kanäle, über die das Einspritzventil

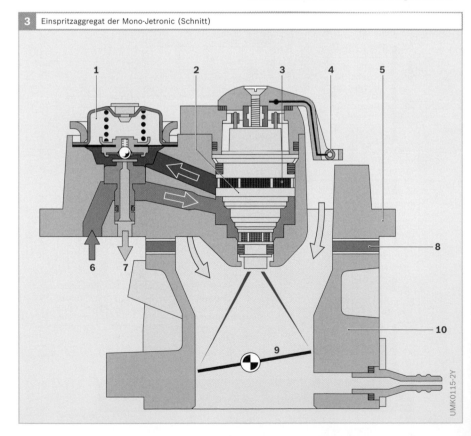

3 Einspritzaggregat der Mono-Jetronic (Schnitt)

Bild 3
1 Kraftstoffdruckregler
2 Einspritzventil
3 Siebkörper
4 Lufttemperatursensor
5 Oberteil (Hydraulikteil)
6 Kraftstoffzulaufkanal
7 Kraftstoffrücklaufkanal
8 wärmeisolierende Zwischenplatte
9 Drosselklappe
10 Unterteil

UMK0115-2Y

mit Kraftstoff versorgt wird. Über den unteren Kanal wird der Kraftstoff zugeführt. Der obere Kanal stellt die Verbindung zur Unterkammer des Kraftstoffdruckreglers her, von wo aus der zu viel geförderte Kraftstoff über das Plattenventil des Kraftstoffdruckreglers in die Kraftstoffrücklaufleitung gelangt. Diese Anordnung der Kraftstoffkanäle stellt sicher, dass sich auch bei vermehrter Dampfblasenbildung des Kraftstoffs (wie sie z. B. infolge starker Erwärmung des Einspritzaggregats nach Abstellen des Motors auftreten kann) am Zumessbereich des Einspritzventils genügend viel Kraftstoff angesammelt hat, um einen sicheren Start zu gewährleisten.

Ein Bund an dem Siebkörper des Einspritzventils begrenzt den freien Querschnitt zwischen dem Zulauf- und dem Rücklaufkanal auf ein definiertes Maß, sodass der zuviel geförderte, nicht abgespritzte Kraftstoff in zwei Teilströme aufgeteilt wird. Ein Teilstrom durchströmt das Einspritzventil, während der andere Teilstrom das Einspritzventil umfließt. Dadurch ist eine intensive Spülung und eine rasche Abkühlung des Einspritzventils gewährleistet.

Diese Anordnung der Kraftstoffkanäle mit Umspülung und Durchspülung des Einspritzventils bewirkt das sehr gute Heißstartverhalten des Mono-Jetronic-Systems.

An der Abdeckkappe des Oberteils ist der Lufttemperatursensor zum Messen der Ansauglufttemperatur angebracht.

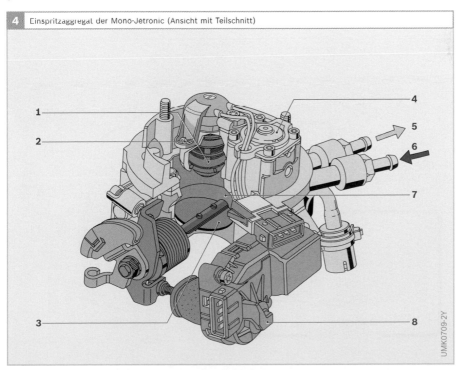

4 Einspritzaggregat der Mono-Jetronic (Ansicht mit Teilschnitt)

UMK0709-2Y

Bild 4
1 Einspritzventil
2 Lufttemperatur-
  sensor
3 Drosselklappe
4 Kraftstoffdruck-
  regler
5 Kraftstoffrücklauf
6 Kraftstoffzulauf
7 Drosselklappen-
  potentiometer
  (auf verlängerter
  Drosselklappen-
  welle, nicht sicht-
  bar)
8 Drosselklappen-
  ansteller

Kraftstoffversorgung

Die Kraftstoffversorgung dient der Kraftstoffzuführung vom Kraftstoffbehälter bis zum elektromagnetischen Einspritzventil (Bild 5).

Kraftstoffförderung

Eine Elektrokraftstoffpumpe fördert den Kraftstoff kontinuierlich aus dem Kraftstoffbehälter über ein Kraftstofffilter zum Einspritzaggregat der Mono-Jetronic (Bild 1 und Bild 5). Elektrokraftstoffpumpen gibt es als Leitungs- oder als Tankeinbauversion (siehe Komponenten der Jetronic). Die bei der Mono-Jetronic in der Regel verwendeten Tankeinbaupumpen befinden sich im Kraftstoffbehälter (Intank) in einer speziellen Halterung (siehe Tankeinbaueinheit).

Die bei der Mono-Jetronic vorzugsweise eingesetzte zweistufige Strömungspumpe eignet sich speziell für den hier vorliegenden niedrigen Systemdruck. Eine Seitenkanalpumpe dient als Vorstufe und eine Peripheralpumpe als Hauptstufe, wobei beide Stufen in einem Laufrad integriert sind (siehe zweistufige Strömungspumpe).

Kraftstoffreinigung

Verunreingungen im Kraftstoff können die Funktion des Einspritzventils und des Kraftstoffdruckreglers beeinträchtigen. Deshalb ist zur Kraftstoffreinigung ein Filter (siehe Kraftstofffilter) in der Kraftstoffvorlaufleitung zwischen Elektrokraftstoffpumpe und Einspritzaggregat eingebaut – vorzugsweise an einer gegen Steinschlag geschützten Stelle an der Fahrzeugunterseite.

Kraftstoffdruckregelung

Die Kraftstoffdruckregelung hat die Aufgabe, die Differenz zwischen dem Kraftstoff- und dem Umgebungsdruck an der Zumessstelle des Einspritzventils auf 100 kPa (1 bar) konstant zu halten. Bei der Mono-Jetronic ist der Kraftstoffdruckregler baulich im Hydraulikteil des Einspritzaggregats integriert.

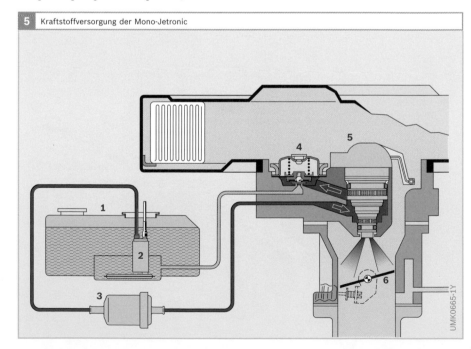

5 Kraftstoffversorgung der Mono-Jetronic

Bild 5
1 Kraftstoffbehälter
2 Elektrokraftstoffpumpe
3 Kraftstofffilter
4 Kraftstoffdruckregler
5 Einspritzventil
6 Drosselklappe mit Drosselklappenansteller

UMK0665-1Y

Kraftstoffdruckregler
Eine Gummigewebemembran teilt den
Kraftstoffdruckregler in eine kraftstoff-
beaufschlagte Unterkammer und in eine
Oberkammer, in der sich eine vorge-
spannte Schraubenfeder auf der Membran
abstützt. Eine beweglich gelagerte Ventil-
platte, die über den Ventilträger mit der
Membran verbunden ist, wird durch die
Federkraft auf den Ventilsitz gepresst
(Flachsitzventil).

Übersteigt die aus dem Kraftstoffdruck
und der Membranfläche resultierende
Kraft die entgegengerichtete Federkraft,
so wird die Ventilplatte etwas von ihrem
Sitz abgehoben und es kann Kraftstoff
durch den freigegebenen Querschnitt zum
Kraftstoffbehälter zurückfließen. In diesem Gleichgewichtszustand beträgt der
Differenzdruck zwischen Ober- und Unterkammer 100 kPa.

In der Oberkammer (Federkammer)
wirkt über Belüftungsöffnungen derselbe
Umgebungsdruck wie an der Abspritz-
stelle des Einspritzventils. Der Hub der
Ventilplatte variiert in Abhängigkeit von
Förder- und Verbrauchsmenge.

Die Federkennlinie und die Membranfläche sind so gewählt, dass der geregelte

Druck über einen weiten Förderbereich in
engen Grenzen eingehalten wird.

Mit dem Abstellen des Motors endet
auch die Kraftstoffförderung. Das Rückschlagventil der Elektrokraftstoffpumpe
und das Druckreglerventil schließen, wodurch der Druck in der Kraftstoffzulaufleitung und im Hydraulikteil über eine gewisse Zeit erhalten bleibt. Diese Funktionsweise verhindert bei abgestelltem
Motor weitgehend eine Dampfblasenbildung infolge der Kraftstofferwärmung
in der Kraftstoffzulaufleitung durch die
Motorabwärme und gewährleistet so stets
einen sicheren Start.

Rückführung von verdunstetem Kraftstoff
Um die Emission der umweltbelastenden
Kohlenwasserstoffverbindungen zu reduzieren, dürfen die im Kraftstoffbehälter
entstehenden Kraftstoffdämpfe nicht in
die Umgebung abgeführt werden. Zur Erfüllung dieser Forderung müssen Fahrzeuge mit einem Kraftstoffverdunstungs-
Rückhaltesystem ausgerüstet sein, bei dem
der Kraftstoffbehälter mit einem Aktivkohlebehälter in Verbindung steht. Aktivkohle besitzt die Eigenschaft, den im
Kraftstoffdampf enthaltenen Kraftstoff zu
absorbieren. Zur Weiterleitung des in der
Aktivkohle gebundenen Kraftstoffs saugt
der Motor Frischluft durch den Aktivkohlebehälter, wobei die Luft den Kraftstoff wieder aufnimmt. Die mit Kohlenwasserstoffen angereicherte Luft wird
über das Saugrohr den Zylindern zur Verbrennung zugeführt. Zur Dosierung des
Kraftstoffdampfstroms steuert das Steuergerät ein Regenerierventil an (siehe Kraftstoffverdunstungs-Rückhaltesystem).

6 Kraftstoffdruckregler der Mono-Jetronic

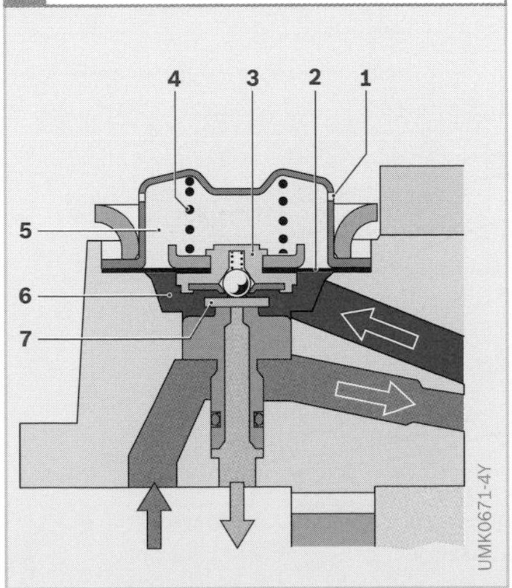

Bild 6
1 Belüftungs-
  öffnungen
2 Gummigewebe-
  membran
3 Ventilträger
4 Druckfeder
5 Oberkammer
6 Unterkammer
7 Ventilplatte

Betriebsdatenerfassung

Sensoren erfassen alle wesentlichen Betriebsdaten und damit den Betriebszustand das Motors. Die gewonnenen Informationen werden als elektrische Signale zum elektronischen Steuergerät geleitet, dort in digitale Signale umgewandelt und zur Ansteuerung der verschiedenen Stellglieder weiterverarbeitet (siehe Bild 2).

Luftfüllung

Zum Erzielen eines bestimmten Luft-Kraftstoff-Verhältnisses muss die Luftmasse, die der Motor pro Arbeitshub ansaugt, erfasst werden. Wenn diese Luftmasse, im folgenden Luftfüllung genannt, bekannt ist, kann durch Ansteuern des Einspritzventils mit entsprechender Zeitdauer die passende Kraftstoffmenge zugeordnet werden.

Bestimmung der Luftfüllung

Das Bestimmen der Luftfüllung bei der Mono-Jetronic erfolgt indirekt durch die Verknüpfung der beiden Größen Drosselklappenwinkel α und Motordrehzahl n. Ein derartiges System erfordert, dass die zwischen der Drosselklappe und der Drosselbohrung freigegebene Querschnittsfläche (in Abhängigkeit von dem Öffnungswinkel der Drosselklappe) bei je-

dem serienmäßig gefertigten Einspritzaggregat in einem sehr engen Toleranzband liegt.

Durch Betätigen der Drosselklappe vom Fahrpedal aus steuert der Fahrer den Ansaugluftstrom des Ottomotors und gibt dann den gewünschten Betriebspunkt vor. Ein Drosselklappenpotentiometer erfasst dabei den Drosselklappenwinkel α. Neben der Drosselklappenstellung sind Motordrehzahl n und Luftdichte zusätzliche Einflussgrößen für die vom Motor angesaugte Luftmasse.

Die Luftfüllung in Abhängigkeit von Drosselklappenwinkel α und Drehzahl n wird für einen Motor auf dem Motorprüfstand ermittelt. Bild 7 zeigt das typische Diagramm eines Motorkennfelds; dabei ist die relative Luftfüllung in Abhängigkeit von Drosselklappenwinkel α und Motordrehzahl n aufgetragen. Ist das Motorkennfeld für einen Motor bekannt, so ist die Luftfüllung bei konstanter Luftdichte durch α und n exakt bestimmt (α/n-System).

λ-Kennfeld

Der Drosselklappenstutzen der Mono-Jetronic ist ein sehr präzises Luftzumessorgan und liefert ein äußerst genaues Drosselklappenwinkelsignal an das elek-

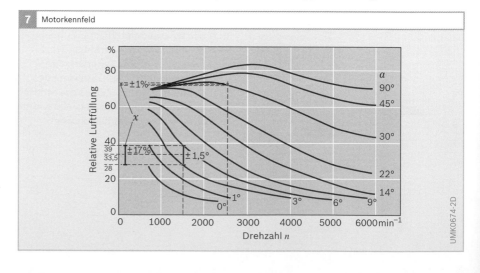

7 Motorkennfeld

Bild 7

Relative Luftfüllung abhängig von Motordrehzahl n und Drosselklappenwinkel α.

x Relative Luftfüllungsänderung

α Drosselklappenwinkel

UMK0674-2D

tronische Steuergerät. Die notwendige Information über die Drehzahl liefert die Zündanlage. Aufgrund des konstanten Kraftstoffüberdrucks im Einspritzventil gegenüber dem Umgebungsdruck an der Abspritzstelle ist die Öffnungsdauer des Einspritzventils pro Ansteuerimpuls allein für die eingespritzte Kraftstoffmenge ausschlaggebend. Diese Öffnungsdauer wird Einspritzzeit genannt.

Um ein gewünschtes Luft-Kraftstoff-Verhältnis sicherzustellen, muss die Einspritzzeit proportional zur erfassten Luftfüllung gewählt werden. Das heißt: Die Einspritzzeit kann direkt a und n zugeordnet werden. Bei der Mono-Jetronic erfolgt diese Zuordnung durch ein λ-Kennfeld mit den Eingangsgrößen a und n. Der Einfluss der Luftdichte, die von der Ansauglufttemperatur und vom Luftdruck abhängig ist, wird dabei vollständig kompensiert. Die Ansauglufttemperatur wird beim Eintritt in das Einspritzaggregat der Mono-Jetronic gemessen und im elektronischen Steuergerät mit einem Korrekturfaktor berücksichtigt.

Gemischkorrektur über λ-Regelung
Die Mono-Jetronic besitzt zur Erfüllung der strengen US-Abgasvorschriften grundsätzlich eine λ-Regelung, um das Luft-Kraftstoff-Verhältnis für den Dreiwege-katalysator sehr genau bei $\lambda = 1$ einzuhalten. Darüber hinaus wird die λ-Regelung zusätzlich genutzt, um adaptive Gemischkorrekturen durchzuführen (siehe Gemischadaption). Das heißt, das System passt sich den wechselnden Bedingungen selbstlernend an.

Diese Korrekturwerte berücksichtigen neben dem Einfluss des Luftdrucks (insbesondere Luftdruckänderungen infolge von Fahrten in unterschiedlichen Höhen) auch die individuellen Toleranzen und die Abweichungen, die während der gesamten Laufzeit eines Fahrzeugs am Motor und an den Einspritzaggregaten auftreten können. Beim Abstellen des Motors bleiben die „gelernten" Korrekturwerte abgespeichert, sodass sie bei einem erneuten Start sofort wieder wirksam sind.

Mit dieser adaptiven Gemischsteuerung und dem zusätzlich überlagerten λ-Regelkreis garantiert die indirekte Erfassung der angesaugten Luftmasse durch die a/n-Steuerung eine uneingeschränkte Gemischkonstanz, ohne dass eine Luftmassenmessung durchgeführt werden muss.

Drosselklappenwinkel
Das Drosselklappenwinkelsignal a dient dem elektronischen Steuergerät zur Berechnung der Drosselklappenstellung und der Drosselklappenwinkelgeschwindigkeit.

Die Drosselklappenstellung ist – wie zuvor beschrieben – eine wichtige Eingangsgröße für die Funktionen der Luftfüllungserfassung beziehungsweise der Einspritzzeitberechnung und der Stellungsrückmeldung des Drosselklappenanstellers bei geschlossenem Leerlaufschalter. Die Drosselklappenwinkelgeschwindigkeit wird hauptsächlich für die Übergangskompensation benötigt.

Die erforderliche Auflösegenauigkeit des a-Signals wird durch die Luftfüllungserfassung bestimmt. Um ein problemloses Fahr- und Abgasverhalten zu erzielen, muss die Auflösung der Luftfüllung sowie der Einspritzzeit in kleinsten digitalen Stufen (Quantelung) so fein erfolgen, dass ein Luft-Kraftstoff-Verhältnis mit der Genauigkeit von 2 % eingestellt werden kann.

Der Motorkennfeldbereich, bei dem sich die Luftfüllung in Abhängigkeit von a am Stärksten ändert, liegt bei kleinen Drosselklappenwinkeln a und niederer Drehzahl n, d. h. im Leerlauf und bei unterer Teillast. Wie aus Bild 7 hervorgeht, führen in diesem Bereich Winkeländerungen von z. B. ±1,5 ° zu einer relativen Luftfüllungsänderung beziehungsweise λ-Änderung von ±17 %, während außerhalb dieses Bereichs bei größeren Drosselklappenwinkeln dieselbe Winkeländerung einen nahezu vernachlässigbaren Einfluss ausübt.

Daraus folgt, dass im Leerlauf und bei unterer Teillast eine hohe Winkelauflösung notwendig ist.

Drosselklappenpotentiometer
Der Schleiferarm des Potentiometers ist direkt auf die Drosselklappenwelle aufgepresst; die Widerstandsbahnen des Potentiometers wie auch der elektrische Anschluss befinden sich auf einer mit dem Unterteil des Einspritzaggregats verschraubten Kunststoffplatte. Die Spannungsversorgung erfolgt über eine stabilisierte 5-V-Spannungsquelle.

Um die erforderliche hohe Signalauflösung zu gewährleisten, ist der Drosselklappenwinkelbereich zwischen Leerlauf und Volllast auf zwei Widerstandsbahnen aufgeteilt (Bild 8). Über den Winkelsegmenten fällt die Spannung linear ab. Jeder der beiden Widerstandsbahnen ist eine parallel liegende Leiterbahn (Kollektorbahn) zugeordnet. Sowohl die Widerstandsbahnen als auch die Kollektorbahnen sind in Dickschichttechnik ausgeführt.

Der Schleiferarm besitzt vier Schleifer, die je einer Potentiometerbahn zugeordnet sind. Die Schleifer der Widerstandsbahn und der zugeordneten Kollektorbahn sind leitend miteinander verbunden, wo-

durch das Signal von der Widerstandsbahn auf die Kollektorbahn übertragen wird. Die erste Bahn umfasst den Winkelbereich von 0...24 °, die zweite den Bereich von 18...90 °. Im elektronischen Steuergerät werden die Winkelsignale (a) getrennt über je einen Analog-digital-Wandlerkanal umgesetzt. Alterung und Temperaturschwankungen des Potentiometers werden im Steuergerät durch Auswertung von Spannungsverhältnissen kompensiert.

Eine umlaufende Nut in der Potentiometerplatte nimmt eine Rundschnurdichtung auf, die das Eindringen von Feuchtigkeit und Schmutz zuverlässig verhindert. Die Potentiometerkammer ist über eine Belüftungseinrichtung mit der Umgebung verbunden.

Drehzahl
Die für die a/n- Steuerung notwendige Drehzahlinformation wird aus der Periodenzeit des Zündsignals gewonnen. Dabei werden im elektronischen Steuergerät die von der Zündung bereitgestellten Signale verarbeitet. Dies sind entweder der vom Zündschaltgerät bereits aufbereitete T_D-Impuls oder das an der Klemme 1 (U_S) der Niederspannungsseite der Zündspule vorhandene Spannungssignal (Bild 9). Gleichzeitig werden diese Signale auch zum Aus-

Bild 8

a Gehäuse mit Schleifarm

b Gehäusedeckel mit Potentiometerbahnen

1 Unterteil des Einspritzaggregats

2 Drosselklappenwelle

3 Schleifarm

4 Schleifer

5 Widerstandsbahn 1

6 Kollektorbahn 1

7 Widerstandsbahn 2

8 Kollektorbahn 2

9 Rundschnurdichtung

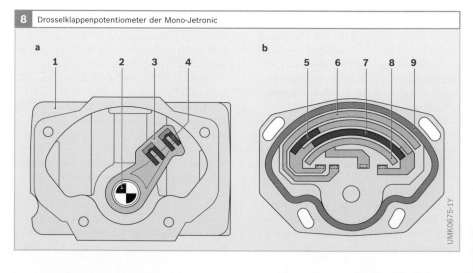

8 Drosselklappenpotentiometer der Mono-Jetronic

UMK0675-1Y

lösen der Einspritzimpulse verwendet, wobei jeder Zündimpuls einen Einspritzimpuls auslöst.

Motortemperatur
Die Motortemperatur hat einen erheblichen Einfluss auf den Kraftstoffbedarf. Ein Temperatursensor im Kühlmittelkreislauf des Motors misst die Motortemperatur und gibt ein elektrisches Signal an das Steuergerät (siehe Temperatursensor).

Der Motortemperatursensor besteht aus einer Gewindehülse, in die ein Halbleiterwiderstand mit NTC-Charakteristik (Negative Temperature Coefficient) eingebettet ist. Das elektronische Steuergerät wertet den sich mit der Temperatur ändernden Widerstand aus.

Ansauglufttemperatur
Die Dichte der Ansaugluft ist abhängig von ihrer Temperatur. Zum Kompensieren dieses Einflusses erfasst ein Temperatursensor auf der Anströmseite des Einspritzaggregats die Temperatur der vom Motor angesaugten Luft und meldet diese dem Steuergerät.

Der Ansauglufttemperatursensor verfügt wie der Motortemperatursensor über einen NTC-Widerstand. Damit Änderungen der Lufttemperatur möglichst schnell er-

fasst werden können, ist der NTC-Widerstand in offener Bauweise ausgeführt und ragt am Ende einer rüsselförmigen Anspritzung in den Bereich hoher Luftströmungsgeschwindigkeit. Der Elektroanschluss bildet zusammen mit dem Stecker für das Einspritzventil eine vierpolige Steckverbindung.

Betriebszustände
Das Erkennen der Betriebszustände Leerlauf und Volllast ist für die Volllastanreicherung und die Schubabschaltung wichtig, um die Einspritzmenge für diese Betriebszustände zu optimieren.

Der Zustand Leerlauf wird bei geschlossener Drosselklappe aus dem betätigten Leerlaufkontakt eines Schalters erkannt, der sich im Drosselklappenansteller befindet. Dabei wird der Leerlaufkontakt von einem kleinen Stößel in der Stellwelle des Drosselklappenanstellers geschlossen (Bild 10). Den Zustand Volllast leitet das Steuergerät aus dem elektrischen Signal des Drosselklappenpotentiometers ab.

Batteriespannung
Die Anzugs- und Abfallzeit des elektromagnetischen Einspritzventils hängt von der Batteriespannung ab. Treten während des Betriebs Schwankungen der Bordnetz-

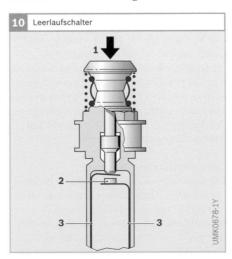

9 Drehzahlsignal von der Zündanlage

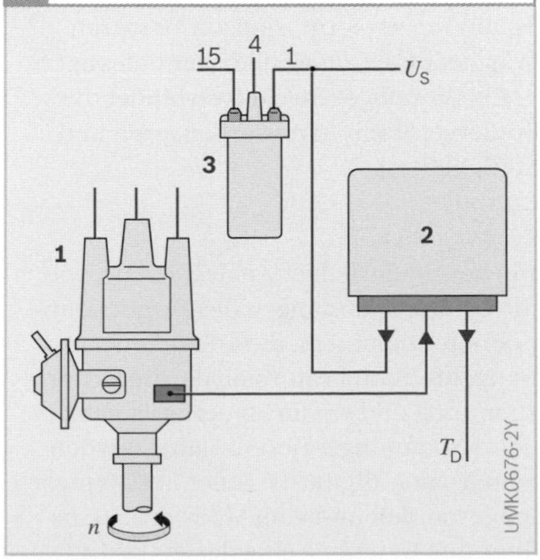

15 4 1 U_S

3

1

2

T_D

n

UMK0676-2Y

10 Leerlaufschalter

1

2

3 3

UMK0678-1Y

Bild 9
1 Zündverteiler
2 Zündschaltgerät
3 Zündspule
n Motordrehzahl
T_D vom Steuergerät aufbereiteter Impuls
U_S Spannungssignal

Mager dargestellte Zahlen bezeichnen Klemmenanschlüsse

Bild 10
1 Betätigung durch Drosselklappenhebel
2 Leerlaufkontakt
3 elektrische Anschlüsse

spannung auf, so korrigiert das elektronische Steuergerät die dadurch hervorgerufene Ansprechverzögerung des Einspritzventils durch Änderung der Einspritzzeit.

Außerdem erfolgt bei besonders niedrigen Spannungen, wie sie bei einem extremen Kaltstart auftreten können, eine Verlängerung der Einspritzimpulse. Diese Einspritzimpulsverlängerung bewirkt eine Kompensation der Fördercharakteristik der verwendeten Elektrokraftstoffpumpe, die den Systemdruck unter diesen Bedingungen nicht vollständig aufbaut.

Das elektronische Steuergerät liest die Batteriespannung als kontinuierliches Eingangsignal über den Analog-digital-Wandler in den Mikroprozessor ein.

Schaltsignale von Klimaanlage und Automatikgetriebe
Durch die Motorbelastung beim Einschalten der Klimaanlage oder Betätigen des Automatikgetriebes sinkt bei entsprechend ausgerüsteten Fahrzeugen die Motordrehzahl im Leerlauf ab. Um dies zu vermeiden, erfasst das elektronische Steuergerät die Betriebszustände „Klimabereitschaft ein", „Klimakompressor ein" und die Stellung „Drive" beim Automatikgetriebe als Schaltsignale.

Entsprechend diesen Schaltsignalen beeinflusst das elektronische Steuergerät die Sollwertvorgabe für die Leerlaufdrehzahlregelung. Um die erforderliche Kühlleistung der Klimaanlage zu gewährleisten, kann es notwendig sein, die Leerlaufdrehzahl anzuheben. Oft wird auch eine Absenkung der Leerlaufdrehzahl nach Einlegen der Stellung „Drive" bei Fahrzeugen mit Automatikgetriebe notwendig.

Gemischzusammensetzung
Die Gemischzusammensetzung ist im Hinblick auf die Abgasnachbehandlung durch einen Dreiwegekatalysator sehr exakt einzuhalten. Eine λ-Sonde im Abgasstrom liefert ein elektrisches Signal über die augenblickliche Gemischzusammensetzung

an das elektronische Steuergerät, mit dem eine Regelung der Gemischzusammensetzung auf das stöchiometrische Verhältnis ermöglicht wird (siehe λ-Sonde, λ-Regelung). Sie ist im Abgasrohr des Motors an einer Stelle eingebaut, an der über den gesamten Betriebsbereich die für die Funktion der Sonde nötige Temperatur herrscht.

Betriebsdatenverarbeitung
Das Steuergerät verarbeitet die von den Sensoren gelieferten Daten über den Betriebszustand des Motors. Es bildet daraus mithilfe der programmierten Steuergerätefunktionen die Ansteuersignale für das Einspritzventil, den Drosselklappenansteller und das Regenerierventil (siehe Kraftstoffverdunstungs-Rückhaltesystem).

Elektronisches Steuergerät
Das Steuergerät befindet sich in einem Kunststoffgehäuse aus glasfaserverstärktem Polyamid. Es ist außerhalb der Wärmestrahlung des Motors im Fahrgastraum oder im Wasserkasten zwischen Motorraum und Fahrgastraum untergebracht.

Die elektronischen Bauelemente des Steuergeräts befinden sich auf einer einzigen Leiterplatte. Die Leistungsendstufen und der Spannungsstabilisator, der die elektronischen Bauteile mit einer 5-V-Spannung versorgt, sind zur besseren Wärmeabfuhr am Kühlkörper befestigt.

Ein 25-poliger Stecker verbindet das Steuergerät mit Batterie, Sensoren und Stellgliedern.

Eingangssignale
Die kontinuierlichen Analogsignale, wie die beiden Spannungen des Drosselklappenpotentiometers, die λ-Sondenspannung, die Temperatursignale, die Batteriespannung und ein im Steuergerät gebildetes Spannungsreferenzsignal werden vom Analog-digital-Wandler in Datenworte umgewandelt und vom Mikroprozessor über den Datenbus eingelesen (Bild 11).

Ein Analog-digital-Eingang wird benutzt, um je nach Eingangsspannung verschiedene im Lesespeicher abgelegte Datensätze anzuwählen (Datencodierung).

Das Drehzahlsignal von der Zündung wird über einen integrierten Schaltkreis (IC) aufbereitet und dem Mikroprozessor zugeführt. Zusätzlich wird das Drehzahlsignal über eine Endstufe zur Ansteuerung des Kraftstoffpumpenrelais genutzt.

Über ein Signalinterface, das die Impulse in Größe und Form so anpasst, dass sie vom Mikroprozessor verarbeitet werden können, werden die Schaltsignale dem Mikroprozessor zugeführt. Zu diesen Schaltsignalen gehört die Stellung des Leerlaufschalters, die Diagnoseleitung, bei Automatikfahrzeugen die Stellung des Getriebewählhebels (Neutral, Drive) und bei Fahrzeugen mit Klimaanlage ein Signal, wenn die Klimaanlage eingeschaltet ist (Klimabereitschaft) sowie der Schaltzustand des Klimakompressors.

Mikroprozessor
Kernstück des elektronischen Steuergeräts ist der Mikroprozessor (Bild 11). Er ist über den Daten- und Adressbus mit dem programmierbaren Lesespeicher (EPROM) und dem Schreib-Lese-Specher (RAM) verbunden. Der Lesespeicher enthält den Programmcode sowie die Daten der Funktionsparametrierung. Der Schreib-Lese-Speicher dient insbesondere zum Speichern der Adaptionswerte (Adaption: selbstlernende Anpassung an sich wandelnde Bedingungen). Damit die Adaptionswerte beim Abschalten der Anlage nicht gelöscht werden, ist dieser Speicherbaustein ständig mit der Fahrzeugbatterie verbunden. Den stabilen Grundtakt für die Rechenvorgänge liefert ein Quarzoszillator mit einer Frequenz von 6 MHz.

Endstufen
Über verschiedene Endstufen werden das Einspritzventil, der Drosselklappensteller, das Regenerierventil und das Kraftstoffpumpenrelais angesteuert. Falls im

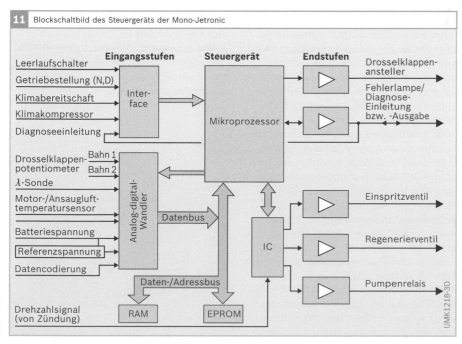

11 Blockschaltbild des Steuergeräts der Mono-Jetronic

Leerlaufschalter
Getriebestellung (N,D)
Klimabereitschaft
Klimakompressor
Diagnoseeinleitung

Drosselklappen-potentiometer — Bahn 1 / Bahn 2
λ-Sonde
Motor-/Ansauglufttemperatursensor
Batteriespannung
Referenzspannung
Datencodierung
Drehzahlsignal (von Zündung)

Eingangsstufen — Inter-face
Steuergerät — Mikroprozessor
Endstufen
Analog-digital-Wandler
Datenbus
Daten-/Adressbus
RAM   EPROM
IC

Drosselklappen-ansteller
Fehlerlampe/ Diagnose-Einleitung bzw. -Ausgabe
Einspritzventil
Regenerierventil
Pumpenrelais

UMK1218-3D

Fahrzeug eingebaut, wird bei erkanntem Sensoren- oder Stellerfehler eine Fehlerlampe zur Warnung des Fahrers eingeschaltet. Der Fehlerlampenausgang wird zusätzlich zur Diagnoseeinleitung und zur Diagnoseausgabe verwendet.

λ-Kennfeld

Die exakte Anpassung des Luft-Kraftstoff-Verhältnisses in jedem stationären Betriebspunkt des warmen Motors erfolgt über ein λ-Kennfeld, das im digitalen Schaltungsteil des Steuergeräts elektronisch gespeichert ist. Es wird durch Versuch auf dem Motorprüfstand gewonnen. Bei einem Motorsteuerungskonzept mit λ-Regelung wie bei der Mono-Jetronic werden die motorspezifischen Einspritzzeiten ermittelt, die in jedem Betriebspunkt (Leerlauf, Teillast, Volllast) exakt das ideale (stöchiometrische) Luft-Kraftstoff-Gemisch ergeben.

Das λ-Kennfeld der Mono-Jetronic umfasst 225 Betriebspunkte, die den jeweils 15 Stützstellen der Eingangsgrößen „Drosselklappenwinkel α" und „Drehzahl n" zugeordnet sind. Wegen der starken Nichtlinearität des α/n-Kennfelds und der daraus resultierenden Anforderung nach hoher Auflösegenauigkeit im Leerlauf und bei unterer Teillast wurden die Stützstellen gerade in diesem Kennfeldbereich in engerem Abstand angeordnet (Bild 12). Betriebspunkte, die zwischen diesen Stützstellen liegen, werden durch lineare Interpolation im Steuergerät ermittelt.

Da das Kennfeld für den normalen Betriebs- und Temperaturbereich des Motors ausgelegt ist, sind bei abweichenden Motortemperaturen und bei speziellen Betriebszuständen zusätzliche Korrekturen der aus dem λ-Kennfeld gewonnenen Einspritzgrundzeiten erforderlich.

Wenn das Steuergerät durch Signale der λ-Sonde Abweichungen von λ = 1 registriert und die Einspritzgrundzeit über einen längeren Zeitraum korrigieren muss, werden durch Selbstadaption Gemischkorrekturgrößen ermittelt und abgespei-

chert. Diese Größen sind von diesem Zeitpunkt an im gesamten Kennfeld wirksam und werden ständig aktualisiert. So lassen sich die individuellen Toleranzen sowie das allmähliche Verändern der Kenngrößen von Motor und Einspritzaggregaten dauerhaft ausgleichen (siehe Gemischadaption).

Kraftstoffeinspritzung

Die Kraftstoffeinspritzung muss dem Motor sowohl kleinste Kraftstoffmengen (z. B. im Leerlauf) als auch die maximal erforderliche Kraftstoffmenge (z. B. bei Volllast) zuteilen können. Deshalb müssen die Betriebspunkte im linearen Bereich der Einspritzventilkennlinien liegen (Bild 13). Aufgrund des konstanten Kraftstoffdrucks hängt die vom Einspritzventil tatsächlich abgespritzte Kraftstoffmenge nur von der Öffnungsdauer des Ventils (Einspritzzeit) ab.

Eine besonders wichtige Aufgabe der Mono-Jetronic ist die gleichmäßige Verteilung des Luft-Kraftstoff-Gemischs auf alle Zylinder. Außer von der Saugrohrgestaltung hängt die Verteilung vor allem von der Lage und dem Einbauort sowie der Aufbereitungsgüte des Einspritzventils ab. Die Lage des Einspritzventils im Einspritzaggregat der Mono-Jetronic wurde in Grundsatzuntersuchungen optimiert. Sie braucht daher nicht an die speziellen Be-

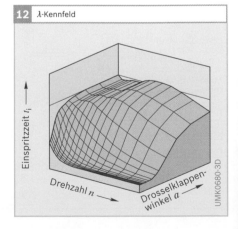

12 λ-Kennfeld

Einspritzzeit t_i ⟶

Drehzahl n ⟶

Drosselklappenwinkel α ⟶

UMK0680-3D

dingungen einzelner Fahrzeugmotoren angepasst werden.

Das Einspritzventil (detaillierte Beschreibung siehe Einspritzventil für Zentraleinspritzsyteme) ist in einem nach strömungstechnischen Gesichtspunkten gestalteten Gehäuse des Oberteils des Einspritzaggregats angebaut, das durch einen Haltearm zentrisch im Lufteinlass angeordnet ist. Diese Einbaulage oberhalb der Drosselklappe bewirkt eine sehr intensive

Durchmischung des Kraftstoffs mit der vorbeiströmenden Luft. Dazu wird der Kraftstoff fein aufbereitet und mit kegelförmigem Spritzbild in den Bereich der höchsten Luftströmung zwischen Drosselklappe und Drosselklappengehäuse eingespritzt (Bild 5).

Dichtungen dichten das Einspritzventil nach außen ab. Eine halbkugelförmige Kunststoffkappe, die den Einbauraum nach oben abschließt, enthält die elektrische Steckverbindung des Einspritzventils und sorgt für dessen axiale Fixierung.

Gemischanpassung
Startphase
Ungünstige Verdampfungsbedingungen für den eingespritzten Kraftstoff liegen beim Start des kalten Motors vor:
▶ Kalte Ansaugluft,
▶ kalte Saugrohrwände,
▶ hoher Saugrohrdruck,
▶ geringe Strömungsgeschwindigkeit der Luft im Saugrohr,
▶ kalte Brennräume und Zyinderwände.

Diese Verdampfungsbedingungen haben zur Folge, dass ein Teil des zugemessenen

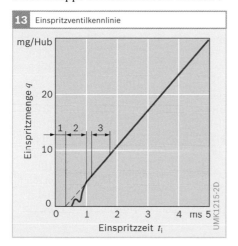

13 Einspritzventilkennlinie

mg/Hub

Einspritzmenge q

20

1 2 3

10

0

0   1   2   3   4 ms 5

Einspritzzeit t_i

UMK1215-2D

Bild 13
Bei Motordrehzahl
$n = 900$ min^{-1}
(entspricht Einspritzimpulsfolge von 33 ms)

1 Spannungsabhängige Ventilvorzugszeit
2 nichtlinearer Kennlinienbereich
3 Einspritzzeitbereich bei Leerlauf beziehungsweise Nulllastbetrieb

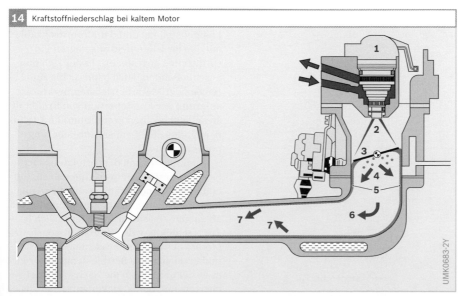

14 Kraftstoffniederschlag bei kaltem Motor

UMK0683-2Y

Bild 14
1 Einspritzventil
2 zugemessener Kraftstoff
3 Drosselklappe
4 Kraftstoffniederschlag
5 Wandfilm am Saugrohr (überhöht dargestellt)
6 durchströmender Kraftstoff
7 Verdampfung aus Wandfilm

Kraftstoffs in Form eines Wandfilms an den kalten Saugrohrwandungen kondensiert (Bild 14). Damit die Wandfilmbildung rasch abgeschlossen ist und die zugemessene Kraftstoffmenge den Zylindern zur Verbrennung zur Verfügung steht, muss während des Starts mehr Kraftstoff zugemessen werden als zur Verbrennung der angesaugten Luftmenge notwendig wäre. Da die Höhe der Kraftstoffkondensation hauptächlich von der Temperatur des Saugrohrs abhängt, sind die beim Start wirksamen Einspritzzeiten in Abhängigkeit von der Motortemperatur vom Steuergerät vorgegeben (Bild 15a).

Außer von der Temperatur der Saugrohrwände hängt der Wandfilm auch von der Strömungsgeschwindigkeit der Luft im Saugrohr ab. Je höher die Strömungsgeschwindigkeit ist, um so geringer ist die an den Saugrohrwänden kondensierte Kraftstoffmenge. Deshalb wird die Einspritzzeit mit steigender Startdrehzahl reduziert (Bild 16a).

Zur Erzielung sehr kurzer Startzeiten muss einerseits der Wandfilmaufbau sehr rasch erfolgen, also viel Kraftstoff in kurzer Zeit zugemessen werden. Andererseits aber sind Vorkehrungen zu treffen, dass der Motor nicht zu viel Kraftstoff erhält und damit überfettet. Diese gegensätzlichen Anforderungen werden dadurch erfüllt, dass die Einspritzzeiten anfangs recht lang sind, aber mit zunehmender Startdauer reduziert werden (Bild 16b). Der Start ist beendet, sobald die von der Motortemperatur abhängige Startendedrehzahl überschritten ist (Bild 15b).

Nachstart- und Warmlaufphase
Beim Verlassen des Startmodus wird das Einspritzventil – abhängig von der Drosselklappenstellung und der Motordrehzahl – mit den im λ-Kennfeld abgelegten Einspritzzeiten angesteuert. In der sich nun anschließenden Betriebsphase bis zum Erreichen der Motorbetriebstemperatur ist aufgrund der Kondensation von Kraftstoff an den noch kalten Brennraum- und Zylinderwänden eine Gemischanreicherung notwendig.

Unmittelbar nach dem erfolgten Start besteht kurzfristig ein erhöhter Kraftstoffbedarf, während daran anschließend nur noch eine allein von der Motortemperatur abhängige Anreicherung erforderlich ist. Zur Nachbildung des Kraftstoffbedarfs des Motors in der Phase zwischen Startende und Erreichen der Betriebstemperatur gibt es zwei Funktionen: die Nachstartanreicherung und die Warmlaufanreicherung.

15 Motortemperaturabhängige Korrekturen in der Start-, Nachstart- und Warmlaufphase

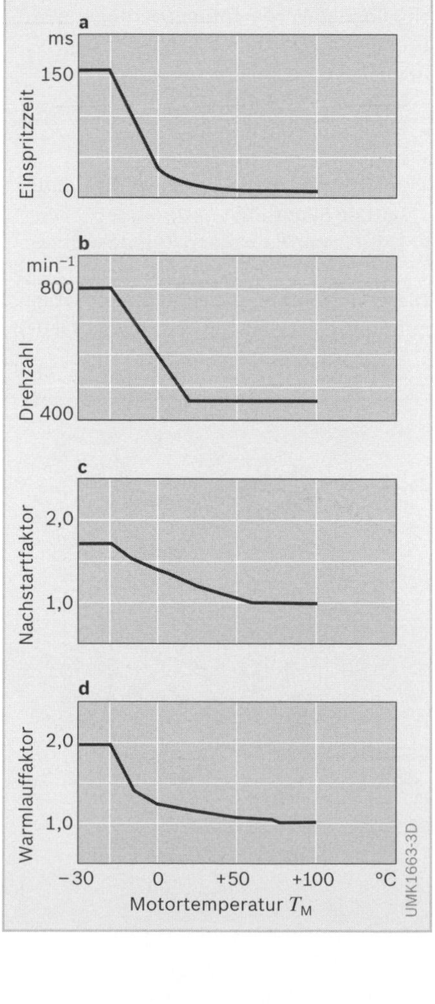

Bild 15

a Einspritzzeit beim Start

b Startendedrehzahl

c Nachstartfaktor

d Warmlauffaktor

Skalierung der Motortemperatur an der Abszissenachse gilt für alle Diagramme

UMK1663-3D

Die Nachstartanreicherung ist abhängig von der Motortemperatur als Korrekturfaktor abgelegt (Bild 15c). Mit diesem Nachstartfaktor werden die aus dem λ-Kennfeld errechneten Einspritzzeiten korrigiert. Die Verminderung des Nachstartfaktors auf den Wert 1 erfolgt in Abhängigkeit von der Zeit.

Die Warmlaufanreicherung ist ebenfalls als Korrekturfaktor abhängig von der Motortemperatur abgelegt; die Verminderung dieses Warmlauffaktors auf den Wert 1 bestimmt ausschließlich die Motortemperatur (Bild 15d).

Beide Funktionen wirken gleichzeitig, d. h., die Einspritzzeiten aus dem λ-Kennfeld werden sowohl mit dem Nachstartfaktor als auch mit dem Warmlauffaktor angeglichen.

Ansauglufttemperaturabhängige Gemischkorrektur

Die für die Verbrennung maßgebende Luftmasse ist von der Temperatur der angesaugten Luft abhängig. Kalte Luft ist dichter als warme Luft. Dies bedeutet, dass bei gleicher Drosselklappenstellung die Zylinderfüllung mit zunehmender Lufttemperatur geringer wird. Das Einspritzaggregat der Mono-Jetronic verfügt deshalb über einen Temperatursensor, der die Temperatur der angesaugten Luft dem Steuergerät meldet. Über einen von der Lufttemperatur abhängigen Anreicherungsfaktor korrigiert das Steuergerät die Einspritzzeit beziehungsweise die Einspritzmenge (Bild 17).

Übergangskompensation

Bei Laständerungen, die durch Drosselklappenbewegungen ausgelöst werden, sorgt die Übergangskompensation für die dynamische Gemischkorrektur. Um ein optimales Fahr- und Abgasverhalten zu erzielen, muss bei einem Zentraleinspritzsystem die Übergangskompensation mit einem etwas höheren Funktionsaufwand realisiert werden, als dies bei Einzeleinspritzung der Fall ist. Dies ist notwendig, da die Gemischverteilung bei Zentraleinspritzung über das Saugrohr erfolgt und dabei im Übergang hinsichtlich des Kraftstofftransports drei unterschiedliche Zustände berücksichtigt werden müssen:

▶ Kraftstoffdampf, der im Einspritzaggregat oder im Saugrohr entsteht oder durch Verdampfen von Wandfilm an den Saugrohrwänden gebildet wird. Dieser

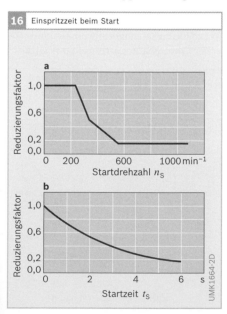

16 Einspritzzeit beim Start

a Reduzierungsfaktor
Startdrehzahl n_S

b Reduzierungsfaktor
Startzeit t_S

UMK1664-2D

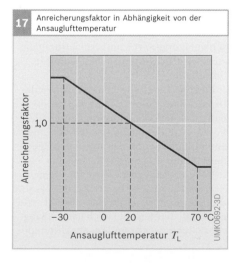

17 Anreicherungsfaktor in Abhängigkeit von der Ansauglufttemperatur

Anreicherungsfaktor
Ansauglufttemperatur T_L

UMK0692-3D

Bild 16
a Drehzahlabhängige
   Reduzierung
b zeitabhängige
   Reduzierung

Kraftstoffdampf bewegt sich sehr schnell mit der Geschwindigkeit des Ansaugluftstroms.

▶ Kraftstofftröpfchen, die unterschiedlich schnell, aber immer noch in der Größenordnung der Geschwindigkeit der Luftströmung transportiert werden. Die Tröpfchen werden jedoch teilweise an die Saugrohrwände geschleudert und tragen dort zum Aufbau des Wandfilms bei.

▶ Flüssiger Kraftstoff, der mit reduzierter Geschwindigkeit als Wandfilm an den Wänden des Saugrohrs zum Verbrennungsraum transportiert wird. Dieser Kraftstoffanteil steht der Verbrennung zeitlich verzögert zur Verfügung.

Während bei niedrigem Saugrohrdruck – also im Leerlauf und bei unterer Teillast – der Kraftstoff im Saugrohr fast ausschließlich dampfförmig vorliegt und nahezu kein Wandfilm vorhanden ist, erhöht sich der Wandfilmanteil mit zunehmendem Saugrohrdruck, d.h. mit zunehmender Drosselklappenöffnung beziehungsweise abnehmender Drehzahl. Dies hat zur Folge, dass bei einer Drosselklappenbetätigung während einer Übergangszeit die Bilanz zwischen Zu- und Abfuhr von Kraftstoff zum beziehungsweise vom Wandfilm nicht ausgeglichen ist. Die beim Öffnen der Drosselklappe sich erhöhende Wandfilmmenge würde ohne Kompensation durch die Beschleunigungsanreicherung im Übergang zu einer Abmagerung in den Zylindern führen.

Entsprechend wird beim Schließen der Drosselklappe die Wandfilmmenge abgebaut, die ohne Kompensation durch die Verzögerungsabmagerung im Übergang zu einer Gemischanreicherung in den Zylindern führen würde.

Neben der saugrohrdruckabhängigen Verdampfungsneigung des Kraftstoffs sind die Temperaturverhältnisse ebenfalls von großer Bedeutung. Bei noch kaltem Saugrohr oder bei niedriger Ansauglufttemperatur erhöht sich deshalb der Wandfilmanteil zusätzlich.

Bei der Mono-Jetronic werden diese dynamischen Gemischtransporteffekte durch komplexe elektronische Funktionen berücksichtigt. Damit wird im Übergang ein Luft-Kraftstoff-Gemisch möglichst nahe bei $\lambda = 1$ sichergestellt. Die Funktionen für Beschleunigungsanreicherung und Verzögerungsabmagerung sind abhängig von Drosselklappenwinkel, Drehzahl, Ansauglufttemperatur, Motortemperatur und Drosselklappenwinkelgeschwindigkeit.

Eine Beschleunigungsanreicherung oder eine Verzögerungsabmagerung wird ausgelöst, wenn die Winkelgeschwindigkeit der Drosselklappe die zugehörige Auslöseschwelle überschreitet. Die Auslöseschwelle für die Beschleunigungsanreicherung ist in Form einer Kennlinie als Funktion des Drosselklappenwinkels gespeichert. Für die Verzögerungsabmagerung existiert eine konstante Auslöseschwelle (Bild 18).

In Abhängigkeit von der Winkelgeschwindigkeit wird für die Beschleunigungsanreicherung ein dynamischer Gemischanreicherungsfaktor und für die Verzögerungsabmagerung ein dynamischer Gemischabmagerungsfaktor wirk-

Bild 18
1 Beschleunigungs-
  anreicherung
2 Verzögerungs-
  abmagerung
Blaue Fläche: Keine
Auslösung

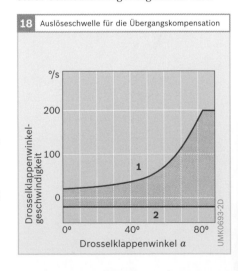

18 Auslöseschwelle für die Übergangskompensation

sam. Diese dynamischen Gemischkorrekturfaktoren sind als Kennlinien gespeichert (Bild 19).

Das Saugrohr wird zur Verringerung des Wandfilms mit vom Motor zurückfließendem Kühlwasser beheizt. Zusätzlich erfolgt zur Verbesserung der Gemischaufbereitung eine Erwärmung der Ansaugluft über die Luftvorwärmeinrichtung. Zur Berücksichtigung dieser Einflüsse dienen Bewertungskennlinien, über die die dynamischen Gemischkorrekturfaktoren abhängig von Motortemperatur und Ansauglufttemperatur beeinflusst werden (Bild 20a und Bild 21).

Zur Berücksichtigung der saugrohrdruckabhängigen Wandfilmmenge ist ein Kennfeld in Abhängigkeit von Drosselklappenwinkel und Drehzahl mit zusätzlich auf die dynamischen Gemischkorrekturfaktoren wirkenden Bewertungsfaktoren gespeichert (Bild 22).

19 Dynamischer Gemischkorrekturfaktor für die Übergangskompensation

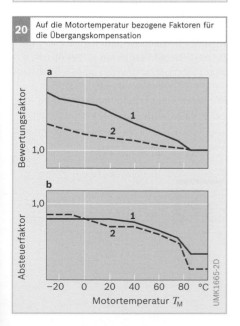

21 Auf die Ansauglufttemperatur bezogener Bewertungsfaktor für die Übergangskompensation

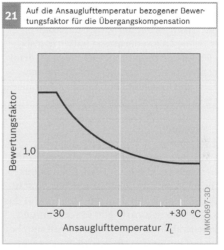

20 Auf die Motortemperatur bezogene Faktoren für die Übergangskompensation

22 Kennfeld für die Übergangskompensation

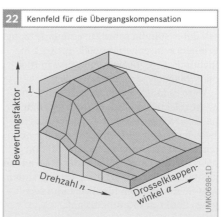

Bild 19
1 Beschleunigungsanreicherung
2 Verzögerungsabmagerung

Bild 20
a Bewertungsfaktor
b Absteuerfaktor

1 Beschleunigungsanreicherung
2 Verzögerungsabmagerung

Unterschreitet die Winkelgeschwindigkeit der Drosselklappe eine der Auslöseschwellen oder wird aufgrund der Eingangsgrößen ein stark abnehmender dynamischer Gemischkorrekturfaktor berechnet, so wird der zuletzt wirksame dynamische Gemischkorrekturfaktor der Beschleunigungsanreicherung und der Verzögerungsabmagerung im Zeitraster der Zündimpulse mit einem motortemperaturabhängigen Faktor kleiner als 1 abgesteuert. Die Absteuerfaktoren für die Beschleunigungsanreicherung und die Verzögerungsabmagerung sind durch je eine Kennlinie vorgegeben (Bild 20b).

Die so gewonnene Übergangskompensation wirkt als Gesamtübergangsfaktor auf die Einspritzzeit der Einspritzimpulse.

Da die Laständerungen im Verhältnis zum Einspritzrhythmus sehr schnell erfolgen können, ist darüberhinaus die Ausgabe eines zusätzlichen Einspritzimpulses, eines Zwischenspritzers, möglich.

λ-Regelung
λ-Regelkreis
Die λ-Regelung regelt das Luft-Kraftstoff-Gemisch exakt auf $\lambda = 1$ ein. Dazu liefert die im Abgasstrom liegende λ-Sonde ständig ein Signal, mit dem das Steuergerät das augenblicklich vorliegende verbrannte Luft-Kraftstoff-Gemisch überprüft und bei Bedarf die Kraftstoffeinspritzzeit verlängert oder verkürzt (Bild 23, siehe λ-Regelkreis). Das Luft-Kraftstoff-Gemisch wechselt dabei ständig seine Zusammensetzung in einem sehr engen Bereich um $\lambda = 1$ in Richtung „Fett" beziehungsweise in Richtung „Mager".

Wäre es möglich, das in der Mono-Jetronic abgelegte λ-Kennfeld auf $\lambda = 1$ anzupassen, so würde die Stellgröße für den λ-Regler (λ-Korrekturfaktor) ständig nur um den Neutralwert von 1,0 regeln. Da dies aufgrund unvermeidlicher Toleranzen nicht gegeben ist, folgt die λ-Regelung den Abweichungen vom Idealwert und regelt jeden Punkt des Kennfelds auf $\lambda = 1$.

Die λ-Regelung ist der Grundsteuerung des Gemischbildungssystems überlagert. Sie sorgt dafür, dass das System optimal auf den Dreiwegekatalysator abgestimmt ist.

Gemischadaption
Die Gemischadaption ermöglicht eine selbstständige, individuelle Feinanpassung der Gemischsteuerung an den jeweiligen Motor. Darüberhinaus wird der Luftdichteeinfluss auf die Gemischsteuerung zuverlässig kompensiert. Ziel der Gemischadaption ist es, die Einflüsse aufgrund der Toleranzen oder der im Laufe der Zeit auftretenden Veränderung an Motor und Einspritzkomponenten zu berücksichtigen (siehe Gemischadaption).

Leerlaufdrehzahlregelung
Mit der Leerlaufdrehzahlregelung lässt sich die Leerlaufdrehzahl absenken und stabilisieren; sie sorgt während der gesamten Lebensdauer des Fahrzeugs für eine gleichbleibende Motordrehzahl im Leerlauf. Das Mono-Jetronic-System ist wartungsfrei, da im Leerlauf weder Drehzahl noch Gemisch eingestellt werden müssen.

Bei dieser Leerlaufdrehzahlregelung wird der Drosselklappenansteller, der die Drosselklappe über einen Hebel öffnet, so angesteuert, dass die Leerlaufdrehzahl unter allen Bedingungen (z.B. belastetes Bordnetz, eingeschaltete Klimaanlage, eingelegte Fahrstufe bei Automatikfahrzeu-

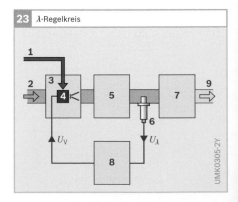

23 λ-Regelkreis

UMK0305-2Y

gen, voll wirkende Lenkhilfe usw.) bei heißem und bei kaltem Motor auf dem vorgegebenen Wert gehalten wird. Dies gilt auch bei Bergfahrten in großer Höhe, wo aufgrund der abnehmenden Luftdichte höhere Leerlauf-Drosselklappenwinkel notwendig sind.

Mit Hilfe der Leerlaufdrehzahlregelung lässt sich die Leerlaufdrehzahl an den Motorbetriebszustand anpassen. In den meisten Fällen wird eine niedere Leerlaufdrehzahl eingestellt, was entscheidend zur Verbrauchs- und Abgasreduzierung beiträgt.

Im Steuergerät sind zwei motortemperaturabhängige Kennlinien für die Leerlaufdrehzahl gespeichert (Bild 24a): Kennlinie 1 für Automatikfahrzeuge mit eingelegter Fahrstufe (Drive) und Kennlinie 2 für Handschaltfahrzeuge beziehungsweise Automatikfahrzeuge mit nicht eingelegter Fahrstufe (Neutral). Zur Verringerung der Kriechneigung von Automatikfahrzeugen erfolgt mit eingelegter Fahrstufe meist eine Absenkung der Leerlaufdrehzahl. Mit eingeschalteter Klimaanlage (Klimabereitschaft) wird die Leerlaufdrehzahl häufig durch Vorgabe einer Mindestdrehzahl angehoben, um eine ausreichende Kühlleistung sicherzustellen (Bild 24, Kennlinie 3). Um Drehzahländerungen beim Zu- und Abschalten des Klimakompressors zu vermeiden, bleibt die Drehzahl auch bei nicht eingerücktem Kompressor angehoben.

Der Drehzahlregler berechnet aus der Differenz zwischen aktueller Motordrehzahl und Solldrehzahl (n_{soll}) die geeignete Korrektur der Drosselklappenanstellung. Die Ansteuerung des Drosselklappenanstellers erfolgt bei geschlossenem Leerlaufschalter über einen Lageregler. Dieser bestimmt das Ansteuersignal für den Drosselklappensteller durch Differenzbildung aus der berechneten Drosselklappenstellung und der über das Drosselklappenpotentiometer erfassten aktuellen Stellung.

Um Drehzahleinbrüche beim Übergang z. B. aus Schub in Leerlauf zu vermeiden, darf die Drosselklappe nicht zu weit geschlossen sein. Dies wird durch Vorsteuerkennlinien, die den minimalen Stellbereich des Drosselklappenanstellers elektronisch begrenzen, erreicht. Im Steuergerät ist deshalb je eine temperaturabhängige Drosselklappenvorsteuerkennlinie für „Drive" und „Neutral" gespeichert (Bild 24b).

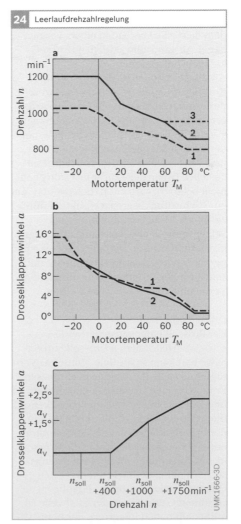

24 Leerlaufdrehzahlregelung

Bild 24
a   Solldrehzahlen
b   Drosselklappen-
     vorsteuerung
c   Unterdruckbegren-
     zung

1   Drive
2   Neutral
3   Klimabereitschaft
a_V Drosselklappen-
     vorsteuerung

Zusätzlich werden unterschiedliche Vorsteuerkorrekturen bei eingeschalteter Klimaanlage, abhängig davon, ob der Klimakompressor eingerückt oder nicht eingerückt ist, wirksam. Damit die Vorsteuerung immer auf dem optimalen Wert steht, werden zusätzlich Vorsteuerkorrekturwerte adaptiert und zwar für alle vorkommenden Kombinationen aus den Eingangssignalen „Getriebestellung" (Drive, Neutral), „Klimabereitschaft" (ja, nein) und „Klimakompressor" (ein, aus). Ziel dieser Anpassung ist es, den insgesamt wirkenden Vorsteuerwert so zu wählen, dass dieser im Leerlauf in einem vorgegebenen Abstand zum aktuellen Drosselklappenwinkel steht.

Damit bei Höhenfahrten die richtige Korrektur der Vorsteuerwerte schon vor der ersten Leerlaufphase wirksam wird, erfolgt zusätzlich eine luftdichteabhängige Vorsteuerkorrektur. Die Möglichkeit, mit dem Drosselklappenansteller auch außerhalb des Leerlaufs die Drosselklappe anzustellen (wenn der Fahrer das Fahrpedal nicht betätigt), wird zusätzlich genutzt, um eine Unterdruckbegrenzerfunktion durchzuführen. Diese Funktion öffnet bei Schiebebetrieb über eine drehzahlabhängige Kennlinie (Bild 24c) die Drosselklappe gerade so weit, dass Betriebspunkte mit sehr geringer Füllung (mit unvollständigen Verbrennungen) ausgespart werden.

Drosselklappenansteller
Der Drosselklappenansteller wirkt über seine Stellwelle auf den Drosselklappenhebel und kann so die dem Motor zur Verfügung gestellte Luftmenge beeinflussen. Er besitzt einen Gleichstrommotor, der über eine Schnecke und ein Schneckenrad die Stellwelle betätigt, die abhängig von der Drehrichtung des Gleichstrommotors entweder ausfährt und dabei die Drosselklappe öffnet oder aber bei entgegengesetzter Polung des Elektromotors den Öffnungswinkel der Drosselklappe zurücknimmt (Bild 25). In der Stellwelle ist ein Schaltkontakt integriert, der beim An-

liegen der Stellwelle an dem Drosselklappenhebel geschlossen ist und somit dem Steuergerät den Betriebszustand Leerlauf anzeigt.

Ein Gummirollbalg zwischen der Stellwelle und dem Gehäuse des Drosselklappenanstellers verhindert das Eindringen von Feuchtigkeit und Schmutz.

Volllastanreicherung
Wenn der Fahrer das Fahrpedal ganz durchtritt, erwartet er die maximale Leistungsabgabe vom Motor. Die maximale Leistung erzielt ein Verbrennungsmotor bei einem gegenüber dem stöchiometrischen Luft-Kraftstoff-Verhältnis um etwa 10...15 % angefetteten Gemisch. Die Höhe der Volllastanreicherung ist im Steuergerät als Faktor abgelegt, mit dem die aus dem λ-Kennfeld errechneten Einspritzzeiten multipliziert werden. Die Volllastanreicherung ist wirksam, sobald ein (wenige Grade vor dem Anschlag) festgelegter Drosselklappenwinkel überschritten ist.

Drehzahlbegrenzung
Extrem hohe Drehzahlen können zur Zerstörung des Motors führen (z. B. Schäden am Ventiltrieb und an den Kolben). Durch die Drehzahlbegrenzung wird vermieden,

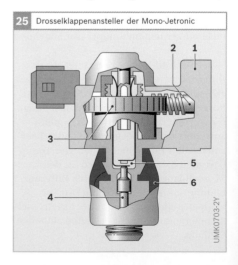

25 Drosselklappenansteller der Mono-Jetronic

UMK0703-2Y

Bild 25
1 Motorgehäuse mit Elektromotor
2 Schnecke
3 Schneckenrad
4 Stellwelle
5 Leerlaufkontakt
6 Gummirollbalg

dass eine maximal zulässige Motordrehzahl überschritten wird. Bei geringem Überschreiten dieser für jeden Motor festlegbaren Drehzahl n_0 unterdrückt das Steuergerät die Einspritzimpulse. Sinkt die Drehzahl wieder unter diesen vorgegebenen Drehzahlwert, so wird die Einspritzung wieder eingeschaltet. Dies erfolgt in schnellem Wechsel innerhalb eines Drehzahltoleranzbands um die vorgegebene maximal zulässige Motordrehzahl (Bild 26).

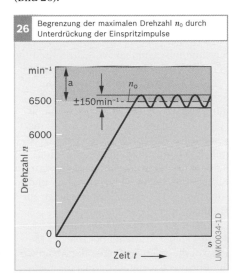

26 Begrenzung der maximalen Drehzahl n_0 durch Unterdrückung der Einspritzimpulse

Der Fahrer bemerkt die Drehzahlbegrenzung durch eine Einbuße im Fahrkomfort und wird dadurch veranlasst, einen Gangwechsel vorzunehmen.

Schiebebetrieb
Wenn der Fahrer während der Fahrt den Fuß vom Gaspedal nimmt und damit die Drosselklappe ganz schließt, wird der Motor durch die kinetische Energie des Fahrzeugs angetrieben. Dieser Fahrzustand wird als Schub oder Schiebebetrieb bezeichnet. Zur Reduktion der Abgasemission und des Kraftstoffverbrauchs sowie zur Verbesserung des Fahrverhaltens sind in diesem Betriebszustand folgende Funktionen aktiv.

Wenn die Motordrehzahl eine festgelegte Schwelle (Drehzahlschwelle 2, Bild 27) überschritten hat und die Drosselklappe geschlossen ist, wird das Einspritzventil nicht mehr angesteuert, dem Motor also kein Kraftstoff mehr zugeführt. Mit dem Unterschreiten einer zweiten Drehzahlschwelle (Drehzahlschwelle 3) wird dann die Kraftstoffeinspritzung wieder aufgenommen. Wenn während des Schubs die Drehzahl sehr stark abfällt, wie dies z. B. beim Auskuppeln geschehen kann, so wird bereits bei einer höheren Drehzahl (Drehzahlschwelle 1) wieder eingespritzt,

Bild 26
a Bereich der Kraftstoffabschaltung
n_0 Maximaldrehzahl

27 Kraftstoffeinspritzung während des Schiebebetriebs

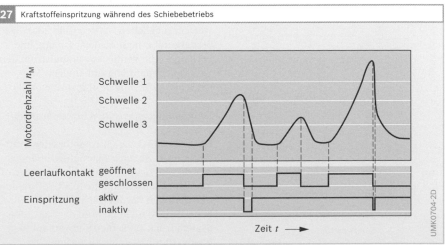

um zu verhindern, dass die Drehzahl unter die Leerlaufdrehzahl fällt oder gar der Motor ganz ausgeht.

Mit dem Schließen dor Drosselklappe bei höheren Drehzahlen tritt einerseits eine starke Verzögerung des Fahrzeugs durch den geschleppten Motor ein, andererseits steigt der Ausstoß von Kohlenwasserstoffen, weil durch den fallenden Saugrohrdruck der Kraftstoffilm verdampft und in Ermangelung von ausreichender Verbrennungsluft nur unvollständig verbrennen kann. Um diesem Effekt entgegenzuwirken, bewirkt die im Abschnitt „Leerlaufdrehzahlregelung" bereits beschriebene Funktion, dass die Drosselklappe durch den Drosselklappensteller während des Schubs abhängig von der Drehzahl geöffnet wird. Liegt ein steiler Drehzahlabfall während des Schubs vor, so stellt sich die Drosselklappenöffnung nicht mehr abhängig von der fallenden Drehzahl ein. In diesem Fall erfolgt eine zeitlich langsamere Rücknahme des Drosselklappenwinkels.

Wahrend des Schubs „trocknet" das Saugrohr aus, und der gesamte an den Wänden haftende Kraftstofffilm verdampft. Nach Beendigung des Schubs muss dieser Wandfilm wieder durch den zugeführten Kraftstoff aufgebaut werden, wodurch sich bis zur Herstellung des Gleichgewichtzustands ein etwas abgemagertes Luft-Kraftstoff-Gemisch einstellt. Zur Unterstützung des Wandfilmaufbaus wird unmittelbar nach Beendigung des Schubs ein zusätzlicher Einspritzimpuls ausgegeben, dessen Länge sich nach der Dauer der Schubphase richtet.

Batteriespannungsabhängige Funktionen
Spannungskompensation Einspritzventil
Das elektromagnetische Einspritzventil hat die Eigenschaft, beim Beginn eines Stromimpulses infolge der Selbstinduktion verzögert zu öffnen und am Impulsende verzögert zu schließen. Öffnungs- und Schließzeiten liegen in der Größenordnung von 0,8 ms. Die Öffnungzeit hängt stark, die Schließzeit dagegen nur wcnig von der Batteriespannung ab. Die sich daraus ergebende Ansprechverzögerung hätte ohne elektronische Spannungskorrektur eine zu kurze Einspritzdauer und somit eine zu geringe Einspritzmenge zur Folge.

Je geringer die Bordnetzspannung ist, desto weniger Kraftstoff bekäme der Motor. Aus diesem Grund muss das Absinken der Bordnetzspannung durch eine spannungsabhängige Verlängerung der Einspritzzeit, den additiven Ventilkorrekturwert, ausgeglichen werden (Bild 28a). Das Steuergerät erfasst die Istspannung und verlängert die Ventilsteuerimpulse um den Betrag der spannungsabhängigen Ansprechverzögerung des Einspritzventils.

Spannungskompensation Elektrokraftstoffpumpe
Die Drehzahl des Elektromotors der Kraftstoffpumpe ist stark spannungsabhängig. Aus diesem Grunde ist die nach dem Strömungsprinzip arbeitende Kraftstoffpumpe bei niedrigen Bordnetzspannungen (z. B. bei Kaltstart) nicht mehr in der Lage, den Systemdruck auf seinen Sollwert aufzubauen. Dies hätte eine zu geringe Ein-

28 Korrektur der Einspritzzeit in Abhängigkeit von der Batteriespannung

a

b

UMK1667-2D

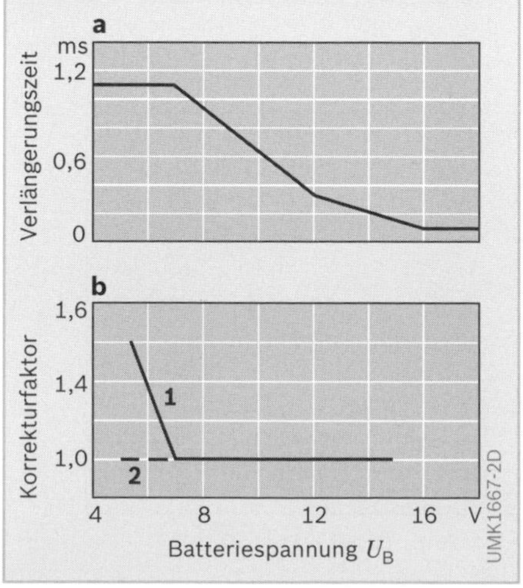

Bild 28
a Spannungskompensation Einspritzventil
b Spannungskompensation Elektrokraftstoffpumpe

1 Strömungspumpe
2 Verdrängerpumpe

spritzmenge zur Folge. Um diesen Effekt auszugleichen, wird über eine Spannungskorrekturfunktion insbesondere bei niedrigen Batteriespannungen eine Korrektur der Einspritzzeiten vorgenommen (Bild 28b).

Wird eine Elektrokraftstoffpumpe eingesetzt, die nach dem Verdrängerprinzip arbeitet, so ist keine Spannungskorrekturfunktion notwendig. Über einen Codiereingang am Steuergerät kann daher die Spannungskorrekturfunktion je nach verwendeter Pumpe aktiviert werden.

Steuerung des Regeneriergasstroms
Um die Emission von umweltbelastenden Kohlenwasserstoffen zu reduzieren, ist die Mono-Jetronic mit einem Kraftstoffverdunstungs-Rückhaltesystem ausgerüstet (siehe Kraftstoffverdunstungs-Rückhaltesystem). Der in dem Aktivkohlebehälter gespeicherte Kraftstoff wird durch Spülen der Aktivkohleschüttung mit Frischluft von dieser aufgenommen und dem Motor zur Verbrennung zugeführt. Über das in der Verbindung zwischen Aktivkohlebehälter und Einspritzaggregat angeordnete Regenenerventil (Taktventil) erfolgt die Steuerung des Regeneriergasstroms. Ziel der Steuerung ist es, bei allen Betriebszuständen möglichst viel gespeicherten Kraftstoff dem Motor zuzuführen – also den Regeneriergasstrom so groß wie möglich zu wählen, ohne dass es dabei zu Beeinträchtigungen des Fahrverhaltens kommt. Die Grenze für die Höhe des Regeneriergasstroms ist im Allgemeinen dann erreicht, wenn der in dem Regeneriergas enthaltene Kraftstoff ca. 20 % des Kraftstoffbedarfs des jeweiligen Betriebspunkts ausmacht.

Zur Sicherstellung einer bestimmungsgemäßen Funktion der Gemischadaption ist es unerlässlich, zyklisch zwischen einem Normalbetrieb, der Gemischadaption möglich macht, und einem Regenerierbetrieb zu wechseln. Ferner ist es notwendig, in der Regenerierphase die Höhe der Beladung des Regeneriergases mit

Kraftstoff zu erfassen und diesen Wert zu adaptieren. Dies erfolgt in gleicher Weise wie bei der Gemischadaption über die Stellung des λ-Reglers bezogen auf seine Mittellage. Ist die Höhe der Kraftstoffbeladung bekannt, so kann beim Zykluswechsel die Einspritzzeit entsprechend verlängert beziehungsweise verkürzt werden, sodass auch in diesen Übergangsphasen ein Gemisch von $\lambda = 1$ in engen Grenzen eingehalten wird.

Zur Festlegung der Höhe des Regeneriergasstroms in Abhängigkeit vom Betriebszustand des Motors, wie auch zur Adaption des im Regeneriergasstrom anteilig enthaltenen Kraftstoffs, ist die Kenntnis des Verhältnisses vom Regeneriergasstrom zum Luftstrom, der über die Drosselklappe zugemessen wird, erforderlich. Die beiden Teilströme verhalten sich nahezu proportional zu ihren freien Querschnittsflächen. Während sich die von der Drosselklappe freigegebene Querschnittsfläche relativ einfach über den Drosselklappenöffnungswinkel ermitteln lässt, verändert sich die Querschnittsfläche des Regenerierventils mit dem anliegenden Differenzdruck. Die Höhe des an diesem Ventil anliegenden Differenzdrucks ist abhängig vom Betriebspunkt des Motors und kann aus den im λ-Kennfeld gespeicherten Einspritzzeiten abgeleitet werden.

Für jeden durch den Drosselklappenwinkel und die Drehzahl vorgegebenen Betriebspunkt läßt sich das Verhältnis des Regeneriergasstroms zum Luftstrom errechnen. Durch Takten des Regenerierventils kann der Regeneriergasstrom weiter reduziert werden und lässt sich so exakt auf das gewünschte und zur Sicherstellung eines akzeptablen Fahrverhaltens zulässige Verhältnis einstellen.

Notlauf und Diagnose
Überwachungsfunktionen
Überwachungsfunktionen im Steuergerät überprüfen laufend die Signale aller Sensoren auf deren Plausibilität. Verlässt ein Signal seinen vorgegebenen, plausiblen

Bereich, so muss ein defekter Sensor oder aber ein Fehler in dessen elektrischen Anschlüssen vorliegen. Damit das Fahrzeug beim Ausfall eines Sensorsignals nicht liegen bleibt, sondern mit eigener Kraft – wenn auch mit Abstrichen am Fahrkomfort – sicher die nächste Fachwerkstatt erreichen kann, muss anstelle des fehlenden oder unplausiblen Signals eine Ersatzgröße treten.

Beim Ausfall der Temperatursignale werden z. B. Temperaturen angenommen, wie sie beim betriebswarmen Motor vorliegen: 20 °C für die Ansaugluft und 100 °C für die Kühlmitteltemperatur. Ein Fehler im λ-Sondenkreis führt zum Sperren der λ-Regelung, d. h., die Einspritzzeiten aus dem λ-Kennfeld werden nur noch mit den eventuell vorhandenen Gemischadaptionswerten korrigiert.

Liegen nicht plausible Signale des Drosselklappenpotentiometers vor, so fehlt eine der beiden Hauptsteuergrößen, d. h., es besteht kein Zugriff mehr auf die im λ-Kennfeld abgelegten Einspritzzeiten. Bei diesem Fehlerfall wird das Einspritzventil mit Impulsen fester Länge angesteuert, wobei drehzahlabhängig zwischen zwei definierten Einspritzzeiten umgeschaltet wird.

Neben den Sensoren unterliegt auch das Stellglied der Leerlaufdrehzahlregelung, der Drosselklappenansteller, einer ständigen Überprüfung.

Fehlerspeicher
Wird der Ausfall eines Sensors oder des Drosselklappenanstellers erkannt, so erfolgt ein entsprechender Eintrag in den Diagnose-Fehlerspeicher. Dieser Eintrag bleibt über mehrere Betriebszyklen erhalten, sodass die Werkstatt in der Lage ist, auch einen nur sporadisch auftretenden Fehler, z. B. einen Wackelkontakt, zu lokalisieren.

Diagnoseanschluss
Nach einer Diagnoseeinleitung kann der Inhalt des Fehlerspeichers in Form eines Blinkcodes oder aber mit Hilfe eines Diagnose-Testers in der Fachwerkstatt ausgelesen werden. Sobald die Ursachen eines Fehlers beseitigt sind, nimmt das Mono-Jetronic-System wieder seinen Normalbetrieb auf.

Stromversorgung
Batterie
Die Batterie versorgt das gesamte Bordnetz mit elektrischer Energie.

Zünd-Start-Schalter
Der Zünd-Start-Schalter ist ein Mehrzweckschalter. Mit ihm wird zentral der Strom für den Großteil des Bordnetzes einschließlich Zündung und Benzineinspritzung eingeschaltet und das Starten vorgenommen.

Relais
Das Relais wird vom Zünd-Start-Schalter gesteuert und schaltet die Bordnetzspannung zum Steuergerät und den anderen Komponenten.

Elektrische Schaltung
Das 25-polige Steuergerät ist über den Kabelbaum sowohl mit allen Komponenten der Mono-Jetronic als auch mit dem Bordnetz des Fahrzeugs verbunden (Bild 29).

Das Steuergerät wird über zwei Anschlüsse mit der Bordnetzspannung des Fahrzeugs versorgt. Über den einen Spannungsanschluss ist das Steuergerät ständig mit dem Pluspol der Batterie (Klemme 30) verbunden. Diese permanente Spannungsversorgung des Steuergeräts dient dazu, den Inhalt von Speicherzellen (Adaptionswerte, Diagnose-Fehlerspeicher) auch über die Abstellphasen des Fahrzeugs hinweg zu erhalten.

Beim Einschalten der Zündung wird das Steuergerät über den zweiten Anschluss mit Spannung versorgt. Um Spannungsspitzen z. B. durch die Induktivität der Zündspule zu vermeiden, kann es notwendig sein, die Spannungsversorgung des Steuergeräts nicht direkt über Klemme 15 des Zünd-Start-Schalters, sondern über ein von der Klemme 15 angesteuertes Relais (Hauptrelais) vorzunehmen.

Masseversorgung des Steuergeräts
Auch die Versorgung des Steuergeräts mit der Fahrzeugmasse erfolgt über zwei getrennte Leitungen: Zur korrekten Erfassung der Sensorsignale (z. B. λ-Sonde, Temperatursensoren) benötigt die Steuergeräteelektronik einen separaten Masseanschluss. Über den zweiten Masseanschluss fließen die großen Endstufenströme zur Ansteuerung der Stellglieder.

λ-Sonden-Anschluss
Zum Schutz gegen Einkopplungen von Spannungsspitzen auf die λ-Sondenleitung

ist diese Leitung im Kabelbaum durch eine Drahtgeflechtummantelung abgeschirmt.

Kraftstoffpumpen-Sicherheitsschaltung
Um auszuschließen, dass die Kraftstoffpumpe z. B. nach einem Unfall beim Stillstand des Motors weiterhin Kraftstoff fördert, wird das Kraftstoffpumpenrelais direkt vom Steuergerät angesteuert. Die Kraftstoffpumpe wird beim Einschalten der Zündung sowie bei jedem Zündimpuls für ca. eine Sekunde aktiviert (dynamische Pumpenansteuerung). Kommt der Motor bei eingeschalteter Zündung zum Stillstand, fällt das Kraftstoffpumpenrelais ab und unterbricht die Stromversorgung der Kraftstoffpumpe.

29 Schaltplan der Mono-Jetronic

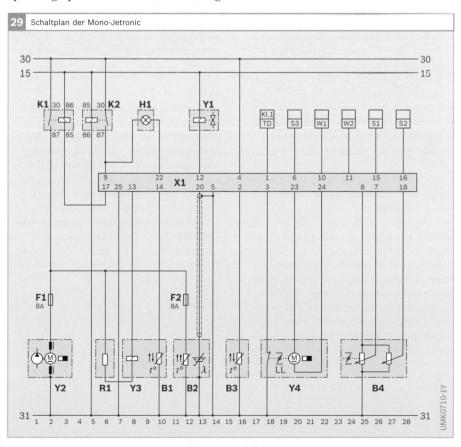

Bild 29

B1 Lufttemperatursensor
B2 λ-Sonde (beheizt)
B3 Motortemperatursensor
B4 Drosselklappenpotentiometer
F1 Sicherung
F2 Sicherung
H1 Diagnoselampe und Testeranschluss
K1 Kraftstoffpumpenrelais
K2 Hauptrelais
Kl.1/TD Drehzahlinformation
R1 Vorwiderstand
S1 Klimabereitschaft
S2 Klimakompressor
S3 Getriebeschalter
W1 t_v-Codierung
W2 Pumpencodierung
X1 Steuergerät
Y1 Regenerierventil
Y2 Elektrokraftstoffpumpe
Y3 Einspritzventil
Y4 Drosselklappensteller mit Leerlaufschalter

Mager dargestellte Zahlen bezeichnen Klemmenanschlüsse

Werkstattprüftechnik

Aggregate und Systeme von Bosch sind mit ihren Kenndaten und Leistungswerten exakt auf das jeweilige Fahrzeug und den zum Fahrzeug gehörigen Motor abgestimmt. Um die notwendigen Prüfungen durchführen zu können, gibt es von Bosch jeweils die entsprechende Messtechnik, die Prüfgeräte und Spezialwerkzeuge.

Prüftechnik für die Mono-Jetronic
Das Benzineinspritzsystem Mono-Jetronic erfordert, abgesehen vom periodischen Wechseln des Luft- und Kraftstofffilters nach Vorschrift des Fahrzeugherstellers, keine Wartungsarbeiten. Bei Störungen des Systems stehen dem Fachmann im Wesentlichen folgende Prüfgeräte zusammen mit den notwendigen Prüfwerten zur Verfügung:

▶ Universal-Prüfadapter, Systemadapterleitung und Vielfachmessgerät beziehungsweise Motortester,
▶ Jetronic-Set (Hydraulikkoffer mit Druckmessvorrichtung),
▶ λ-Regelungstester und
▶ Pocket-System-Diagnosetester beziehungsweise Auswertegerät für Blinkcode.

Universal-Prüfadapter, Systemadapterleitung und Vielfachmessgerät beziehungsweise Motortester
Der Universal-Prüfadapter (Bild 30) wurde speziell zur Prüfung elektronischer Benzineinspritzsysteme, wie fast alle Jetronic-Systeme und verschiedene Motronic-Systeme, entwickelt. Mit diesem Prüfadapter können alle wichtigen Komponenten und Größen der Mono-Jetronic geprüft werden, die für einen optimalen Motorlauf notwendig sind. Hierzu zählen beispielsweise:

▶ Drosselklappenpotentiometer (Lasterfassung),
▶ Drosselklappenansteller,
▶ Einspritzventil,
▶ Signale von der Zündspule (für die Einspritzauslösung),
▶ Motortemperatursensor,
▶ Temperatursensor für die Ansaugluft,
▶ Elektrokraftstoffpumpe,
▶ λ-Sonde und
▶ Tankentlüftungsventil (Regenerierventil)

Mit der Systemadapterleitung wird der Universal-Prüfadapter am Kabelbaumstecker des Steuergeräts angeschlossen. Über zwei Mehrfachstufenschalter können damit einfach und schnell die verschiedenen Leitungen zu den Komponenten angewählt werden und über das Vielfachmessgerät beziehungsweise den Motortester Widerstände und Spannungen gemessen werden.

Jetronic-Set
Mit der Druckmessvorrichtung des Jetronic-Sets lässt sich der Systemdruck im Kraftstoff messen. Die Messung des Kraftstoffdrucks liefert eine Aussage zu folgenden Messgrößen und Eigenschaften:

▶ Leistung der Elektrokraftstoffpumpe,
▶ Durchlässigkeit des Kraftstofffilters,
▶ Durchlässigkeit der Rücklaufleitung,
▶ Funktion des Kraftstoffdruckreglers und
▶ Dichtheit des gesamten Kraftstoffsystems, wobei dies besonders wichtig für das Kalt- und Warmstartverhalten ist.

λ-Regelungstester
Der λ-Regelungstester wird zum Prüfen des λ-Sondensignals (und zur Simulation des Signals „fett/mager") eingesetzt. Für den Anschluss an die Sondenleitung der verschiedenen Fahrzeugmodelle gibt es spezielle Adapterleitungen. Die Messwerte werden analog angezeigt.

Diagnosetester und Auswertegeräte
Das Steuergerät der Mono-Jetronic ist in digitaler Schaltungstechnik ausgeführt. Es umfasst eine Eigendiagnose mit Fehlerspeicher. Mit geeigneten Auswertegeräten für die Eigendiagnose kann der Fehlerspeicher ausgelesen werden. Bei der Mono-Jetronic können beim gleichen Fahrzeug nicht wahlweise beide der nachfolgend dargestellten Diagnosemethoden angewandt werden. Welche Diagnosemethode angewendet werden kann, ist vom Fahrzeughersteller festgelegt worden.

Pocket-System-Diagnosetester
Der Pocket-System-Diagnosetester kann einen oder mehrere Fehler im System in Form eines entsprechenden Fehlercodes in Verbindung mit einem Text anzeigen, der Auskunft über fehlerhafte Komponenten beziehungsweise deren Leitungen und Stecker gibt.

Auswertegerät für Blinkcode
Das Steuergerät ist für eine Eigendiagnose über Blinkcode ausgelegt. Hierbei werden die Fehler in Form von Blinkimpulsen ausgelesen. Bei einigen Fahrzeugen besteht die Möglichkeit, den Blinkcode direkt über die Kontrollleuchte im Instrumentenfeld des Fahrzeugs auszulesen.

Wenn das Steuergerät für die Eigendiagnose über Blinkcode ausgelegt ist, ist das Auslesen des Fehlerspeichers mit einem Diagnosetester nicht möglich.

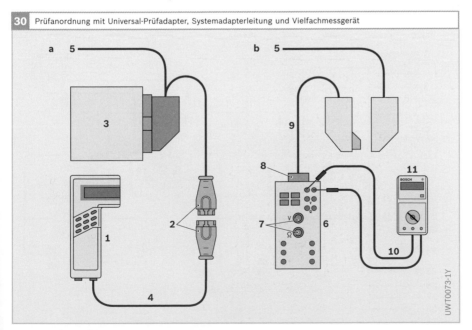

30 Prüfanordnung mit Universal-Prüfadapter, Systemadapterleitung und Vielfachmessgerät

Bild 30
a Prüfanordnung mit Diagnosetester
b Prüfanordnung mit Universal-Prüfadapter

1 Diagnosetester
2 Diagnosestecker am Fahrzeug
3 Steuergerät
4 Diagnose-Adapterleitung für Diagnosetester
5 Systemkabelbaum
6 Universal-Prüfadapter
7 Mehrfachstufenschalter
8 Steckverbindung
9 System-Adapterleitung
10 Messleitungen
11 Vielfachmessgerät

UWT0073-1Y

Motormanagement Motronic

Bild 1

1 Aktivkohlebehälter
2 Diagnosemodul
  Tankleckage
3 Regenerierventil
4 Sekundärluftpumpe
5 Sekundärluftventil
6 Luftmassenmesser
7 Saugrohrdruck-
  sensor
8 Variable Saugrohr-
  geometrie mit
  umschaltbaren
  Klappen
9 Kraftstoffverteiler-
  rohr
10 Einspritzventil
11 Aktoren für variable
  Nockenwellen-
  steuerung
12 Zündspule mit
  Zündkerze
13 Nockenwellen-
  Phasensensor
14 Drosselklappen-
  winkelsensor
15 Leerlaufsteller
16 Drosselklappe
17 Abgasrückführventil
18 Klopfsensor
19 Motortemperatur-
  sensor
20 λ-Sonde vor Kataly-
  sator
21 Motorsteuergerät
22 Drehzahlsensor
23 Dreiwegekataly-
  sator
24 Diagnoseschnitt-
  stelle
25 Fehlerlampe
26 Schnittstelle zum
  Immobilizer
27 Schnittstelle zur
  Getriebesteuerung
28 CAN-Schnittstelle
29 Kraftstoffbehälter
30 Tankdrucksensor
31 Kraftstoffleitung
32 Tankeinbaueinheit
33 λ-Sonde hinter
  Katalysator

Systemunfang ent-
spricht Anforderungen
der CARB-OBD

Digitale Elektronik eröffnete dem Automobilbau neue Perspektiven. Viele, zum Teil widerstrebende Forderungen an den Ottomotor – zum Beispiel hohe Leistung, geringer Kraftstoffverbrauch und geringe Schadstoffemissionen – konnten mit elektronischen Steuerungs- und Regelsystemen bestmöglich aufeinander abgestimmt werden.

Die Jetronic steuert die Kraftstoffzumessung (Einspritzsystem), das elektronische Zündsystem optimiert die Zündung. Seit 1979 gibt es mit der Motronic ein System, das beides vereinigt: Einspritzsystem und Zündsystem werden gemeinsam über einen Rechner gesteuert.

Motronic ist immer noch die Bezeichnung für die aktuellen Motormanagementsysteme von Bosch. Der Funktionsumfang dieser Systeme ist im Laufe der Zeit jedoch stetig gestiegen.

Systemübersicht

Aufgabe

Die Motronic vereinigt in nur einem Steuergerät die gesamte Elektronik der Motorsteuerung, die alle am Ottomotor gewünschten Stelleingriffe vornimmt. Messfühler (Sensoren) am Motor erfassen die dazu notwendigen Betriebsdaten, bei denen es sich um Schaltsignale oder um Analogsignale handelt.

Schaltsignale sind z. B. die Stellung des Zünd-Start-Schalters („Zündung ein" oder „Zündung aus"), das Signal des Drosselklappenschalters, die Nockenwellenstellung, die Fahrstufe bei Automatikgetrieben, der Getriebeeingriff, die Bereitschaft der Klimaanlage und der Schaltzustand des Klimakompressors.

Als Analogsignal erfasst werden z. B. die Motor- und die Ansauglufttemperatur mit Temperatursensoren, die Luftmasse mit dem Luftmassenmesser, der Drosselklap-

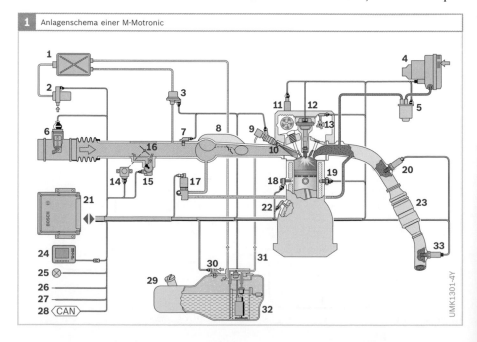

1 Anlagenschema einer M-Motronic

UMK1301-4Y

penwinkel mit dem Drosselklappenwinkelsensor, die Abgaszusammensetzung mit der λ-Sonde, die vom Klopfsensor erfasste Information und die Batteriespannung,

Das Drehzahlsignal wird als Schaltsignal erfasst (bei Drehzahlerfassung mit Hall-Geber) oder in einer Interfaceschaltung aufbereitet (bei Drehzahlerfassung mit Induktivgeber) und dem Steuergerät zugeführt.

Eingangsschaltungen im Steuergerät bereiten diese Daten für den Mikroprozessor auf. Dieser verarbeitet die aufbereiteten Betriebsdaten, erkennt daraus den Betriebszustand des Motors und berechnet abhängig davon Stellsignale. Endstufen verstärken diese Signale und steuern die Stellglieder (Aktoren) an. Für die Zündung sind das die Zündspulen, für die Einspritzung des Kraftstoffs werden die Einspritzventile geschaltet. Damit kann ein optimales Zusammenwirken von Einspritzung, bester Kraftstoffaufbereitung und richtigem Zündzeitpunkt bei den verschiedenen Betriebszuständen des Ottomotors verwirklicht werden. Je nach Ausführung der Motronic werden noch weitere Stellglieder angesteuert (z. B. AGR-Ventil).

Durch die digitale Datenverarbeitung und den Einsatz von Mikroprozessoren war es somit möglich, eine große Anzahl von Betriebsdaten in kennfeldgesteuerte Einspritz- und Zünddaten umzusetzen. Mit dem Einsatz der λ-Sonde und der Integration eines λ-Reglers in das Steuergerät konnte schon die erste Motronic die zu erwartenden Abgasbestimmungen erfüllen.

Vorteile der Motronic

Vorteil des Gesamtsystems Motronic gegenüber Einzelsystemen ist zum einen die optimale Abstimmung von Einspritzung und Zündung. Ferner ergeben sich Kostenvorteile, da nur ein gemeinsames Gehäuse und somit z. B. nur eine einzige Stromversorgung erforderlich ist und Sensorsignale (z. B. eines einzigen Motortemperatursensors) von beiden Systemen verarbeitet werden können.

Motronic-Ausführungen

M-Motronic

Die ersten Motronic-Systeme basierten auf der L-Jetronic und dem elektronischen Zündsystem. Die Lasterfassung beruhte also auf der Messung der Luftmenge mit einem Luftmengenmesser (siehe L-Jetronic) und der Zündung mit rotierender Spannungsverteilung über den Zündverteiler. Der Luftmengenmesser wurde schon bald durch den Luftmassenmesser ersetzt, während der Zündverteiler noch einige Zeit Stand der Technik blieb und erst später durch die vollelektronische Zündung mit ruhender Spannungsverteilung verdrängt wurde.

Bild 1 zeigt eine typische Motronic-Ausführung mit Luftmassenmesser und ruhender Spannungsverteilung. Dieser Systemumfang war geeignet, die anfänglichen strengen Abgasgrenzwerte und die Anforderungen an die integrierte Diagnose für die kalifornische OBD-Gesetzgebung zu erfüllen.

Grundfunktion

Die Hauptaufgabe der Motronic ist, den vom Fahrer gewünschten Betriebszustand einzustellen. Die Steuerung von Zündung und Benzineinspritzung bildet – unabhängig von der Ausführung des Motronic-Systems – grundsätzlich den Kern des Motronic-Systems.

Zusatzfunktionen

Weitere Steuer- und Regelfunktionen – notwendig geworden durch die Gesetzgebung zur Senkung der Abgasemissionen und die Verringerung des Kraftstoffverbrauchs – erweitern die Grundfunktion der Motronic und gestatten eine Überwachung aller Einflüsse auf die Zusammensetzung der Abgase. Zu diesen Zusatzfunktionen gehören:

▶ Leerlaufdrehzahlregelung,
▶ λ-Regelung,
▶ Steuerung des Kraftstoffverdunstungs-Rückhaltesystem,
▶ Klopfregelung,

▶ Abgasrückführung zur Senkung von
NO$_x$-Emissionen,
▶ Steuerung des Sekundärluftsystems zur
Senkung von HC-Emissionen,
▶ Steuerung des Abgasturboladers zur
Leistungssteigerung,
▶ Steuerung der Saugrohrumschaltung
zur Leistungssteigerung,
▶ Nockenwellensteuerung zur Senkung
der Abgasemissionen und des Kraft-
stoffverbrauchs sowie zur Leistungsstei-
gerung,
▶ Drehzahl- und Geschwindigkeitsbegren-
zung zum Schutz von Motor und Fahr-
zeug.

Die Implementierung dieser Funktionen in
einem einzigen Steuerungssystem wurde
möglich durch die stetige Weiterentwicklung der Digitaltechnik, verbunden mit der
Steigerung der Leistungsfähigkeit der Bauelemente in Bezug auf Verarbeitungs-
geschwindigkeit und Kapazität der
Speicherbausteine.

Fahrzeugmanagement
Die Motronic steht mit Steuergeräten anderer Fahrzeugsysteme in Verbindung. Sie
ermöglicht damit unter anderem im Verbund mit dem Steuergerät des Automatikgetriebes ein Schalten, das durch Momen-
tenreduzierung beim Schaltvorgang das
Getriebe schont, und zusammen mit dem
ABS/ASR-Steuergerät eine Antriebsschlupfregelung (ASR) für die erhöhte
Fahrsicherheit.

Die Datenübertragung kann über konventionelle Kommunikation erfolgen, bei
der jedem Signal eine Leitung zugeordnet
ist. Effektiver ist die serielle Datenübertragung mit Bussystemen (siehe CAN).

Diagnose
Die Motronic wird durch Komponenten
zur On-Board-Überwachung ergänzt. Daher kann sie zur Erfüllung der strengen
Abgasgrenzwerte und der Anforderungen
an die integrierte Diagnose eingesetzt werden (siehe On-Board-Diagnose).

2 | Anlagenschema der Mono-Motronic

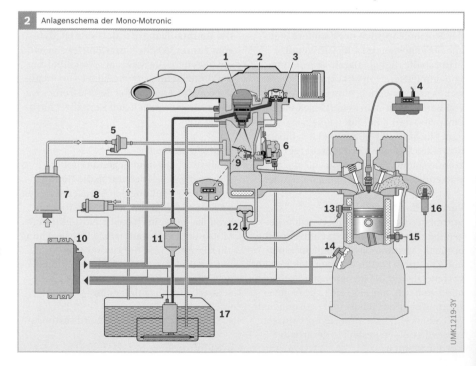

Bild 2
1 Einspritzventil
2 Lufttemperatur-
sensor
3 Kraftstoffdruck-
regler
4 Zündspule
5 Regenerierventil
6 Drosselklappen-
ansteller
7 Aktivkohlebehälter
8 Drucksteller
9 Drosselklappe mit
Drosselklappen-
potentiometer
10 Motorsteuergerät
11 Kraftstofffilter
12 Abgasrückführventil
13 Klopfsensor
14 Drehzahlsensor
15 Motortemperatur-
sensor
16 λ-Sonde
17 Elektrokraftstoff-
pumpe im Kraft-
stoffbehälter

UMK1219-3Y

Mono-Motronic

Basis für die Mono-Motronic (Bild 2) ist die Mono-Jetronic, die intermittierende elektronisch gesteuerte Zentraleinspritzung. Sie ist um Funktionen erweitert, die dem Fahrkomfort dienen und einen weiter verbesserten Notlauf bei Sensorausfall ermöglichen. Die Einspritzmenge ergibt sich mit der Lasterfassung über den Drosselklappenwinkel und Drehzahl (siehe Mono-Jetronic).

Das Zündsystem in der Mono-Motronic besteht aus einer elektronischen Zündung mit rotierender Hochspannungsverteilung über einen Zündverteiler (siehe elektronische Zündung), oder aber aus einer vollelektronischen Zündung mit ruhender Spannungsverteilung.

KE-Motronic

Die elektronische Steuerung der auf der KE-Jetronic basierenden Einspritzanlage bildet zusammen mit der elektronischen Zündung eine vollelektronische Motorsteuerung. Beide Einzelsysteme sind im Steuergerät der KE-Motronic integriert. An der Zündspule ist eine separate Leistungsendstufe angebracht. Die vollelektronische Motorsteuerung wurde durch Fehlerspeicher für die Eigendiagnose erweitert und ermöglicht zusammen mit einer Stellglieddiagnose eine Hilfe für die Fehlersuche.

Das Stauscheiben-Potentiometer im Luftmengenmesser liefert das Lastsignal, das auch für die Zündung und die Leerlaufstabilisierung herangezogen wird.

ME-Motronic

Beim Ottomotor mit äußerer Gemischbildung ist die Zylinderfüllung die bestimmende Größe für das abgegebene Moment

---

3 Prinzip der Luftsteuerung mit Leerlaufsteller

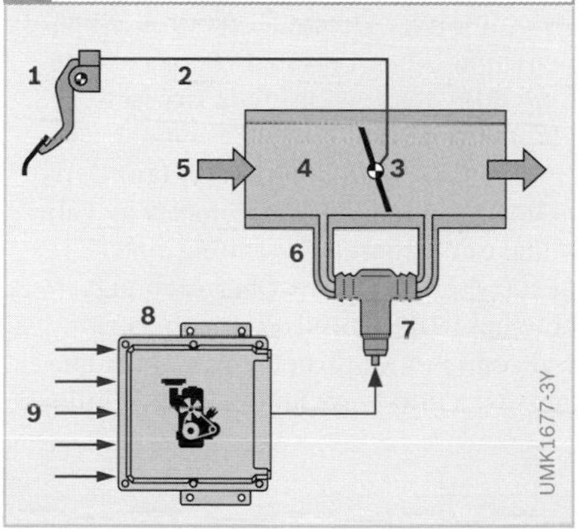

UMK1677-3Y

Bild 3
1 Fahrpedal
2 Gaszug beziehungsweise Gasgestänge
3 Drosselklappe
4 Ansaugkanal
5 angesaugter Luftstrom
6 Bypass-Luftstrom
7 Leerlaufsteller (Bypass-Luftsteller)
8 Steuergerät
9 Eingangsgrößen (elektrische Signale)

---

4 EGAS-System

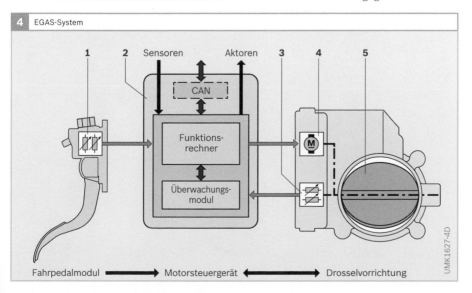

Fahrpedalmodul ➡ Motorsteuergerät ⬅➡ Drosselvorrichtung

UMK1627-4D

Bild 4
1 Fahrpedalsensor
2 Motorsteuergerät
3 Drosselklappenwinkelsensor
4 Drosselklappenantrieb
5 Drosselklappe

und damit für die Leistung. Die Drosselklappe steuert den vom Motor angesaugten Luftstrom und damit die Zylinderfüllung.

In herkömmlichen Systemen (M-Motronic) wird die Drosselklappe mechanisch
bewegt. Ein Seilzug oder ein Gestänge
überträgt die Bewegung des Fahrpedals
auf die Drosselklappe (Bild 3). Die bei kaltem Motor erforderliche Zusatzluft, die zu
einer Mehrmenge an Kraftstoff führt, wird
über einen Leerlaufsteller als Bypass um
die Drosselklappe geführt (siehe Zweiwicklungsdrehsteller). Ebenfalls möglich
ist ein System mit Drosselklappenansteller,
der den Minimalanschlag der Drosselklappe verändert. In beiden Fällen lässt
sich jedoch der vom Motor benötigte Luftstrom nur in begrenztem Umfang, etwa für
eine Leerlaufdrehzahlregelung, elektronisch beeinflussen.

Bei der elektronischen Motorfüllungssteuerung EGAS (elektronisches Gaspedal,
daher ME-Motronic) übernimmt ein elektronisches Steuergerät die Ansteuerung
der Drosselklappe. Die Drosselklappe ist

mit dem Drosselklappenantrieb (Gleichstrommotor) und dem Drosselklappenwinkelsensor als Einheit zusammengefasst. Sie wird als Drosselvorrichtung bezeichnet (Bild 4 und Bild 5).

Zur Ansteuerung der Drosselvorrichtung wird die Stellung des Fahrpedals mit
Hilfe zweier gegenläufiger Potentiometer
erfasst (Fahrpedalmodul). Die für diesen
Fahrerwunsch erforderliche Öffnung der
Drosselklappe wird dann unter Berücksichtigung des aktuellen Betriebszustands
des Motors vom Steuergerät berechnet
und in Ansteuersignale für den Drosselklappenantrieb umgesetzt. Der aus zwei
Potentiometern bestehende Drosselklappenwinkelsensor ermöglicht das exakte
Einhalten der gewünschten Drosselklappenposition.

Die aus Gründen der Redundanz doppelt vorhandenen Potentiometer an Fahrpedal und Drosselvorrichtung sind
Bestandteil des EGAS-Überwachungs-
konzepts. Dieses Teilsystem überprüft
während des Motorbetriebs ständig alle
Sensoren und Berechnungen, die Einfluss

---

5 EGAS-Komponenten

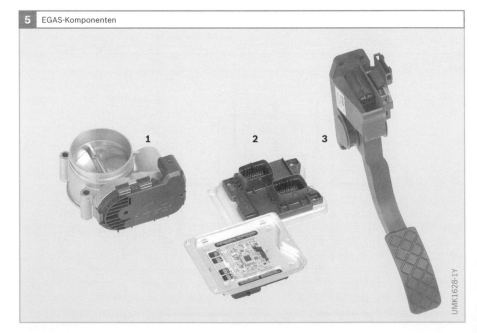

Bild 5

1 Drosselvorrichtung

2 EGAS-Steuergerät

3 Fahrpedal mit
Pedalwegsensor
(Fahrpedalmodul)

auf die gewünschte Drosselklappenöffnung haben. Im Falle einer Fehlfunktion
wird zunächst auf redundante Sensoren
oder auf Berechnungsgrößen zurückge-
griffen. Ist kein redundantes Signal verfügbar, so nimmt die Drosselklappe eine festgelegte Position ein (Notlauf).

Mit der ME-Motronic ist die EGAS-
Ansteuerung in das Motorsteuergerät, das
Zündung, Einspritzung und sonstige
Zusatzfunktionen steuert, integriert wor-
den. Das bis dahin übliche spezielle EGAS-
Steuergerät ist entfallen. Bild 5 zeigt die
Komponenten eines EGAS-Systems. In
Bild 6 ist das Anlagenschema einer ME-
Motronic dargestellt

Das EGAS-System ist das Hauptmerk-
mal, worin sich die ME-Motronic von der
M-Motronic unterscheidet. Die ME-Motronic ist Ende der 1990er-Jahre in Serie ge-
gangen, somit haben die ersten mit diesem
Motormanagementsystem ausgerüsteten
Fahrzeuge auch schon Youngtimer-Status
erreicht. Die ME-Motronic hat sich aufgrund der mit diesem System erreichbaren

verbesserten Abgaswerte in kurzer Zeit
durchgesetzt.

DI-Motronic
Als nächsten Entwicklungsschritt wurde
Anfang der 2000er-Jahre die DI-Motronic
eingeführt. Sie berücksichtigt die Funktionserweiterungen, die für die Einspritzung des Kraftstoffs direkt in den Brennraum erforderlich sind.

Direkteinspritzende Ottomotoren finden
in den letzten Jahren verstärkt Anwendung. In Verbindung mit der Abgasturboaufladung erreichen Motoren mit geringerem Hubraum die gleiche Motorleistung
bei günstigerem Drehmomentverlauf. Der
geringere Hubraum (siehe Downsizing) mit
geringeren Reibungsflächen führt zu güns-
tigeren Kraftstoffverbrauchswerten.

Diese Technik entspricht dem aktuellen
Stand der Technik. Im Rahmen des The-
mas klassische Ottomotorsteuerung soll
hier nicht näher darauf eingegangen werden.

Bild 6
1 AKtivkohlebehälter
2 Luftmassenmesser
3 Drosselvorrichtung
   (EGAS)
4 Regenerierventil
5 Saugrohrdruck-
   sensor
6 Kraftstoffverteiler-
   rohr
7 Einspritzventil
8 Aktoren für variable
   Nockenwellen-
   steuerung
9 Zündspule mit auf-
   gesteckter Zünd-
   kerze
10 Nockenwellen-
   Phasensensor
11 λ-Sonde vor
   Vorkatalysator
12 Motorsteuergerät
13 Abgasrückführventil
14 Drehzahlsensor
15 Klopfsensor
16 Motortemperatur-
   sensor
17 Vorkatalysator
   (Dreiwegekataly-
   sator)
18 λ-Sonde nach
   Vorkatalysator
19 CAN-Schnittstelle
20 Fehlerlampe
21 Diagnose-
   schnittstelle
22 Schnittstelle zum
   Immobilizer-Steuer-
   gerät (Wegfahr-
   sperre)
23 Fahrpedalmodul
24 Kraftstoffbehälter
25 Tankeinbaueinheit
26 Hauptkatalysator
   (Dreiwegekataly-
   sator)

Systemumfang bezüg-
lich der On-Board-
Diagnose entspricht
den Anforderungen der
EOBD

6 Anlagenschema einer ME-Motronic

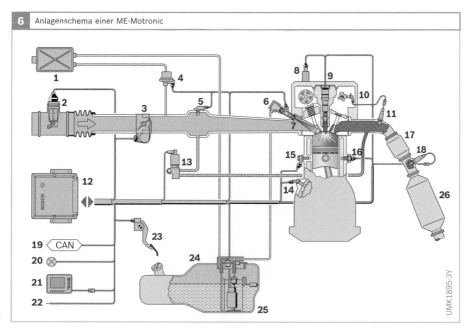

UMK1895-3Y

Kraftstoffversorgungssystem

Aufgabe

Das Kraftstoffversorgungssystem hat die Aufgabe, dem Motor unter allen Betriebsbedingungen stets die benötigte Kraftstoffmasse zur Verfügung zu stellen. Hierzu fördert eine elektrisch angetriebene Pumpe kontinuierlich den Kraftstoff aus dem Kraftstoffbehälter in den Kraftstoffkreislauf. Er fließt über ein Kraftstofffilter zum Kraftstoffverteilerrohr mit den elektromagnetischen Einspritzventilen. Diese spritzen den Kraftstoff genau dosiert in das Saugrohr des Motors (Bild 7). Der Kraftstoffdruckregler regelt den Systemdruck durch Veränderung des in den Kraftstoffbehälter rückströmenden Kraftstoffstroms auf typisch 300 kPa. Mit diesem Druck wird die Bildung störender Dampfblasen verhindert.

System mit Rücklauf

Bild 7 zeigt ein System mit Kraftstoffrücklauf, bei dem der Kraftstoffdruckregler am Kraftstoffverteilerrohr montiert ist. Der nicht verbrauchte Kraftstoff fließt über den Druckregler in den Kraftstoffbehälter zurück. Auf dem langen Rücklauf kann sich der Kraftstoff erwärmen.

Rücklauffreies System

Durchgesetzt haben sich Systeme ohne Kraftstoffrücklauf, bei denen der Kraftstoffdruckregler in unmittelbarer Nähe der Elektrokraftstoffpumpe angebracht ist. Dadurch kann die Kraftstoffrückleitung vom Motor zurück zum Kraftstoffbehälter entfallen. Dies führt zu reduzierten Kraftstofftemperaturen im Kraftstoffbehälter und somit zu einer Abnahme der Kohlenwasserstoffemissionen. Dadurch ergibt sich ein verbesserter Wir-

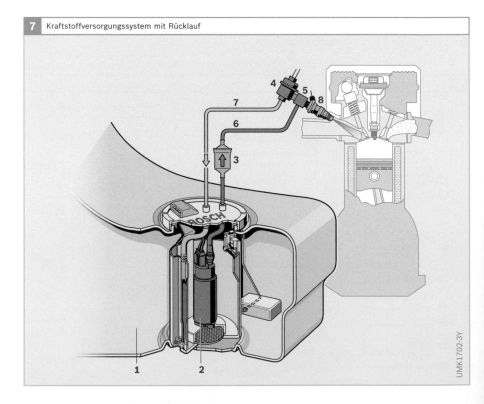

7   Kraftstoffversorgungssystem mit Rücklauf

Bild 7

1   Kraftstoffbehälter
2   Elektrokraftstoffpumpe
3   Kraftstofffilter
4   Kraftstoffdruckregler
5   Kraftstoffverteilerrohr
6   Kraftstoffzulaufleitung
7   Kraftstoffrücklaufleitung
8   Einspritzventil

kungsgrad des Kraftstoffverdunstungs-
Rückhaltesystem.

Komponenten

Die im Kraftstoffsystem eingesetzen Komponenten sind an anderer Stelle beschrieben (siehe Komponenten der Jetronic und
Motronic, Kraftstoffversorgung, Einspritzventile).

Zündung

Im Hochspannungskreis einer Zündanlage
wird die zur Zündung erforderliche Hochspannung erzeugt und zeitrichtig an die jeweilige Zündkerze verteilt. In den Motronic-Systemen älterer Fahrzeuge ist ein
elektronisches Zündsystem mit rotierender Spannungsverteilung implementiert
(siehe elektronische Zündung). Das heißt,
der Hochspannungskreis enthält nur eine
einzige Zündspule, eine Zündungsendstufe
und einen Hochspannungsverteiler. Gesteuert wird das System entweder von
einem Hall-Geber oder einem induktiven
Geber.

Im Laufe der Zeit wurde verstärkt die
vollelektronische Zündung mit ruhender
Spannungsverteilung eingesetzt (Bild 8,
siehe auch vollelektronische Zündung),
Dieses System enthält mit dem Entfall des
Zündverteilers keine mechanischen Komponenten mehr, die Zündkerzen sind mit
jeweils einer Einzelfunken- oder einer
Zweifunkenzündspule verbunden. Seit
Mitte der 1990er-Jahre kommt nur noch
die vollelektronische Zündung zur Anwendung.

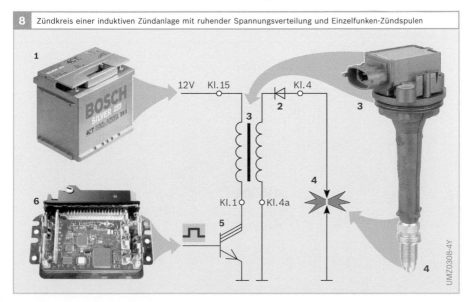

8 Zündkreis einer induktiven Zündanlage mit ruhender Spannungsverteilung und Einzelfunken-Zündspulen

12V   Kl. 15   Kl. 4
Kl. 1   Kl. 4a

UMZ0308-4Y

Bild 8
1 Batterie
2 EFU-Diode
   (Einschaltfunken-
   unterdrückung)
3 Zündspule
4 Zündkerze
5 Zündungsendstufe
   (Im Motorsteuer-
   gerät oder in der
   Zündspule inte-
   griert)
6 Motorsteuergerät

Betriebsdatenerfassung

Motorlast

Bei Motorkonzepten mit Saugrohreinspritzung besteht ein nahezu linearer Zusammenhang zwischen der Luftfüllung und dem durch die Verbrennung erzeugten Moment, also der Belastung des Motors (Motorlast). Eine der Hauptgrößen zur Berechnung von Einspritzmenge und Zündwinkel ist die Motorlast. Zur Bestimmung der Motorlast (Lasterfassung) werden in den Generationen von Motronic-Systemen folgende Lastsensoren eingesetzt:

▶ Luftmengenmesser,
▶ Hitzdraht-Luftmassenmesser,
▶ Heißfilm-Luftmassenmesser,
▶ Saugrohrdrucksensor,
▶ Drosselklappengeber.

Der Drosselklappengeber wird bei der Mono-Motronic als Hauptlastsensor eingesetzt. Bei anderen Motronic-Systemen dient er meistens als Nebenlastsensor zusätzlich zu den oben genannten Hauptlastsensoren.

In der ME-Motronic ist die Luftfüllung nicht nur eine der Hauptgrößen zur Berechnung von Einspritzmenge und Zünd-winkel, in einem drehmomentgeführten System wie der ME-Motronic (siehe Drehmomentführung) dient die Luftfüllung auch zur Berechnung des aktuell vom Motor abgegebenen Drehmoments. Zur Füllungserfassung gibt es hier motorspezifisch unterschiedliche Konzepte, wobei nicht alle möglichen Lastsensoren gleichzeitig vorhanden sind. Die nicht messtechnisch erfassten Größen werden anhand von Messwerten modelliert.

Luftmengenmesser

Der Luftmengenmesser sitzt zwischen Luftfilter und Drosselklappe und erfasst den vom Motor angesaugten Luftvolumenstrom [m³/h]. Der Ansaugluftstrom lenkt die Stauklappe im Luftmengenmesser gegen die konstante Rückstellkraft einer Feder aus (Bild 9). Die Winkelstellung der Stauklappe wird über ein Potentiometer abgegriffen. Die Spannung des Potentiometers wird dem Steuergerät zugeführt und dort mit der Speisespannung des Potentiometers verglichen. Dieses Spannungsverhältnis ist ein Maß für den vom Motor angesaugten Luftvolumenstrom. Das Auswerten von Widerstandsverhältnissen im Steuergerät schließt den Einfluss

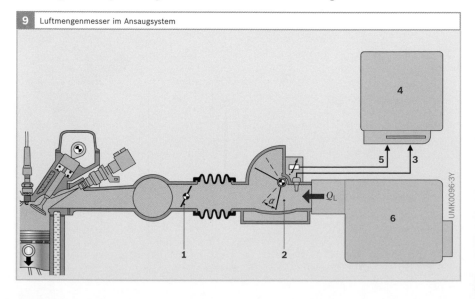

Bild 9
1 Drosselklappe
2 Luftmengenmesser
3 Ansaugluft-
   temperatursignal
   zum Steuergerät
4 Steuergerät
5 Luftmengenmesser-
   signal zum Steuer-
   gerät
6 Luftfilter
Q_L angesaugte Luft-
   menge
a Auslenkwinkel der
   Stauklappe

9 Luftmengenmesser im Ansaugsystem

der Alterung und des Temperaturgangs des Potentiometers auf die Genauigkeit aus (Details siehe Luftmengenmesser, L-Jetronic).

Damit Pulsationen der Ansaugluft die Stauklappe nicht zum Schwingen anregen, wird sie durch eine Gegenklappe (Kompensationsklappe) und ein Dämpfungsvolumen gedämpft. Um Änderungen der Luftdichte bei sich ändernden Temperaturen der Ansaugluft zu berücksichtigen, ist im Luftmengenmesser ein Temperatursensor integriert, mit dessen temperaturabhängigem Widerstand das Steuergerät einen Korrekturwert ermittelt.

Dieser anfänglich in der Motronic eingesetzte Luftmengenmesser ist von der L-Jetronic übernommen worden. Später wurden vorzugsweise Luftmassenmesser eingesetzt.

Luftmassenmesser
Bei dem Hitzdraht- und dem Heißfilm-Luftmassenmesser handelt es sich um thermische Lastsensoren. Sie sind zwischen Luftfilter und Drosselklappe eingebaut (siehe Bild 1) und erfassen den vom Motor angesaugten Luftmassenstrom [kg/h].

Beide Sensoren arbeiten nach dem gleichen Prinzip. Im Ansaugluftstrom befindet sich ein elektrisch beheizter Körper, der durch die strömende Luft abgekühlt wird. Eine Regelschaltung führt den Heizstrom so nach, dass der Körper eine konstante Übertemperatur gegenüber der Ansaugluft annimmt. Der Heizstrom ist dann ein Maß für den Luftmassenstrom. Die von der Temperatur und der Meereshöhe abhängige Luftdichte wird bei diesem Messprinzip mitberücksichtigt, da sie die Größe der Wärmeabgabe vom beheizten Körper an die Luft mitbestimmt.

Beim ursprünglichen Luftmassenmesser ist der beheizte Körper ein Hitzdraht (Details siehe Hitzdraht-Luftmassenmesser). Der Heizstrom erzeugt an einem mit dem Hitzdraht in Reihe geschalteten Mess-widerstand ein dem Luftmassenstrom proportionales Spannungssignal.

Die Weiterentwicklung des Luftmassensensors führte zum Heißfilm-Luftmassenmesser. Der beheizte Körper ist beim Luftmassenmesser der ersten Generation ein Platin-Filmwiderstand, in den Folgegenerationen eine Sensormesszelle aus einem Halbleitersubstrat (siehe Heißfilm-Luftmassenmesser).

Saugrohrdrucksensor
Der Saugrohrdrucksensor ist pneumatisch mit dem Saugrohr verbunden und nimmt so den Saugrohr-Absolutdruck [kPa] auf. Es gibt ihn als Einbauelement für das Steuergerät oder als Wegbausensor, der in Saugrohrnähe oder direkt am Saugrohr befestigt ist. Als Einbauelement besteht seine pneumatische Verbindung zum Saugrohr aus einer Schlauchleitung.

Das Sensorelement besteht aus einer Membran, die eine Referenzdruckkammer mit bestimmtem Innendruck einschließt (siehe Drucksensoren). Auf die Membran wirkt die Differenz zwischen Saugrohrdruck und dem Referenzdruck. Je nach Größe des Saugrohrdrucks wird die Membran verschieden stark ausgelenkt. Auf der Membran sind piezoresistive Widerstände angeordnet, deren Leitfähigkeit sich unter mechanischer Spannung ändert. Diese Widerstände sind so als Brücke geschaltet, dass eine Auslenkung der Membran zu einer Änderung des Brückenabgleichs führt. Die Brückenspannung ist somit ein Maß für den zu messenden Druck.

Der Messbereich des Saugrohrdrucksensors liegt zwischen 2 kPa und 115 kPa (20...1150 mbar).

Umgebungsdrucksensor
Drucksensoren werden auch zur Erfassung des Umgebungsdrucks (Atmosphärendruck) verwendet (siehe Drucksensoren, Motronic). Der Umgebungsdrucksensor ist wie der Saugrohrdrucksensor ausgeführt.

Ladedrucksensor
Die Information über den Ladedruck wird
für die Ladedruckregelung benötigt. Für
die Erfassung des Ladedrucks wird ein
Drucksensor eingesetzt. Das Messprinzip
entspricht dem des Saugrohrdrucksensors, der Messbereich reicht hier bis
250 kPa (2 500 mbar).

Drosselklappengeber
Drosselklappengeber der M-Motronic
Der Drosselklappengeber erfasst mit
Potentiometern den Drosselklappenwinkel
zum Ermitteln eines Nebenlastsignals. Das
Nebenlastsignal wird u. a. als Zusatzinformation für Dynamikfunktionen, zur Bereichserkennung (Leerlauf, Teillast, Volllast) und als Notlaufsignal bei Ausfall des
Hauptlastsensors verwendet.

Der Drosselklappengeber als Hauptlastsensor liefert zwei Signale mit zwei unabhängigen Potentiometern. Dadurch wird
der Forderung nach höherer Genauigkeit
Rechnung getragen (Details siehe Sensoren, Drosselklappengeber).

Die angesaugte Luftmasse wird in Abhängigkeit von der Drosselklappenstellung
und der zugehörigen Drehzahl bestimmt.
Temperaturabhängige Luftmassenänderungen werden über die Auswertung von
Signalen der Temperatursensoren berücksichtigt.

Drosselklappengeber der ME-Motronic
Die ME-Motronic stellt das geforderte
Moment über die elektrisch verstellbare
Drosselklappe ein. Um zu prüfen, ob die
Drosselklappe die berechnete Lage auch
einnimmt, wird über einen Drosselklappengeber die Lage ausgewertet (Lageregelung).

Der Drosselklappengeber ist in die
Drosselvorrichtung integriert (siehe
Drosselvorrichtung). Aus Redundanzgründen besteht der Geber aus zwei getrennten Potentiometern mit getrennter
Referenzspannung.

Fahrerwunsch
Bei der ME-Motronic mit elektronischem
Gaspedal besteht zwischen Fahrpedal und
Drosselklappe keine mechanische Verbindung. Stattdessen wird die Fahrpedalstellung über einen Pedalwegsensor im Fahrpedalmodul erfasst und in ein elektrisches
Signal gewandelt. Dieses Signal wird in der
Motorsteuerung als Fahrerwunsch interpretiert.

Das Fahrpedalmodul ist eine Funktionseinheit, die alle erforderlichen Fahrpedalfunktionen einschließlich der kompletten
Fahrpedalmechanik beinhaltet. Dadurch
entfällt jegliche Einstellung am Fahrzeug.
Aufgrund der zumeist beengten und speziellen Einbauverhältnisse sind jedoch oft
fahrzeugspezifische Ausführungen notwendig.

Zu Diagnosezwecken und zur Sicherstellung einer Notlauffunktion ist der Winkelsensor des Fahrpedals mit zwei Messwertaufnehmern (z. B. Potentiometern) redundant aufgeführt. Die Sensoren werden mit
unabhängigen Referenzspannungen versorgt und die Signale werden vom Steuergerät getrennt eingelesen.

Drehzahlerfassung
Kurbelwellenstellung und Motordrehzahl
Die Kolbenstellung eines Zylinders wird
als Messgröße zur Festlegung des Zündzeitpunkts verwendet. Die Kolben aller
Zylinder sind über Pleuelstangen mit der
Kurbelwelle verbunden. Ein Sensor an der
Kurbelwelle liefert deshalb die Information über die Kolbenstellung aller Zylinder.

Die Geschwindigkeit, mit der sich die
Kurbelwellenstellung ändert, wird Drehzahl genannt. Sie gibt die Anzahl der Umdrehungen pro Minute an. Diese für die
Motronic wichtige Größe wird ebenfalls
aus dem Signal der Kurbelwellenstellung
berechnet. Obwohl der Sensor primär ein
Signal zur Kurbelwellenstellung liefert,
aus dem das Steuergerät die Drehzahl ableitet, hat sich die Bezeichnung Drehzahlsensor eingebürgert.

*Signalerzeugung für die Kurbelwellen-
stellung*
Induktiver Drehzahlsensor
Auf der Kurbelwelle ist ein ferromagnetisches Geberrad mit Platz für 60 Zähne
angebracht, wobei zwei Zähne ausgelassen
sind (Zahnlücke). Ein induktiver Drehzahlsensor tastet diese Zahnfolge von 58 Zähnen ab. Er besteht aus einem Permanentmagneten und einem Weicheisenkern mit
einer Kupferwicklung (siehe induktiver
Drehzahlsensor). Passieren nun die Geber-
zähne den Sensor, ändert sich in ihm der
magnetische Fluss. Es wird eine Wechselspannung induziert (Bild 10).

Die Amplitude der Wechselspannung
verringert sich mit größer werdendem Abstand zwischen Sensor und Geberrad und
wächst mit steigender Drehzahl stark an.
Eine ausreichende Amplitude ist ab einer
Mindestdrehzahl von etwa 20 min^{-1} vorhanden. Die Auswerteschaltung im Steuergerät formt die sinusförmige Spannung
von stark unterschiedlicher Amplitude in
eine Rechteckspannung mit konstanter
Amplitude um.

Aktiver Drehzahlsensor
Aktive Drehzahlsensoren arbeiten nach
dem magnetostatischen Prinzip. An einem
stromdurchflossenen Plättchen, das senkrecht von einer magnetischen Induktion B
durchsetzt wird, kann quer zur Stromrichtung eine zum Magnetfeld proportionale
Spannung U_H gemessen werden (siehe
Hall-Effekt, aktive Drehzahlsensoren). Der
magnetische Fluss, von dem das Sensorelement durchsetzt wird, hängt davon ab,
ob dem Drehzahlsensor ein Zahn oder eine
Lücke gegenübersteht.

Die Amplitude des Ausgangssignals des
induktiven Drehzahlsensors ist nicht von
der Drehzahl abhängig. Damit ist die Drehzahlerfassung auch bei sehr kleinen Drehzahlen möglich (quasistatische Drehzahlerfassung). Aktive Drehzahlsensoren
haben die induktiven Drehzahlsensoren
weitgehend verdrängt.

Anstelle des ferromagnetischen Impulsrades werden auch Multipolräder eingesetzt. Hier ist auf einem nichtmagnetisch
metallischen Träger ein magnetisierbarer
Kunststoff aufgebracht und wechselseitig
magnetisiert. Diese Nord- und Südpole
übernehmen die Funkton der Zähne des
Impulsrades.

Berechnung der Kurbelwellenstellung
Die Rechteckspannung des aufbereiteten
Sensorsignals wird im Steuergerät dem
Rechner zugeführt, der die Zeitabstände
zwischen zwei fallenden Flanken misst. Ist
der aktuelle Flankenabstand mehr als doppelt so groß wie der vorige und der nachfolgende, dann wird eine Zahnlücke erkannt. Die Zahnlücke ist einer definierten
Kurbelwellenstellung von Zylinder 1 zugeordnet. Mit jeder folgenden fallenden
Flanke zählt der Rechner die Kurbelwellenstellung um 6 Grad weiter.

Die Zündausgabe soll jedoch in kleineren Schritten erfolgen. Die gemessene Zeit
zwischen zwei Flanken wird unterteilt und
entsprechend dem Zündwinkel als Viel-
faches an die folgende Zahnflanke ange-
hängt. Damit ist die Zündwinkelausgabe in
Schritten von 0,75 Grad möglich.

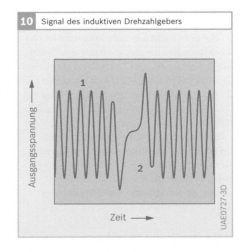

10 Signal des induktiven Drehzahlgebers

Ausgangsspannung →

Zeit →

UAE0727-3D

Bild 10
1 Zahn
2 Zahnlücke

*Berechnung der Segmentzeit und der
Motordrehzahl*
Die Zylinder eines 4-Takt-Motors sind so
gegeneinander versetzt, dass nach zwei
Kurbelwellenumdrehungen (720 Grad) der
Zylinder 1 erneut mit dem Arbeitszyklus
beginnen kann. Dieser Versatz ergibt den
mittleren Zündabstand, die Dauer wird
Segmentzeit T_S genannt. Bei 4-Zylinder-
Motoren beträgt der Versatz 180 Grad
(entsprechend 30 Zähnen des Geberrades), bei 6-Zylinder-Motoren 120 Grad
(entsprechend 20 Zähnen). Die Drehzahl
gibt die mittlere Kurbelwellendrehzahl in
der Segmentzeit an und ist ihrem Kehr-
wert proportional.

Im Takt der Segmentzeit werden mit der
aus ihr abgeleiteten Drehzahl Zündung
und Einspritzung neu berechnet.

Nockenwellenstellung
Die Nockenwelle steuert die Einlassventile
und die Auslassventile des Motors. Sie
dreht sich halb so schnell wie die Kurbelwelle.

Wenn sich ein Kolben zum oberen Totpunkt bewegt, dann bestimmt die Nockenwelle durch die Stellung der Einlass- und
Auslassventile, ob der Kolben sich in der
Verdichtungsphase mit anschließender
Zündung oder in der Ausstoßphase vom
Abgas befindet. Aus der Kurbelwellenstellung kann diese Information nicht gewonnen werden.

Bei der elektronischen Zündung ist der
Zündverteiler mechanisch mit der Nocken-
welle gekoppelt. Der Verteilerläufer des
Zündverteilers zeigt auf den richtigen
Zylinder und das Steuergerät benötigt zur
Zündausgabe keine Information über die
Nockenwellenstellung.

Im Gegensatz zu dieser rotierenden
Spannungsverteilung erfordern Motronic-
Systeme mit ruhender Spannungsvertei-
lung und Einzelfunken-Zündspulen
Zusatzinformationen. Denn das Steuer-

gerät muss entscheiden, welche Zündspule
mit zugeordneter Zündkerze angesteuert
werden soll (siehe vollelektronische Zündung). Dazu benötigt es die Information
über die Nockenwellenstellung. Aber auch
wenn der Zeitpunkt der Einspritzung für
jeden Zylinder individuell angepasst ist
– wie bei der sequentiellen Einspritzung –
ist die Information der Nockenwellenstellung nötig.

Signal des Hall-Sensors
Die Nockenwellenstellung wird meistens
mit einem Hall-Sensor ermittelt. Die Erfas-
sungseinrichtung für die Nockenwellenstellung besteht aus einem Hall-Element,
dessen Halbleiterblättchen stromdurch-
flossen ist. Dieses Element wird von einer
Blende gesteuert, die sich mit der Nockenwelle dreht. Sie besteht aus ferromagnetischem Material und erzeugt während
ihres Passierens eine Spannung auf dem
Hall-Element senkrecht zur Stromrichtung
(siehe Hall-Effekt). Da die Hall-Spannung
im Millivolt-Bereich liegt, wird das Sensorsignal im Sensor aufbereitet und als
Schaltsignal dem Steuergerät zugeführt.

Bestimmung der Nockenwellenstellung
Im einfachsten Fall prüft der Rechner während des Passierens der Geberrad-Zahn-
lücke den Signalpegel des Hall-Sensors. Er
kann somit feststellen, ob Zylinder 1 sich
im Arbeitstakt befindet oder nicht (siehe
Bild 18). Zylinder 1 befindet sich im Arbeitstakt, wenn das Nockenwellensignal
niedrigen Signalpegel aufweist.

Spezielle Blendenmuster erlauben, aus
dem Nockenwellensignal einen Notlauf-
betrieb bei Ausfall des Drehzahlsensors zu
betreiben. Die Auflösung den Nockenwellensignals ist jedoch zu ungenau, um den
Drehzahlsensor an der Kurbelwelle auch
im Normalbetrieb zu ersetzen (siehe
Schnellstartgeberrad, Bild 19).

Gemischzusammensetzung

Luftzahl λ

λ ist die Maßzahl für das Luft-Kraftstoff-Verhältnis des Gemischs. Bei $\lambda = 1$ ist die Schadstoffkonvertierung im Katalysator optimal. Mithilfe des Messsignals der λ-Sonde und der λ-Regelung kann die Motronic die Gemischzusammensetzung auf diesen stöchiometrischen Wert regeln (siehe λ-Regelung).

λ-Sonde

Die äußere Elektrodenseite der Zwei-punkt-λ-Sonde ragt in den Abgasstrom, die innere Elektrodenseite steht mit der Außenluft in Verbindung. Die Sonde liefert ein Signal über die augenblickliche Gemischzusammensetzung (siehe λ-Sonde). Hierzu vergleicht sie den Rest-sauerstoffanteil im Abgas mit dem Sauer-stoffanteil der Referenzatmosphäre (Um-luft im Sondeninnern) und zeigt an, ob im Abgas fettes ($\lambda < 1$) oder mageres Abgas ($\lambda > 1$) vorliegt. Die sprungförmige Kenn-linie dieser Zweipunktsonde erlaubt eine Gemischregelung auf $\lambda = 1$.

Zunehmend strengere Vorgaben der Abgasgesetzgebung haben zur Entwick-lung der Breitband-λ-Sonde geführt. Mit dieser Sonde kann die Sauerstoffkonzen-tration in einem großen Bereich bestimmt und damit auf das Luft-Kraftstoff-Gemisch im Brennraum geschlossen werden. Damit ist eine effizientere Regelung auf $\lambda = 1$ möglich. Die Breitbandsonde lässt aber auch eine Regelung auf Gemischzusam-mensetzungen $\lambda \neq 1$ zu (z. B. Magerkon-zepte).

Klopfende Verbrennung

In Ottomotoren können unter bestimmten Bedingungen anormale, typisch „klin-gelnde" Verbrennungsvorgänge auftreten, die eine Steigerung von Leistung und Wirkungsgrad begrenzen. Dieser uner-wünschte Verbrennungsvorgang ist die Folge einer Selbstzündung des noch nicht von der Flammenfront erfassten Luft-Kraftstoff-Gemischs und wird mit Klopfen

bezeichnet. Bei dieser schlagartig ablau-fenden Verbrennung kommt es lokal zu einem starken Druckanstieg. Die dadurch erzeugte Druckwelle breitet sich aus und trifft auf die den Brennraum begren-zenden Wände. Bei länger andauerndem Klopfen können die Druckwellen und die erhöhte thermische Belastung an der Zylinderkopfdichtung, am Kolben und im Ventilbereich des Zylinderkopfs mecha-nische Schäden verursachen.

Die normal eingeleitete Verbrennung und die Verdichtung durch den Kolben verursachen Druck- und Temperatur-erhöhungen. Bei zu früher Zündung ent-stehen Bedingungen, die zur Selbstentzün-dung des Luft-Kraftstoff-Gemischs führen können. Durch Abhören der Verbren-nungsgeräusche mit einem Klopfsensor auf Klopfen kann nach vereinzelt auftre-tendem Klopfen der Zündwinkel nach Spät verstellt werden. Die Klopfneigung wird dadurch reduziert (siehe Klopfsensor, Klopfregelung).

Motor- und Ansauglufttemperatur

Die Motortemperatur hat entscheidenen Einfluss auf die erforderliche Gemisch-zusammensetzung bei noch nicht betriebs-warmem Motor. Der in den Kühlmittel-kreislauf ragende Temperatursensor er-fasst die Motortemperatur und liefert ein elektrisches Signal an das Motronic-Steuergerät (siehe Temperatursensoren). Die Motortemperatur beeinflusst außer-dem auch die Wahl des Zündwinkels.

Für die Berücksichtigung des Einflusses der Ansaugluft auf Einspritzung und Zün-dung erfasst ein Temperatursensor die An-sauglufttemperatur.

Batteriespannung

Die Anzugs- und Abfallzeiten des elektro-magnetischen Einspritzventils hängen von der Batteriespannung ab. Treten während des Betriebs Schwankungen der Bordnetz-spannung auf, korrigiert das Steuergerät die dadurch hervorgerufene Ansprechverzögerung des Einspritzventils durch Änderung der Einspritzzeit.

Bei niedriger Batteriespannung muss die Schließzeit des Zündkreises verlängert werden, damit die Zündspule ausreichend Energie für den Zündfunken laden kann.

Diese Funktionen benötigen die Batteriespannung als Eingangsgröße. Sie wird über einen Analog-digital-Wandler im Steuergerät eingelesen.

Betriebsdatenverarbeitung

Lastsignalberechnung

Messgrößen

Im Steuergerät wird aus den Signalen Last und Drehzahl ein Lastsignal berechnet, das der vom Motor angesaugten Luftmasse pro Hub entspricht. Dieses Lastsignal ist die Grundlage zur Berechnung der Einspritzzeit (Bild 11) und zur Adressierung der Zündwinkelkennfelder

Luftmengenmessung

Die Luftmenge als Eingangsgröße zur Lasterfassung wurde bei den ersten Motronic-Systemen herangezogen. Der Einspritzteil entspricht weitgehend der L-Jetronic. Der Luftmengenmesser erfasst den vom Motor angesaugten Volumenstrom, zur Ermitt-

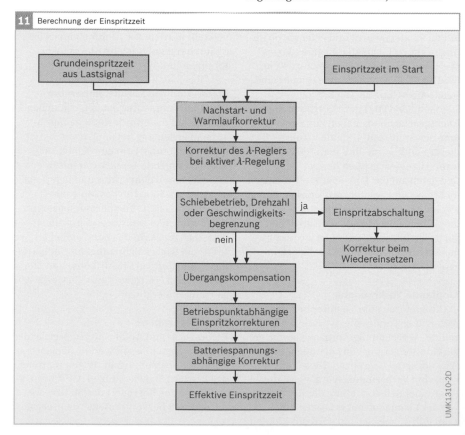

11 Berechnung der Einspritzzeit

UMK1310-2D

lung der Luftmasse und des Lastsignals ist eine Dichtekorrektur erforderlich. Schon bald wurde bei der Motronic die Luftmengenmessung von der Luftmassenmessung abgelöst.

Luftmassenmessung

Beim Einsatz eines Hitzdraht-Luftmassenmessers oder eines Heißfilm-Luftmassenmessers wird die Luftmasse direkt gemessen. Nach Linearisierung des Messwerts entspricht das Signal der Luftmasse und wird zur Berechnung des Lastsignals verwendet.

Saugrohrdruckmessung

Beim druckmessenden System (mit einem Drucksensor als Lastsensor) besteht im Unterschied zu den luftmassemessenden Systemen kein direkter über Formeln hergestellter Zusammenhang zwischen der Messgröße Saugrohrdruck und der angesaugten Luftmasse. Hier wird zur Berechnung des Lastsignals im Steuergerät ein Anpassungskennfeld verwendet. Änderungen von Temperatur und Restgasanteil gegenüber dem Ausgangszustand werden anschließend kompensiert.

Drosselklappenwinkelmessung

Bei Verwendung eines Drosselklappengebers wird das Lastsignal im Steuergerät in Abhängigkeit von Drehzahl und Drosselklappenwinkel gebildet. Änderungen der Luftdichte werden berücksichtigt, indem das Lastsignal mithilfe der gemessenen Temperatur und des Umgebungsdrucks korrigiert wird.

Einspritzzeitberechnung

Grundeinspritzzeit

Die Grundeinspritzzeit wird direkt aus dem Lastsignal und der Einspritzventilkonstanten berechnet. Die Einspritzventilkonstante definiert die Beziehung der Ansteuerzeit der Einspritzventile zur Durchflussmenge und ist von der Gestaltung der Einspritzventile abhängig.

Die Multiplikation der Einspritzzeit mit der Einspritzventilkonstanten ergibt die zur Luftmasse zugehörige Kraftstoffmasse pro Hub. Die Grundauslegung erfolgt dabei auf eine Luftzahl von $\lambda = 1$.

Dies gilt, solange die Differenz zwischen Kraftstoffdruck im Kraftstoffverteilerrohr und Saugrohrdruck konstant ist. Bei Kraftstoffsystemen mit Kraftstoffrücklauf (siehe Kraftstoffsystem Motronic) hält der am Kraftstoffverteilerrohr montierte Kraftstoffdruckregler die Druckdifferenz konstant. Damit ist gewährleistet, dass trotz wechselnden Saugrohrdrücken die gleiche Druckdifferenz an den Einspritzventilen anliegt. Bei rücklauffreien Kraftstoffsystemen sitzt der Kraftstoffdruckregler im Kraftstoffbehälter, der Kraftstoffdruck wird auf einen konstanten Wert gegenüber Umgebungsdruck geregelt. Die Druckdifferenz zum Saugrohrdruck ist damit nicht konstant und muss bei der Berechnung der Einspritzdauer durch eine Kompensationsfunktion berücksichtigt werden.

Der Einfluss unterschiedlicher Batteriespannungen auf die Anzugs- und Abfallzeiten der Einspritzventile wird durch eine additive Batteriespannungskorrektur ausgeglichen.

Effektive Einspritzzeit

Die effektive Einspritzzeit ergibt sich durch die zusätzliche Einrechnung von Korrekturgrößen. Diese werden in entsprechenden Sonderfunktionen berechnet und berücksichtigen die unterschiedlichen Betriebsbereiche und Betriebsbedingungen des Motors (z.B. Start, Nachstart, Warmlauf). Die Korrekturen wirken dabei sowohl einzeln als auch in Kombination in Abhängigkeit von applizierbaren Parametern.

Wird die effektive Einspritzdauer zu kurz, so werden die Einflüsse der Ventilöffnungs- und der Ventilschließzeit zu groß. Um eine exakte Kraftstoffzumessung zu garantieren, wird daher die Einspritzzeit auf einen Minimalwert begrenzt. Dieser Minimalwert liegt unterhalb der Einspritzzeit, die zur minimal möglichen Zylinderfüllung gehört.

Der Berechnungsablauf der Einspritzzeit ist in Bild 11 dargestellt. Die einzelnen Betriebsbereiche beziehungsweise Betriebszustände werden im Folgenden erläutert (siehe Betriebszustand Motronic).

Einspritzlage
Neben der korrekten Einspritzzeit ist die Einspritzlage ein weiterer Parameter zur Optimierung der Verbrauchs- und Abgaswerte. Die Variationsmöglichkeiten sind hierbei von der verwendeten Einspritzart abhängig.

Simultane Einspritzung
Bei der simultanen Einspritzung erfolgt die Einspritzung bei allen Einspritz-

ventilen zum gleichen Zeitpunkt zweimal pro Zyklus, d. h. zweimal pro Nockenwellenumdrehung beziehungsweise einmal pro Kurbelwellenumdrehung. Die Einspritzlage ist fest vorgegeben (Bild 12a).

Diese Einspritzart ist schon von der D- und der L-Jetronic bekannt. Die Parallelschaltung der Einspritzventile hat den Schaltungsaufwand für die Ansteuerung der Einspritzventile reduziert. Die Einspritzlage wird durch den Einspritzauslöser im Zündverteiler oder den Zündunterbrecherkontakt bestimmt.

Gruppeneinspritzung
Bei der Gruppeneinspritzung werden zwei Gruppen von Einspritzventilen zusammengefasst, die je Gruppe einmal pro Zyklus einspritzen (Bild 12b). Der zeitliche Ab-

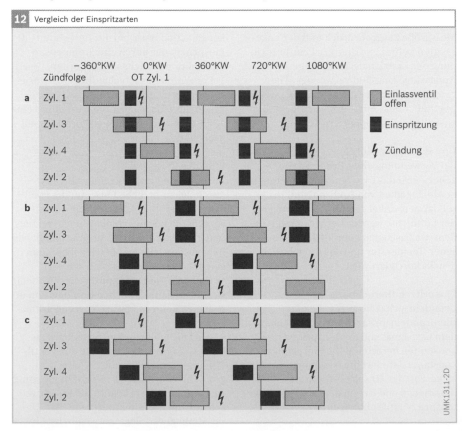

12 Vergleich der Einspritzarten

Bild 12
a Simultane
   Einspritzung
b Gruppen-
   einspritzung
c sequentielle
   Einspritzung

UMK1311-2D

stand beider Gruppen beträgt eine Kurbelwellenumdrehung. Diese Anordnung ermöglicht bereits eine betriebspunktabhängige Wahl der Einspritzlage und vermeidet
in weiten Kennfeldbereichen die uner-
wünschte Einspritzung in das offene Einlassventil.

Sequentielle Einspritzung
Mit den Fortschritten der Schaltungstechnik wurde es möglich, die Einspritzventile
separat zu schalten. Bei der sequentiellen
Einspritzung erfolgen die einzelnen Ein-
spritzungen unabhängig voneinander, jedoch mit gleicher Einspritzlage bezogen
auf den jeweiligen Zylinder (Bild 12c). Die
Einspritzlage ist frei programmierbar und
kann an jeweilige Optimierungskriterien
angepasst werden.

In der Regel wird der Kraftstoff bei der
Saugrohreinspritzung vor das noch geschlossene Einlassventil in das Saugrohr
eingespritzt. Das Einspritzende wird
durch den Vorlagerungswinkel bestimmt.
Dieser Winkel wird in „Grad Kurbelwelle"
angegeben. Bezugspunkt ist das Schließen
des Einlassventils. Aus der Dauer der Einspritzung kann dann über die Drehzahl
der Einspritzbeginn als Winkel berechnet
werden. Der Vorlagerungswinkel wird
unter Berücksichtigung der aktuellen
Betriebsbedingungen ermittelt.

Zylinderindividuelle Einspritzung
Die Steigerung der Leistungsfähigkeit der
Rechnerbausteine im Steuergerät ermöglichten die zylinderindividuelle Einspritzung. Sie bietet die größten Freiheitsgrade.
Gegenüber der sequentiellen Einspritzung
bietet sie den Vorteil, dass hier für jeden
Zylinder die Einspritzzeit individuell beeinflusst werden kann. Damit können Un-
gleichmäßigkeiten z. B. bei der Zylinderfüllung ausgeglichen werden.

Schließwinkelsteuerung
Mit dem Schließwinkelkennfeld wird die
Stromflusszeit der Zündspule in Abhängigkeit von Drehzahl und Batteriespannung
so gesteuert, dass im Betrieb am Ende der
Stromflusszeit in weiten Bereichen der gewünschte Soll-Primärstrom erreicht wird.
Das Schließende legt den Zündzeitpunkt
fest. Das Steuergerät schaltet den Primärstrom der Zündspule zum Zeitpunkt des
Schließbeginns ein und unterbricht diesen
Strom zur Einleitung der Zündung im
Zündzeitpunkt. Der Schließbeginn ist bestimmt durch die Differenz von Schließende und Schließwinkel.

Ausgehend von der Ladezeit einer
Zündspule, die von der Batteriespannung
abhängt, ergibt sich die Schließzeit
(Bild 13). Ein zusätzlicher Dynamikvorhalt
ermöglicht auch bei schnellen Drehzahl-
sprüngen auf eine höhere Drehzahl die
Bereitstellung des Strombedarfs. Eine Begrenzung der Ladezeit im oberen Drehzahlbereich stellt die notwendige Funken-
brenndauer sicher.

Zündwinkelsteuerung
Im Steuergerät der Motronic ist ein Kennfeld mit einem Basiszündwinkel in Abhängigkeit von Motorlast und Drehzahl gespeichert (siehe Zündwinkelkennfeld,

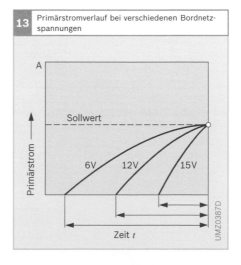

13 Primärstromverlauf bei verschiedenen Bordnetzspannungen

A

Sollwert

Primärstrom

6V   12V   15V

Zeit *t*

UMZ0387D

elektronische Zündung). Dieser Zündwinkel wird hinsichtlich Kraftstoffverbrauch und Abgasemissionen optimiert.

Mit der Auswertung von Motortemperatur und Ansauglufttemperatur werden Temperaturänderungen mit berücksichtigt. Weitere wirksame Korrekturen beziehungsweise Umschaltungen auf andere Kennfelder ermöglichen die Anpassung an jeden Betriebszustand. Damit sind Wirkungsverknüpfungen zwischen Drehmoment, Abgas, Klopfneigung und Fahrverhalten möglich. Spezielle Zündwinkelkorrekturen wirken beispielsweise bei

Betrieb mit Sekundärlufteinblasung oder Abgasrückführung sowie im dynamischen Fahrbetrieb (z. B. bei Beschleunigung). Weiterhin werden die verschiedenen Betriebsbereiche wie Leerlauf, Teillast und Volllast sowie Start und Warmlauf berücksichtigt. Bei Auftreten von Klopfen greift die Klopfregelung ein. Bild 14 zeigt den Berechnungsablauf des Zündwinkels beziehungsweise des Zündzeitpunkts.

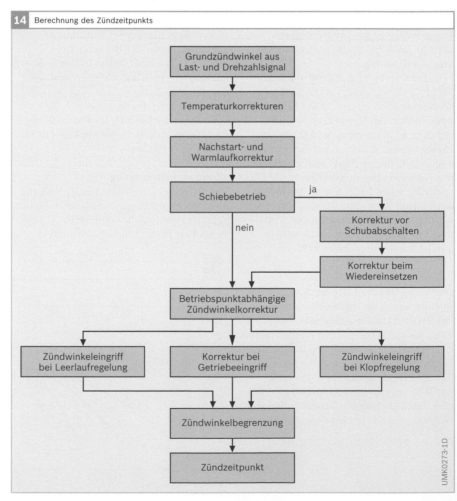

14 Berechnung des Zündzeitpunkts

Grundzündwinkel aus Last- und Drehzahlsignal

Temperaturkorrekturen

Nachstart- und Warmlaufkorrektur

Schiebebetrieb → ja → Korrektur vor Schubabschalten

Korrektur beim Wiedereinsetzen

nein

Betriebspunktabhängige Zündwinkelkorrektur

Zündwinkeleingriff bei Leerlaufregelung

Korrektur bei Getriebeeingriff

Zündwinkeleingriff bei Klopfregelung

Zündwinkelbegrenzung

Zündzeitpunkt

UMK0273-1D

Drehmomentführung bei EGAS-System

Aufgabe

Die zentrale Aufgabe einer Motorsteuerung – egal ob klassische oder moderne Systeme – ist die Umsetzung des vom Fahrer geforderten Motordrehmoments beziehungsweise der Motorleistung. Der Fahrer benötigt diese Motorleistung zur Überwindung der Fahrwiderstände bei konstanter Fahrgeschwindigkeit und zum Beschleunigen des Fahrzeugs.

Beim klassischen Ottomotor bestimmt der Fahrer durch Betätigen des Fahrpedals über eine mechanische Vorrichtung die Drosselklappenöffnung und damit die Luftfüllung. Die Motorsteuerung kann bei diesen als M-Motronic bezeichneten Systemen die Zylinderfüllung nur in gewissen Grenzen durch Ansteuern eines Bypasses um die Drosselklappe beeinflussen (z. B. für Leerlaufdrehzahlregelung). Bei der ME-Motronic steuert die Motorsteuerung unabhängig vom Fahrpedal die Drossel-klappenstellung (elektronisches Gaspedal, EGAS).

Bei der ME-Motronic sind die Stellgrößen zum Einstellen der angeforderten Leistung die Zylinderfüllung, die dazu passende Einspritzmenge und der optimale Zündwinkel. Neben der Steuerung von Füllung, Einspritzung und Zündung hat die Motorsteuerung zahlreiche zusätzliche Aufgaben übernommen, wobei viele dieser Zusatzfunktionen ebenfalls Motorleistung benötigen.

Ein Merkmal der ME-Motronic ist die Drehmomentführung. Zahlreiche Teilsysteme innerhalb der Motronic (z. B. Leerlaufdrehzahlregelung, Drehzahlbegrenzung) sowie Systeme zur Antriebsstrangsteuerung (z. B. Antriebschlupfregelung, Getriebesteuerung) oder Gesamtfahrzeugsteuerung (z. B. Steuerung der Klimaanlage) richten ihre Anforderungen an das Motronic-Basissystem, mit dem Ziel, das gerade erzeugte Motordrehmoment zu verändern. So fordert z. B. die Klimaanlagensteuerung eine Erhöhung der Motordrehmoments, bevor der Klimakompressor zugeschaltet wird.

Bei den früheren Motorsteuerungssystemen wurden all diese Eingriffe unabhängig voneinander direkt auf der Ebene der verfügbaren Stellgrößen definiert. Die ME-Motronic wertet und koordiniert diese Anforderungen und setzt das resultierende Sollmoment unter Nutzung der verfügbaren Stellgrößen um (Bild 15). Diese

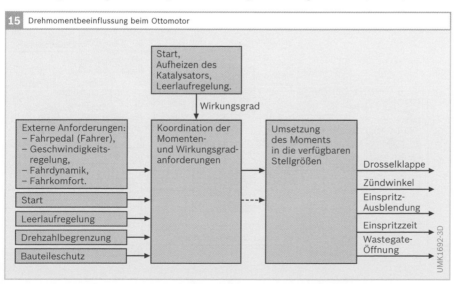

15 Drehmomentbeeinflussung beim Ottomotor

UMK1692-3D

koordinierte Umsetzung ermöglicht einen abgas- und verbrauchsoptimalen Betrieb des Motors in jedem Betriebspunkt.

Berechnung des Sollmoments
Die Grundgröße für die Momentenstruktur ist das innere Moment aus der Verbrennung. Als inneres Moment wird das Moment bezeichnet, das sich durch den Gasdruck im Verdichtungs- und Expansionstakt ergibt. Zieht man vom inneren Moment die Reibung, die Verluste des Ladungswechsels und das zum Betrieb der Nebenaggregate (Wasserpumpe, Generator usw.) erforderliche Drehmoment ab, so erhält man das tatsächlich vom Motor abgegebene Drehmoment. Da die Motronic für jedes gewünschte Sollmoment die optimalen Werte für Zylinderfüllung, Einspritzzeit und Zündwinkel „kennt", kann sie einen abgas- und verbrauchsoptimalen Betrieb des Motors sicherstellen.

Einstellung des Istmoments
Für die Einstellung des inneren Moments hat der Momentenkoordinator der ME-Motronic zwei mögliche Steuerungspfade (Bild 16). Einen langsamen Pfad durch Ansteuern der Drosselklappe (EGAS) und einen schnellen Pfad durch Variation des Zündwinkels oder der Einspritzausblendung einzelner Zylinder. Der langsame Pfad – auch Füllungspfad genannt – ist für den stationären Betrieb zuständig. Das berechnete Füllungsmoment bestimmt die Zylinderfüllung, die über die Drosselklappe eingestellt wird. Mit dem schnellen Pfad (Zündwinkelpfad) kann sehr schnell auf dynamische Momentenänderungen reagiert werden.

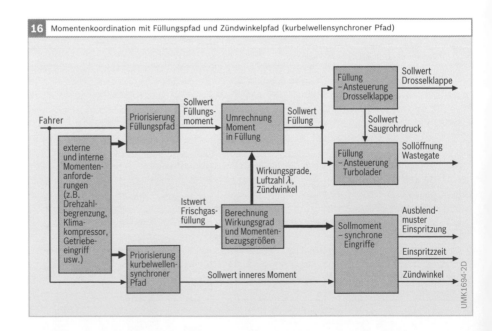

16 Momentenkoordination mit Füllungspfad und Zündwinkelpfad (kurbelwellensynchroner Pfad)

UMK1694-2D

Betriebszustand

Die unterschiedlichen motorischen Betriebszustände sind in erster Linie durch das erzeugte Moment und die Drehzahl charakterisiert. Bild 17 zeigt die unterschiedlichen Bereiche.

Von Bedeutung sind die Zustände mit hoher Last- oder hoher Drehzahldynamik, da sie besondere Anforderungen an die Gemischbildung stellen (z. B. Wandfilmaufbau und Wandfilmabbau). Hinzu kommen der Start und die anschließende Übergangsphase bis zum Erreichen der Betriebstemperatur von Motor und Abgassystem.

Startphase
Einspritzung und Zündung
Während des gesamten Startvorgangs gibt es bei der Motronic eine spezielle Berechnung von Einspritzung und Zündung.

Bei der ME-Motronic kommt zusätzlich die Luftsteuerung über die elektrisch verstellbare Drosselklappe hinzu. Im ersten Augenblick des Starts ruht die Luft im Saugrohr, der Saugrohrdruck entspricht dem Umgebungsdruck. Eine Ansteuerung der Drosselklappe, die auf Messwerten basiert, ist hier noch nicht möglich. Die Drosselklappenposition wird deshalb beim Start in Abhängigkeit der Starttemperatur fest vorgegeben.

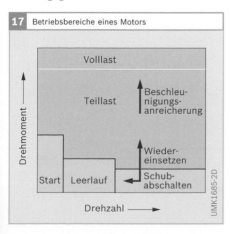

17 Betriebsbereiche eines Motors

Für die ersten Einspritzimpulse wird ein spezielles „Einspritztiming" ausgewählt. Eine erhöhte Einspritzmenge, die der Motortemperatur angepasst ist, dient dem Aufbau des Kraftstofffilms an der Saugrohr- und Zylinderwand und deckt den erhöhten Kraftstoffbedarf während des Motorhochlaufs ab. Unmittelbar nach den ersten Umdrehungen des Motors (Startbeginn) wird die Startmehrmenge abhängig von der steigenden Drehzahl des Motors bis zum Startende (600...700 min^{-1}) abgeregelt (siehe auch Startphase, Gemischanpassung Mono-Jetronic).

Der Zündwinkel wird ebenfalls an den Startvorgang angepasst. Er wird in Abhängigkeit von der Motortemperatur, der Ansauglufttemperatur und der Drehzahl eingestellt.

Zylindererkennung
Der erste Zündfunke darf erst dann erzeugt werden, wenn sicher erkannt ist, welcher Zylinder sich gerade im Verdichtungstakt befindet. Eine Zündung im Saugtakt kann zum Zurückschlagen der Flamme ins Saugrohr und damit zu Beschädigung von Bauteilen führen.

Bei rotierender Hochspannungsverteilung ist die Zündung in einen falschen Zylinder aufgrund der mechanischen Kopplung von Zündverteiler und Nockenwelle ausgeschlossen. Bei ruhender Spannungsverteilung erfolgt die Zylindererkennung über Vergleich der Signale von Kurbelwellen- und Nockenwellensensor. Das Geberrad des Nockenwellensensors besitzt mindestens ein Segment. Den Signalverlauf über einer Nockenwellenumdrehung zeigt Bild 18. In diesem Bild ist auch der Signalverlauf des Drehzahlsensors dargestellt, der im Verlauf einer Kurbelwellenumdrehung alle 58 Zähne des Kurbelwellengeberrades abtastet. Trifft die Lücke im im Signal dieses Sensors (Bild 18, Kurve b) den niedrigen Pegel des Nockenwellensignals (Kurve c), so findet in Zylinder 1 gerade eine Verdichtung statt. Zylinder 1 ist damit der nächste zu zündende Zylinder (Zündung A in Bild 18).

Die erste Zündung im Start kann daher erst erfolgen, wenn an der ersten Lücke des Kurbelwellengebersignals der Pegel des Nockenwellensignals überprüft und damit der nächste zu zündende Zylinder (Bild 18: Zylinder 1 oder Zylinder 6) erkannt wurde.

Schnellstart
Durch den Schnellstart wird die Zeit vom Einrücken des Starters bis zur Zylinder-

erkennung und damit die Startzeit des Motors verkürzt. Dies erhöht den Komfort und reduziert die Belastung von Starter und Starterbatterie.

Der Schnellstart wird z.B. durch Verwendung eines speziellen Schnellstartgeberrades auf der Nockenwelle erreicht. Mit Hilfe dieses Geberrades wird ein spezielles Flankenmusters (Bild 19) erzeugt, das eine Zylindererkennung und damit eine erste Zündung bereits vor der ersten Lücke des Kurbelwellensignals ermöglicht.

Bild 18
a Sekundärspannung der Zündspule
b Signal des Drehzahlsensors an der Kurbelwelle
c Signal des Hall-Sensors an der Nockenwelle

1 Schließen
2 Zünden
A Zündung Zylinder 1
B Zündung Zylinder 5
C Zündung Zylinder 3
D Zündung Zylinder 6
E Zündung Zylinder 4

Bild 19
a Gefiltertes Signal der Drehzahlsensors
b Signal des Schnellstartgeberrades mit vier äquidistanten negativen Phasenflanken

1...4 Beginn der Berechnung für die Zylinder 1...4 (2...30 Impulse der halben Kurbelwellenundrehung)
A Äquidistante zur nächsten negativen Phasenflanke
Die Impulsfolge gibt Aufschluss, in welcher Umdrehung des Arbeitsspiels sich der Motor befindet

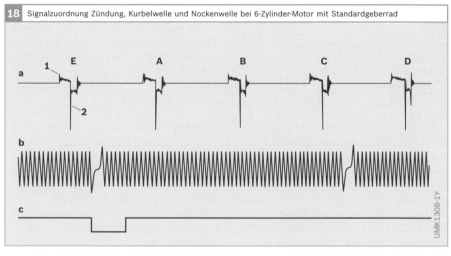

18 Signalzuordnung Zündung, Kurbelwelle und Nockenwelle bei 6-Zylinder-Motor mit Standardgeberrad

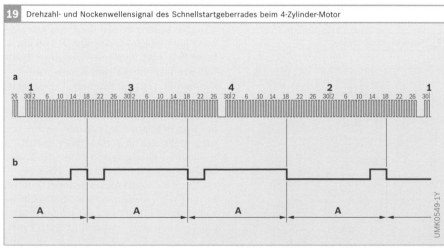

19 Drehzahl- und Nockenwellensignal des Schnellstartgeberrades beim 4-Zylinder-Motor

Nachstart

Während des Nachstarts (Phase nach dem Startende) wird eine weitere Reduzierung der noch erhöhten Einspritzmenge und Füllung (bei der ME-Motronic) in Abhängigkeit von der Motortemperatur und der Zeit nach dem Startende vorgenommen.

Der Zündwinkel wird an diese Einspritzmenge und an den entsprechenden Betriebszustand angepasst. Der Nachstart geht fließend in den Warmlauf über.

Warmlauf

Je nach Motor- und Abgaskonzept kann die Phase des Warmlaufs mit unterschiedlichen Vorgehensweisen durchlaufen werden. Entscheidende Bedeutung kommt in dieser Phase der schnellen Aufheizung des Katalysators zu, da die schnelle Betriebsbereitschaft des Katalysators Abgasemissionen drastisch reduziert. Daher wird in dieser Phase das Abgas des Motors zum Aufheizen des Katalysators eingesetzt und dabei auch ein schlechter motorischer Wirkungsgrad in Kauf genommen. Weiteres Kriterium für die Auslegung des Warmlaufs ist die Fahrbarkeit mit stabilem Leerlauf bei erhöhtem Drehmomentbedarf des kalten Motors.

Magerer Warmlauf

Die Kombination eines mageren Warmlaufs mit extrem späten Zündzeitpunkt führt zur Nachoxidation der aus der schlechten Verbrennung resultierenden unverbrannten Kohlenwasserstoffe. Der für diese Oxidation erforderliche Sauerstoff wird aus dem leicht mageren Grundgemisch zur Verfügung gestellt, daher die Bezeichnung „magerer Warmlauf".

Vorteil dieses Verfahrens ist der Verzicht auf Zusatzkomponenten. Da die erreichbare Wärmeleistung jedoch begrenzt ist, wird ein motornah eingebauter Katalysator benötigt. Damit sind die Wärmeverluste zwischen Motor und Katalysator minimal.

Sekundärlufteinblasung

Zusätzlich zum schlechten Wirkungsgrad wird bei diesem Konzept der Motor mit extremem Kraftstoffüberschuss ($\lambda < 0,6$) betrieben. Dadurch wird ein erhöhter Kohlenmonoxid- (CO) und Kohlenwasserstoffanteil (HC) im Abgas erzeugt. Durch Einblasen von Frischluft (Sekundärluft, die nicht an der Verbrennung im Brennraum teilnimmt) dicht nach den Auslassventilen werden das Kohlenmonoxid und die Kohlenwasserstoffe oxidiert. Durch die freiwerdende Wärme erreicht der in Strö-

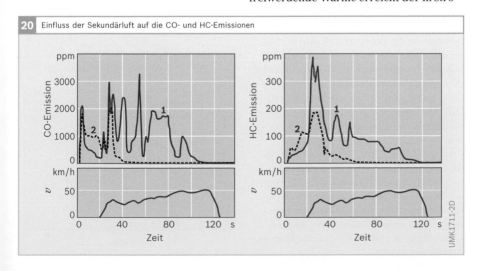

20 Einfluss der Sekundärluft auf die CO- und HC-Emissionen

Bild 20
1 Ohne Sekundärluft
2 mit Sekundärluft
v Fahrgeschwindigkeit

mungsrichtung folgende Katalysator innerhalb kürzester Zeit seine Betriebstemperatur.

Die benötigte Sekundärluft wird durch eine elektrische Sekundärluftpumpe aus dem Luftfiltergehäuse oder durch einen eigenen Grobschmutzfilter angesaugt und durch ein Abschaltventil und ein Rückschlagventil in das Abgassystem eingeblasen (siehe Bild 1). Das Rückschlagventil verhindert das Rückströmen von heißem Abgas in das Sekundärluftsystem. Die Sekundärluftpumpe und das Sekundärluftventil werden vom Motronic-Steuergerät zeitrichtig angesteuert.

Die erzielbare Wärmeleistung ist ausreichend groß, um das Verfahren auch bei motorfernem Katalysator einzusetzen. Bild 20 zeigt den Verlauf der Kohlenwasserstoff- und der Kohlenmonoxidemissionen in den ersten Sekunden des Abgastests mit und ohne Sekundärluft.

Der Einsatz einer Breitband-λ-Sonde ermöglicht die genaue Diagnose der Sekundärluftpumpe.

Leerlauf

Im Leerlauf gibt der Motor kein Moment für den Antrieb ab. Das durch die Verbrennung entstehende Moment wird zum Selbstlauf des Motors und zum Betrieb der Nebenaggregate benötigt. Das zum Selbstlauf des Motors erforderliche Drehmoment sowie die Leerlaufdrehzahl bestimmen den Kraftstoffverbrauch. Da ein erheblicher Anteil des Kraftstoffverbrauchs von Kraftfahrzeugen im dichten Straßenverkehr auf diesen Betriebszustand entfällt, ist eine niedrige Reibleistung, also eine niedrige Leerlaufdrehzahl von Vorteil.

Die Leerlaufdrehzahlregelung der Motronic stellt sicher, dass die gewünschte Leerlaufdrehzahl unter allen Bedingungen wie belastetes Bordnetz, eingeschaltete Klimaanlage, eingelegter Gang bei Fahrzeugen mit Automatikgetriebe, aktiver Lenkhilfe usw. stabil bleibt (siehe Leerlaufdrehzahlregelung).

Volllast

Bei Volllast ist die Drosselklappe ganz geöffnet, die Drosselverluste entfallen. In diesem Betriebszustand gibt der Motor bezogen auf die aktuelle Drehzahl das größte Moment ab.

Übergangsverhalten

Beschleunigen und Verzögern
Ein Teil des in das Saugrohr eingespritzten Kraftstoffs gelangt nicht sofort beim nächsten Ansaugvorgang in den Zylinder, sondern schlägt sich als Flüssigkeitsfilm an der Saugrohrwand nieder. Die Menge des stationär im Wandfilm gespeicherten Kraftstoffs nimmt mit steigender Last und längerer Einspritzzeit stark zu.

Beim Öffnen der Drosselklappe wird deshalb ein Teil des eingespritzten Kraftstoffs für den Wandfilmaufbau benötigt. Um eine Ausmagerung während eines Beschleunigungsvorgangs zu vermeiden, muss diese Kraftstoffmenge zusätzlich eingespritzt werden. Bei fallender Last wird die im Wandfilm gebundene Kraftstoffmenge wieder frei. Daher muss beim Verzögerungsvorgang die Kraftstoffmenge vermindert werden. Bild 21 zeigt den daraus resultierenden Verlauf der Einspritzzeit.

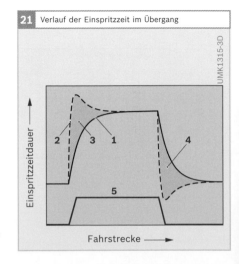

21 Verlauf der Einspritzzeit im Übergang

UMK1315-3D

Schubabschalten und Wiedereinsetzen
Im Schiebebetrieb wird die Einspritzung
abgeschaltet. Die Reib- und Ladungswech-
selarbeit des Motors wird genutzt, um das
Fahrzeug abzubremsen. Im Schiebebetrieb
werden Kraftstoffverbrauch und Abgasemissionen verringert.

Vor Abschalten der Einspritzimpulse
wird zunächst der Zündzeitpunkt in Richtung Spät verstellt, um den Drehmoment-
sprung beim Übergang in den Schub zu
verkleinern. Bei der ME-Motronic wird der
Drehzahlsprung durch die Drehmomentführung verhindert.

Nach Unterschreiten einer Wiedereinsetzdrehzahl, die oberhalb der Leerlaufdrehzahl liegt, setzt die Einspritzung wieder ein. Die Wiedereinsetzdrehzahl ist in
Abhängigkeit von verschiedenen Parametern wie Motortemperatur und Drehzahldynamik im Steuergerät gespeichert, um
in allen Betriebsbereichen ein Unter-
schwingen der Motordrehzahl zu vermeiden.

Beim Wiedereinsetzen wird bei den
ersten Einspritzimpulsen der nötige
Wandfilmaufbau über eine Kraftstoff-
mehrmenge berücksichtigt. Die Zündwinkelsteuerung unterstützt beim Wiedereinsetzen einen ruckfreien Drehmoment-
aufbau. Bei der ME-Motronic unterstützt
die Drehmomentführung beim Wiedereinsetzen durch ein langsames Aufregeln des
Motormoments einen ruckfreien Dreh-
momentaufbau (weiches Wiedereinsetzen).

Zusatzfunktionen

Neben der ursprünglichen Aufgabe der
Motronic, für die Kraftstoffeinspritzung
und die Zündung des Luft-Kraftstoff-
Gemischs zu sorgen, kamen im Laufe der
Zeit immer weitere Funktionen hinzu.
Triebfedern waren unter anderem die
Verbesserung des Fahrkomforts und die
Reduzierung der Abgasemissionen. Die
Funktionserweiterungen waren möglich
durch die gestiegene Leistungsfähigkeit
der Digitalelektronik im Steuergerät.

Leerlaufdrehzahlregelung
Aufgabe
Im Leerlauf gibt der Motor an der Kupplung keine Leistung ab. Zur Einhaltung der
gewünschten, möglichst niedrigen Leerlaufdrehzahl muss die Leerlaufdrehzahlregelung daher ein Gleichgewicht herstel-
len zwischen dem abgegebenen Motordrehmoment und der Motorbelastung.

Leistung wird im Leerlauf benötigt, um
die im Motor entstehende Reibleistung des
Kurbel- und Ventiltriebs sowie der Zusatz-
aggregate (z.B. Kühlmittelpumpe) zu
decken. Die interne Reibleistung unterliegt
einer langsamen Veränderung während
der Lebensdauer des Motors. Sie ist zudem
stark temperaturabhängig.

Externe Lasten (z.B. die Klimaanlage)
unterliegen starken Schwankungen, weil
Aggregate zu- und wieder abgeschaltet
werden. Insbesondere „moderne" Motoren
mit kleiner Schwungmasse und großem
Saugrohrspeichervolumen reagieren emp-
findlich auf Laständerungen.

Eingangsgrößen
Neben dem Signal des Drehzahlsensors
benötigt die Leerlaufdrehzahlregelung
noch eine Information über den Drosselklappenwinkel, um die Leerlaufbedingung
(Fuß vom Fahrpedal) erkennen zu können
(siehe Drosselklappengeber).

Um die Temperaturabhängigkeit vor-
steuern zu können, wird die vom Motortemperatursensor erfasste Temperatur

ausgewertet. Abhängig von der Motortemperatur und der gewünschten Solldrehzahl wird eine Luftmasse vorgegeben, die im geregelten Betrieb noch korrigiert wird.

Soweit vorhanden, dienen Eingangssignale von der Klimaanlage oder des automatischen Getriebes zu einer besseren Vorsteuerung und unterstützen damit die Leerlaufdrehzahlregelung.

Stelleingriffe der M-Motronic

Die Leerlaufdrehzahlregelung hat physikalisch drei Möglichkeiten des Stelleingriffs.

Luftsteuerung

Der bewährte Eingriff ist die Luftsteuerung über einen Bypass zur Drosselklappe oder eine Verstellung der Drosselklappe selbst über einen veränderlichen Anschlag.

Beim Bypass-Steller für Schlauchanschluss (Bild 22) wird der Bypass zur Drosselklappe über Luftschläuche und Steller gebildet. Verbreiteter sind Bypass-Steller für Anbau, die direkt an das Drosselklappenteil geflanscht sind und die Bypassluft regulieren (Bild 23, siehe auch Bild 1)

Bypass-Steller haben den Nachteil, dass sie zur Leckluft der Drosselklappe zusätzliche Leckluft verursachen. Benötigt ein gut eingelaufener Motor weniger Luft im Leerlauf als Drosselklappe und Bypass-Steller Leckluft verursachen, kann die Leerlaufdrehzahl nicht mehr eingestellt werden.

Die Luftsteuerung über die Verstellung der Drosselklappe hat diesen Nachteil nicht. Bei der Drosselvorrichtung mit integriertem Leerlaufsteller verstellt ein Elektromotor über ein Getriebe den Leerlaufanschlag der Drosselklappe (Bild 24). Bei großvolumigem Saugrohr wirkt der Einriff über die Luftmenge allerdings nur verzögert auf die Leerlaufdrehzahl.

Zündwinkelsteuerung

Die zweite, wesentlich schneller wirkende Möglichkeit zur Leerlaufdrehzahlregelung, ist der Eingriff über den Zündwinkel. Über drehzahlabhängige Zündwinkel kann erreicht werden, dass mit sinkender Motordrehzahl der Zündwinkel nach früh verstellt wird und das Drehmoment und damit die Motordrehzahl zunimmt.

22 Bypass-Steller für Schlauchanschluss

UMK1317-1Y

23 Bypass-Steller für Anbau

UMK1316-1Y

Gemischzusammensetzung
Der Eingriff auf die Zusammensetzung des Luft-Kraftstoff-Gemischs ist wegen der strengen Abgasvorschriften und der praktisch begrenzten Möglichkeiten ohne Bedeutung.

Stelleingriffe der ME-Motronic
Die ME-Motronic mit dem elektronischen Gaspedal steuert die Luftfüllung über die elektrisch verstellbare Drosselklappe. Ein Bypass-Steller ist nicht mehr erforderlich.
Das Moment, das zur Einstellung der Solldrehzahl im Leerlauf erforderlich ist, wird über die Momentenführung der ME-Motronic bestimmt. Dieses Sollmoment wird unter Nutzung der verfügbaren Stellgrößen umgesetzt. Als Stellgrößen dienen die Luftfüllung, die Einspritzzeit und der Zündwinkel (siehe Drehmomentführung).

λ-Regelung
Eine wirkungsvolle Maßnahme, schädliche Abgasemissionen zu senken, ist eine Nachbehandlung der Abgase im Dreiwegekatalysator. Er hat die Eigenschaft, Kohlenwasserstoffe (HC), Kohlenmonoxid (CO) und Stickoxide (NO_x) zu mehr als 98 % abzubauen (Bild 25), falls der Motor in einem sehr engen Streubereich um das stöchiometrische Luft-Kraftstoff-Gemisch mit $\lambda = 1$ betrieben wird. Er wandelt diese drei Komponenten in Wasser (H_2O), Kohlendioxid (CO_2) und Stickstoff (N_2) um.

Zweipunkt-λ-Regelung
Die Umwandlung aller drei Abgaskomponenten ist nur in einem sehr engen Bereich der Gemischzusammensetzung – dem λ-Fenster ($\lambda = 0,99...1$) – möglich. Die Einhaltung dieses Fensters erfordert eine λ-Regelung.
Die Zweipunkt-λ-Sonde, die im Abgasstrom vor dem Katalysator sitzt, misst den

---

24 Drosselvorrichtung mit integriertem Leerlaufsteller für Leerlaufanschlag der Drosselklappe

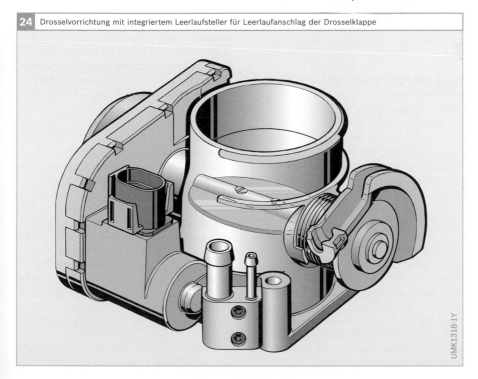

UMK1318-1Y

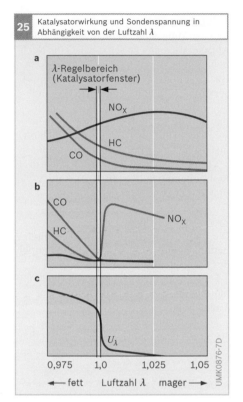

Bild 25

a Ohne katalytische Abgasnachbehandlung

b mit katalytischer Abgasnachbehandlung

c Spannungskennlinie der Zweipunkt-λ-Sonde

Sauerstoffgehalt des Abgases. Bei magerem Gemisch ($\lambda > 1$) ergibt sich eine Sondenspannung von ungefähr 200 mV, bei fettem Gemisch ($\lambda < 1$) von ungefähr 800 mV. Bei $\lambda = 1$ springt die Sondenspannung von einem Spannungspegel auf den anderen. Abhängig von diesem Signal wird die in der Motronic berechnete Einspritzzeit beeinflusst, sodass das Luft-Kraftstoff-Gemisch um den Wert von $\lambda = 1$ eingeregelt wird (Details siehe λ-Regelung).

Zweisonden-λ-Regelung
Eine Sonde, die hinter dem Katalysator eingebaut wird, ist besser vor Verschmutzung durch das Abgas geschützt und geringeren thermischen Belastungen ausgesetzt. Mithilfe dieser Sonde wird der Regelung mit der Sonde vor dem Katalysator eine zweite Regelung überlagert, die eine langzeitstabile Gemischzusammensetzung

sichert (Details siehe Zweisonden-λ-Regelung).

Stetige λ-Regelung
Im Gegensatz zum Spannungssprung bei der Zweipunkt-λ-Sonde, die nur Fett oder Mager anzeigen kann, liefert die Breitband-λ-Sonde ein stetiges Signal für die Abweichung von $\lambda = 1$. Anstatt einer Zweipunkt-λ-Regelung kann somit eine stetige λ-Regelung realisiert werden.

Die Vorteile der stetigen λ-Regelung sind die wesentlich gesteigerte Dynamik, da nun Abweichungen von $\lambda = 1$ bekannt sind. Ein weiterer Vorteil ist die Möglichkeit, auf beliebige Sollwerte – d. h. auch Werte, die von $\lambda = 1$ abweichen – zu regeln (Details siehe stetige λ-Regelung).

Kraftstoffverdunstungs-Rückhaltesystem

Entstehung von Kraftstoffdämpfen
Der Kraftstoff im Kraftstoffbehälter erwärmt sich zum einen aufgrund der Wärmestrahlung von außen, zum anderen wegen des überschüssigen Kraftstoffs, der sich im Motorraum erhitzt hat und aus dem Kraftstoffkreislauf zurückfließt. Dadurch entstehen Emissionen mit Kohlenwasserstoffen (HC), die hauptsächlich im Kraftstoffbehälter ausdampfen.

HC-Emissionsbegrenzung
Gesetzliche Bestimmungen legen Grenzwerte für Verdunstungsemissionen fest. Das Kraftstoffverdunstungs-Rückhaltesystem begrenzt diese HC-Emissionen.

Bestandteil dieses Systems ist ein Aktivkohlebehälter, in dem die Entlüftungsleitung aus dem Kraftstoffbehälter endet. Die Aktivkohle hält den Kraftstoffdampf zurück und lässt nur Luft ins Freie entweichen. Zusätzlich ist damit für einen Druckausgleich gesorgt. Um die Aktivkohle immer wieder zu regenerieren, führt eine weitere Leitung vom Aktivkohlebehälter zum Saugrohr.

Bei Motorbetrieb entsteht im Saugrohr ein Unterdruck. Er bewirkt, dass Luft aus der Umgebung durch die Aktivkohle ins Saugrohr strömt. Diese reißt die zwischengespeicherten Benzindämpfe mit und führt sie der Verbrennung zu. Ein Regenerierventil in der Leitung zum Saugrohr dosiert diesen Regenerierstrom (Details siehe Kraftstoffverdunstungs-Rückhaltesystem, Komponenten).

Klopfregelung

Einfluss des Zündwinkels auf Klopfen
Die elektronische Steuerung des Zündzeitpunkts bietet die Möglichkeit, den Zündwinkel in Abhängigkeit von Drehzahl, Last und Temperatur sehr genau zu steuern. Dennoch ist ein deutlicher Sicherheitsabstand zur Klopfgrenze erforderlich. Dieser Abstand ist notwendig, damit auch im klopfempfindlichsten Fall bezüglich Motortoleranzen, Motoralterung, Umgebungsbedingungen und Kraftstoffqualität kein Zylinder die Klopfgrenze erreicht oder überschreitet. Die daraus resultierende konstruktive Motorauslegung führt zu einer niedrigeren Verdichtung mit spätem Zündzeitpunkt und somit zu Einbußen beim Kraftstoffverbrauch und beim Drehmoment.

Diese Nachteile lassen sich mit einer Klopfregelung vermeiden. Der Vorsteuerzündwinkel muss dann nicht mehr für die klopfempfindlichsten, sondern für die unempfindlichsten Bedingungen (z. B. Motorverdichtung an Toleranzuntergrenze, bestmögliche Kraftstoffqualität, klopfunempfindlichster Zylinder) bestimmt werden. Nun kann jeder einzelne Zylinder des Motors während seiner gesamten Nutzungsdauer in nahezu allen Betriebsbereichen an seiner Klopfgrenze und damit mit optimalem Wirkungsgrad betrieben werden.

Klopferkennung
Zur Klopferkennung werden die für das Klopfen charakteristischen Schwingungen durch einen oder mehrere an geeigneter Stelle des Motors angebrachte Körperschallaufnehmer, die Klopfsensoren, in elektrische Signale umgewandelt und der Motronic zur Auswertung zugeführt (Details siehe Klopfsensor).

Regelung des Zündwinkels
In der Motronic erfolgt für jeden Zylinder und jede Verbrennung in einem Auswertealgorithmus die Klopferkennung. Erkannte klopfende Verbrennungen führen am betreffenden Zylinder zu einer Spätverstellung des Zündzeitpunkts um einen programmierbaren Betrag. Tritt kein Klopfen mehr auf, erfolgt wieder eine stufenweise Frühverstellung des Zündzeitpunkts bis zum Vorsteuerwert.

Der Klopferkennungs- und der Klopfregelalgorithmus werden so abgestimmt, dass kein hörbares und motorschädigendes Klopfen auftritt (Details siehe Klopfregelung)

Adaption
Im Realbetrieb ergeben sich für die einzelnen Zylinder unterschiedliche Klopfgrenzen und damit auch unterschiedliche Zündzeitpunkte. Zur Adaption der Vorsteuerwerte des Zündzeitpunkts an die jeweilige Klopfgrenze werden die für jeden Zylinder individuellen und vom Betriebspunkt abhängigen Spätverstellungen des Zündzeitpunkts gespeichert.

Diese Speicherung erfolgt in nichtflüchtigen Kennfeldern des dauerversorgten Speicherbausteins (RAM) über Last und Drehzahl. Dadurch kann der Motor auch bei schnellen Last- und Drehzahländerungen in jedem Betriebspunkt mit optimalem Wirkungsgrad sowie unter Vermeidung von hörbar klopfenden Verbrennungen betrieben werden.

Ladedruckregelung

Abgasturboaufladung
Von den bekannten Aufladeverfahren beim Ottomotor hat sich die Abgasturboaufladung gegenüber der mechanischen Aufladung durchgesetzt. Die Abgasturbolader ermöglichen bereits bei Motoren mit kleinem Hubraum hohe Drehmomente und

Leistungen bei guten Motorwirkungsgraden. Gegenüber einem Saugmotor mit gleicher Leistung benötigt der Turbomotor einen kleineren Bauraum und hat damit ein besseres Leistungsgewicht.

Der Abgasturbolader besteht in seinen Hauptkomponenten aus einem Verdichter und einer Abgasturbine, deren Räder auf einer gemeinsamen Welle angeordnet sind (Bild 26). Die Abgasturbine setzt einen Teil der Abgasenergie in Rotationsenergie um und treibt den Verdichter an. Dieser saugt Frischluft an und fördert die vorverdichtete Luft über Ladeluftkühler, Drosselklappe sowie Saugrohr zum Motor.

Stellglied der Abgasturboaufladung
Pkw-Motoren müssen bereits bei niedrigen Drehzahlen ein hohes Drehmoment erreichen. Deshalb wird das Turbinengehäuse für einen kleinen Abgasmassenstrom ausgelegt, z. B. Volllast bei $2\,000\ \text{min}^{-1}$.

Damit nun bei größeren Abgasmasseströmen der Abgasturbolader den Motor nicht überlädt, muss in diesem Bereich ein Teilstrom über ein Bypass-Ventil (Wastegate) an der Turbine vorbei in die Abgasanlage abgeführt werden. Dieser Wastegate-Lader ist Standard bei Ottomotoren, der beim Dieselmotor eingesetzte Lader mit variabler Turbinengeometrie ist hier aufgrund thermischer Belastung problematisch.

Elektronische Ladedruckregelung
Bei einer pneumatisch-mechanischen Regelung wird das Stellglied des Turboladers direkt mit dem Ladedruck vom Verdichteraustritt beaufschlagt. Hierbei ist der Drehmomentverlauf über der Motordrehzahl nur in sehr engen Grenzen wählbar. Über der Last gibt es nur eine Volllastbegrenzung. Die Toleranzen im Volllastaufladegrad können nicht ausgeregelt werden. In der Teillast verschlechtert das geschlossene Bypass-Ventil den Wirkungsgrad. Beschleunigungen aus niedrigen Motordrehzahlen können zu einem verzögerten Ansprechen des Abgasturboladers führen („Turboloch").

Diese Nachteile lassen sich durch eine elektronische Ladedruckregelung vermeiden. In bestimmten Teillastbereichen kann der spezifische Kraftstoffverbrauch gesenkt werden. Erreicht wird dies durch Öffnen des Bypass-Ventils, was sich wie folgt auswirkt:
▶ die Ausschiebearbeit des Motors und die Turbinenleistung nehmen ab,
▶ der Druck und die Temperatur am Verdichteraustritt werden gesenkt und
▶ das Druckgefälle an der Drosselklappe nimmt ab.

Ebenfalls ergibt sich ein linearisierter Zusammenhang über dem Drosselklappenwinkel mit einer besser dosierbaren Leistungsanforderung durch das Fahrpedel.

26 Stellglied der elektronischen Ladedruckregelung

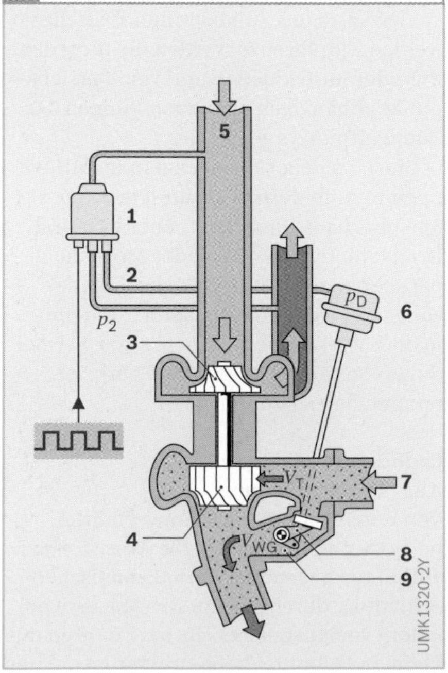

Bild 26
1 Elektropneumatisches Taktventil
2 pneumatische Steuerleitung
3 Verdichter
4 Abgasturbine
5 Ansaugluftstrom (Frischluft)
6 Ladedruckregelventil
7 Abgasstrom
8 Wastegate
9 Bypasskanal
V_T Volumenstrom durch Turbine
V_{WG} Volumenstrom durch Wastegate
p_2 Ladedruck
P_D Druck in der Membran

UMK1320-2Y

Um die zuvor genannten Verbesserungen zu ermöglichen, muss der Abgasturbolader mit Stellglied optimal an den Motor angepasst sein. Beim Stellglied betrifft dies
▶ das elektropneumatsche Taktventil.
▶ die wirksame Membranfläche, Hub und Feder der Membrandose und
▶ der Querschnitt des Ventiltellers oder der Ventilklappe am Wastegate.

Ladedruckregelung in der M-Motronic
In der M-Motronic mit elektronischer Ladedruckregelung liegen die Sollwerte je nach eingesetztem Lastsensor in Ladedruck, Luftmenge oder Luftmasse vor. Diese Sollwerte sind in einem Kennfeld in Abhängigkeit von Motordrehzahl und Drosselklappenwinkel gespeichert. Regelkreisglieder gleichen die Differenz zwischen dem vom Betriebspunkt abhängigen Sollwert und dem gemessenen Istwert aus. Der berechnete Wert am Reglerausgang wird als pulsweitenmoduliertes Signal an das Taktventil ausgegeben. Im Stellglied führt dieses Signal über eine Änderung des Steuerdrucks und des Hubs zu einer Änderung des Querschnitts am Bypass-Ventil.

Ladedruckregelung in der ME-Motronic
Die ME-Motronic mit elektronischer Ladedruckregelung regelt auf den Sollwert des gewünschten Ladedrucks. Dieser Soll-Ladedruck wird in einen Sollwert für die gewünschte maximale Füllung umgesetzt. Über die Drehmomentführung wird dieser Sollwert in einen Sollwert für den Drosselklappenwinkel und ein Steuertastverhältnis für das Wastegate umgesetzt. Im Wastegate führt dieses Signal über eine Änderung des Steuerdrucks und des Hubs zu einer Änderung des Querschnitts am Bypass-Ventil. Regelkreisglieder gleichen die Differenz zwischen dem vom Betriebspunkt abhängigen Sollwert und dem gemessenen Istwert des Ladedrucks aus, Der berechnete Wert am Reglerausgang beeinflusst dann wiederum den Maximalwert für die Zylinderfüllung.

Kombination Ladedruckregelung mit Klopfregelung
Am Turbomotor darf die Abgastemperatur zwischen Motor und Turbine bestimmte Schwellwerte nicht überschreiten. Deshalb wird bei der Motronic die Ladedruckregelung nur in Verbindung mit der Klopfregelung eingesetzt. Denn nur die Klopfregelung erlaubt während der gesamten Motorlebensdauer einen Betrieb mit möglichst frühen Zündzeitpunkten. Dieser für den jeweiligen Motorbetriebspunkt optimale Zündwinkel bringt eine sehr niedrige Abgastemperatur mit sich. Für eine noch weitergehende Senkung der Abgastemperatur sind Eingriffe auf die Füllung, also auf den Ladedruck oder auf das Gemisch möglich.

Drehzahl- und Geschwindigkeitsbegrenzung

Extrem hohe Drehzahlen können zu Schäden am Motor führen (z.B. am Ventiltrieb, an den Kolben). Durch die Drehzahlbegrenzung wird vermieden, dass eine maximal zulässige Motordrehzahl überschritten wird.

Eine Geschwindigkeitsbegrenzung kann aufgrund der Ausstattung eines Fahrzeugs (z.B. Reifen, Fahrwerk) für einen bestimmten Markt erforderlich sein. Außerdem haben sich einige Fahrzeughersteller zu einer freiwilligen Begrenzung der Geschwindigkeit auf 250 km/h verpflichtet.

Die Drehzahlbegrenzung und die Geschwindigkeitsbegrenzung arbeiten nach dem gleichen Prinzip.

Funktionalität in der M-Motronic
Die M-Motronic bietet die Möglichkeit einer Drehzahl- und Geschwindigkeitsbegrenzung über eine Einspritzausblendung. Beim Überschreiten der Maximaldrehzahl beziehungsweise der Maximalgeschwindigkeit werden die Einspritzimpulse unterdrückt. Die Motordrehzahl beziehungsweise die Geschwindigkeit werden dadurch begrenzt.

Bei Unterschreiten eines etwas kleineren Schwellwerts setzt die Einspritzung wieder ein (Bild 27). Dies erfolgt in schnellem Wechsel innerhalb eines Ttoleranzbands um die vorgegebene maximal zulässige Motordrehzahl beziehungsweise Maximalgeschwindigkeit.

Der Fahrer bemerkt die Drehzahlbegrenzung durch eine Einbuße im Fahrkomfort und wird dadurch veranlasst, entsprechend zu reagieren (z. B. durch Hochschalten).

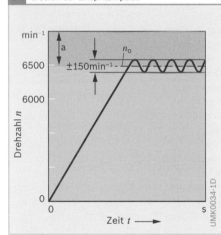

27 Begrenzen der maximalen Drehzahl durch Unterdrücken der Einspritzimpulse

Bild 27
n_0 Maximaldrehzahl
a   Bereich der Kraftstoffabschaltung

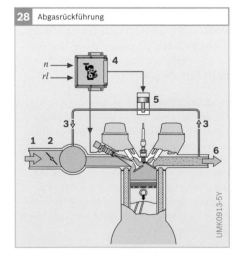

28 Abgasrückführung

Bild 28
1   Angesaugte Frischluft
2   Drosselklappe
3   rückgeführtes Abgas
4   Motorsteuergerät
5   Abgasrückführventil (AGR-Ventil)
6   Abgas
n Drehzahl
rl relative Luftfüllung

Funktionalität in der ME-Motronic
Beim Überschreiten des Grenzwerts für Drehzahl oder Geschwindigkeit wird durch einen Regelalgorithmus das zulässige Motormoment reduziert. Dieser Momentengrenzwert wird in der Drehmomentführung der ME-Motronic berücksichtigt.

Abgasrückführung
Während der Ventilüberschneidung (Einlass- und Auslassventil beide offen) wird eine bestimmte Restgasmenge vom Brennraum ins Saugrohr geschoben. Beim nachfolgenden Ansaugvorgang wird dann zusätzlich zum Frischgemisch dieser Anteil an Restgas mit angesaugt. Die Größe des Restgasanteils ist durch die Ventilüberschneidung vorgegeben. Er kann über die Nockenwellenverstellung beeinflusst werden (siehe Nockenwellensteuerung). Diese Beeinflussung des Restgasanteils wird „innere" Abgasrückführung genannt.

Eine Variation des Restgasanteils ist auch über eine „äußere" Abgasrückführung möglich (Bild 28, siehe auch Bild 1). Hierzu steuert die Motronic abhängig vom Betriebspunkt des Motors das Abgasrückführventil an und legt damit dessen Öffnungsquerschnitt fest. Dem Abgas wird dadurch ein Teilstrom entnommen und über das Abgasrückführventil dem Frischgemisch zugeführt. Damit ist der Abgasanteil der Zylinderfüllung festgelegt.

Bei gleichbleibender Frischluftfüllung wird durch die Abgasrückführung die Gesamtfüllung vergrößert. Der Motor muss deshalb weniger stark gedrosselt werden, um ein bestimmtes Drehmoment zu erreichen. Bis zu einem gewissen Grad wirkt sich deshalb ein steigender Restgasanteil positiv auf den Kraftstoffverbrauch aus. Weiterhin führt die Erhöhung des Restgasanteils zu einer Reduzierung der maximalen Verbrennungs-Spitzentemperatur und als Folge davon zu einer Verringerung der Stickoxidbildung. Gleichzeitig führt eine Erhöhung des Restgasanteils jedoch ab einem bestimmten Maß zu einer

unvollständigen Verbrennung und damit
zu einer Zunahme des Kohlenwasserstoffemissionen, des Kraftstoffverbrauchs
(Bild 29) und der Laufunruhe.

Nockenwellensteuerung

Die Nockenwellensteuerung kann auf viel-
fältige Art und Weise den Ottomotor beeinflussen:
▸ Drehmoment- und Leistungserhöhung,
▸ Abgas- und Verbrauchsreduzierung,
▸ Steuerung der Ladungszusammenset-
  zung (aus Frischgas und Restgas) und
▸ stufige beziehungsweise stufenlose Verstellung für Einlass- und Auslassventile.

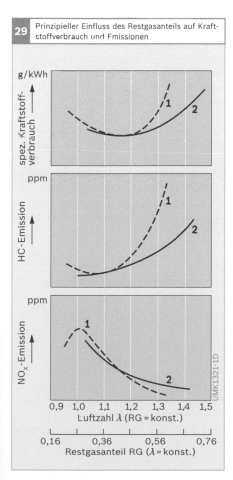

29 Prinzipieller Einfluss des Restgasanteils auf Kraftstoffverbrauch und Emissionen

Die Steuerzeit „Einlass schließt" ist maßgebend für die maximale Zylinderfüllung
in Abhängigkeit von der Drehzahl. Bei frü-
hem Schließen des Einlassventils liegt das
Maximum des Luftaufwands (Maß für zugeführte gasförmige Frischladung) im Bereich niedriger Drehzahlen, bei späterem
Schließen verschiebt es sich in den Bereich höherer Drehzahlen.

Die Phase, in der sich Ventilsteuerungen
zeitlich überschneiden (Steuerzeiten
„Einlass öffnet" und „Auslass schließt"
überlappen sich), legt die innere Abgasrückführung fest. Eine verlängerte Ventil-
öffnungsdauer über eine nach Früh ver-
schobene Einlassöffnungszeit führt zu einer Erhöhung des Restgasanteils, da sich
die ins Saugrohr geschobene und anschließend angesaugte Restgasmasse erhöht.
Damit reduziert sich bei gleicher Drosselklappenstellung die angesaugte Frischgas-
masse; die Drosselklappe muss zum Ausgleich für einen gleichen Lastpunkt weiter
geöffnet werden. Die durch die Entdrosse-
lung (Herabsetzung der Drosselwirkung)
hervorgerufene Verkleinerung der
Ladungswechselschleife verbessert den
Wirkungsgrad und senkt den Kraftstoffverbrauch.

Eine Verschiebung der Einlassöffnungszeit in Richtung Spät verringert den Restgasanteil. Hier werden insbesondere im
Leerlauf Verbesserungen hinsichtlich der
Kraftstoffverbrauchswerte, der Abgasemissionen und der Laufruhe erreicht.

Nockenwellenverdrehung

Für den Vorgang der Nockenwellenverdrehung müssen eine Einlass- und eine Auslassnockenwelle im Zylinderkopf angeordnet sein. Hydraulische oder elektrische
Steller verdrehen in Abhängigkeit von
Motordrehzahl oder Betriebspunkt die
entsprechende Nockenwelle und verändern damit die Steuerzeiten „Einlass öffnet"/„Einlass schließt" und „Auslass öffnet"/„Auslass schließt" (Bild 30).

Bild 29
1 Luftzahl λ
   (Restgasanteil
   RG = konst.)
2 Restgasanteil RG
   (Luftzahl λ = konst.)

Verdrehen die Steller z. B. die Einlassnockenwelle bei Leerlauf oder bei höheren
Drehzahlen auf ein spätes „Einlass öffnet"/
„Einlass schließt", so resultieren daraus im
Leerlauf ein geringerer Restgasanteil und
bei höheren Drehzahlen ein höherer Luftaufwand.

Bei niedrigen bis mittleren Drehzahlen
oder in bestimmten Teillastbereichen führt
eine Verdrehung der Einlassnockenwelle
in Richtung frühes „Einlass öffnet"/„Einlass schließt" zu einem höheren maximalen Luftaufwand. Gleichzeitig führt sie im
Teillastbereich zu einer Erhöhung des
Restgasanteils mit den damit verbundenen
Einflüssen auf den Kraftstoffverbrauch
und die Abgasemissionen.

Nockenwellenumschaltung
Bei der Nockenwellenumschaltung verän-
dern sich die Ventilsteuerzeiten durch
Schalten von zwei unterschiedlichen
Nockenformen.

Ein erster Nocken gibt die optimalen
Steuerzeiten und Ventilhübe von Einlass-
und Auslassventilen für den unteren und
mittleren Drehzahlbereich vor (Bild 31).

Ein zweiter Nocken steuert die höheren
Ventilhübe und die längeren Ventilöffnungszeiten. Er wird durch Einkoppeln

eines vorher frei schwingenden Schlepp-
hebels auf die Standard-Kipphebel drehzahlabhängig geschaltet.

Stufenlose Steuerzeit- und Ventilhubänderung
Ein optimales, aber aufwändiges Verfahren
ist die stufenlose Steuerzeit- und Ventilhubänderung. Bei dieser Nockenwellensteuerung ermöglichen räumliche Profile
und eine längsverschiebbare Nockenwelle
die größten Freiheitsgrade bei der Motor-
optimierung (Bild 32)

Dynamische Aufladung
Ziel bei der Motorkonzeption ist sowohl
höchstmögliches Drehmoment bei niedrigen Drehzahlen als auch hohe Nennleistung bei maximaler Drehzahl. Der Drehmomentverlauf eines Motors ist nähe-
rungsweise proportional zur angesaugten
Luftmasse in Abhängigkeit von der Motordrehzahl. Ein Hilfsmittel zur Drehmomentbeeinflussung ist die geometrische Ausführung der Ansaugrohre. Die einfachste
Art der Aufladung besteht in der Ausnutzung der Dynamik der angesaugten Luft,
die Luft wird vor Eintritt in den Zylinder
verdichtet.

Bild 30
1 Spät
2 normal
3 früh
A Ventilüberschnei-
dung

Bild 31
1 Standardnocken
2 Zusatznocken

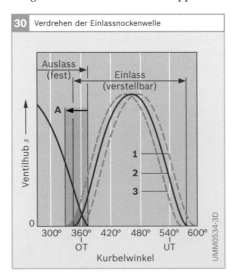

30 | Verdrehen der Einlassnockenwelle

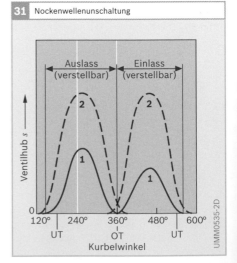

31 | Nockenwellenumschaltung

Saugrohre für Vergaser- und Zentraleinspritzsysteme (Mono-Jetronic, Mono-
Motronic) benötigen zur gleichmäßigen
Verteilung des Luft-Kraftstoff-Gemischs
kurze und möglichst gleich lange Einzelsaugrohre. Saugrohre für Einzeleinspritzsysteme transportieren nur Luft; der Kraftstoff wird vor den Einlassventilen abgespritzt. Dies bietet mehr Möglichkeiten bei
der Saugrohrgestaltung.

Standardmäßige Saugrohre für Einzeleinspritzsysteme bestehen aus Einzel-
schwingrohren und Sammler mit Drosselklappe (Bild 33). Dabei gilt:

▶ Kurze Schwingrohre ermöglichen eine
hohe Nennleistung mit gleichzeitiger
Drehmomenteinbuße bei niedrigen
Drehzahlen, lange Schwingrohre zeigen
ein gegensätzliches Verhalten.
▶ Große Sammlervolumen bewirken zum
Teil Resonanzeffekte in bestimmten
Drehzahlbereichen, die zu verbesserter
Füllung führen. Sie haben aber mögliche
Dynamikfehler (Gemischabweichungen
bei schnellen Laständerungen) zur
Folge.

Schwingsaugrohraufladung

Bei der Schwingsaugrohraufladung hat
jeder Zylinder ein gesondertes Saugrohr
bestimmter Länge, das meist an einen
Sammelbehälter angeschlossen ist
(Bild 33). Zwischen den Zylindern und den

Schwingsaugrohren befinden sich die
periodisch öffnenden Einlassventile des
Motors. Angeregt durch die Saugarbeit des
Kolbens löst das öffnende Einlassventil
eine zurücklaufende Unterdruckwelle aus.
Am offenen Ende des Saugrohrs trifft die
Druckwelle auf ruhende Umgebungsluft
(im Sammler oder im Luftfilter) oder auf
die Drosselklappe, wird dort teilweise als
Überdruckwelle reflektiert und läuft wieder zurück in Richtung Einlassventil. Die
dadurch entstehenden Druckschwankungen am Einlassventil sind phasen- und
frequenzabhängig und können ausgenutzt
werden, um die Frischgasfüllung zu vergrößern und damit ein höchstmögliches
Drehmoment zu erreichen.

Der Aufladeeffekt ist abhängig von der
Saugrohrgeometrie und der Motordrehzahl. Länge und Durchmesser der Einzel-
schwingrohre werden deshalb so auf die
Ventilsteuerzeiten abgestimmt, dass im gewünschten Drehzahlbereich eine am Ende
des Schwingsaugrohrs teilweise reflek-
tierte Druckwelle durch das geöffnete Einlassventil läuft und somit eine bessere Füllung ermöglicht.

Die Energiebilanz ist dadurch gekennzeichnet, dass die Saugarbeit des Kolbens
in kinetische Energie der Gassäule vor
dem Einlassventil und diese in Verdich-

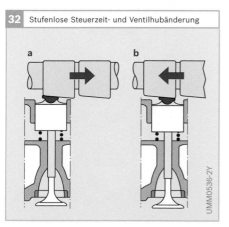

32   Stufenlose Steuerzeit- und Ventilhubänderung

a   b

UMM0536-2Y

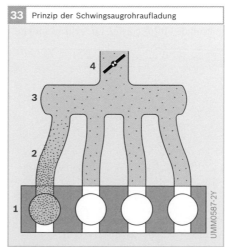

33   Prinzip der Schwingsaugrohraufladung

4

3

2

1

UMM0587-2Y

Bild 32
a   Minimaler Hub
b   maximaler Hub

Bild 33
1   Zylinder
2   Einzelschwingrohr
3   Sammelbehälter
4   Drosselklappe

tungsarbeit der Frischladung umgewandelt wird.

Resonanzaufladung

Bei einer bestimmten Motordrehzahl kommen die Gasschwingungen in der Saugrohranlage, angeregt durch die periodische Kolbenbewegung, in Resonanz. Das führt zu einer Drucksteigerung und zu einem zusätzlichen Aufladeeffekt.

Bei Resonanzsaugrohrsystemen werden Gruppen von Zylindern mit gleichen Zündabständen über kurze Saugrohre an jeweils einen Resonanzbehälter angeschlossen (Bild 34). Diese sind über Resonanzsaugrohre mit der Atmosphäre oder dem Sammler verbunden und wirken als Resonatoren. Die Auftrennung in zwei Zylindergruppen mit zwei Resonanzsaugrohren verhindert eine Überschneidung der Strömungsvorgänge von zwei in der Zündfolge benachbarten Zylindern. Der Drehzahlbereich, bei dem der Aufladeeffekt durch die entstehende Resonanz groß sein soll, bestimmt die Länge der Resonanzsaugrohre und die Größe der Resonanzbehälter.

Variable Saugrohrgeometrie

Die zusätzliche Füllung durch die dynamische Aufladung hängt vom Betriebspunkt des Motors ab. Die beiden zuvor genannten Systeme erhöhen die erzielbare maximale Füllung – den Liefergrad – im gewünschten Drehzahlband. Einen nahezu idealen Drehmomentverlauf ermöglicht eine variable Saugrohrgeometrie, bei der zum Beispiel in Abhängigkeit von Motorlast, Drehzahl und Drosselklappenstellung verschiedene Verstellungen möglich sind:

▸ Verstellen der Schwingsaugrohrlänge,
▸ Umschalten zwischen verschiedenen Schwingrohrlängen (Bild 35) oder unterschiedlichen Durchmessern von Schwingrohren,
▸ wahlweises Abschalten eines Einzelrohrs je Zylinder bei Mehrfachschwingsaugrohren,
▸ Umschalten auf unterschiedliche Sammlervolumen.

Zum Umschalten dieser Schalt-Ansaugsysteme mit veriabler Saugrohrgeometrie dienen zum Beispiel elektrisch oder elektropneumatisch betätigte Klappen, die von der Motronic betriebspunktabhängig angesteuert werden.

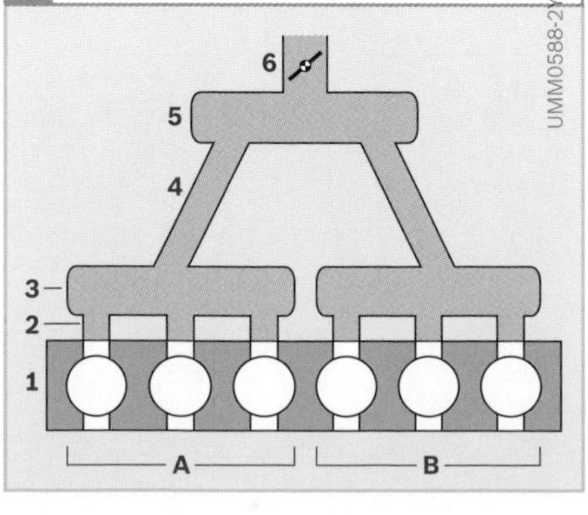

Bild 34

1 Zylinder
2 kurzes Saugrohr
3 Resonanzbehälter
4 Resonanzsaugrohr
5 Sammelbehälter
6 Drosselklappe
A Zylindergruppe A
B Zylindergruppe B

Bild 35

a Saugrohrgeometrie bei geschlossener Umschaltklappe
b Saugrohrgeometrie bei geöffneter Umschaltklappe

1 Umschaltklappe
2 Sammelbehälter
3 langes, dünnes Schwingsaugrohr bei geschlossener Umschaltklappe
4 kurzes, weites Schwingsaugrohr bei geöffneter Umschaltklappe

34 Prinzip der Resonanzaufladung

UMM0588-2Y

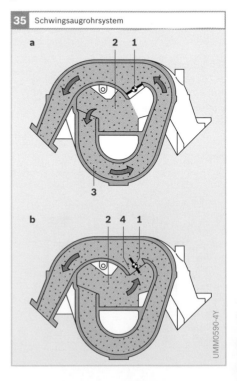

35 Schwingsaugrohrsystem

a

b

UMM0590-4Y

Fahrgeschwindigkeitsregelung

Die Fahrgeschwindigkeitsregelung hat die Aufgabe, die Geschwindigkeit des Fahrzeugs unabhängig vom Fahrwiderstand konstant zu halten, ohne dass hierzu das Fahrpedal betätigt werden muss. Neben dem Halten der aktuellen Geschwindigkeit (Konstantfahrt) werden eine Reihe weiterer Funktionen angeboten (z. B. Anfahren einer gespeicherten Zielgeschwindigkeit, Erhöhen der Sollgeschwindigkeit im geregelten Betrieb schrittweise um einen festen Wert).

Da der Drosselklappensteller bei der ME-Motronic bereits durch das elektronische Gaspedal (EGAS) integriert ist, kann hier die Fahrgeschwindigkeitsregelung mit nur geringem Mehraufwand bezüglich eines Bedienteils realisiert werden. Das Bedienteil ist fahrzeugherstellerspezifisch ausgeprägt.

Frühere Ausführungen der Fahrgeschwindigkeitsregelung erforderten einen Steller an der Drosselklappe und ein Steuergerät, das mit der Motronic in Verbindung stand.

Schnittstellen zu anderen Systemen

Der vermehrte Einsatz von elektronischen Systemen im Kraftfahrzeug (z. B. elektronische Motorsteuerung, Antriebsschlupfregelung, elektronische Getriebesteuerung) macht eine Vernetzung dieser einzelnen Systeme erforderlich (Bild 36). Der Informationsaustausch zwischen diesen Steuerungssystemen verringert die Anzahl von Sensoren und die Ausnutzung der Einzelsysteme.

Die Schnittstellen können in zwei Kategorien unterteilt werden:
▶ Konventionelle Schnittstelle, z. B. binäre Signale (z. B. Schalteingänge) und Tastverhältnisse (z. B. pulsbreitenmodulierte Signale),
▶ serielle Datenübertragung, z. B. Controller Area Network (CAN).

Konventionelle Schnittstellen

Die konventionelle Kommunikation im Kraftfahrzeug ist dadurch gekennzeichnet, dass jedem Signal eine Einzelleitung zugeordnet ist (Bild 37). Binäre Signale können nur durch die zwei Zustände „1" oder „0"

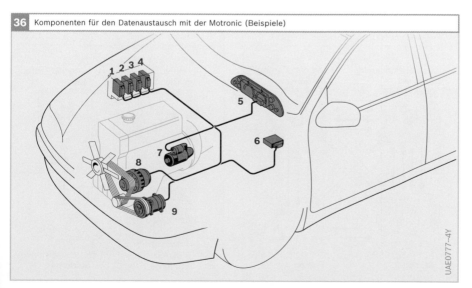

36 Komponenten für den Datenaustausch mit der Motronic (Beispiele)

UAE0777-4Y

Bild 36
1 Motorsteuergerät
2 ESP-Steuergerät
3 Getriebesteuergerät
4 Klimasteuergerät
5 Kombiinstrument mit Bordcomputer
6 Steuergerät für Wegfahrsperre
7 Starter
8 Generator
9 Klimakompressor

(Binärcode), z.B. Klimakompressor „Ein"
oder „Aus", übertragen werden.

Über Tastverhältnisse können mehrere
Zustände, z.B. die Stellung der Drosselklappe, übertragen werden. Den Span-
nungswerten 0...5 V sind hier bei einem
pulsweitenmodulierten Signal Tastverhältnisse von 0...100 % zugeordnet.

Die Zunahme des Datenaustauschs zwischen den elektronischen Komponenten
im Kraftfahrzeug konnte mit diesen konventionellen Schnittstellen nicht mehr
sinnvoll bewältigt werden. Die Komplexität der Kabelbäume war an Grenzen gesto-
ßen.

Serielle Datenübertragung
Ab 1983 wurde von Bosch ein System zur
seriellen Datenübertragung entwickelt.
1987 wurde das Controller Area Network
(CAN) vorgestellt. Damit können die elektronischen Systeme im Kraftfahrzeug (z.B.
Motronic, Getriebesteuerung, Antriebsschlupfregelung) miteinander kommuni-
zieren (Bild 38).

Dieses Bussystem hat sich mittlerweile
auch in anderen Bereichen (z.B. in der
Haustechnik) etabliert.

Übertragungsgeschwindigkeit
Typische Datenübertragungsraten liegen
beim CAN zwischen 125 kBit/s und
1 MBit/s. Sie müssen so hoch sein, dass ein
gefordertes Echtzeitverhalten garantiert
wird, d.h., die Datenverarbeitung im
Steuergerät muss mit den physikalischen
Abläufen im Motor Schritt halten.

Buskonfiguration
Unter Konfiguration versteht man die Anordnung eines Systems. Der CAN-Bus weist
eine lineare Busstruktur auf (Bild 38) und
er arbeitet nach dem Multimaster-Prinzip.
Bei diesem Prinzip sind mehrere gleich-
berechtigte Steuereinheiten miteinander
verbunden. Die Zugriffskontrolle auf den
Bus obliegt gleichberechtigt den beteilig-
ten Stationen, eine übergeordnete Verwal-
tung ist nicht erforderlich. Die am Bus an-
geschlossenen Stationen können sowohl
Steuergeräte als auch Anzeigegeräte, Sensoren oder Aktoren sein.

Diese Busstruktur hat den Vorteil, dass
das Bussystem bei Ausfall eines Busteil-
nehmers für alle weiteren Busteilnehmer
weiterhin voll verfügbar ist.

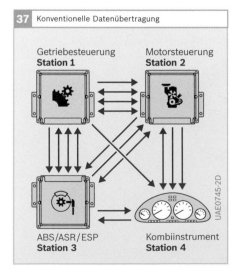

37 Konventionelle Datenübertragung

Getriebesteuerung
Station 1

Motorsteuerung
Station 2

ABS/ASR/ESP
Station 3

Kombiinstrument
Station 4

UAE0745-2D

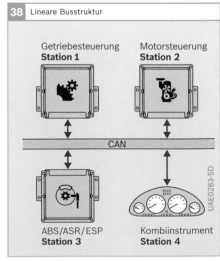

38 Lineare Busstruktur

Getriebesteuerung
Station 1

Motorsteuerung
Station 2

CAN

ABS/ASR/ESP
Station 3

Kombiinstrument
Station 4

UAE0283-5D

Inhaltsbezogene Adressierung

Der CAN-Bus adressiert Informationen bezüglich ihres Inhalts. Bei dieser inhaltsbezogenen Adressierung wird jeder „Botschaft" ein fester Identifier zugeordnet. Der Identifier kennzeichnet den Inhalt der Botschaft (z. B. Motordrehzahl). Die Länge des Identifiers beträgt im Standardformat 11 Bit, im später eingeführten erweiterten Format (extended Format) 29 Bit. Eine Station verwertet ausschließlich diejenigen Daten, deren zugehörige Identifier in der Liste entgegenzunehmender Botschaften gespeichert sind (Akzeptanzprüfung).

Mit der inhaltsbezogenen Adressierung benötigt der CAN-Bus keine Stationsadressen für die Datenübertragung.

Busvergabe

Wenn der Bus frei ist (rezessiver Pegel „High"), kann jede Station beginnen, ihre wichtigste Botschaft mit einem dominanten Pegel (Pegel „Low") zu übertragen. Beginnen mehrere Stationen gleichzeitig zu senden, dann wird zur Auflösung der resultierenden Buszugriffskonflikte ein Wired-And-Arbitrierungsschema verwendet ((Bild 39). Bei diesem Schema setzt sich die Botschaft mit der höchsten Priorität durch, ohne dass ein Zeitverlust ein-

tritt. Die Priorität ergibt sich aus dem Wert des Identifiers; je kleiner dieser Wert, desto höher die Priorität. Jeder Sender, der die Arbitrierung verliert, wird automatisch zum Empfänger und wiederholt seinen Sendeversuch, sobald der Bus frei ist.

Botschaftsformat

CAN unterstützt zwei verschiedene Formate, die sich ausschließlich in der Länge des Identifiers (11 beziehungsweise 29 Bit) unterscheiden. Beide Formate sind untereinander kompatibel und können in einem Netzwerk gemeinsam zur Anwendung kommen.

Für die Übertragung auf dem Bus wird ein Datenrahmen (Data Frame) aufgebaut, dessen Länge im Standardformat maximal 130 Bit, im erweiterten Format maximal 150 Bit beträgt. Damit ist sichergestellt, dass die Wartezeit bis zur nächsten, möglicherweise sehr dringlichen Übertragung stets kurz gehalten wird.

Der Datenrahmen besteht aus sieben aufeinanderfolgenden Feldern (Bild 40).

Standardisierung

Der CAN wurde von der ISO (International Organization for Standardization) und von der SAE (Society of Automotive Engineers)

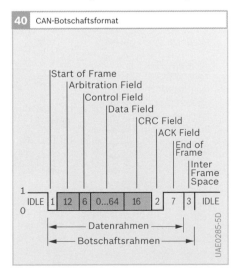

| 39 | Bitweise Arbitrierung (Zuteilung der Busvergabe bei mehreren Botschaften) |

Busleitung

Station 1

Station 2

Station 3

Station 1 verliert die Arbitrierung

Station 3 verliert die Arbitrierung

UAE0742-3D

| 40 | CAN-Botschaftsformat |

Start of Frame
Arbitration Field
Control Field
Data Field
CRC Field
ACK Field
End of Frame
Inter Frame Space

IDLE | 12 | 6 | 0...64 | 16 | 2 | 7 | 3 | IDLE

Datenrahmen

Botschaftsrahmen

UAE0285-5D

Bild 39

Station 2 setzt sich durch (Signal auf dem Bus ist gleich dem Signal von Station 2)

0   Dominanter Pegel

1   Rezessiver Pegel

für den Datenaustausch im Kraftfahrzeug standardisiert; für Anwendungen mit niedrieger Übertragungsrate (Low-Speed-Applikationen) bis 125 kBit/s als ISO 11519-2 und für Anwendungen mit hoher Übertragungsrate (High-Speed-Applikationen) über 125 kBit/s als ISO 11898, SAE J 22584 (passenger cars) und SAE J 1939 (truck and bus).

Steuergerät

Aufgabe

Das elektronische Steuergerät ist das „Rechen- und Schaltzentrum" des Motorsteuerungssystems. Es berechnet aus den Eingangssignalen, die von Sensoren geliefert werden, mithilfe der gespeicherten Funktionen und Algorithmen (Rechenverfahren) die Ansteuersignale für die Stellglieder (Aktoren, z. B. Zündspulen, Einspritzventile, Regenerierventil für Kraftstoffversorgungs-Rückhaltesystem) und steuert diese über Leistungsendstufen an (Bild 41).

Mechanischer Aufbau

Das Steuergerät befindet sich in einem Kunststoff- oder einem Metallgehäuse, das eine Leiterplatte mit den elektronischen Bauelementen enthält. Für den Anbau direkt am Motor gibt es auch kompakte,

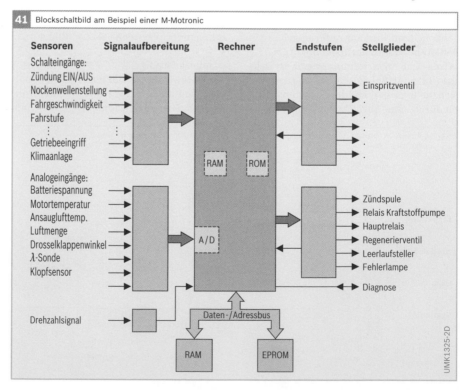

41 Blockschaltbild am Beispiel einer M-Motronic

thermisch höher beanspruchbare Ausführungen in Hybridtechnik.

Die Sensoren, die Aktoren und die Stromversorgung sind über eine vielpolige Steckverbindung an das Steuergerät angeschlossen. Diese Steckverbindung ist abhängig vom Funktionsumfang mit unterschiedlichen Polzahlen ausgeführt. Typisch für die M-Motronic sind 35-, 55- oder 88-polige Ausführungen. Für die ME-Motronic sind in der Regel Steckverbinder mit mehr als 100 Polen erforderlich.

Leistungsendstufen sind bei früheren Systemen auf Kühlkörper im Steuergerät montiert und mit einer guten Wärmeleitung zur Karosserie versehen. Bei den neueren Systemen ist die Leiterplatte unter den Leistungsendstufen metallisiert. Durchkontaktierungen sorgen für einen guten Wärmetransport zur Unterseite der Leiterplatte. Von dort wird die von den Leistungsendstufen erzeugte Wärme über Wärmebrücken zum Gehäuse abgeführt.

Umgebungsbedingungen

An das Steuergerät werden hohe Anforderungen gestellt. Es ist hohen Belastungen ausgesetzt durch extreme Umgebungstemperaturen (im normalen Fahrbetrieb von −40 °C bis 60...125 °C), starken Temperaturwechseln, Feuchteeinflüssen und mechanischen Beanspruchungen (z.B. Vibrationen durch den Motor).

Das Steuergerät muss bei denen im normalen Fahrbetrieb auftretenden Temperaturen und bei Batteriespannungen von 6 V (beim Start) bis 15 V die Signale fehlerfrei verarbeiten können.

Spannungsversorgung

Ein Spannungsregler stellt die konstante Versorgungsspannung von 5 V für die digitalen Schaltungen bereit.

Datenverarbeitung

Eingangssignale
Sensoren bilden neben den Aktoren als Peripherie die Schnittstelle zwischen dem Fahrzeug und dem Steuergerät als Verarbeitungseinheit. Die elektrischen Signale der Sensoren werden dem Steuergerät über Kabelbaum und den Anschlussstecker zugeführt. Diese Signale können unterschiedliche Formen haben.

Analoge Eingangssignale

Analoge Eingangssignale können jeden beliebigen Spannungswert innerhalb eines bestimmten Bereichs annehmen. Beispiele für physikalische Größen, die als analoge Messwerte bereitstehen, sind die angesaugte Luftmasse, die Drosselklappenstellung, die Batteriespannung, der Saugrohrdruck sowie die Kühlmittel- und die Ansauglufttemperatur. Sie werden von einem Analog-digital-Wandler in digitale Werte umgeformt, mit denen der Mikroprozessor rechnen kann. Die maximale Auflösung dieser Analogsignale beträgt 5 mV. Damit ergeben sich für den gesamten Messbereich von 0...5 V ca. 1 000 Stufen.

Digitale Eingangssignale

Digitale EIngangssignale besitzen nur zwei Zustände: „High" (logisch 1) und „Low" (logisch 0). Beispiele für digitale Eingangssignale sind Schaltsignale (z.B. Klimakompressor „ein" oder „aus") oder digitale Sensorsignale wie Drehzahlimpulse eines Hall-Sensors.

Pulsförmige Eingangssignale

Pulsförmige Eingangssignale von induktiven Sensoren mit Informationen über Drehzahl und Bezugsmarke werden in einem Schaltungsteil im Steuergerät aufbereitet. Dabei werden Störimpulse unterdrückt und die pulsförmigen Signale in digitale Rechtecksignale umgewandelt.

Signalaufbereitung

Die Eingangssignale werden mit Schutzbeschaltungen auf zulässige Spannungspegel begrenzt. Das Nutzsignal wird durch Filterung weitgehend von überlagerten Störsignalen befreit und gegebenenfalls durch Verstärkung an die zulässige Eingangsspannung des Mikroprozessors angepasst.

Je nach Integrationsstufe kann die Signalaufbereitung teilweise oder auch ganz bereits im Sensor erfolgen.

Signalverarbeitung

Das Steuergerät ist die Schaltzentrale für die Funktionsabläufe der Motorsteuerung. Im Rechnerbaustein laufen die Steuer- und Regelalgorithmen ab. Die von den Sensoren und den Schnittstellen zu anderen Systemen (z. B. CAN-Bus) bereitgestellten Eingangssignale dienen als Eingangsgrößen. Sie werden im Rechner nochmals plausibilisiert. Mithilfe des Steuergeräteprogramms werden die Ausgangssignale zur Ansteuerung der Aktoren berechnet.

Rechnerbaustein

Durch die Fortschritte in der Halbleitertechnik ist aus dem Mikroprozessor mit seiner Peripherie ein Mikrocontroller entstanden. Im Mikrocontroller sind nun außer der CPU (Central Processing Unit,

d. h. zentrale Recheneinheit) der Analog-digital-Wandler, Timereinheiten zur Ausgabe von zeitgesteuerten Signalen (z. B. Einspritzung, Zündung), Eingangs- und Ausgangskanäle, serielle Schnittstellen, RAM, ROM und weitere periphere Baugruppen auf einem Chip integriert. Ein Quarz taktet den Mikrocontroller. Für den gesamten Steuerungsablauf, für den früher mehrere einzelne Bausteine erforderlich waren, ist nur noch der Mikrocontroller nötig.

Programm- und Datenspeicher

Der Mikrocontroller benötigt für den Steuerungsablauf ein Programm - die Software. Sie ist in Form von binären Zahlenwerten im Programmspeicher abgelegt. Die CPU liest diese Werte aus, interpretiert sie als Befehl und führt sie der Reihe nach aus.

Das Programm ist in einem Festwertspeicher abgelegt. Das kann ein ROM, ein EPROM oder ein Flash-EPROM sein. Beim ROM (Read Only Memory) wird der Programmcode beim Herstellvorgang eingespeichert, der Speicher kann nicht mehr

Bild 42

1 Vielpolige Steck-
   verbindung
2 Leiterplatte
3 Leistungsendstufen
4 Mikrocontroller
   (Funktionsrechner)
5 Flash-EPROM für
   Funktionsrechner
6 EEPROM
7 Mikrocontroller
   (Erweiterungs-
   rechner)
8 Flash-EPROM für
   Erweiterungs-
   rechner
9 Umgebungsdruck-
   sensor
10 Peripheriebaustein
   (5-V-Spannungsver-
   sorgung und
   Induktivgeber-
   Auswerteschaltung)

RAM ist auf der Unter-
seite der Leiterplatte
platziert und deshalb
nicht sichtbar

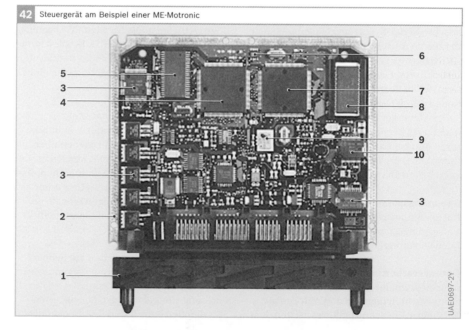

42 Steuergerät am Beispiel einer ME-Motronic

UAE0697-2Y

gelöscht werden. Das EPROM (Erasable Programmable ROM) kann mit UV-Licht gelöscht und wieder programmiert werden. Das Flash-EPROM ist auf elektrischem Weg löschbar. Es kann somit in der Kundendienst-Werkstatt umprogrammiert werden, ohne das Steuergerät öffnen zu müssen. Das Steuergerät ist dabei über eine serielle Schnittstelle mit der Umprogrammierstation verbunden. Aufgrund dieser Vorteile hat das Flash-EPROM das herkömmliche EPROM seit Mitte der 1990er-Jahre weitgehend verdrängt.

Zusätzlich sind in diesem Programm- und Datenspeicher variantenspezifische Daten (Einzeldaten, Kennlinien und Kennfelder) vorhanden. Hierbei handelt es sich um unveränderliche Daten, die im Fahrbetrieb nicht verändert werden können (z. B. Zündwinkelkennfeld). Um trotz der Vielzahl von Motor- und Ausstattungsvarianten der Fahrzeuge die Varianten von Steuergeräten zu reduzieren, wurde die Variantencodierung eingesetzt. Hierbei sind mehrere Datensätze eingespeichert, die über einen Codierschalter oder über eine in einem EEPROM abgespeicherte Codierung ausgewählt werden.

Variablen- oder Arbeitsspeicher
Ein Schreib- und Lesespeicher ist erforderlich, um veränderliche Daten (Variablen), z. B. Rechenwerte und Signalwerte, zu speichern. Die Ablage dieser aktuellen Werte erfolgt im RAM (Random Access Memory). Für komplexe Anwendungen reicht die Speicherkapazität des im Mikrocontroller integrierten RAM nicht aus, sodass ein zusätzlicher externer RAM-Baustein zum Einsatz kommt.

Beim Trennen des Steuergeräts von der Versorgungsspannung verliert das RAM den gesamten Datenbestand (flüchtiger Speicher). Adaptionswerte (erlernte Werte über Motor- und Betriebszustand) müssen beim nächsten Start aber wieder bereitstehen. Sie dürfen beim Abschalten der Zündung nicht gelöscht werden. Um das zu verhindern, ist das RAM permanent mit Spannung versorgt (Dauerversorgung). Beim Abklemmen der Batterie gehen die Werte dann aber doch verloren und müssen neu gelernt werden.

Daten, die auch bei abgeklemmter Batterie nicht verloren gehen dürfen (z. B. wichtige Adaptionswerte, Code für Wegfahrsperre), müssen dauerhaft in einen nicht flüchtigen Dauerspeicher abgelegt werden. Hierzu eignet sich das EEPROM – ein elektrisch löschbares EPROM, bei dem jede Speicherzelle einzeln gelöscht werden kann.

Signalausgabe
Der Mikrocontroller steuert mit den Ausgangssignalen Endstufen an, die üblicherweise genügend Leistung für den direkten Anschluss der Aktoren (z. B. Zündspule, Einspritzventile, Abgasrückführventil) liefern. Es ist auch möglich, dass für besonders große Stromverbraucher (z. B. Motorlüfter) die Endstufe ein Relais ansteuert, über das der Stromverbraucher geschaltet wird.

Die Endstufen sind gegenüber Kurzschlüssen gegen Masse oder der Batteriespannung sowie gegen Zerstörung infolge elektrischer oder thermischer Überlastung geschützt. Diese Störungen sowie aufgetrennte Leitungen werden durch den Endstufen-IC als Fehler erkannt und dem Mikrocontroller gemeldet. Die Störungen werden als Fehler im Fehlerspeicher abgespeichert. Der Fehlereintrag kann über die serielle Schnittstelle mit einem Motortester ausgelesen werden.

Eine Schutzschaltung schaltet die Elektrokraftstoffpumpe unabhängig vom Steuergerät ab, sobald das Drehzahlsignal eine untere Grenze unterschreitet.

Bei einigen Steuergeräten wird beim Abschalten der Klemme 15 im Zündschloss (Zündung aus) über eine Halteschaltung das Hauptrelais noch so lange gehalten, bis die Programmabarbeitung abgeschlossen ist.

Diagnose

Die Zunahme der Elektronik im Kraftfahrzeug, die Nutzung von Software zur Steuerung der elektronischen Systeme im Fahrzeug und die erhöhte Komplexität moderner elektronischer Systeme stellen hohe Anforderungen an das Diagnosekonzept.

Überwachung im Fahrbetrieb
Die im Steuergerät integrierte Diagnose gehört zum Grundumfang elektronischer Motorsteuerungssysteme. Neben der Selbstprüfung des Steuergeräts (z. B. Checksummenprüfung über den Programmspeicher) werden Ein- und Ausgangssignale sowie die Kommunikation der Steuergeräte untereinander überwacht. Überwachungsalgorithmen überprüfen während des Betriebs die Eingangs- und Ausgangssignale sowie das Gesamtsystem mit allen relevanten Funktionen auf Fehlverhalten und Störung. Die dabei erkannten Fehler werden im Fehlerspeicher des Steuergeräts abgespeichert. Bei der Fahrzeuginspektion in der Kundendienstwerkstatt werden die gespeicherten Informationen ausgelesen und ermöglichen so eine schnelle und sichere Fehlersuche und Reparatur.

OBD-Gesetzgebung
Im Zuge der Verschärfung der Abgasgesetzgebung hat der Gesetzgeber die On-Board-Diagnose als Hilfsmittel zur Abgasüberwachung erkannt und eine herstellerunabhängige Standardisierung geschaffen. Dieses zusätzlich installierte System wird OBD-System (On-Board Diagnostic System) genannt.

Damit die vom Gesetzgeber geforderten Emissionswerte eingehalten werden, müssen das Motorsystem und die Komponenten im Fahrbetrieb ständig überwacht werden. Deshalb wurden – beginnend in Kalifornien – Regelungen zur Überwachung der abgasrelevanten Systeme und Komponenten erlassen.

CARB-Gesetzgebung
1988 trat in Kalifornien mit OBD I die erste Stufe der CARB-Gesetzgebung (California Air Resources Board) in Kraft. Somit zählen die Fahrzeuge, die von dieser Gesetzgebung betroffen waren, schon fast zu den klassischen Oldtimer-Fahrzeugen.

Diese erste OBD-Stufe verlangt die Überwachung abgasrelevanter Komponenten (Überwachung auf Kurzschlüsse und Leitungsunterbrechungen) und Abspeichern der Fehler im Fehlerspeicher des Steuergeräts sowie eine Motorkontrollleuchte (Malfunction Indicator Lamp, MIL), die dem Fahrer erkannte Fehler anzeigt. Außerdem muss mit On-Board-Mitteln (z. B. Blinkcode über eine Diagnoselampe) ausgelesen werden können, welche Komponente ausgefallen ist.

1994 wurde mit der OBD II die zweite Stufe der Diagnosegesetzgebung in Kalifornien eingeführt. Zusätzlich zum Umfang von OBD I wird auch die Funktionalität des Systems überwacht (z. B. Prüfung von Sensorsignalen auf Plausibilität). OBD II verlangt, dass alle abgasrelevanten Systeme und Komponenten, die bei Fehlfunktion zu einer Erhöhung der schädlichen Abgasemissionen führen können (und damit zur Überschreitung der OBD-Grenzwerte), überwacht werden. Zusätzlich sind auch alle Komponenten, die zur Überwachung emissionsrelevanter Komponenten eingesetzt werden oder die das Diagnoseergebnis beeinflussen können, zu überwachen.

Seit Einführung der OBD II wurde das Gesetz mehrfach überarbeitet. Dabei wurden die funktionalen Anforderungen immer weiter verschärft.

EPA-Gesetzgebung
In den US-Bundesstaaten, die nicht die CARB-Gesetzgebung übernommen haben, gelten seit 1994 die Gesetze der EPA (Environmental Protection Agency). Der Umfang dieser Diagnose entspricht im Wesentlichen der CARB-Gesetzgebung OBD II.

EOBD-Gesetzgebung
Die auf europäische Verhältnisse angepasste On-Board-Diagnose wird als EOBD (Europäische OBD) bezeichnet. Sie gilt seit dem Jahr 2000 für Pkw und leichte Nutzfahrzeuge. Die EOBD lehnt sich an die OBD II an, es gibt aber im Detail Unterschiede bezüglich der Abgasgrenzwerte und auch der Funktionalitäten.

Diagnosebereiche

Luftmassenmesser
Ein Beispiel für die Eigendiagnose von M-Motronic-Systemen ist die Überwachung des Luftmassenmessers. Parallel zu der Berechnung der Einspritzzeit aus der angesaugten Luftmasse wird eine Vergleichseinspritzzeit aus dem Drosselklappenwinkel und der Drehzahl gebildet. Weichen diese Einspritzzeiten unzulässig stark voneinander ab, wird zunächst diese Unstimmigkeit gespeichert. Im weiteren Verlauf der Fahrt wird über Plausibilitätsprüfungen ermittelt, welcher der beiden Sensoren fehlerhaft ist. Erst wenn dies unzweifelhaft festgestellt werden konnte, wird der zugehörige Fehlercode im Steuergerät gespeichert.

Die ME-Motronic vergleicht die aus dem Luftmassenmesser berechnete Luftfüllung mit dem Wert, der sich aus dem Drosselklappenwinkel und der Drehzahl ergibt.

EGAS-Drosselklappensteller
Da bei der ME-Motronic das Motormoment direkt über die Luftfüllung beeinflusst wird, werden an den Drosselklappensteller hohe Anforderungen bezüglich der Zuverlässigkeit und Diagnostizierbarkeit gestellt. Zur Messung der aktuellen Drosselklappenstellung hat der Steller zwei gegenläufige Potentiomemeter, deren Signale miteinander verglichen werden. Tritt eine Abweichung auf, so werden die Signale mit einer aus dem Saugrohrmodell rückgerechneten Drosselklappenstellung plausibilisiert.

Verbrennungsaussetzer
Bei auftretenden Verbrennungsaussetzern, z.B. durch abgenutzte Zündkerzen, gelangt unverbranntes Gemisch in den Katalysator. Dieses Gemisch kann den Katalysator zerstören, in jedem Fall aber die Umwelt belasten. Da schon geringste Aussetzerraten die Emissionen erhöhen, müssen bereits einzelne Verbrennungsaussetzer erkannt werden. Bild 43 zeigt den Einfluss von Verbrennungsaussetzern auf die Emission von Kohlenwasserstoff (HC), Kohlenmonoxid (CO) und Stickoxiden (NO_X).

Verbrennungsaussetzer können über die Überwachung der Laufruhe detektiert werden. Tritt ein Verbrennungsaussetzer auf, fehlt dem Motor das normalerweise durch die Verbrennung erzeugte Drehmoment. Dies führt zu einer Verlangsamung der Drehbewegung. Bei hohen Drehzahlen und niederer Last beträgt die Verlängerung der Zeit von Zündung zu Zündung (Periodendauer) nur 0,2 %. Dies erfordert daher eine hochgenaue Überwachung der Drehbewegung und ein aufwändiges Rechenverfahren, um Verbrennungsaussetzer von Störgrößen unterscheiden zu können.

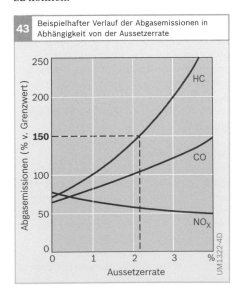

43 Beispielhafter Verlauf der Abgasemissionen in Abhängigkeit von der Aussetzerrate

Katalysator

Eine weitere Diagnosefunktion überwacht
den Katalysator auf seinen Wirkungsgrad.
Zu diesem Zweck ist zusätzlich zu der üblichen λ-Sonde vor dem Katalysator eine
λ-Sonde nach dem Katalysator vorhanden.
Ein funktionierender Katalysator besitzt
eine Speicherwirkung für Sauerstoff,
durch welche die Regelschwingungen der
λ-Regelung gedämpft werden. Bei einem
gealterten Katalysator lässt diese Eigenschaft nach, bis sich schließlich der Signalverlauf nach dem Katalysator dem Signalverlauf vor dem Katalysator angleicht.
Durch Vergleich der λ-Sondensignale kann
somit auf den Zustand des Katalysators geschlossen und im Fehlerfall dies über die
Diagnoselampe dem Fahrer gemeldet werden.

λ-Sonde

Zweipunkt-λ-Sonde

Um den Katalysator in seiner Funktion optimal ausnutzen zu können, muss sich das
Luft-Kraftstoff-Verhältnis sehr genau im
stöchiometrischen Punkt befinden. Dafür
sorgt die λ-Regelung über die Signale der
λ-Sonden. Diese Sonden werden deshalb
diagnostiziert.

Elektrische Plausibilität

Das von der Sonde abgegebene Signal wird
fortlaufend auf seine Plausibilität hin
überwacht. Treten unplausible Signale auf,
werden von der λ-Regelung abhängige andere Funktionen gesperrt und der entsprechende Fehlercode im Fehlerspeicher
abgelegt.

Dynamik der Sonde

Eine λ-Sonde, die über lange Zeit überhöh-
ten Temperaturen ausgesetzt ist, reagiert
unter Umständen langsamer auf Änderungen des Luft-Kraftstoff-Gemischs. Dadurch
vergrößert sich die Periodendauer des
Zweipunktreglers der λ-Regelung
(Bild 44). Eine Diagnosefunktion überwacht diese Regelfrequenz und meldet ein
zu langsames Verhalten der Sonde über

die Ansteuerung der Diagnoselampe an
den Fahrer.

Regellage

Dadurch, dass zwei λ-Sonden pro Abgas-
strang vorhanden sind (Zweisondenregelung), kann über die Sonde nach dem Katalysator die Sonde vor dem Katalysator
auf Verschiebung der Regellage hin überprüft werden.

Heizung

Der Heizwiderstand der λ-Sonde wird
durch Messung von Strom und Spannung
geprüft. Damit dies möglich ist, steuert die
Motronic den Heizwiderstand direkt, also
nicht über ein Relais, an.

Breitband-λ-Sonde

Mit der Breitband-λ-Sonde sind auch von
$\lambda = 1$ abweichende Vorgaben möglich. Da
sich die stetige λ-Regelung aus einem Regelkreis mit einer Breitbandsonde vor dem
Katalysator und einem überlagerten Regelkreis mit einer Zweipunktsonde hinter
dem Katalysator zusammensetzt, kann die
Funktionsfähigkeit der Breitbandsonde
mithilfe der Zweipunktsonde überprüft

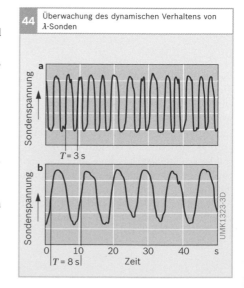

44 Überwachung des dynamischen Verhaltens von
λ-Sonden

Bild 44

a Neue Sonde

b gealterte Sonde

T Periodendauer

werden. Die Diagnose besteht aus folgenden Überprüfungen.

Elektrische Plausibilität

Im Gegensatz zur Zweipunktsonde kann bei der Breitbandsonde ein Spannungsbereich als plausibles Signal anliegen. Das Signal wird auf Einhalten des Bereichs zwischen unterer und oberer Grenze überprüft. Daneben wird das Signal mit dem Sondensignal der Zweipunktsonde hinter dem Katalysator verglichen und auf Plausibilität geprüft.

Dynamik der Sonde

Die Breitbandsonde wird durch Auswerten und Bewerten einer aufgeprägten Zwangsamplitude geprüft.

Kraftstoffversorgung

Länger anhaltende Abweichungen des Luft-Kraftstoff-Gemischs vom stöchiometrischen Verhältnis werden in Verbindung mit einer Gemischadaption berücksichtigt. Überschreiten diese Abweichungen vorher definierte Grenzen, befindet sich irgend ein Bauteil der Kraftstoffversorgung oder Kraftstoffzumessung außerhalb seines Spezifikationsbereichs. Beispiel hierfür kann ein fehlerhafter Druckregler, Füllungssensor oder auch nur eine Leckage im Saugrohr oder in der Abgasanlage sein.

Tanksystem

Nicht nur Emissionen aus der Abgasanlage beeinträchtigen die Umwelt, sondern auch aus der Tankanlage entweichende Kraftstoffdämpfe. Für den europäischen Markt beschränkt sich der Gesetzgeber noch auf eine relativ einfache Überprüfung der Funktion des Regenerierventils. In den USA wird aber schon lange gefordert, dass Lecks im Kraftstoffverdunstungs-Rückhaltesystem erkannt werden (Tankleckdiagnose).

Unterdruckverfahren

Das Unterdruckverfahren stellt ein Grundprinzip dieser Diagnose dar. Mit einem Absperrventil wird das Rückhaltesystem verschlossen und damit die Frischluftzufuhr zum Aktivkohlebehälter unterbunden (Bild 45). Dann wird vorzugsweise im Leerlauf das Regenerierventil geöffnet, wobei sich der Saugrohrdruck im gesamten Kraftstoffsystem fortpflanzt. Über einen Drucksensor im Kraftstoffbehälter

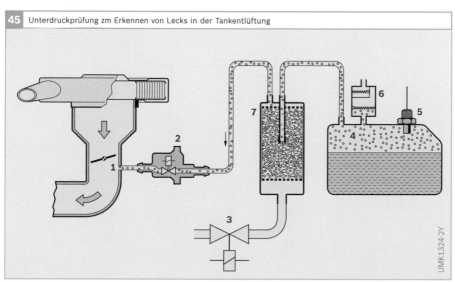

45 Unterdruckprüfung zm Erkennen von Lecks in der Tankentlüftung

UMK1324-2Y

Bild 45
1 Saugrohr
2 Regenerierventil
3 Absperrventil
4 Kraftstoffbehälter
5 Differenzdrucksensor
6 Schutzventil
7 Aktivkohlebehälter

wird der Druckverlauf beobachtet und daraus auf Lecks geschlossen.

Referenzleckverfahren
Ein weiteres Verfahren zur Tankleckdiagnose erzeugt mithilfe einer elektrischen Luftpumpe einen Überdruck im Kraftstoffbehälter (Bild 46) Anstelle der Druckmessung mit Drucksensor wird der Versorgungsstrom der Pumpe als Messgröße ausgewertet (Bild 47). Zunächst wird ein Referenzleck mit definiertem Durchlass des Regenerierventils zur Kalibrierung benutzt. Anschließend verbindet ein Umschaltventil die Pumpe mit dem Aktivkohlebehälter. Am Stromverlauf sind dann eventuell vorhandene Lecks im Kraftstoffsystem zu erkennen.

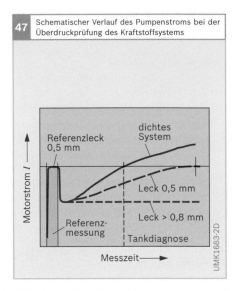

47 Schematischer Verlauf des Pumpenstroms bei der Überdruckprüfung des Kraftstoffsystems

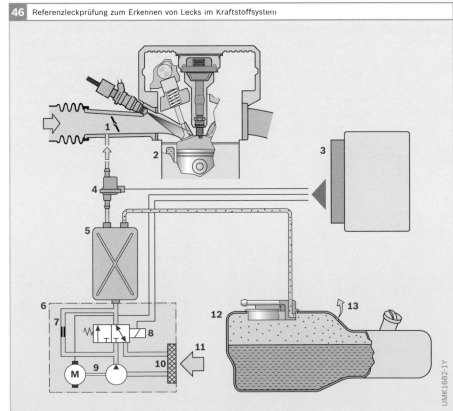

46 Referenzleckprüfung zum Erkennen von Lecks im Kraftstoffsystem

Bild 46
1 Drosselklappe
2 Motor
3 Motorsteuergerät
4 Regenerierventil
5 Aktivkohlebehälter
6 Diagnosemodul
7 Referenzleck
8 Umschaltventil
9 elektrische Luft-
 pumpe
10 Filter
11 Frischluft
12 Kraftstoffbehälter
13 Leck

Sekundärlufteinblasung
Die nach einem Kaltstart wirksame Sekundärlufteinblasung muss ebenfalls überwacht werden, da bei einem eventuellen Ausfall die Emissionen beeinflusst werden. Bei aktiver Sekundärlufteinblasung kann das Signal der λ-Sonden geprüft oder bei einer im Leerlauf aktiven Testfunktion der λ-Regler eingeschaltet und beobachtet werden.

Abgasrückführung
Mit der Abgasrückführung können die Stickoxidemissionen im Abgas reduziert werden. Deshalb muss die Funktionsfähigkeit des Abgasrückführsystems überwacht werden.

Beim Öffnen des Abgasrückführventils strömt ein Teil des Abgases in das Saugrohr (siehe Abgasrückführung). Die zusätzlich in das Saugrohr und damit in den Zylinder einströmende Restgasmasse beeinflusst zunächst den Saugrohrdruck und dann die Verbrennung. Zur Diagnose des Abgasrückführsystems kommen zwei Alternativen zum Einsatz.

Diagnose auf Basis Saugrohrdruck
Im Teillastbetrieb wird das Abgasrückführventil kurzzeitig geschlossen. Wird der über den Luftmassenmesser zuströmende Luftstrom konstant gehalten, so ändert sich der Saugrohrdruck. Dies ist allerdings nur mit einem EGAS-System möglich. Die Druckänderung im Saugrohr wird mit dem Saugrohrdrucksensor gemessen. Die Größe der Druckänderung gibt Auskunft über den Zustand des Abgasrückführsystems.

Diagnose auf Basis der Laufunruhe
Bei Systemen ohne Luftmassenmesser oder ohne zusätzlichen Saugrohrdrucksensor wird im Leerlauf das Abgasrückführventil leicht geöffnet. Die erhöhte Restgasmasse führt zu einer etwas höheren Laufunruhe des Motors, was wiederum die Laufunruheüberwachung des Systems bemerkt. Die Erhöhung der Laufunruhe wird dann ebenfalls zur Diagnose des Abgasrückführsystems benutzt.

Fehlerspeicher
Werden abgasrelevante Fehler erkannt, so erfolgt ein Eintrag in den nichtflüchtigen Fehlerspeicher. Außer den behördlich vorgeschriebenen Fehlercodes enthält jeder Eintrag einen „Freeze-Frame", der zusätzliche Informationen zu den Randbedingungen enthält, bei denen der Fehler aufgetreten ist (z. B. Motordrehzahl, Motortemperatur). Projektspezifisch werden auch kundendienstrelevante Fehler abgespeichert, die nicht von der OBD-Gesetzgebung gefordert sind.

Das Auslesen der Fehlereinträge kann mithilfe eines kundenspezifischen Werkstatttesters oder eines Motortesters von Bosch (Bild 48) durchgeführt werden, der an das Steuergerät angeschlossen wird. Dieses Hilfsmittel kann außerdem zur Messdatenerfassung (z. B. Messen der Motordrehzahl) eingesetzt werden.

Die OBD-Gesetzgebung erfordert eine Normung der Fehlerspeicherinformation gemäß Vorgabe der SAE (Society of Automotive Engineers). Dies ermöglicht das Auslesen des Fehlerspeichers über genormte, frei käufliche Tester (Scan-tools).

Notlauf
Häufig kann zwischen Auftreten eines Fehlers und Werkstattaufenthalt das Luft-Kraftstoff-Gemisch und die Zündung über Ersatzgrößen und Notlauffunktionen berechnet werden, sodass mit eingeschränktem Komfort weitergefahren werden kann. Bei einem erkannten Fehler eines Eingangszweigs berechnet das Steuergerät die fehlende Information auf der Basis eines Modells oder eines redundanten Sensorsignals.

Bei Ausfall eines ausgangsseitigen Aggregats werden abhängig vom Fehlerbild individuelle Notlaufmaßnahmen ergriffen. So wird z. B. bei einem Defekt im Zündkreis die Benzineinspritzung des betroffenen Zylinders abgeschaltet, um eine

Schädigung des Katalysators zu vermeiden.

Der EGAS-Drosselklappensteller hat eine Notlaufposition, in der die Drosselklappe durch Federkraft in ihrer Stellung gehalten wird. Die Motordrehzahl bleibt dann auf niedrige Werte beschränkt, sodass auch bei ME-Systemen trotz Ausfall dieses wichtigen Stellorgans eine eingeschränkte Fahrtauglichkeit gewährleistet bleibt.

Stellglieddiagnose

Viele Motronic-Funktionen (z. B. Abgasrückführung) arbeiten im Fahrbetrieb nur unter bestimmten Betriebsbedingungen. Im Fahrbetrieb ist es deshalb nicht möglich, in kurzer Zeit alle Aktoren (Stellglieder) zu aktivieren und deren Funktion zu überprüfen.

Die Stellglieddiagnose ist ein Sonderfall der Diagnose. Sie arbeitet nur bei stehendem Motor außerhalb des normalen Fahrbetriebs. Dieser Testmodus wird mit dem Motortester eingeleitet, damit in der Werkstatt die Funktion der Stellglieder

überprüft werden kann. Dabei werden nach Aufforderung der Reihe nach alle Stellglieder aktiviert. Die Funktionsfähigkeit kann dann z. B. akustisch überprüft werden.

Die Einspritzventile werden in diesem Modus nur mit kurzen Impulsen (< 1 ms) geschaltet. Nach dieser Zeit hat das Einspritzventil noch nicht vollständig geöffnet und es wird kein Kraftstoff eingespritzt. Trotzdem ist ein Geräusch deutlich zu hören.

48 Motortester von Bosch im Einsatz

Komponenten der Jetronic und Motronic

Einspritzsysteme für Ottomotoren haben im Laufe der Jahrzehnte einen Entwicklungsprozess durchlaufen. Es entstanden ganz unterschiedliche Systeme, und die Systeme wurden in sich immer weiterentwickelt. Diese Steuerungssysteme sind komplex und enthalten eine Vielzahl von Komponenten. Viele dieser Komponenten sind in den unterschiedlichen Steuerungssystemen zu finden.

Um Dopplungen in den Beschreibungen der verschiedenen Steuerungssysteme zu vermeiden, sind diese Komponenten hier in einem separaten Abschnitt beschrieben. Welche Komponenten in den jeweiligen Systemen eingesetzt werden, wird aus dem Anlagenschema, das jeweils einen Systemüberblick gibt, ersichtlich.

Kraftstoffversorgung

Die Jetronic-Benzineinspritzsysteme und die Motronic-Systeme spritzen den Kraftstoff – außer bei der Benzin-Direkteinspritzung – über Einspritzventile in das Saugrohr. Der Kraftstoff muss dafür mit einem bestimmten Druck bereitgestellt werden. Für den Druckaufbau kommt hierzu eine Elektrokraftstoffpumpe zum Einsatz. Um das Einspritzsystem zu schützen, müssen Verunreinigungen im Kraftstoff mit einem Kraftstofffilter herausgefiltert werden. Für den definierten Einspritzdruck sorgt ein Kraftstoffdruckregler. Die Einspritzventile sind am Kraftstoffverteilerrohr montiert (Bild 1).

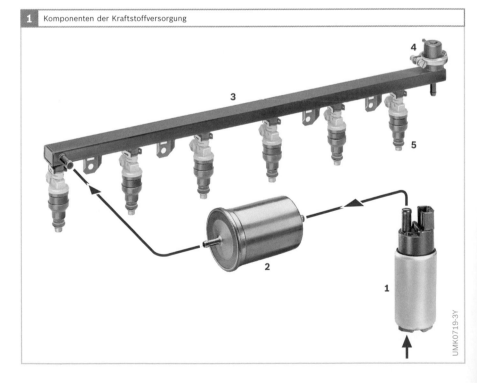

1   Komponenten der Kraftstoffversorgung

UMK0719-3Y

Bild 1

1   Elektrokraftstoffpumpe
2   Kraftstofffilter
3   Kraftstoffverteilerrohr
4   Kraftstoffdruckregler
5   Einspritzventile

Elektrokraftstoffpumpe

Die Elektrokraftstoffpumpe fördert den Kraftstoff kontinuierlich aus dem Kraftstoffbehälter über ein Kraftstofffilter zum Einspritzsystem. Um unter allen Betriebsbedingungen den erforderlichen Kraftstoffbedarf aufrecht zu erhalten, ist die Fördermenge größer als der maximale Kraftstoffbedarf des Motors. Überschüssiger Kraftstoff wird in den Kraftstoffbehälter zurück geleitet.

Pumpenvarianten
Die Elektrokraftstoffpumpe besteht aus dem permanent erregten Elektromotor und dem Pumpenteil. Beide Teile befinden sich in einem gemeinsamen Gehäuse (Bild 2). Sie werden ständig von Kraftstoff umströmt und damit fortwährend gekühlt. Dadurch lässt sich eine hohe Motorleistung ohne aufwändige Dichtelemente

zwischen Pumpenteil und Elektromotor erzielen. Explosionsgefahr besteht nicht, da sich im Elektromotor kein zündfähiges Gemisch bilden kann.

Der Anschlussdeckel enthält die elektrischen Anschlüsse, das Rückschlagventil und den druckseitigen hydraulischen Anschluss. Das Rückschlagventil hält den Systemdruck nach Abschalten der Elektrokraftstoffpumpe noch einige Zeit aufrecht, um Dampfblasenbildung bei erhöhten Kraftstofftemperaturen zu verhindern. Zusätzlich können im Anschlussdeckel Entstörmittel für die Funkentstörung integriert sein.

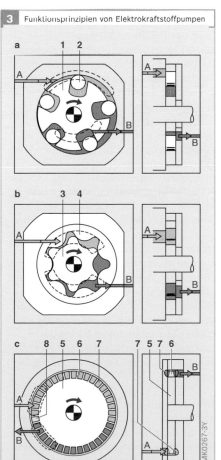

2 Aufbau einer Elektrokraftstoffpumpe mit Rollenzellenpumpe

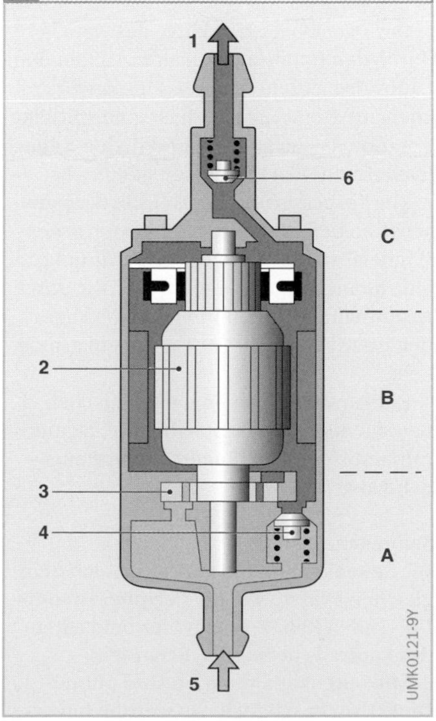

3 Funktionsprinzipien von Elektrokraftstoffpumpen

Bild 2
A Pumpenelement
B Elektromotor
C Anschlussdeckel
1 Druckseite
2 Motoranker
3 Pumpenelement
4 Druckbegrenzer
5 Saugseite
6 Rückschlagventil

Bild 3
a Rollenzellenpumpe
b Innenzahnradpumpe
c Peripheralpumpe

1 Läuferscheibe (exzentrisch)
2 Rolle
3 inneres Antriebsrad
4 Außenläufer (exzentrisch)
5 Laufrad
6 Laufradschaufeln
7 Kanal (peripher)
8 Entgasungsbohrung
A Saugöffnung
B Auslass

Verdrängerpumpen

In einer Verdrängerpumpe wird Kraftstoff angesaugt und in einem abgeschlossenen Raum durch die Rotation des Pumpenelements komprimiert und zur Hochdruckseite transportiert.

Je nach Detailausführung und Einbausituation können die unvermeidlichen Druckpulsationen Geräusche verursachen.

Rollenzellenpumpe

Die Rollenzellenpumpe (Bild 3a) besteht aus einer zylindrischen Kammer, in der eine exzentrisch angebrachte Läuferscheibe rotiert. Am Umfang der Läuferscheibe sind nutförmige Aussparungen eingelassen, in denen die Rollen lose geführt werden. Die Zentrifugalkraft, die sich aus der Rotation der Läuferscheibe entfaltet, presst die Rollen nach außen gegen das Pumpengehäuse und gegen die treibenden Flanken der Nuten. Die Rollen wirken als umlaufende Dichtung.

Die Pumpwirkung kommt dadurch zustande, dass sich nach Abschließen der Zulauföffnung das Kammervolumen kontinuierlich verkleinert, bis der Kraftstoff die Pumpe durch die Auslassöffnung verlässt.

Die Rollenzellenpumpe kommt in der D-, in der K-, in der KE- und in den verschiedenen L-Jetronic-Systemen zum Einsatz.

Innenzahnradpumpe

Die Innenzahnradpumpe (Bild 3b) besteht aus einem inneren Antriebsrad, das einen exzentrisch angeordneten Außenläufer kämmt. Dieser zählt einen Zahn mehr als das Antriebsrad. Die gegeneinander abdichtenden Zahnflanken bilden bei der Drehung in ihren Zwischenräumen variable Kammern, die für die Pumpwirkung sorgen.

Strömungspumpen

Zur Gruppe der Strömungspumpen gehören die Peripheralpumpe und die Seitenkanalpumpe. Bei diesem Pumpenprinzip werden die Kraftstoffteilchen von einem Laufrad beschleunigt und in einen Kanal geschleudert, wo sie durch Impulaustausch mit den Laufradschaufeln Druck erzeugen.

Strömungspumpen sind geräuscharm, da der Druckaufbau kontinuierlich und nahezu pulsationsfrei erfolgt. Der Wirkungsgrad ist gegenüber Verdrängerpumpen geringer, die Konstruktion aber deutlich vereinfacht.

Peripheralpumpe

Ein mit zahlreichen Schaufeln im Bereich des Umfangs versehenes Laufrad der Peripheralpumpe (Bild 3c) dreht sich in einer aus zwei feststehenden Gehäuseteilen bestehenden Kammer. Diese Gehäuseteile weisen im Bereich der Laufradschaufeln jeweils einen Kanal auf. Bei der Peripheralpumpe umgibt der Kanal die Laufradschaufeln am gesamten Umfang (peripheral). Die Kanäle beginnen in Höhe der Saugöffnung und enden dort, wo der Kraftstoff das Pumpenelement mit Systemdruck verlässt.

Der Druck baut sich längs des Kanals durch den Impulsaustausch zwischen den Laufradschaufeln und den Flüssigkeitsteilchen auf. Die Folge davon ist eine spiralige Rotation des im Laufrad und in den Kanälen befindlichen Flüssigkeitsvolumens.

Zur Verbesserung der Heißfördereigenschaften befindet sich in einem gewissen Winkelabstand von der Ansaugöffnung eine kleine Entgasungsbohrung, die unter Inkaufnahme einer minimalen Leckage den Austritt eventueller Gasblasen ermöglicht.

Für Anwendungen in elektronischen Benzineinspritzsystemen hat die Peripheralpumpe die Verdrängerpumpe weitgehend abgelöst.

Seitenkanalpumpe

Die Seitenkanalpumpe arbeitet nach dem gleichen Prinzip wie die Peripheralpumpe. Die beiden Kanäle liegen hier beidseitig des Laufrads neben den Schaufeln.

Mit Seitenkanalpumpen sind nur geringe Drücke möglich. Sie werden bevorzugt als Vorförderpumpe bei Systemen mit Inline-Pumpe und als Vorstufe bei zweistufigen Intank-Pumpen in Fahrzeugen mit Heißstartproblemen eingesetzt sowie bei Systemen mit Zentraleinspritzung.

Zweistufige Strömungspumpe
Die zweistufige Strömungspumpe besteht aus einer Seitenkanalpumpe als Vorstufe und einer Peripheralpumpe als Hauptstufe (Bild 4). Beide Pumpen sind in einem Laufrad integriert. Bei der Vorstufe ist dem inneren Schaufelkranz im Laufrad beidseitig im Pumpengehäuse und im Ansaugdeckel ein Seitenkanal zugeordnet. Der Kraftstoff, durch den Schaufelkranz des rotierenden Laufrades beschleunigt, setzt in den Seitenkanälen seine Geschwindigkeit in Druckenergie um. Am Ende des Seitenkanals wird der Kraftstoff in die (in radialer Richtung gesehen) weiter nach außen liegende Hauptstufe geleitet. In dem Überströmkanal zwischen Vor- und Hauptstufe ist an der Saugdeckelseite eine Entgasungsöffnung angebracht, über die ständig Kraftstoff und eventuell mitgeführte Dampfblasen in den Kraftstoffbehälter zurückgeführt werden.

Das Funktionsprinzip der Hauptstufe ist identisch mit dem der Vorstufe. Der wesentliche Unterschied liegt in der Gestaltung des Laufrades und in der Form des Kanals, der den Schaufelkranz seitlich und am gesamten Umfang unschließt (Peripheralprinzip). Am Ende des Peripheralkanals ist eine Einrichtung zum raschen Entlüften der Hauptstufe vorgesehen. Dies geschieht durch ein als Entlüftungsventil wirkendes Membranblättchen, das eine Öffnung im Saugdeckel verschließt. Bei geschlossenem Entlüftungsventil wird der Kraftstoff in den Motorraum der Pumpe gedrückt und strömt schließlich über das Rückschlagventil in die Kraftstoffvorlaufleitung.

Bei hohen Kraftstofftemperaturen zeichnet sich die beschriebene Kraftstoffpumpe durch eine gute Fördercharakteristik und ein hervorragendes Geräuschverhalten aus, da die im Kraftstoff mitgeführten Dampfblasen bereits in der Pumpe ausgeschieden werden.

Einbauvarianten
Elektrokraftstoffpumpen gibt es als Leitungs- und als Tankeinbauversion.

Inline-Pumpen
Leitungseinbaupumpen befinden sich außerhalb des Kraftstoffbehälters in der Kraftstoffleitung (Inline-Pumpe) zwischen Kraftstoffbehälter und Kraftstofffilter an der Bodengruppe des Fahrzeugs. Bei Inline-Pumpen kann zur Vermeidung von Heißförderproblemen eine Vorförderpumpe montiert werden, die den Kraftstoff

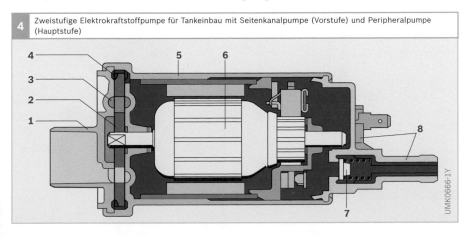

4 Zweistufige Elektrokraftstoffpumpe für Tankeinbau mit Seitenkanalpumpe (Vorstufe) und Peripheralpumpe (Hauptstufe)

UMK0666-1Y

Bild 4
1 Ansaugdeckel mit Sauganschluss
2 Laufrad
3 Vorstufe (Seitenkanalpumpe)
4 Hauptstufe (Peripheralpumpe)
5 Pumpengehäuse
6 Anker
7 Rückschlagventil
8 Anschlussdeckel mit Druckanschluss

mit geringem Druck zur Hauptpumpe fördert.

Intank-Pumpen
Tankeinbaupumpen befinden sich im Kraftstoffbehälter (Intank-Pumpe) in einer speziellen Halterung, die üblicherweise zusätzlich ein saugseitiges Kraftstofffilter, eine Füllstandsanzeige, einen Dralltopf zur Abscheidung von Dampfblasen aus dem Kraftstoffrücklauf sowie elektrische und hydraulische Anschlüsse nach außen enthält (Tankeinbaueinheit, Bild 5).

Sicherheitsschaltung
Beim Einschalten der Zündung läuft die Elektrokraftstoffpumpe für ca. 1 Sekunde, um Druck im Kraftstoffsystem aufzubauen. Beim Starten läuft die Pumpe, solange der Zünd-Start-Schalter betätigt wird. Ist der Motor angesprungen, bleibt die Pumpe eingeschaltet. Eine Sicherheitsschaltung vermeidet das Fördern von Kraftstoff bei eingeschalteter Zündung und stehendem Motor, z. B. nach einem Unfall.

Kraftstofffilter
Verunreinigungen im Kraftstoff können die Funktion von Einspritzventilen und Kraftstoffdruckregler beeinträchtigen. Der

Kraftstoffpumpe ist deshalb ein Kraftstofffilter nachgeschaltet. Dieses enthält einen Papiereinsatz mit einer mittleren Porengröße von 10 µm, dahinter ein Sieb, das eventuell losgelöste Papierteilchen zurück hält (Bild 6a). Die auf dem Filter angegebene Durchflussrichtung muss unbedingt eingehalten werden. Eine Stützplatte fixiert das Filterelement im Gehäuse.

Eine andere Ausführung des Kraftstofffilters besteht aus einem Papierwickel mit einem angespritzten Dichtwulst (Bild 6b). Zur vollständigen Trennung der Schmutzseite von der Reinseite des Filtereinsatzes ist der Dichtwulst mit dem Gehäuse verschweißt. Der Papierwickel wird axial über einen Verschlussstopfen des Wickelkörpers sowie durch Stützrippen im Filterdeckel fixiert.

Das Filtergehäuse besteht aus Stahl, Aluminium oder aus schlagzähem Kunststoff.

Das in der Kraftstoffleitung eingesetzte Kraftstofffilter wird als Ganzes ausgewechselt. Die Standzeit ist von der Verschmutzung des Kraftstoffs abhängig und beträgt je nach Filtervolumen 30 000 bis zu 80 000 km. Die in der Tankeinbaueinheit

Bild 5
1 Elektrokraftstoffpumpe
2 Gummischlauch
3 Gummimanschette
4 Kunststoffgehäuse
5 Dralltopf
6 saugseitiges Kraftstofffilter

Bild 6
a Ausführung mit Stützplatte
b Ausführung mit Dichtwulst (Einsatz z. B. in der Mono-Jetronic)

1 Filtergehäuse
2 Wickelkörper
3 Papiereinsatz (Papierwickel)
4 Sieb
5 Stützplatte
6 Stützrippen
7 Verschlussstopfen
8 Dichtwulst
9 Filterdeckel

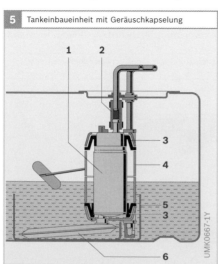

5 Tankeinbaueinheit mit Geräuschkapselung

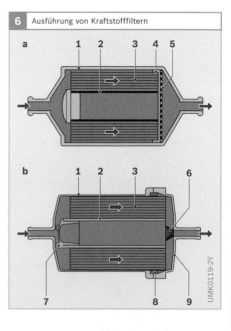

6 Ausführung von Kraftstofffiltern

eingesetzten Intank-Filter werden als Lifetime-Filter ausgelegt, sie müssen während der Lebensdauer des Fahrzeugs nicht gewechselt werden.

Kraftstoffverteilerrohr

Die Elektrokraftstoffpumpe fördert den Kraftstoff unter Druck zum Kraftstoffverteilerrohr, an dem die Einspritzventile angeschlossen sind (Bild 1). Das Kraftstoffverteilerrohr hat eine Speicherfunktion. Sein Volumen ist gegenüber der pro Arbeitszyklus des Motors eingespritzten Kraftstoffmenge groß genug, um Druckschwankungen zu verhindern. Die Einspritzventile stehen dadurch alle unter gleichem Kraftstoffdruck.

Das Kraftstoffverteilerrohr ermöglicht zudem eine unkomplizierte Montage der Einspritzventile.

Kraftstoffdruckregler

Der Kraftstoffdruckregler hat die Aufgabe, den Kraftstoffdruck einzustellen. Für die K-Jetronic ist der Kraftstoffdruckregler am Einspritzsystem angebaut (siehe K-Jetronic). Bei der Mono-Jetronic ist er im Hydraulikteil des Einspritzaggregats integriert (siehe Mono-Jetronic). Bei den elektronischen Einzeleinspritzsystemen (D-Jetronic, L-Jetronic, Motronic) sitzt er als eigenständige Komponente am Kraftstoffverteilerrohr. Die folgende Beschreibung gilt für diese Variante. Bei der Motronic mit rücklauffreiem Kraftstoffsystem sitzt der Kraftstoffdruckregler in der Tankeinbaueinheit.

Der Kraftstoffdruckregler ist ein membrangesteuerter Überströmregler, der den Kraftstoffdruck je nach Anlage auf 2,0...2,2 bar (D-Jetronic), 2,5 bar oder 3 bar regelt. Er besteht aus einem Metallgehäuse, das durch eine eingebördelte Membran in zwei Räume geteilt ist – in eine Federkammer zur Aufnahme der die Membran belastenden vorgespannten Schraubenfeder (Druckfeder) und in die Kammer für den Kraftstoff (Bild 7). Bei Überschreiten des eingestellten Drucks gibt ein von der Membran betätigtes Ventil die Öffnung für die Rücklaufleitung frei, wodurch der überschüssige Kraftstoff drucklos zum Kraftstoffbehälter zurückfließen kann.

Der Systemdruck ist bei der D-Jetronic über eine Einstellschraube einstellbar (Bild 7a), er beträgt 2,0...2,2 bar. Bei der L-Jetronic ist der Systemdruck je nach Motortyp werksseitig fest auf 2,5 bar oder auf 3,0 bar eingestellt. Bei diesem Druckregler ist der Systemdruck unabhängig vom Saugrohrdruck.

Bei den Weiterentwicklungen des Druckreglers ist die Federkammer über

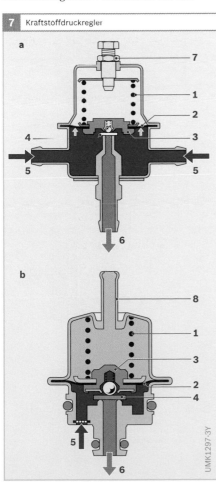

7 Kraftstoffdruckregler

a

b

UMK1297-3Y

Bild 7
a Ausführung mit Einstellschraube
b Ausführung für Saugrohranschluss

1 Druckfeder
2 Membran
3 Ventilträger
4 Ventil
5 Kraftstoffzulauf
6 Kraftstoffrücklauf
7 Einstellschraube
8 Saugrohranschluss

eine Leitung mit dem Sammelsaugrohr des Motors hinter der Drosselklappe verbunden (Bild 7b). Dies bewirkt, dass der Druck im Kraftstoffsystem vom absoluten Druck im Saugrohr abhängt, der Druckabfall über die Einspritzventile also bei jeder Drosselklappenstellung gleich ist. Die über die Einspritzventile in einer bestimmten Zeit zugemessene Einspritzmenge ist somit unabhängig vom Saugrohrdruck.

Kraftstoffdruckdämpfer

Das Takten der Einspritzventile und das periodische Ausschieben von Kraftstoff bei Elektrokraftstoffpumpen nach dem Verdrängerprinzip führt zu Schwingungen des Kraftstoffdrucks. Diese können sich unter Umständen über die Befestigungselemente von Elektrokraftstoffpumpe, Kraftstoffleitungen und Kraftstoffverteilerrohr auf den Kraftstoffbehälter und die Karosserie des Fahrzeugs übertragen. Dadurch verursachte Geräusche können durch gezielte Gestaltung des Befestigungselemente und spezielle Kraftstoffdruckdämpfer vermieden werden.

Der Kraftstoffdruckdämpfer (Bild 8) ist ähnlich aufgebaut wie der Kraftstoffdruckregler. Wie bei diesem trennt eine federbelastete Membran den Kraftstoff- und den Luftraum. Die Federkraft ist so dimensioniert, dass die Membran von ihrem Sitz abhebt, sobald der Kraftstoffdruck seinen

Bild 9
a Leer
b gefüllt

1 Federkammer
2 Feder
3 Anschlag
4 Membran
5 Speichervolumen
6 Umlenkblech
7 Kraftstoffzufluss
8 Kraftstoffabfluss

Bild 8
1 Feder
2 Federteller
3 Membran
4 Kraftstoffzulauf
5 Kraftstoffrücklauf

Bild 10
a Leer
b gefüllt

1 Federkammer
2 Feder
3 Anschlag
4 Membran
5 Speichervolumen
6 Kraftstoffzufluss
   beziehungsweise
   Kraftstoffabfluss
7 Verbindung zur
   Atmosphäre

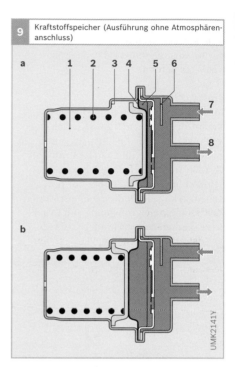

9 Kraftstoffspeicher (Ausführung ohne Atmosphärenanschluss)

UMK2141Y

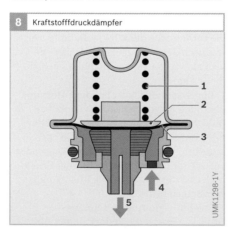

8 Kraftstofffdruckdämpfer

UMK1298-1Y

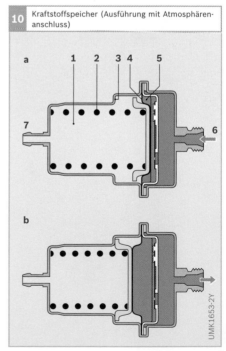

10 Kraftstoffspeicher (Ausführung mit Atmosphärenanschluss)

UMK1653-2Y

Arbeitsbereich erreicht. Der dadurch variable Kraftstoffraum kann bei Druckspitzen Kraftstoff aufnehmen und bei Drucksenken wieder abgeben. Um bei saugrohrdruckbedingter Schwankung des Kraftstoffdrucks stets im optimalen Betriebsbereich zu arbeiten, kann die Federkammer mit einem Saugrohranschluss versehen sein.

Der Kraftstoffdruckdämpfer kann am Kraftstoffverteilerrohr oder in der Kraftstoffleitung sitzen.

Kraftstoffspeicher
Der für die K- und KE-Jetronic eingesetzte Kraftstoffspeicher hält nach Abstellen des Motors für eine gewisse Zeit den Druck im Kraftstoffversorgungssystem, um das erneute Starten, besonders des heißen Motors, zu erleichtern. Die Bauweise des Speichergehäuses (Bild 9, Bild 10) wirkt dämpfend auf das Kraftstoffpumpengeräusch.

Der Innenraum des Kraftstoffspeichers ist durch eine Membran in zwei Kammern unterteilt. Eine Kammer dient als Speicher für den Kraftstoff, die andere Kammer mit einer Feder bildet ein Ausgleichsvolumen. Bei der in Bild 10 dargestellten Ausführung steht das Ausgleichsvolumen über einen Entlüftungsanschluss mit der Atmosphäre oder mit dem Kraftstoffbehälter in Verbindung. Diese Ausführung hat einen gemeinsamen Zu- und Ablauf für den Kraftstoff.

Während des Betriebs ist die Speicherkammer mit Kraftstoff gefüllt. Die Membran wölbt sich dabei gegen den Druck der Feder bis zum Anschlag in den Federraum. In dieser Stellung, die dem größten Speichervolumen entspricht, verbleibt die Membran, solange der Motor läuft.

Kraftstoffverdunstungs-Rückhaltesystem
Um die Emission der umweltbelastenden Kohlenwasserstoffverbindungen weiter zu reduzieren, bestehen gesetzliche Vorschriften, die es verbieten, die im Kraftstoffbehälter entstehenden Kraftstoffdämpfe in die Umgebung abzuführen.

Aufbau
Zur Erfüllung dieser Forderung müssen Fahrzeuge mit einem Kraftstoffverdunstungs-Rückhaltesystem ausgerüstet sein, bei dem der Kraftstoffbehälter mit einem Aktivkohlebehälter in Verbindung steht (Bild 11). Die Aktivkohle hat die Eigenschaft, den im Kraftstoffdampf enthalte-

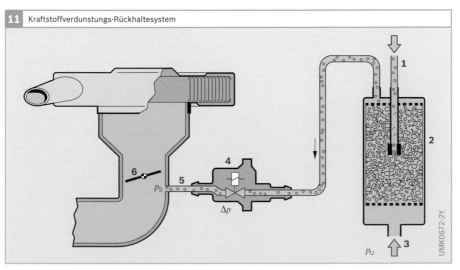

11 Kraftstoffverdunstungs-Rückhaltesystem

Bild 11
1 Leitung vom Kraftstoffbehälter zum Aktivkohlebehälter
2 Aktivkohlebehälter
3 Frischluft
4 Regenerierventil
5 Leitung zum Saugrohr
6 Drosselklappe
p_S Saugrohrdruck
p_U Umgebungsdruck
Δp Differenz zwischen Saugrohr- und Umgebungsdruck

nen Kraftstoff zu absorbieren. Zur Weiterleitung des in der Aktivkohle gebundenen Kraftstoffs saugt der Motor Frischluft durch den Aktivkohlebehälter, wobei die Luft den Kraftstoff wieder aufnimmt. Die mit Kohlenwasserstoffen angereicherte Luft wird über das Saugrohr den Zylindern zur Verbrennung zugeführt. Zur exakten Dosierung des Kraftstoffdampfstroms steuert das Steuergerät ein Regenerierventil an.

Aktivkohlebehälter
Der Aktivkohlebehälter ist so dimensioniert, dass sich im Mittel ein Gleichgewicht zwischen der absorbierten (aufgenommenen) und der desorbierten (abgegebenen) Kraftstoffmenge einstellt. Das heißt: Um mit einem möglichst kleinen Aktivkohlebehälter auszukommen, wird bei allen Betriebszuständen (von Leerlauf bis Vollast) mit dem größtmöglichen Luftdurchsatz regeneriert.

Die Höhe des Regeneriergasstroms ist in erster Linie von der Differenz zwischen Saugrohrdruck und Umgebungsdruck vorgegeben. Im Leerlauf besteht eine große Druckdifferenz, sodass zur Vermeidung von Fahrverhaltensproblemen nur ein geringer Regeneriergasstrom zulässig ist.

Bei höherer Motorlast sind die Verhältnisse gerade umgekehrt, weil hier der Regeneriergasstrom zwar recht hoch sein darf, die verfügbare Druckdifferenz jedoch gering ist.

Regenerierventil
Das Gehäuse des Regenerierventils aus schlagzähem Kunststoff besitzt zwei Schlauchanschlüsse zur Verbindung mit dem Aktivkohlebehälter und dem Saugrohr (Bild 12). In angesteuertem Zustand zieht die Spule (Magnetwicklung) den Magnetanker an, wobei das Dichtelement (Gummidichtung) des Magnetankers auf dem Dichtsitz anliegt und den Auslass des Regenerierventils schließt.

Der Magnetanker ist auf einer einseitig fest eingespannten dünnen Blattfeder befestigt, die bei stromloser Spule den Magnetanker mit dem Dichtelement vom Dichtsitz abhebt und den Durchflussquerschnitt freigibt. Bei steigendem Differenzdruck zwischen Ein- und Auslass des Regenerierventils lenkt die Blattfeder aufgrund der auf sie einwirkenden Kräfte in Strömungsrichtung aus, wodurch sich das Dichtelement dem Dichtsitz nähert und so den wirksamen Durchflussquerschnitt verkleinert. Die Durchflusscharakteristik des Regenerierventils ermöglicht daher bei relativ kleinen Differenzdrücken (volllastnaher Betrieb) einen großen Regenerierstrom und bei großen Druckdifferenzen (Leerlaufbetrieb) einen geringen Regenerierstrom. Bei getaktetem Betrieb lassen sich durch Erhöhen des Tastverhältnisses die Durchflusswerte weiter senken.

Ein Rückschlagventil im Einlassbereich des Regenerierventils verhindert, dass bei abgestelltem Motor Kraftstoffdämpfe aus dem Aktivkohlebehälter in das Saugrohr gelangen können.

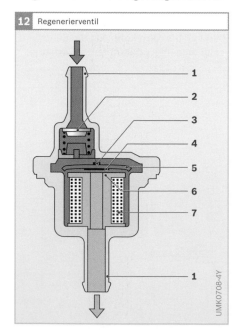

12 Regenerierventil

1
2
3
4
5
6
7

1

UMK0708-4Y

Bild 12
1 Schlauchanschluss
2 Rückschlagventil
3 Blattfeder
4 Dichtelement
5 Magnetanker
6 Dichtsitz
7 Magnetwicklung

Einspritzventile

Einspritzventil für hydraulisch-mechanische Einzeleinspritzung

Aufbau und Arbeitsweise
Wesentlicher Bestandteil des Einspritzventils für die hydraulisch-mechanischen Einzeleinspritzsysteme K- und KE-Jetronic (Bild 13) ist die Ventilnadel. In der Ruhestellung (bei abgestelltem Motor) drückt die Ventilfeder die Ventilnadel fest in den Ventilsitz, sodass das Ventil dicht schließt. Es öffnet selbsttätig, sobald der Öffnungsdruck von z. B. 3,3 bar überschritten wird. Der Öffnungsdruck ist durch die Ventilfeder festgelegt. Die Ventilnadel hebt vom Ventilsitz ab, der Kraftstoff wird kontinuierlich eingespritzt. Das Einspritzventil hat keine Zumessfunktion, die eingespritzte Kraftstoffmenge bestimmt der Kraftstoffmengenteiler (siehe K-Jetronic).

Beim Einspritzen schwingt („schnarrt") die Ventilnadel schwach hörbar mit hoher Frequenz. Diese Schwingbewegungen bewirken eine gute Zerstäubung des Kraftstoffs selbst bei kleinsten Einspritzmengen.

Nach dem Abstellen des Motors schließt das Einspritzventil dicht ab, wenn der Druck im Kraftstoffsystem unter den Öffnungsdruck der Einspritzventile gesunken ist. Dadurch kann nach dem Abstellen des Motors kein Kraftstoff mehr in die Ansaugstutzen nachtropfen.

Einspritzventil für elektronische Einzeleinspritzung

Aufgabe
Die Einspritzventile der D- und der L-Jetronic sowie der Motronic spritzen den Kraftstoff intermittierend in die Einzelsaugrohre der Zylinder vor die Einlassventile des Motors. Sie dienen sowohl der Dosierung als auch der Zerstäubung des Kraftstoffs und erlauben somit eine genau an den Bedarf des Motors angepasste Kraftstoffmenge zuzumessen. Sie werden über Endstufen, die im Steuergerät integriert sind, durch elektrische Impulse angesteuert.

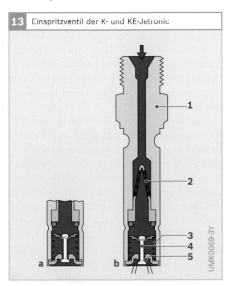

13 Einspritzventil der K- und KE-Jetronic

UMK0069-3Y

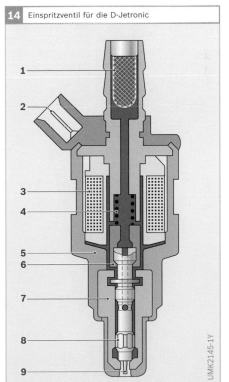

14 Einspritzventil für die D-Jetronic

UMK2145-1Y

Bild 13
a In Ruhestellung
b in Betriebsstellung

1 Ventilgehäuse
2 Filter
3 Ventilfeder
4 Ventilnadel
5 Ventilsitz

Bild 14
1 Filtersieb im Kraftstoffzulauf
2 elektrischer Anschluss
3 Magnetwicklung
4 Ventilfeder
5 Ventilgehäuse
6 Magnetanker
7 Ventilkörper
8 Ventilnadel
9 Spritzzapfen

Aufbau und Arbeitsweise

Einspritzventile für D- und L-Jetronic

Die Einspritzventile für die D- und die L-Jetronic sind ähnlich aufgebaut. Bild 14 zeigt das Einspritzventil der D-Jetronic, Bild 15 das Einspritzventil der L-Jetronic.

Das Einspritzventil besteht aus dem Ventilkörper und der Ventilnadel mit aufgesetztem Magnetanker. Der Ventilkörper enthält die Magnetwicklung und die Führung für die Ventilnadel. Bei stromloser Magnetwicklung wird die Ventilnadel durch die Ventilfeder (Schließfeder) auf ihren Dichtsitz am Ventilauslass gedrückt. Wird der Magnet erregt, so hebt die Ventilnadel um etwa 0,10 mm (L-Jetronic) beziehungsweise 0,15 mm (D-Jetronic) vom Sitz ab und der Kraftstoff kann durch einen

kalibrierten Ringspalt austreten. Das vordere Ende der Ventilnadel enthält zur Zerstäubung des Kraftstoffs einen Spritzzapfen mit Anschliff. Anzugs- und Abfallzeit des Ventils liegen im Bereich von 1...1,5 ms.

Um eine gute Kraftstoffverteilung bei geringen Kondensationsverlusten zu erreichen, muss eine Benetzung der Saugrohrwandung möglichst vermieden werden. Ein bestimmter Spritzwinkel in Verbindung mit einem bestimmten Abstand des Einspritzventils vom Einlassventil muss deshalb motorspezifisch eingehalten werden.

Der Einbau der Einspritzventile erfolgt über spezielle Halterungen, die Lagerung der Einspritzventile in den Halterungen erfolgt in Gummiformteilen. Die dadurch erreichte Wärmeisolation verhindert Dampfblasenbildung und gewährleistet ein gutes Heißstartverhalten. Außerdem schützt die Gummihalterung vor zu hoher Schüttelbeanspruchung.

Einspritzventile für Motronic

Die ersten Motronic-Systeme basierten auf dem Einspritzsystem der L-Jetronic. Im Laufe der Zeit wurden die Einspritzventile für die Motronic weiterentwickelt und den wachsenden Anforderungen hinsichtlich Technik, Qualität, Zuverlässigkeit und Gewicht angepasst. Bild 16 zeigt ein Beispiel für diese Einspritzventile. Das Funktionsprinzip dieses Einspritzventils hat sich bis zu den aktuell eingesetzten Einspritzventile nicht geändert.

Das elektromagnetische Einspritzventil für Motronic-Systeme besteht im Wesentlichen aus dem Ventilgehäuse mit den elektrischen und hydraulischen Anschlüssen, der Spule des Elektromagneten (Magnetwicklung), der beweglichen Ventilnadel mit Magnetanker und Ventilkugel, dem Ventilsitz mit der Spritzlochscheibe sowie der Ventilfeder. Um einen störungsfreien Betrieb zu gewährleisten, ist das Einspritzventil aus korrosionsbeständigem Stahl gefertigt. Ein Filtersieb im Kraftstoffzulauf

15 Einspritzventil der L-Jetronic in Top-feed-Ausführung

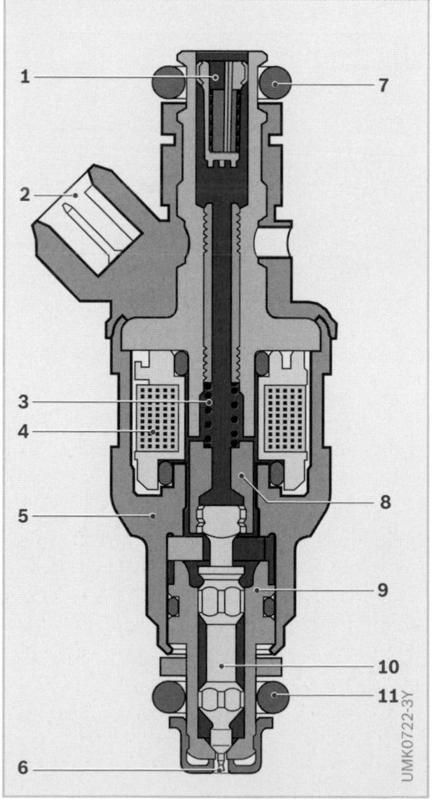

Bild 15

1 Filtersieb im Kraftstoffzulauf
2 elektrischer Anschluss
3 Ventilfeder (Schließfeder)
4 Magnetwicklung
5 Ventilgehäuse
6 Spritzzapfen
7 oberer Dichtring
8 Magnetanker
9 Ventilkörper
10 Ventilnadel
11 unterer Dichtring

schützt das Einspritzventil vor Verschmutzung.

Die Kraftstoffleitung ist mit einer Klemm-/Spannvorrichtung am hydraulischen Anschluss befestigt. Halteklemmen sorgen für eine zuverlässige Fixierung. Der Dichtring (O-Ring) am hydraulischen Anschluss dichtet das Einspritzventil gegen das Kraftstoffverteilerrohr ab. Der elektrische Anschluss ist mit dem Steuergerät verbunden.

Bei stromloser Spule drücken die Ventilfeder und die aus dem Kraftstoffdruck resultierende Kraft die Ventilnadel mit der Ventilkugel in den kegelförmigen Ventilsitz. Hierdurch wird das Kraftstoffversorgungssystem gegen das Saugrohr abgedichtet. Wird die Spule bestromt, entsteht ein Magnetfeld, das den Magnetanker der Ventilnadel anzieht. Die Ventilkugel hebt vom Ventilsitz ab und der Kraftstoff wird eingespritzt. Nach dem Abschalten des Erregerstroms schließt die Ventilnadel wieder durch Federkraft.

Die Zerstäubung des Kraftstoffs geschieht mit einer Spritzlochscheibe, die ein oder mehrere Löcher aufweist. Mit den gestanzten Spritzlöchern wird eine hohe Konstanz der abgespritzten Kraftstoffmenge erzielt. Die Spritzlochscheibe ist auch unempfindlich gegenüber Kraftstoffablagerungen. Das Strahlbild des austretenden Kraftstoffs ergibt sich durch die Anordnung und die Anzahl der Spritzlöcher (siehe Zumessarten und Kraftstoffaufbereitung).

Die gute Ventildichtheit im Bereich des Ventilsitzes ist durch das Dichtprinzip aus Kegel und Kugel gewährleistet. Das Einspritzventil wird in die dafür vorgesehene Öffnung am Saugrohr eingeschoben. Der untere Dichtring dichtet das Einspritzventil gegen das Saugrohr ab.

Die abgespritzte Kraftstoffmenge pro Zeiteinheit ist im Wesentlichen bestimmt durch den Systemdruck im Kraftstoffversorgungssystem, den Gegendruck im Saugrohr und die Geometrie des Kraftstoffaustrittsbereichs.

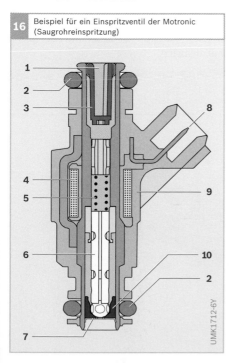

16 Beispiel für ein Einspritzventil der Motronic (Saugrohreinspritzung)

UMK1712-6Y

Ausführungen

Top-feed-Einspritzventil

Das Top-feed-Einspritzventil wird axial von oben (top feed) vom Kraftstoff durchströmt. Es wird mit einem oberen Dichtring in entsprechend geformte Öffnungen des Kraftstoffverteilers eingesetzt und mit einer Halteklammer gegen Herausrutschen gesichert. Mit dem unteren Dichtring steckt es im Saugrohr des Motors.

Diese Ausführung ist die gebräuchlichste Art der Kraftstoffeinspritzung.

Bottom-feed-Einspritzventil

Das im Kraftstoffverteiler integrierte Bottom-feed-Einspritzventil (Bild 17, Bild 18) ist vom Kraftstoff umspült. Der Kraftstoffzulauf befindet sich seitlich (bottom feed). Das Kraftstoffverteilerrohr ist direkt auf das Saugrohr montiert. Das Einspritzventil ist mit einer Halteklammer oder einem Deckel des Kraftstoffverteilerrohrs, der auch die elektrischen Anschlüsse enthalten kann, im Kraftstoffverteilerrohr fixiert.

Bild 16
1 Hydraulischer Anschluss mit Filtersieb
2 Dichtringe (O-Ringe)
3 Filtersieb
4 Magnetwicklung
5 Ventilfeder
6 Ventilnadel mit Magnetanker und Ventilkugel
7 Spritzlochscheibe
8 elektrischer Anschluss
9 Ventilgehäuse
10 Ventilsitz

Zwei Dichtringe verhindern den Austritt von Kraftstoff.

Neben gutem Heißstart- und Heißlaufverhalten durch die Kraftstoffkühlung zeichnet sich das Modul, bestehend aus Kraftstoffverteilerrohr und Einspritz-

ventilen, durch eine geringe Bauhöhe aus und ist somit für den Einsatz in beengten Motorräumen geeignet.

Zumessarten und Kraftstoffaufbereitung
Der Forderung nach geringer Benetzung der Saugrohrwand bei guter Homogenisierung des Luft-Kraftstoff-Gemischs durch Zerstäubung des Kraftstoffs wird durch verschiedene Kraftstoffzumessarten Rechnung getragen. Individuelle Geometrien von Saugrohr und Zylinderkopf machen unterschiedliche Ausführungen der Strahlaufbereitung erforderlich. Um diesen Anforderungen gerecht zu werden, stehen verschiedene Varianten der Strahlaufbereitung zur Verfügung (Bild 19).

Ringspaltzumessung
Bei der Ringspaltzumessung (Bild 19a) erstreckt sich ein Teil der Ventilnadel – der Spritzzapfen – durch den Ventilkörper. Der dabei entstehende Ringspalt bildet die kalibrierte Kraftstoffaustrittsöffnung. Der Spritzzapfen enthält an seinem unteren Ende eine angeschliffene Abreißkante, an der der Kraftstoff zerstäubt und kegelförmit absspritzt.

---

17 Einspritzventil in Bottom-feed-Ausführung

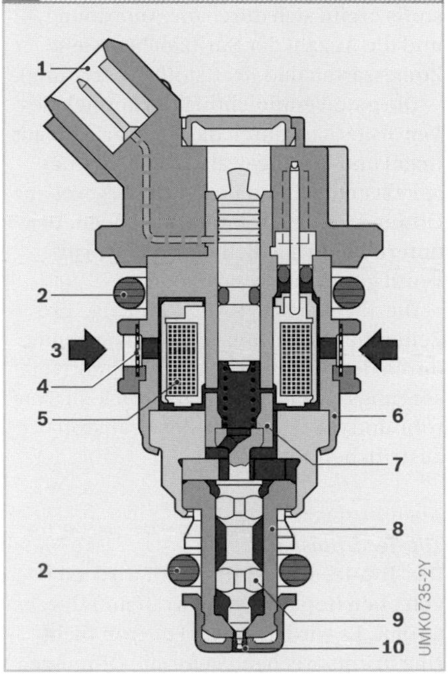

UMK0735-2Y

Bild 17
1 Elektrischer Anschluss
2 Dichtring
3 Kraftstoffzulauf
4 Filtersieb im Kraftstoffzulauf
5 Magnetwicklung
6 Ventilgehäuse
7 Magnetanker
8 Ventilkörper
9 Ventilnadel
10 Spritzzapfen

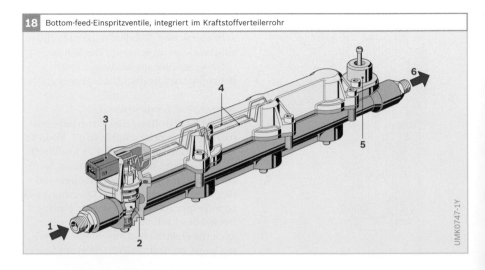

18 Bottom-feed-Einspritzventile, integriert im Kraftstoffverteilerrohr

UMK0747-1Y

Bild 18
1 Kraftstoffzulauf
2 Einspritzventil
3 elektrischer Anschluss
4 Kontaktschiene
5 Kraftstoffdruckregler
6 Kraftstoffrücklauf

Einlochzumessung

Einspritzventile mit Einlochzumessung (Bild 19b) haben statt des Spritzzapfens eine dünne Spritzlochscheibe mit einer kalibrierten Bohrung. Es ergibt sich daraus ein dünner Kraftstoffstrahl, der die Saugrohrwand kaum benetzt, den Kraftstoff jedoch auch wenig zerstäubt.

Mehrlochzumessung

Einspritzventile mit Mehrlochzumessung sind wie bei der Einlochzumessung mit einer Spritzlochscheibe versehen, die in diesem Fall jedoch mehrere kalibrierte Löcher enthält. Diese sind so angeordnet, dass sich ein Kegelstrahl ähnlich der Ringspaltzumessung mit vergleichbarer Kraftstoffzerstäubung ergibt (Bild 19c).

Die Löcher können auch so ausgerichtet sein, dass sich zwei oder mehr Einspritzstrahlen ergeben (Bild 19d). Somit kann bei Motoren mit mehreren Einlassventilen je Zylinder der Kraftstoff optimal auf die einzelnen Ansaugkanäle verteilt werden.

Luftumfassung

Einspritzventile mit Luftumfassung ermöglichen eine weitere Verbesserung der Kraftstoffaufbereitung (Bild 21). Dazu wird Verbrennungsluft aus dem Saugrohr vor der Drosselklappe durch einen kalibrier-

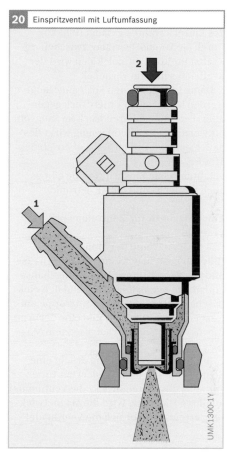

20 Einspritzventil mit Luftumfassung

UMK1300-1Y

Bild 20
1   Luftzufuhr
2   Kraftstoffzufuhr

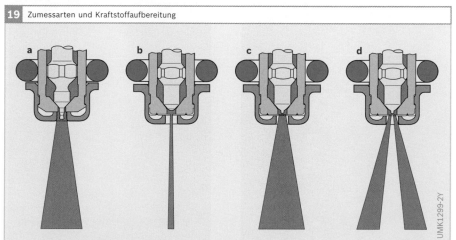

19 Zumessarten und Kraftstoffaufbereitung

a   b   c   d

UMK1299-2Y

Bild 19
a   Ringspaltzumessung
b   Einlochzumessung
c   Mehrlochzumessung
d   Mehrlochzumessung beim Zweistrahlventil

ten Spalt direkt an der Spritzlochscheibe des Einspritzventils gesaugt (Bild 20). Durch die Wechselwirkung zwischen Kraftstoff- und Luftmolekülen wird der Kraftstoff sehr fein vernebelt.

Damit Luft durch den Spalt angesaugt werden kann, ist ein Unterdruck gegenüber dem Atmosphärendruck im Saugrohr notwendig. Die Luftumfassung wirkt deshalb hauptsächlich im Teillastbetrieb des Motors.

Luftumfasste Einspritzventile gibt es auch für die K- und die KE-Jetronic.

Einspritzventil für Zentraleinspritzsysteme

Das Einspritzventil der Mono-Jetronic (Bild 22) besteht aus einem Ventilgehäuse und der Ventilgruppe. Das Ventilgehäuse enthält die Magnetwicklung und den elektrischen Anschluss. Die Ventilgruppe umfasst einen Ventilkörper und eine darin geführte Ventilnadel mit aufgesetztem Magnetanker.

Bei stromloser Wicklung drückt eine Schraubenfeder (Ventilfeder) mit Unterstützung des Systemdrucks die Ventilnadel auf ihren Dichtsitz. Wird die Magnetwicklung erregt, so hebt sich die Ventilnadel

um ca. 0,06 mm (abhängig von der Ventilauslegung) vom Sitz, sodass der Kraftstoff über einen Ringspalt austreten kann. Am vorderen Ende der Ventilnadel befindet sich ein aus der Ventilkörperbohrung herausragender Spritzzapfen. Die Form dieses Zapfens sorgt für eine sehr gute Zerstäubung des Kraftstoffs.

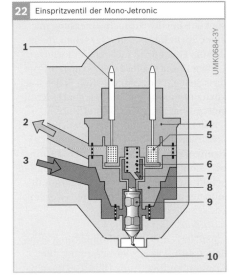

22 Einspritzventil der Mono-Jetronic

UMK0684-3Y

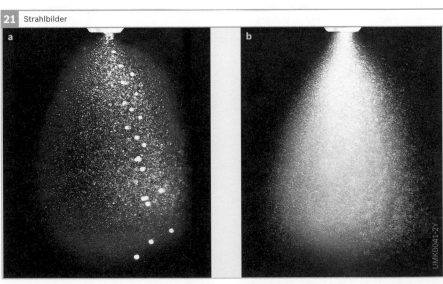

21 Strahlbilder

a

b

UMK0041-2Y

Die Größe des Spalts zwischen Spritzzapfen und Ventilkörper bestimmt die „statische Menge" des Ventils, d. h. den maximalen Kraftstoffdurchsatz bei dauernd geöffnetem Ventil. Die bei intermittierendem Betrieb abgespritzte „dynamische Menge" hängt zusätzlich von der Ventilfeder, der Masse der Ventilnadel, dem Magnetkreis und der Endstufe des Steuergeräts ab. Aufgrund des konstanten Kraftstoffdrucks hängt die vom Ventil tatsächlich abgespritzte Kraftstoffmenge nur von der Öffnungsdauer des Ventils (Einspritzzeit) ab.

Wegen der hohen Eisspritzimpulsfolge – mit jedem Zündimpuls wird ein Einspritzimpuls ausgelöst – muss das Einspritzventil sehr kurze Schaltzeiten aufweisen. Die geringe Masse von Magnetanker und Ventilnadel sowie der optimierte Magnetkreis ermöglichen Anzugs- und Abfallzeiten, die unter einer Millisekunde liegen. Eine exakte Kraftstoffzumessung auch bei kleinsten Mengen ist somit sichergestellt.

Komponenten für die Gemischanpassung

Kaltstartventil

Das Kaltstartventil (Bild 23) ist ein elektromagnetisch betätigtes Ventil, das für die Einzeleinspritzsysteme D-, K-, KE- und L-Jetronic beim Start mit kaltem Motor eine Zusatzmenge Kraftstoff in das Sammelsaugrohr einspritzt.

Im Kaltstartventil ist die Wicklung des Elektromagneten untergebracht. In der Ruhestellung presst eine Feder den beweglichen Anker des Elektromagneten gegen eine Dichtung und verschließt damit das Ventil. Beim Erregen des Elektromagneten gibt der nun vom Ventilsitz abgehobene Magnetanker den Kraftstoffdurchfluss frei. Der Kraftstoff gelangt tangential in eine Dralldüse, die dem Kraftstoffstrahl einen Drall verleiht. Diese zerstäubt den Kraftstoff besonders fein und reichert die Luft im Sammelsaugrohr hinter der Drosselklappe mit Kraftstoff an. Das Kaltstartventil ist so an das Sammelsaugrohr angebaut, dass eine günstige Verteilung des Luft-Kraftstoff-Gemischs auf alle Zylinder gegeben ist.

Thermoschalter und Thermozeitschalter
Aufgabe
Der Thermoschalter schließt oder öffnet in Abhängigkeit von der Temperatur den Stromkreis des Kaltstartventils. Das bedeutet, das Kaltstartventil wird nur bei Motortemperaturen unterhalb einer bestimmten Schwelle – je nach Motortyp zwischen 0 °C und 35 °C – betätigt.

Der Thermozeitschalter erfüllt dieselbe Aufgabe wie der Thermoschalter, bewirkt beim Kaltstart aber zusätzlich noch eine zeitliche Begrenzung der Einschaltdauer des Kaltstartventils. Dies ist bei Motoren erforderlich, die bei fettem Startgemisch zu einem Benetzen der Zündkerzen neigen. Der Thermozeitschalter ist so ausgelegt, dass die maximale Einschaltdauer während des Startens bei einer Kühlmitteltemperatur von –20 °C je nach Motortyp

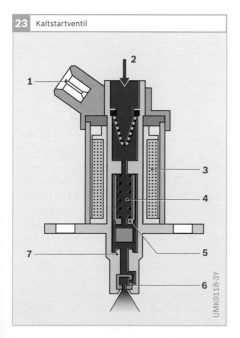

23 Kaltstartventil

1
2
3
4
5
6
7

UMK0118-3Y

Bild 23
1 Elektrischer Anschluss
2 Kraftstoffzufluss mit Filtersieb
3 Magnetspule
4 Feder
5 Ventil (Magnetanker)
6 Dralldüse
7 Ventilsitz

zwischen 5 und 20 Sekunden beträgt und mit steigender Temperatur abnimmt. Somit spritzt das Kaltstartventil bei länger dauerndem Startvorgang oder wiederholtem Startversuch trotz niedriger Motortemperatur nicht mehr ein.

Aufbau und Arbeitsweise
Thermoschalter und Thermozeitschalter bestehen aus einem Bimetallstreifen, der in Abhängigkeit von seiner Temperatur einen Kontakt öffnet oder schließt (Bild 24). Sie sind in einem hohlen Gewindebolzen untergebracht, der an einer für die Motortemperatur repräsentativen Stelle befestigt ist. Bei Überschreiten der vorgegebenen Motortemperaturschwelle erwärmt sich der Thermoschalter so weit, dass er ständig geöffnet ist und damit ein Einschalten des Kaltstartventils verhindert.

Zur zeitlichen Begrenzung des Einschaltvorgangs wird im Thermozeitschalter der Bimetallstreifen elektrisch beheizt. Die Ansteuerung geschieht über die Sicherheitsschaltung. Die Einschaltdauer des Kaltstartventils ist somit abhängig von der Erwärmung des Thermozeitschalters durch die Motorwärme, die Umgebungs-

temperatur und durch die in ihm selbst befindliche elektrische Heizung. Beim Kaltstart ist für das Bemessen der Einschaltdauer hauptsächlich die Leistung der Heizwicklung maßgebend.

Zusatzluftschieber
Aufgabe
Um einen runden Leerlauf bei kaltem Motor zu erzielen, wird die Leerlaufdrehzahl angehoben. Dies dient außerdem dem raschen Erwärmen des Motors. Hierzu wird mit dem Zusatzluftschieber temperaturabhängig der Strömungsquerschnitt der Umgehungsleitung (Bypass) zur Drosselklappe eingestellt, sodass der Motor zusätzlich Luft und mehr Luft-Kraftstoff-Gemisch erhält.

Der Zusatzluftschieber ist derart eingebaut, dass er die Motortemperatur annimmt. Daraus ergibt sich beim Start eines kalten Motors die Anfangsmenge der Zusatzluft, die mit zunehmender Motortemperatur zurückgenommen wird. Beim Start eines betriebswarmen Motors ist der Bypass von Anfang an geschlossen. Ein genaues Anpassen der zeitlich gesteuerten Zurücknahme der Zusatzluft ist mit einem elektrisch beheizten Zusatzluftschieber möglich. Die Heizung ist mit der Elektrokraftstoffpumpe parallelgeschaltet, sodass sie nicht bei abgeschaltetem Motor und eingeschalteter Zündung in Betrieb ist.

Zusatzluftschieber mit Ausdehnungselement
Bei dieser Ausführung des Zusatzluftschiebers wird der Strömungsquerschnitt temperaturabhängig durch ein Dehnstoffelement beeinflusst (Bild 25). Es besteht aus einem Metallzylinder, der mit einer sich unter Wärmeeinwirkung ausdehnenden, wachsähnlichen Substanz gefüllt ist. Bei Erwärmung dehnt sich diese Substanz aus und verdrängt gegen die Rückstellkraft einer Feder einen Zylinderstift. Dieser betätigt einen Steuerkolben, der den Querschnitt des Zusatzluftkanals verändert. Der Öffnungsquerschnitt wird in

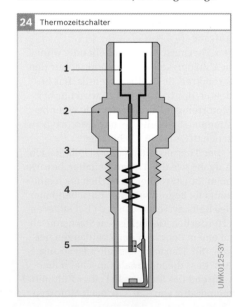

24 Thermozeitschalter

UMK0125-3Y

Bild 24
1 Elektrischer Anschluss
2 Gehäuse
3 Bimetallstreifen
4 Heizwicklung
5 elektrischer Kontakt

Abhängigkeit der Temperatur so gewählt, dass sich bei jeder Starttemperatur die gewünschte Leerlaufdrehzahl einstellt. Bei steigender Motortemperatur wird der Luftdurchlass stetig verringert und ist bei 60...70 °C Kühlmitteltemperatur ganz verschlossen.

Der Einbau dieser Variante des Zusatzluftschiebers erfolgt derart, dass das Dehnstoffelement vom Kühlmittel umgeben ist. Diese Ausführung ist zum Beispiel in der D- und in der K-Jetronic zu finden.

Zusatzluftschieber mit Bimetallspirale
Der Zusatzluftschieber kann auch als Drehschieber ausgeführt sein, der durch eine elektrisch beheizte Bimetallspirale betätigt wird. Diese Ausführung ist bei D-Jetronic-Anlagen zu finden. Bei luftgekühlten Motoren steht die Bimetallspirale mit dem Motoröl im Kurbelgehäuse in Verbindung. Mit zunehmender Motortemperatur und Heizdauer verdreht sich die Spirale und verringert dadurch über den Drehschieber den Strömungsquerschnitt des Luft-Bypasses.

Zusatzluftschieber mit Bimetallfeder
Ausführung mit Absperrschieber
In diesem Zusatzluftschieber (Bild 26) steuert eine Bimetallfeder über eine Lochblende (Absperrschieber) den Öffnungsquerschnitt einer Umgehungsleitung (Bypass) zur Drosselklappe. Der Öffnungsquerschnitt dieser Lochblende stellt sich

in Abhängigkeit von der Motortemperatur so ein, dass beim Kaltstart ein entsprechend großer Querschnitt freigegeben wird und somit bei jeder Temperatur die notwendige Leerlaufdrehzahl eingehalten wird. Bei zunehmender Motortemperatur wird der Öffnungsquerschnitt jedoch stetig verringert und schließlich bei 60...70 °C geschlossen.

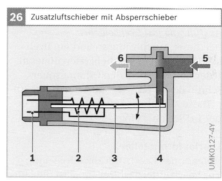

26 Zusatzluftschieber mit Absperrschieber

Bild 26
1 Elektrischer Anschluss
2 elektrische Heizung
3 Bimetallfeder
4 Lochblende (Absperrschieber)
5 Lufteinlass
6 Luftauslass

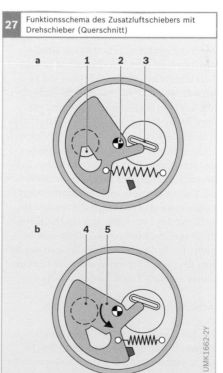

27 Funktionsschema des Zusatzluftschiebers mit Drehschieber (Querschnitt)

Bild 25
1 Lufteinlass zum Zusatzluftkanal
2 Feder
3 Luftauslass
4 Steuerkolben
5 Zylinderstift
6 Metallzylinder mit Dehnstoffelement

Bild 27
a Luftkanal teilweise von Lochblende freigegeben
b Lochblende verschließt den Luftkanal (betriebswarmer Motor)

1 Blendenöffnung
2 Lagerbolzen
3 Bimetall mit elektrischer Heizung
4 Luftkanal
5 Lochblende

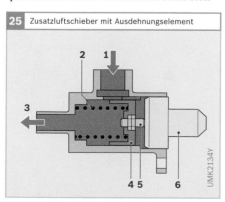

25 Zusatzluftschieber mit Ausdehnungselement

Die Bimetallfeder verfügt zusätzlich über eine elektrische Heizung, die eine Begrenzung der Öffnungszeit je nach Motortyp ermöglicht. Der Einbauort richtet sich danach, dass der Zusatzluftschieber die Temperatur des Motors annimmt. Dadurch ist gewährleistet, dass er nur bei kaltem Motor in Aktion tritt.

Diese Ausführung ist in der L- und in der K-Jetronic zu finden.

Ausführung mit Drehschieber
Bei dieser Ausführung steuert ein Drehschieber, der von der beheizten Bimetallfeder betätigt wird, den Öffnungsquerschnitt des Bypasses (Bild 27 und Bild 30).

Diese Ausführung ist in der KE- und in der LH-Jetronic eingesetzt.

Leerlaufdrehsteller
Aufgabe der Leerlaufdrehzahlregelung
Zur Leerlaufdrehzahlregelung ist die Luftmenge oder Füllung die vorteilhafteste Stellgröße. Die Leerlaufdrehzahlregelung über die Füllung (auch Leerlauffüllungsregelung genannt) erlaubt eine stabile niedrige und damit verbrauchsgünstige Leerlaufdrehzahl, die sich über die Lebensdauer des Fahrzeugs nicht ändert. Mit der Leerlaufdrehzahlregelung entspricht die Menge des Luft-Kraftstoff-Gemischs derjenigen Menge, die für das Aufrechterhalten der Leerlaufdrehzahl bei der jeweiligen Belastung (z.B. durch kalten Motor und erhöhter Reibung) erforderlich ist. Ferner erreicht man konstante Abgasemissionswerte auf lange Zeit ohne Einstellung des Leerlaufs. Die Leerlaufdrehzahlregelung kompensiert teilweise auch alterungsbedingte Veränderungen des Motors und sorgt für einen über die Lebensdauer stabilen Leerlauf des Motors.

Arbeitsweise der Leerlaufdrehzahlregelung
Ein Leerlaufdrehsteller öffnet einen Bypass zur Drosselklappe (Bild 28). Je nach Ansteuerung des Drehstellers ergibt sich ein bestimmter Öffnungsquerschnitt

des Bypasses. Dem Motor wird somit je nach Abweichung der augenblicklichen Leerlaufdrehzahl von der Solldrehzahl mehr oder weniger Luft zugeteilt. Hierzu beaufschlagt das Steuergerät den Leerlaufdrehsteller abhängig von der Motordrehzahl, der Motortemperatur und der Drosselklappenstellung mit einem Steuersignal. Da das Steuergerät diese Zusatzluft erfasst, ändert sich auch die Einspritzmenge entsprechend.

Die Leerlaufdrehzahlregelung stabilisiert die Leerlaufdrehzahl wirkungsvoll, da sie einen Soll-Ist-Vergleich vornimmt und bei entsprechendem Unterschied korrigierend eingreift. Der Leerlaufdrehsteller ersetzt somit den Zusatzluftschieber und übernimmt zusätzlich zur Leerlaufdrehzahlregelung die Funktion des Zusatzluftschiebers.

Aufbau des Einwicklungsdrehstellers
Der Einwicklungsdrehsteller (Bild 29) hat einen Drehmagnetantrieb, bestehend aus Spule und Magnetkreis mit einem Permanentmagneten im Rotor. Der begrenzte Drehwinkel beträgt 60 Grad. Der zweipolig magnetisierte Rotormagnet erzeugt im Arbeitsluftspalt des Drehmagneten eine mag-

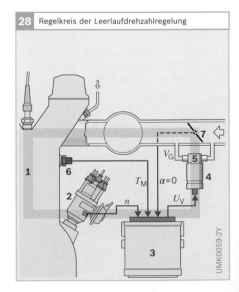

28 Regelkreis der Leerlaufdrehzahlregelung

UMK0059-2Y

Bild 28
1 Regelstrecke:
  Motor
2 Regelgröße:
  Drehzahl n
3 Regler:
  Steuergerät
4 Stellglied:
  Leerlaufdrehsteller
5 Stellgröße:
  Bypass-Querschnitt
6 Hilfssteuergröße:
  Motortemperatur T_M
7 Hilfssteuergröße:
  Drosselklappen-
  Endstellung (α = 0)

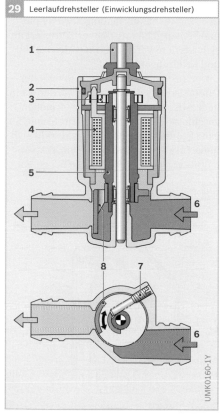

29 Leerlaufdrehsteller (Einwicklungsdrehsteller)

netische Flussdichte, die mit dem Anker-strom ein Drehmoment bildet. Der auf der Ankerwelle befestigte Drehschieber öffnet den Luft-Bypasskanal so weit, dass die ge-forderte Leerlaufdrehzahl sich unabhängig von der Belastung des Motors einstellt.

Die Regelschaltung im elektronischen Steuergerät, das die erforderliche Infor-mation über die Istdrehzahl vom Dreh-zahlsensor erhält, vergleicht diese mit der programmierten Solldrehzahl und verän-dert über die Ansteuerung des Drehstel-lers so lange den Luftdurchsetz, bis Soll-drehzahl und Istdrehzahl übereinstimmen. Bei warmem, unbelastetem Motor stellt der Öffnungsquerschnitt sich nahe dem unteren Grenzwert ein.

Die Wicklung der Spule wird mit einem pulsierenden Gleichstrom beaufschlagt. Das bewirkt am Drehanker ein Dreh-moment, das gegen die Rückstellfeder wirkt. Je nach Stromstärke stellt sich ein bestimmter Öffnungsquerschnitt ein. Im stromlosen Zustand, der zum Beispiel bei einer Störung am Fahrzeug auftreten kann, wird der Drehschieber durch die Kraft der Rückstellfeder gegen einen einstellbaren Anschlag gedrückt und gibt einen Notlauf-querschnitt frei. Bei maximalem Tastver-

Bild 29
1   Elektrischer
    Anschluss
2   Gehäuse
3   Rückstellfeder
4   Magnetwicklung
    (Spule)
5   Drehanker
6   Luftkanal am
    Bypass zur Drossel-
    klappe
7   einstellbarer
    Anschlag
8   Drehschieber

30 Komponenten für Leerlaufdrehzahlregelung und Leerlaufsteuerung

Bild 30
1   Leerlaufdrehsteller
2   Zusatzluftschieber
3   Temperatursensor

hältnis des pulsierenden Gleichstroms ist der Querschnitt ganz geöffnet.

Der Einwicklungsdrehsteller ist z. B. in der KE-Jetronic zu finden.

Zweiwicklungsdrehsteller
Im Unterschied zum Einwicklungsdrehsteller hat der Zweiwicklungsdrehsteller (Bild 31) zwei Wicklungen und einen begrenzten Drehwinkel von 90 Grad. Er kann als Überlagerung zweier Einwicklungsdrehsteller aufgefasst werden, die um 90 Grad am Umfang versetzt angeordnet sind und ein entgegengesetzt gerichtetes Drehmoment erzeugen. Im Nulldurchgang der resultierenden Drehmomentkurve ergibt sich ein stabiler Arbeitspunkt ohne eine zusätzliche Gegenkraft.

Die beiden Wicklungen werden während einer Periode abwechselnd mit Spannung beaufschlagt und bewirken am Drehanker gegengesetzte Kräfte. Durch die Trägheit des Drehankers stellt sich der Drehschie-

ber auf einen bestimmten Winkel ein, der dem Tastverhältnis der angelegten Spannung entspricht. Das Tastverhältnis ergibt sich aus dem Vergleich von Istdrehzahl und Solldrehzahl.

Der Tastverhältnisbereich, in dem der Öffnungsquerschnitt variiert werden kann, liegt zwischen etwa 18 % (Drehschieber geschlossen) und etwa 82 % (Drehschieber ganz geöffnet). Die Solldrehzahl stellt sich ohne Zusatzbelastung bei einem Tastverhältnis von etwa 25 % ein, also bei einem

Bild 32
1 Volllastkontakt
2 Schaltkulisse
3 Drosselklappen-
  welle
4 Leerlaufkontakt
5 elektrischer
  Anschluss

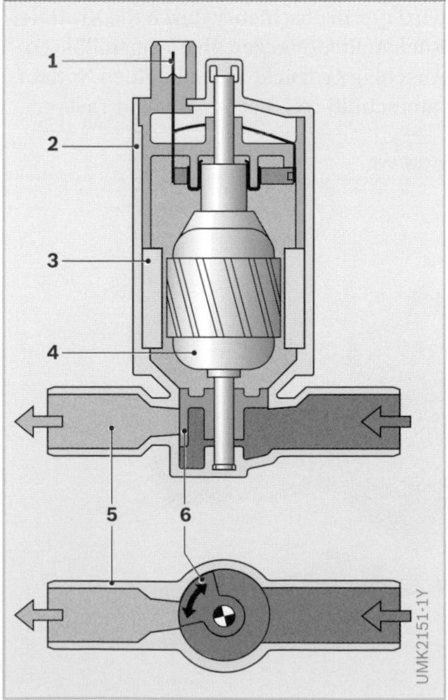

Bild 31
1 Elektrischer
  Anschluss
2 Gehäuse
3 Dauermagnet
4 Drehanker
5 Luftkanal als
  Bypass zur
  Drosselklappe
6 Drehschieber

Bild 33
1 Kontaktbahn für
  Beschleunigungs-
  anreicherung
2 Volllastkontakt
3 Leerlaufkontakt

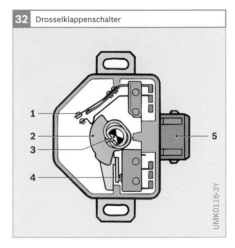

32 Drosselklappenschalter

UMK0116-3Y

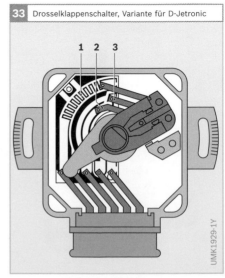

33 Drosselklappenschalter, Variante für D-Jetronic

UMK1929-1Y

31 Zweiwicklungsdrehsteller

UMK2151-1Y

geringen Öffnungsquerschnitt. Bei hoher Zusatzbelastung und für eine Drehzahlerhöhung in der Warmlaufphase reicht der Regelbereich bis etwa 82 %.

Der Zweiwicklungsdrehsteller ist in Motronic-Systemen mit mechanisch betätigter Drosselklappe zu finden. Für Motronic-Systeme mit elektronischem Gaspedal ist der Leerlaufdrehsteller nicht mehr nötig, die Leerlaufdrehzahlregelung wird hier direkt über die elektrisch einstellbare Drosselklappe realisiert.

Drosselklappenschalter

Zur Gemischanpassung im Leerlauf und in der Volllast sowie zum Aktivieren der Schubabschaltung benötigt die Motorsteuerung ein Signal, das über diese Betriebszustände informiert. Diese Information liefert der Drosselklappenschalter.

Der Drosselklappenschalter ist am Drosselklappenstutzen befestigt. Die Drosselklappenwelle, auf der die Drosselklappe sitzt, betätigt die Anordnung. Eine Schaltkulisse fährt die Kontakte des Drosselklappenschalters an. In den Endstellungen Leerlauf und Volllast schließt jeweils ein Kontakt (Bild 32). Der Drosselklappenschalter meldet diese Drosselklappenstellungen an das Steuergerät.

Der Drosselklappenschalter für die D-Jetronic ist zusätzlich mit Schleifkontakten und Kontaktbahnen ausgestattet (Bild 33). Beim Beschleunigen greift der Schleifkontakt die kammförmigen Kontaktbahnen ab. Die D-Jetronic löst abhängig von diesem Signal zusätzliche Einspritzimpulse aus zur Beschleunigungsanreicherung. Diese Maßnahmen sind erforderlich, weil der bei der D-Jetronic für die Bildung der Einspritzzeit maßgebliche Druck im Saugrohr der Drosselklappenbewegung hinterher eilt.

Sensoren

Temperatursensor

Temperatursensoren werden für die elektronische Benzineinspritzung eingesetzt, um die einzuspritzende Kraftstoffmenge der Motortemperatur und der Ansauglufttemperatur anzupassen. Aber auch für die elektronische Zündung werden temperaturabhängige Korrekturen in der Zündwinkelberechnung berücksichtigt.

Temperatursensoren werdem je nach Anwendungsgebiet in unterschiedlichen Bauformen angeboten. In einem Gehäuse ist ein temperaturabhängiger Messwiderstand aus Halbleitermaterial eingebaut. Dieser hat üblicherweise einen negativen Temperaturkoeffizienten (NTC: Negative Temperature Coefficient), d. h., sein Widerstand verringert sich mit steigender Temperatur (Bild 34).

Der Messwiderstand ist Teil einer Spannungsteilerschaltung, die mit 5 Volt versorgt wird. Die am Messwiderstand gemessene Spannung ist somit temperaturabhängig. Sie wird über einen Analogdigital-Wandler eingelesen und ist ein Maß für die Temperatur am Sensor.

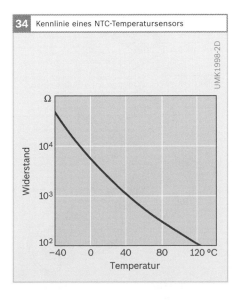

34 Kennlinie eines NTC-Temperatursensors

UMK1998-2D

Der Motortemperatursensor ist bei wassergekühlten Motoren z. B. so in den Motorblock eingebaut, dass er vom Kühlmittel umspült wird und dessen Temperatur annimmt (Bild 35). Bei luftgekühlten Motoren ist der Temperatursensor in den Zylinderkopf des Motors eingebaut.

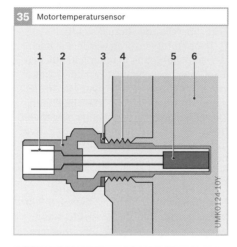

35 Motortemperatursensor

Bild 35
1 Elektrischer Anschluss
2 Gehäuse
3 Dichtring
4 Einschraubgewinde
5 Messwiderstand
6 Kühlmittel

36 Aufbau des Hitzdraht-Luftmassenmesser

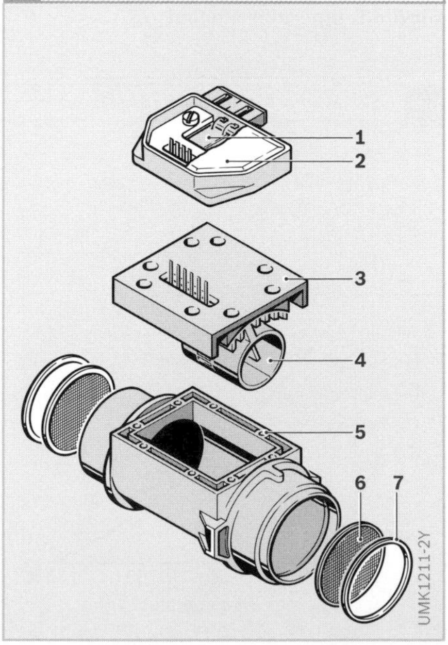

Bild 36
1 Hybridschaltung
2 Deckel
3 Metalleinsatz
4 Innenrohr mit Hitzdraht
5 Gehäuse
6 Schutzgitter
7 Haltering

Luftmengenmesser

Luftmengenmesser erfassen die vom Motor angesaugte Luftmenge. Diese Messgröße ist Basis für die Zumessung des Kraftstoffs zum Luft-Kraftstoff-Gemisch.

Die Luftmengenmesser der K- und KE-Jetronic sowie der L-Jetronic sind wesentliche Bestandteile dieser Einspritzsysteme und deshalb in den betreffenden Kapiteln beschrieben. Auch die frühen Motronic-Systeme arbeiten mit dieser Art der Lasterfassung

Luftmassenmesser

Der Luftmassenmesser sitzt zwischen Luftfilter und Drosselklappe und erfasst den vom Motor angesaugten Luftmassenstrom. Er wird in der LH-Jetronic und in Motronic-Systemen zur Bildung des Lastsignals eingesetzt.

Die verschiedenen Ausführungen des Luftmassenmessers haben keine beweglichen Teile und verursachen nur einen geringen Strömungswiderstand im Ansaugkanal.

Hitzdraht-Luftmassenmesser
Aufbau
Der Hitzdraht-Luftmassenmesser (HLM) besteht aus einem beidseitig mit Gittern geschützten röhrenförmigen Gehäuse, durch das der Ansaugluftstrom fließt (Bild 36). Über den Querschnitt dieses Messrohrs ist ein beheizter, 70 µm dünner Hitzdraht aus Platin aufgespannt und erfasst so in guter Näherung den gesamten Strömungsquerschnitt. Davor (stromaufwärts) ragt ein Temperatur-Kompensationswiderstand (in Dünnschichttechnik) in den Luftstrom (Bild 37). Beide Komponenten sind Bestandteil einer Regelschaltung und wirken dort als temperaturabhängige Widerstände. Die Regelschaltung besteht vorwiegend aus einer Brückenschaltung und einem Verstärker (Bild 38).

Arbeitsweise

Der Temperatur-Kompensationswiderstand misst zuerst die Temperatur der durchströmenden Ansaugluft, die dann den beheizten Hitzdraht abkühlt. Die dadurch hervorgerufene Widerstandsänderung führt zu einer Verstimmung der Brückenschaltung, die von einer Regelschaltung im Luftmassenmesser sofort durch Erhöhen des Heizstroms korrigiert wird. Die Regelschaltung führt den Heizstrom so nach, dass der Hitzdraht eine konstante Übertemperatur gegenüber der Ansauglufttemperatur annimmt. Dieses Messprinzip berücksichtigt die Luftdichte im richtigen Maße, da sie die Höhe der Wärmeabgabe vom Hitzdraht an die Luft mitbestimmt. Der Heizstrom ist dementsprechend ein Maß für den angesaugten Luftmassenstrom.

Der Heizstrom erzeugt an einem Präzisionswiderstand (Messwiderstand R_M) ein dem Luftmassenstrom proportionales Spannungssignal U_M, das dem Steuergerät zugeführt wird. Der Hitzdraht-Luftmassenmesser kann allerdings die Strömungsrichtung nicht erkennen.

Um ein „Driften" der Messergebnisse wegen Schmutzablagerungen auf dem Platindraht zu vermeiden, wird der Hitzdraht nach jedem Abstellen des Motors zum Reinigen jeweils für eine Sekunde auf eine hohe Freibrenntemperatur von 1 000 °C gebracht. Dabei dampft beziehungsweise platzt der angelagerte Schmutz ab und der Draht ist gereinigt.

Heißfilm-Luftmassenmesser HFM2

Aufbau

Der Heißfilm-Luftmassenmesser HFM2 ist eine Weiterentwicklung des Hitzdraht-Luftmassenmessers. Er ist als Dickschichtsensor konzipiert.

Der elektrisch beheizte Platin-Heizwiderstand R_H (Heizelement) befindet sich zusammen mit weiteren Brückenwiderständen auf einem Keramikplättchen (Substrat). Bestandteil der Brückenschaltung ist auch ein temperaturabhängiger Widerstand R_S (Durchflusssensor), der die Temperatur des Heizelements erfasst. Die Trennung von Heizelement und Durchflusssensor ist vorteilhaft für die Auslegung der Regelschaltung. Das Heizelement und der Lufttemperatur-Kompensationswiderstand R_K sind mit zwei Sägeschnitten thermisch entkoppelt (Bild 41).

Da sich Schmutz hauptsächlich an der Vorderkante des Sensorelements anlagert, sind die für den Wärmeübergang entscheidenden Elemente stromabwärts auf dem Keramiksubstrat angeordnet. Zusätzlich ist der Sensor so gestaltet, dass Schmutz-

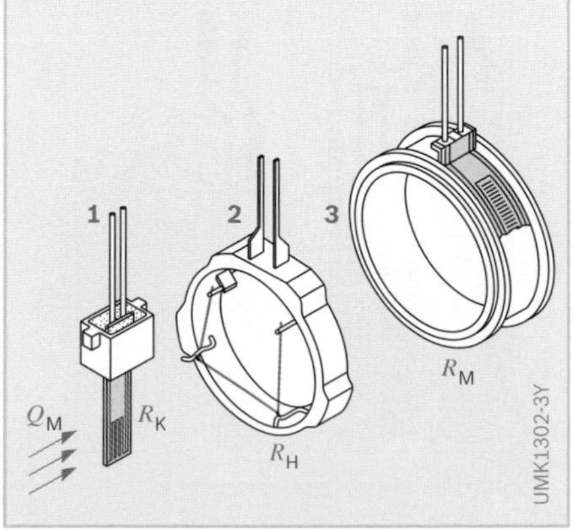

Bild 37
1 Temperatur-Kompensations-widerstand
2 Sensorring mit Hitzdraht
3 Messwiderstand (Präzisionswiderstand)
Q_M einströmende Luftmasse pro Zeiteinheit
R_H Widerstand des Hitzdrahts
R_M Messwiderstand
R_K Temperatur-Kompensations-widerstand

Bild 38
Q_M Einströmende Luftmasse pro Zeiteinheit
I_H Heizstrom
R_H Widerstand des Hitzdrahts
R_K Temperatur-Kompensations-widerstand
R_M Messwiderstand
R_1, R_2 Abgleichwiderstände
U_M Messspannung
T_L Ansauglufttemperatur

37 Komponenten des Hitzdraht-Luftmassenmessers

38 Brückenschaltung des Hitzdraht-Luftmassenmessers mit Regelschaltung

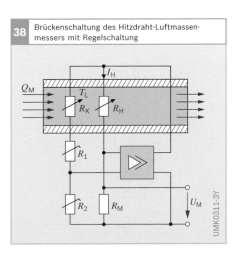

aufbau die Umströmung des Sensors nicht beeinflusst.

Arbeitsweise

Der elektrisch beheizte Platin-Heizwiderstand ragt in den Ansaugluftstrom, wo ihn die strömende Luft abkühlt (Bild 39). Die Regelschaltung (Bild 40) führt den Heizstrom so nach, dass der Heizwiderstand eine konstante Übertemperatur gegenüber der Ansauglufttemperatur annimmt. Die Luftdichte wird bei diesem Messprinzip im richtigen Maß berücksichtigt, da sie genau wie die Strömungsgeschwindigkeit die Höhe der Wärmeabgabe vom beheizten Körper an die Luft mitbestimmt. Der Heizstrom I_H beziehungsweise die Spannung am Heizwiderstand ist dann ein nichtlineares Maß für den Luftmassenstrom Q_H.

Die Elektronik des Heißfilm-Luftmassenmessers wandelt diese Spannung in eine für das Steuergerät angepasste Spannung U_M um. Daraus berechnet der Mikrocomputer im Steuergerät die pro Arbeitsspiel angesaugte Luftmasse. Diese Ausführung des Heißfilm-Luftmassenmessers, als HFM2 bezeichnet, kann die Strömungsrichtung nicht erkennen.

Die auf den Messwert bezogene Langzeitmessgenauigkeit von ±4 % bleibt ohne Freibrennen von Schmutz erhalten.

Heißfilm-Luftmassenmesser HFM5

Strengere von der Abgasgesetzgebung geforderte Abgasgrenzwerte haben zu einer Weiterentwicklung des Heißfilm-Luftmassenmessers geführt.

Bild 40

R_K Temperatur-
Kompensations-
widerstand

R_H Heizwiderstand

R_S Durchflusssensor

R_1, R_2, R_3 Brücken-
widerstände

U_M Messspannung

I_H Heizstrom

T_L Ansauglufttempera-
tur

Q_M Einströmende Luft-
masse pro Zeit-
einheit

Bild 39

a Gehäuse

b Heißfilmsensor
(in der Gehäuse-
mitte eingebaut)

1 Kühlkörper

2 Zwischenbaustein

3 Leistungsbaustein

4 Hybridschaltung

5 Sensorelement
(Platin-Heizwider-
stand)

Bild 41

A Vorderseite

B Rückseite

1 Keramiksubstrat

2 zwei Sägeschnitte

3 Kontakte

R_K Temperatur-
Kompensations-
widerstand

R_H Heizwiderstand

R_S Sensorwiderstand

R_1 Brückenwiderstand

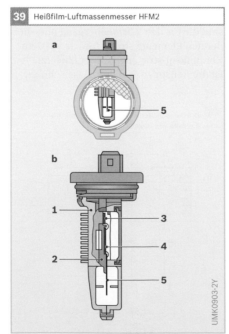

39 Heißfilm-Luftmassenmesser HFM2

a

b

UMK0903-2Y

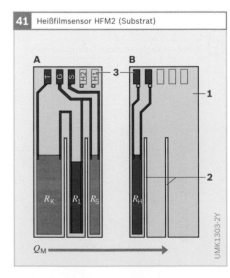

40 Schaltung des Heißfilm-Luftmassenmessers HFM2

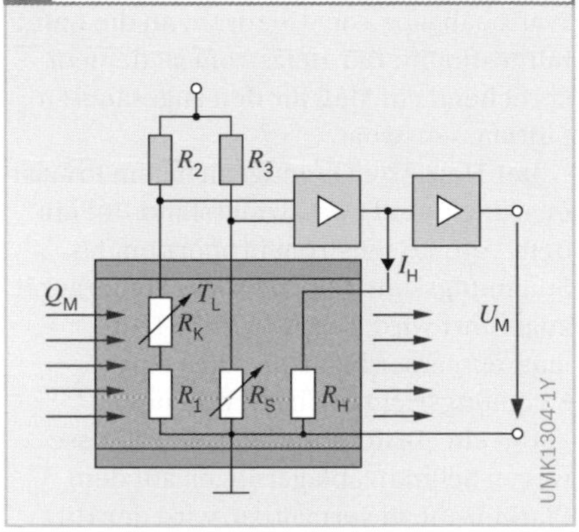

UMK1304-1Y

41 Heißfilmsensor HFM2 (Substrat)

UMK1303-2Y

Aufbau

Der Heißfilm-Luftmassensensor HFM5 ragt mit seinem Gehäuse in ein Messrohr (Bild 42), das je nach der für den Motor benötigten Luftmasse unterschiedliche Durchmesser haben kann. Das Messrohr ist nach dem Luftfilter im Ansaugtrakt eingebaut. Das Sensorelement erfasst nur einen Teilstrom des tatsächlich durch das Messrohr strömenden Luftmassenstroms.

Wesentliche Bestandteile des Sensors sind die vom Messteilstrom der Luft im Einlass angeströmte Messzelle sowie eine integrierte Auswerteelektronik. Die Elemente der Messzelle sind auf ein Halbleitersubstrat und die Elemente der Auswerteelektronik (Hybridschaltung) auf ein Keramiksubstrat aufgedampft. Dadurch ist eine sehr kleine Bauweise möglich. Die Auswerteelektronik ist wiederum über elektrische Anschlüsse mit dem Steuer-

gerät verbunden. Der Teilstrom-Messkanal ist so geformt, dass die Luft ohne Verwirbelung an der Sensormesszelle vorbei und über den Auslass in das Messrohr zurückfließen kann. Dadurch verbessert sich das Sensorverhalten bei stark pulsierenden Strömungen – hervorgerufen durch Öffnen und Schließen der Ein- und Auslassventile – und neben den Vorwärtsströmungen werden auch Rückströmungen erkannt.

Arbeitsweise

Auf der Sensormesszelle beheizt ein zentral angeordneter Heizwiderstand eine mikromechanische Sensormembran und hält sie auf einer konstanten Temperatur. Außerhalb dieser geregelten Heizzone fällt die Temperatur auf beiden Seiten ab (Bild 43). Zwei symmetrisch zum Heizwiderstand stromauf- und stromabwärts auf der Membran aufgebrachte tempera-

42 Heißfilm-Luftmassenmesser HFM5 (Schema)

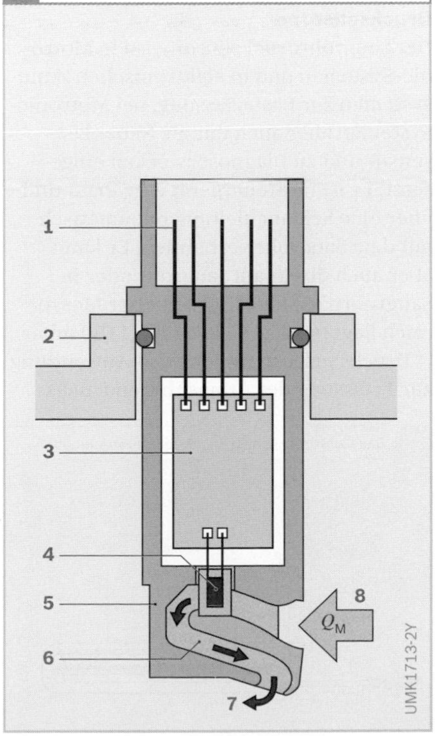

43 Heißfilm-Luftmassenmesser HFM5 (Messprinzip)

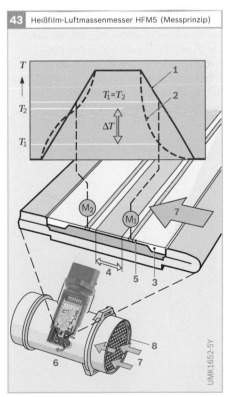

UMK1713-2Y

UMK1652-5Y

Bild 42

1 Elektrische Anschlüsse
2 Messrohr oder Luftfiltergehäusewand
3 Auswerteelektronik (Hybridschaltung)
4 Sensormesszelle
5 Sensorgehäuse
6 Teilstrom-Messkanal
7 Auslass Messteilstrom Q_M
8 Einlass Messteilstrom Q_M

Bild 43

1 Temperaturprofil ohne Luftanströmung
2 Temperaturprofil mit Luftanströmung
3 Sensormesszelle
4 Heizzone
5 Sensormembran
6 Messrohr mit Luftmassenmesser
7 Ansaugluftstrom
8 Schutzgitter
M_1, M_2 Messpunkte
T_1, T_2 Temperaturwerte an den Messpunkten M_1 und M_2
ΔT Temperaturdifferenz

turabhängige Widerstände (Messpunkt M_1 und M_2) erfassen die Temperaturverteilung auf der Membran. Ohne Luftanströmung ist das Temperaturprofil auf beiden Seiten gleich ($T_1 = T_2$).

Strömt Luft über die Sensormesszelle, verschiebt sich das Temperaturprofil auf der Membran. Auf der Ansaugseite ist der Temperaturverlauf steiler, da die vorbeiströmende Luft diesen Bereich abkühlt. Auf der gegenüberliegenden, dem Motor zugewandten Seite, kühlt die Sensormesszelle zunächst ab. Die vom Heizelement erhitzte Luft erwärmt dann aber im weiteren Verlauf die Sensormesszelle. Die Änderung der Temperaturverteilung führt zu einer Temperaturdifferenz zwischen den Messpunkten.

Die an die Luft abgegebene Wärme und damit der Temperaturverlauf an der Sensormesszelle hängt von der vorbeiströmenden Luftmasse ab. Die Temperaturdifferenz ist (unabhängig von der absoluten Temperatur der vorbeiströmenden Luft) ein Maß für die Masse des Luftstroms. Sie ist zudem richtungsabhängig, sodass der Luftmassenmesser sowohl den Betrag als auch die Richtung eines Luftmassenstroms erfassen kann.

Aufgrund der sehr dünnen mikromechanischen Membran reagiert der Sensor sehr schnell auf Veränderungen (< 16 ms). Dies ist besonders bei stark pulsierenden Luftströmungen wichtig.

Die Widerstandsdifferenz an den Messpunkten wandelt die im Sensor integrierte Auswerteelektronik in ein für das Steuergerät angepasstes analoges Signal zwischen 0 V und 5 V um (Bild 44). Mithilfe der im Steuergerät gespeicherten Sensorkennlinie wird die gemessene Spannung in einen Wert für den Luftmassenstrom in der Einheit kg/h umgerechnet.

Die Kennliniencharakteristik ist so gestaltet, dass die integrierte Diagnose im Steuergerät Störungen wie z. B. eine Leitungsunterbrechung erkennen kann. Für zusätzliche Auswertungen kann ein Temperatursensor integriert sein; er befindet sich auf der Sensormesszelle vor der Heizzone.

Drucksensoren

Der Saugrohrdrucksensor wird in Motronic-Systemen und in elektronischen Zündsystemen zur Lasterfassung, bei Motronic-Systemen aber auch nur als Nebenlastsensor und zu Diagnosezwecken eingesetzt. Er ist im Steuergerät eingebaut und über eine Schlauchleitung pneumatisch mit dem Saugrohr verbunden. Er kann aber auch direkt am Saugrohr oder in Saugrohrnähe befestigt sein. Der Messbereich liegt bei 2…115 kPa (20…1150 mbar).

Drucksensoren finden auch Anwendung zur Erfassung des Atmosphärendrucks

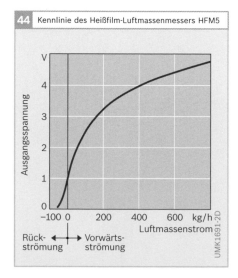

44 Kennlinie des Heißfilm-Luftmassenmessers HFM5

Ausgangsspannung (V) / Luftmassenstrom (kg/h)

Rückströmung ← → Vorwärtsströmung

UMK1691-2D

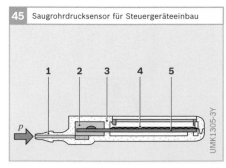

45 Saugrohrdrucksensor für Steuergeräteeinbau

UMK1305-3Y

Bild 45

1 Druckanschluss
2 Druckzelle mit Sensorelementen
3 Dichtsteg
4 Auswerteschaltung
5 Dickschichthybrid

und des Ladedrucks, das Messprinzip entspricht dem des Saugrohrdrucksensor. Beim Ladedrucksensor reicht der Messbereich bis 250 kPa (2500 mbar).

Der Sensor ist unterteilt in eine Druckzelle mit zwei Sensorelementen und einen Raum für die Auswerteschaltung. Sensorelemente und Auswerteschaltung sind auf einem gemeinsamen Keramiksubstrat untergebracht (Bild 45). Das Sensorelement besteht aus einer Membran (Bild 46), die eine Referenzdruckkammer mit bestimmtem Innendruck einschließt. Auf die Membran wirkt die Differenz zwischen Saugrohrdruck und Referenzdruck. Je nach Größe des Saugrohrdrucks wird die Membran verschieden stark ausgelenkt. Auf der Membran sind piezoresistive Widerstände angeordnet, deren Leitfähigkeit sich unter mechanischer Spannung ändert. Diese Widerstände sind so als Brücke geschaltet, dass eine Auslenkung der Membran zu einer Änderung des Brückenabgleichs führt. Die Brückenspannung ist somit ein Maß für den Saugrohrdruck. Die Auswerteschaltung hat die Aufgabe, die Brückenspannung zu verstärken, Temperatureinflüsse zu kompensieren und die Druckkennlinie zu linearisieren. Das Ausgangssignal der Auswerteschaltung wird dem Steuergerät zugeführt.

Das Sensorelement der ursprünglichen Saugrohrdrucksensoren besteht aus einer glockenförmigen Dickschichtmembran.

Mikromechanische Drucksensoren bestehen aus einem Siliziumchip, in den mithilfe von mikromechanischen Prozessen eine dünne Membran eingeätzt ist.

Drehzahlsensor

Motordrehzahlsensoren werden in Motorsteuerungssystemen zum Ermitteln der Kurbelwellenstellung und der Motordrehzahl eingesetzt. Die Drehzahl wird über den Zeitabstand der Signale des Drehzahlsensors berechnet.

Induktiver Drehzahlsensor

Der Sensor ist – durch einen Luftspalt getrennt – direkt gegenüber einem ferromagnetischen Impulsrad montiert (Bild 47). Er enthält einen Weicheisenkern (Polstift), der von einer Wicklung umgeben ist. Der Polstift ist mit einem Dauermagneten verbunden. Das Magnetfeld erstreckt sich über den Polstift bis hinein in das Impulsrad. Der magnetische Fluss durch die Spule hängt davon ab, ob dem Sensor eine Lücke oder ein Zahn gegenübersteht. Ein Zahn bündelt den Streufluss des Magneten. Es kommt zu einer Verstärkung des Nutzflusses durch die Spule. Eine Lücke dagegen schwächt den Magnetfluss. Diese Magnetfeldänderungen induzieren

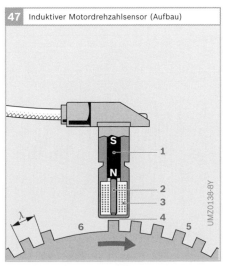

47 Induktiver Motordrehzahlsensor (Aufbau)

UMZ0138-8Y

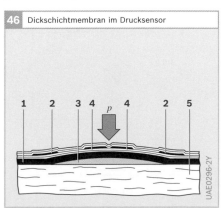

46 Dickschichtmembran im Drucksensor

UAE0296-2Y

Bild 46

1 Dickschicht membran

2 passiver Referenz-Dehnwiderstand

3 Referenzdruck-kammer

4 aktiver Dehnwiderstand

5 Keramiksubstrat

p Druck

Bild 47

1 Dauermagnet (Stabmagnet)

2 weichmagnetischer Polstift

3 Induktionsspule

4 Luftspalt

5 Zähne des Impulsrades

6 Zahnlücke (Bezugsmarke)

λ Zahnabstand

beim Drehen des Impulsrades in der Spule eine zur Änderungsgeschwindigkeit und damit Motordrehzahl proportionale sinusähnliche Ausgangsspannung (Bild 48). Die Amplitude der Wechselspannung wächst mit steigender Drehzahl stark an (wenige Millivolt bis über 100 V). Eine ausreichende Amplitude ist ab einer Mindestdrehzahl von ca. 20...30 Umdrehungen pro Minute vorhanden.

Die Anzahl der Zähne des Impulsrades hängt vom Anwendungsfall ab. Bei Motronic-Systemen kommen Impulsräder mit 60er-Teilung zum Einsatz, wobei zwei Zähne ausgelassen sind. Die Lücke bei den fehlenden Zähnen stellt eine Bezugsmarke dar und ist einer definierten Kurbelwellenstellung zugeordnet. Sie dient zur Synchronisation des Steuergeräts.

Zahn- und Polstiftgeometrie müssen aneinander angepasst sein. Eine Auswerteschaltung im Steuergerät formt die sinusähnliche Spannung mit stark unterschiedlicher Amplitude in eine Rechteckspannung mit konstanter Amplitude um. Dieses Signal wird im Mikrocontroller des Steuergeräts ausgewertet.

Aktive Drehzahlsensoren
Aktive Drehzahlsensoren arbeiten nach dem magnetostatischen Prinzip (siehe Hall-Geber). Die Amplitude des Ausgangssignals ist nicht von der Drehzahl abhängig.

Nockenwellensensor
Zur Erfassung der Nockenwellenstellung ist das magnetostatische Prinzip schon bei den ersten Motronic-Systemen im Einsatz. Bild 49 zeigt das Bild eines Nockenwellensensors mit gegenüberliegendem Impulsrad (Rotor). Die Stellung der Nockenwelle zeigt an, ob sich ein zum oberen Totpunkt bewegender Motorkolben im Verdichtungstakt mit anschließender Zündung oder im Ausstoßtakt befindet. Der Nockenwellensensor, auch als Phasensensor oder Phasengeber bezeichnet, erfasst die Stellung der Nockenwelle und gibt das Signal an das Steuergerät. Im einfachsten Fall ist ein Impulsrad mit nur einem Segment ausreichend.

Mit der Nockenwelle rotiert der Rotor aus ferromagnetischem Material. Der Hall-IC befindet sich zwischen Rotor und einem Dauermagneten, der ein Magnetfeld

Bild 48
1 Signal beim Erfassen der Zähne
2 Signal beim Abtasten der Zahnlücke

Bild 49
a Positionierung von Sensor und Impulsrad
b Ausgangssignalverlauf

1 Elektrischer Anschluss
2 Sensorgehäuse
3 Motorgehäuse
4 Dichtring
5 Dauermagnet
6 Hall-IC
7 Impulsrad
a Luftspalt
ψ Drehwinkel
U_A Ausgangsspannung
Z Zahn
L Lücke

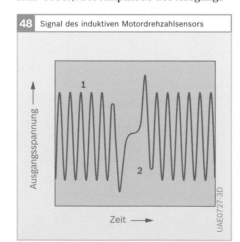

48 Signal des induktiven Motordrehzahlsensors

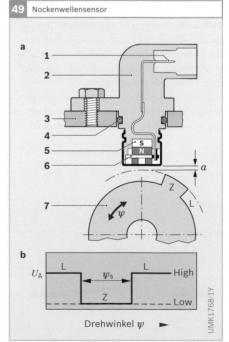

49 Nockenwellensensor

senkrecht zum Hall-Element liefert. Passiert nun ein Zahn das stromdurchflossene Sensorelement, verändert er die Feldstärke des Magnetfelds senkrecht zum Hall-Element. Dadurch entsteht ein Spannungssignal (Hall-Spannung), das unabhängig von der Relativgeschwindigkeit zwischen dem Sensor und dem Rotor ist. Die integrierte Auswerteelektronik im Hall-IC des Sensors bereitet das Signal auf und gibt es als Rechtecksignal aus (Bild 49b).

Motordrehzahlsensor
Mit dem magnetostatischen Prinzip ist die Erfassung der Motordrehzahl auch bei sehr kleinen Drehzahlen möglich (quasi-statische Drehzahlerfassung). Diese Sensoren haben als Motordrehzahlsensor in Motronic-Systemen die induktiven Sensoren verdrängt.

Beim Differential-Hall-Sensor befinden sich zwischen dem Magneten und dem Impulsrad zwei Hall-Sensorelemente (Bild 50). Der magnetische Fluss, von dem diese durchsetzt werden, hängt davon ab, ob dem Drehzahlsensor ein Zahn oder eine Lücke gegenübersteht. Mit Differenzbildung der Signale aus beiden Sensorele-

menten wird eine Reduzierung magnetischer Störsignale und ein verbessertes Signal-Rausch-Verhältnis erreicht. Die Flanken des Sensorsignals können ohne Digitalisierung direkt im Steuergerät verarbeitet werden.

Anstelle des ferromagnetischen Impulsrades werden auch Multipolräder eingesetzt. Hier ist auf einem nichtmagnetisch metallischen Träger ein magnetisierbarer Kunststoff aufgebracht und wechselweise magnetisiert. Diese Nord- und Südpole übernehmen die Funktion der Zähne des Impulsrades.

Drosselklappengeber
Der Drosselklappengeber erfasst bei der M-Motronic den Drosselklappenwinkel zum Ermitteln eines Nebenlastsignals. Das Nebenlastsignal wird u. a. als Zusatzinformation für Dynamikfunktionen, zur Bereichserkennung (Leerlauf, Teillast, Volllast) und als Notlaufsignal bei Ausfall des Hauptlastsensors verwendet.

Der Drosselklappengeber ist am Drosselklappenstutzen befestigt und sitzt mit der Drosselklappe auf einer Welle. Ein Potentiometer wertet die Winkelstellung der Drosselklappe aus und überträgt ein Spannungsverhältnis über eine Widerstandsschaltung an das Steuergerät (Bild 51 und Bild 52).

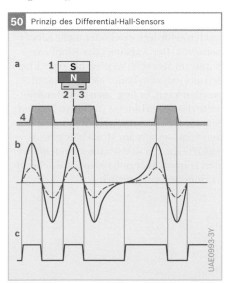

50 Prinzip des Differential-Hall-Sensors

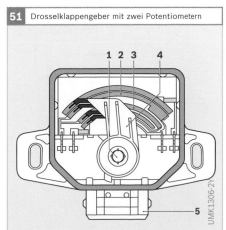

51 Drosselklappengeber mit zwei Potentiometern

Bild 50
a   Anordnung
b   Signal des
    Hall-Sensors
    (große Amplitude
    bei kleinem Luft-
    spalt, kleine Ampli-
    tude bei großem
    Luftspalt)
c   Ausgangssignal

1   Dauermagnet
2   Hall-Sensor 1
3   Hall-Sensor 2
4   Impulsrad

Bild 51
1   Drosselklappen-
    welle
2   Widerstandsbahn 1
3   Widerstandsbahn 2
4   Schleiferarm mit
    Schleifer
5   elektrischer
    Anschluss

Bei Einsatz des Drosselklappengebers als Hauptlastsensor sind die Anforderungen an die Genauigkeit höher. Die höhere Genauigkeit wird durch einen Drosselklappengeber mit zwei Potentiometern (zwei Winkelbereiche) und einer verbesserten Lagerung erreicht (siehe Drosselklappenpotentiometer Mono-Jetronic).

---

52 Schaltung des Drosselklappengebers

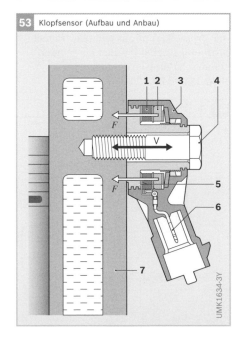

UMK1307-3Y

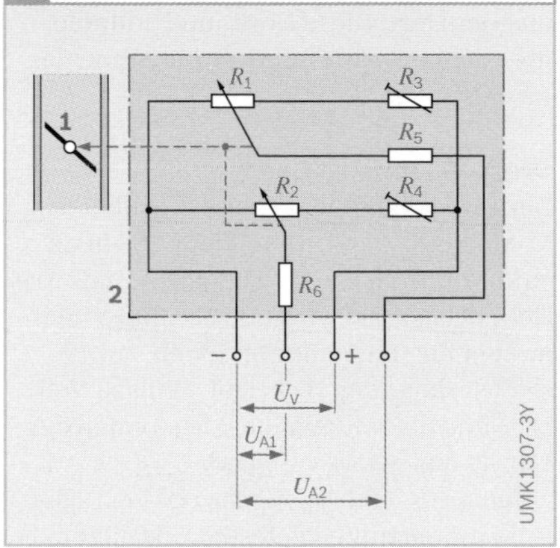

Bild 52
1 Drosselklappe
2 Drosselklappen-
   sensor
U_A Messspannungen
U_V Betriebsspannung
R_1, R_2 Widerstandsbahnen 1 und 2
R_3, R_4 Abgleich-
   widerstände
R_5, R_6 Schutz-
   widerstände

---

53 Klopfsensor (Aufbau und Anbau)

UMK1634-3Y

Bild 53
1 Ringförmige
   Piezokeramik
2 Seismische Masse
   mit Druckkräften F
3 Gehäuse
4 Schraube
5 Kontaktierung
6 elektrischer
   Anschluss
7 Motorblock
V Vibration

Klopfsensor

Klopfsensoren sind vom Funktionsprinzip Vibrationssensoren und eignen sich zum Erfassen von Körperschallschwingungen, Diese treten z.B. in Ottomotoren bei unkontrollierten Verbrennungen als Klopfen auf. Sie werden vom Klopfsensor in elektrische Signale umgewandelt und dem Motorsteuergerät zugeführt, das durch Verstellen des Zündwinkels dem Motorklopfen entgegenwirkt (siehe Klopfregelung).

Aufbau und Arbeitsweise

Bild 53 zeigt einen am Motorblock angeschraubten Klopfsensor. Eine Masse (seismische Masse) übt aufgrund ihrer Trägheit Druckkräfte im Rhythmus der anregenden Schwingungen auf eine ringförmige Piezokeramik aus. Diese Kräfte bewirken innerhalb der Keramik eine Ladungsverschiebung. Zwischen der Keramikoberseite und Keramikunterseite entsteht eine elektrische Spannung, die über Kontaktscheiben abgegriffen und im Motorsteuergerät weiterverarbeitet wird.

Anbau

Für 4-Zylinder-Motoren ist ein Klopfsensor ausreichend, um die Klopfsignale für alle Zylinder zu erfassen. Höhere Zylinderzahlen erfordern zwei oder mehr Klopfsensoren. Der Anbauort der Klopfsensoren am Motor ist so gewählt, dass Klopfen aus jedem Zylinder sicher erkannt werden kann. Er liegt meist auf der Breitseite des Motorblocks. Die entstehenden Signale (Körperschallschwingungen) müssen vom Messort am Motorblock resonanzfrei in den Klofsensor eingeleitet werden können. Hierzu ist eine feste Schraubverbindung erforderlich.

λ-Sonden

Die λ-Sonde liefert ein Signal über die augenblickliche Gemischzusammensetzung an das Steuergerät, indem es den Restsauerstoffgehalt im Abgas mit dem Sauerstoffanteil einer Referenzatmosphäre (Umluft im Sondeninnern) vergleicht. Das Sondensignal ist Eingangsgröße für die λ-Regelung (siehe λ-Regelung).

Zweipunkt-λ-Sonden

Die Zweipunkt-λ-Sonde zeigt an, ob ein fettes (λ < 1) oder ein mageres (λ > 1) Luft-Kraftstoff-Verhältnis vorliegt. Die sprungförmige Kennlinie beim stöchiometrischen Verhältnis (λ = 1) erlaubt mit einer Zweipunkt-λ-Regelung eine Gemischregelung auf λ = 1 (Bild 54). Hierzu ragt die Sonde zwischen Motorauslass und Katalysator in das Abgasrohr (Bild 55) und erfasst gleichmäßig den Abgasstrom aller Zylinder.

Für eine Zweisondenregelung sitzt eine λ-Sonde zusätzlich hinter dem Katalysator (siehe Zweisondenregelung).

Aufbau

Die Sonde besteht im Wesentlichen aus einem Körper aus Spezialkeramik (Zirkondioxid), dessen Oberflächen mit gasdurchlässigen Edelmetallelektroden (Platin) versehen sind.

Unbeheizte Fingersonde

Bei dieser ursprünglichen Ausführung einer λ-Sonde ist die Sondenkeramik fingerförmig ausgeprägt (Bild 56). Ein keramisches Stützrohr und eine Tellerfeder halten die Sondenkeramik im Sondengehäuse und dichten sie ab. Ein Kontaktteil zwischen dem Stützrohr und der Sondenkeramik sorgt für die Kontaktierung der Innenelektrode bis zum Anschlusskabel. Ein metallischer Dichtring verbindet die Außenelektrode mit dem Sondengehäuse. Die metallische Schutzhülse, die gleichzeitig auch als Widerlager für die Tellerfeder dient, hält und fixiert den gesamten inneren Aufbau der Sonde. Sie schützt auch das Sondeninnere gegen Verschmutzung.

Um Verbrennungsrückstände im Abgas von der Sondenkeramik fernzuhalten, ist am Sondengehäuse abgasseitig ein Schutzrohr mit einer besonderen Form angebracht. Die Schlitze im Schutzrohr sind so gestaltet, dass sie besonders wirkungsvoll vor großen thermischen und chemischen Belastungen schützen.

Beheizte Fingersonde

Das Konstruktionsprinzip der beheizten Sonde ist weitgehend mit dem der unbe-

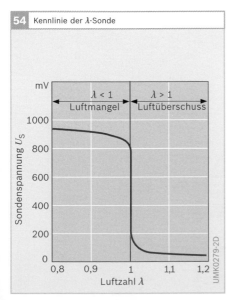

54 Kennlinie der λ-Sonde

λ < 1 Luftmangel
λ > 1 Luftüberschuss

Sondenspannung U_S (mV)

Luftzahl λ

UMK0279-2D

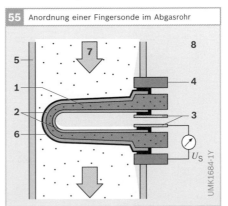

55 Anordnung einer Fingersonde im Abgasrohr

U_S

UMK1684-1Y

Bild 55
1 Sondenkeramik
2 Elektroden
3 Kontakte
4 Gehäuse-
  kontaktierung
5 Abgasrohr
6 keramische
  Schutzschicht
  (porös)
7 Abgas
8 Außenluft
U_S Sondenspannung

heizten Sonde identisch. Die Sondenkeramik wird von innen durch ein keramisches Heizelement beheizt, sodass innerhalb von 20...30 Sekunden nach Motorstart die Betriebstemperatur der Sonde erreicht ist. Unabhängig von der Abgastemperatur verbleibt die Temperatur der Sondenkeramik über der Funktionsgrenze von 350 °C.

Die beheizte Sonde weist ein Schutzrohr mit verminderter Durchlassöffnung auf. Dadurch wird unter anderem eine Abkühlung der Sondenkeramik bei kaltem Abgas verhindert.

Von Vorteil ist die sichere Regelung auch bei niedriger Abgastemperatur (z.B. im Leerlauf), die geringe Abhängigkeit von Schwankungen der Abgastemperatur, kurze Einschaltzeiten der λ-Regelung, geringe Abgaswerte durch günstige Sonden-

dynamik und flexible Einbaumöglichkeiten unabhängig von der externen Erwärmung.

Planare λ-Sonde
Planare Sonden (Bild 59) entsprechen funktionell den beheizten Fingersonden. Der Festkörperelektrolyt besteht jedoch aus einzelnen, aufeinander laminierten keramischen Folien (Bild 58). Ein doppelwandiges Schutzrohr schützt ihn vor thermischen und mechanischen Einflüssen.

Die Planarkeramik mit integrierter Messzelle und Heizelement hat die Form eines langgestreckten Plättchens mit rechteckigem Querschnitt. Die Oberfläche der Messzelle ist mit einer mikroporösen Edelmetallschicht versehen (Bild 60). Diese ist auf der Abgasseite zusätzlich von einer porösen keramischen

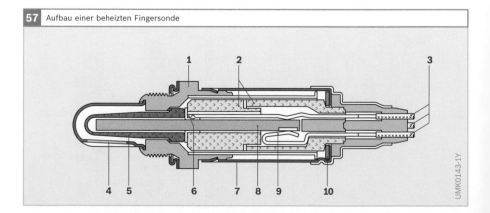

56 Aufbau einer unbeheizten Fingersonde

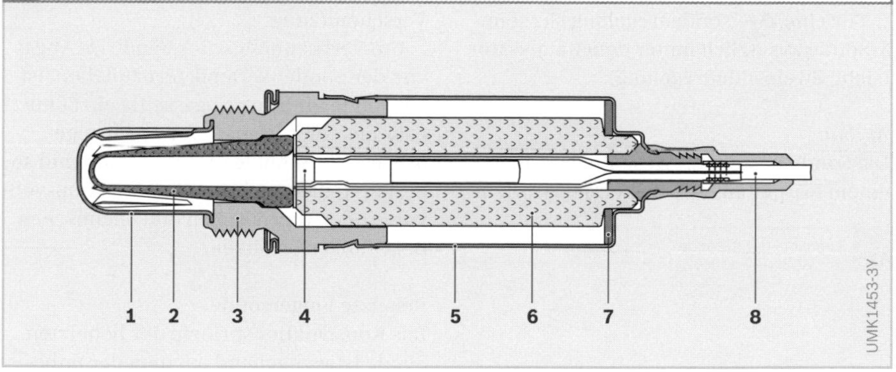

Bild 56
1 Schutzrohr
2 aktive Sondenkeramik
3 Sondengehäuse
4 Kontaktteil
5 Schutzhülse
6 keramisches Stützrohr
7 Tellerfeder
8 Anschlusskabel

UMK1453-3Y

57 Aufbau einer beheizten Fingersonde

Bild 57
1 Sondengehäuse
2 keramisches Stützrohr
3 Anschlusskabel
4 Schutzrohr mit Schlitzen
5 aktive Sondenkeramik
6 Kontaktteil
7 Schutzhülse
8 Heizelement
9 Klemmanschlüsse für Heizelement
10 Tellerfeder

UMK0143-1Y

Schutzschicht zum Verhindern von erosiven Schäden durch die Rückstände im Abgas abgedeckt. Das Heizelement besteht aus einem edelmetallhaltigen Mäander, der isoliert in das keramische Plättchen integriert ist und bei niedriger Leistungsaufnahme für eine schnelle Erwärmung sorgt.

Arbeitsweise

Die λ-Sonde ragt in den Abgasstrom und ist so gestaltet, dass die äußere Elektrodenseite der Sondenkeramik vom Abgas umspült ist und die innere Elektrodenseite

mit der Außenluft in Verbindung steht. Die Wirkung der Sonde beruht darauf, dass das keramische Material porös ist und eine Diffusion des Luftsauerstoffs zulässt (Festelektrolyt). Die Keramik wird bei einer Temperatur ab etwa 350 °C für Sauerstoffionen leitend. Ist der Sauerstoffgehalt auf beiden Seiten der Elektroden verschieden groß, so entsteht an den Elektroden eine elektrische Spannung (Nernst-Spannung, Prinzip der Nernst-Zelle). Bei einer

Bild 58
1   Poröse Schutz-
    schicht
2   Außenelektrode
3   Sensorfolie
4   Innenelektrode
5   Referenzluftkanal-
    folie
6   Isolationsschicht
7   Heizelement
8   Heizelementfolie
9   Anschlusskontakte

Bild 60
a   Ausführung mit
    Zugang zur Luft der
    Umgebung
b   Ausführung mit
    nach außen
    abgeschlossener
    Sauerstoff-Refe-
    renzkammer
1   Abgas
2   poröse keramische
    Schutzschicht
3   Messzelle mit
    mikroporöser
    Edelmetallschicht
4a Referenzluftkanal
4b Sauerstoff-Refe-
    renzkammer
5   Heizelement
U_A Ausgangsspannung
U_S Sondenspannung
U_P Pumpspannung
U_{Ref} Referenzspannung

58 Planare λ-Sonde (Funktionsschichten)

1
2
3
4
5
6
7
6
8
9

UMK1640-1Y

60 Planare λ-Sonde (schmatischer Aufbau)

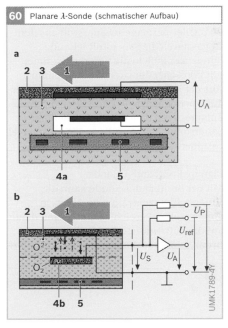

a

2 3 1

U_Λ

4a   5

b

2 3 1

U_P

U_{ref}

O^2

U_S U_A

O_2

4b 5

UMK1789-4Y

59 Planare Zweipunkt-λ-Sonde

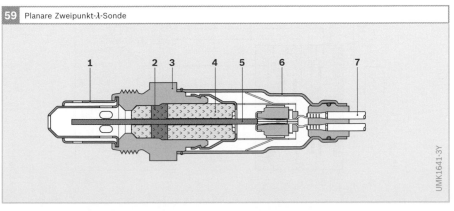

1   2 3   4   5   6   7

UMK1641-3Y

Bild 59
1   Schutzrohr
2   keramisches Dicht-
    paket
3   Sondengehäuse
4   keramisches Stütz-
    rohr
5   planare Messzelle
6   Schutzhülse
7   Anschlusskabel

stöchiometrischen Zusammensetzung des Luft-Kraftstoff-Gemischs von $\lambda = 1$ ergibt sich ein Kennliniensprung. Diese Spannung stellt das Messsignal dar (Bild 54).

Während die Referenzkammer der in Bild 60a dargestellten Ausführung im Innern der Sonde einen Zugang zur Luft der Umgebung hat, enthält die Sonde in Bild 60b eine nach außen abgeschlossene Sauerstoff-Referenzkammer, mit der sie den Restsauerstoff des Abgases vergleicht. Bei einer an zwei Elektroden angelegten Pumpspannung U_P fließt ein Strom von 20 µA, der permanent Sauerstoff aus dem Abgas durch die Sauerstoff leitende Sondenkeramik in die Referenzkammer mit porösem Füllmaterial hineinpumpt. Aus der Referenzkammer diffundiert aber auch permanent Sauerstoff zur Abgasseite entsprechend dem dort herrschenden Sauerstoffgehalt. Aus diesem Wechselspiel resultiert die jeweilige Sondenspannung.

Planare Breitband-λ-Sonde

Mit der Breitband-λ-Sonde kann die Sauerstoffkonzentration im Abgas in einem großen Bereich bestimmt und damit auf das Luft-Kraftstoff-Verhältnis λ im Brennraum geschlossen werden. Sie liefert im Bereich von $0{,}7 < \lambda < 3$ ein eindeitiges, stetiges elektrisches Signal. Dies ermöglicht zum einen eine λ-Regelung um $\lambda = 1$ mit hoher Dynamik. Aber auch eine Regelung auf Sollwerte, die von $\lambda = 1$ abweichen, ist möglich (z. B. Ottomotor-Magerkonzepte, Dieselmotoren).

Aufbau

Die Messzelle der Breitbandsonde (Bild 62) besteht aus einer Zirkondioxid-Keramik. Sie ist die Kombination einer Nernst-Konzentrationszelle (Sensorzelle, Funktion wie bei der Zweipunkt-λ-Sonde) und einer Sauerstoffpumpzelle, die Sauerstoffionen transportiert.

Die Sauerstoffpumpzelle ist zur Nernst-Konzentrationszelle so angeordnet, dass zwischen beiden ein Diffusionsspalt von 10...50 µm entsteht (Bild 61). Der Diffusionsspalt steht mit dem Abgas durch ein Gaszutrittsloch in Verbindung; die poröse Diffusionsbarriere begrenzt dabei das Nachfließen der Sauerstoffmoleküle aus dem Abgas.

Die Nernst-Konzentrationszelle ist auf der einen Seite durch einen Referenzluftkanal über eine Öffnung mit der umgebenden Atmosphäre verbunden. Auf der

Bild 61

1 Abgas
2 Abgasrohr
3 Heizelement
4 Regelungs-
  elektronik
5 Referenzzelle mit
  Referenzluftkanal
6 Diffusionsspalt
7 Nernst-Konzentra-
  tionszelle mit
  Nernst-Messelek-
  trode (auf Seite
  des Diffusions-
  spalts) und Refe-
  renzelektrode (auf
  Seite der Referenz-
  zelle)
8 Sauerstoffpump-
  zelle mit Pump-
  elektrode
9 poröse Schutz
  schicht
10 Gaszutrittsloch
11 poröse Diffusions-
  barriere

I_P Pumpstrom
U_P Pumpspannung
U_H Heizspannung
U_{Ref} Referenzspannung
  (450 mV,
  entspricht $\lambda = 1$)
U_S Sondenspannung

61 Planare Breitband-λ-Sonde (schematischer Aufbau der Messzelle und Anordnung im Abgasrohr)

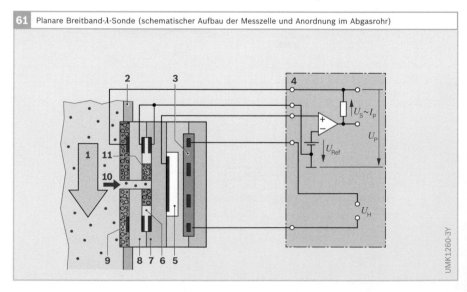

anderen Seite ist sie dem Abgas im Diffusionsspalt ausgesetzt.

Die Sonde liefert erst bei einer Betriebstemperatur von mindestens 600...800 °C ein brauchbares Signal. Damit diese Betriebstemperatur schnell erreicht wird, ist die Sonde mit einem integrierten Heizelement versehen.

Arbeitsweise

Das Abgas gelangt durch das kleine Gaszutrittsloch der Pumpzelle in den eigentlichen Messraum (Diffusionsspalt) der Nernst-Konzentrationszelle. Damit die Luftzahl λ im Diffusionsspalt eingestellt werden kann, vergleicht die Nernst-Konzentrationszelle das Gas im Diffusionsspalt mit der Umgebungsluft im Referenzluftkanal. Der gesamte Vorgang läuft auf folgende Weise ab:

Durch Anlegen einer Pumpspannung U_P an den Platinelektroden der Pumpzelle kann Sauerstoff durch die Diffusionsbarriere hindurch aus dem Abgas in den Diffusionsspalt hinein- oder herausgepumpt werden. Eine elektronische Schaltung regelt die an der Pumpzelle anliegende Spannung U_P mithilfe der Nernst-Konzentrationszelle so, dass die Zusammensetzung des Gases im Diffusionsspalt bei $\lambda = 1$ liegt. Bei magerem Abgas pumpt die Pumpzelle den Sauerstoff nach außen (positiver Pumpstrom), bei fettem Abgas wird dagegen der Sauerstoff (durch katalytische Zersetzung von CO_2 und H_2O an

der Abgaselektrode) aus dem Abgas der Umgebung in den Diffusionsspalt gepumpt (negativer Pumpstrom). Bei $\lambda = 1$ muss kein Sauerstoff transportiert werden, der Pumpstrom ist gleich null.

Der Pumpstrom ist proportional der Sauerstoffkonzentration im Abgas und somit ein (nicht lineares) Maß für die Luftzahl λ (Bild 63).

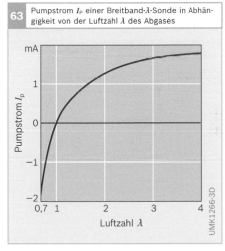

63 Pumpstrom I_P einer Breitband-λ-Sonde in Abhängigkeit von der Luftzahl λ des Abgases

UMK1266-3D

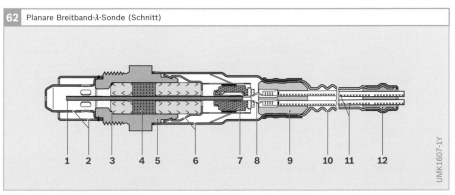

62 Planare Breitband-λ-Sonde (Schnitt)

UMK1607-1Y

Bild 62
1 Messzelle (Kombination aus Nernst-Konzentrationszelle und Sauerstoff-Pumpzelle)
2 Doppelschutzrohr
3 Dichtring
4 Dichtpaket
5 Sondengehäuse
6 Schutzhülse
7 Kontakthalter
8 Kontaktclip
9 PTFE-Tülle
10 PTFE-Formschlauch
11 fünf Anschlussleitungen
12 Dichtung

Zündsysteme

Die Batteriezündung hat ab Mitte der 1960er-Jahre mit der stürmischen Entwicklung auf dem Gebiet der Elektronik wesentliche Veränderungen erfahren, nachdem sie zuvor über Jahrzehnte hinweg nahezu gleich geblieben war. Die Zündsysteme konnten durch den Einsatz von Elektronik eine Vielzahl von Anforderungen erfüllen. Sie ermöglichten somit im Laufe der Entwicklung durch das Zusammenwirken mit anderen elektronischen Systemen des Kraftfahrzeugs eine gemeinsame Optimierung und einen Verbund des Motormanagements.

Die Ausführung des Zündsystems im Ottomotor richtet sich nach der Art der Zündauslösung, der Zündwinkelverstellung sowie nach der Art der Verteilung und Übertragung der Hochspannung. Die Systematik ist in Tabelle 1 dargestellt.

Zündung im Ottomotor

Die Zündung des Luft-Kraftstoff-Gemischs im Ottomotor erfolgt elektrisch durch einen Funkenüberschlag zwischen den Elektroden der Zündkerze. Die im Funken enthaltene Energie entzündet das verdichtete Gemisch im Bereich der Zündkerze, die anschließend von dieser Stelle ausgehende Flammenfront sorgt für die Entflammung des Gemischs im gesamten Brennraum.

Die induktive Zündanlage (Spulenzündung) erzeugt in jedem Arbeitstakt die für den Funkenüberschlag erforderliche Hochspannung. Die elektrische Energie wird der Batterie entnommen und in der Zündspule zwischengespeichert (Bild 1). Damit bei allen Betriebsbedingungen der Zündfunke überspringt, muss genügend Energie gespeichert und die für den Funkenüberschlag erforderliche Hochspannung (Zündspannungsbedarf) erzeugt werden.

Alle Komponenten der Zündanlage sind in ihren Ausführungsformen und Leistungsdaten den Anforderungen an das Gesamtsystem angepasst

Hochspannungserzeugung
Die Energie wird im Allgemeinen in einem induktiven Speicher (Zündspule bei der

1 Definition der Zündanlage

Aufgabe	Zündsystem			
	SZ	TSZ	EZ	VZ
	Konventionelle Spulenzündung	Transistor-Spulenzündung	Elektronische Zündung	Vollelektronische Zündung
Zündauslösung (Geber)	mechanisch	elektronisch	elektronisch	elektronisch
Zündwinkelbestimmung aus Drehzahl und Lastzustand des Motors	mechanisch	mechanisch	elektronisch	elektronisch
Hochspannungserzeugung	induktiv	induktiv	induktiv	induktiv
Verteilung und Übertragung des Zündfunkens in den richtigen Zylinder	mechanisch	mechanisch	mechanisch	elektronisch
Leistungsteil	mechanisch	elektronisch	elektronisch	elektronisch

Tabelle 1
In einem Zündsystem sind folgende Mindestaufgaben zu erfüllen

Spulenzündung), in seltenen Fällen in einem kapazitiven Speicher (Hochspannungs-Kondensatorzündung) gespeichert. Vor dem eigentlichen Zündzeitpunkt muss der Energiespeicher der Zündanlage rechtzeitig aufgeladen werden. Dazu ist im Zündsystem die Bildung einer Schließzeit beziehungsweise eines Schließwinkels nötig. Während dieser Zeit fließt Strom im Primärkreis der Zündspule. Dadurch wird in der Zündspule ein Magnetfeld aufgebaut, in dem die für die Zündung erforderliche Zündenergie E gespeichert wird. Es gilt:

$$E = \frac{1}{2} L I^2.$$

Dabei ist L die Induktivität der Primärwicklung und I der Spulenstrom. Dieser Strom erreicht aufgrund der induzierten Gegenspannung erst allmählich seinen Sollwert.

Die Hochspannung entsteht bei der Spulenzündung durch Abschalten der Primärinduktivität von der Versorgung im Zündzeitpunkt. Die schnelle Magnetfeldänderung beim Unterbrechen des Spulenstroms induziert auf der Sekundärseite der Zündspule aufgrund der großen Windungszahl (Übersetzungsverhältnis ca. 1 : 100) eine hohe Spannung (Bild 2).

Schließzeit
Die in der Zündspule gespeicherte Energie hängt von der Höhe des Stroms in der Primärwicklung zum Zündzeitpunkt (Abschaltstrom) und deren Induktivität ab. Die Höhe des Abschaltstroms hängt wesentlich von der Einschaltdauer (Schließzeit) und der Bordnetzspannung ab.

Für die rein mechanisch aufgebaute Spulenzündung ist die Einschaltdauer durch den Unterbrecherkontakt festgelegt. Der Kontakt ist über einen definierten Winkelbereich geschlossen, die Schließzeit ist somit bei niedrigen Drehzahlen sehr viel länger als im hohen Drehzahlbereich. Die Zündspulen sind entsprechend ausgelegt, dass die lange Schließzeit keine thermischen Überlastungen verursachen.

Transistor-Spulenzündungen mit niederohmigen, schnell aufladbaren Zündspulen erfordern eine Primärstrombegrenzung und eine Schließwinkelregelung.

Bei den elektronischen Zündsystemen sind die Schließzeiten zum Erreichen des gewünschten Abschaltstroms in spannungsabhängigen Kennlinien oder Kennfeldern abgelegt. Die Veränderung der Schließzeit über der Temperatur kann zusätzlich kompensiert werden. Damit wird eine thermische Überlastung der Zündspule vermieden.

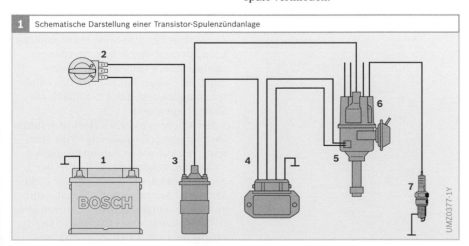

1 Schematische Darstellung einer Transistor-Spulenzündanlage

UMZ0377-1Y

Bild 1
1 Batterie
2 Zünd-Start-Schalter
3 Zündspule
4 Schaltgerät
5 Geber für
   Zündauslösung
6 Zündverteiler
7 Zündkerze

Entstehung des Zündfunkens

Zum Zündzeitpunkt, also bei Entladung der Zündspule, steigt die Spannung an den Elektroden der Zündkerze sehr schnell an, bis die Überschlagsspannung (Zündspannung) erreicht ist. Sobald der Funke gezündet ist, sinkt die Spannung an der Zündkerze auf die Brennspannung ab (Bild 2). Sie liegt im Bereich von wenigen hundert Volt bis deutlich über 1 kV. Gleichzeitig fließt in der leitfähig gewordenen Funkenstrecke ein Strom. Während der Brenndauer des Zündfunkens von wenigen 100 μs bis zu 2 ms (Funkendauer) wird die in der Zündspule gespeicherte Energie umgesetzt und das Luft-Kraftstoff-Gemisch entflammt. Der elektrische Funke zwischen den Elektroden der Zündkerze erzeugt ein Hochtemperaturplasma. Der entstehende Flammkern entwickelt sich bei zündfähigen Gemischen an der Zündkerze und ausreichender Energie durch die Zündanlage zu einer sich selbstständig ausbreitenden Flammenfront.

Sobald die Voraussetzungen für eine Entladung nicht mehr gegeben sind, erlischt der Funke und die Spannung an der Zündkerze schwingt gedämpft aus.

Der hier beschriebene Verlauf liegt nur dann vor, wenn das sich zwischen den Elektroden befindliche Gas in Ruhe ist. Höhere Strömungsgeschwindigkeiten füh-

ren zu einer deutlichen Veränderung des Funkenverlaufs. Der Funke kann im Verlauf der Brenndauer gelöscht und erneut gezündet werden. Vorgänge dieser Art werden als Folgefunken bezeichnet.

Hochspannung und Zündenergie sind so bemessen, dass auch eine verschleißbedingte Erhöhung des Zündspannungsbedarfs gedeckt wird.

Funkendauer

Innerhalb der Funkendauer muss zur sicheren Entflammung zündfähiges Luft-Kraftstoff-Gemisch vom Funken erreicht werden. Die Brennzeit des nach dem ersten Überschlag zwischen den Elektroden brennenden Lichtbogens bis zum Ausschwingvorgang der restlichen gespeicherten Energie wird als Funkendauer bezeichnet. Sie muss so groß sein, dass mit größter Wahrscheinlichkeit zündfähiges Gemisch den Bereich der Elektroden erreicht.

Zündspannungsbedarf

Der Zündspannungsbedarf der Zündkerze ist die für den Funkenüberschlag erforderliche Hochspannung. Die Zündspannung der Zündkerze ist die Spannung, bei der der Funke an den Elektroden überschlägt. Die Hochspannung bewirkt eine hohe elektrische Feldstärke zwischen den Elektroden, sodass die Funkenstrecke ionisiert und damit leitfähig wird. Die von der Zündanlage bereitgestellte Hochspannung kann 30 000 V übersteigen. Von diesem Hochspannungsangebot benötigt die Zündkerze einen Teil, nämlich den Zündspannungsbedarf, damit der Zündfunke überspringen kann.

Die Differenz zwischen Hochspannungsangebot und Zündspannung ist die Spannungsreserve. Sie ist notwendig, um den steigenden Zündspannungsbedarf durch den während der Lebensdauer der Zündkerze zunehmenden Elektrodenabstand zu decken. Aufgrund eines zu großen Elektrodenabstands, eines zu mageren Gemischs oder eines zu hohen Zündspan-

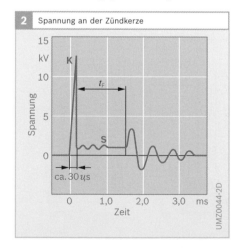

2 Spannung an der Zündkerze

Bild 2
K   Funkenkopf
S   Funkenschwanz
t_F Funkendauer

nungsbedarfs kann es zu Zündaussetzern kommen.

Die Luftzahl λ und der durch die Füllung und Kompression bestimmte Zylinderdruck haben zusammen mit dem Elektrodenabstand der Zündkerze, der Elektrodengeometrie und dem Elektrodenmaterial einen bestimmenden Einfluss auf den Zündspannungsbedarf und damit auf das erforderliche Spannungsangebot der Zündung. Einen weiteren Einfluss haben die Strömungsgeschwindigkeit in den Zylinder und Turbulenzen. Es muss sichergestellt sein, dass der Zündspannungsbedarf unter allen Umständen sicher von dem Zündspannungsangebot der Zündanlage überschritten wird.

Zündenergie

Der Abschaltstrom und die Zündspulenparameter bestimmen die in der Zündspule gespeicherte Energie, die dann als Zündenergie im Zündfunken zur Verfügung steht. Die Zündenergie hat entscheidenden Einfluss auf die Gemischentflammung. Eine gute Gemischentflammung ist Voraussetzung für einen leistungsfähigen und trotzdem schadstoffarmen Motorbetrieb. Das stellt hohe Anforderungen an die Zündanlage.

Energiebilanz einer Zündung

Die in der Zündspule gespeicherte Energie wird nach Auslösen des Zündfunkens freigesetzt. Diese Energie teilt sich in zwei verschiedene Anteile auf.

Funkenkopf
Damit ein Zündfunke an der Zündkerze entstehen kann, muss zuerst die sekundärseitige Kapazität C des Zündkreises (Wicklungskapazität, Kapazität der Zündkerze und der Zündleitung oder des Kerzenschachts) aufgeladen werden, die beim Funkenüberschlag wieder freigesetzt wird. Die dazu notwendige Energie E nimmt quadratisch mit der Zündspannung U zu ($E = \frac{1}{2} C U^2$). Bild 3 zeigt den Anteil dieser im Funkenkopf steckenden Energie.

Funkenschwanz
Die nach dem Funkenüberschlag noch verbleibende Energie in der Zündspule (induktiver Anteil) wird anschließend während der Funkendauer freigesetzt. Die Energie ergibt sich aus der Differenz der in der Zündspule gespeicherten Gesamtenergie und der durch die kapazitive Entladung freigesetzten Energie. Das bedeutet: Je höher der Zündspannungsbedarf, desto größer ist der Anteil der im Funkenkopf

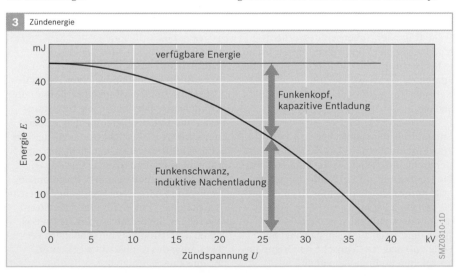

3 Zündenergie

verfügbare Energie

Funkenkopf, kapazitive Entladung

Funkenschwanz, induktive Nachentladung

Energie E / mJ

Zündspannung U / kV

SMZ0310-1D

steckenden Gesamtenergie und desto weniger Energie wird während der Funkendauer umgesetzt. Das heißt, desto kürzer ist die Funkendauer. Bei hohem Zündspannungsbedarf, z. B. wegen verschlissenen Zündkerzen, reicht die im Funkenschwanz vorhandene Energie unter Umständen nicht mehr aus, um ein entzündetes Gemisch vollständig zu entflammen oder einen abgerissenen Funken nochmals zu zünden.

Bei weiter steigendem Zündspannungsbedarf wird die Aussetzergrenze erreicht. Die verfügbare Energie reicht nicht mehr aus, um einen Funkenüberschlag zu erzeugen und schwingt in einer gedämpften Schwingung aus (Zündaussetzer).

Energieverluste

Bild 3 stellt die Verhältnisse vereinfacht dar. Durch ohmsche Widerstände in der Zündspule und in den Zündleitungen sowie durch die Entstörwiderstände entstehen Verluste, die nicht als Zündenergie zur Verfügung stehen.

Weitere Verluste entstehen durch Nebenschlusswiderstände. Diese können durch Schmutz an den Hochspannungsverbindungen, aber vor allem auch durch Ablagerungen und Ruß an der Zündkerze innerhalb des Brennraums verursacht werden.

Die Höhe der Nebenschlussverluste hängt auch vom Zündspannungsbedarf ab. Je höher die an der Zündkerze anliegende Spannung, desto größer sind die über die Nebenschlusswiderstände abfließenden Ströme.

Entzündung des Gemischs

Zum Entzünden eines Luft-Kraftstoff-Gemischs durch elektrische Funken ist pro Einzelzündung unter Idealbedingungen (z. B. unter Laborbedingungen) eine Energie von etwa 0,2 mJ erforderlich, sofern das Gemisch ruhend, homogen und stöchiometrisch zusammengesetzt ist. Fette und magere Gemische benötigen unter solchen Bedingungen über 3 mJ.

Diese Energie ist nur ein Bruchteil der im Zündfunken steckenden Gesamtenergie, der Zündenergie. Bei herkömmlichen Zündanlagen sind zur Erzeugung eines Hochspannungsüberschlags im Zündzeitpunkt bei hohen Durchbruchspannungen Energien von über 15 mJ notwendig. Diese zusätzliche Energie ist erforderlich, um die Kapazitäten auf der Sekundärseite aufzuladen. Zur Aufrechterhaltung einer bestimmten Funkendauer und zur Abdeckung von Verlusten, z. B. Nebenschluss an der Zündkerze durch Verschmutzung, muss weitere Energie bereitstehen. So ergeben sich Zündenergien von wenigstens 30...50 mJ. Das entspricht einer in der Zündspule gespeicherten Energie von 60...120 mJ.

Steht zu wenig Zündenergie zur Verfügung, kommt die Zündung des Gemischs nicht zustande. Das Gemisch kann nicht entflammen und es gibt Verbrennungsaussetzer. Aus diesem Grund muss so viel Zündenergie bereitgestellt werden, dass selbst unter ungünstigen äußeren Bedingungen das Luft-Kraftstoff-Gemisch mit Sicherheit entflammt. Dabei genügt es, wenn ein kleines Gemischvolumen vom Funken entzündet wird. Das entflammende Gemisch an der Zündkerze entzündet dann auch das übrige Gemisch im Zylinder und leitet so den Verbrennungsvorgang ein.

Einflüsse auf Zündeigenschaft

Gute Aufbereitung und leichter Zutritt des Gemischs zum Zündfunken verbessert die Zündeigenschaft ebenso wie lange Funkendauer und große Funkenlänge beziehungsweise großer Elektrodenabstand an den Zündkerzen. Günstig wirkt sich eine Gemischturbulenz aus, vorausgesetzt, dass für eventuell benötigte Folgefunken genügend Energie zur Verfügung steht. Die Turbulenzen sorgen für eine schnellere Verteilung der Flammenfront im Brennraum und damit für eine schnellere Verbrennung des Gemischs im gesamten Brennraum.

Bei mageren Gemischen sind eine besonders hohe Zündenergie und eine lange Funkendauer günstig. Dies zeigt sich am Beispiel des Leerlaufs eines Motors – im Leerlauf kann das Gemisch sehr inhomogen sein, Ventilüberschneidungen führen zu einem hohen Restgasanteil.

Auch die Verschmutzung der Zündkerze ist von Bedeutung. Bei stark verschmutzten Zündkerzen fließt während der Zeit, in der die Hochspannung aufgebaut wird, Energie aus der Zündspule über den Zündkerzennebenschluss ab. Dies führt zu einer Reduzierung der Hochspannung und zu einer Verkürzung der Funkendauer mit Auswirkung auf das Abgas und im Grenzfall – bei stark verschmutzten oder nassen Zündkerzen – zu Zündaussetzern.

Zündaussetzer führen zu Verbrennungsaussetzern, die den Kraftstoffverbrauch und die Schadstoffemissionen erhöhen und den Katalysator aufgrund von Nachverbrennungen thermisch schädigen können.

Zündzeitpunkt

Der Zeitpunkt, an dem der Zündfunke das Luft-Kraftstoff-Gemisch im Brennraum zündet, muss sehr genau eingestellt werden. Er wird üblicherweise als Zündwinkel in °KW (Kurbelwinkel) angegeben und auf den oberen Totpunkt (OT) bezogen. Diese Größe hat entscheidenden Einfluss auf den Motorbetrieb und bestimmt das abgegebene Drehmoment, die Abgasemissionen und den Kraftstoffverbrauch. Der Zündzeitpunkt wird so vorgegeben, dass alle Anforderungen möglichst gut erfüllt werden. Im Betrieb muss anhaltendes Motorklopfen vermieden werden.

Der Zündzeitpunkt hängt wesentlich von den Größen Drehzahl und Last ab. Die Abhängigkeit von der Drehzahl rührt daher, dass die Durchbrennzeit des Gemischs bei konstanter Füllung und gleichbleibendem Luft-Kraftstoff-Verhältnis konstant ist. Der Zündzeitpunkt muss so gewählt werden, dass der Verbrennungsschwerpunkt und damit die Druckspitze im Zylinder kurz nachdem oberen Totpunkt liegt (siehe Bild 7). Daraus ergibt sich, dass mit steigender Drehzahl die Zündung zu einem früheren Kurbelwinkel ausgelöst werden muss.

Die Abhängigkeit von der Last wird durch die Abmagerung bei niedrigen Lasten, dem Restgasgehalt und der geringeren Füllung des Zylinders beeinflusst. Dieser Einfluss bewirkt einen größeren Zündverzug und niedrigere Brenngeschwindigkeiten im Gemisch, sodass der Zündwinkel bei geringer Zylinderfüllung nach früh verstellt werden muss.

Zündverstellung

Das Verhalten der Zündung in Abhängigkeit von der Drehzahl und der Last ist in der Verstellfunktion eingearbeitet. In einem einfachen Fall besteht die Verstellfunktion aus einem Fliehkraftversteller für die Drehzahlabhängigkeit und einer Unterdruckdose für die Lastabhängigkeit (siehe konventionelle Spulenzündung). Der Unterdruck im Saugrohr ist in weiten Bereichen ein Maß für die Last des Motors.

Bei elektronischen Zündsystemen sind die Zündwinkel in einem von Drehzahl und Last aufgespannten Zündwinkelkennfeld abgelegt (siehe Elektronische Zündung). Dieses Kennfeld bildet die Grundanpassung des Zündwinkels. Diese elektronische Zündwinkelverstellung ermöglicht es, in jedem Betriebspunkt des Motors den bestmöglichen Zündwinkel vorzugeben. Das Kennfeld wird auf dem Motorenprüfstand ermittelt, wobei bei der Festlegung z. B. auch Anforderungen bezüglich Motorgeräusch, Komfort oder Bauteileschutz Berücksichtigung finden. Außerdem werden bei der Berechnung des Zündwinkels weitere Einflüsse des Motors mit berücksichtigt, z. B. die Motortemperatur oder Änderungen der Gemischzusammensetzung. Diese Größen werden von Sensoren erfasst und dem Motorsteuergerät zugeführt.

Die Werte aller Verstellfunktionen werden mechanisch oder elektronisch mitei-

nander verknüpft, um daraus den Zündzeitpunkt zu bestimmen.

Spannungsverteilung

Bei der rotierenden Hochspannungsverteilung (ROV, Bild 4a) wird die von nur einer
einzigen Zündspule erzeugte Hochspannung von einem Zündverteiler mechanisch
verteilt und auf den Zylinder geführt, der
sich gerade im Arbeitstakt befindet. Die
dafür erforderliche Lageinformation von
der Kurbelwelle ist hier durch die mechanische Fixierung über den Zündverteiler-
antrieb gegeben.

Die verteilerlose, elektronische oder
ruhende Verteilung (RUV, Bild 4b) arbeitet
mit mehreren Zündspulen, die mechanischen Komponenten entfallen. Die Spannungsverteilung geschieht auf der Primärseite der Zündspulen. Damit ist eine
verschleiß- und verlustfreie Spannungsverteilung möglich. Diese Art der Spannungsverteilung wird bei der vollelektronischen Zündung angewandt (siehe Vollelektronische Zündung).

Es gibt zwei Varianten der ruhenden
Spannungsverteilung. Bei einer Anlage mit

Einzelfunken-Zündspulen ist jedem Zylinder eine Zündendstufe und eine Zündspule zugeordnet. Die Zündspulen sind
direkt mit den Zündkerzen verbunden.
Das Motorsteuergerät steuert entsprechend der Zündfolge die Zündendstufe an.
Diese Anlage ist universell für alle Zylinderzahlen einsetzbar. Allerdings muss die
Anlage über einen Nockenwellensensor
zusätzlich mit der Nockenwelle synchronisiert werden, damit zwischen Verdichtungstakt und Ausstoßtakt unterschieden
werden kann.

Bei einer Anlage mit Zweifunken-Zündspulen sind eine Zündendstufe und eine
Zündspule jeweils zwei Zylindern zugeordnet. Die Enden der Sekundärwicklung
einer Zündspule sind an jeweils eine Zündkerze in unterschiedlichen Zylindern angeschlossen. Die Zylinder sind so gewählt,
dass sich im Verdichtungstakt des einen
Zylinders der andere Zylinder gerade im
Ausstoßtakt befindet. Im Zündzeitpunkt
erfolgt an beiden Zündkerzen ein Funkenüberschlag. Es muss sichergestellt sein,
dass durch den Funken im Ausstoßtakt
(Stützfunke) kein Restgas und kein ange-
saugtes Luft-Kraftstoff-Gemisch entflammt. Dadurch ergibt sich eine Ein-
schränkung des möglichen Zündwinkel-
verstellbereichs. Diese Anlagen sind nur
für geradzahlige Zylinderzahlen möglich.
Es ist hier keine Synchronisation mit der
Nockenwelle erforderlich.

Schadstoffemission

Der Zündwinkel α_z beziehungsweise der
Zündzeitpunkt hat einen wichtigen Einfluss auf die Abgaswerte im Rohabgas
(d. h. vor dem Katalysator), auf das Drehmoment, auf den Kraftstoffverbrauch und
auf die Fahrbarkeit. Die wichtigsten
Schadstoffe im Abgas sind die unverbrannten Kohlenwasserstoffe (HC), die
Stickoxide (NO$_x$) und das Kohlenmonoxid
(CO).

4 Prinzip der Spannungsverteilung

a

b

UMZ0309-1Y

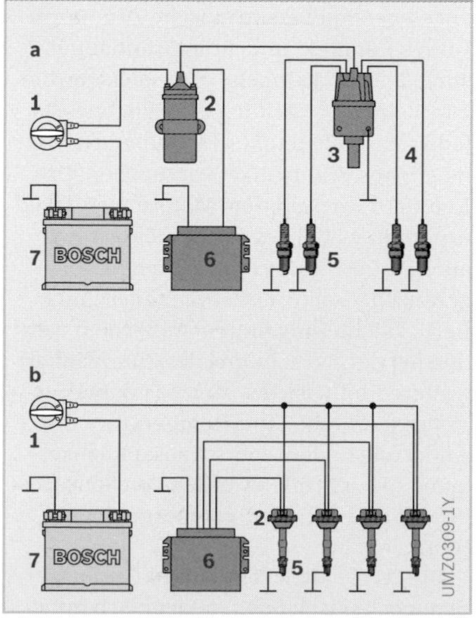

Bild 4
a Rotierende
  Verteilung (ROV)
b Ruhende
  Verteilung (RUV)
  mit Einzelfunken-
  Zündspulen

1 Zünd-Start-Schalter
2 Zündspule
3 Zündverteiler
4 Zündkabel
5 Zündkerze
6 Steuergerät
7 Batterie

HC-Emission

Mit steigender Frühzündung nimmt die Emission unverbrannter Kohlenwasserstoffe zu (Bild 5a), da die Nachreaktionen in der Expansionsphase und in der Ausstoßphase wegen der geringeren Abgastemperatur ungünstiger verlaufen. Nur im sehr mageren Bereich kehren sich die Verhältnisse um.

NO$_x$-Emission

Im gesamten Bereich des Luft-Kraftstoff-Verhältnisses nimmt die NO$_x$-Emission mit steigender Frühzündung zu (Bild 5b). Ursache dafür ist die höhere Brennraumtemperatur bei früherem Zündzeitpunkt, die das chemische Gleichgewicht stärker auf die Seite der NO$_x$-Bildung verschiebt und die vor allem die Reaktionsgeschwindigkeit der NO$_x$-Bildung erhöht.

CO-Emission

Die CO-Emission ist vom Zündzeitpunkt nahezu unabhängig und fast ausschließlich eine Funktion des Luft-Kraftstoff-Verhältnisses (Bild 5c).

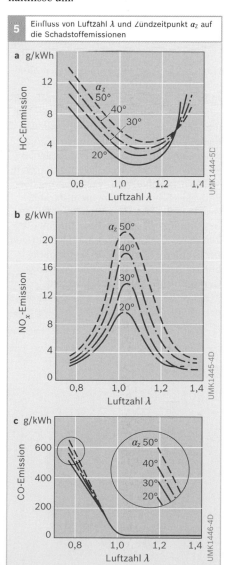

5 Einfluss von Luftzahl λ und Zündzeitpunkt α_z auf die Schadstoffemissionen

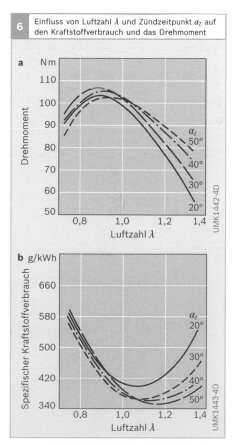

6 Einfluss von Luftzahl λ und Zündzeitpunkt α_z auf den Kraftstoffverbrauch und das Drehmoment

Bild 5
a Kohlenwasserstoff-Emission
b Stickoxid-Emission
c Kohlenmonoxid-Emission

Bild 6
a Drehmoment
b spezifischer Kraftstoffverbrauch

Kraftstoffverbrauch und Drehmoment

Der Einfluss des Zündzeitpunkts auf den Kraftstoffverbrauch läuft dem Einfluss auf die Schadstoffemission entgegen (Bild 6). Mit steigender Luftzahl λ muss zum Ausgleich der geringeren Verbrennungsgeschwindigkeit immer früher gezündet werden, damit der Verbrennungsablauf optimal bleibt. Früherer Zündzeitpunkt bedeutet daher geringeren Kraftstoffverbrauch und höheres Drehmoment, aber nur bei entsprechender Gemischänderung.

Um bei dieser Schere zwischen Kraftstoffverbrauch und Schadstoffemission den günstigsten Kompromiss zu finden, ist eine aufwändige Zündverstellung erforderlich, die eine unabhängige Optimierung des Zündzeitpunkts in allen Betriebsbereichen des Motors erlaubt.

Klopfneigung

Ein weiterer wichtiger Zusammenhang besteht zwischen Zündzeitpunkt und Klopfneigung. Das zeigt sich an der Auswirkung eines zu frühen und eines zu späten Zündwinkels (im Vergleich zum richtigen Zündwinkel) auf den Druck im Brennraum (Bild 7). Liegt der Zündwinkel zu früh, entzündet sich durch die Druckwelle der Entflammung zusätzlich noch nicht von der Flammenfront erfasstes unverbranntes Restgemisch (Endgas) an verschiedenen Stellen des Brennraums. Die nachfolgende schlagartig ablaufende Verbrennung des Endgases führt lokal zu einem starken Druckanstieg. Die dadurch erzeugte Druckwelle breitet sich aus, trifft auf die Zylinderwände und ist somit bei niedrigen Drehzahlen als klopfende Verbrennung hörbar. Bei hohen Drehzahlen wird das Geräusch vom Motorlärm übertönt.

Bei länger andauerndem Klopfen können die Druckwellen und die erhöhte ther-

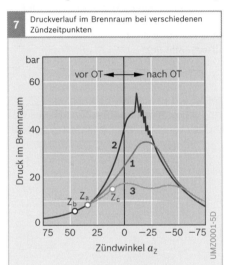

7 Druckverlauf im Brennraum bei verschiedenen Zündzeitpunkten

vor OT ◄──── ──── ► nach OT

Druck im Brennraum (bar): 60, 40, 20, 0

Zündwinkel a_Z: 75, 50, 25, 0, −25, −50, −75

Z_b Z_a Z_c

UMZ0001-5D

Bild 7

1 Zündung (Z_a) im richtigen Zeitpunkt
2 Zündung (Z_b) zu früh (klopfende Verbrennung)
3 Zündung (Z_c) zu spät

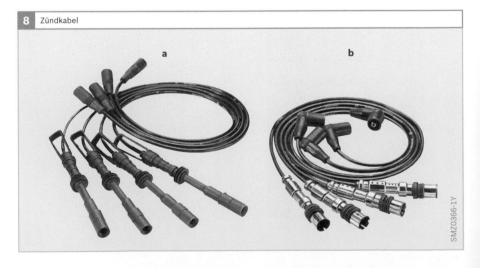

8 Zündkabel

a   b

SMZ0366-1Y

Bild 8

a Kabelsatz mit geraden Steckern und ungeschirmten Zündkerzensteckern
b Kabelsatz mit Winkelsteckern und teilgeschirmten Zündkerzensteckern

mische Belastung mechanische Schäden am Motor verursachen. Deshalb muss Klopfen durch die Optimierung zwischen geeignetem Kraftstoff mit entsprechender Oktanzahl und Zündzeitpunkt vermieden werden. Bei Motoren mit Klopfregelung wird der Zündwinkel bei erkanntem Klopfen automatisch in Richtung Spät verstellt (siehe Klopfregelung). Bei Motoren ohne Klopfregelung ist der Zündwinkel so eingestellt, dass ein ausreichender Abstand zur Klopfgrenze gewahrt bleibt.

Verbindungsmittel

Die Verbindungsmittel (Stecker und Hochspannungsleitungen, Bild 8) übertragen die Hochspannung auf die Zündkerze. Die Zündkerze muss über alle Betriebsbereiche des Motors hinweg zuverlässig funktionieren, damit immer eine Gemischentflammung sichergestellt ist.

Konventionelle Spulenzündung

Die konventionelle Spulenzündanlage (SZ) ist kontaktgesteuert. Das bedeutet, dass der Strom, der durch die Zündspule fließt, über einen Kontakt im Zündverteiler (Zündunterbrecher) mechanisch ein- und ausgeschaltet wird.

Die kontaktgesteuerte Spulenzündung ist die einfachste Version einer Zündung, in der alle Funktionen verwirklicht sind.

Übersicht der Komponenten

Spulenzündanlagen setzen sich aus verschiedenen Bauteilen zusammen (Bild 9), deren Konstruktion und leistungsmäßige Auslegung wesentlich vom betreffenden Motor abhängen.

▶ Die Zündspule speichert die Zündenergie und gibt sie in Form eines Hochspannungsimpulses über Zündleitungen weiter.

▶ Der Zünd-Start-Schalter liegt im Primärstromkreis der Zündspule und wird durch den Zündschlüssel betätigt.

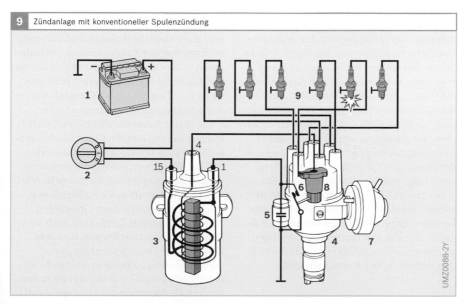

9 Zündanlage mit konventioneller Spulenzündung

UMZ0088-2Y

Bild 9
1 Batterie
2 Zünd-Start-Schalter
3 Zündspule
4 Zündverteiler
   (integrierter Fliehkraftzündversteller hier nicht dargestellt)
5 Zündkondensator
6 Zündunterbrecher
7 Unterdruckzündversteller
8 Verteilerläufer
9 Zündkerzen

Mager dargestellte Zahlen bezeichnen Klemmenanschlüsse

▶ Der optionale Vorwiderstand im Primärstromkreis wird zur Startspannungsanhebung beim Start kurzgeschlossen.

▶ Der Zündunterbrecher schließt und
unterbricht den Primärstromkreis der
Zündspule zur Energiespeicherung und
Spannungsumformung.

▶ Der Zündkondensator sorgt für ein
exaktes Unterbrechen des primären
Spulenstroms. Er unterdrückt weitgehend die Funkenbildung am Unterbrecherkontakt.

▶ Der Zündverteiler verteilt die Zündspannung auf die Zündkerzen in festgelegter Reihenfolge.

▶ Der Fliehkraftzündversteller verstellt
selbsttätig den Zündzeitpunkt in Abhängigkeit von der Motordrehzahl.

▶ Der Unterdruckzündversteller verstellt
selbsttätig den Zündzeitpunkt in Abhängigkeit von der Belastung des Motors.

▶ Die Zündkerze enthält die für das Ent-
stehen des Zündfunkens wichtigsten
Teile (Elektroden) und dichtet den
Brennraum nach außen hin ab.

Funktionsprinzip

Synchronisation und Verteilung

Die Synchronisation mit der Kurbelwelle
und damit mit der Position der Kolben in
den einzelnen Zylindern ist durch die mechanische Kopplung des Zündverteilers an
der Nockenwelle oder an einer anderen
gegenüber der Kurbelwelle in der Drehzahl mit 2:1 (für 4-Takt-Motoren) unter-
setzten Welle sichergestellt. Deshalb führt
auch ein Verdrehen des Zündverteilers zu
einer Verschiebung des Zündzeitpunkts
beziehungsweise ermöglicht eine Veränderung im Zündverteiler die Einstellung
eines vorgeschriebenen Zündzeitpunkts.

Der mechanisch, ebenfalls fest an den
oberen Teil der Verteilerwelle gekoppelte
Verteilerläufer sorgt in Verbindung mit der
Zuführung der Hochspannungsleitungen
zu den einzelnen Zündkerzen für die richtige Verteilung der Hochspannung.

Ablauf der Zündung

Im Betriebsfall liegt die Spannung der
Batterie über den Zünd-Start-Schalter an
Klemme 15 der Zündspule an (Bild 9). Bei
geschlossenem Zündunterbrecher fließt
der Strom über die Primärwicklung der
Zündspule gegen Masse. Dadurch wird in
der Zündspule ein Magnetfeld aufgebaut,
in dem die Zündenergie gespeichert wird.
Der Stromanstieg folgt aufgrund der
Induktivität und des Widerstands der
Primärwicklung einer Exponentialfunk-
tion. Die Aufladezeit wird durch den
Schließwinkel bestimmt. Der Schließwinkel wiederum wird durch die Ausführung des Nockens, der über das Gleitstück
den Zündunterbrecher betätigt, vorgegeben (siehe Bild 12). Am Ende der Schließzeit öffnet der Verteilernocken den Zünd-
kontakt und unterbricht damit den Spulenstrom. Der Strom und die Abschaltzeit sowie die Windungszahl der Sekundärseite
der Zündspule bestimmen im Wesentlichen die sekundärseitig induzierte Zündspannung.

Parallel zum Zündunterbrecher ist der
Zündkondensator geschaltet. Er verhindert, dass beim Unterbrechen des Primärstroms ein Lichtbogen und damit ein
Stromfluss infolge des durch ihn ionisier-
ten Gases entsteht Dadurch fließt bis zum
Durchschlag der Zündspannung ein Lade-
strom in den Kondensator und lädt diesen
auf. Auf diese Weise entstehen primärsei-
tig an der Klemme 1 der Zündspule kurzzeitig Spannungen von einigen 100 V.

Die in der Sekundärwicklung erzeugte
Hochspannung lädt die Kapazität der Ver-
bindung zum Mitteldom des Zündvertei-
lers auf, führt dort zwischen Verteilerläu-
fer und Außenelektrode zu einem Durch-
bruch, lädt daraufhin die Kapazität der
Hochspannungsleitung zur jeweiligen
Zündkerze auf und führt schließlich an der
Zündkerze zum Durchbruch, d. h. zum
Zündfunken. Danach fließt die in der
Zündspule gespeicherte magnetische En-
ergie stetig als elektrische Energie in den
Funken ab. Nachdem die Zündspule entla-

den ist, schaltet der Nocken des Zündverteilers den Zündunterbrecher wieder und die Zündspule wird aufs Neue aufgeladen.

Der Verteilerläufer, der in der Zwischenzeit weiterläuft, überträgt bei der folgenden Zündung die Hochspannung auf eine weitere Zündkerze.

Zündspule

Aufbau

Die Zündspule (Bild 10) besteht aus einem Becher, in den Mantelbleche für den magnetischen Rückschluss eingebaut sind. Die Sekundärwicklung ist direkt auf den lamellierten Eisenkern gewickelt und über den Kern elektrisch mit dem Hochspannungsdom im Zündspulendeckel verbunden. Da die Hochspannung auf dem Eisenkern liegt, muss dieser durch den Deckel und einen zusätzlich im Boden eingelegten Isolierkörper isoliert sein. Die Primär-

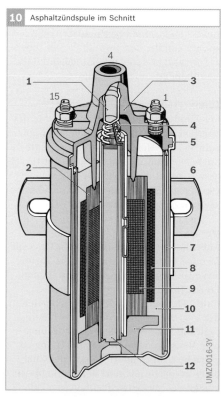

10 Asphaltzündspule im Schnitt

UMZ0016-3Y

wicklung liegt außen über der Sekundärwicklung.

Der isolierte Zündspulendeckel enthält symmetrisch zum Hochspannungsdom (Klemme 4) die Klemmen für die Batteriespannung (Klemme 15) und die Verbindung zum Zündunterbrecher (Klemme 1). Die Isolation und die mechanische Fixierung der Wicklungen erfolgt in der Regel durch einen Verguss mit Asphalt. Frühere Zündspulen waren mit Transformatorenöl gefüllt.

Die Verlustleistung entsteht hauptsächlich in der Primärwicklung. Die Verlustwärme wird über die Mantelbleche auf den Becher abgeleitet. Deshalb wird die Zündspule mit einer breiten Schelle so an der Karosserie befestigt, dass über dieses Metallband möglichst viel Wärme abfließt.

Funktion

Der Primärstrom, der durch den Zündverteiler ein- und ausgeschaltet wird, fließt durch die Primärwicklung der Zündspule. Der Betrag des Stroms wird durch die Bordnetzspannung an Klemme 15 und den ohmschen Widerstand der Primärwicklung bestimmt. Der Primärwiderstand kann je nach Verwendung der Zündspule zwischen 0,2 Ω und 3 Ω liegen. Die Primärinduktivität L_1 beträgt einige mH. Für die im Magnetfeld der Zündspule gespeicherte Energie ergibt sich:

$$W_{Sp} = \frac{1}{2} L_1 \, i_1{}^2 .$$

i_1 ist der Strom, der im Augenblick des Öffnens des Zündunterbrecherkontakts im Zündverteiler fließt.

Im Zündzeitpunkt steigt die Spannung an der Klemme 4 (Hochspannungsdom der Zündspule) ungefähr nach einer Sinusfunktion an. Die Anstiegsgeschwindigkeit wird durch die Sekundärinduktivität und die kapazitive Belastung an der Klemme 4 bestimmt. Wenn die Durchbruchspannung an der Zündkerze erreicht ist, geht die Spannung auf die Brennspannung der Zündkerze zurück, und die in der Zünd-

Bild 10

1 Hochspannungsanschluss außen (Hochspannungsdom)
2 Wickellagen mit Isolierpapier
3 isolierter Zündspulendeckel
4 Hochspannungsanschluss intern über Federkontakt
5 Gehäuse (Becher)
6 Befestigungsschelle
7 magnetisches Mantelblech
8 Primärwicklung
9 Sekundärwicklung
10 Vergussmasse (Asphalt)
11 Isolierkörper
12 Eisenkern

Mager dargestellte Zahlen geben Klemmenbezeichnungen an

spule gespeicherte Energie fließt in den Zündfunken. Sobald die Energie nicht mehr zum Aufrechterhalten des Lichtbogens ausreicht, bricht der Funke ab und die verbleibende Energie schwingt in dem Sekundärkreis der Zündspule aus (Bild 2).

Die Hochspannung ist so gepolt, dass die Mittelelektrode der Zündkerze negativ gegen die Fahrzeugmasse aufgeladen ist. Bei umgekehrter Polarität ergäbe sich ein etwas höherer Zündspannungsbedarf. Die

Zündspule ist als Spartrafo so ausgebildet, dass die Sekundärseite sich auf Klemme 1 oder Klemme 15 abstützt.

Die Primärinduktivität und der Primärwiderstand sind bestimmend für die gespeicherte Energie, die Sekundärinduktivität ist maßgebend für die Hochspannungs- und die Funkencharakteristik. Ein typisches Windungsverhältnis von Primär- zu Sekundärwicklung ist 1:100. Die induzierte Spannung, der Funkenstrom und die Funkendauer sind sowohl von der gespeicherten Energie als auch von der Sekundärinduktivität abhängig.

Innenwiderstand

Ein weiterer wichtiger Wert ist der Innenwiderstand, da er die Geschwindigkeit des Spannungsanstiegs mitbestimmt und damit ein Maß dafür ist, wie viel Energie auf der Zündspule über Nebenschlusswiderstände zum Augenblick des Funkendurchbruchs abfließt. Ein niedrigerer Innenwiderstand ist bei verschmutzten oder nassen Zündkerzen vorteilhaft. Der Innenwiderstand ist von der Sekundärinduktivität abhängig.

Zündverteiler

Der Zündverteiler ist die Komponente der Zündanlage mit den meisten Funktionen. Beim 4-Takt-Motor läuft er mit der halben Kurbelwellendrehzahl um. Ein Zündverteiler z. B. für einen 4-Zylinder-Motor hat vier Ausgänge, die pro Läuferumdrehung je einen Zündimpuls erzeugen.

Merkmale

Äußerlich sichtbar sind vor allem das topfförmige Verteilergehäuse und die Verteilerkappe aus Isolierstoff mit den Domen für die Hochspannungsanschlüsse (Bild 11). Es gibt Schaftverteiler, bei denen der Verteilerschaft in den Motor hineinragt. Die Verteilerwelle wird dabei über eine Verzahnung oder eine Kupplung angetrieben. Eine andere Bauart, der Kurzbauverteiler, erleichtert den direkten Anbau an die Nockenwelle. In diesem Fall

11 Komponenten des Zündverteilers

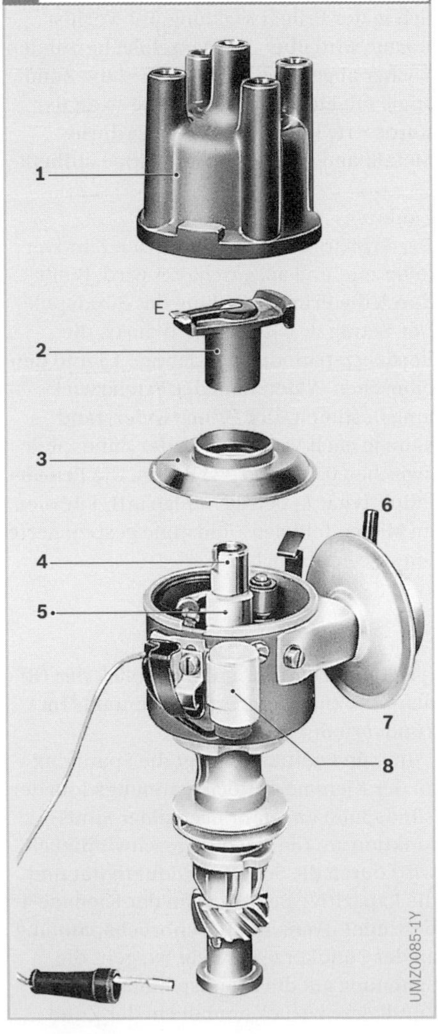

Bild 11
1 Zündverteilerkappe mit Mitteldom und Außendomen
2 Zündverteilerläufer mit Verteilerläuferelektrode (E)
3 Staubschutzdeckel (Kondenssperre)
4 Zündverteilerwelle
5 Unterbrechernocken
6 Anschluss für Unterdruckschlauch
7 Unterdruckdose
8 Zündkondensator

Fliehkraftzündversteller und Zündunterbrecher sind in dieser Darstellung nicht gezeigt

fällt der Schaft weg und die Antriebskupplung befindet sich direkt am Boden des Zündverteilergehäuses. Die hohen Anforderungen an die Genauigkeit des Zündverteilers erfordern eine sehr gute Lagerung. Bei Schaftverteilern ergibt der Schaft selbst eine genügend lange Lagerstrecke. Kurzbauverteiler erfordern ein zusätzliches Lager oberhalb des Zündauslösesystems.

Aufbau

Im Zündverteilergehäuse sind das Fliehkraftzündverstellsystem, die Betätigung des Unterdruckzündverstellsystems und die Zündauslösung untergebracht. Der Zündkondensator und die Unterdruckdose sind außen am Verteilergehäuse befestigt. Außerdem befinden sich dort die Verankerungen für die Befestigung der Verteilerkappe und der elektrische Anschluss. Der Staubschutzdeckel hält Ablagerungen und Feuchtigkeit vom Auslösesystem fern. Auf der Verteilerwelle befindet sich oberhalb des Unterbrechernockens ein Schlitz, der zur Definition der Einbaulage des Verteilerläufers dient. Deshalb muss beim Einbau darauf geachtet werden, dass der Verteilerläufer in richtiger Lage aufgesetzt wird.

Verteilerläufer und Verteilerkappe bestehen aus einem hochwertigen Kunststoff, an den besondere Anforderungen hinsichtlich der Hochspannungsfestigkeit, Klimabeständigkeit, mechanischer Festigkeit und Entflammbarkeit gestellt werden.

Die in der Zündspule erzeugte Hochspannung wird über den Mitteldom in den Zündverteiler eingespeist. Zwischen Verteilerläufer und Mitteldom ist ein kleiner Kohlestift federnd eingebaut, der den Kontakt von der festen Kappe zum rotierenden Verteilerläufer herstellt. Die Zündenergie fließt vom Mittelpunkt des Zündverteilerläufers über einen Entstörwiderstand von größer 1 kΩ zur Verteilerläuferelektrode und springt von dort auf die Außenelektrode über, die in die Außendome eingelassen ist. Die dafür nötige Überschlags-

spannung liegt im kV-Bereich. Der Widerstand im Verteilerläufer begrenzt die Spitzenströme beim Aufbau der Funkenstrecken und dient somit zur Entstörung. Außer dem Zündunterbrecher sind sämtliche Teile des Zündverteilers nahezu wartungsfrei.

Zündunterbrecher

Die Ansteuerung des Zündunterbrechers erfolgt über den Unterbrechernocken. Der Unterbrechernocken lässt sich auf der Zündverteilerachse verdrehen; er verstellt sich entsprechend der vom Fliehkraftzündversteller vorgegebenen drehzahlabhängigen Zündwinkelverstellung. Der Nocken ist so beschaffen, dass ein der Zündspule und der Funkenzahl entsprechender Schließwinkel α_s gebildet wird. Somit ist der Schließwinkel für ein kontaktgesteuertes Zündsystem fest vorgegeben und über den gesamten Drehzahl-

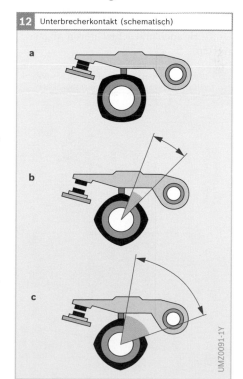

12 Unterbrecherkontakt (schematisch)

a

b

c

Bild 12
a Kontakt geschlossen
b großer Kontaktabstand, kleiner Schließwinkel α_s
c kleiner Kontaktabstand, großer Schließwinkel α_s

UMZ0091-1Y

bereich nicht veränderlich. Allerdings ändert sich der Schließwinkel während der Betriebszeit des Motors durch die Abnutzung des Gleitstücks am Unterbrecherhebel. Der hier entstehende Abrieb führt dazu, dass der Unterbrecher später öffnet (Bild 12). Die dadurch sich einstellende Spätverstellung des Zündwinkels führt im Allgemeinen zu einem höheren Kraftstoffverbrauch. Dies ist einer der Gründe, warum der Unterbrecherkontakt regelmäßig erneuert und der Schließwinkel geprüft werden muss.

Ein weiterer Grund für Wartungsmaßnahmen ist der Kontaktabbrand. Der Kontakt muss Ströme von bis zu 5 A schalten und Spannungen bis zu 500 V sperren. Bei einem 4-Zylinder-Motor mit einer Motordrehzahl von 6 000 min⁻¹ schaltet der Kontakt pro Minute 12 000 mal, was einer Frequenz von 200 Hz entspricht. Schadhafte Kontakte führen zu unzureichender Aufladung der Zündspule, undefinierten Zündzeitpunkten und somit zu höherem Kraftstoffverbrauch und schlechteren Abgaswerten.

Zündversteller

Der Fliehkraftzündversteller erzeugt über der Drehzahl eine Zündwinkelverstellung in Richtung Früh. Unter der Annahme konstanter Füllung und Gemischaufbereitung ergibt sich eine feste Zeitdauer zur Entflammung und zum Durchbrennen des Gemischs. Diese feste Zeitdauer bedingt bei erhöhter Drehzahl auf den Kurbelwinkel bezogen eine frühere Erzeugung des Zündfunkens. Der Verlauf einer Zündverteilerkennlinie wird in der Praxis aber durch die Klopfgrenze und die Veränderung der Gemischzusammensetzung zusätzlich beeinflusst.

Der Unterdruckzündversteller berücksichtigt den Lastzustand des Motors, weil die Entflamm- und die Durchbrenngeschwindigkeit des Luft-Kraftstoff-Gemischs stark von der Füllung im Zylinder abhängen.

Die Drehzahl- beziehungsweise die Fliehkraftzündverstellung und die Last- beziehungsweise die Unterdruckzündverstellung sind mechanisch so miteinander verknüpft, dass sich beide Verstellungen addieren (Bild 13).

Bild 13
1   Straßenteillast
2   Volllast

Bild 14
a   In Ruhestellung
b   in Arbeitsstellung

1   Achsplatte
2   Zündnocken
3   Wälzbahn
4   Fliehgewicht
5   Zündverteilerwelle
6   Mitnehmer
α   Verstellwinkel

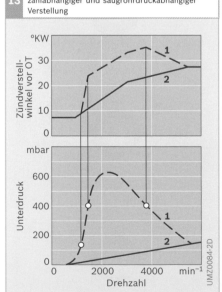

13 Beispiel einer Gesamtzündverstellung aus drehzahlabhängiger und saugrohrdruckabhängiger Verstellung

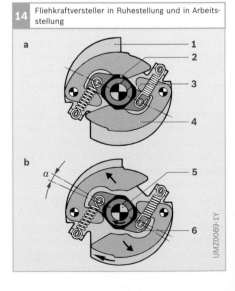

14 Fliehkraftversteller in Ruhestellung und in Arbeitsstellung

Fliehkraftzündversteller

Der Fliehkraftzündversteller verstellt den Zündzeitpunkt in Abhängigkeit von der Motordrehzahl. Die mit der Verteilerwelle umlaufende Achsplatte trägt die Fliehgewichte (Bild 14). Mit steigender Drehzahl bewegen sich die Fliehgewichte nach außen. Sie verdrehen den Mitnehmer über die Wälzbahn gegen die Verteilerwelle in Drehrichtung. Dadurch verdreht sich auch der Zündnocken gegen die Verteilerwelle um den Zündverstellwinkel α_z. Um diesen Winkel wird der Zündzeitpunkt vorverlegt.

Unterdruckzündversteller

Der Unterdruckzündversteller verstellt den Zündzeitpunkt in Anhängigkeit von der Motorleistung beziehungsweise Motorbelastung. Als Maß für diese Zündverstellung dient der Unterdruck im Saugrohr nahe der Drosselklappe. Der Unterdruck wird einer oder zwei Membrandosen zugeführt.

Frühverstellsystem

Je niedriger die Motorlast, desto früher muss das Luft-Kraftstoff-Gemisch gezündet werden, weil es langsamer verbrennt. Der Anteil verbrannter, aber nicht ausgeschobener Restgase im Brennraum nimmt zu und das Gemisch magert ab. Der Unterdruck für die Frühverstellung wird vom Saugrohr abgenommen (Bild 15). Mit abnehmender Motorlast steigt der Unterdruck in der Frühdose und bewirkt eine Bewegung der Membran samt Zugstange nach rechts. Die Zugstange verdreht die Unterbrecherscheibe entgegen der Drehrichtung der Zündverteilerwelle; der Zündzeitpunkt wird noch mehr vorverlegt, d. h. in Richtung Früh verstellt.

Spätverstellsystem

Der Unterdruck im Saugrohr wird in diesem Fall hinter der Drosselklappe abgenommen (Bild 15). Mit Hilfe der ringförmigen Spätdose wird der Zündzeitpunkt bei bestimmten Motorzuständen (z. B. Leerlauf, Schiebebetrieb) zur Abgasverbesserung zurückgenommen, d. h. in Richtung Spät verstellt. Die Ringmembran bewegt sich samt Zugstange nach links, sobald Unterdruck herrscht. Die Zugstange verdreht die Unterbrecherscheibe einschließlich Unterbrecher in Drehrichtung der Verteilerwelle. Das Spätverstellsystem ist dem Frühverstellsystem untergeordnet: gleichzeitiger Unterdruck in beiden Dosen bewirkt die erforderliche Teillastverstellung in Richtung Früh.

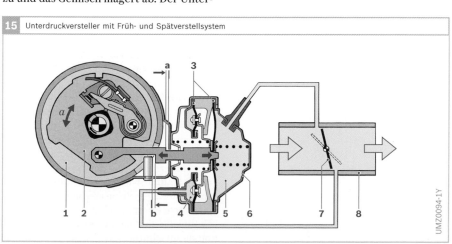

15   Unterdruckversteller mit Früh- und Spätverstellsystem

UMZ0094-1Y

Bild 15

a   Verstellweg „Früh"
    bis zum Anschlag
b   Verstellweg „Spät"
    bis zum Anschlag

1   Zündverteiler
2   Unterbrecherscheibe
3   Membran
4   Spätdose
5   Frühdose
6   Unterdruckdose
7   Drosselklappe
8   Saugrohr
α Verstellwinkel

Kontaktgesteuerte Transistor-Spulenzündung

Der Zündverteiler der kontaktgesteuerten Transistor-Spulenzündung (TSZ-k) ist identisch mit dem Zündverteiler der kontaktgesteuerten Spulenzündung (SZ). Da der Kontakt in Verbindung mit einer Transistor-Spulenzündanlage arbeitet, muss der Zündunterbrecher jedoch nicht mehr den Primärstrom schalten, sondern nur noch den Steuerstrom für die Transistorzündung. Die Transistorzündung selbst spielt die Rolle eines Stromverstärkers und schaltet über einen Zündtransistor (meistens ein Darlington-Transistor) den Primärstrom. Die Beschaltung des Kontakts und die Funktion einer einfachen TSZ-k sind zum leichteren Verständnis einer kontaktgesteuerten Spulenzündung gegenübergestellt.

Funktionsprinzip

Bilder 16 zeigt deutlich, dass die kontaktgesteuerte Transistor-Spulenzündung aus der herkömmlichen, nicht-elektronischen Spulenzündung hervorgegangen ist – der Transistor tritt als Leistungsschalter an die Stelle des Unterbrechers und übernimmt dessen Schaltfunktion im Primärstromkreis der Zündanlage. Da aber der Transistor Relaiseigenschaft hat, muss er wie das Relais zum Schalten veranlasst werden, und das kann beispielsweise nach Bild 16 mit einem Steuerschalter geschehen. Derartige Transistor-Spulenzündanlagen bezeichnet man deshalb als kontaktgesteuert.

In Transistor-Spulenzündanlagen von Bosch hat der nockenbetätigte Unterbrecher die Funktion dieses Steuerschalters. Ist der Kontakt geschlossen, so fließt ein Steuerstrom I_s in die Basis B und der Transistor ist zwischen Emitter E und Kollektor C elektrisch leitend. In diesem Zustand entspricht er einem Schalter in Schaltstellung „Ein" und es kann Strom durch die Primärwicklung L_1 der Zündspule fließen. Ist aber der Kontakt des Unterbrechers offen, so fließt kein Steuerstrom in die Basis und der Transistor ist elektrisch nichtleitend; er sperrt somit den Primärstrom und entspricht in diesem Zustand einem Schalter in Schaltstellung „Aus".

Vorteile

Die kontaktgesteuerte Transistor-Spulenzündung hat gegenüber der kontaktgesteuerten Spulenzündung zwei wesentliche Vorteile: Eine Steigerung des Primärstroms und eine wesentlich längere Standzeit des Unterbrecherkontakts.

Mit der Verwendung eines Schalttransistors kann der Primärstrom gesteigert werden, denn ein mechanischer Kontakt kann über längere Zeit und mit der notwendigen Frequenz nur Ströme bis zu 5 Ampere schalten. Da der Primärstrom in die gespeicherte Energie quadratisch eingeht, erhöht sich die Leistung der Zündspule und damit sämtliche Hochspannungsdaten

Bild 16

a Schaltplan der Spulenzündung
b vereinfachter Schaltplan der kontaktgesteuerten Transistor-Spulenzündung

1 Batterie
2 Zünd-Start-Schalter
3 Vorwiderstände
4 Schalter zur Spannungsstartanhebung
5 Zündspule mit Primärwicklung L_1 und Sekundärwicklung L_2
6 Zündkondensator
7 Unterbrecher (Steuerschalter)
8 Zündverteiler
9 Zündkerzen
10 Elektronik mit Widerständen des Spannungsteilers R_1, R_2 und Transistor T

Mager dargestellte Zahlen bezeichnen Klemmenanschlüsse

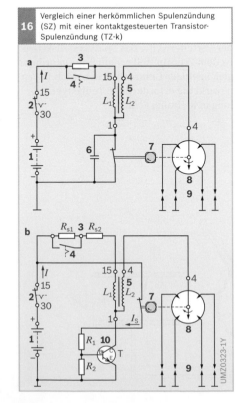

16 Vergleich einer herkömmlichen Spulenzündung (SZ) mit einer kontaktgesteuerten Transistor-Spulenzündung (TZ-k)

wie Spannungsangebot, Funkendauer und Funkenstrom. Deshalb benötigt eine kontaktgesteuerte Transistor-Spulenzündung neben dem Zündschaltgerät auch eine spezielle Zündspule.

Eine bedeutend längere Standzeit der TSZ-k ergibt sich durch die Entlastung des Zündunterbrechers von den hohen Strömen. Außerdem fallen zwei weitere Phänomene weg, die das Spannungsangebot von kontaktgesteuerten Spulenzündungen undefiniert absenken – das Kontaktprellen und der Abreißfunke, der durch die Induktivität der Zündspule verursacht wird. Der Abreißfunke bewirkt, besonders bei niedriger Drehzahl und im Startfall, dass die zur Verfügung stehende Energie verringert und der Spannungsanstieg der Hochspannung verzögert wird. Das Kontaktprellen tritt dagegen bei hohen Drehzahlen durch die hohe Schaltfrequenz des Kontakts störend auf. Der Kontakt prellt beim Schließen und lädt dadurch die Zündspule gerade zu einem Zeitpunkt weniger stark auf, bei dem die Schließdauer ohnehin verringert ist. Die erste nachteilige Eigenschaft des Zündunterbrechers entfällt bei der kontaktgesteuerten Transistor-Spulenzündung, die zweite nicht.

Schaltung

Bei der kontaktgesteuerten Transistor-Spulenzündung wird das Zündschaltgerät zwischen die Klemme 1 des Zündverteilers (d. h. den Zündunterbrecher) und die Klemme 1 der Zündspule geschaltet (Bild 17). Zusätzlich benötigt das Zündschaltgerät noch eine eigene Klemme 15 für seine Stromversorgung und einen Masseanschluss 31. Die Stromversorgung der Primärseite der Zündspule erfolgt über ein Paar von Vorwiderständen, die normalerweise in Reihe geschaltet sind (siehe Bild 16b). Im Startfall wird der linke Vorwiderstand durch die Klemme 60 am Starter überbrückt. Dadurch liegt eine höhere Versorgungsspannung über dem rechten Vorwiderstand an der Zündspule (Startspannungsanhebung). Sie kompensiert die Nachteile, die durch den Startvorgang und die Absenkung der Batteriespannung entstehen.

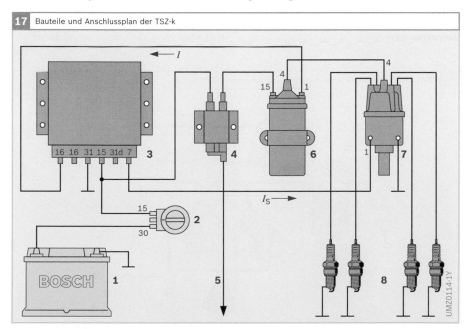

17 | Bauteile und Anschlussplan der TSZ-k

16 16 31 15 31d 7   **3**

15   1

4

6

1   **7**

15
30
2

BOSCH   **1**

5

8

I

I_S

Bild 17
1 Batterie
2 Zündstartschalter
3 Zündschaltgerät
4 Vorwiderstände
5 Leitungsanschluss zum Starter
6 Zündspule
7 Zündverteiler
8 Zündkerzen
I Primärstrom
I_S Steuerstrom

Mager dargestellte Zahlen bezeichnen Klemmenanschlüsse

Vorwiderstände dienen dazu, bei niederohmigen, schnell aufladbaren Zündspulen
den Primärstrom zu begrenzen. Sie verhindern dadurch besonders bei niedrigen
Drehzahlen ein Überlasten der Zündspule
und schonen den Unterbrecherkontakt, da
der Schließwinkel nach wie vor mit den
Verteilernocken erzeugt wird. Da die
Zündspule eigentlich eine konstante Zeit
zum Aufladen benötigt, aber nicht mit
einem festen Schließwinkel arbeitet, steht
bei niederen Drehzahlen zu viel Zeit und
bei hohen Drehzahlen zu wenig Zeit zum
Aufladen zur Verfügung. Vorwiderstände
und eine schnell aufladbare Zündspule erlauben eine Optimierung über dem gesamten Betriebsbereich.

Anwendungen der TSZ-k

Die kontaktgesteuerte Transistor-Spulenzündung fand nur wenige Serienanwen-
dungen, da sie schon bald von den war-
tungsarmen kontaktlos gesteuerten Aus-
lösesystemen verdrängt wurde. Als
Nachrüstlösung war die TSZ-k aber sehr
gut dafür geeignet, bei Fahrzeugen mit serienmäßig kontaktgesteuerter Spulenzündung die Zündungseigenschaften spürbar
zu verbessern.

Transistor-Spulenzündung mit Hall-Geber

Neben der kontaktgesteuerten Transistor-
Spulenzündung (TSZ-k) gibt es noch zwei
Versionen einer Transistor-Spulenzündung mit Hall-Auslösesystem (TSZ-h,
Bild 18). Bei der einen Ausführung wird
der Schließwinkel durch die Gestalt des
Rotors im Zündverteiler bestimmt. Die andere Ausführung enthält ein Steuergerät,
das in Hybridtechnik aufgebaut ist und
den Schließwinkel automatisch regelt.
Eine zusätzliche Strombegrenzung mit einer besonders leistungsfähigen Zündspule
macht diese Version zu einer ausgespro-
chenen Hochleistungszündanlage.

Hall-Geber
Hall-Effekt
Bewegen sich Elektronen in einem Leiter,
der von den Kraftlinien eines Magnetfelds
durchsetzt ist, so werden die Elektronen
senkrecht zur Stromrichtung und senkrecht zur Magnetfeldrichtung abgelenkt
(Bild 19): bei A_1 entsteht ein Elektronen-
überschuss und bei A_2 ein Elektronen-
mangel, d.h., zwischen A_1 und A_2 tritt die
Hall-Spannung auf. Dieser so genannte

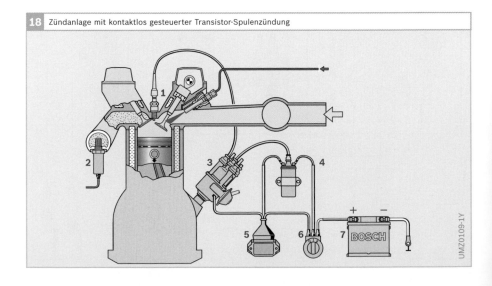

18 Zündanlage mit kontaktlos gesteuerter Transistor-Spulenzündung

Bild 18
1   Zündkerze
2   λ-Sonde
3   Zündverteiler mit
    Fliehkraft- und
    Unterdruckver-
    stellung sowie
    Hall- oder
    Induktions-Geber
    (alternativ)
4   Zündspule
5   Schaltgerät
6   Zündstartschalter
7   Batterie

UMZ0109-1Y

Hall-Effekt ist bei Halbleitern besonders ausgeprägt.

Prinzip des Hall-Gebers

Dreht sich die Verteilerwelle, so laufen die Blenden des Rotors berührungslos durch den Luftspalt der Magnetschranke (Bild 20). Ist der Luftspalt frei, so wird der eingebaute IC und mit ihm die Hall-Schicht vom Magnetfeld durchsetzt. An der Hall-Schicht ist die magnetische Flussdichte B hoch, und die Hall-Spannung U_H hat ein Maximum (Bild 21). Der Hall-IC ist eingeschaltet.

Sobald eine der Blenden in den Luftspalt eintaucht, verläuft der Magnetfluss größtenteils im Blendenbereich und wird auf diese Weise vom IC ferngehalten. Die Flussdichte an der Hall-Schicht verschwindet bis auf einen kleinen Rest, der vom Streufeld herrührt. Die Spannung U_H erreicht ein Minimum.

Aufbau des Hall-Gebers

Der Hall-Geber ist im Zündverteiler untergebracht (Bild 22). Die Magnetschranke ist auf die bewegliche Trägerplatte montiert. Der Hall-IC sitzt auf einem Keramikträger und ist mit einem der Leitstücke zum Schutz gegen Feuchtigkeit, Verschmutzung und mechanische Beschädigung in Kunststoff eingegossen. Leitstücke und Blendenrotor bestehen aus einem weichmagnetischen Werkstoff. Blendenrotor und Verteilerläufer sind bei der Nachrüstausführung ein Bauteil. Die Anzahl der Blenden ist gleich der Anzahl der Zylinder. Die Breite b der einzelnen Blenden kann je nach Zündschaltgerät den maximalen Schließwinkel dieses Zündsystems bestimmen. Der Schließwinkel bleibt demnach über die gesamte Lebensdauer des Hall-Gebers konstant; eine Schließwinkeleinstellung entfällt also.

Eine Umrüstung von konventioneller Spulenzündung auf die kontaktlose Zündung ist bei bestimmter Ausrüstung möglich.

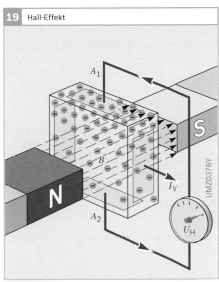

19 Hall-Effekt

Bild 19
B Flussdichte des Magnetfelds
I_V Versorgungsstrom
U_H Hall-Spannung
d Dicke des Plättchens

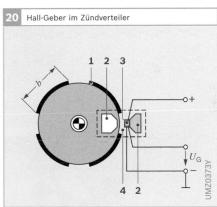

20 Hall-Geber im Zündverteiler

Bild 20
1   Rotor mit Blenden (Blendenbreite b)
2   weichmagnetische Leitstücke mit Dauermagnet
3   Hall-IC
4   Luftspalt
U_G Geberspannung (umgeformte Hall-Spannung)

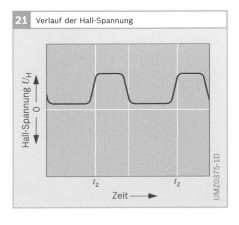

21 Verlauf der Hall-Spannung

Bild 21
t_Z Zündzeitpunkt

Strom-und Schließwinkelregelung

Das Signal einer Hall-Schranke im Zündverteiler entspricht im Informationsgehalt dem Signal eines Zündunterbrecherkontakts. Im einen Fall wird der Schließwinkel durch den Zündnocken und im anderen Fall das Tastverhältnis durch die Rotorblende vorgegeben.

Hochleistungszündanlagen arbeiten mit Zündspulen, die sich sehr schnell aufladen. Dazu wird der ohmsche Widerstand der Primärwicklung auf unter 1 Ω abgesenkt. Eine schnell aufladbare Zündspule kann nicht mit einem festen Schließwinkel arbeiten, da bei niedrigen Drehzahlen die lange Schließzeit die Zündspule überlasten würde. Andererseits muss bei niedriger Batteriespannung wegen des flacheren Primärstromverlaufs die Schließzeit verlängert werden (Bild 23).

Deshalb müssen zwei Maßnahmen zum Schutz der Zündspule ergriffen werden: eine Primärstromregelung und eine Schließwinkelregelung.

Funktion der Primärstromregelung
Die Primärstromregelung dient dazu, den Strom durch die Zündspule und damit den Aufbau der Energie auf ein festgelegtes Maß zu begrenzen. Zur Abdeckung der

---

22 Zündverteiler mit Hall-Geber (Nachrüstausführung)

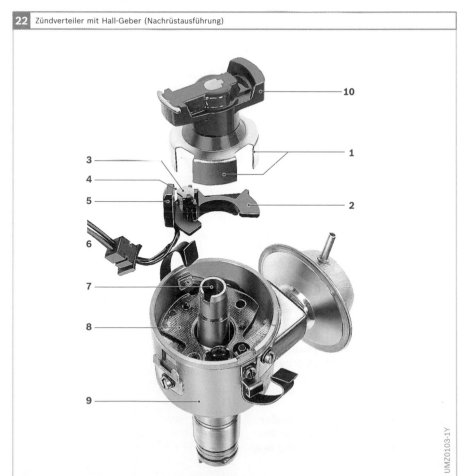

Bild 22
1 Blenden
2 Magnetschranke
3 Leitstück
4 Luftspalt
5 Keramikträger mit Hall-IC (vergossen)
6 dreiadrige Geberleitung
7 Zündverteilerwelle
8 Trägerplatte
9 Zündverteilergehäuse
10 Zündverteilerläufer

UMZ0103-1Y

dynamischen Verhältnisse beim Beschleunigen des Motors ist ein gewisser zeitlicher Vorhalt nötig. Das bedeutet, dass die Zündspule bereits einige Zeit vor dem Zündzeitpunkt ihren Sollstrom erreicht. In dieser Stromregelphase arbeitet der Zündtransistor in seinem aktiven Bereich. Der maximale Primärstrom wird nicht durch den Gesamtwiderstand des Primärkreises bestimmt, sondern durch die Strombegrenzung im Schaltgerät.

Der Primärstrom-Sollwert ist durch den Abgleich der Strombegrenzung im Schaltgerät vorgegeben. Die Strombegrenzung funktioniert vereinfacht betrachtet folgendermaßen: Bei Erreichen des Primärstrom-Sollwerts am Stromerfassungswiderstand (Bild 30) entsteht ein definierter Spannungsfall. Diesen Spannungsfall erkennt die Strombegrenzung und sie bewirkt, dass der Endstufentransistor wie ein elektronisch geregelter Vorwiderstand arbeitet.

Am Transistor fällt während der Stromregelphase mehr Spannung als im reinen Schalterbetrieb ab. Dadurch entsteht eine höhere Verlustleistung, die im Bereich von 20...30 W liegen kann. Zur Minimierung der Verlustleistung und zur Einstellung des geeigneten Schließwinkels ist deshalb eine Schließwinkelregelung nötig (eigentlich Schließzeitregelung, da die Aufladung der Spule zeitbestimmt ist).

Funktion der Schließwinkelregelung
Der Schließwinkel wird so geregelt, dass in jedem Betriebszustand – also bei unterschiedlicher Batteriespannung, Motordrehzahl und Temperatur – immer der gleiche Abschaltstrom erreicht wird. Bild 23 verdeutlicht, dass bei niedriger Batteriespannung (z. B. 6 V in der Startphase) die Zündspule früher eingeschaltet werden muss als bei hoher Batteriespannung. Das entspricht dann einem größeren Schließwinkel. Um die mittlere Verlustleistung und damit die Erwärmung der Zündanlage klein zu halten, wird der Schließwinkel so genau geregelt, dass nur eine kleine prozentuale Strombegrenzungszeit zwischen den Zündzeitpunkten auftritt.

Da in der Analogtechnik Regelvorgänge einfach durch Verschieben von Spannungsschwellwerten durchzuführen sind, wird das Rechtecksignal des Hall-Gebers mit Hilfe der Auf- und Entladung von Kondensatoren zuerst in ein Rampensignal umgewandelt (Bild 24). Das Tastverhältnis des Hall-Gebers beträgt zwischen zwei Zündzeitpunkten 30:70.

Am Ende der 70 % entsprechenden Blendenbreite liegt der durch das Verstellen des Zündverteilers bestimmte Zündzeitpunkt. Die Regelung ist so eingestellt, dass die Stromregelzeit t_1 genau dem nötigen dynamischen Vorhalt entspricht. Aus dem Wert von t_1 wird eine Spannung gebildet und mit der abfallenden Rampe der Rampenspannung verglichen. Am Kreuzungspunkt „EIN" wird der Primärstrom eingeschaltet, der Schließwinkel beginnt. Auf diese Weise kann durch Veränderung der aus der Stromregelzeit abgeleiteten Spannung der Einschaltpunkt des Schließwinkels durch Verschieben des Kreuzungspunkts auf der Rampenspannung beliebig variiert werden. Somit ergibt sich für jeden

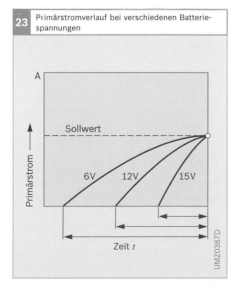

23 Primärstromverlauf bei verschiedenen Batteriespannungen

A

Sollwert

Primärstrom

6V   12V   15V

Zeit t

UMZ0387D

Betriebsbereich der richtige Schließwinkel. Da die Strom- und Schließwinkelregelung direkt von Strom und Zeit abhängen, werden die Effekte veränderlicher Batteriespannung und Temperatureffekte oder sonstige Zündspulentoleranzen ausgeregelt. Das macht diese Zündanlagen besonders kaltstartgeeignet.

Da durch die Form des Hall-Signals bei stehendem Motor und eingeschaltetem Zünd-Start-Schalter Primärstrom fließen kann, sind die Steuergeräte mit einer Zusatzschaltung ausgerüstet, die diesen Strom nach einiger Zeit abschaltet. Andernfalls wäre die Zündspule nach kurzer Zeit thermisch überlastet.

Schaltgerät

Strom- und schließwinkelgeregelte Transistor-Spulenzündungen sind fast ausschließlich in Hybridtechnik ausgeführt. Dadurch bietet es sich an, die kompakten und leichten Steuergeräte z. B. mit der Zündspule zu einem Aggregat zusammenzubauen. Das Kunststoff-Schaltgerätgehäuse bildet mit dem Anschlussteil und den eingespritzten Flachsteckern eine Einheit (Bild 25). Eine metallische Grundplatte dient als Träger der Schaltung (Bild 26) und leitet gleichzeitig die Wärme ab. Um eine zu hohe Erwärmung des Hybridschaltkreises zu vermeiden, ist die Leistungsendstufe nicht auf das Keramiksubstrat, sondern isoliert auf die metallische Grundplatte gesetzt. Die Grund-

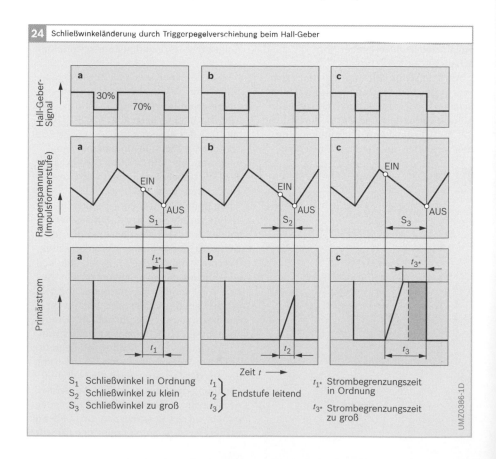

24 Schließwinkeländerung durch Triggerpegelverschiebung beim Hall-Geber

Hall-Geber-Signal

30% 70%

Rampenspannung (Impulsformerstufe)

EIN AUS S_1
EIN AUS S_2
EIN AUS S_3

Primärstrom

t_{1*} t_1
t_2
t_{3*} t_3

Zeit t →

S_1 Schließwinkel in Ordnung
S_2 Schließwinkel zu klein
S_3 Schließwinkel zu groß

$\left.\begin{array}{c} t_1 \\ t_2 \\ t_3 \end{array}\right\}$ Endstufe leitend

t_{1*} Strombegrenzungszeit in Ordnung

t_{3*} Strombegrenzungszeit zu groß

UMZ0386-1D

platte ist durch Kleben mit dem Kunststoffgehäuse verbunden.

Zum Schutz der Schaltung vor Feuchtigkeit ist der Innenraum des Schaltgeräts mit Silikon-Gel ausgegossen. Der Deckel des Schaltgeräts ist aufgeklebt. Die Befestigung des Schaltgeräts erfolgt zusammen mit einem speziellen Kühlkörper an der Karosserie.

Transistor-Spulenzündung mit Induktionsgeber

Die Transistor-Spulenzündung mit Induktionsgeber (TSZ-i) ist wie die Zündung mit Hall-Geber eine Hochleistungszündanlage. Beide Zündsysteme unterscheiden sich nur geringfügig. Die TSZ-i hat gegenüber der TSZ-h bei hohen Drehzahlen zwischen tatsächlichem Zündzeitpunkt und der „Aus"-Flanke der Geberspannung mehr Phasenverschiebung. Das ist im Induktivgeber der TSZ-i begründet, der einen elektrischen Wechselstrom-Generator darstellt und durch die Belastung mit dem Steuergerät eine zusätzliche Phasenverschiebung aufweist. In einigen Fällen ist dieser Effekt zur Korrektur der Kennlinien gegen Klopfen sogar erwünscht.

Induktionsgeber
Dauermagnet, Induktionswicklung und Kern des Induktionsgebers bilden eine feste geschlossene Baueinheit, den Stator (Bild 27). Gegen diese feste Anordnung dreht sich das auf der Verteilerwelle sitzende Impulsgeberrad, Rotor genannt. Kern und Rotor sind aus einem weichmagnetischen Stahl gefertigt; sie haben

25 Schaltgerät einer TSZ-h mit Endstufe für Strom- und Schließwinkelregelung

UMZ0102-1Y

26 Schaltung des Schaltgeräts einer TSZ-h in Hybridtechnik

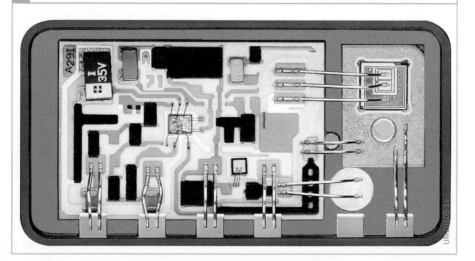

UMZ0105-1Y

zackenförmige Fortsätze (Statorzacken, Rotorzacken).

Das Funktionsprinzip besteht darin, dass sich der Luftspalt zwischen Rotor- und Statorzacken beim Drehen des Rotors periodisch ändert. Mit ihm ändert sich der magnetische Fluss. Die Flussänderung induziert in der Induktionswicklung eine Wechselspannung (Bild 28). Die Scheitelspannung $\pm\hat{U}$ hängt von der Drehzahl ab: ca. 0,5 V bei niedriger und ca. 100 V bei hoher Drehzahl. Die Frequenz f dieser Wechselspannung entspricht der Funkenzahl pro Minute. Es gilt:

$$f = \frac{1}{2}zn.$$

mit
f Frequenz beziehungsweise
  Funkenzahl (min^{-1}),
z Zylinderzahl,
n Motordrehzahl (min^{-1}).

Konstruktionsmerkmale
Der Induktionsgeber ist im Gehäuse des Zündverteilers anstelle des Zündunterbrechers untergebracht. Äußerlich verrät nur die steckbare zweiadrige Geberleitung, dass es sich um einen Zündverteiler mit einem Induktionsgeber handelt. Der weichmagnetische Kern der Induktionswicklung hat die Form einer Kreisscheibe,

Polscheibe genannt. Die Polscheibe trägt an der Außenseite z. B. rechtwinklig nach oben abgebogene Statorzacken. Dementsprechend hat der Rotor nach unten abgebogene Zacken.

Das Impulsgeberrad – dem Zündnocken des Unterbrechers vergleichbar – sitzt fest auf der Hohlwelle, welche die Verteilerwelle umschließt. Die Zackenzahl von Geberrad und Polscheibe stimmt in der Regel mit der Zylinderzahl des Motors überein. Feste und bewegliche Zacken haben in direkter Gegenüberstellung einen Abstand von ungefähr 0,5 mm.

Strom- und Schließwinkelregelung
Strom- und Schließwinkelregelung laufen bei der TSZ-i ähnlich ab wie bei der TSZ-h. Allerdings erfordern sie im Allgemeinen weniger Aufwand, da normalerweise keine Rampenspannung erzeugt werden muss, auf der der Einschaltzeitpunkt des Schließwinkels verschoben wird. Stattdessen eignet sich das Signal des Induktionsgebers selbst als Spannungsrampe (Bild 29), aus der durch Vergleich mit einem der Stromregelzeit entsprechenden Spannungssignal der Einschaltzeitpunkt des Schließwinkels bestimmt wird.

Bild 27
1 Dauermagnet
2 Induktionswicklung
   mit Kern
3 veränderlicher
   Luftspalt
4 Rotor

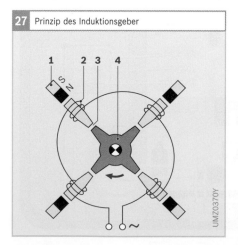

27 Prinzip des Induktionsgeber

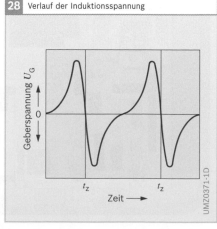

28 Verlauf der Induktionsspannung

Funktion der Stromregelung
Die Stromregelung arbeitet zunächst mit
einer Erfassung des Stroms durch die Messung des Spannungsfalls an einem niederohmigen Widerstand in der Emitterleitung
des Zündtransistors (Bild 30). Über eine
Strombegrenzungs-Regelschaltung wird
direkt die Treiberstufe des Zündtransistors (Darlington-Transistor) angesteuert.

Funktion der Schließwinkelregelung
Die Schließwinkelregelung arbeitet mit der
gleichen Messspannung, führt diese aber
einem eigenen Regelkreis zu. Durch die
Bewertung der Zeit, in der sich der Transistor in Stromreglung befindet, lässt sich
die gegebenenfalls nötige Korrektur des
Schließwinkels ableiten.

Schaltgerät
Steuergeräte von Hochleistungszünd-
systemen TSZ-i sind fast ausschließlich in
Hybridtechnik aufgebaut, denn sie verei-
nigen hohe Packungsdichte mit niedrigem
Gewicht und guter Zuverlässigkeit. Falls
geringe Leistungsdaten zulässig sind, kann
auf die Schließwinkelregelung und eventuell auch auf die Stromregelung verzichtet
werden. Da das Steuerlastverhältnis des
ausgewerteten Gebersignals bei TSZ-i-An-
lagen mit abnehmender Drehzahl kleiner
wird, können TSZ-i-Steuergeräte in einzelnen Anwendungen kleiner gebaut werden
und eignen sich somit besonders gut zu
einem direkten Anbau an das Gehäuse
eines Zündverteilers. Dadurch lässt sich,
wie beim Zusammenbau mit der Zündspule, die Zahl der mit Leitungen zu ver-
bindenden Komponenten eines Zündsystems verringern.

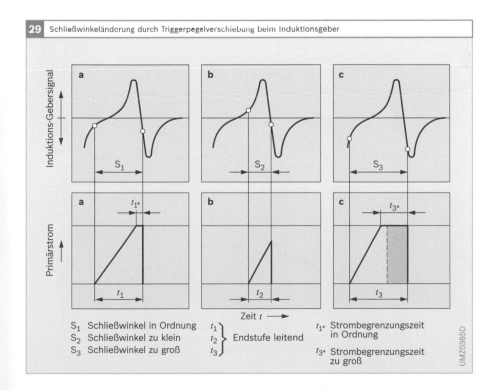

29 Schließwinkeländerung durch Triggerpegelverschiebung beim Induktionsgeber

S₁ Schließwinkel in Ordnung
S₂ Schließwinkel zu klein
S₃ Schließwinkel zu groß

t_1
t_2 } Endstufe leitend
t_3

t_{1*} Strombegrenzungszeit in Ordnung

t_{3*} Strombegrenzungszeit zu groß

Induktions-Gebersignal

Primärstrom

Zeit t ⟶

UMZ0385D

Impulsverarbeitung im Schaltgerät

Bild 31 zeigt die gesamte Impulsverarbeitung einer kontaktlos gesteuerten Transistor-Spulenzündanlage, angefangen von der Impulserzeugung durch den induktiven Geber bis hin zum Funkenüberschlag an der Zündkerze. Nach diesem Impulsschema gelangt die Steuerwechselspannung vom Induktionsgeber zum Impulsformer, der sie in rechteckige Stromimpulse umwandelt. Die Impulslänge (sie entspricht dem Schließwinkel) wird durch die Steuerung (Schließwinkelsteuerung) je nach Drehzahl größer oder kleiner festgelegt.

Die im Treiber stromverstärkten Rechteckimpulse steuern den Endstufentransistor an, der den primären Spulenstrom im Impulstakt ein- und ausschaltet. Jede Un-

terbrechung der Rechteckimpulse hat eine Unterbrechung des Primärstroms und damit den Funkenüberschlag im Zündzeitpunkt t_z zur Folge.

Schaltplan

Bild 32 gibt einen Überblick über die Beschaltung des Schaltgeräts. Zu erkennen sind die Bereiche mit den Bauteilen für die Spannungsversorgung, für die Impulsformung der Signale des induktiven Gebers, für die Schließwinkelsteuerung und die Darlington-Zündendstufe.

Die im Gerät für die Transistor-Spulenzündung mit Hall-Geber ablaufenden Vorgänge sind prinzipiell die gleichen wie zuvor beschrieben.

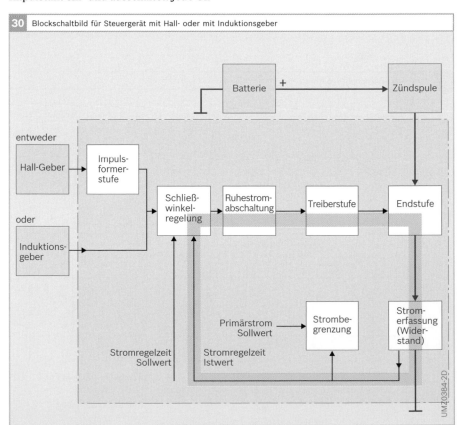

30 Blockschaltbild für Steuergerät mit Hall- oder mit Induktionsgeber

31 Impulsschema einer Zündanlage mit induktivem Geber

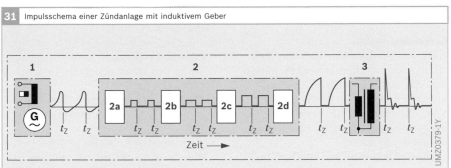

Zeit ⟶

UMZ0379-1Y

Bild 31
1 Induktionsgeber
2 Schaltgerät
2a Impulsformer
2b Steuerung für die
Impulslänge
(Schließwinkel)
2c Treiber
2d Darlington-Endstufe
3 Zündspule
t_Z Zündzeitpunkt

32 Schaltplan eines Schaltgeräts für Transistor-Spulenzündanlagen (6-Zylinder-Motor)

UMZ0378-1Y

Bild 32
A Bauelemente der
Spannungsstabili-
sierung
B Bauelemente des
Impulsformers
C Bauelemente der
Schließwinkel-
steuerung
D Darlington-Endstufe
(Integrierter Schalt-
kreis, IC)

Mager dargestellte
Zahlen bezeichnen
Klemmenanschlüsse

Pfad zwischen 16 und
31d gibt den Primär-
strom an

Ausführungen

Bereits 1987 brachte Bosch die ersten, gegenüber diskretem Aufbau erheblich ver-
kleinerten Hybrid-Zündschaltgeräte auf
den Markt. Hybrid-Zündschaltgeräte gibt
es sowohl für Zündanlagen mit Induktionsgeber als auch mit Hall-Geber.

Elektronische Zündung

Systemübersicht

Herkömmliche Zündverteiler von Transistor-Spulenzündanlagen mit fliehkraft- und unterdruckgesteuerter Zündzeitpunktverstellung können nur einfache Verstellkennlinien realisieren. Sie befriedigen daher nur angenähert die Anforderungen der Motoren.

Bei der Elektronischen Zündung (EZ) entfällt die mechanische Zündverstellung im Zündverteiler. Dafür wird ein Gebersignal für die Auslösung des Zündvorgangs als Drehzahlsignal benutzt. Ein im Steuergerät eingebauter und über eine Schlauchleitung mit dem Saugrohr verbundener Drucksensor liefert das Lastsignal. Der Mikrocomputer errechnet die erforderliche Zündzeitpunktverstellung und modifiziert entsprechend das Ausgangssignal, das an das Steuergerät weitergegeben wird (Bild 33).

Die rotierende Hochspannungsverteilung mit dem Zündverteiler bleibt bei diesem Zündsystem erhalten.

Mit der elektronischen Zündung ergeben sich folgende Vorteile:
▶ Die Zündverstellung kann den individuellen und vielfältigen Anforderungen, die an den Motor gestellt werden, besser angepasst werden.
▶ Die Einbeziehung weiterer Steuerparameter (z. B. Motortemperatur) ist möglich.
▶ Es ergeben sich ein gutes Startverhalten, eine bessere Leerlaufsteuerung und ein geringerer Kraftstoffverbrauch.
▶ Es besteht die Möglichkeit einer erweiterten Betriebsdatenerfassung.
▶ Eine Klopfregelung ist realisierbar.

Die Vorteile der elektronischen Zündung kommen am deutlichsten durch das Zündwinkelkennfeld zum Ausdruck. Das Zündwinkelkennfeld enthält für jeden möglichen Betriebspunkt des Motors, d. h. für jeden Drehzahl- und Lastpunkt, den bei der Motorauslegung als besten Kompromiss ausgewählten Zündwinkel. Der Zündwinkel für einen bestimmten Betriebspunkt wird nach den Gesichtspunkten

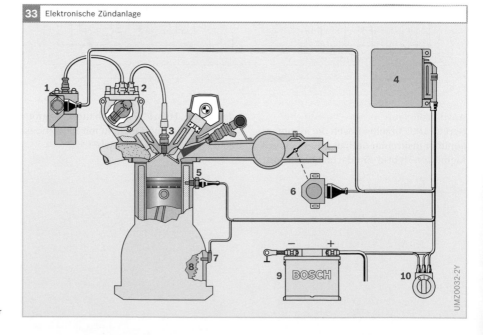

33 Elektronische Zündanlage

Bild 33
1 Zündspule mit angebauter Zündendstufe
2 Hochspannungsverteiler
3 Zündkerze
4 Steuergerät
5 Motortemperatursensor
6 Drosselklappenschalter
7 Drehzahl- und Bezugsmarkengeber
8 Zahnscheibe
9 Batterie
10 Zünd-Start-Schalter

Kraftstoffverbrauch, Drehmoment, Abgas, Abstand zur Klopfgrenze, Temperatur des Motors, Fahrbarkeit usw. ausgewählt. Je nach Optimierungskriterium wiegt der eine oder der andere Gesichtspunkt schwerer. Deshalb erscheint das Zündwinkelkennfeld einer elektronischen Zündverstellung im Gegensatz zum Kennfeld eines mechanisch fliehkraft- und unterdruckgesteuerten Zündverstellsystems sehr zerklüftet (Bild 34). Sollte zusätzlich der meistens nichtlineare Einfluss der Temperatur oder einer anderen Korrekturfunktion mit dargestellt werden, wäre zur Beschreibung ein nicht abbildbares vierdimensionales Kennfeld nötig.

Funktionsprinzip

Elektronische Zündverstellung

Das von einem Unterdrucksensor abgegebene Signal wird für die Zündung als Lastsignal verwendet. Über diesem Signal und der Drehzahl wird ein dreidimensionales Zündwinkelkennfeld aufgespannt, das es ermöglicht, in jedem Drehzahl- und Lastpunkt (horizontale Ebene) den günstigsten Zündwinkel (in der Vertikalen) zu programmieren. Im gesamten Kennfeld sind je nach Anforderung insgesamt ca. 1 000…4 000 einzeln abrufbare Zündwinkel vorhanden, wobei Zwischenwerte rechnerisch interpoliert werden.

Bei geschlossener Drosselklappe wird die spezielle Leerlauf-Schub-Kennlinie ausgewählt. Für Drehzahlen unterhalb der Soll-Leerlaufdrehzahl kann der Zündwinkel nach Früh verstellt werden, um eine Leerlaufstabilisierung durch Erhöhung des Drehmoments zu erreichen. Im Schiebebetrieb sind auf Abgas und Fahrverhalten abgestimmte Zündwinkel programmiert. Bei Volllast wird die Volllast-Kennlinie ausgewählt. Hier ist der günstigste Zündwinkel unter Berücksichtigung der Klopfgrenze programmiert.

Für den Startvorgang kann bei bestimmten Systemen ein vom Zündwinkelkennfeld unabhängiger Verlauf des Zündwinkels als Funktion von Drehzahl und Motortemperatur programmiert werden. Damit kann ein hohes Motormoment im Start erzielt werden, ohne dass rückdrehende Momente auftreten. Je nach Anforderung sind Kennfelder unterschiedlicher Komplexität realisierbar oder auch nur wenige programmierbare Verstelllinien.

Eine elektronische Zündverstellung ist im Rahmen verschiedener elektronischer Zündsysteme möglich. Vollintegrierte Zündverstellung gibt es z. B. bei der Motronic. Aber auch als Zusatz zu einer Transistor-Spulenzündanlage (in Form eines zusätzlichen Verstellgeräts) oder als Gerät mit integrierter Zündendstufe kann eine elektronische Zündverstellung realisiert werden.

Drehzahlerfassung

Zur Bestimmung der Drehzahl und zur Synchronisation mit der Kurbelwelle gibt es zwei Möglichkeiten der Drehzahlerfassung: Die Abnahme des Signals direkt von

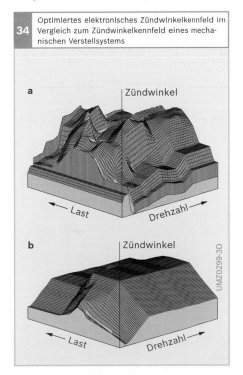

34 Optimiertes elektronisches Zündwinkelkennfeld im Vergleich zum Zündwinkelkennfeld eines mechanischen Verstellsystems

a

Zündwinkel

Last

Drehzahl

b

Zündwinkel

Last

Drehzahl

UMZ0299-3D

Bild 34

a Elektronisches Zündwinkelkennfeld

b Zündwinkelkennfeld eines mechanischen Verstellsystems

der Kurbelwelle oder die Abnahme des Signals von der Nockenwelle beziehungsweise von einem Zündverteiler, der mit einer Hall-Schranke bestückt ist. Die Vorteile, die ein Zündwinkelkennfeld in der dargestellten Form bietet, können mit der größten Genauigkeit durch Drehzahlgeber an der Kurbelwelle ausgenützt werden.

Eingangssignale
Die Motordrehzahl und die Motorlast sind die beiden Hauptsteuergrößen für den Zündzeitpunkt.

Drehzahl und Kurbelwellenstellung
Induktiver Impulsgeber
Zur Erfassung der Drehzahl dient ein induktiver Impulsgeber, der die Zähne eines speziellen Zahnrades an der Kurbelwelle abtastet (Bild 35). Durch die so erzeugte magnetische Flussänderung wird eine Wechselspannung induziert (Bild 36), die das Steuergerät auswertet. Zur eindeutigen Zuordnung der Kurbelwellenstellung hat dieses Zahnrad eine Lücke, die vom induktiven Impulssensor erfasst und in einer speziellen Schaltung aufbereitet wird.

Hall-Geber
Auch die Auslösung mit Hilfe eines Hall-Gebers im Zündverteiler findet Anwendung. Bei symmetrischen Motoren ist es außerdem möglich, Impulse induktiv über Segmente an der Kurbelwelle auszulösen. Die Zahl der Segmente entspricht hierbei der halben Zylinderzahl.

Motorlast
Saugrohrdruck
Der im Ansaugrohr herrschende Druck kann als Maß für die Motorlast herangezogen werden. Er wirkt über einen Schlauch auf den Drucksensor. Der Drucksensor ist im Steuergerät eingebaut.

Luftmasse oder Luftmenge
Neben dem Saugrohrdruck für eine nur indirekte Lastmessung eignen sich besonders die Luftmasse oder die Luftmenge pro Zeiteinheit als Lastsignale, denn sie geben ein besseres Maß für die Füllung des Zylinders, der eigentlichen Last. Bei Motoren, die mit einer elektronischen Einspritzung ausgerüstet sind, bietet sich deshalb die Verwendung des für die Gemischaufbereitung verwendeten Lastsignals auch für die Zündung an. Die Lastinformation wird vom Einspritzsystem als PWM-Signal an das Zündsteuergerät übertragen.

35 Zahnscheibe (auf der Kurbelwelle) mit Induktionssensor

1
2

UMZ0372Y

Bild 35
1 Impulsgeber
2 Zahnscheibe

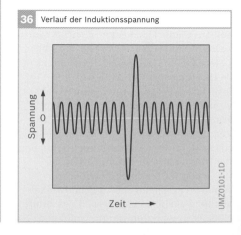

36 Verlauf der Induktionsspannung

Spannung →
0

Zeit →

UMZ0101-1D

Drosselklappenstellung

Ein Drosselklappenschalter (Bild 37) liefert bei Leerlauf und bei Volllast des Motors ein Schaltsignal (siehe Drosselklappenschalter).

Temperatur

Ein im Motorblock angebrachter Temperatursensor (Bild 37) liefert dem Steuergerät ein der Motortemperatur entsprechendes Signal (siehe Motortemperatursensor). Zusätzlich oder anstelle der Motortemperatur kann auch die Ansauglufttemperatur durch einen weiteren Sensor erfasst werden.

Batteriespannung

Die Batteriespannung ist ebenfalls eine Korrekturgröße, die vom Steuergerät erfasst wird. Von ihr hängt maßgebend die Schließzeit ab.

Signalverarbeitung

Der Saugrohrdruck, die Motortemperatur und die Batteriespannung als analoge Größen werden in einem Analog-digital-Wandler digitalisiert. Die Drehzahl, die Kurbelwellenstellung und die Drosselklappenanschläge sind digitale Größen und gelangen nach einer Signalaufbereitung direkt in den Mikrocomputer.

Die Signalverarbeitung erfolgt im Mikrocomputer, bestehend aus dem Mikroprozessor mit Schwingquarz zur Takterzeugung. Im Rechner werden für jede Zündung die aktualisierten Werte für den Zündwinkel und die Schließzeit neu berechnet, um dem Motor in jedem Arbeitspunkt den optimalen Zündzeitpunkt als Ausgangsgröße anbieten zu können.

Ausgangssignal Zündung

Der Primärkreis der Zündspule wird durch eine Leistungsendstufe im elektronischen Steuergerät geschaltet. Die Schließzeit wird so gesteuert, dass die Sekundärspannung unabhängig von Drehzahl und Batteriespannung nahezu konstant bleibt.

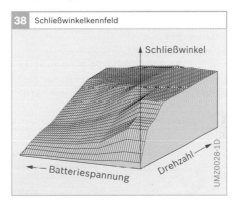

38 Schließwinkelkennfeld

UMZ0028-1D

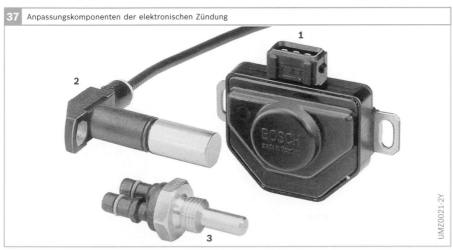

37 Anpassungskomponenten der elektronischen Zündung

UMZ0021-2Y

Bild 37
1 Drosselklappen-
  schalter
2 Impulsgeber
3 Motortemperatur-
  sensor

Da zu jedem Drehzahl- und Batterie-
spannungspunkt die Schließzeit beziehungsweise der Schließwinkel neu bestimmt wird, ist dafür ein weiteres Kennfeld nötig – das Schließwinkelkennfeld
(Bild 38). Es enthält ein Netz von Stützstellen, zwischen denen wie beim Zündwinkelkennfeld interpoliert wird. Durch
die Verwendung eines solchen Schließ-
winkelkennfelds lässt sich die gespeicherte Energie in der Zündspule ähnlich
fein dosieren wie bei einer Schließwinkelregelung. Es gibt aber auch elektronische
Zündsysteme, bei denen dem Schließwinkelkennfeld noch eine Schließwinkelregelung überlagert ist, die für jeden Zylinder
unabhängig vom anderen den Schließwinkel optimiert.

Steuergerät
Mikrocomputer
Wie das Blockschaltbild (Bild 39) zeigt, besteht der Kern eines Steuergeräts für die
elektronische Zündung aus einem Mikro-

computer. Dieser Mikrocomputer enthält
alle Daten, einschließlich der Kennfelder,
sowie die Programme zur Erfassung der
Eingangsgrößen und zur Berechnung der
Ausgangsgrößen. Da die Sensoren vorwiegend elektromechanische, an den rauen
Betriebsbereich des Motors angepasste
Bauelemente sind, ist es notwendig, die
Signale für den Rechner aufzubereiten.
Impulsförmige Signale von den Gebern
(z. B. Signal des Drehzahlgebers) werden in
Impulsformerschaltungen zu definierten
Digitalsignalen umgewandelt. Sensoren
(z. B. für Temperatur und Druck) haben oft
ein elektrisches Analogsignal als Ausgangsgröße. Dieses Analogsignal wird in
einem Analog-digital-Wandler gewandelt
und dem Rechner in digitaler Form zugeführt. Der Analog-digital-Wandler kann
auch im Mikrocomputer integriert sein.
  Damit Kennfelddaten bis kurz vor dem
Serienanlauf geändert werden können,
gibt es Steuergeräte mit einem elektrisch
programmierbaren Speicher, meistens in

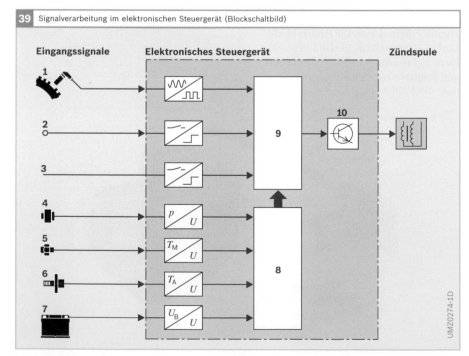

39 Signalverarbeitung im elektronischen Steuergerät (Blockschaltbild)

Eingangssignale   Elektronisches Steuergerät   Zündspule

Bild 39
1 Motordrehzahl und
  Bezugsmarke
2 Leerlaufschalter
3 Volllastschalter
4 Saugrohrdruck
5 Motortemperatur
6 Ansaugluft-
  temperatur
7 Batterie-
  spannung
8 Analog-digital-
  Wandler
9 Mikrocomputer
10 Zündendstufe

UMZ0274-1D

Form eines EPROM (Electronically Programmable Read Only Memory).

Zündendstufe

Die Steuergeräte sind entweder in Leiterplattentechnik (Bild 40) oder in Hybridtechnik (Bild 41) ausgeführt. Dementsprechend kann die Zündendstufe entweder (wie in Bild 39 dargestellt) in das Steuergerät eingebaut oder extern, meistens in Kombination mit der Zündspule, untergebracht sein. Bei externer Zündendstufe ist das Steuergerät im Allgemeinen im Fahrgastraum eingebaut, in selteneren Fällen ist dies auch bei Steuergeräten mit integrierter Zündendstufe der Fall.

Werden Steuergeräte mit integrierter Zündendstufe im Motorraum untergebracht, benötigen sie eine besonders gute Wärmeabfuhr. Dies wird durch den Einsatz der Hybridtechnik erreicht. Halbleiterbauelemente und somit auch die Zünd-

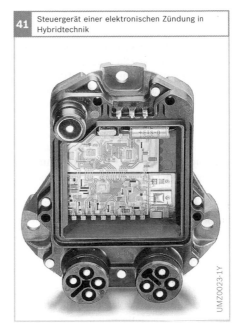

41 Steuergerät einer elektronischen Zündung in Hybridtechnik

UMZ0023-1Y

Bild 41
Der Lastgeber befindet sich im Deckel

40 Steuergerät einer elektronischen Zündung mit Klopfregelung in Leiterplattentechnik

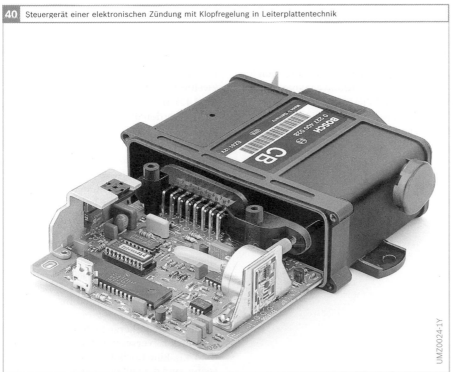

UMZ0024-1Y

endstufe sind dabei direkt auf den Kühlkörper aufgebracht, der den thermischen Kontakt zur Karosserie gewährleistet. Dadurch können diese Steuergeräte bei Umgebungstemperaturen bis über 100 °C betrieben werden. Hybridgeräte haben ferner den Vorteil, klein und leicht zu sein.

Weitere Ausgangsgrößen
Neben der Zündendstufe gibt es je nach Anwendungsfall Steller für weitere Ausgangsgrößen. Beispiele dafür sind Ausgänge für Drehzahlsignale und Zustandssignale für andere Steuergeräte wie Einspritzung, Diagnosesignale, Schaltsignale zur Betätigung von Einspritzpumpen oder Relais usw.

Steuergeräteverbund
Die elektronische Zündung eignet sich besonders zur Kombination mit anderen Motorsteuerungsfunktionen. Zusammen mit einer elektronischen Einspritzung entsteht dadurch in einem einzigen Steuergerät die Grundausführung einer Motronic (siehe Motronic).

Eine ebenfalls angewandte Form ist die Zusammenfassung der elektronischen Zündung mit einer Klopfregelung. Diese Kombination (EZK) bietet sich vor allem deshalb an, weil zur Vermeidung von Motorklopfen die Spätverstellung des Zündwinkels die am schnellsten und am sichersten wirkende Eingriffsmöglichkeit darstellt (siehe Klopfregelung).

Vollelektronische Zündung

Die Vollelektronische Zündung (VZ) ist durch zwei Eigenschaften gekennzeichnet Sie enthält die Funktionen der elektronischen Zündung und verzichtet auf die rotierende Hochspannungsverteilung durch einen Zündverteiler (Bild 42). Die Vorteile der ruhenden Spannungsverteilung sind:
▶ Wesentlich geringerer elektromagnetischer Störpegel, da keine offenen Funken auftreten,
▶ Entfall rotierender Teile,
▶ Geräuschreduzierung,
▶ verringerte Zahl von Hochspannungsverbindungen und
▶ konstruktive Vorteile für den Motorenhersteller.

Die Leistungsdaten einer vollelektronischen Zündung sind mit denen einer elektronischen Zündung vergleichbar.

Spannungsverteilung
Verteilung mit Zweifunken-Zündspulen
Statt des Zündverteilers werden im einfachsten Falle, z. B. beim 4-Zylinder-Motor, Zweifunken-Zündspulen eingesetzt (Bild 42). Die beiden Zweifunken-Zündspulen werden über je eine Zündendstufe abwechselnd angesteuert. Im Zündzeitpunkt, der wie bei einer elektronischen Zündung durch das im Mikrocomputer gesteuerte Kennfeld festgelegt ist, erzeugt eine Zweifunken-Zündspule zwei Zündfunken gleichzeitig. Die beiden Zündkerzen, an denen die Funken entstehen, sind jeweils elektrisch mit der Zündspule so in Reihe geschaltet, dass an jedem Hochspannungsausgang der Zündspule eine Zündkerze angeschlossen ist. Die Zündkerzen müssen so angeordnet sein, dass die eine Zündkerze (wie erwünscht) im Arbeitstakt des Zylinders zündet, während die andere Zündkerze in den Ausstoßtakt des um 360 ° versetzten Zylinders zündet (Bild 43). Eine Kurbelwellenumdrehung später sind die entsprechenden Zylinder

zwei Arbeitstakte weiter und die Zündkerzen zünden wieder, jedoch nun mit ver-
tauschten Rollen (Bild 44).

Auch die zweite Zweifunken-Zündspule
erzeugt jeweils zwei Funken, aber um 180°
Kurbelwinkel gegenüber der ersten verschoben. Am Beispiel des 4-Zylinder-Mo-
tors in Bild 44 ist zu erkennen, dass immer
die Zylinder 1 und 4 sowie die Zylinder 3
und 2 gleichzeitig zünden. Außerdem ist
für die Zweifunken-Zündspule, die als
nächste zu zünden ist, ein Signal notwendig, das den Beginn einer Umdrehung
kennzeichnet. Im dargestellten Beispiel
signalisiert das OT-Signal. dass in der
Zylindergruppe 1/4 gezündet werden
muss. Der Rechner stellt fest, wann die
Kurbelwelle 180° weitergelaufen ist, und
veranlasst dann die Zündung in der Zylindergruppe 3/2 mit der anderen Zweifunken-Zündspule. Zu Beginn der zweiten
Umdrehung kommt erneut das OT-Signal
und veranlasst wieder die Zündung in der
Zylindergruppe 1/4. Durch diese Zwangs-
synchronisation ist auch sichergestellt,

dass bei irgendwelchen Störungen die
Zündfolge nicht außer Tritt kommt.

Nur Motoren mit gerader Zylinderzahl
(z. B. 2, 4, 6) sind für diese Art der ruhenden Spannungsverteilung geeignet. Jeweils
die halbe Zylinderanzahl ergibt die Anzahl
der benötigten Zündspulen.

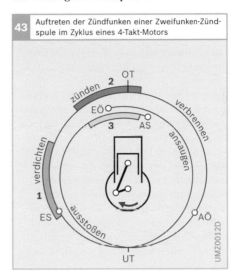

43 Auftreten der Zündfunken einer Zweifunken-Zündspule im Zyklus eines 4-Takt-Motors

Bild 43
1 Einschaltbereich
   (Beginn) des
   Primärstroms
2 Zündbereich des
   ersten Zündfunkens
3 Zündbereich des
   zweiten Zünd-
   funkens (Stütz-
   funke)
OT Oberer Totpunkt
UT unterer Totpunkt
EÖ Einlassventil öffnet
ES Einlassventil
   schließt
AÖ Auslassventil öffnet
AS Auslassventil
   schließt

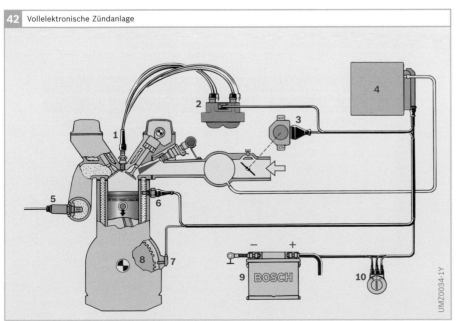

42 Vollelektronische Zündanlage

Bild 42
1 Zündkerze
2 Zweifunken-Zünd-
   spule
3 Drosselklappen-
   schalter
4 Steuergerät mit
   eingebauten End-
   stufen
5 λ-Sonde
6 Motortemperatur-
   sensor
7 Drehzahl- und
   Bezugsmarken-
   geber
8 Zahnscheibe
9 Batterie
10 Zündstartschalter

Bild 42 zeigt eine vollelektronische Zündung mit der Spannungsverteilung durch zwei Zweifunken-Zündspulen. Der Bezugsmarkengeber an der Kurbelwelle dient neben der Zündwinkelberechnung auch zur Ansteuerung der jeweils richtigen Zündspule.

Verteilung mit Einzelfunken-Zündspulen
Eine vollelektronische Zündung für ungerade Zylinderzahlen (z. B. 3, 5) erfordert für jeden Zylinder eine eigene Zündspule. Einzelfunken-Zündspulen sind in Verbindung mit der vollelektronischen Zündung auch für gerade Zylinderzahlen geeignet. Die eigentliche Spannungsverteilung zu den Zündspulen erfolgt niederspannungsseitig in einem Leistungsmodul mit Verteilerlogik. Bei den ungeraden Zylinderzahlen geht ein Zyklus über zwei Kurbelwellenumdrehungen; deshalb reicht in diesem Falle auch ein OT-Signal der Kurbelwelle nicht aus. Zur Synchronisation muss von der Nockenwelle ein Signal pro Nockenwellenumdrehung ausgelöst werden.

Spannungsbedarf
Da bei Zweifunken-Zündspulen zwei Zündkerzen in Reihe geschaltet sind, entsteht durch die in den niedrigen Druck des Ausstoßtakts zündende Zündkerze ein zusätzlicher Spannungsbedarf von einigen Kilovolt, der aber durch den Wegfall der Zündverteiler-Funkenstrecke kompensiert wird. Außerdem ist in jeder Zylindergruppe eine Zündkerze „falsch" gepolt. Das bedeutet, dass die Mittelelektrode positiv, nicht wie gewöhnlich negativ, ist. Auch dadurch steigt der Spannungsbedarf etwas an.

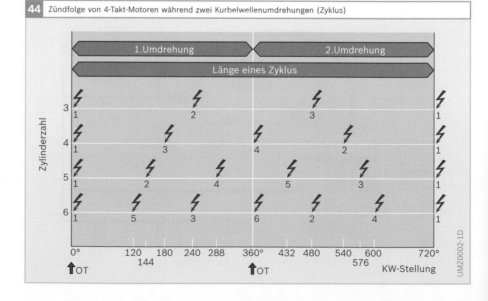

44 Zündfolge von 4-Takt-Motoren während zwei Kurbelwellenumdrehungen (Zyklus)

Bild 44
Motoren mit gerader Zylinderzahl liefern ein eindeutiges Signal für die Zündung der Zylindergruppen beim oberen Totpunkt OT (0 ° und 360 °)

Zündspulen

Die Zündspule ist sowohl Energiespeicher als auch Transformator. Gespeist aus dem Bordnetz liefert sie Zündimpulse mit der erforderlichen Hochspannung und Funkenenergie. Sowohl die Zündendstufe als auch die Primärwicklung mit ihrem Widerstands- und Induktionswert bestimmen die im Magnetfeld gespeicherte Energie. Durch die Auslegung der Sekundärwicklung lassen sich Hochspannung, Funkenstrom und Funkendauer nach Bedarf festlegen.

Der Unterbrecherkontakt der Spulenzündung ermöglicht nur Primärströme bis zu 5 A. Die elektronischen Zündsysteme können weit höhere Ströme schalten. Die bei der Spulenzündung üblichen Vorwiderstände (beim Kaltstart zur Leistungsanhebung überbrückbar) können entfallen, die Elektronik schaltet die Zündspule abhängig von Batteriespannung und Drehzahl so, dass die volle Energie zum Zündzeitpunkt zur Verfügung steht.

Die Ausführung der Zündspule richtet sich nach dem jeweiligen Einsatz.

Aufbau und Funktion

Statt der traditionellen Zündspulen der Spulenzündung mit Asphalt- oder Ölfüllung im Blechgehäuse haben sich für die elektronischen Zündsysteme Zündspulen mit Epoxidharzisolation durchgesetzt. Neben größerer Freiheit in der Wahl der Geometrie, Art und Anzahl der elektrischen Anschlüsse weist diese Ausführung außerdem geringeres Gewicht, kleinere Baugröße und höhere Schwingungsfestigkeit auf.

Wegen der kleineren Durchbruchspannung von – bezogen auf die Motormasse – negativen Zündfunken ist bei Zündspulen für rotierende Verteilung üblicherweise die Plusseite der Primärwicklung und der positive Anschluss der Sekundärwicklung zusammengefasst.

Zweifunken-Zündspule

Ausführung

Zweifunken-Zündspulen sind normalerweise als Kunststoff-Zündspulen ausgeführt. Die gedrungene Bauform und die große Fläche auf der Oberseite machen bei diesen Zündspulen die Anordnung von zwei getrennten Hochspannungsdomen möglich (Bild 45). Die Kühlung und die Befestigung der Spulen erfolgen über den nach außen herausgeführten Eisenkern.

Arbeitsweise

Am Zyklus eines 4-Takt-Motors (zwei Umdrehungen) ist zu erkennen, wie die Zündfunken einer Zweifunken-Zündspule im Verlauf der Motortakte auftreten (Bild 43). Die erste Umdrehung beginnt kurz nach EÖ (Einlassventil öffnet) und dauert bis OT (oberer Totpunkt). Die zweite Umdrehung beginnt bei OT und endet kurz vor AS (Auslassventil schließt). Im Arbeitstakt wird vor oder kurz nach OT, je nach Lage des Zündkennfeldpunkts, gezündet. Im Bereich ab ES (Einlass schließt) beginnt der Schließwinkel, d. h., der Primärstrom

45 Zweifunken-Zündspule

BOSCH
Zündspule für Transistor-Zündanlage
Made in Germany

TCI-ignition
Bobine p.
allumag.
transisto

UMZ0026-1Y

durch die Zündspule wird eingeschaltet. Der Einschaltpunkt in diesem Bereich verschiebt sich natürlich gemeinsam mit dem Zündzeitpunkt und entsprechend dem Schließwinkelkennfeld (mit Drehzahl und Batteriespannung) gegenüber dem Zündzeitpunkt.

Der zweite Zündfunke einer Zweifunken-Zündspule tritt am Ende des Ausstoßtakts auf (Stützfunke), da die beiden Funken der um 360° zueinander versetzten Zylinder gleichzeitig, d. h. bei gleicher Winkelstellung der Kurbelwelle, erzeugt werden. Deshalb kann der Funke noch im Ausstoßtakt überspringen, wenn das Einlassventil bereits wieder öffnet. Dies ist besonders bei großen Ventilüberschneidungen (Überdeckung der Öffnungszeiten von Aus- und Einlassventilen) kritisch (siehe Bild 43).

Einzelfunken-Zündspule
Die ruhende Spannungsverteilung mit Einzelfunken-Zündspulen (Bild 46) benötigt die gleiche Zahl an Zündendstufen und Zündspulen wie Zylinder vorhanden sind.

In diesen Fällen bietet es sich an, die Leistungsendstufe mit der Zündspule zusammenzubauen. Dadurch werden die Leitungen für die Hochspannung und die Mittelspannung zwischen Zündtransistor und Zündspule auf ein Minimum reduziert.

Beim Einschalten des Primärstroms wird ein positiver Hochspannungsimpuls von 1…2 kV erzeugt. Vorfunkenstrecken oder Hochspannungsdioden verhindern, dass es nicht zu einer unerwünschten Vorentflammung an der Zündkerze kommt (EFU-Diode, Einschaltfunkenunterdrückung), Diese Maßnahmen sind bei der Zweifunken-Zündspule und bei rotierender Verteilung nicht erforderlich.

Steuergerät
Das elektronische Steuergerät der vollelektronischen Zündung ist weitgehend mit dem der elektronischen Zündung identisch. Die Zündendstufe kann im Steuergerät integriert (z. B. bei Zweifunken- oder Vierfunken-Zündspulen) oder extern, in einem Leistungsmodul mit Verteilerlogik beziehungsweise in Kombination mit der jeweiligen Zündspule (z. B. bei Einzelfunken-Zündspulen), untergebracht sein.

46 Einzelfunken-Zündspule

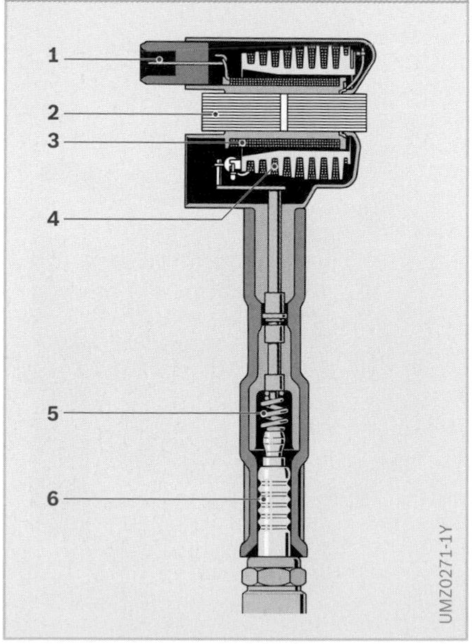

Bild 46
1 Niederspannungsanschluss außen
2 lammelierter Eisenkern
3 Primärwicklung
4 Sekundärwicklung
5 Hochspannungsanschluss innen über Federkontakte
6 Zündkerze

UMZ0271-1Y

Klopfregelung

Grundfunktionen

Klopfgrenze

Der Betrieb mit Katalysator erfordert den Motorbetrieb mit unverbleitem Benzin bei einer Luftzahl $\lambda = 1,0$. Blei wurde früher dem Benzin als Antiklopfmittel beigemischt, um klopffreien Betrieb bei hohen Verdichtungsverhältnissen ε zu ermöglichen.

Klopfen oder Klingeln, eine unkontrollierte Form der Verbrennung, kann im Motor zu Schäden führen, wenn es zu häufig und zu heftig auftritt (siehe Klopfneigung). Aus diesem Grund wird normalerweise der Zündwinkel so ausgelegt, dass er immer einen Sicherheitsabstand zur Klopfgrenze aufweist. Da aber die Klopfgrenze auch von Kraftstoffqualität, Motorzustand und Umweltbedingungen abhängig ist, bedeutet dieser Sicherheitsabstand durch die zu späten Zündwinkel eine Verschlechterung im Benzinverbrauch von einigen Prozent. Diesen Nachteil kann man vermeiden, wenn während des Betriebs die Klopfgrenze erfasst und der Zündwinkel auf diese geregelt wird. Diese Aufgabe übernimmt die Klopfregelung.

Klopfsensor

Es ist nicht möglich, die Klopfgrenze zu erfassen, ohne dass es klopft. Während der Regelung entlang der Klopfgrenze tritt also immer wieder vereinzelt Klopfen auf. Die Zündanlage wird jedoch so an den je-

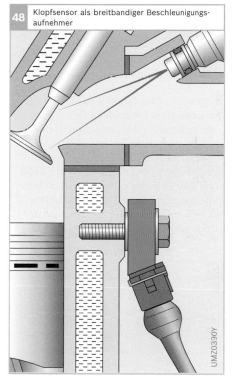

48 Klopfsensor als breitbandiger Beschleunigungsaufnehmer

UMZ0330Y

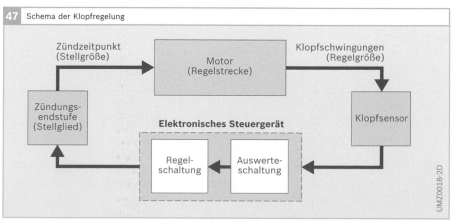

47 Schema der Klopfregelung

UMZ0018-2D

weiligen Fahrzeugtyp angepasst, dass Klopfen nicht hörbar ist und dass Schäden mit Sicherheit ausgeschlossen sind. Als Messaufnehmer dient der Klopfsensor (Bild 48), der die beim Klopfen auftretenden typischen Geräusche erfasst (Körperschall), in elektrische Signale umwandelt und diese an das elektronische Steuergerät weitergibt. Bild 49 zeigt im Vergleich von klopffreier zu klopfender Verbrennung den Druckverlauf im Zylinder und das Sensorsignal.

Der Anbauort des Klopfsensors ist so ausgewählt, dass Klopfen aus jedem Zylinder unter allen Umstanden sicher erkannt werden kann. Er liegt meist auf der Breitseite des Motorblocks.

Bei sechs Zylindern und mehr reicht normalerweise ein Klopfsensor zur Erfassung aller Zylinder nicht aus. In solchen Fällen werden zwei Klopfsensoren pro Motor verwendet, die entsprechend der Zündfolge ausgewertet werden.

Steuergerät

Im elektronischen Steuergerät (separates Klopfregelmodul oder Funktion der Klopfregelung im Steuergerät der elektroni-

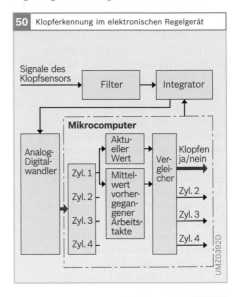

50 Klopferkennung im elektronischen Regelgerät

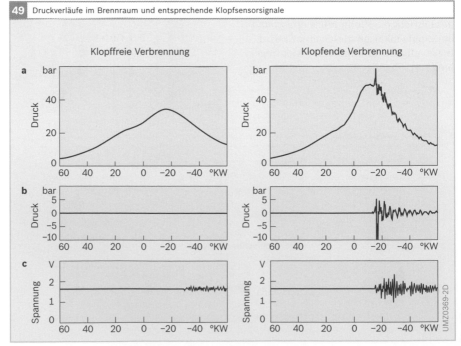

49 Druckverläufe im Brennraum und entsprechende Klopfsensorsignale

Klopffreie Verbrennung

Klopfende Verbrennung

Bild 49

a Typischer Verlauf des Brennraumdrucks (gemessen an einem Versuchsmotor)

b bandpassgefiltertes SIgnal des Brennraumdrucks

c vom Klopfsensor erfasstes Körperschallsignal

schen Zündung integriert) werden die Sensorsignale ausgewertet (Bild 47). Dabei wird für jeden Zylinder ein eigener Referenzpegel (Mittelwert der Sensorsignale vorhergegangener Arbeitstakte) gebildet, der sich ständig automatisch an die Betriebsverhältnisse anpasst. Ein Vergleich mit dem Nutzsignal, das über Filterung und Integration innerhalb eines Kurbelwinkelabschnitts aus dem Sensorsignal gewonnen wird, zeigt für jede Verbrennung in jedem Zylinder, ob Klopfen vorliegt (Bild 50). Wenn dies der Fall ist, wird der Zündzeitpunkt nur in diesem Zylinder um einen festen Winkel, zum Beispiel 3 °KW, nach Spät verstellt. Dieser Vorgang wiederholt sich bei jeder als klopfend erkannten Verbrennung für jeden Zylinder. Tritt kein Klopfen mehr auf, wird der Zündzeitpunkt langsam in kleinen Schritten nach Früh bis auf seinen Kennfeldwert zurückgestellt (Bild 51).

Da sich in einem Motor die jeweilige Klopfgrenze von Zylinder zu Zylinder unterscheidet und sich innerhalb des Betriebsbereichs stark ändert, ergibt sich im praktischen Betrieb an der Klopfgrenze für jeden Zylinder ein eigener Zündzeitpunkt. Diese Art der zylinderselektiven Klopferkennung und -regelung ermöglicht eine Optimierung von Motorwirkungsgrad und Kraftstoffverbrauch.

Ist das Fahrzeug für Betrieb mit Superbenzin ausgelegt, so lässt es sich bei Klopfregelung auch mit Normalbenzin (in Deutschland seit ca. 2010 nicht mehr erhältlich) ohne Schaden betreiben. Im dynamischen Betrieb erhöht sich dabei die Klopfhäufigkeit. Um dies zu vermeiden, kann im elektronischen Steuergerät für jede der beiden Kraftstoffqualitäten ein eigenes Zündwinkelkennfeld abgespeichert werden. Der Motor wird dann nach dem Start mit dem Superkennfeld betrieben und auf das Normalkennfeld umgeschaltet, wenn die Klopfhäufigkeit eine vorgegebene Schwelle überschreitet. Der Fahrer nimmt dieses Umschalten nicht wahr; lediglich Leistung und Kraftstoffverbrauch verschlechtern sich geringfügig. Ein für Superbenzin ausgelegtes Fahrzeug mit konventionellem Zündsystem kann nicht ohne Gefahr von Klopfschäden mit Normalbenzin betrieben werden, während ein für Normalbenzin ausgelegtes Fahrzeug keine Vorteile in Verbrauch und Leistung zeigt, wenn es mit Superbenzin betrieben wird.

Klopfregelung bei Turbomotoren

Bei Turbomotoren wird der Ladedruck über die Antriebsleistung der Abgasturbine gesteuert. Der Eingriff erfolgt über den Öffnungsquerschnitt des Abgasbypassventils (Wastegate), das über ein elektromagnetisches Taktventil mit dem Steuerdruck beaufschlagt wird (Bild 52).

In einem Kennfeld sind die Steuerwerte für das elektromagnetische Taktventil abgelegt. Durch das Kennfeld wird der Ladedruck nur in der Höhe aufgebaut, wie er, entsprechend dem Fahrerwunsch (Fahrpedalstellung), vom Motor benötigt wird. Vorteile gegenüber konventionellen Turbomotoren sind:
► Im Teillastbereich geringere Laderarbeit,
► niedrigerer Abgasgegendruck,
► geringerer Abgasrestgehalt im Zylinder,
► niedrigere Ladelufttemperatur,

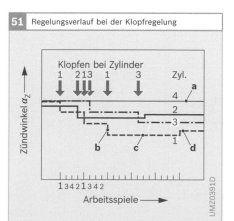

51 Regelungsverlauf bei der Klopfregelung

Zündwinkel α_Z

Klopfen bei Zylinder
1 2 1 3   1   3   Zyl.
4
2
3
1
b   c   d
1 3 4 2 1 3 4 2
Arbeitsspiele ⟶

UMZ0391D

Bild 51
Regelalgorithmus bei Zündungseingriff an einem 4-Zylinder-Motor
1...3 Klopfen an Zylinder 1...3
an Zylinder 4 werden keine klopfenden Verbrennungen erkannt

a Kennfeldzündwinkel
b Spätverstellung bei Erkennen von Klopfen
c Verweilzeit vor Frühverstellung
d Frühverstellung

▶ frei wählbare Volllastlinie des Ladedrucks über der Drehzahl,
▶ weicheres Ansprechen des Turboladers,
▶ besseres Fahrverhalten.

Bei der Kennfeldregelung des Ladedrucks
wird der Vorsteuerung ein Regelkreis
überlagert. Ein Drucksensor misst den
Saugrohrdruck, der mit den Werten eines
abgelegten Kennfelds verglichen wird. Bei
Abweichungen zwischen Soll- und Istwert
wird der Druck über das elektromagnetische Taktventil ausgeregelt.
   Vorteile der Ladedruckregelung im Vergleich zur Steuerung: Bauteile-Toleranzen
und Verschleiß, besonders in Abgasbypassventil und Turbolader, wirken sich
nicht auf die Höhe des Ladedrucks aus. Bei
Verwendung eines Absolutdrucksensors
kann außerdem der Ladedruck innerhalb
eines großen Bereichs unabhängig von der
Höhe des Außendrucks realisiert werden
(Höhenkorrektur).
   Bei Klopfen erfolgt eine Spätverstellung
des Zündzeitpunktes des jeweils klopfenden Zylinders wie beim Saugmotor. Darüber hinaus wird eine Absenkung des
Ladedrucks vorgenommen, wenn die Spätverstellung mindestens eines Zylinders ei-

nen vorgegebenen Wert überschritten hat.
Dieser Wert ist als drehzahlabhängige
Kennlinie im elektronischen Steuergerät
gespeichert. Seine Größe wird entsprechend der maximal zulässigen Abgastemperatur am Turbineneingang festgelegt.
Der Verstellalgorithmus mit schneller
Druckabsenkung und langsamer schritt-
weiser Anhebung bis auf den Sollwert ähnelt dem für die Zündwinkelverstellung,
jedoch mit deutlich größeren Zeitkonstanten.
   Die Abstimmung der beiden Regelalgorithmen erfolgt unter Beachtung von
Klopfhäufigkeit, Zeitverhalten von Motor,
Abgasbypassventil und Turbolader, Abgastemperatur, Fahrbarkeit und Stabilität der
Regelung.
   Vorteile dieser kombinierten Regelung
im Vergleich zur reinen Zündwinkelrege-
lung sind
▶ Verbesserung des Motorwirkungsgrads,
▶ Verringerung der Temperaturbelastung
   von Motor und Turbolader,
▶ Verringerung der Ladelufttemperatur.

Vorteile gegenüber der reinen Ladedruckregelung sind

Bild 52

1   Ansaugluft
2   Verdichter
3   Turbine
4   Abgas
5   Abgasbypassventil
    (Wastegate)
6   Klopfsensor
7   Taktventil
8   Steuergerät
9   Zündspule mit
    angebauter
    Zündendstufe

Signale

a   Drosselklappen-
    stellung
b   Saugrohrdruck
c   Klopfsignale
d   Zündimpulse
e   Motortemperatur
f   Taktventilstellung
g   Zündzeitpunkt

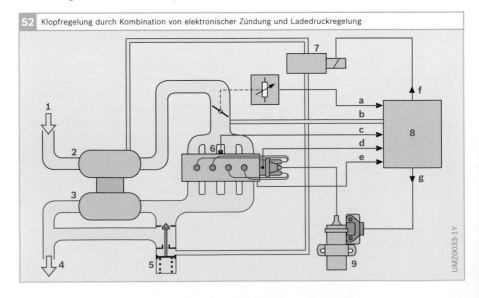

52   Klopfregelung durch Kombination von elektronischer Zündung und Ladedruckregelung

UMZ0033-1Y

▶ schnelles Ansprechen der Regelung bei Klopfen,
▶ gutes Dynamikverhalten des Motors,
▶ Stabilität der Regelung,
▶ Fahrbarkeit.

Sonderfunktionen

Neben den Grundfunktionen Klopferkennung und -regelung, Zündwinkel-, Schließwinkel- und gegebenenfalls Ladedruckkennfeld kann z. B. der Saugrohrdruck als Lastinformation über einen Drucksensor im Steuergerät gemessen oder ein von einer Benzineinspritzung verfügbares Lastsignal verarbeitet werden.

Kühlmittel- und Ansauglufttemperatur können als Korrekturgrößen berücksichtigt werden. Bei Bedarf können zusätzlich Schubabschaltung, Leerlaufstabilisierung, Drehzahlbegrenzung über Abschalten der Zündung oder der Kraftstoffpumpe und eine Kraftstoffpumpensteuerung realisiert werden. Außerdem ist bei Rechnerausfall – dem Fahrer wird dieser Zustand angezeigt – ein Notlauf möglich, der das Liegenbleiben des Fahrzeugs verhindert.

Bei Turbomotoren kann ein drehzahlabhängiges Volllastsignal erzeugt und ebenso wie die Absenkung des Ladedrucks infolge Klopfen an die Einspritzung ausgegeben werden.

Sicherheit und Diagnose

Alle Funktionen der Klopfregelung, die bei Ausfall zu einem Motorschaden führen können, machen eine Überwachung erforderlich. Sie muss bei einer auftretenden Fehlfunktion den Übergang in einen schadenssicheren Betrieb auslösen. Der Übergang in den Sicherheitsmodus kann dem Fahrer über eine Anzeige im Instrumentenfeld angezeigt werden. Bei der Inspektion des Fahrzeugs kann der genaue Fehler über die Motordiagnose ausgelesen werden.

Überwacht werden:
▶ Der Klopfsensor einschließlich Kabelbaum ständig während des Betriebs oberhalb einer Grenzdrehzahl. Bei erkanntem Fehler wird der Zündwinkel in dem Kennfeldbereich, in dem die Klopfregelung aktiv ist, um einen festen Winkel nach spät verstellt; beim Turbomotor wird gleichzeitig der Ladedruck abgesenkt.
▶ Die Auswerteelektronik bis zum Rechner unterhalb einer Grenzdrehzahl. Ein erkannter Fehler führt zur gleichen Reaktion wie zuvor genannt.
▶ Das Lastsignal ständig während des Betriebs. Im Fehlerfall werden die Volllastzündwinkel benützt, bei gleichzeitiger dauernder Aktivierung der Klopfregelung.

Weitere Sensoren und Signale werden je nach Anwendungsfall überwacht und in der Reaktion festgelegt (z. B. Temperatursensor).

Hochspannungs-Kondensatorzündung

Die Hochspannungs-Kondensatorzündung (HKZ), auch Thyristorzündung genannt, arbeitet nach einem anderen Prinzip als die bisher beschriebenen Spulenzündsysteme. Sie wurde für hochdrehende und leistungsstarke Hubkolbenmotoren des Sport- und Rennsektors sowie für Kreiskolbenmotoren entwickelt.

Die Hochspannungs-Kondensatorzündung gibt es in kontaktgesteuerter und in kontaktlos-gesteuerter Ausführung. Die kontaktlos-gesteuerte Hochspannungs-Kondensatorzündung wird von einem induktiven Gebersystem im Zündverteiler ausgelöst (Bild 53).

Funktionsprinzip

Wesentliches Merkmal der Hochspannungs-Kondensatorzündung ist, dass die Zündenergie im elektrischen Feld eines Kondensators gespeichert wird. Die Kapazität C und die Aufladespannung U des Kondensators bestimmen die Größe der Speicherenergie W_{Sp}, nach der Formel

$$W_{\mathrm{Sp}} = \tfrac{1}{2}\, C\, U^2.$$

Schaltgerät

Die Energiespeicherung erfolgt auf einem Niveau von ca. 400 V. Der Speicherkondensator wird entweder mit einem Konstantstrom oder mit Impulsen aufgeladen. Bei beiden Methoden enthält der Ladeteil einen kleinen Transformator, der das Spannungsniveau zum Erreichen der erforderlichen gespeicherten Energie auf 400 V anhebt. Im Zündzeitpunkt wird der Thyristor durchgeschaltet. Dadurch beginnt sich der Kondensator über die Transformatorspule umzuladen.

Die Eigenfrequenz dieses Mittelspannungskreises ist gegenüber der Eigenfrequenz des Hochspannungskreises einer Spulenzündung um mehrere Faktoren höher. Während jedoch die Hochspannungs-Kondensatorzündung mit eingeprägter Spannung arbeitet, arbeitet die Transistor-

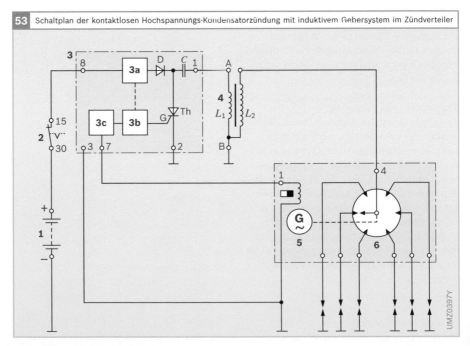

Bild 53

1 Batterie
2 Zündstartschalter
3 Schaltgerät
3a Ladeteil
3b Steuerteil
3c Impulsformer
4 Zündtransformator
5 Induktionsgeber
6 Zündverteiler
D Diode
Th Thyristor mit Gateanschluss G
C Kapazität des Speicherkondensators
L_1 Induktivität der Primärwicklung des Zündtransformators
L_2 Induktivität der Sekundärwicklung

Mager dargestellte Zahlen bezeichnen Klemmenanschlüsse

53 Schaltplan der kontaktlosen Hochspannungs-Kondensatorzündung mit induktivem Gebersystem im Zündverteiler

UMZ0397Y

Spulenzündung mit nahezu eingeprägtem Strom. Dies ist die Ursache für den niedrigen Innenwiderstand der Hochspannungs-Kondensatorzündung. Da die Sekundärstufe des Zündtransformators dem Spannungsanstieg folgt, wird auch die Hochspannung schnell aufgebaut. Der Funkenüberschlag erfolgt dementsprechend früher. Wenn der Kondensator entladen ist, wird der Thyristor beim Nulldurchgang des Stroms nach Funkenende wieder gesperrt. Danach kann der Aufladevorgang des Speicherkondensators wieder beginnen.

Zündtransformator
Der Zündtransformator transformiert die durch die Kondensatorentladung entstehende Primärspannung auf die erforderliche Hochspannung. Er sieht äußerlich einer Zündspule ähnlich. Da er aber keine magnetische Energie speichern soll und sehr schnell in der Übertragung sein muss, darf er – wegen seines speziellen Aufbaus – nicht mit einer Zündspule vertauscht werden. Auch der umgekehrte Tausch darf nicht stattfinden.

Eigenschaften
Hauptvorteil der Hochspannungs-Kondensatorzündung ist ihre weitgehende Unempfindlichkeit gegen elektrische Nebenschlüsse im Zündkreis, insbesondere an verschmutzten Zündkerzen. Die Funkendauer ist mit 0,1...0,3 ms für viele Anwendungsfälle jedoch zu kurz, um ein sicheres Entflammen des Luft-Kraftstoff-Gemischs zu garantieren. Aus diesem Grund ist die Hochspannungs-Kondensatorzündung nur für bestimmte Motoren ausgelegt und wird nur in Sonderfällen eingesetzt, da die Leistungsdaten der Transistor-Spulenzündung nahezu gleich sind. Die Hochspannungs-Kondensatorzündung ist nicht für den nachträglichen Einbau geeignet.

Vergleich mit Spulenzündanlagen
Die typischen Eigenschaften der Hochspannungs-Kondensatorzündung bezüglich Spannungsanstiegszeit, Funkendauer und Nebenschlussempfindlichkeit lassen sich im Vergleich zur kontaktgesteuerten Spulenzündung und zu einer wartungsfreien Transistor-Spulenzündung darstellen. Wie schon bei der Beschreibung der einzelnen Zündsysteme erwähnt, hängt die Zeit bis zum Durchbruch der Hochspannung an der Zündkerze von den Werten der Induktivitäten und Kapazitäten im jeweils frequenzbestimmenden Kreis ab. Ein Problem stellt die Entladung über Nebenschlusswiderstände an der Zündkerze dar. Die Nebenschlusswiderstände entstehen auf der Isolierkeramik durch Rußablagerung, aus Verbrennungsrückständen, Bleiablagerungen (bei den früher verwendeten bleihaltigen Kraftstoffen) oder beim Kaltstart in Form von Kraftstoffniederschlag bei unzureichender Gemischaufbereitung. Dadurch wird der Schwingkreis der Sekundärspannung durch einen Widerstand im 100-kΩ-Bereich belastet. Die Belastung dämpft die maximal erreichbare Amplitude des Schwingkreises und leitet vor und während des Funkens Energie ab.

Durch den schnellen Spannungsanstieg der Hochspannungs-Kondensatorzündung fließt bei verschmutzten Zündkerzen um mehrere Faktoren weniger gespeicherte Energie ab. Dadurch ist auch die Zündwahrscheinlichkeit in einem solchen Fall bedeutend größer.

Als Nachteil der geringen Induktivität bei der Hochspannungs-Kondensatorzündung stellt sich im Vergleich zur Transistor-Spulenzündung und konventionellen Spulenzündung eine besonders kurze Funkendauer ein. Falls während dieser kurzen Funkendauer nicht eine genügende Menge entflammbaren Luft-Kraftstoff-Gemischs an der Zündkerze vorbeistreicht, erfolgt ein Zündaussetzer. Bei turbulenten Gemischen ist auch oft ein Nachzünden nötig, was nur bei entsprechend langer Funkendauer möglich ist. Mit einer Transistor-Spulenzündung kann die Funkendauer ohne besonderen Aufwand auch beträchtlich über 1,5 ms hinaus verlängert werden.

Verbindungsmittel

Die Aufgabe der Verbindungsmittel ist die sichere Übertragung der Hochspannung von der Zündspule über den Zündverteiler (bei der ruhenden Hochspannungsverteilung) bis zur Zündkerze (Bild 55). Je nach Anforderungen an den Motor und damit an die Zündung gibt es dafür verschiedene Möglichkeiten der Anschlusstechnik.

Stecker und Steckbuchsen

Grundausführungen

Ein Beispiel für die vorhandenen Anschlusstechniken ist die Steckverbindung an den Hochspannungsdomen des Zündverteilers. Die Steckbuchsenversion A (Bild 54) hat nur eine relativ geringe Hochspannungsfestigkeit und war deswegen in der Erstausrüstung nur vereinzelt anzutreffen. Der Schwerpunkt der Anwendung liegt in den Versionen B und C. Beide sind dadurch gekennzeichnet, dass sie tief im Dom liegende Rastbolzen besitzen und durch den langen Kriechweg eine bedeutend spannungsfestere Kontaktierung gewährleisten. Eine zusätzliche Vergrößerung der Geometrie (wie im Fall der Version C) schafft die nötige Reserve, um die selbst für Motoren mit Magerkonzepten nötige 30-kV-Technik zu gewährleisten. Darüber hinaus sind die Steckkräfte und die Wasserdichtheit aufeinander abgestimmt.

Lebensdauer

Unter den jeweiligen Steckerversionen ist in Bild 54 die dazugehörige mittlere Lebensdauer in Betriebsstunden durch schräg verlaufende Kurven dargestellt.

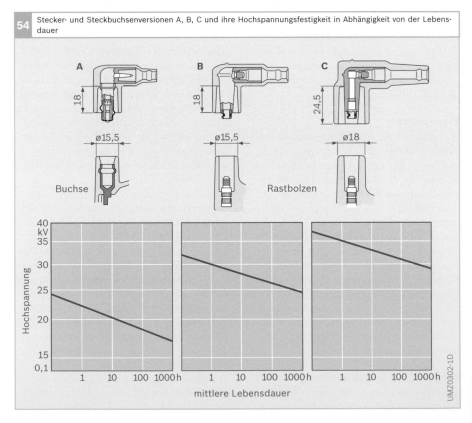

54 Stecker- und Steckbuchsenversionen A, B, C und ihre Hochspannungsfestigkeit in Abhängigkeit von der Lebensdauer

Ihre Bedeutung geht aus Bild 56 hervor: Werden neue Teile mit der Spannung U_x beaufschlagt, halten sie der Beanspruchung zunächst stand. Die Isolationsfähigkeit wird aber langsam abgebaut, und ab der Zeit t_1 muss mit vereinzelten Durchschlägen gerechnet werden. Der Prozess schreitet fort, und zur Zeit t_2 sind nur noch 63 % der Teile funktionsfähig.

Bei niederen Spannungen halten die Teile der Beanspruchung wesentlich länger stand als bei hohen Spannungen (logarithmische Skalen). Dies entspricht auch ungefähr der statistischen Verteilung des Spannungsverlaufs des Motors. Der sehr hohe Spannungsbedarf kommt, gemessen an der Gesamtzahl der Zündungen, nur selten vor. Die Häufung liegt bei Werten unterhalb 25 kV, weshalb die Versionen B und C in Verbindung mit einer wartungsfreien Zündanlage, stabilen Hochspan-

nungsleitungen mit Metallseele und einem regelmäßigen Zündkerzenwechsel zu einem für die Lebensdauer des Fahrzeugs problemlosen Zündsystem führen.

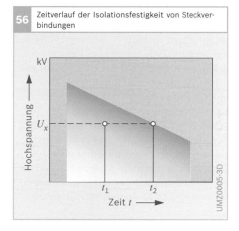

56 Zeitverlauf der Isolationsfestigkeit von Steckverbindungen

UMZ0005-3D

Bild 51
U_x Beaufschlagte Spannung
t_1 Zeitpunkt mit vereinzelten Überschlägen
t_2 Zeitpunkt mit vielen Überschlägen

55 Leitungsverbindungen einer Zündanlage

UMZ0025-1Y

Bild 50
Schutzkappen verhindern das Eindringen von Schmutz und Feuchtigkeit

Funkentstörung

Entstehung und Ausbreitung von Störungen

Wo auch immer elektrische Funken entstehen, werden gleichzeitig elektromagnetische Wellen ausgesandt. Sie stören die drahtlose Medien- und Informationsübertragung ganz erheblich. Störungen können auf verschiedene Weise zum Empfänger gelangen; unmittelbar über Leitungen zwischen Störquelle und Empfänger, aber auch drahtlos durch Strahlung oder durch kapazitive oder induktive Kopplung.

Alle Zündanlagen, die auf dem Prinzip der Fremdzündung durch Funkenüberschlag beruhen, sind als Störsender ersten Ranges zu betrachten. Andere Funkstörer im Kraftfahrzeug, beispielsweise Generator und Regler, Kleinmotoren für Schei-

benwischer, Wagenheizer und Ventilator, fallen demgegenüber weniger ins Gewicht, müssen aber gleichfalls entstört werden.

Entstörmittel

Für die Funkentstörung sind folgende Entstörmittel üblich:
- Entstörwiderstände, die neben einer ohmschen Komponente eine ausgeprägte Blindkomponente besitzen.
- Kondensatoren und Drosselspulen beziehungsweise Entstörfilter, in der einfachsten Form als Kombination eines Kondensators mit einer Drosselspule.
- Abschirmteile, zum Beispiel metallisches Entstörgeflecht zur Schirmung von Leitungen, Entstörhauben aus leitfähigem Material für die Schirmung von Zündverteilern u. a.

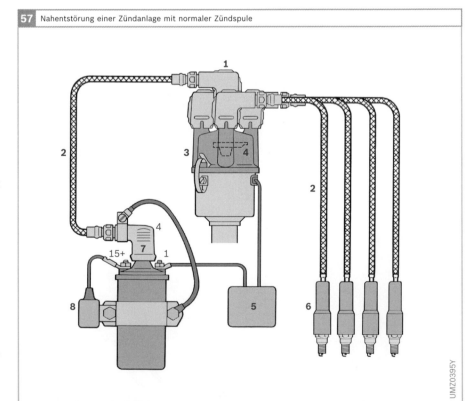

57 Nahentstörung einer Zündanlage mit normaler Zündspule

Bild 57
1 Geschirmte Verteilerstecker mit Entstörwiderstand
2 geschirmte Zündleitungen
3 metallbeschichtete Zündverteilerkappe
4 Verteilerläufer mit Entstörwiderstand
5 Schaltgerät
6 geschirmte Zündkerzenstecker mit Entstörwiderstand
7 Stecker mit Entstörwiderstand
8 Entstörkondensator

Mager dargestellte Zahlen bezeichnen Klemmenanschlüsse

UMZ0395Y

▶ Masseverbindungen, zum Beispiel Massebänder für die leitende Verbindung einzelner metallischer Fahrzeugteile.

Grundsätzlich gilt für Entstörmittel: Funkstörungen müssen in erster Linie unmittelbar an ihrem Entstehungsort (an der Störquelle) beseitigt werden. Zum Beispiel müssen Entstörwiderstände möglichst nahe an den Funkenstrecken eingebaut werden.

Entstörklassen
Man unterscheidet bei der Entstörung im Wesentlichen zwei Entstörklassen: Die gesetzlich für alle Kraftfahrzeuge vorgeschriebene Fernentstörung (siehe DIN 57879/VDE 0879, Teil 1 – jetzt DIN EN 55012 VDE 0879-1) und

StVZO §55a) und die Nahentstörung für Kraftfahrzeuge mit eingebauter Empfangsanlage (gesetzlich nicht vorgeschrieben, jedoch unerlässlich für einwandfreien Sende- und Empfangsbetrieb).

Fernentstörung
Ziel der Fernentstörung ist die Herabsetzung der Störfeldstärke zum Schutz des Rundfunk- und Fernsehempfangs in der Umgebung des Kraftfahrzeugs, sodass beim Funkempfang zum Beispiel in benachbarten Häusern keine Empfangsstörungen hervorgerufen werden. Im Frequenzbereich von 30...250 MHz darf nach der Entstörung die Störfeldstärke die in den Bestimmungen DIN 57879/VDE 0879, Teil 1 angegebenen Grenzwerte nicht überschreiten.

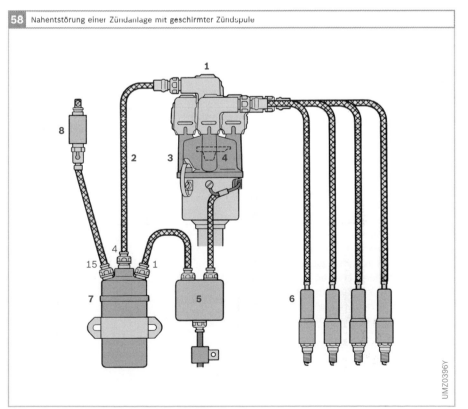

58 Nahentstörung einer Zündanlage mit geschirmter Zündspule

UMZ0396Y

Bild 58
1 Geschirmte Verteilerstecker mit Entstörwiderstand
2 geschirmte Zündleitungen
3 metallbeschichtete Zündverteilerkappe
4 Verteilerläufer mit Entstörwiderstand
5 Schaltgerät
6 geschirmte Zündkerzenstecker mit Entstörwiderstand
7 geschirmte Zündspule
8 Entstörfilter

Mager dargestellte Zahlen bezeichnen Klemmenanschlüsse

Nahentstörung

Anwendung findet die Nahentstörung bei
Kraftfahrzeugen mit eingebautem Funk-
empfänger sowie bei Aggregaten, wenn in
unmittelbarer Nähe Funkgeräte betrieben
werden.

Zündkerzen

Zur Entstörung der Zündkerzen werden
wie bei der Fernentstörung Entstörstecker
mit eingebautem Widerstand verwendet.
Falls erforderlich, sind diese Stecker teil-
geschirmt.

Zündspule

Die Zündspule erhält einen Entstörkondensator von 2,2 µF. Der Entstörkondensator muss immer an die Klemme der Zündspule angeschaltet werden, an der die
Batteriezuleitung angeschlossen ist. Auf
keinen Fall darf er an der Klemme 1 angeschlossen werden! Bei Bedarf erhält die
von der Zündspule abgehende Zündleitung (Klemme 4) einen Entstörstecker.

Anmerkung: Auch in Fahrzeugen mit elektronischer Zündanlage sollte an die
Klemme 15 der Zündspule ein Entstörkondensator mit Überspannungsbegrenzung
angeschlossen werde.

Zündverteiler

Außer dem bei der Fernentstörung verwendeten entstörten Verteilerläufer erhält
zusätzlich jede vom Zündverteiler ausgehende Zündleitung einen Verteilerstecker
mit eingebautem Entstörwiderstand.
    Bei Zündanlagen, die noch mit Unter-
brecherkontakt arbeiten, ist an Klemme 1
des Zündverteilers (Leitung vom Unterbrecherkontakt zur Zündspule) ein Entstörfilter zur Verringerung von Rückzün-
dungsstörungen angeschlossen.

Geschirmte Zündanlagen

Geschirmte Anlagen (z. B. für Drehstrom-
generatoren, Elektromotoren, Zündanlagen) ermöglichen eine sehr gute Nahentstörung. Die Anwendung erfolgt bei Fahrzeugen mit Funkanlage (z. B. Fahrzeuge
mit Sprechfunk), Funkmesswagen sowie
bei besonders hohen Ansprüchen an die
Qualität des Empfangs.

    Für Zündanlagen werden zweckmäßig
nur fertig montierte geschirmte Zündleitungen verwendet. Die Schirmung ist entweder bis an die Zündspule herangeführt
(Bild 57, z. B. bei Notdienst- oder Polizei-
fahrzeugen), oder die Zündanlage ist einschließlich der Zündspule vollständig geschirmt (Bild 58). Hierbei werden in vielen
Fällen sogar geschirmte Zündkerzen anstelle der normalen Zündkerzen mit ge-
schirmten Zündkerzensteckern sowie vollständig geschirmte Zündverteiler verwendet.

    Die Leitung zum Zünd-Start-Schalter er-
hält zusätzlich ein Entstörfilter; die Schirmung muss bis zu diesem Filter geführt
werden (vor allem für Militärfahrzeuge
relevant).

Zündungstest

Eine einwandfreie Zündung spielt für die richtige Funktion des Motors eine wichtige Rolle. Für eine Überprüfung bieten sich an:

▸ Das Zündzeitpunkt-Stroboskop für die Zündeinstellung,
▸ der Motortester mit Stroboskop, Oszilloskop, Spannungsmesser usw. für die Prüfung der kompletten Zündanlage,
▸ der Fehlersuchplan für die richtige Vorgehensweise (nach Vorgaben des jeweiligen Fahrzeugherstellers).

Zündzeitpunkt-Stroboskop

Dieses Testgerät wird über die Fahrzeugbatterie betrieben. Die eingebaute Stroboskoplampe blitzt, getriggert durch den Zündimpuls von Zylinder 1, analog zur Motordrehzahl, auf. Durch das Anblitzen der Zündmarken auf der Schwungscheibe und Verstellen der Einstellung am Zündzeitpunkt-Stroboskop werden die Schwungrad- und Kurbelgehäusemarken gemäß Einstellvorschrift zur Deckung gebracht. Jetzt kann der Zündwinkel direkt auf der Skala des Zündzeitpunkt-Stroboskops abgelesen und die Zündung richtig eingestellt werden.

Bei neueren Fahrzeugmotoren kann der Zündwinkel auch ohne Stroboskop mit Hilfe eines OT-Gebers (OT, Oberer Totpunkt) direkt vom Motortester gemessen und angezeigt werden.

Prüfungen mit Motortester

Motortester gibt es vom Pocket-Tester im Kleinformat bis hin zum Diagnosesystem mit einer Vielzahl von Funktionen wie Abgasuntersuchung, Oszilloskop u. a. Ein wichtiges Kriterium für die Auswahl eines Motortesters ist, bei welchen Zündsystemen er zur Prüfung eingesetzt werden soll; bei einer konventionellen Spulenzündung (SZ), bei einer vollelektronischen Zündung (VZ) oder bei allen Zündsystemen an Fahrzeugmotoren bis zwölf Zylinder. Die moderneren Bosch-Motortester eignen sich für alle Zündsysteme und berücksichtigen dies durch ein spezielles Auswahlmenü.

Die stationären Motortester haben die erforderlichen Voraussetzungen, um die Signale im Primär- und Sekundärkreis mehrerer Zündspulen (z. B. bei Anlagen mit Einzelfunken- oder Zweifunken-Zündspulen) gleichzeitig aufzuzeichnen. Die Darstellung der Funktionsweise einer vollelektronischen Zündung eines 6-Zylinder-Motors mit Zweifunken-Zündspulen geht aus dem Oszillogramm in Rasterdarstellung hervor (Bild 59). Zur detaillierten Betrachtung der einzelnen Zylinder kann auf Einzelbilddarstellung umgeschaltet werden. Außerdem besteht beim Zweikanal-Oszilloskop die Möglichkeit, die Oszillo-

Bild 59
1 Paradedarstellung: Haupt- und Stützfunken sind überlagert
2 Positiv-Darstellung:
– Hauptfunken bei den Zylinders 1, 2 und 5 (hohe Zündspannung im Verdichtungstakt)
– Stützfunken bei den Zylindern 4, 3 und 6 (niedrige Zündspannung im Ausstoßtakt)
3 Negativ-Darstellung:
– Hauptfunken bei den Zylindern 4, 3 und 6
– Stützfunken bei den Zylindern 1, 2 und 5
4 Zündfolge 1–4–3–6–2–5

59 Zündungsbild (Sekundär) in 3-D-Darstellung eines 6-Zylinder-Motors mit Zweifunken-Zündspule bei 760 min^{-1}

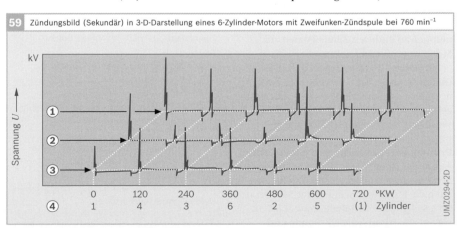

UMZ0294-2D

gramme von Primär- und Sekundärkreisen gemeinsam zu begutachten.

Ein weiterer Vorteil zur schnellen Fehlersuche besteht bei Motortestern in der Suchfunktion nach Unregelmäßigkeiten im Signalverlauf von Primär- und Sekundärseite. Hierbei wird der Verlauf der letzten acht Sekunden vor Betätigung der Speichertaste nach Abweichungen untersucht. Dadurch ist es z. B. möglich, die Zündspannung und die Brenndauer einzelner Zylinder direkt miteinander zu vergleichen, um so Fehler lokalisieren zu können.

Auch für den mobilen Einsatz (z. B. bei der Pannenhilfe) sind geeignete Motortester unentbehrlich. Diese Motortester werden von eingebauten Batterien oder direkt von der Bordspannung des zu prüfenden Fahrzeugs versorgt. In der Komfortausstattung verfügen selbst die mobilen Geräte über ein Zweikanal-Oszilloskop mit Speicherfunktion sowie über voreingestellte Messbereiche, um die Bedienung zu vereinfachen.

Spezielle Sekundär-Messwertgeber
Für direkt auf der Zündkerze angebrachte Zündspulen werden speziell an die zu prüfende Zündspule angepasste Adapter für die Aufnahme des Sekundärsignals verwendet. Diese Sekundär-Messwertgeber bestehen in der Regel aus einem Blechadapter. Je nach Art des mechanischen Aufbaus der Zündspule sind umfangreiche Haltevorrichtungen, aber auch Abschirmungen zu anderen Zündsignalen zur Störunterdrückung notwendig.

An einigen Zündspulen ist bereits eine Diagnosetasche für die Aufnahme eines normierten Sekundär-Messwertgebers angebracht; der zu leistende Aufwand in der Werkstatt wird erheblich verringert.

Prüfung von Sensoren und Stellgliedern
Außer der Beurteilung der Zündanlage mit den entsprechenden Oszillogrammen ist auch die Funktionsprüfung der Sensoren und Stellglieder von Bedeutung. Die Sensoren, z. B. Klopfsensor, λ-Sonde und

Drosselklappenpotentiometer geben Signale an das elektronische Steuergerät. Die Stellglieder sorgen für die Umsetzung der Vorgaben des Steuergeräts. Diese Komponenten sind somit maßgeblich an der richtigen Funktion der Zündanlage beteiligt. Ihre Signale lassen sich mit dem Oszilloskop von Motortestern überprüfen und zur späteren Auswertung oder zum Ausdruck abspeichern.

Fehlersuche
Liegt ein Schaden an der Zündanlage vor, ist bei der Suche nach der Ursache ein systematisches Vorgehen notwendig. Werkstätten wenden dabei ein bestimmtes Schema zur Fehlersuche an, um selbst bei komplexen Fahrzeugsystemen vorhandene Fehlerquellen schnell aufzuspüren. Mit dieser Methode kann der Werkstattmitarbeiter in möglichst kurzer Zeit fehlerhafte Komponenten erkennen und die erforderliche Reparatur mit den geeigneten Prüfmitteln und Werkzeugen durchführen.

> ▶ Unfallgefahr

Grundsätzlich ist bei Arbeiten an der Zündanlage die Zündung auszuschalten oder die Spannungsquelle abzuklemmen. Solche Arbeiten sind:
▶ Auswechseln von Teilen wie Zündkerze, Zündspule, Zündverteiler, Zündleitung usw.
▶ Anschließen von Motortestgeräten wie Zündzeitpunkt-Stroboskop, Schließwinkel-Drehzahl-Tester, Zündoszilloskop usw.

Bei der Prüfung der Zündanlage mit eingeschalteter Zündung treten an der gesamten Anlage gefährliche Spannungen auf. Prüfarbeiten sollen deshalb nur durch ausgebildetes Fachpersonal erfolgen.

Zündkerzen

Bei allen Ottomotoren mit Vergaser und bei Benzin-Einspritzmotoren wird die Verbrennung des Luft-Kraftstoff-Gemischs durch einen elektrischen Funken eingeleitet. Die hierzu notwendige Hochspannung wird in der Zündanlage erzeugt und mithilfe der Zündkerze isoliert in den Verbrennungsraum des Motors eingeführt, wo der an den Elektroden der Zündkerze überspringende Zündfunken das Luft-Kraftstoff-Gemisch entzündet.

Zündkerzen sind Verschleißteile und müssen in regelmäßigen Abständen ausgetauscht werden. Welche Zündkerze eingesetzt werden muss, ist aus den Angaben der Fahrzeughersteller oder der Empfehlung von Bosch zu entnehmen. Die in Oldtimern ursprünglich eingesetzten Zündkerzen sind nicht mehr verfügbar. Für diese klassischen Fahrzeuge können geeignete Zündkerzen der neuen Generation eingebaut werden.

Funktion der Zündkerze

Aufgabe

Aufgabe der Zündkerze ist es, beim Ottomotor die Zündenergie in den Brennraum einzubringen und durch den elektrischen Funken zwischen den Elektroden die Verbrennung des Luft-Kraftstoff-Gemischs einzuleiten (Bild 1). Durch den Aufbau der Zündkerze muss sichergestellt sein, dass die zu übertragene Hochspannung immer sicher gegen den Zylinderkopf isoliert und der Brennraum nach außen abgedichtet wird.

Die Zündkerze bestimmt im Zusammenwirken mit den anderen Komponenten des Motors, z. B. den Zünd- und Gemischaufbereitungssystemen, in entscheidendem Maße die Funktion des Ottomotors. Sie muss einen sicheren Kaltstart ermöglichen, über die gesamte Lebensdauer einen aussetzerfreien Betrieb gewährleisten und sie darf bei längerem Betrieb im Bereich

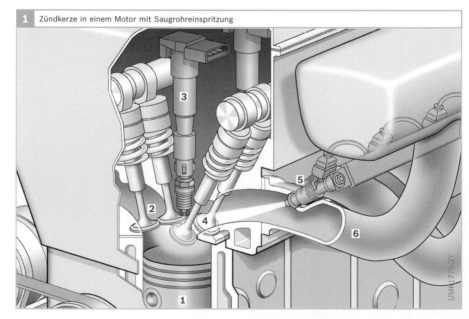

1   Zündkerze in einem Motor mit Saugrohreinspritzung

Bild 1

1   Zylinder
2   Auslassventile
3   Zündspule der neueren Generation mit aufgesteckter Zündkerze
4   Einlassventile
5   Einspritzventil
6   Saugrohr

der Höchstgeschwindigkeit nicht überhitzen.

Um diese Funktion über die gesamte Lebensdauer der Zündkerze sicherzustellen, muss das richtige Zündkerzenkonzept schon sehr früh in der Entwicklungsphase der Motoren festgelegt werden. In Entflammungsuntersuchungen wird das optimale Zündkerzenkonzept hinsichtlich Abgasemission und Laufruhe bestimmt.

Ein wichtiger Kennwert der Zündkerze ist der Wärmewert. Die Zündkerze mit dem richtigen Wärmewert verhindert, dass sie im Betrieb so heiß wird, dass von ihr thermische Entflammungen ausgehen und den Motor schädigen oder Kaltstartprobleme durch Verrußung auftreten.

Anwendung

Einsatzgebiete

Die Zündkerze wurde von Bosch im Jahr 1902 in Verbindung mit dem Magnetzünder zum ersten Mal in einem Pkw eingesetzt. Diese Komponente hat daraufhin einen unvergleichbaren Siegeszug in der Automobiltechnik angetreten (Bild 2).

Die Zündkerze findet in allen von einem Ottomotor angetriebenen Fahrzeugen und Geräten Verwendung – sowohl für Motoren, die nach dem 2-Takt- als auch nach dem 4-Takt-Verfahren arbeiten. Sie ist zu finden in Personenkraftwagen, Nutzfahrzeugen, Zweirädern (Motorrad, Motorroller, Mofa), Booten und Schiffen, Land- und Baumaschinen, Motorsägen, Gartengeräten (z. B. Rasenmäher) usw.

Die größten Stückzahlen entfallen auf den Pkw-Sektor. Hier sind in jedem Fahrzeug entsprechend der Motorzylinderzahl gleich mehrere Zündkerzen erforderlich. Im Nfz-Bereich kommen in Europa – zumindest für schwere Nfz – vorwiegend Dieselmotoren zum Einsatz, sodass in diesem Sektor der Bedarf an Zündkerzen gering ist. In den USA jedoch ist auch bei schweren Nfz der Ottomotor weit verbreitet. Die motorgetriebenen Geräte arbeiten wegen der geringen Motorleistung in der Regel mit Einzylindermotoren und benötigen nur eine einzige Zündkerze.

Typenvielfalt

1902 leisteten Motoren pro 1 000 cm³ lediglich ca. 4...5 kW. Mittlerweile werden 100 kW erreicht, bei Rennmotoren sogar über 500 kW. Der technische Aufwand für die Entwicklung und Herstellung von Zündkerzen, die solche Leistungen ermöglichen, ist enorm.

Die erste Zündkerze musste bei Maximaldrehzahlen weit unter 1 000 min^{-1} 15...25 mal pro Sekunde zünden. Eine heutige Zündkerze muss das mehrfache leisten. Die obere Temperaturgrenze stieg von 600 °C auf ca. 900 °C, die Zündspannung von 10 000 V auf über 30 000 Volt. Für heute übliche Motoren mit Direkteinspritzung und Abgasturboaufladung beträgt die Zündspannung sogar bis zu 45 000 Volt. Während die Zündkerzen von heute bis zu 100 000 km überstehen müssen, musste früher alle 1 000 km zum Zündkerzenschlüssel gegriffen werden.

Am Prinzip der Zündkerze hat sich in den über 100 Jahren wenig geändert. Trotzdem entwickelte Bosch im Laufe der Zeit mehr als 22 000 verschiedene Typen, um der Motorenentwicklung gerecht zu werden.

Aber auch das aktuelle Zündkerzenprogramm ist vielfältig. Es werden hohe Anforderungen an die Zündkerze bezüglich der elektrischen und mechanischen Eigenschaften sowie der chemischen und thermischen Belastbarkeit gestellt. Neben diesen Anforderungen muss die Zündkerze auch an die geometrischen Vorgaben der Motorkonstruktion (z. B. Zündkerzenlage im Zylinderkopf) angepasst sein. Aufgrund dieser Anforderungen ist – hervorgerufen durch die unterschiedlichsten Motoren – eine Vielfalt von Zündkerzen erforderlich. Derzeit gibt es von Bosch mehr als 1 200 verschiedene Zündkerzenvarianten, die im Handel und in den Kundendienstwerkstätten verfügbar sein müssen.

2 Produktvielfalt – 100 Jahre Zündkerze von 1902 bis 2002 (Plakat zum 100-jährigen Jubiläum)

1902 1903 1904 1905 1906 1907 1908 1909 1910 1911 1912 1913 1914 1915

1916 1917 1918 1919 1920 1921 1922 1923 1924 1925 1926 1927 1928 1929

1930 1931 1932 1933 1934 1935 1936 1937 1938 1939 1940 1941 1942 1943 1944

1945 1946 1947 1948 1949 1950 1951 1952 1953 1954 1955 1956 1957 1958

1959 1960 1961 1962 1963 1964 1965 1966 1967 1968 1969 1970 1971 1972 1973

1974 1975 1976 1977 1978 1979 1980 1981 1982 1983 1984 1985 1986 1987

1988 1989 1990 1991 1992 1993 1994 1995 1996 1997 1998 1999 2000 2001 2002

UMZ0331-1Y

Anforderungen

Anforderungen an die elektrischen Eigenschaften

Beim Betrieb der Zündkerzen mit elektronischen Zündanlagen können Spannungen deutlich über 30 000 V auftreten, die nicht zu Durchschlägen am Isolator führen dürfen. Die sich aus dem Verbrennungsprozess abscheidenden Rückstände wie Ruß, Ölkohle und Asche aus Kraftstoff und Ölzusätzen sind unter bestimmten thermischen Bedingungen elektrisch leitend. Dennoch dürfen unter diesen Umständen auch bei hohen Spannungen keine Überschläge durch den Isolator auftreten.

Der elektrische Widerstand des Isolators muss bis zu 1 000 °C hinreichend groß sein und darf sich über die Lebensdauer der Zündkerze nur wenig verringern.

Anforderungen an die mechanischen Eigenschaften

Die Zündkerze muss den im Verbrennungsraum periodisch auftretenden Drücken (bis ca. 150 bar) widerstehen, ohne an Gasdichtheit einzubüßen (Bild 3). Zusätzlich wird eine hohe mechanische Festigkeit besonders des Isolators gefordert, der bei der Montage und im Betrieb durch den Zündkerzenstecker und die Zündleitung belastet wird. Das Zündkerzengehäuse muss die Kräfte beim Anziehen ohne bleibende Verformung aufnehmen.

Anforderungen an die chemische Belastbarkeit

Der in den Brennraum ragende Teil der Zündkerze kann bis zur Rotglut erhitzen und ist den bei hoher Temperatur stattfindenden chemischen Vorgängen ausgesetzt. Im Kraftstoff enthaltene Bestandteile können sich als aggressive Rückstände an der Zündkerze ablagern und deren Eigenschaften verändern.

Anforderungen an die thermische Belastbarkeit

Während des Betriebs nimmt die Zündkerze in rascher Folge Wärme aus den heißen Verbrennungsgasen auf und wird kurz danach durch das angesaugte kalte Luft-Kraftstoff-Gemisch abgekühlt. An die Beständigkeit des Isolators gegen Thermoschock werden deshalb hohe Anforderungen gestellt.

Ebenso muss die Zündkerze die im Brennraum aufgenommene Wärme möglichst gut an den Zylinderkopf des Motors abführen; die Anschlussseite der Zündkerze sollte sich möglichst wenig erwärmen.

5	Druck und Temperaturbeanspruchung der Zündkerze			
Viertaktmotor				
Taktphase	Verdichten	Verbrennen u. Arbeiten	Ausstoßen	Ansaugen
Gastemp.	300...700°C	2000...3000°C	1300...1600°C	...120°C
Gasdruck	10...40bar	50...150bar	1...5bar	0,9...3bar
Kolbenstellung				
Kurbelwinkel	0° OT	180° UT	360° OT	540° UT	720° OT

UMZ0325-2D

Aufbau

Die Zündkerze besteht aus folgenden Hauptkomponenten: der Mittelelektrode mit Anschlussbolzen, dem Isolator, dem Dichtsitz sowie dem Zündkerzengehäuse mit Masseelektrode (Bild 4). Je nach Anwendungsfall können die Elektroden zu-

4 Aufbau einer Standard-Zündkerze

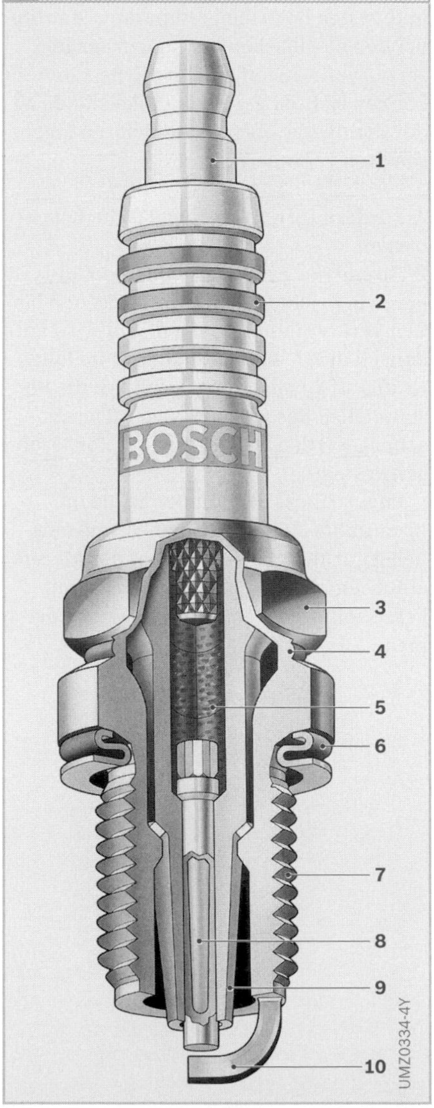

Bild 4

1 Anschlussbolzen mit Anschluss-mutter
2 Isolator aus Al$_2$O$_3$-Keramik
3 Zündkerzengehäuse
4 Warmschrumpfzone
5 leitfähige Glas-schmelze
6 Dichtring (Dichtsitz)
7 Gewinde
8 Verbundmittel-elektrode (Ni/Cu)
9 Isolatorfuß
10 Masseelektrode (hier als Verbund-elektrode Ni/Cu)

sätzliche Edelmetall-Pins enthalten, die sehr verschleißresistent sind.

Anschlussbolzen

Der Anschlussbolzen aus Stahl ist im Isolator mit einer leitfähigen Glasschmelze, die auch die leitende Verbindung zur Mittelelektrode herstellt, gasdicht eingeschmolzen. Standardanschluss bis in die 1980er-Jahre war ein aus dem am Isolator herausragenden Ende ein M4-Gewinde, in das der Zündkerzenstecker der Zündleitung einrastet. Für Anschlussstecker nach ISO-/DIN-Norm wird entweder auf das Gewinde des Anschlussbolzens eine SAE-Anschlussmutter mit der geforderten Außenkontur aufgeschraubt (Handelslösung), oder der Anschlussbolzen wird bei der Herstellung bereits mit einem massiven ISO-/DIN-Anschluss versehen. Dieser Anschluss ist heute Standard. Für Motorräder allerdings ist immer noch das M4-Gewinde üblich.

Für Oldtimer-Fahrzeuge können bei Verwendung von Zündkerzen mit M4-Gewinde die ursprünglichen Zündkerzenstecker verwendet werden. Hierzu muss die SAE-Anschlussmutter entfernt werden. Werden Zündkerzen mit massivem DIN-/ISO-Anschluss eingesetzt, müssen die Zündkerzenstecker ersetzt werden.

Isolator

Der Isolator besteht aus einer Spezialkeramik. Er hat die Aufgabe, die Mittelelektrode und den Anschlussbolzen gegen das Zündkerzengehäuse zu isolieren. Die Forderungen nach guter Wärmeleitfähigkeit bei hohem elektrischem Isoliervermögen stehen in starkem Gegensatz zu den Eigenschaften der meisten Isolierstoffe. Der von Bosch verwendete Werkstoff besteht aus Aluminiumoxid (Al$_2$O$_3$), dem in geringen Anteilen andere Stoffe zugemischt sind. Nachdem diese Spezialkeramik gebrannt ist, werden nicht nur die Forderungen nach mechanischer und chemischer Festigkeit erfüllt, sondern das dichte Gefüge

UMZ0334-4Y

sorgt auch für eine hohe Sicherheit gegen elektrische Durchschläge.

Zur Verbesserung des Kaltwiederholstartverhaltens bei Luftfunken-Zündkerzen kann die Außenkontur des Isolatorfußes modifiziert werden, um ein günstigeres Aufheizverhalten zu erreichen.

Die Oberfläche der Isolator-Anschlussseite ist mit einer bleifreien Glasur überzogen. Auf der glatten Glasur haften Feuchtigkeit und Schmutz weniger gut, wodurch Kriechströme weitgehend vermieden werden.

Zündkerzengehäuse
Das Gehäuse wird aus Stahl über einen Kaltformungsprozess hergestellt. Aus dem Presswerkzeug kommt der Rohling schon mit seiner endgültigen Kontur und muss nur noch an einzelnen Stellen spanend bearbeitet werden. Der untere Teil des Gehäuses ist mit einem Gewinde (Bild 4) versehen, damit die Zündkerze im Zylinderkopf befestigt und nach einem vorgegebenen Wechselintervall ausgetauscht werden kann. Auf die Stirnseite des Gehäuses werden – je nach Zündkerzenkonzept – bis zu vier Masseelektroden aufgeschweißt.

Auf der Oberfläche ist galvanisch eine Nickelschicht aufgebracht, um Korrosion zu verhindern, das Gewinde gleitfähig zu halten und um ein Festfressen insbesondere in Aluminiumzylinderköpfen zu verhindern.

Am oberen Teil des Gehäuses befindet sich ein Sechskant oder bei neueren Zündkerzenkonzepten (seit Ende der 1990er-Jahre) auch ein Doppelsechskant zum Ansetzen des Zündkerzenschlüssels. Mit dem Doppelsechskant kann bei unveränderter Isolatorkopfgeometrie die Schlüsselweite reduziert werden. Dadurch wird für die Zündkerze weniger Platz im Zylinderkopf benötigt. Diese Forderung ergab sich durch neuartige Motorkonstruktionen z. B. mit Mehrventiltechnik.

Der obere Teil des Zündkerzengehäuses wird nach dem Einsetzen des Stöpsels

(Isolator mit funktionssicher montierter Mittelelektrode und Anschlussbolzen) umgebördelt und fixiert diesen in seiner Position. Der anschließende Schrumpfprozess – bei induktiver Erwärmung der Warmschrumpfzone unter hohem Druck (Warmmontage durch Schrumpfen) – stellt die gasdichte Verbindung zwischen Isolator

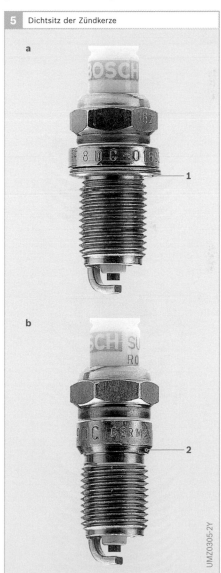

5   Dichtsitz der Zündkerze

a

b

UMZ0305-2Y

Bild 5
a   Flachdichtsitz mit Dichtring
b   Kegeldichtsitz ohne Dichtring

1   Dichtring
2   kegelige Dichtfläche

und Gehäuse her und garantiert eine gute Wärmeleitung.

Dichtsitz

Je nach Motorbauart dichtet ein Flach-oder ein Kegeldichtsitz zwischen der Zündkerze und dem Zylinderkopf ab.

Beim Flachdichtsitz (Bild 5a) wird ein Dichtring als Dichtelement verwendet. Der

Dichtring ist „unverlierbar" am Zündker-zengehäuse angebracht. Er hat eine spezi-elle Formgebung und dichtet bei Montage der Zündkerze nach Vorschrift dauer-elastisch ab.

Beim Kegeldichtsitz (Bild 5b) dichtet eine kegelige Fläche des Zündkerzen-gehäuses ohne Verwendung eines Dicht-rings direkt auf einer entsprechenden Fläche des Zylinderkopfs ab.

Elektroden

Beim Funkenüberschlag und dem Betrieb bei höherer Temperatur wird das Elektro-denmaterial so stark beansprucht, dass die Elektroden verschleißen – der Elektroden-abstand wird größer. Um die Forderungen nach bestimmten Wechselintervallen er-füllen zu können, müssen die Elektroden-werkstoffe so konzipiert sein, dass sie eine gute Erosionsbeständigkeit (geringer Ab-brand durch den Funken) und eine gute Korrosionsbeständigkeit (geringer Ver-schleiß durch chemisch-thermische An-griffe) aufweisen. Erreicht wird dies im Wesentlichen durch die Verwendung von hochtemperaturfesten Nickellegierungen.

Mittelelektrode

Die Mittelelektrode (Bild 4) ist mit ihrem Kopf in der leitenden Glasschmelze veran-kert und zur besseren Wärmeableitung mit einem Kupferkern versehen (Verbund-elektrode). Sie ragt aus dem Isolatorfuß heraus. Der Durchmesser der Mittelelek-trode ist etwas geringer als die Bohrung im Isolatorfuß. Im kalten Zustand beträgt die Differenz ca. 60 µm auf beiden Seiten. Dies ist notwendig, um die unterschiedliche Wärmeausdehnung zwischen dem Elektro-denmaterial und der Isolatorkeramik zu berücksichtigen. Der dadurch entstehende Luftspalt ist eng toleriert und für den Wärmewert der Zündkerze von großer Be-deutung. Je größer der Luftspalt, desto schlechter der Wärmeübergang. Im be-triebswarmen Zustand ist die Differenz nahezu null. Bei früheren Zündkerzen war diese enge Toleranz nicht realisierbar. Die

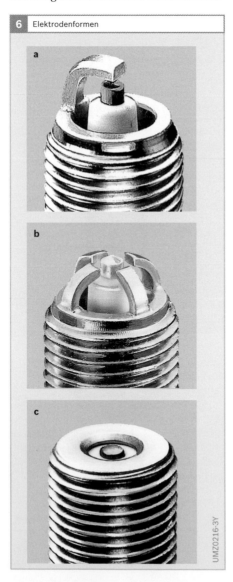

6 Elektrodenformen

a

b

c

Bild 6
a   Dachelektrode
b   Seitenelektroden
c   Gleitfunkenzünd-
    kerze ohne Masse-
    elektrode (Spezial-
    anwendung für
    Rennmotoren)

UMZ0216-3Y

heutigen Zündkerzen arbeiten daher thermisch robuster.

Bei „Longlife-Zündkerzen" dient die Mittelelektrode als Trägermaterial zur Aufnahme eines Edelmetallstifts (siehe Edelmetallelektroden), der über eine Laserschweißung dauerhaft mit der Basiselektrode verbunden wird. Darüberhinaus gibt es Zündkerzenkonzepte, bei denen die Elektrode nur aus einem dünnen Platindraht hergestellt und mit der Keramik eingesintert wird, um einen guten Wärmetransport sicherzustellen.

Masseelektroden

Die Masseelektroden sind am Gehäuse befestigt und haben vorwiegend einen rechteckigen Querschnitt. Je nach Art der Anordnung unterscheidet man zwischen Dach- und Seitenelektroden (Bild 6). Die Dauerstandfestigkeit der Masseelektroden wird durch deren Wärmeleitfähigkeit bestimmt. Die Wärmeableitung kann durch die Verwendung von Verbundwerkstoffen (wie bei den Mittelelektroden) zwar verbessert werden, aber letztendlich bestimmt die Länge und der Profilquerschnitt die Temperatur der Masseelektroden und damit deren Verschleißverhalten.

Ein stärkeres Masseelektrodenprofil sowie mehrere Masseelektroden erhöhen die Standzeit der Zündkerzen.

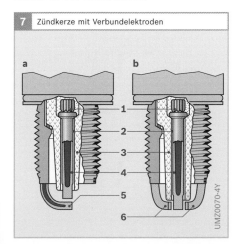

7 Zündkerze mit Verbundelektroden

a
b
1
2
3
4
5
6

Elektrodenwerkstoffe

Die Mittel- und die Masseelektrode bilden zusammen die Funkenstrecke im Verbrennungsraum. Sie sind dort – genau wie der Isolatorfuß – allen chemischen und thermischen Einwirkungen ausgesetzt. Geeignete Werkstoffe oder Legierungen schützen die Elektroden gegen Korrosionseinflüsse und vergrößern dadurch die Standzeit der Zündkerze.

Legierungsbestandteile

Grundsätzlich leiten reine Metalle die Wärme besser als Legierungen. Andererseits reagieren reine Metalle – wie z. B. Nickel – auf chemische Angriffe von Verbrennungsgasen und festen Verbrennungsrückständen empfindlicher als Legierungen mit Chrom und anderen Zusätzen. Dabei hat jedes zulegierte Metall eine Sonderaufgabe zu erfüllen. Durch Zulegierungen von Mangan und Silizium wird die chemische Beständigkeit von Nickel vor allem gegen das sehr aggressive Schwefeldioxid verbessert. Zusätze aus Aluminium und Yttrium steigern darüber hinaus die Zunder- und Oxidationsbeständigkeit.

Schwefel ist Bestandteil sowohl des Schmieröls als auch des Kraftstoffs, der Schwefelgehalt wurde in den letzten Jahren allerdings stark verringert.

Verbundelektroden

Die korrosionsbeständigen Nickellegierungen haben sich zur Herstellung von Zündkerzenelektroden durchgesetzt. Mit einem Kupferkern versehen kann die Wärmeableitung zusätzlich gesteigert werden, sodass diese Verbundelektroden den Forderungen nach hohem Wärmeleitvermögen und hoher Korrosionsbeständigkeit gerecht werden (Bild 7).

Auch die Masseelektroden, die zur Einstellung des Elektrodenabstands biegbar sein müssen, bestehen in der Regel aus einer Nickel-Basis-Legierung.

Bild 7
a   Mit Dachelektrode
b   mit Seitenelektrode

1   Leitende Glasschmelze
2   Luftspalt
3   Isolatorfuß
4   Verbundmittelelektrode
5   Verbundmasseelektrode
6   Masseelektroden

Silber-Mittelelektrode

Mittelelektroden aus Hartsilber sind chemisch außerordentlich beständig, sofern der Werkstoff keiner hohen Temperatur in reduzierender Atmosphäre (fettes Luft-Kraftstoff-Gemisch) ausgesetzt ist. Weitere Voraussetzung für deren Einsatz war allerdings bleifreier Kraftstoff. Die erste Zapfsäule in Deutschland für bleifreies Benzin wurde 1983 in Betrieb genommen, seit 2000 ist EU-weit für alle Kraftstoffsorten Blei als Bestandteil nicht mehr erlaubt. Silber hat das beste Wärmeleitvermögen unter den Metallen, ist in dieser Beziehung also noch besser als Kupfer. Dafür ist Silber teurer als übliche Elektrodenwerkstoffe. Die massive Silber-Mittelelektrode wird mit kleinerem Durchmesser ausgeführt, was besseren Gemischzutritt zur Funkenstrecke bedeutet. Trotz dieses kleineren Durchmessers leitet die Silber-Mittelelektrode mehr Wärme ab, als dies bei vergleichbaren Standard-Zündkerzen der Fall ist.

Eine erhebliche Steigerung der Warmfestigkeit wird durch Teilchenverbundwerkstoffe auf Silberbasis erreicht.

Edelmetallelektroden

Platin- und Iridiumlegierungen weisen eine sehr gute Korrosions- und Oxidationsbeständigkeit sowie eine hohe Abbrandfestigkeit auf. Sie werden daher als Elektrodenwerkstoffe für „Longlife-Zündkerzen" eingesetzt.

Bei einigen Zündkerzentypen wird der Platinstift bereits bei der Herstellung des Keramikkörpers in die Keramik eingefügt. In dem nachfolgenden Sinterprozess schrumpft die Keramik auf den Platinstift und fixiert diesen dauerhaft im Stöpsel.

Bei anderen Zündkerzentypen werden die dünnen Platinstifte auf die Mittelelektrode aufgeschweißt (Bild 8). Die dauerstandfeste Verbindung wird bei Bosch mit einem kontinuierlich arbeitenden Laser hergestellt.

Elektrodenabstand

Der Elektrodenabstand ist die kürzeste Entfernung zwischen Mittel- und Masseelektrode und bestimmt unter anderem die Länge der Funkenstrecke (Bild 9). Die Zündspannung der Zündkerze ist die

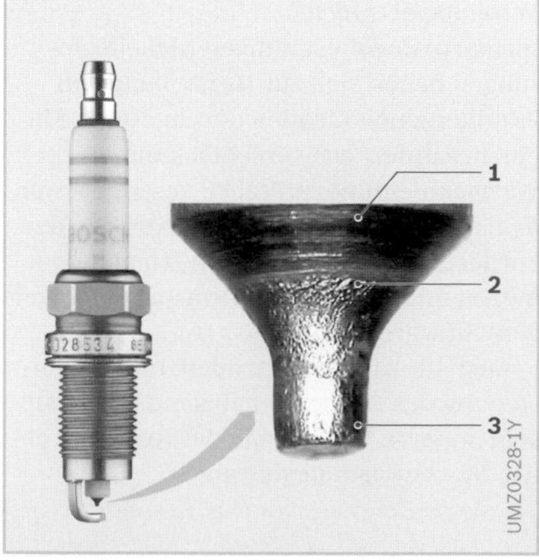

Bild 8

1 Verbundelektrode (Ni/Cu)
2 Laserschweißnaht
3 Platinstift

Bild 9

a Zündkerze mit Dachelektrode
b Zündkerze mit Seitenelektrode (Luftfunke oder Luftgleitfunke)
c Gleitfunkenzündkerze

EA Elektrodenabstand
a Abstand Masseelektrode zu Isolator bei Seitenelektrode

8 Lasergeschweißte Platinelektrode

1
2
3

UMZ0328-1Y

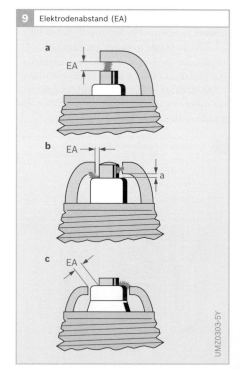

9 Elektrodenabstand (EA)

a EA

b EA a

c EA

UMZ0303-5Y

Spannung, bei der der Funke an den Elektroden überschlägt. Die Hochspannung bewirkt eine hohe Feldstärke zwischen den Elektroden, sodass die Funkenstrecke ionisiert und damit leitfähig wird. Je kleiner der Elektrodenabstand ist, umso niedriger ist die Zündspannung. Die Hochspannung muss von der Zündspule bereitgestellt werden, sie kann 40 000 V übersteigen. Von diesem Hochspannungsangebot benötigt die Zündkerze aber nur einen Teil, nämlich den Zündspannungsbedarf, damit der Zündfunke entstehen kann. Die Differenz zwischen Hochspannungsangebot und Zündspannung bezeichnet man als Zündspannungsreserve. Sie ist notwendig, um den steigenden Zündspannungsbedarf durch den während der Lebensdauer der Zündkerze zunehmenden Elektrodenabstand zu decken.

Bei zu kleinem Elektrodenabstand entsteht nur ein kleiner Flammenkern im Elektrodenbereich. Über die Kontaktflächen mit den Elektroden wird diesem wiederum Energie entzogen (Quenching), der Flammenkern kann sich nur sehr langsam ausbreiten. Im Extremfall kann die Energieabfuhr so groß sein, dass sogar Entflammungsaussetzer auftreten können.

Mit zunehmendem Elektrodenabstand (z. B. durch Verschleiß der Elektroden) werden die Entflammungsbedingungen zwar verbessert, da die Quenchingverluste geringer sind. Der erforderliche Zündspannungsbedarf steigt aber an (Bild 10). Bei gegebenem Zündspannungsangebot der Zündspule wird die Zündspannungsreserve reduziert und die Gefahr von Zündaussetzern erhöht.

Den genauen, für den jeweiligen Motor optimalen Elektrodenabstand ermittelt der Motorenhersteller aus verschiedenen Tests. Zunächst werden in charakteristischen Betriebspunkten der Motoren Entflammungsuntersuchungen durchgeführt und der minimale Elektrodenabstand ermittelt. Die Festlegung erfolgt über die Bewertung der Abgasemission, der Laufruhe und des Kraftstoffverbrauchs.

In anschließenden Dauerläufen wird das Verschleißverhalten dieser Zündkerzen bestimmt und hinsichtlich des Zündspannungsbedarfs bewertet. Ist ein ausreichender Sicherheitsabstand zur Zündaussetzergrenze gegeben, wird der Elektrodenabstand festgeschrieben. Er kann entweder der Betriebsanleitung oder den Zündkerzen-Verkaufsunterlagen von Bosch entnommen werden. Üblich sind Elektrodenabstände von 0,6...1,2 mm.

Bei Zündkerzen von Bosch ist der richtige Elektrodenabstand bereits ab Werk eingestellt.

Zündkerzenkonzepte

Die gegenseitige Anordnung der Elekroden und die Position der Masseelektroden zum Isolator bestimmt den Typ des Zündkerzenkonzepts.

Luftfunkenkonzept

Bei den Luftfunkenkonzepten ist die Masseelektrode so zur Mittelelektrode angestellt, dass der Zündfunke auf direktem Weg zwischen den Elektroden springt (Bild 11a) und das Luft-Kraftstoff-Gemisch entzündet, das sich zwischen den Elektroden befindet. Diese „offene" Funkenstrecke ermöglicht einen sehr guten Gemischzutritt zu den Elektroden.

10 Zusammenhang zwischen Elektrodenabstand und Zündspannung

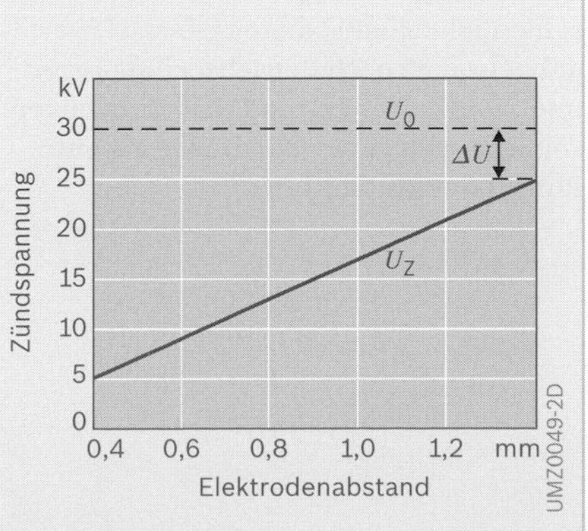

UMZ0049-2D

Bild 10
U_0 Zündspannungsangebot
U_Z Zündspannung
ΔU Zündspannungsreserve am Beispiel mit 1,4 mm Elektrodenabstand

Gleitfunkenkonzept
Durch die definierte Anstellung der
Masseelektroden zur Keramik gleitet der
Zündfunke zunächst von der Mittelelektrode über die Oberfläche der Isolatorfußspitze und springt dann über einen Gasspalt zur Masseelektrode (Bild 11b). Da für
eine Entladung über die Oberfläche eine
niedrigere Zündspannung benötigt wird
als für die Entladung durch einen gleich
großen Luftspalt, kann der Gleitfunke bei
gleichem Zündspannungsbedarf größere
Elektrodenabstände überbrücken als der

Luftfunke. Dadurch entsteht ein größerer
Flammenkern und die Entflammungseigenschaften werden deutlich verbessert.

Sollten sich auf dem Isolatorfuß Rückstände von Verbrennungsprodukten nie-
derschlagen, brennen die Gleitfunken
diese weg, was die Wahrscheinlichkeit von
elektrischen Nebenschlüssen verringert.

Der Zündfunke für Gleitfunkenstrecken
muss sehr energiereich sein, damit trotz
Abkühlen auf der Gleitfläche noch genügend Zündenergie zur Gemischentflammung vorhanden ist. Gleitfunkenkonzepte
waren deshalb erst mit elektronischen
Zündanlagen möglich.

Bei Motoren mit Direkteinspritzung und
Abgasturboaufladung werden im Zündzeitpunkt sehr hohe Drücke erreicht. Bei
diesen Motoren können keine Gleitfunken-
Zündkerzen eingesetzt werden, da sich die
Funken in die Keramik eingraben und
diese zerstören. Vielmehr wird zur
thermo-mechanischen Stabilität der Gehäusebund vorgezogen (siehe Funkenlage,
Bild 12) und eine Dachelektrode verwendet.

Luftgleitfunkenkonzepte
Bei diesen Zündkerzenkonzepten sind die
Masseelektroden in einem bestimmten Abstand zur Mittelelektrode und zur Kera-
mikstirnseite angestellt. Dadurch ergeben
sich zwei alternative Funkenstrecken, die
beide Entladungsformen - Luftfunken und
Gleitfunken - ermöglichen und unterschiedliche Zündspannungsbedarfswerte
aufweisen. Je nach Betriebsbedingungen
und Zündkerzenzustand (Zündkerzenver-
schleiß) springt der Zündfunke als Luftfunke oder als Gleitfunke.

11 Zündkerzenkonzepte

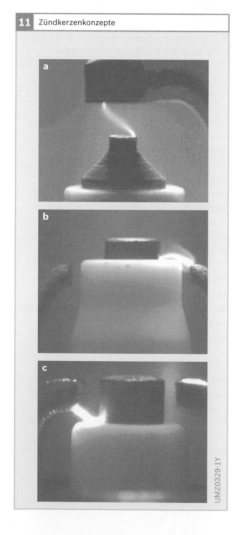

a

b

c

UMZ0329-1Y

Bild 11
a Luftfunkenkonzept
b Gleitfunkenkonzept
c Luftgleitfunken-
konzept (hier Dar-
stellung des Gleit-
funkens)

Funkenlage

Die Funkenlage bezeichnet die Anordnung der Funkenstrecke im Brennraum. Der elektrische Funken soll dort überspringen, wo die Strömungsverhältnisse besonders günstig sind. Je nach Anordnung der Elektroden und des Isolators entflammt der elektrische Funke aus mehr oder weniger weit vorstehender Position das Luft-Kraftstoff-Gemisch. Die Funkenlage hat, insbesondere bei den inzwischen verbreiteten Motoren mit Benzin-Direkteinspritzung, einen deutlichen Einfluss auf die Verbrennung.

Die Funkenlage ergibt sich aus dem Abstand der Mittelelektrode zum Ende des Normgewindes, das je nach Gewindelänge einen Gehäusebund vom 0,7...2,2 mm beinhaltet. Dies entspricht in der Regel der Einragtiefe der Mittelelektrode in den Brennraum (Bild 12).

Wenig vorgezogene Funkenlage

Die wenig vorgezogene Funkenlage (ca. 1 mm) hat sich als Standardfunkenlage bei älteren Motortypen bewährt. Das Gemisch hat noch guten Zugang zur Funkenstrecke.

Normal vorgezogene Funkenlage

Die normal vorgezogene Funkenlage (ca. 3 mm) ist für neuere Motoren mit Saugrohreinspritzung üblich. Die Funkenstrecke ragt, verglichen mit der wenig vorgezogenen Funkenlage, deutlich weiter in den Brennraum hinein. Das Luft-Kraftstoff-Gemisch entflammt unter ungüns-

tigen Bedingungen besser. Die Temperatur der Mittelelektrode wird durch eine entsprechende Materialauswahl und durch die Isolatorfußform sicher beherrscht.

Weit vorgezogene Funkenlage

Die weit vorgezogene Funkenlage (ca. 5 mm) kommt in der Regel bei downgesizeten Direkteinspritzern, insbesondere bei zentraler Injektorlage, zum Einsatz. Downsizing bedeutet verringerter Hubraum, um die Reibungsverluste im Motor zu verringern. Mit Abgasturboaufladung erreicht man das gleiche Leistungsniveau wie bei Motoren mit größerem Hubraum.

Mit der weit vorgezogenen Funkenlage trägt man sowohl dem Sprühkegel des Einspritzventils als auch der zur homogenen Gemischbildung notwendigen Tumbleströmung im Brennraum Rechnung. Häufig wird der Gehäusebund der Zündkerze, wie in Bild 12 gezeigt, über das Gewinde hinaus verlängert, um die Zündkerze den erhöhten thermo-mechanischen Belastungen anzupassen. Die Gehäuseverlängerung ermöglicht eine Verkürzung der Masseelektrode und sorgt damit für einen stabilen mechanischen Aufbau.

Zurückgezogene Funkenlage

Zündkerzen mit zurückgezogener Funkenlage finden in Renn- und Sondermotoren Verwendung. Die Funkenstrecke liegt im Gehäuse. Somit ist die Wärmeaufnahme aus dem Brennraum deutlich eingeschränkt. Das hat den Vorteil, dass im Rennbetrieb derartige Zündkerzen nicht überhitzt werden. Bei längerem Leerlauf ist in ungünstigen Fällen jedoch mit dem Verrußen der Zündkerzen zu rechnen.

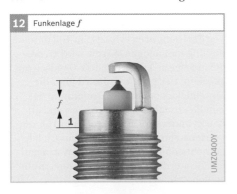

12 Funkenlage *f*

UMZ0400Y

Bild 12
1 Zylinderkopfwand
f Funkenlage

Wärmewert der Zündkerze

Betriebstemperatur der Zündkerze

Arbeitsbereich

Im kalten Zustand wird der Motor mit einem fetten Luft-Kraftstoff-Gemisch betrieben. Dadurch kann während des Verbrennungsvorgangs durch unvollständige Verbrennungen Ruß entstehen, der sich im Brennraum und auf der Zündkerze ablagert. Diese Rückstände verschmutzen den Isolatorfuß und bewirken eine mehr oder weniger leitfähige Verbindung zwischen Mittelelektrode und Zündkerzengehäuse (Bild 13). Dieser Nebenschluss leitet einen Teil der Zündenergie als „Nebenschlussstrom" ab und reduziert die zur Entflammung verfügbare Energie. Mit zunehmender Verschmutzung steigt die Wahrscheinlichkeit, dass kein Zündfunke mehr zustande kommt.

Die Ablagerungen von Verbrennungsrückständen auf dem Isolatorfuß ist stark von dessen Temperatur abhängig und findet vorwiegend unterhalb von 500 °C statt. Bei höherer Temperatur verbrennen die kohlenstoffhaltigen Rückstände auf dem Isolatorfuß, die Zündkerze „reinigt" sich also selbst. Man strebt deshalb eine Betriebstemperatur des Isolatorfußes an, die über der „Freibrenngrenze" von ca. 500 °C liegt (Bild 14) und schon kurz nach dem Start erreicht wird.

Als obere Temperaturgrenze sollen ca. 900 °C nicht überschritten werden. Oberhalb dieser Temperatur unterliegen die Elektroden einem starken Verschleiß durch Oxidation und Heißgaskorrosion.

Bei einem weiteren Anstieg der Temperatur können Glühzündungen nicht mehr ausgeschlossen werden. Dabei entzündet sich das Luft-Kraftstoff-Gemisch an den heißen Zündkerzenteilen. Diese unkontrollierten Verbrennungen können den Motor sehr stark belasten oder sogar zerstören.

Thermische Belastbarkeit

Die Zündkerze wird im Motorbetrieb durch die bei der Verbrennung entstehenden Temperaturen erhitzt. Ein Teil der von ihr aufgenommenen Wärme wird an das einströmende Luft-Kraftstoff-Gemisch abgegeben. Der größte Teil wird über die Mittelelektrode und den Isolator an das Zündkerzengehäuse übertragen und an den Zylinderkopf abgeleitet (Bild 15). Die Betriebstemperatur stellt sich als Gleichgewichtstemperatur zwischen Wärmeaufnahme aus dem Motor und Wärmeabfuhr an den Zylinderkopf ein.

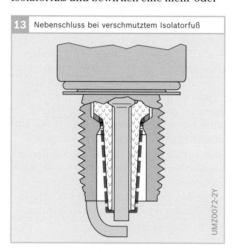

13 Nebenschluss bei verschmutztem Isolatorfuß

Bild 13
- - - Nebenschlussstrom

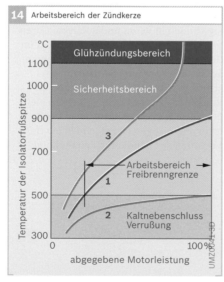

14 Arbeitsbereich der Zündkerze

°C / Temperatur der Isolatorfußspitze
1100 — Glühzündungsbereich
1000 — Sicherheitsbereich
900
3
700
Arbeitsbereich / Freibrenngrenze
1
500
2 Kaltnebenschluss / Verrußung
300
0 — abgegebene Motorleistung — 100%

Bild 14
1 Zündkerze mit passender Wärmekennzahl
2 Zündkerze mit zu niedriger Wärmekennzahl (kalte Zündkerze)
3 Zündkerze mit zu hoher Wärmekennzahl (heiße Zündkerze)

Die Temperatur im Arbeitsbereich sollte bei verschiedenen Motorleistungen zwischen 500 °C und 900 °C am Isolator liegen

Die Wärmezufuhr ist vom Motor abhängig. Motoren mit hoher spezifischer Leistung haben in der Regel höhere Brennraumtemperaturen als Motoren mit niedriger spezifischer Leistung.

Die Wärmeabfuhr ist im Wesentlichen über die konstruktive Gestaltung des Isolatorfußes festgelegt. Die Größe der Isolatoroberfläche bestimmt die Wärmeaufnahme, über die Querschnittsfläche und die Mittelelektrode wird die Wärmeabfuhr beeinflusst.

Die Zündkerze muss deshalb in ihrem Wärmeaufnahmevermögen dem Motortyp entsprechend angepasst sein. Kennzeichen für die thermische Belastbarkeit der Zündkerze ist der Wärmewert.

Wärmewert oder Wärmewertkennzahl

Der Wärmewert einer Zündkerze wird relativ zu Kalibrierzündkerzen ermittelt und mithilfe einer Kennzahl beschrieben. Eine niedrige Kennzahl (z. B. 2…5) beschreibt eine „kalte Zündkerze" mit geringer Wärmeaufnahme durch einen kurzen Isolatorfuß. Hohe Wärmewertkennzahlen (z. B. 7…10) kennzeichnen „heiße Zündkerzen" mit hoher Wärmeaufnahme durch lange Isolatorfüße. Um Zündkerzen verschiedenen Wärmewerts leicht unterscheiden zu können und den entsprechenden Motoren zuordnen zu können, sind diese Kennzahlen Bestandteil der Zündkerzentypformel (siehe Typformelschlüssel).

Der richtige Wärmewert wird durch Kennfeldmessungen ermittelt, um sowohl den heißesten Betriebspunkt als auch den heißesten Zylinder zu bestimmen. Bei Saugmotoren trifft dies in der Regel auf Volllastpunkte zu, während aufgeladene Motoren mit Direkteinspritzung meist im Bereich der hohen Teillast (bei maximalem Ladedruck) die höchsten Temperaturen aufweisen. Die Zündkerzen dürfen im Betrieb nie so heiß werden, dass von ihnen thermische Entflammungen ausgehen. Mit einem Sicherheitsabstand in der Wärmewertempfehlung zu dieser Selbstentflammungsgrenze werden die Streuungen in

der Motoren- und Zündkerzenfertigung abgedeckt und auch berücksichtigt, dass sich die Motoren in ihren thermischen Eigenschaften über der Laufzeit verändern können. So können z. B. Ölascheablagerungen im Brennraum das Verdichtungsverhältnis erhöhen, was wiederum eine höhere Temperaturbelastung der Zündkerze zur Folge hat. Wenn in den abschließenden Kaltstartuntersuchungen mit dieser Wärmewertempfehlung keine Ausfälle mit verrußten Zündkerzen auftreten, ist der richtige Wärmewert für den Motor bestimmt.

Die unterschiedlichen Eigenschaften der Kraftfahrzeugmotoren hinsichtlich Betriebsbelastung, Arbeitsverfahren, Verdichtung, Drehzahl, Kühlung und Kraftstoffauswahl machen es unmöglich, mit einer Einheitszündkerze für alle Motoren auszukommen. Ein und dieselbe Zündkerze würde sich an dem einen Motor sehr stark erhitzen, in einem anderen Motor dagegen relativ niedrige Temperaturen annehmen.

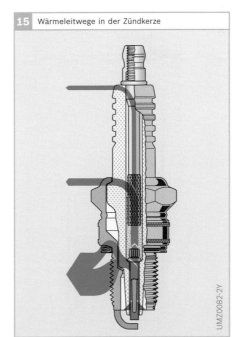

15 Wärmeleitwege in der Zündkerze

UMZ0082-2Y

Bild 15

Ein großer Anteil der aus dem Brennraum aufgenommenen Wärme wird durch Wärmeleitung abgeführt (geringer Anteil der Kühlung von 20 % durch vorbeiströmendes Luft-Kraftstoff-Gemisch ist hier nicht berücksichtigt)

Anpassung von Zündkerzen
Die für den Motor geeignete Zündkerze
wird gemeinsam vom Motorenhersteller
und von Bosch festgelegt.

Temperaturmessung
Eine erste Aussage zur richtigen Zündkerzenauswahl gibt die Temperaturmessung mit speziell hergestellten Tempera-
tur-Messzündkerzen (Bild 16). Mit einem
Thermoelement in der Mittel- oder in der
Masseelektrode lassen sich in den einzelnen Zylindern die Temperaturen in Abhängigkeit von Drehzahl und Last aufnehmen. Damit ist eine Sicherheit für die Anpassung der Zündkerze gewährleistet,
aber auch auf einfache Art die Bestimmung
des heißesten Zylinders und Betriebspunkts für die nachfolgenden Messungen
möglich.

Ionenstrommessung
Mit dem Ionenstrom-Messverfahren von
Bosch wird der Verbrennungsablauf zur
Bestimung des Wärmewertbedarfs des
Motors herangezogen. Die ionisierende
Wirkung von Flammen erlaubt über eine
Leitfähigkeitsmessung in der Funken-
strecke, den zeitlichen Ablauf der Ver-
brennung zu beurteilen (Bild 17). Zum
Zündzeitpunkt steigt der Ionenstrom sehr
stark an, da durch den elektrischen Zünd-
funken sehr viele Ladungsträger in der
Funkenstrecke vorhanden sind. Nachdem
die Zündspule entladen ist, nimmt der
Stromfluss zwar ab, durch die Verbrennung sind aber immer noch genügend
Ladungsträger vorhanden, sodass der Verbrennungsvorgang weiterhin sichtbar
bleibt.

Wird parallel dazu der Brennraumdruck
aufgenommen, ist eine normale Verbrennung mit einem gleichmäßgen Druckanstieg zu sehen, die Lage des Druckmaximums liegt nach dem oberen Zünd-OT
(oberer Totpunkt). Wird bei diesen Messungen der Wärmewert der Zündkerze
variiert, zeigt der Verbrennungsablauf

Bild 16
1 Isolator
2 Mantel-
  thermoelement
3 Mittelelektrode
4 Messstelle

Bild 17
1 Hochspannung
  von der Zündspule
2 Ionenstromadapter
2a Kippdiode
3 Zündkerze
4 Ionenstrom-
  messgerät
5 Oszilloskop

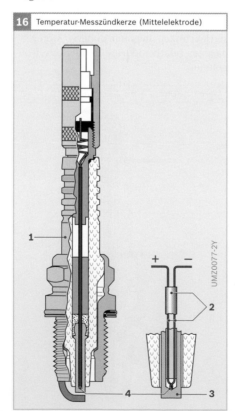

16 Temperatur-Messzündkerze (Mittelelektrode)

UMZ0077-2Y

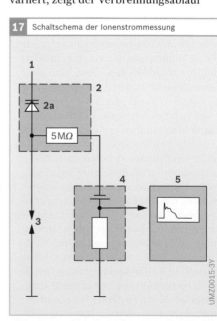

17 Schaltschema der Ionenstrommessung

5 MΩ

UMZ0015-3Y

18 Charakteristische Ionenstrom-Oszillogramme

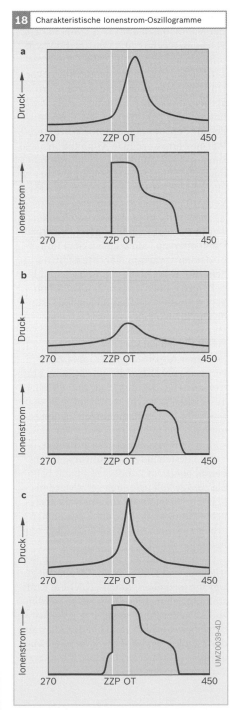

charakteristische Veränderungen mit der thermischen Belastung einer Zündkerze in Abhängigkeit des Wärmewerts (Bild 18).

Der Vorteil dieses Verfahrens gegenüber einer reinen Temperaturmessung im Brennraum liegt in der Ermittlung der Entflammungswahrscheinlichkeit, die nicht nur von der Temperatur, sondern auch von den konstruktiven Parametern des Motors und der Zündkerze abhängt.

Begriffsdefinition
Für die Wärmewertanpassung von Zündkerzen wurden entsprechend einer internationalen Übereinkunft Begriffe und Definitionen für die unkontrollierte Zündung von Luft-Kraftstoff-Gemischen festgelegt (ISO 2542-1972, Bild 19).

Thermische Entflammung
Unter Selbstzündung (auto ignition) werden Zündungen des Luft-Kraftstoff-Gemischs verstanden, die unabhängig vom Zündfunken und meistens an einer heißen Oberfläche entstehen (z. B. an der zu heißen Isolatorfußoberfläche einer Zündkerze mit zu hohem Wärmewert). Auf-

19 Begriffe für die Wärmewertanpassung

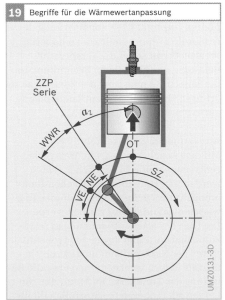

Bild 18
a Normale Verbrennung
b ausgetastete Zündung mit Nachverbrennung
c Vorentflammung

OT Oberer Totpunkt
ZZP Zündzeitpunkt in °KW vor OT

Bild 19
SZ Selbstzündung
OT oberer Totpunkt
VE Vorentflammung
NE Nachentflammung
WWR Wärmewertreserve in °KW
ZZP Zündzeitpunkt in °KW vor OT
α_Z Zündwinkel

grund ihren zeitlichen Lage relativ zum Zündzeitpunkt können diese in zwei Kategorien unterteilt werden.

Nachentflammungen
Die Nachentflammungen (post ignition) treten nach dem elektrischen Zündzeitpunkt auf, sind jedoch für den praktischen Motorbetrieb unkritisch, da die elektrische Zündung immer früher erfolgt. Um herauszufinden, ob durch die Zündkerze thermische Entflammungen eingeleitet werden, muss bei dieser Messung der elektrische Zündfunke unterdrückt werden. Beim Auftreten einer Nachentflammung steigt der Ionenstrom erst deutlich nach dem Zündzeitpunkt an. Da aber eine Verbrennung eingeleitet wird, ist auch ein Druckanstieg und damit eine Drehmomentabgabe zu registrieren (Bild 18b).

Vorentflammungen
Die Vorentflammungen (pre ignition) treten vor dem elektrischen Zündzeitpunkt auf (Bild 18c) und können durch ihren unkontrollierten Verlauf zu schweren Motorschäden führen. Durch die zu frühe Verbrennungseinleitung verschiebt sich nicht nur die Lage des Druckmaximums zum oberen Totpunkt (OT), sondern auch der maximale Brennraumdruck zu höheren Werten. Damit steigt die Temperaturbelastung der Bauteile im Brennraum. Daher muss die Anpassung der Zündkerze so erfolgen, dass keine Vorentflammungen auftreten.

Auswertung der Messergebnisse
Mit dem Bosch-Ionenstrom-Messverfahren können beide Typen sicher erfasst werden. Zur Detektion der Nachentflammungen muss jedoch der Zündfunke in gewissen Abständen unterdrückt werden. Die Lage der Nachentflammungen relativ zum Zündzeitpunkt sowie der prozentuale Anteil der Nachentflammungen zur Austastrate liefern Informationen über die Belastung der Zündkerze im Motor. Da Zündkerzen mit längeren Isolatorfüßen (heiße

Zündkerzen) mehr Wärme aus dem Brennraum aufnehmen und die aufgenommene Wärme schlechter ableiten, ist die Wahrscheinlichkeit, dass mit diesen Zündkerzen Nachentflammungen oder sogar Vorentflammungen ausgelöst werden, größer als bei Zündkerzen mit kürzeren Isolatorfüßen (kalte Zündkerzen). Zur Auswahl des für den jeweiligen Motor korrekten Wärmewerts werden in Applikationsmessungen daher Zündkerzen mit verschiedenen Wärmewerten miteinander verglichen und ihre Neigung zu Nach- oder Vorentflammungen registriert.

Anpassungsmessungen von Zündkerzen werden vorzugsweise auf dem Motorprüfstand oder am Fahrzeug auf dem Rollenprüfstand vorgenommen. Messfahrten zur Ermittlung des heißesten Betriebspunkts bei Volllast über längere Zeit auf öffentlichen Straßen sind aus Sicherheitsgründen nicht zulässig.

Zündkerzenauswahl
Ziel einer Anpassung ist es, eine Zündkerze auszuwählen, die vorentflammungsfrei betrieben werden kann und die eine ausreichende Wärmewertreserve besitzt. Das heißt, Vorentflammungen dürfen erst mit einer um mindestens zwei Wärmewertstufen heißeren Zündkerze auftreten.

Die vorstehenden Ausführungen verdeutlichen, dass Zündkerzen nicht beliebig ausgewählt und eingesetzt werden können. Vielmehr ist zur Auswahl geeigneter Zündkerzen eine enge Zusammenarbeit zwischen Motor- und Zündkerzenhersteller üblich.

Oldtimer-Fahrzeuge waren für den Betrieb mit verbleitem Kraftstoff ausgelegt, werden jetzt aber mit unverbleitem Kraftstoff betrieben. Diese Fahrzeuge werden zudem in der Regel nicht in der Volllast betrieben. Deshalb kann bei der Auswahl der Zündkerzen für diese Fahrzeuge eine um einen Wärmewert heißere Zündkerze vorgesehen werden.

Betriebsverhalten der Zündkerze

Veränderungen im Betrieb

Aufgrund des Betriebs der Zündkerze in einer aggressiven Atmosphäre unter z. T. hohen Temperaturen entsteht an den Elektroden Verschleiß, der den Zündspannungsbedarf ansteigen lässt. Wenn der Zündspannungsbedarf vom Angebot der Zündspule nicht mehr gedeckt werden kann, kommt es zu Zündaussetzern.

Weiterhin kann die Funktion der Zündkerze aber auch wegen alterungsbedingter Veränderungen im Motor oder durch Verschmutzung beeinträchtigt werden. Die Alterung des Motors kann Undichtigkeiten zur Folge haben, die wiederum einen höheren Ölanteil im Brennraum nach sich ziehen. Dies führt zu verstärkten Ablagerungen von Ruß, Asche und Ölkohle auf der Zündkerze, die Nebenschlüsse und damit Zündaussetzer bewirken können. Sind darüber hinaus den Kraftstoffen noch Additive zur Verbesserung der Klopfeigenschaften zugegeben, können sich Ablagerungen bilden, die unter Temperaturbelastung leitend werden und zu einem Heißnebenschluss führen. Die Folgen sind auch hier Zündaussetzer, die mit einem deutlichen Anstieg der Schadstoffemission verbunden sind und zur Schädigung des Katalysators führen können. Daher müssen die Zündkerzen regelmäßig ausgetauscht werden.

Elektrodenverschleiß

Unter Elektrodenverschleiß versteht man einen Materialabtrag an den Elektroden, der mit zunehmender Betriebsdauer den Elektrodenabstand merklich wachsen lässt. Verantwortlich sind dafür im Wesentlichen zwei Mechanismen: Funkenerosion und Korrosion im Brennraum.

Funkenerosion und Korrosion

Der Überschlag elektrischer Funken führt zu einer Anhebung der Temperatur der Elektroden bis zu deren Schmelztemperatur. Die aufgeschmolzenen mikroskopisch kleinen Oberflächenbereiche reagieren mit dem Sauerstoff oder den anderen Bestandteilen der Verbrennungsgase. Die Folge ist ein Materialabtrag, der zu der Zunahme des Elektrodenabstands und des Zündspannungsbedarfs führt (Bild 20).

Zur Minimierung des Elektrodenverschleißes werden Werkstoffe mit hoher Temperaturbeständigkeit eingesetzt (z. B. Platin und Platinlegierungen). Aber auch durch geeignete Wahl der Elektrodengeometrie (z. B. kleine Durchmesser, dünne Stifte) und des Zündkerzenkonzepts (Gleitfunkenzündkerzen) kann der Materialabtrag bei gleicher Laufleistung reduziert werden.

Der in der Glasschmelze realisierte ohmsche Widerstand verringert den Abbrand und trägt somit auch zu einer Verschleißminderung bei.

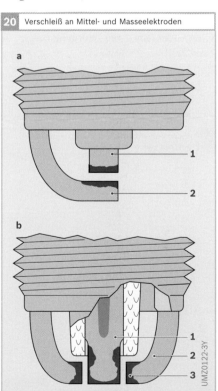

20 Verschleiß an Mittel- und Masseelektroden

UMZ0122-3Y

Bild 20
a Zündkerze mit Dachelektrode
b Zündkerze mit Seitenelektroden

1 Mittelelektrode
2 Masseelektrode
3 dunkle Flächen: abgetragenes Material

Anomale Betriebszustände

Anomale Betriebszustände können den Motor und die Zündkerzen zerstören. Dazu gehören Glühzündungen, klopfende Verbrennungen und ein hoher Ölverbrauch mit Asche- und Ölkohlebildung.

Auch falsch eingestellte Zündanlagen sowie die Verwendung von Zündkerzen mit nicht zum Motor passendem Wärmewert oder die Verwendung ungeeigneter Kraftstoffe können Motor und Zündkerzen schädigen.

Glühzündung

Wegen örtlicher Überhitzung können Glühzündungen an folgenden Stellen entstehen:

▶ An der Spitze des Isolatorfußes,
▶ am Auslassventil,
▶ an vorstehenden Zylinderkopfdichtungen und
▶ an sich lösenden Ablagerungen.

Die Glühzündung ist ein unkontrollierter Entflammungsvorgang, bei dem die Temperatur im Brennraum so stark ansteigen kann, dass schwere Schäden am Motor und an der Zündkerze entstehen.

Klopfende Verbrennung

Unter Klopfen versteht man eine unkontrollierte Verbrennung mit sehr steilem Druckanstieg. Dieser entsteht wegen selbstzündenden Gemischteilen vor einer Flammenfront, die durch den elektrischen Funken eingeleitet wurde. Die Verbrennung läuft wesentlich schneller ab als die normale Verbrennung. Es treten Druckschwingungen mit hohen Spitzendrücken und hohen Frequenzen auf, die den normalen Druckverlauf überlagern (Bild 21). Durch die hohen Druckgradienten erfahren die Bauteile (Zylinderkopf, Ventile, Kolben und Zündkerzen) eine hohe Temperaturbelastung, die zu einer Schädigung einer oder mehrerer Bauteile führen kann.

Das Schadensbild ähnelt dem bei Kavitationsschäden, die bei Strömungen mit Ultraschallgeschwindigkeit entstehen. Auswirkungen klopfender Verbrennungen sind bei den Zündkerzen zuerst an der Oberfläche der Masseelektrode in Form von Grübchenbildung zu erkennen (Bild 22).

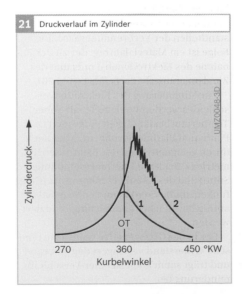

21 Druckverlauf im Zylinder

Zylinderdruck →

1
2
OT

270   360   450 °KW

Kurbelwinkel

UMZ0048-3D

22 Schadensbild einer durch starkes Klopfen geschädigten Masseelektrode

UMZ0358-1Y

Zündkerzenausführungen

Entsprechend der Vielzahl der Einsatzgebiete gibt es verschiedene Zündkerzenbauformen mit über 1 200 Einzelvarianten für Personenkraftwagen, Nutzfahrzeuge, Zweiräder, Boote und Schiffe, Land- und Baumaschinen, Motorsägen, Gartengeräte usw.

Zündkerze von Bosch ohne Edelmetall

Zündkerzen von Bosch (bisher SUPER Zündkerze von Bosch) repräsentieren den Großteil des Zündkerzenprogramms von Bosch und dienen als Basis für viele darauf aufbauende Zündkerzentypen und Zündkerzenkonzepte (Bild 4 und Bild 23). Für nahezu jede Anwendung gibt es eine geeignete Variante, die mit ihrem speziellen Wärmewert dem jeweiligen Motor angepasst ist.

Die wesentlichen Merkmale dieser Zündkerze sind:
- Eine Verbund-Mittelelektrode aus einer Nickel-Chrom-Legierung mit eingeschlossenem Kupferkern,

- optional eine Verbund-Masseelektrode zur Reduzierung des Masseelektrodenverschleißes durch Absinken der maximalen Temperatur an der Elektrode und
- ein bereits ab Werk für den jeweiligen Motor eingestellter Elektrodenabstand, der gegebenenfalls nachgestellt werden kann.

Das Zündkerzengesicht (Elektrodenanordnung) ist je nach Anforderung unterschiedlich ausgeführt. Im Vergleich zur klassischen Zündkerze (Bild 24a) ist in Bild 24b eine Variante dargestellt, die neben einer tiefer in den Brennraum ragenden Funkenlage eine optimierte Isolatorfußgeometrie besitzt und außerdem mit einer dünneren Mittelelektrode ausgeführt ist, um das Kaltwiederholstartverhalten zu verbessern.

Die Variante in Bild 24c ist mit einem lasergeschweißten Edelmetallstift versehen, der nicht nur eine höhere Standzeit garantiert, sondern aufgrund seines geringen Durchmessers auch bessere Entflammungseigenschaften aufweist.

---

23 Zündkerze von Bosch

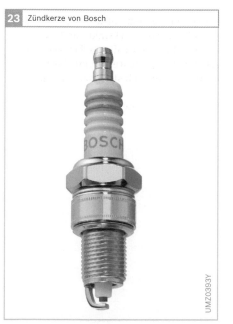

UMZ0393Y

24 Elektrodenformen der Zündkerze von Bosch

a

b

c

UMZ0332-1Y

Bild 24
a Dachelektrode
b Dachelektrode mit vorgezogener Funkenlage und verlängertem Gehäusebund
c Dachelektrode und Platin-Mittelelektrode

SUPER 4 Zündkerze

Aufbau

Die SUPER 4 Zündkerze von Bosch unterscheidet sich von der herkömmlichen Zündkerze durch

- ▸ vier symmetrisch angeordnete Masseelektroden (Bild 25),
- ▸ eine versilberte Mittelelektrode und
- ▸ einen für die gesamte Nutzungsdauer bereits eingestellten Elektrodenabstand und einen bereits eingestellten Abstand von der Masseelektrode zur Isolatorkeramik – beide Abstände dürfen nicht nachgestellt werden.

Arbeitsweise

Die vier Masseelektroden sind aus einem dünnen Profil gefertigt, um gute Entflammungseigenschaften sicherzustellen. Sie sind in einem definierten Abstand zur Mittelelektrode und zur Isolatorfußspitze angestellt, damit der Funke – abhängig von den Betriebsbedingungen – entweder als Luftfunken oder als Gleitfunken überspringen kann. Insgesamt ergeben sich acht mögliche Funkenstrecken.

Gleichmäßiger Elektrodenverschleiß

Da die Wahrscheinlichkeit der Funkenausbreitung für alle Elektroden gleich ist, verteilen sich die Funken gleichmäßig über den Isolatorfuß. Dadurch ist der Verschleiß der Masseelektroden gleichmäßig auf alle vier Elektroden verteilt.

Wärmewertbereich

Die versilberte Mittelelektrode leitet die Wärme gut ab. Die Gefahr von Glühzündungen wegen Überhitzung wird dadurch geringer und der sichere Arbeitsbereich erweitert. Die SUPER 4 Zündkerze deckt damit mindestens zwei Wärmewertbereiche von herkömmlichen Zündkerzen ab. Damit können mit relativ wenigen Zündkerzentypen viele Fahrzeuge bei der Wartung nachgerüstet werden.

Zündkerzenwirkungsgrad

Durch die dünn ausgeführten Masseelektroden der SUPER 4 Zündkerze wird dem Zündfunken weniger Energie entzogen, als dies bei herkömmlichen Zündkerzen der Fall ist. Der Zündkerzenwirkungsgrad steigt, denn dem Luft-Kraftstoff-Gemisch steht für jede Verbrennung eine um 40 % höhere Zündenergie zur Verfügung (Bild 26).

Entflammungswahrscheinlichkeit

Mit zunehmendem Luftüberschuss (mageres Gemisch, $\lambda > 1$) sinkt die Wahrscheinlichkeit, dass die an das Gas abgegebene Energie ausreicht, um das Luft-Kraftstoff-Gemisch sicher zu entflammen.

---

25 Elektroden der SUPER 4 Zündkerze

UMZ0282-2Y

26 Zündkerzenwirkungsgrad

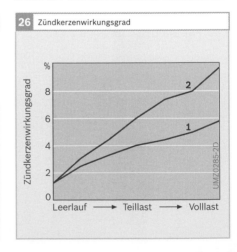

UMZ0285-2D

Bild 26
1 Herkömmliche Zündkerze
2 SUPER 4 Zündkerze von Bosch

In Laborerprobungen konnte mit der SUPER 4 Zündkerze das Gemisch noch mit $\lambda = 1,55$ sicher entflammt werden, während mit der herkömmlichen Zündkerze in diesen Bereichen mehr als die Hälfte aller Zündungen nicht zur Verbrennungseinleitung ausreichte (Bild 27).

Verhalten bei Kaltstarts
Durch die Gleitfunkenbildung erfolgt die Selbstreinigung auch bei niedrigen Temperaturen. Dadurch sind bis zu dreimal mehr Kaltstarts möglich als mit herkömmlichen Zündkerzen (Starten ohne den Motor warmzufahren).

Umwelt- und Katalysatorschutz
Das verbesserte Kaltwiederholstartverhalten und die größere Entflammungssicherheit auch in der Warmlaufphase senken den Anteil an unverbranntem Kraftstoff und mindern dadurch die HC-Emissionen.

Vorteile
Die SUPER 4 Zündkerze hat gegenüber herkömmlichen Zündkerzen folgende verbesserten Eigenschaften:
▸ Größere Entflammungssicherheit durch acht mögliche Funkenstrecken,
▸ Selbstreinigung durch Gleitfunkentechnik und
▸ erweiterter Wärmewertbereich.

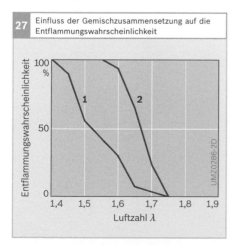

27 Einfluss der Gemischzusammensetzung auf die Entflammungswahrscheinlichkeit

Zündkerzen mit Edelmetall

Elektroden mit Edelmetalllegierung weisen Vorteile in Bezug auf Korrosions- und Oxidationsbeständigkeit sowie Abbrandfestigkeit auf. Sie sind damit extrem verschleißfest und unempfindlich gegenüber chemischen Einflüssen im Brennraum (siehe Edelmetallelektroden).

Diese Zündkerzen gibt es in verschiedenen Ausführungen. Sie unterscheiden sich zum einen in der Wahl des Edelmatalls (Platin oder Iridium). Zum anderen unterscheiden sie sich dadurch, ob nur die Masseelektrode Edelmetall enthält, oder ob sowohl Masse- als auch Mittelelektrode Edelmetalle enthalten (Doppel-Edelmetallzündkerzen, z. B. Double Platinum, siehe

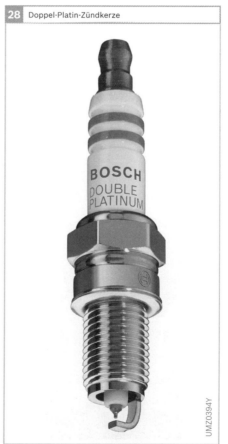

28 Doppel-Platin-Zündkerze

Bild 27
1 Herkömmliche Zündkerze
2 SUPER 4 Zündkerze von Bosch

Bild 28). Platin ist ein sehr oxidationsstabiles Edelmetall, Iridium ist sehr erosionsstabil. Bei Platin-Iridium-Zündkerzen ist deshalb die Mittelelektrode als Iridiumelektrode, die heißere Masseelektrode als Platinelektrode ausgeführt.

Die Mittelelektrode mit einem Durchmesser von nur 0,6…1,2 mm garantiert mit diesen Zündkerzen eine gute Ausbreitung der Flammenfront nach allen Seiten und eine hervorragende thermische Energieübertragung in das Luft-Kraftstoff-Gemisch.

Zündkerzen in mit Gas betriebenen Ottomotoren sind einer höheren Beanspruchung ausgesetzt, was kürzere Wechselintervalle mit sich bringt. Aufgrund der längeren Lebensdauer sind diese Zündkerzen mit Edelmetall für den Gasbetrieb besonders geeignet.

Zündkerzen für direkteinspritzende Ottomotoren

Ottomotoren mit Direkteinspritzung sind seit Ende der 1990er-Jahre im Einsatz und finden immer mehr Verbreitung. Im Gegensatz zu den Saugrohreinspritzmotoren entsteht bei diesen Motoren eine ausgeprägte Ladungsbewegung in Form eines Swirls oder Dralls, mit der das Luft-Kraftstoff-Gemisch zu der Zündkerze transportiert wird. Da sich die Strömung in Betrag und Richtung in unterschiedlichen Betriebspunkten ändert, ist eine tief in den Brennraum ragende Funkenlage für die Entflammung sehr vorteilhaft (Bild 29). Nachteilig wirkt sich diese aber auf die Temperatur der Masseelektrode aus, sodass Maßnahmen ergriffen werden müssen, um die Temperatur abzusenken. Durch eine Verlängerung des Gehäuses kann die Länge der Masseelektroden und damit deren Temperatur wieder reduziert werden, sodass damit tragfähige Konzepte möglich sind.

29 Zündkerze für direkteinspritzende Motoren (Beispiel)

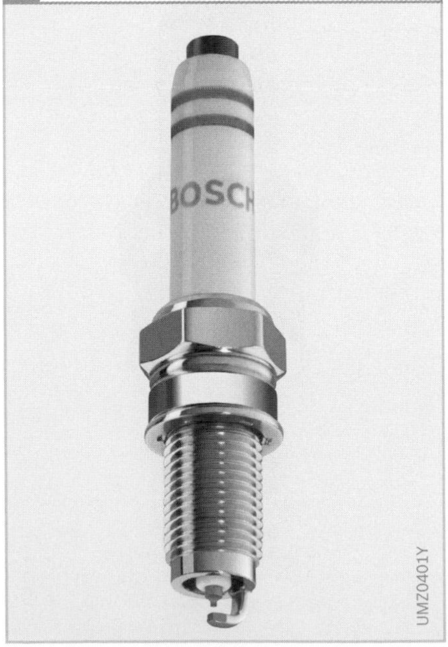

UMZ0401Y

30 Beispiel einer Zündkerze für den Motorsport

UMZ0327-1Y

1

2

Bild 30
1 Mittelelektrode
2 kurzer Isolator

Spezialzündkerzen

Für besondere Anforderungen werden Spezialzündkerzen eingesetzt. Diese unterscheiden sich im konstruktiven Aufbau, der von den Einsatzbedingungen und den Einbauverhältnissen am Motor bestimmt wird.

Zündkerzen im Motorsport
Motoren für Sportfahrzeuge sind wegen des ständigen Volllastbetriebs hohen thermischen Belastungen ausgesetzt. Zündkerzen für diese Betriebsverhältnisse haben meist Edelmetallelektroden (z. B. Platin) und einen kurzen Isolatorfuß. Die Wärmeaufnahme dieser Zündkerzen ist über den Isolatorfuß gering, die Wärmeabfuhr über die Mittelelektrode hoch (Bild 30).

Zündkerzen mit Widerstand
Durch einen Widerstand in der Zuleitung zur Funkenstrecke der Zündkerze kann die Weiterleitung der Störimpulse auf die Zündleitung und damit die Störabstrah-

lung verringert werden. Durch den geringen Strom in der Bogenphase des Zündfunkens wird auch die Elektrodenerosion verringert. Der Widerstand wird durch die Spezialglasschmelze zwischen Mittelelektrode und Anschlussbolzen gebildet. Der notwendige Widerstand der Glasschmelze wird durch entsprechende Zusätze erreicht.

Vollgeschirmte Zündkerzen
Bei sehr hohen Ansprüchen an die Entstörung kann eine Abschirmung der Zündkerzen erforderlich sein.

Bei vollgeschirmten Zündkerzen ist der Isolator mit einer Abschirmhülse aus Metall umgeben. Der Anschluss befindet sich im Innern des Isolators. Die abgschirmte Zündleitung wird mit einer Überwurfmutter auf der Hülse befestigt. Vollgeschirmte Zündkerzen sind wasserdicht (Bild 31).

Typformelschlüssel

Die Kennzeichnung der Zündkerzentypen wird durch eine Typformel festgelegt. In der Typformel sind alle Zündkerzenmerkmale enthalten (Bild 32) – mit Ausnahme des Elektrodenabstands. Dieser wird zusätzlich auf der Verpackung angegeben. Die für den jeweiligen Motors passende Zündkerze ist vom Motorhersteller und von Bosch vorgeschrieben beziehungsweise empfohlen.

Der aktuelle Typformelschlüssel kann auf der Internetseite www.bosch-zuendkerze.de eingesehen werden.

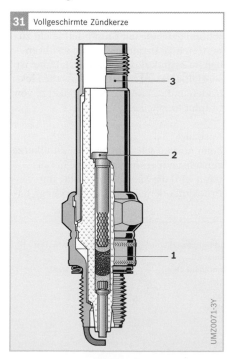

31 Vollgeschirmte Zündkerze

UMZ0071-3Y

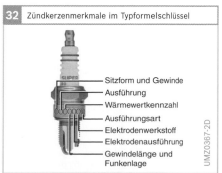

32 Zündkerzenmerkmale im Typformelschlüssel

Sitzform und Gewinde
Ausführung
Wärmewertkennzahl
Ausführungsart
Elektrodenwerkstoff
Elektrodenausführung
Gewindelänge und Funkenlage

UMZ0367-2D

Bild 31
1 Spezialglasschmelze (Entstörwiderstand)
2 Zündkabelanschluss
3 Abschirmhülse

Werkstatttechnik

Zündkerzenmontage

Dichtring

Zündkerzen von Bosch tragen einen unverlierbaren Dichtring, der die Abdichtung zwischen Zündkerze und Motor bewirkt. Würde dieser Dichtring fehlen, so könnte dies zu übermäßiger Erhitzung und zu Glühzündungen infolge schlechter Wärmeabführung und durchblasender Verbrennungsgase, die am Zündkerzengehäuse vorbeistreichen, führen. Außerdem könnten sich die zu tief in den Verbrennungsraum ragenden Gänge des Einschraubgewindes mit Rückständen zusetzen und später den Ausbau der Zündkerze erschweren.

Bei einer Zündkerze, die nicht tief genug eingeschraubt ist (zwei Dichtringe oder zu kurzes Einschraubgewinde), sammeln sich unter Umständen Reste von Auspuffgasen um den Zündkerzenfuß und hindern das hereinströmende Luft-Kraftstoff-Gemisch am Zutritt zur Funkenstrecke zwischen den Elektroden. Die überspringenden Funken finden kein zündfähiges Gemisch vor, sondern nur ein schlecht zündbares Gemisch von Rest- und Frischgasen, sodass bei empfindlichen Motoren (z. B. Magerkonzepte, inhomogene Gemischbildung) Zündaussetzer auftreten. Später macht das Einschrauben einer Zündkerze mit richtiger Gewindelänge Schwierigkeiten, weil der letzte Gewindegang im Zylinderkopf mit Rückständen zugesetzt ist.

Außerdem wird durch das Vor- und Zurückverlegen der Zündkerzenelektroden die Flammenausbreitung beeinflusst, was sich unter Umständen nachteilig auswirken kann.

Länge des Einschraubgewindes

Bei Motoren und bei Zündkerzen mit langem Einschraubgewinde ist besonders darauf zu achten, dass die Gewindelängen des Einschraubblocks und der Zündkerze übereinstimmen. Es kommt sonst leicht dazu, dass die Funkenstrecke entweder zu hoch oder zu tief sitzt.

Konischer Dichtsitz

Für amerikanische Motoren werden teilweise Zündkerzen mit konischem Dichtsitz (SAE-Kegeldichtsitz) ohne Dichtring verwendet.

Schmierung der Gewindegänge

Zündkerzen von Bosch sind mit einem Korrosionsschutzöl behandelt, sodass kein zusätzliches Schmiermittel notwendig ist. Ein Festbrennen ist nicht möglich, weil die Gewindegänge vernickelt sind.

Früher wurde empfohlen, das Einschraubgewinde mit Graphitfett leicht zu bestreichen. Dadurch wird ein Festbrennen im Zylinderkopf verhindert. Dabei ist sorgfältig darauf zu achten, dass die Elektroden und das Innere der Zündkerze von Graphit frei bleiben.

Ausbau

Beim Ausbau schraubt man die Zündkerze zunächst einige Gewindegänge heraus. Dann wird die Zündkerzenmulde mit Druckluft oder einem Pinsel gereinigt, da-

1 Anziehdrehmomente			
Zündkerzendichtsitz	Gewinde	Zylinderkopfwerkstoff Gusseisen Drehmoment (Nm)	Zylinderkopfwerkstoff Leichtmetall Drehmoment (Nm)
Zündkerze mit Flachdichtsitz (Werte gelten bei erstmaligem Einschrauben)	M10×1	10...15	10...15
	M12×1,25	15...25	15...25
	M14×1,25	20...40	20...30
	M18×1,5	30...45	20...35
Zündkerze mit Kegeldichtsitz	M14×1,25	20...25	15...25
	M18×1,5	20...30	15...23

Tabelle 1

mit keine Schmutzteilchen in das Gewinde des Zylinderkopfs oder in den Verbrennungsraum gelangen können. Erst dann wird die Zündkerze ganz herausgeschraubt.

Sitzt die Zündkerze sehr fest, so schraubt man sie – um eine Beschädigung zu vermeiden – zunächst nur ein Stück heraus, lässt Öl oder ein ölhaltiges Lösungsmittel auf die Gewindegänge tropfen, dreht die Zündkerze wieder hinein und versucht erst nach kurzer Einwirkungszeit, sie vollständig herauszuschrauben.

Einbau
Beim Einbau einer Zündkerze im Motor müssen die Auflageflächen an Zündkerze und Motor sauber sein.

Montage mit Drehmomentschlüssel
Zündkerzen sollen möglichst mit einem Drehmomentschlüssel unter Einhaltung des in Tabelle 1 angegebenen Anziehdrehmoments festgezogen werden. Diese Werte gelten für Zündkerzen im Neuzustand, also für mit Korrosionsschutz behandelte Zündkerzen. Bei zusätzlicher Schmierung sind die angegebenen Anziehdrehmo-

mente zu verringern. Für Zündkerzen mit Flachdichtsitz gelten die angegebenen Drehmomentwerte für das erstmalige Einschrauben. Bei mehrmaliger Montage ist ein vermindertes Anzugsmoment nötig, da der Faltdichtring bereits verformt wurde.

Das Drehmoment wird beim Anziehen der Zündkerze vom Sechskant ausgehend auf Dichtsitz und Gewinde übertragen. Wenn wegen eines zu starken Anziehdrehmoments oder wegen Verkanten des Zündkerzenschlüssels das Zündkerzengehäuse verzogen wird, kann sich der Isolator lockern und die Zündkerze dadurch undicht werden. Dadurch ist der Wärmehaushalt der Zündkerze gestört und es kann zu Motorschädigungen kommen. Deshalb darf das Anziehdrehmoment einen bestimmten Wert nicht überschreiten.

Es sollte stets ein passender Steck- oder Ringschlüssel benutzt werden; Gabelschlüssel sind ungeeignet.

Montage ohne Drehmomentschlüssel
In der Praxis wird oft ohne Drehmomentschlüssel gearbeitet. Dadurch werden die Zündkerzen meistens viel zu stark angezo-

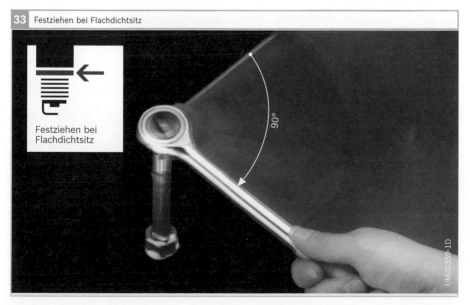

33 Festziehen bei Flachdichtsitz

Festziehen bei Flachdichtsitz

90°

UMZ0359-1D

gen. Bosch empfiehlt deshalb, nach folgenden Faustregeln vorzugehen.

Erstens: Die Zündkerze wird von Hand in das gesäuberte Gewinde eingeschraubt, bis es von Hand nicht mehr weitergeht. Dann wird der Zündkerzenschlüssel aufgesetzt, wobei nun unterschieden wird zwischen:

▸ Neuen Zündkerzen mit Flachdichtsitz, die nach der ersten Drehhemmung um ca. 90° weiterzudrehen sind (Bild 33),
▸ gebrauchten Zündkerzen mit Flachdichtsitz, die um so viel Grad weiterzudrehen sind, wie es einer Uhrzeigerbewegung von ca. fünf Minuten oder einem Winkel von 30° entspricht und
▸ Zündkerzen mit Kegeldichtsitz, die um so viel Grad weiterzudrehen sind, wie es einer Uhrzeigerbewegung von zwei bis drei Minuten oder einem Winkel von ca. 15° entspricht (Bild 34).

Zweitens: Steckschlüssel sollen beim Festziehen oder Lösen der Zündkerze nicht schräg gehalten werden. Der Isolator wird sonst abgedrückt oder zur Seite gedrückt, und die Zündkerze wird unbrauchbar.

Drittens: Bei Steckschlüssel mit losem Dorn muss das Loch für den Dorn oberhalb der Zündkerze liegen, damit der Dorn voll durch den Steckschlüssel geschoben werden kann. Bei tiefer liegendem Loch und nur kurz eingestecktem Dorn wird die Zündkerze beschädigt.

Wartung
Bei richtiger Montage und bei richtiger Typauswahl ist die Zündkerze ein zuverlässiger Bestandteil der Zündanlage.

Nachstellen der Elektroden
Ein Nachjustieren des Elektrodenabstands wird nur bei Zündkerzen ohne Edelmetall mit Dachelektroden empfohlen. Bei Gleitfunken und Luftgleitfunkenzündkerzen dürfen die Masseelektroden nicht nachjustiert werden, da sonst das Zündkerzenkonzept geändert wird.

Neue Zündkerzen von Bosch werden mit dem für ihr Verhalten in den meisten Motoren (Starten, Leerlauf, Beschleuni-

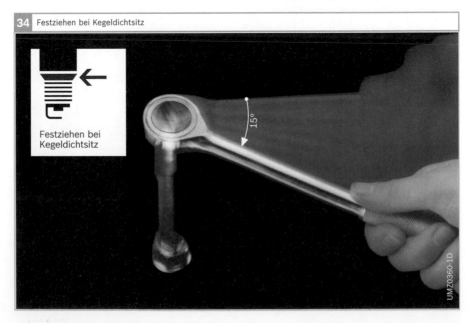

34 Festziehen bei Kegeldichtsitz

Festziehen bei Kegeldichtsitz

15°

UMZ0360-1D

gung, Leistung, Verbrauch) günstigen Elektrodenabstand geliefert. Wird in Einzelfällen ein anderer Elektrodenabstand verlangt, der nicht zum Lieferprogramm gehört, so muss er sorgfältig nachgestellt werden.

Im Betrieb vergrößert sich der Abstand der Elektroden durch Abbrand, und es kann zu Zünd- und Verbrennungsaussetzern kommen, die die Leistungsfähigkeit und Wirtschaftlichkeit des Kraftfahrzeugs herabsetzen. Wenn nötig, kann der Elektrodenabstand auf das vorgeschriebene Maß nachgestellt werden.

Nachgestellt wird nur die Masseelektrode von Standard-Zündkerzen ohne Edelmetall. Bei dem zähen Elektrodenwerkstoff dieser Zündkerzen macht das Nachstellen der Elektroden keine Schwierigkeiten. Dabei darf weder die Mittelelektrode noch der Isolator beschädigt werden. Deshalb empfiehlt es sich, zum Messen der Elektrodenabstände und Nachstellen der Elektroden die Bosch-Prüf- und Einstelllehre zu verwenden. Der Elektrodenabstand ist richtig eingestellt, wenn sich der gewählte Messdraht mit kaum spürbarem Widerstand zwischen den Elektroden durchführen lässt; z. B. bei 0,7...0,8 mm Elektrodenabstand muss sich die 0,7-mm-Lehre gerade noch durchführen lassen.

Heute wird der Elektrodenabstand in der Regel nicht mehr nachgestellt, die Zündkerzen werden ausgetauscht.

Wechselintervall
Nach ca. 30 000 km sind Standard-Zündkerzen ohne Edelmetall zu ersetzen. Übliche Wechselintervalle bei aufgeladenen Motoren mit Direkteinspritzung sind in Europa 60 000 km. In den USA werden bei Fahrzeugen mit weniger dynamischen Betrieb bei Verwendung von Edelmetall-Zündkerzen Laufleistungen bis zu 100 000 Meilen erreicht. Längeren Laufleistungen sind Grenzen gesetzt durch den nicht sichtbaren Verschleiß (Korrosion) der Mittelelektrode.

Reinigen der Zündkerze
Ablagerungen, wie die früher bei bleihaltigem Kraftstoff üblichen Bleiverbindungen, sowie Ruß und Ölkohle auf der Zündkerze führen zu Zündstörungen, Leistungsabfall und hohem Kraftstoffverbrauch. Mit den inzwischen üblichen Kraftstoffqualitäten und den modernen Motoren ist ein Reinigen der Zündkerzen in der Regel gar nicht mehr nötig. Verrußte Zündkerzen können allerdings Probleme bereiten, wenn bei älteren Fahrzeugen mit Vergasermotor der Starterzug (Choke) nicht rechtzeitig wieder eingezogen wird.

Soll eine verschmutzte Zündkerze betriebsfertig gemacht werden, so genügt es nicht, sie oberflächlich zu reinigen, sondern dies muss so gründlich geschehen, dass auch das Innere der Gehäusebohrung – besonders der Isolatorfuß – vollständig von Ruß und Ölkohlebelag frei wird.

Einfach zu beseitigen ist die Verschmutzung an der Außenseite der Zündkerze. Die glasierte Oberfläche des Isolators muss frei von Wasser, Öl und Schmutz sein; in dem Raum zwischen Zündkerzengehäuse und Isolator dürfen keine feuchten Rückstände verbleiben. Der Zustand des Zündkerzeninnern lässt sich gut mit Hilfe einer Leuchtlupe erkennen.

Verölte Zündkerzen werden mit chemischen Reinigungsmitteln, z. B. Benzin, gereinigt und vor dem Wiedereinsetzen mit Druckluft ausgeblasen.

Fehler und ihre Folgen
Für einen bestimmten Motortyp dürfen nur die vom Motorhersteller freigegebenen oder von Bosch empfohlenen Zündkerzen verwendet werden. Um eine falsche Auswahl von vornherein auszuschließen, sollte eine Fachwerkstatt zur Beratung herangezogen werden. Außerdem geben Kauf- und Orientierungshilfen wie Kataloge, Warenträger mit Informationstafeln oder Verwendungsübersichten die gewünschten Auskünfte.

Bei Verwendung ungeeigneter Zündkerzentypen können schwere Motorschäden entstehen. Die am häufigsten vorkommenden Fehler sind falsche Wärmewertkennzahl, falsche Gewindelänge oder Manipulationen am Dichtsitz.

Falsche Wärmewertkennzahl

Die Wärmewertkennzahl muss unbedingt mit der Zündkerzenvorschrift des Motorherstellers oder der Empfehlung von Bosch übereinstimmen. Glühzündungen können die Folge sein, wenn Zündkerzen mit einer anderen als für den Motor vorgeschriebenen Wärmewertkennzahl verwendet werden.

Falsche Gewindelänge

Die Gewindelänge der Zündkerze muss der Gewindelänge im Zylinderkopf entsprechen. Ist das Gewinde zu lang, dann ragt die Zündkerze zu weit in den Verbrennungsraum. Mögliche Folgen sind die Beschädigung des Kolbens, das Verkoken der Gewindegänge der Zündkerze, das ein Herausschrauben unmöglich macht, und ein Überhitzen der Zündkerze.

Ist das Gewinde zu kurz, so ragt die Zündkerze nicht weit genug in den Verbrennungsraum. Mögliche Folgen sind eine schlechtere Gemischentflammung, das Nichterreichen der Freibrenntemperatur und das Verkoken der unteren Gewindegänge im Zylinderkopf.

Manipulation am Dichtsitz

Bei Zündkerzen mit Kegeldichtsitz darf weder eine Unterlegscheibe noch ein Dichtring verwendet werden. Bei Zündkerzen mit Flachdichtsitz darf nur der an der Zündkerze befindliche unverlierbare Dichtring verwendet werden. Er darf nicht entfernt oder durch eine Unterlegscheibe ersetzt werden,

Ohne Dichtring ragt die Zündkerze zu weit in den Verbrennungsraum. Deshalb ist der Wärmeübergang vom Zündkerzengehäuse zum Zylinderkopf beeinträchtigt und der Zündkerzensitz dichtet schlecht.

Wird ein zusätzlicher Dichtring verwendet, so ragt die Zündkerze nicht tief genug

in die Gewindebohrung. Dadurch wird der Wärmeübergang vom Zündkerzengehäuse zum Zylinderkopf ebenfalls beeinträchtigt.

Zündkerzengesichter

Zündkerzengesichter geben Aufschluss über das Betriebsverhalten von Motor und Zündkerze. Das Aussehen von Elektroden und Isolatoren der Zündkerze – des Zündkerzengesichts – gibt Hinweise auf das Betriebsverhalten der Zündkerze sowie auf die Gemischzusammensetzung und den Verbrennungsvorgang (Bild 35).

Die Beurteilung der Zündkerzengesichter ist damit ein wesentlicher Bestandteil der Motordiagnose. Eine verlässliche Aussage ist allerdings an die folgende wichtige Voraussetzung gebunden: Bevor die Zündkerzengesichter beurteilt werden können, muss man das Fahrzeug fahren. Ein vorausgehender längerer Leerlauf, insbesondere dann, wenn der Motor kalt gestartet wurde, kann dazu führen, dass sich Ruß niederschlägt und so das „wahre Zündkerzengesicht" verdeckt. Das Fahrzeug sollte über eine Strecke von ca. 10 km gefahren werden. Dabei muss der Motor mit wechselnden Drehzahlen im mittleren Leistungsbereich betrieben werden. Ein längerer Leerlauf vor dem Abstellen ist zu vermeiden.

Die Schadensbilder, die durch verbleiten Kraftstoff entstanden, gehören längst der Vergangenheit an. In Europa darf seit dem Jahr 2000 kein verbleiter Ottokraftstoff mehr für den Betrieb von Kraftfahrzeugen verkauft werden.

35 Zündkerzengesichter Teil 1

Normal

Isolatorfuß von grauweißer-graugelber bis
rehbrauner Farbe. Motor in Ordnung, Wärmewert
richtig gewählt. Gemischeinstellung und
Zündeinstellung sind einwandfrei, keine
Zündaussetzer, Kaltstarteinrichtung funktioniert.
Keine Rückstände von Kraftstoffzusätzen
oder Legierungsbestandteilen vom
Motoröl. Keine thermische Belastung.

Verrußt

Isolatorfuß, Elektroden und Zündkerzengehäuse mit
samtartigem stumpfschwarzem Ruß bedeckt.
Ursache: Fehlerhafte Gemischeinstellung (Vergaser,
Einspritzung): Gemisch zu fett, Luftfilter stark
verschmutzt, Startautomatik nicht in Ordnung
oder Starterzug (Choke) zu lange gezogen,
überwiegend Kurzstreckenverkehr, Zündkerze zu alt,
Wärmewertkennzahl zu niedrig.
Auswirkung: Zündaussetzer, schlechtes Kaltstartverhalten.
Abhilfe: Gemisch- und Starteinrichtung richtig
einstellen, Luftfilter prüfen.

Verölt

Isolatorfuß, Elektroden und Zündkerzengehäuse mit
ölglänzendem Ruß oder Ölkohle bedeckt.
Ursache: Zu viel Öl im Verbrennungsraum, Ölstand zu
hoch, stark verschlissene Kolbenringe, Zylinder und
Ventilführungen.
Bei 2-Takt-Ottomotoren zu viel Öl im Gemisch.
Auswirkungen: Zündaussetzer, schlechtes Start-
verhalten.
Abhilfe: Motor überholen, richtiges Öl-Kraftstoff-
Gemisch, neue Zündkerzen.

Ferrocen

Ferrocen-Isolatorfuß, Elektroden und teilweise
das Zündkerzengehäuse mit orangeroten,
festhaftenden Ablagerungen bedeckt.
Ursache: Eisenhaltige Kraftstoffadditive. Die
Ablagerung entsteht im normalen Betrieb nach
wenigen tausend Kilometern.
Auswirkung: Der eisenhaltige Belag ist elektrisch
leitend und bewirkt Zündaussetzer.
Abhilfe: Neue Zündkerzen.

35 Zündkerzengesichter Teil 2

Aschebildung

Starker Aschebelag aus Öl und Kraftstoffzusätzen auf
dem Isolatorfuß, im Atmungsraum (Ringspalt) und auf
der Masseelektrode.
Ursache: Legierungsbestandteile insbesondere aus Öl
können diese Asche im Brennraum und auf dem
Kerzengesicht hinterlassen.
Auswirkung: Kann zu Glühzündungen mit
Leistungsabfall und zu Motorschäden führen.
Abhilfe: Motor in Ordnung bringen, neue Zünd-
kerzen, eventuell anderes Öl verwenden.

Angeschmolzene Mittelelektrode

Mittelelektrode angeschmolzen, blasige, schwammartige,
erweichte Isolatorfußspitze.
Ursache: Thermische Überlastung aufgrund von Glüh-
zündungen, zum Beispiel wegen zu früher Zündeinstellung,
Verbrennungsrückständen im Brennraum, defekter Ventile,
schadhafter Zündverteiler und unzureichender
Kraftstoffqualität. Eventuell Wärmewert zu hoch.
Auswirkung: Zündaussetzer, Leistungsabfall
(Motorschaden).
Abhilfe: Motor, Zündung und Gemischaufbereitung
überprüfen. Neue Zündkerzen mit richtigem
Wärmewert.

Abgeschmolzene Mittelelektrode

Mittelelektrode angeschmolzen, Masseelektrode
gleichzeitig stark angegriffen.
Ursache: Thermische Überlastung aufgrund von Glühzündungen, zum Beispiel wegen zu früher Zündeinstellung, Verbrennungsrückständen im Brennraum,
defekter Ventile, schadhafter Zündverteiler und
unzureichender Kraftstoffqualität.
Auswirkung: Zündaussetzer, Leistungsabfall,
eventuell Motorschaden, Isolatorfußriss wegen
überhitzter Mittelelektrode möglich.
Abhilfe: Motor, Zündung und Gemischaufbereitung
überprüfen. Neue Zündkerzen.

Angeschmolzene Elektroden

Blumenkohlartiges Aussehen der Elektroden. Eventuell
Niederschlag von zündkerzenfremden Materialien.
Ursache: Thermische Überlastung aufgrund von Glühzündungen. Zum Beispiel wegen zu früher Zündeinstellung, Verbrennungsrückständen im Brennraum,
defekter Ventile, schadhafter Zündverteiler und
unzureichender Kraftstoffqualität.
Auswirkung: Vor Totalausfall (Motorschaden) tritt
Leistungsabfall auf.
Abhilfe: Motor, Zündung und Gemischaufbereitung überprüfen. Neue Zündkerzen.

Starker Verschleiß der Mittelelektrode

Ursache: Zündkerzen-Wechselintervall nicht beachtet.
Auswirkung: Zündaussetzer, besonders beim
Beschleunigen (Zündspannung für großen Elektroden-
abstand nicht mehr ausreichend). Schlechtes Start-
verhalten.
Abhilfe: Neue Zündkerzen.

Starker Verschleiß der Masseelektrode

Ursache: Aggressive Kraftstoff- und Ölzusätze.
Ungünstige Strömungseinflüsse im Brennraum,
eventuell aufgrund von Ablagerungen.
Motorklopfen. Keine thermische Überlastung.
Auswirkung: Zündaussetzer besonders beim
Beschleunigen (Zündspannung für großen
Elektrodenabstand nicht mehr ausreichend).
Schlechtes Startverhalten.
Abhilfe: Neue Zündkerzen.

Isolatorfußbruch

Ursache: Mechanische Beschädigung (z.B. Schlag, Fall
oder Druck auf die Mittelelektrode bei unsachgemäßer
Handhabung). In Grenzfällen kann aufgrund von Ablagerungen zwischen Mittelelektrode und Isolatorfuß und
durch Korrosion der Mittelelektrode der Isolatorfuß
(besonders bei langer Betriebsdauer) gesprengt
werden.
Auswirkung: Zündaussetzer. Zündfunken springt an
Stellen über, die durch das Luft-Kraftstoff-
Gemisch nicht sicher erreicht werden.
Abhilfe: Neue Zündkerzen.

Abgasreinigung

Die Kraftstoffverbrennung in den Arbeitszylindern eines Motors ist mehr oder weniger unvollkommen. Je unvollkommener die Verbrennung, desto größer ist der Ausstoß an Schadstoffen im Motorabgas. Eine vollkommene Verbrennung von Kraftstoff gibt es nicht, und zwar auch nicht, wenn der Luftsauerstoff im Überschuss vorhanden ist. Um die Umweltbelastung herabzusetzen, gilt es, das Abgasverhalten des Ottomotors zu verbessern.

Alle Maßnahmen zum Reduzieren der nach verschiedenen gesetzlichen Vorschriften begrenzten Schadstoffemissionen zielen darauf ab, mit möglichst geringem Kraftstoffverbrauch, hoher Fahrleistung und gutem Fahrverhalten ein Minimum an Schadstoffemission zu erhalten. Die Emissionen der verschiedenen Bestandteile ist abhängig vom Luft-Kraftstoff-Verhältnis (Luftzahl λ, Bild 1). Beim Ottomotor hat sich die Abgasnachbehandlung mit einem Katalysator durchgesetzt.

Abgaszusammensetzung

Das Abgas eines Ottomotors enthält neben den Hauptbestandteilen Stickstoff (N_2, Bestandteil der Verbrennungsluft), Wasserdampf (H_2O) und Kohlendioxid (CO_2) auch Komponenten, die zumindest in höherer Konzentration als schädlich für Mensch und Umwelt erkannt sind. Der schädliche Anteil beträgt etwa ein Prozent des Abgases und besteht aus Kohlenmonoxid (CO), Oxiden des Stickstoffs (NO_x) und Kohlenwasserstoffen (HC).

Kohlenmonoxid

Kohlenmonoxid entsteht bei unvollständiger Verbrennung eines fetten Luft-Kraftstoff-Gemischs infolge Luftmangel. Aber auch bei Betrieb mit Luftüberschuss entsteht Kohlenmonoxid – wenn auch in geringerem Maß – infolge eines inhomogenen Gemischs. Nicht verdampfte Kraftstofftröpfchen bilden fette Bereiche, die nicht vollständig verbrennen.

Kohlenmonoxid ist ein farb- und geruchloses Gas. Es verringert die Sauerstoffaufnahmefähigkeit des Bluts im menschlichen Körper und senkt dadurch den Blutsauerstoffgehalt. Bereits 0,3 Volumenprozent CO in der Atemluft können innerhalb 30 Minuten tödlich wirken. Deshalb darf man einen Motor nicht in geschlossenen Räumen ohne eingeschaltete Absauganlage laufen lassen.

Stickoxide

Stickoxide ist der Sammelbegriff für Verbindungen aus Stickstoff und Sauerstoff. Sie bilden sich als Folge von Nebenreaktionen bei allen Verbrennungsvorgängen mit Luft. Beim Verbrennungsmotor entstehen hauptsächlich Stickstoffmonoxid (NO) und Stickstoffdioxid (NO_2).

Das farb- und geruchlose Stickstoffmonoxid NO geht in Gegenwart von Luftsauerstoff in das rotbraun gefärbte Stick-

Bild 1

- - - Emissionen im Rohabgas
—— Emissionen nach katalytischer Abgasreinigung

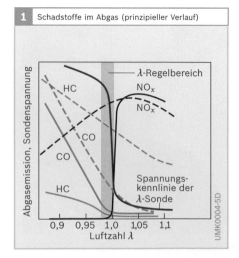

1 Schadstoffe im Abgas (prinzipieller Verlauf)

λ-Regelbereich

HC NO$_x$

NO$_x$

CO

CO

HC

Spannungskennlinie der λ-Sonde

Abgasemission, Sondenspannung

0,9 0,95 1,0 1,05 1,1
Luftzahl λ

UMK0004-5D

stoffdioxid NO_2 über, das stechend riecht und eine starke Reizung der Atmungsorgane verursacht. Das Stickstoffdioxid ist in hoher Konzentration ebenfalls gesundheitsschädlich, denn es zerstört das Lungengewebe.

Kohlenwasserstoffe

Unter Kohlenwasserstoffen (HC, Hydrocarbon) versteht man den Sammelbegriff aller chemischen Verbindungen von Kohlenstoff (C) und Wasserstoff (H). Sie sind in großer Vielfalt im Abgas enthalten. Die HC-Emissionen sind auf eine unvollständige Verbrennung des Luft-Kraftstoff-Gemischs bei Sauerstoffmangel zurückzuführen.

Die aliphatischen Kohlenwasserstoffe (Alkane, Alkene, Alkine sowie ihre zyklischen Abkömmlinge) sind nahezu geruchlos. Ringförmige aromatische Kohlenwasserstoffe (z. B. Benzol, Toluol, polyzyklische Kohlenwasserstoffe) sind geruchlich wahrnehmbar. Teiloxidierte Kohlenwasserstoff (z. B. Aldehyde, Ketone) riechen unangenehm und bilden unter Sonneneinstrahlung Folgeprodukte. Diese reizen die Schleimhäute.

Kohlenwasserstoffe gelten teilweise bei Dauereinwirkung als gesundheitsschädlich.

Katalytische Nachbehandlung

Das Abgasverhalten eines Motors kann an drei Stellen beeinflusst werden. Die erste Eingriffsmöglichkeit besteht bei der Gemischbildung vor dem Motor (z. B. durch feinere Zerstäubung des Kraftstoffs beim Einspritzvorgang), die zweite bei Maßnahmen im Motor (z. B. durch optimierten Brennraum) und die dritte bei der Abgasnachbehandlung an der Auslassseite des Motors. Die Schadstoffemission des Ottomotors kann durch katalytische Nachbehandlung wirksam vermindert werden.

Dreiwegekatalysator

Auf der Abgasseite des Motors geht es im Wesentlichen darum, den noch nicht vollständig verbrannten Kraftstoff völlig zu verbrennen. Dies geschieht durch einen Katalysator mit folgenden Eigenschaften:
▸ Der Katalysator fördert die Nachverbrennung von CO und HC zu ungiftigem Kohlendioxid (CO_2) und Wasser (H_2O),
▸ der Katalysator reduziert gleichzeitig die im Abgas vorhandenen Stickoxide (NO_x) zu neutralem Stickstoff (N_2).

Die katalytische Nachbehandlung ist also bedeutend wirkungsvoller als zum Beispiel die rein thermische Nachverbrennung von Schadstoffen in heißer Flamme. Mithilfe eines Katalysators lassen sich mit

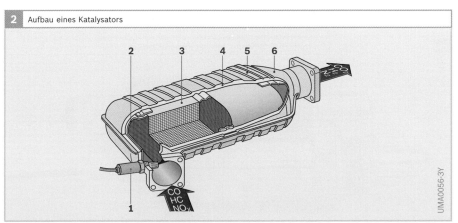

2 Aufbau eines Katalysators

Bild 2
1 λ-Sonde
2 Einlasstrichter
3 Keramikmonolith
4 Lagermatte
5 Metallgehäuse
6 Auslasstrichter

UMA0056-3Y

Jetronic-Systemen über 90 Prozent der Schadstoffe in ungiftige Bestandteile überführen, moderne Motormanagementsysteme erreichen eine Konvertierungsrate von annähernd 100 %. Die größten Probleme hierbei sind die in Abhängigkeit des Luft-Kraftstoff-Verhältnisses gegenläufigen Konzentrationen von CO und HC einerseits und NO_x andererseits (Bild 1).

Im Wesentlichen hat sich der Dreiwegekatalysator durchgesetzt. Dreiwege bedeutet, dass alle drei Schadstoffe CO, HC und NO_x gleichzeitig abgebaut werden. Der Katalysator hat ein Röhrengerüst aus einer Keramik, die mit Edelmetallen, vorzugsweise Platin und Rhodium, beschichtet ist (Bild 2). Strömt Abgas durch, so beschleunigen Platin und Rhodium den chemischen Abbau der Schadstoffe. Katalysatoren dürfen nur bei bleifreiem Benzin verwendet werden, denn Blei zerstört die katalytische Wirkung der Edelmetalle. Deshalb war bleifreies Benzin eine Voraussetzung für den Katalysatoreinsatz.

Das katalytische Verfahren setzt voraus. dass das Gemisch optimal zusammengesetzt ist. Eine optimale Gemischzusammensetzung ergibt sich mit dem stöchiometrischen Luft-Kraftstoff-Verhältnis, das durch die Luftzahl $\lambda = 1$ charakterisiert ist. Nur bei dieser Luftzahl arbeitet der Katalysator mit hohem Wirkungsgrad (Bild 1).

λ-Regelung

Schon eine Abweichung von nur einem Prozent vom stöchiometrischen Luft-Kraftstoff-Verhältnis beeinträchtigt die Abgasnachbehandlung erheblich. Die Gemischzusammensetzung innerhalb einer sehr geringen Toleranz konstant zu halten erreicht man mit keiner Gemischsteuerung, man braucht hierzu eine präzis und nahezu trägheitslos arbeitende Gemischregelung. Der Grund besteht darin, dass die Gemischsteuerung zwar die notwendige Kraftstoffmenge berechnet und zumisst, das Ergebnis aber nicht kontrolliert. Man spricht hier von einer offenen Steuerkette. Die Gemischregelung dagegen misst die Abgaszusammensetzung und benützt das Messergebnis zur Korrektur der berechneten Kraftstoffmenge. Man spricht hier von einem geschlossenen Regelkreis. Diese Regelung ist besonders wirkungsvoll bei Motoren mit Kraftstoffeinspritzung, da zusätzliche Totzeiten, wie sie beim Vergaser durch die langen Ansaugwege entstehen, entfallen.

λ-Sonde

Die λ-Sonde liefert ein Signal über die augenblickliche Gemischzusammensetzung an das Steuergerät. Sie ist am Abgasrohr des Motors an einer Stelle eingebaut, an der über den gesamten Betriebsbereich des Motors die für die Funktion der Sonde nötige Temperatur herrscht.

3   Ansicht einer unbeheizten (vorn) und einer beheizten λ-Sonde (Fingersonde)

Die ersten Ausführungen der λ-Sonden waren Fingersonden mit fingerförmiger Sondenkeramik (Bild 3). Die Ausführung ohne integrierte Heizung erreicht die Betriebstemperatur durch das heiße Abgas. Die Ausführung mit elektrischer Heizung erreicht die Betriebstemperatur schon kurz nach Motorstart. Die Weiterentwicklung der λ-Sonde führte zur planaren λ-Sonde mit integrierter Heizung (Details siehe λ-Sonde, Zweipunkt-λ-Sonde) und schließlich zur Breitbandsonde (Details siehe Breitband-λ-Sonde).

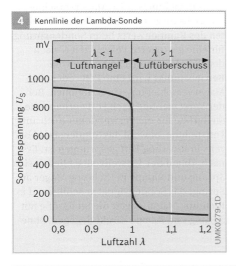

4 Kennlinie der Lambda-Sonde

λ-Regelkreis

Die λ-Regelung ist eine aufschaltbare Funktion, die im Prinzip jede elektronisch beeinflussbare Gemischsteuerung ergänzen kann. Sie bietet sich in Verbindung mit Jetronic-Einspritzsystemen oder der Motronic an. Bei der Gemischaufbereitung durch die K-Jetronic erfolgt die Gemischregelung über ein zusätzliches Steuergerät und ein elektromechanisches Stellglied (Taktventil, siehe K-Jetronic).

Durch den mit Hilfe der λ-Sonde gebildeten Regelkreis (Bild 5) können Abweichungen vom stöchiometrischen Luft-Kraftstoff-Verhältnis erkannt und korrigiert werden. Damit kann das Luft-Kraftstoff-Verhältnis sehr genau bei $\lambda = 1$ eingehalten werden. Das Regelprinzip beruht auf dem Messen des Restsauerstoffgehalts im Abgas mit Hilfe der λ-Sonde. Der Restsauerstoffgehalt ist ein Maß für die Zusammensetzung des dem Motor zugeführten Luft-Kraftstoff-Gemischs.

Die λ-Regelung kann erst aktiv werden, wenn die λ-Sonde ihre Betriebstemperatur erreicht hat (ca. 350 °C).

Zweipunkt-λ-Regelung

Die vor dem Katalysator eingesetzte λ-Sonde liefert eine Information darüber, ob das Gemisch fetter oder magerer als

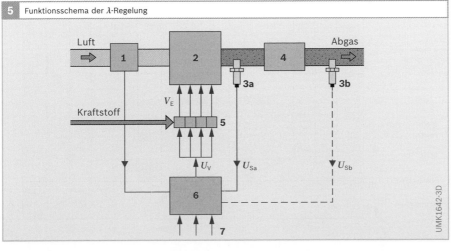

5 Funktionsschema der λ-Regelung

Bild 5
1   Luftmassenmesser
2   Motor
3a λ-Sonde vor dem Katalysator (Zweipunktsonde oder Breitbandsonde)
3b Zweipunkt-λ-Sonde hinter dem Katalysator (optional, Einsatz bei Zweisondenregelung)
4   Katalysator (einzelner Katalysator oder Kombination aus Vor- und Hauptkatalysator)
5   Einspritzventile
6   Motorsteuergerät
7   Eingangssignale
U_S Sondenspannung
U_V Ventilsteuerspannung
V_E Einspritzmenge

λ = 1 ist. Bei einer Abweichung davon macht das Ausgangssignal der Sonde einen Spannungssprung (Bild 4), den die Regelschaltung im Steuergerät auswertet. Eine hohe Sondenspannung (ca. 800 mV) zeigt ein fetteres, eine niedrige Sondenspannung (ca. 200 mV) ein magereres Gemisch als λ = 1 an. Die Zweipunkt-λ-Regelung kann also nur zwischen fettem und magerem Gemisch unterscheiden.

Die Kraftstoffzufuhr zum Motor wird durch die Gemischaufbereitungsanlage entsprechend der Information der λ-Sonde über die Gemischzusammensetzung so geregelt, dass ein Luft-Kraftstoff-Verhältnis λ = 1 erreicht wird. Die Einspritzzeit wird mit dem λ-Korrekturfaktor gewichtet, wobei der Wert 1 dem Neutralwert entspricht. Die Sondenspannung ist ein Maß für die Korrektur der Kraftstoffmenge bei der Gemischbildung. Das in der Regelschaltung aufbereitete Sondensignal wird zur Beeinflussung der Stellglieder des Einspritzsystems herangezogen. Bei einem Spannungssprung der λ-Sonde wird zunächst das Gemisch um einen bestimmten Betrag sofort verändert, um möglichst schnell eine Gemischkorrektur herbeizuführen (Bild 6). Anschließend folgt die

Stellgröße einer Rampe, bis ein erneuter Spannungssprung der λ-Sonde erfolgt. Das Luft-Kraftstoff-Gemisch wechselt dabei ständig seine Zusammensetzung in einem sehr engen Bereich um λ = 1 in Richtung Fett beziehungsweise in Richtung Mager.

Die typische Verschiebung des Sauerstoff-Nulldurchgangs (theoretisch bei λ = 1) und damit des Sprungs der λ-Sonde, bedingt durch die Variation der Abgaszusammensetzung, kann gesteuert kompensiert werden, indem der Stellgrößenverlauf gezielt asymmetrisch gestaltet wird (Fett- beziehungsweise Magerverschiebung). Bevorzugt wird hierbei das Festhalten des Rampenwerts beim Sondensprung für eine gesteuerte Verweilzeit t_V nach dem Sondensprung. Abhängig vom Betriebspunkt wird eine Fett- oder eine Magerverschiebung vorgenommen. Bei der Verschiebung nach Fett verharrt die Stellgröße für die Verweildauer noch auf Fettstellung, obwohl das Sondensignal bereits in Richtung Fett gesprungen ist. Erst nach Ablauf der Verweilzeit schließen sich Sprung und Rampe in Richtung Mager an. Springt das Sondensignal anschließend in Richtung Mager, regelt die Stellgröße mit Sprung und Rampe direkt dagegen, ohne

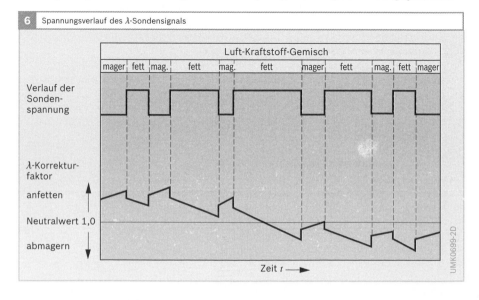

6 Spannungsverlauf des λ-Sondensignals

Luft-Kraftstoff-Gemisch

mager | fett | mag. | fett | mag. | fett | mager | fett | mag. | fett | mager

Verlauf der Sonden-spannung

λ-Korrektur-faktor

anfetten

Neutralwert 1,0

abmagern

Zeit t ⟶

UMK0699-2D

auf der Magerstellung zu verharren. Bei der Magerverschiebung verhält es sich umgekehrt, hier verweilt die Stellgröße in Magerstellung und regelt nach Ablauf der Verweilzeit in Richtung Fett. Die Verweilzeit t_V ergibt sich aus einem Vorsteuerkennwert, der durch einen Anteil aus der Zweisondenregelung korrigiert wird (siehe Zweisondenregelung).

Auf diese Weise lässt sich der Kraftstoff so exakt zuteilen, dass in allen Betriebszuständen abhängig von der Last und der Drehzahl das Luft-Kraftstoff-Verhältnis optimal ist. Toleranzen und Alterungserscheinungen des Motors spielen dabei keine Rolle. Dieses fortwährende, nahezu verzögerungsfreie Einstellen des Gemischs auf $λ = 1$ ist Voraussetzung dafür, dass der nachgeschaltete Katalysator die Schadstoffe mit hohem Wirkungsgrad nachbehandeln kann.

Stetige λ-Regelung
Die Breitband-λ-Sonde liefert ein stetiges Spannungssignal. Damit kann nicht nur der λ-Bereich (fett oder mager), sondern auch die Abweichung von $λ = 1$ gemessen werden (siehe Breitband-λ-Sonde). Die λ-Regelung kann somit schneller auf eine Gemischabweichung reagieren. Daraus ergibt sich ein besseres Regelverhalten mit wesentlich gesteigerter Dynamik.

Da mit der Breitband-λ-Sonde von $λ = 1$ abweichende Gemischzusammensetzungen gemessen werden können, ist es auch möglich, auf solche Gemischzusammensetzungen zu regeln. Der Regelbereich erstreckt sich auf λ-Werte im Bereich von $λ = 0{,}7\ldots3$. Die stetige λ-Regelung ist damit für den mageren und den fetten Betrieb z. B. von Motoren mit Benzin-Direkteinspritzung geeignet.

Zweisondenregelung
Die λ-Regelung mit der λ-Sonde vor dem Katalysator hat eine eingeschränkte Genauigkeit, da die Sonde starken Belastungen (hohe Temperatur, ungereinigtes Abgas) ausgesetzt ist. Eine λ-Sonde hinter dem Katalysator (Bild 5) ist diesen Einflüssen in wesentlich geringerem Maß ausgesetzt.

Eine λ-Regelung alleine mit einer Sonde hinter dem Katalysator wäre allerdings wegen der langen Gaslaufzeiten zu träge. Das Prinzip der Zweisondenregelung basiert darauf, dass die gesteuerte Fett- beziehungsweise Magerverschiebung der Regelung vor dem Katalysator durch eine „langsame" Korrekturschleife additiv verändert wird.

Gemischadaption
Die Gemischadaption ermöglicht eine selbstständige, individuelle Feinanpassung der Gemischsteuerung an den jeweiligen Motor. Ziel der Gemischadaption ist es, die Einflüsse aufgrund der Toleranzen oder der im Laufe der Zeit auftretenden Veränderungen an Motor und Einspritzkomponenten zu berücksichtigen.

Ein multiplikativer Adaptionswert wird bei hoher Last gelernt. Er gleicht Toleranzeinflüsse aus, die z. B. durch Luftdichteänderungen bei Höhenfahrten, Toleranzen im Luftmassenmesser und Fehler in der Füllungsvorsteuerung verursacht werden. Ein im Bereich niedriger Last gelernter additiver Adaptionswert kompensiert z. B. Leckluft im Ansaugluftsystem und individuelle Streuungen der Einspritzventil-Verzugszeit.

Die Berechnung der Gemischadaptionswerte verläuft auf folgende Weise: Die bereits bekannte λ-Regler-Stellgröße wird beim Auftreten eines Gemischfehlers solange verändert, bis das Gemisch auf $λ = 1$ korrigiert ist. Dabei stellt die Abweichung der λ-Regler-Stellgröße vom Neutralwert den wirksamen Gemischkorrekturwert dar. Für die Gemischadaption werden diese Werte der λ-Regler-Stellgröße nach jedem Signalsprung mit einem Gewichtungsfaktor bewertet und zum bereichsabhängig gelernten Adaptionswert hinzuaddiert. Mit jedem Schritt wird somit ein zusätzlicher Bruchteil der notwendigen Gemischkorrektur kompensiert.

Sachwortverzeichnis

Sachwörter

Symbole

a/n-System, Mono-Jetronic 204
λ-Kennfeld, Mono-Jetronic 204, 210
λ-Regelkreis, Abgasreinigung 403
λ-Regelkreis, Mono-Jetronic 216
λ-Regelung, Abgasreinigung 402
λ-Regelung, ECOTRONIC 110
λ-Regelung, KE-Jetronic 193
λ-Regelung, K-Jetronic 173
λ-Regelung, LH-Jetronic 157
λ-Regelung, L-Jetronic 149
λ-Regelung, Mono-Jetronic 216
λ-Regelung, Motronic 253
λ-Regelungstester, Jetronic 196,
177, 225
λ-Sonde, Abgasreinigung 402
λ-Sonde, Motronic 239
λ-Sonden, Sensoren 309
λ-Sonde, Diagnose 272

A

Abfallzeit, Einspritzventil 293
Abgasreinigung 400
Abgasrückführung, Diagnose 275
Abgasrückführung, Motronic 258
Abgasturboaufladung, Motronic 255
Abgasvergaser, Vergaser 68
Abgaszusammensetzung 400
Abgekoppelte Volllastanreicherung,
K-Jetronic 169
Abhängiger Leerlauf, Vergaser 64
Abmagerung, Vergaser 84
Abreißfunke, Kontaktgesteuerte Transistor-Spulenzündung 331
Abreißkante, Einspritzventil 290
Abschirmteile, Funkentstörung Zündsysteme 362
Absperrschieber, Zusatzluftschieber
295
Absteuerfaktor, Mono-Jetronic 216
Adaption, Klopfregelung 255
Adaptionswerte, Mono-Jetronic 209
Additiver Ventilkorrekturwert, Mono-Jetronic 220
Aktive Drehzahlsensoren 237, 306
Aktivkohlebehälter, Kraftstoffverdunstungs-Rückhaltesystem 286
Analog-digital-Wandler, Mono-Jetronic 208
Analogsignale, Mono-Jetronic 208
Anomale Betriebszustände, Zündkerzen 386
Anpassung an Betriebsbedingungen,
D-Jetronic 125

Anreicherung in der Volllast,
Vergaser 83
Anreicherungsfaktor, L-Jetronic 144
Anreicherungsrohr, Vergaser 87
Anreicherungssysteme, Vergaser 84
Anreicherungsventil, Gleichdruckvergaser 93
Anreicherungsventil, Festdüsenvergaser 85
Ansauglufttemperaturabhängige
Gemischkorrektur, Mono-Jetronic
213
Ansauglufttemperatur, D-Jetronic
128
Ansauglufttemperatur, Mono-Jetronic
207
Ansauglufttemperatur, Motronic 239
Ansaugluftvorwärmung, Vergaser 61
Ansaugsystem, D-Jetronic 122
Ansaugtakt, Gemischbildung im
Ottomotor 7
Anschlussbolzen, Zündkerzen 372
Anschlussdeckel, Elektrokraftstoffpumpe 279
Anschlussplan, L-Jetronic 150
Anschlussstecker, Zündkerzen 372
Ansprechverzögerung, D-Jetronic
127
Anziehdrehmoment, Zündkerzen
393
Anzugszeit, Einspritzventil 293
Arbeitsbereich, Zündkerzen 380
Arbeitstakt, Gemischbildung im
Ottomotor 7
Atmosphärendrucksensor 304
Auflösegenauigkeit, Mono-Jetronic
205, 210
Aufstoßventil, K-Jetronic 164
Ausbreitung von Störungen, Zündsysteme 362
Auslassventil, Gemischbildung im
Ottomotor 7
Auslöseimpuls, D-Jetronic 123
Auslöseschwelle, Übergangskompensation Mono-Jetronic 214
Außenbelüftung, Vergaser 43
Außendom, Konventionelle Spulenzündung 327
Äußere Abgasrückführung 258
Äußere Gemischbildung, Gemischbildung im Ottomotor 12
Aussetzergrenze, Zündsysteme 318
Ausstoßtakt, Gemischbildung im
Ottomotor 7
Auswerteelektronik, Luftmassenmesser 303
Auto ignition, Zündkerzen 383

B

Barometerdosen, D-Jetronic 124
Barometerdose, Vergaser 78
Batteriespannung, Mono-Jetronic
207
Batteriespannung, Motronic 239
Begriffsdefinition, Zündkerzen 383
Beheizte Fingersonde, λ-Sonde 309
Benz, Carl 23
Beschleunigungsanreicherung,
D-Jetronic 127
Beschleunigungsanreicherung,
ECOTRONIC 111
Beschleunigungsanreicherung,
Gemischbildung im Ottomotor 10
Beschleunigungsanreicherung,
KE-Jetronic 189
Beschleunigungsanreicherung,
K-Jetronic 170
Beschleunigungsanreicherung,
LH-Jetronic 156
Beschleunigungsanreicherung,
L-Jetronic 148
Beschleunigungsanreicherung,
Vergaser 78
Beschleunigungspumpen, Vergaser
78
Betriebsdatenerfassung, KE-Jetronic
184
Betriebsdatenerfassung, LH-Jetronic
154
Betriebsdatenerfassung, Mono-Jetronic 204
Betriebsdatenerfassung, Motronic
234
Betriebsdatenverarbeitung,
LH-Jetronic 155
Betriebsdatenverarbeitung, Mono-Jetronic 208
Betriebsdatenverarbeitung, Motronic
240
Betriebstemperatur, Zündkerzen
380
Betriebsverhalten, Zündkerzen 385
Betriebszustände, KE-Jetronic 187
Betriebszustände, Mono-Jetronic
207
Betriebszustände oberhalb des Leerlaufs, Vergaser 73
Betriebszustand, Motronic 247
Bewertungsfaktoren, Mono-Jetronic
215
Bewertungskennlinien, Mono-Jetronic 215
Bezugsmarke, Drehzahlsensor 306
Bimetallstreifen, Thermozeitschalter
294

BI-System, Vergaser 74

Blinkcode, Diagnose Mono-Jetronic 225

Botschaftsformat, CAN 265

Bottom-feed-Einspritzventil 289

Breitband-λ-Sonde, Sensoren 312

Brenndauer, Zündsysteme 316

Brenngemisch, Vergaser 24

Brennspannung, Zündsysteme 316

Brücke, Vergaser 99

Bürstenvergaser 23

Buskonfiguration, CAN 264

Busvergabe, CAN 265

Bypass-Beheizung, Vergaser 71

Bypass-Bohrung, Vergaser 73

Bypass, Zusatzluftschieber 294

C

CARB-Gesetzgebung, Diagnose 270

CD-Vergaser, Gleichdruckvergaser 88

CO-Emission, Zündsysteme 321

Constant Depression, Gleichdruckvergaser 88

D

Dachelektrode, Zündkerzen 375

Dampfblasenbildung, Einspritzventil 288

Dämpfereinrichtung, Gleichdruckvergaser 105

Data Frame, CAN 265

Datencodierung, Mono-Jetronic 209

Datenrahmen, CAN 265

Datenspeicher, Motronic 268

Datenverarbeitung, Motronic 267

Dehnstoffelement, Vergaser 55

Dehnstoffelement, Zusatzluftschieber 294

Deutsche Vergaser-Gesellschaft 88

Diagnoseanschluss, Mono-Jetronic 222

Diagnose, Klopfregelung 357

Diagnose, Mono-Jetronic 221

Diagnose, Motronic 270

Diagnosetester, Mono-Jetronic 225

Dichtheitsprüfung, K-Jetronic 176

Dichtring, Zündkerzen 374, 392

Dichtsitz, Zündkerzen 374

Dickschichtmembran, Drucksensor 305

Differenzdruck, K-Jetronic 164

Differenzdruckventile, KE-Jetronic 183

Differenzdruckventile, K-Jetronic 164

Diffusionsspalt, λ-Sonde 312

DI-Motronic 231

DI-System, Vergaser 75

Divisions-Steuer-Multivibrator, L-Jetronic 143

D-Jetronic 120

Dochtvergaser 22

Doppel-Edelmetallzündkerzen 389

Doppelregistervergaser 30, 103

Doppelsechskant, Zündkerzen 373

Doppelvergaser 28

Downsizing 379

Dralldüse, Kaltstartventil 293

Drehanker, Leerlaufdrehsteller 298

Drehmagnetantrieb, Leerlaufdrehsteller 296

Drehmomentführung, Motronic 245

Drehmomentverlauf, Gemischbildung im Ottomotor 11

Drehmoment, Zündsysteme 321

Drehschieber, Gleichdruckvergaser 93

Drehschieber, Leerlaufdrehsteller 297

Drehschieber, Vergaser 47

Drehschieber, Zusatzluftschieber 296

Drehzahlbegrenzung 149, 156, 173, 193, 218, 257

Drehzahlerfassung, Elektronische Zündung 343

Drehzahlerfassung, L-Jetronic 137

Drehzahlerfassung, Motronic 236

Drehzahlsensor 305

Drehzahlsignal, Mono-Jetronic 209

Dreifachvergaser 28

Dreiwegekatalysator, Abgasreinigung 401

Drosselklappenanhebung, Vergaser 53

Drosselklappenanschlagschraube, Vergaser 62

Drosselklappenansteller, Mono-Jetronic 216, 218

Drosselklappenansteller, Vergaser 56, 72, 107

Drosselklappenantrieb, Motronic 230

Drosselklappengeber, Motronic 236

Drosselklappengeber, Sensoren 307

Drosselklappenpotentiometer, Mono-Jetronic 206

Drosselklappenpotentiometer, Vergaser 108

Drosselklappenschalter 127, 141, 299

Drosselklappen-Schließdämpfer, Vergaser 72

Drosselklappensteller, Diagnose 271

Drosselklappenstellung, Drosselklappenschalter 205, 299, 345

Drosselklappenvorsteuerkennlinie, Mono-Jetronic 217

Drosselklappenwelle, Vergaser 30

Drosselklappenwinkelgeschwindigkeit, Mono-Jetronic 205

Drosselklappenwinkelmessung, Motronic 241

Drosselklappenwinkel, Mono-Jetronic 205

Drosselklappenwinkelsensor, Motronic 230

Drosselvorrichtung, Motronic 230

Druckfühler, D-Jetronic 124

Druckmessung, D-Jetronic 122

Druckmessvorrichtung, K-Jetronic 177

Druckregelventile, Vergaser 19

Drucksensoren 304

Durchflusscharakteristik, Regenerierventil 286

Düsenhütchen, Vergaser 74

Düsen, Vergaser 34

Düse-Prallplatte-System, KE-Jetronic 185

Dynamische Aufladung, Motronic 260

Dynamische Gemischkorrektur, Mono-Jetronic 213

Dynamische Gemischtransporteffekte, Mono-Jetronic 214

Dynamische Menge, Einspritzventil 293

Dynamische Pumpenansteuerung, Mono-Jetronic 223

Dynamischer Gemischabmagerungsfaktor, Mono-Jetronic 214

Dynamischer Gemischanreicherungsfaktor, Mono-Jetronic 214

E

ECOTRONIC, Vergaser 106

Edelmetallelektroden, Zündkerzen 376

Effektive Einspritzzeit, Motronic 241

EFU-Diode, Vollelektronische Zündung 352

Einbauvarianten, Elektrokraftstoffpumpe 281

Einfach-Fallstromvergaser 26

Einfachvergaser 26

Eingangsfilter, KE-Jetronic 185

Eingriffsicherung, Vergaser 69

Einlassventil, Gemischbildung im Ottomotor 7

Einlochzumessung, Einspritzventil 291

Einsatzgebiete, Zündkerzen 369

Einschaltfunkenunterdrückung, Vollelektronische Zündung 352

Einschraubgewinde, Zündkerzen 392

Einspritzaggregat, Mono-Jetronic 200

Einspritzauslöser, D-Jetronic 123

Einspritzbeginn, L-Jetronic 142

Einspritzdauer, D-Jetronic 123

Einspritzdauer, L-Jetronic 142

Einspritzdiagramm, D-Jetronic 121

Einspritzgrundmenge, LH-Jetronic 155

Einspritzgrundzeit, Mono-Jetronic 210

Einspritzimpuls, L-Jetronic 143

Einspritzimpulsverlängerung, Mono-Jetronic 208

Einspritzlage, Motronic 242

Einspritzmenge, Vergaser 80

Einspritzrohre, Vergaser 36

Einspritztiming, Motronic 247

Einspritzventile 287

Einspritzventile, D-Jetronic 288

Einspritzventile, L-Jetronic 141, 144, 288

Einspritzventile, Motronic 288

Einspritzventile, KE-Jetronic 179, 184

Einspritzventile, K-Jetronic 165

Einspritzventil, Zentraleinspritzsysteme 292

Einspritzventil für elektronische Einzeleinspritzung 287

Einspritzventil für hydraulisch-mechanische Einzeleinspritzung 287

Einspritzventilkennlinie, Mono-Jetronic 210

Einspritzventilkonstante, Motronic 241

Einspritzzeitberechnung, Motronic 241

Einspritzzeit, Einspritzventil 293

Einspritzzeit, Mono-Jetronic 205

Einspritzzeitpunkt, D-Jetronic 123

Einspritzzeitpunkt, L-Jetronic 142

Einwicklungsdrehsteller 296

Einzeleinspritzanlage, Gemischbildung im Ottomotor 12

Einzelfunken-Zündspule, Vollelektronische Zündung 350, 352

Einzelpunkteinspritzung, Gemischbildung im Ottomotor 13

Eisspritzimpulsfolge, Einspritzventil 293

Elektrische Schaltung, KE-Jetronic 194

Elektrische Schaltung, K-Jetronic 174

Elektrische Schaltung, L-Jetronic 150

Elektrische Schaltung, Mono-Jetronic 222

Elektrodenabstand, Zündkerzen 376

Elektrodenverschleiß, Zündkerzen 385

Elektrodenwerkstoffe, Zündkerzen 375

Elektroden, Zündkerzen 374

Elektrohydraulischer Drucksteller, KE-Jetronic 185

Elektrokraftstoffpumpe 175, 279

Elektronische Funktionen, ECOTRONIC 110

Elektronisches Gaspedal, Motronic 230

Elektronische Ladedruckregelung, Motronic 256

Elektronische Steuerung, D-Jetronic 122

Elektronische Steuerung, KE-Jetronic 184

Elektronische Zündung, Zündsysteme 342

Elektronische Zündverstellung, Zündsysteme 343

Elektronisch gesteuerter Vergaser 106

Endstufe, KE-Jetronic 185

Endstufen, Steuergerät Mono-Jetronic 209

Energiebilanz, Zündsysteme 317

Energieverluste, Zündsysteme 318

Entflammungswahrscheinlichkeit, Zündkerzen 388

Entgasungsbohrung, Elektrokraftstoffpumpe 280

Entmischung, Vergaser 24

Entstehung von Störungen, Zündsysteme 362

Entstörfilter, Funkentstörung Zündsysteme 362

Entstörklassen, Funkentstörung Zündsysteme 363

Entstörmittel, Funkentstörung Zündsysteme 362

Entstörwiderstände, Funkentstörung Zündsysteme 362

Entwicklung der Benzineinspritzung 114

Entwicklung der D-Jetronic, 130

Entwicklungsziele, Historie der Benzineinspritzung 118

EOBD-Gesetzgebung, Motronic 271

EPA-Gesetzgebung, Motronic 270

Ergänzungsfunktionen, Jetronic 149, 172, 192

Erosionsbeständigkeit, Zündkerzen 374

F

Fahrerwunsch, Motronic 236

Fahrgeschwindigkeitsregelung, Motronic 263

Fahrpedalmodul, Motronic 230, 236

Fahrzeugmanagement, Motronic 228

Fallbenzin, Vergaser 14

Fallstrom-Luftmengenmesser, K-Jetronic 160

Fallstromvergaser 26

Fehlerspeicher, Diagnose 275

Fehlersuche, Zündungstest 366

Fernentstörung, Funkentstörung Zündsysteme 363

Ferromagnetisches Impulsrad, Drehzahlsensor 307

Festdüsenvergaser 31

Feststoffschwimmer, Vergaser 43

Fettverschiebung, Abgasreinigung 404

Fingersonde, Abgasreinigung 403

Flachdichtsitz, Zündkerzen 374

Flachstromvergaser 26

Flammenkern, Zündkerzen 377

Flatterventil, Vergaser 51

Fliehkraftzündversteller, Konventionelle Spulenzündung 328

Flugzeugmotoren, Historie der Benzineinspritzung 115

Freibrenngrenze, Zündkerzen 380

Freibrenntemperatur, Luftmassenmesser 301

Frequenzteiler, L-Jetronic 142

Frischgas, Gemischbildung im Ottomotor 7

Frühverstellsystem, Konventionelle Spulenzündung 329

Funkendauer, Zündsysteme 316

Funkenerosion, Zündkerzen 385

Funkenkopf, Zündsysteme 317

Funkenlage, Zündkerzen 379

Funkenschwanz, Zündsysteme 317

Funkenstrecke, Zündkerzen 376

Funkentstörung, Zündsysteme 362

G

Gasblasenabscheider, Vergaser 18

Gasspalt, Zündkerzen 378

Gaswechselventile, Gemischbildung
im Ottomotor 7

Geberrad, Motronic 237

Gemischadaption 216, 405

Gemischanpassung in großer Höhe,
KE-Jetronic 193

Gemischanpassung, K-Jetronic 166

Gemischanpassung, Mono-Jetronic
211

Gemischbildung im Ottomotor 6

Gemischbildung, KE-Jetronic 184

Gemischbildung, K-Jetronic 165

Gemischbildung, L-Jetronic 136

Gemischbildungssysteme, Gemischbildung im Ottomotor 10

Gemischkorrektur, Mono-Jetronic
205

Gemischregler, K-Jetronic 160

Gemischregulierschraube, Vergaser
56, 64

Gemischzusammensetzung,
Mono-Jetronic 208

Gemischzusammensetzung,
Motronic 239

Gesamtübergangsfaktor, Mono-
Jetronic 216

Geschirmte Zündanlagen, Funkentstörung Zündsysteme 364

Geschwindigkeitsbegrenzung,
Motronic 257

Glasschmelze, Zündkerzen 374

Gleichdruckprinzip, Gleichdruckvergaser 93

Gleichdruckvergaser 31, 88

Gleitfunkenkonzept, Zündkerzen
378

Glühzündung, Zündkerzen 380, 386

Grundanpassung, KE-Jetronic 187

Grundeinspritzmenge, L-Jetronic
143

Grundeinspritzzeit, L-Jetronic 143

Grundeinspritzzeit, Motronic 241

Grundeinstellung, Vergaser 68

Grundleerlaufdrehzahl, Vergaser 68

Gruppeneinspritzung, Motronic 242

Gummigewebemembran, Kraftstoffdruckregler Mono-Jetronic 203

H

Halbautomatik, Vergaser 52

Hall-Effekt, Transistor-Spulenzündung
332

Hall-Geber, Elektronische Zündung
344

Hall-Geber, Transistor-Spulenzündung 332

Hall-IC, Drehzahlsensor 306

Hall-Spannung, Transistor-Spulenzündung 332

Hauptdüsensystem, Vergaser 24, 74

Hauptdüse, Vergaser 24, 35

Hauptgemischaustritt, Vergaser 23,
34

Hauptlastsensor, Drosselklappengeber 308

Hauptlastsensor, Motronic 234

Hauptmessgrößen, L-Jetronic 136

HC-Emission, Zündsysteme 320

Hebelpumpe, Vergaser 16

Heißbetrieb, Vergaser 17

Heiße Zündkerze, Zündkerzen 381

Heißfilm-Luftmassenmesser 157, 301

Heißlaufprobleme, Vergaser 17

Heißleerlauf-Luftventil, Vergaser 70

Heißleerlauf, Vergaser 62

Heißstartprobleme, Vergaser 17

Heizstrom, Luftmassenmesser 301

Heizwiderstand, Luftmassenmesser
303

Hilfspumpen, Vergaser 17

Historie der Benzineinspritzung 114

Historie der mechanischen
Benzineinspritzung 115

Hitzdraht-Luftmassenmesser 156,
300

Hochspannungsangebot, Zündkerzen
377

Hochspannungsangebot, Zündsysteme 316

Hochspannungsdom, Konventionelle
Spulenzündung 325

Hochspannungserzeugung,
Zündsysteme 314

Hochspannungs-Kondensatorzündung, Zündsysteme 358

Hochspannungsleitungen,
Zündsysteme 323

Höhenkorrektur, D-Jetronic 126

Höhenkorrektur, KE-Jetronic 193

Höhenkorrektur, K-Jetronic 170

Höhenkorrektur, Vergaser 77

Hohlschwimmer, Vergaser 43

I

Idle-Limiter, Vergaser 69

Impulsauslöser, D-Jetronic 123

Impulsrad, Drehzahlsensor 305

Impulsverarbeitung, L-Jetronic 137

Impulsverarbeitung, Transistor-
Spulenzündung 340

Induktionsgeber, Transistor-Spulenzündung 337

Induktiver Drehzahlsensor 237, 305

Induktiver Impulsgeber, Elektronische Zündung 344

Inhaltsbezogene Adressierung, CAN
265

Inline-Pumpe, Elektrokraftstoffpumpe 281

Innenbelüftung, Vergaser 43

Innenzahnradpumpe, Elektrokraftstoffpumpe 280

Innere Abgasrückführung, Motronic
258

Innere Gemischbildung, Gemischbildung im Ottomotor 13

Intank-Pumpe, Elektrokraftstoffpumpe 282

Intermittierende Einspritzung 121

Ionenstrommessung, Zündkerzen
382

Ionenstrom, Zündkerzen 384

Iridiumlegierungen, Zündkerzen 376

Isolatorfuß, Zündkerzen 372

Isolator, Zündkerzen 372

Istmoment, Motronic 246

J

Jetronic-Set, Mono-Jetronic 224

Jetronic-Systeme 120

K

Kalte Zündkerze 381

Kaltstartanreicherung, Jetronic 145,
155, 166, 188

Kaltstart, D-Jetronic 126

Kaltstart erste Phase, Vergaser 58

Kaltstartstellung, Vergaser 48

Kaltstartventil, Komponenten 293

Kaltstartventil, Jetronic 126, 145,
167, 188

Kaltstart, Vergaser 52

Kaltstart zweite Phase, Vergaser 58

Katalysator, Abgasreinigung 401

Katalysator, Diagnose 272

Katalysator-Schutzfunktion,
ECOTRONIC 111

Katalytische Nachbehandlung,
Abgasreinigung 401

Kegeldichtsitz, Zündkerzen 374

Kegelstrahl, Einspritzventil 291

KE-Jetronic 178

KE-Motronic 229

Kennfeldkorrektur, ECOTRONIC 110

Kennliniencharakteristik, Luftmassenmesser 304

K-Jetronic 158

Klingeln, Klopfregelung 353

Klopfende Verbrennung, Motronic 239

Klopfende Verbrennung, Zündkerzen 386

Klopfende Verbrennung, Zündsysteme 322

Klopfen, Klopfregelung 353

Klopferkennung, Motronic 255

Klopfgrenze, Gemischbildung im Ottomotor 9

Klopfgrenze, Klopfregelung 353

Klopfneigung, Zündsysteme 322

Klopfregelung, Motronic 255

Klopfregelung bei Turbomotoren 355

Klopfregelung, Zündsysteme 353

Klopfsensor 308, 353

Kohlenmonoxid, Abgaszusammensetzung 400

Kohlenwasserstoffe, Abgaszusammensetzung 401

Kolbenbetätigte Anreicherung, Vergaser 85

Kolbendämpfung, Gleichdruckvergaser 102

Kolbenpumpe, Vergaser 79

Kompensationsklappe, L-Jetronic 139

Komponenten der Jetronic und Motronic 278

Komponenten für die Gemischanpassung 293

Konischer Dichtsitz, Zündkerzen 392

Kontaktabbrand, Konventionelle Spulenzündung 328

Kontaktgesteuerte Spulenzündung, Zündsysteme 323

Kontaktgesteuerte Transistor-Spulenzündung 330

Kontaktprellen, Kontaktgesteuerte Transistor-Spulenzündung 331

Kontaktunterbrecher, D-Jetronic 123

Konventionelle Schnittstellen, Motronic 263

Konventionelle Spulenzündung, Zündsysteme 323

Korrekturgrößen, D-Jetronic 126

Korrekturschaltungen, D-Jetronic 129

Korrosionsbeständigkeit, Zündkerzen 374

Korrosion, Zündkerzen 385

Kraftfahrzeugvergaser 22

Kraftstoffabschaltventil, Gleichdruckvergaser 89

Kraftstoffdruckdämpfer, Komponenten 284

Kraftstoffdruckregler, Komponenten 283

Kraftstoffdruckregler, L-Jetronic 140

Kraftstoffdruckregler, Mono-Jetronic 203

Kraftstofffilter 158, 179, 282

Kraftstoffförderung in Vergaseranlagen 14

Kraftstoffförderung, Mono-Jetronic 202

Kraftstoffkondensation, Gemischanpassung Mono-Jetronic 212

Kraftstoffmengenteiler, KE-Jetronic 161, 179, 181

Kraftstoffpumpen-Sicherheitsschaltung, Mono-Jetronic 223

Kraftstoffrücklauf, Vergaser 40

Kraftstoffspeicher 158, 179, 285

Kraftstoffstrahl, Einspritzventil 291

Kraftstoffsystem, D-Jetronic 120

Kraftstoffsystem, L-Jetronic 135

Kraftstoffventile, Vergaser 19

Kraftstoffverbrauch, Gemischbildung im Ottomotor 11

Kraftstoffverbrauch, Zündsysteme 321

Kraftstoffverdunstungs-Rückhaltesystem, Komponenten 285

Kraftstoffverdunstungs-Rückhaltesystem, Motronic 254

Kraftstoffversorgung, Diagnose 273

Kraftstoffversorgung, Komponenten 278

Kraftstoffversorgung, Jetronic 154, 202

Kraftstoffversorgungssystem, Motronic 232

Kraftstoffversorgung, Vergaser 14

Kraftstoffverteilerrohr 283

Kraftstoffzerstäubung, Einspritzventil 291

Kraftstoffzufluss, Vergaser 40, 64

Kraftstoffzumessung, Jetronic 142, 155, 159, 180

Kupferkern, Zündkerzen 375

Kurbelwellenstellung, Motronic 236

Kurzbauverteiler, Konventionelle Spulenzündung 326

L

L3-Jetronic 151

Ladedruckregelung, Klopfregelung 356

Ladedruckregelung, Motronic 255

Ladedrucksensor 236, 305

Ladungswechsel, Gemischbildung im Ottomotor 7

Lastanpassung, L-Jetronic 146

Lastsignalberechnung, Motronic 240

Lastzustände, K-Jetronic 166

Läuferscheibe, Elektrokraftstoffpumpe 280

Laufradschaufel, Elektrokraftstoffpumpe 280

Lebensdauer, Verbindungsmittel Zündsysteme 360

Leerlaufabschaltventil, Vergaser 35, 71

Leerlaufbeanstandungen, Vergaser 68

Leerlaufbetrieb, Vergaser 62

Leerlauf, D-Jetronic 127

Leerlauf, Lastanpassung L-Jetronic 147

Leerlauf, Mono-Jetronic 207

Leerlauf, Motronic 250

Leerlaufdrehsteller, Komponenten 296

Leerlaufdrehsteller, KE-Jetronic 191

Leerlaufdrehsteller, LH-Jetronic 157

Leerlaufdrehzahlregelung, ECOTRONIC 110

Leerlaufdrehzahlregelung, Jetronic 153, 157, 191, 216

Leerlaufdrehzahlregelung, Leerlaufdrehsteller 296

Leerlaufdrehzahlregelung, Motronic 251

Leerlaufdrehzahl, Vergaser 62

Leerlaufdüse, Vergaser 35, 62

Leerlaufeinstellschraube, Vergaser 62

Leerlaufeinstellung, Vergaser 64, 68

Leerlauffüllungsregelung, KE-Jetronic, 191

Leerlauffüllungsregelung, Leerlaufdrehsteller 296

Leerlaufgemisch, Gleichdruckvergaser 99

Leerlaufgemisch-Regulierschraube, Festdüsenvergaser 64

Leerlaufgemisch-Regulierschraube, Gleichdruckvergaser 99

Leerlaufkraftstoffdüse, Vergaser 62

Leerlaufluftdüse, Vergaser 62

Leerlaufluft, Gleichdruckvergaser 99

Leerlaufluft-Regulierschraube, Vergaser 63

Leerlaufluftregulierung, Vergaser 63

Leerlaufschalter, Vergaser 109

Leerlauf-Schub-Kennlinie, Elektronische Zündung 343

Leerlaufstabilisierung, KE-Jetronic 190
Leerlaufstabilisierung, K-Jetronic 172
Leerlaufstellung, Vergaser 55
Leerlaufsteuerung, L-Jetronic 147
Leerlaufsysteme, Vergaser 62
Legierungsbestandteile, Zündkerzen 375
Leitungseinbaupumpe, Elektrokraftstoffpumpe 281
LE-Jetronic 151
Lesespeicher, Steuergerät Mono-Jetronic 209
LH-Jetronic 154
Lifetime-Filter, Kraftstofffilter 283
L-Jetronic 132
Lochblende, Zusatzluftschieber 295
Longlife-Zündkerzen 375
Lücke, Drehzahlsensor 306
Luftfüllung, Mono-Jetronic 204
Luftfunkenkonzept, Zündkerzen 377
Luftgleitfunkenkonzept, Zündkerzen 378
Luftklappe, Gleichdruckvergaser 104
Luftkorrekturdüse, Vergaser 24, 35
Luft-Kraftstoff-Gemisch, Gemischbildung im Ottomotor 8
Luftmassenmesser, Diagnose 271
Luftmassenmesser, Sensoren 300
Luftmassenmesser, LH-Jetronic 156
Luftmassenmesser, Motronic 235
Luftmassenmessung, Motronic 241
Luftmengenmesser, Sensoren 300
Luftmengenmesser, KE-Jetronic 180
Luftmengenmesser, K-Jetronic 160
Luftmengenmesser, L3-Jetronic 152
Luftmengenmesser, L-Jetronic 138
Luftmengenmesser, Motronic 234
Luftmengenmessung, KE-Jetronic 180
Luftmengenmessung, K-Jetronic 158, 160
Luftmengenmessung, L-Jetronic 134, 138
Luftmengenmessung, Motronic 240
Luftspalt, Zündkerzen 374
Luftsteuerung, Motronic 252
Lufttemperaturanpassung, L-Jetronic 148
Lufttemperatur-Kompensationswiderstand, Luftmassenmesser 301
Lufttrichter, K-Jetronic 160
Lufttrichter, Vergaser 34
Luftumfasste Einspritzventile, K-Jetronic 165
Luftumfassung, Einspritzventil 291

Luftzahl λ, Gemischbildung im Ottomotor 8
LU-Jetronic 151

M
Magerer Warmlauf, Motronic 249
Magerverschiebung, Abgasreinigung 404
Magnetanker, Einspritzventil 288
Magnetwicklung, Einspritzventil 288, 292
Magnetwicklung, Regenerierventil 286
Marcus, Siegfried 23
Masseelektrode, Zündkerzen 375
Masseversorgung, Mono-Jetronic 223
Maybach, Wilhelm 23
Mechanisch betätigte Beschleunigungspumpe, Vergaser 79
Mehrlochzumessung, Einspritzventil 291
Mehrpunkteinspritzung, Gemischbildung im Ottomotor 12
Mehrvergaseranlage 30, 99
Membrankraftstoffpumpen, Vergaser 15
Membranpumpe, Vergaser 78
ME-Motronic 229
Mengenvergleichsmessgerät, K-Jetronic 176
Messrohr, Luftmassenmesser 303
Messteilstrom, Luftmassenmesser 303
Mikromechanischer Drucksensor 305
Mikroprozessor, Steuergerät Mono-Jetronic 209
Mischform, Vergaser 32
Mischkammer, Vergaser 26
Mischrohr, Vergaser 24, 36
Mischungsverhältnis, Vergaser 24
Mitteldom, Konventionelle Spulenzündung 327
Mittelelektrode, Zündkerzen 374
M-Motronic 227
Mono-Jetronic 198
Mono-Motronic 229
Monostabile Kippstufe, D-Jetronic 128
Montage mit Drehmomentschlüssel, Zündkerzen 393
Montage ohne Drehmomentschlüssel, Zündkerzen 393
Montage, Vergaser 74
Motorbetriebszustände, Gemischbildung im Ottomotor 9

Motordrehzahl, Motronic 236
Motordrehzahlsensor, Sensoren 305, 307
Motorfüllungssteuerung, Motronic 230
Motorkennfeld, Mono-Jetronic 204
Motorlast, Elektronische Zündung 344
Motorlast, Motronic 234
Motormanagement Motronic 226
Motorstopp, ECOTRONIC 111
Motortemperatur, Mono-Jetronic 207
Motortemperatur, Motronic 239
Motortemperatursensor 300
Motortemperatursensor, KE-Jetronic 188
Motortester, Zündungstest 365
Motronic 226
Motronic-Ausführungen 227
Multiplizierstufe, L-Jetronic 144
Multi Point Injection, Gemischbildung im Ottomotor 12
Multipolrad, Drehzahlsensor 307
Multipolrad, Motronic 237

N
Nachentflammungen, Zündkerzen 384
Nachstartanhebung, L-Jetronic 146
Nachstartanreicherung, Gemischanpassung Mono-Jetronic 213
Nachstartanreicherung, Gemischbildung im Ottomotor 9
Nachstartanreicherung, KE-Jetronic 188
Nachstartanreicherung, LH-Jetronic 155
Nachstartanreicherung, L-Jetronic 146
Nachstartfaktor, Gemischanpassung Mono-Jetronic 213
Nachstart, Motronic 249
Nachstartphase, Gemischanpassung Mono-Jetronic 212
Nachstartphase, Gemischbildung im Ottomotor 9
Nachstellen der Elektroden, Zündkerzen 394
Nadelgesteuerte Korrekturluft, Vergaser 86
Nahentstörung, Funkentstörung Zündsysteme 363
NDIX-Vergaser, Vergaser 76
Nebenlastsensor, Motronic 234
Nebenlastsignal, Drosselklappengeber 307

Nebenschlussstartsystem, Vergaser 50

Nebenschlussstrom, Zündkerzen 380

Nebenschlusswiderstände, Zündsysteme 318

Nebenschluss, Zündkerzen 380

Negativer Temperaturkoeffizient, Temperatursensor 299

Nernst-Spannung, λ-Sonde 311

Nernst-Zelle, λ-Sonde 311

Nickellegierungen, Zündkerzen 375

Nickelschicht, Zündkerzen 373

Niveauregulierung, Vergaser 40

Niveau, Vergaser 40

Nockenwelle, Gemischbildung im Ottomotor 7

Nockenwellensensor, Sensoren 306

Nockenwellenstellung, Motronic 238

Nockenwellensteuerung, Motronic 259

Nockenwellenumschaltung, Motronic 260

Nockenwellenverdrehung, Motronic 259

Notlauf, Diagnose 275

Notlauf, Mono-Jetronic 221

NO$_x$-Emission, Zündsysteme 321

NTC-Temperatursensor 299

O

Oberer Totpunkt, Gemischbildung im Ottomotor 7

Obere Teillast, Vergaser 82

Oberflächenvergaser 14, 23

Oberkammer, Kraftstoffdruckregler Mono-Jetronic 203

O-Düsen, Vergaser 35

Öffnungsdruck, Einspritzventil 287

Öffnungsdruck, K-Jetronic 176

Otto, Nikolaus August 23

P

Pallas-Autovacuum-Förderer, Vergaser 15

Papiereinsatz, Kraftstofffilter 282

Pedalwegsensor, Motronic 236

Peripheralpumpe, Elektrokraftstoffpumpe 280

Phasengeber, Drehzahlsensor 306

Phasensensor, Drehzahlsensor 306

PI-System, Vergaser 76

Pkw-Motoren, Historie der Benzineinspritzung 116

Planare Breitband-λ-Sonde, Sensoren 312

Planare λ-Sonde, Sensoren 310

Planarkeramik, λ-Sonde 310

Platindraht, Luftmassenmesser 301

Platin-Heizwiderstand, Luftmassenmesser 301

Platinlegierung, Zündkerzen 376

Post ignition, Zündkerzen 384

Praxiswerte, D-Jetronic 130

Pre ignition, Zündkerzen 384

Primärstromregelung, Transistor-Spulenzündung 334

Primärstromverlauf, Motronic 243

Primärstromverlauf, Transistor-Spulenzündung 334

Programmcode, Steuergerät Mono-Jetronic 209

Programmspeicher, Motronic 268

Prüftechnik, K-Jetronic 176, 196

Pulldown-Dose, Vergaser 55

Pulldown-Einrichtung, Vergaser 54

Pulldown-Funktion, Gleichdruckvergaser 97

Pulldown-Kolben, Vergaser 54

Pumpe arm, Vergaser 81, 84

Pumpenentlastungsbohrung, Vergaser 82

Pumpe neutral, Vergaser 80, 84

Pumpenvarianten, Elektrokraftstoffpumpe 279

Pumpe reich, Vergaser 80, 84

Pumpspannung, λ-Sonde 312

Pumpstrom, λ-Sonde 313

Q

Quasistatische Drehzahlerfassung, Drehzahlsensor 307

Quenching, Zündkerzen 377

Querschnitte, Vergaser 30

R

Rechnerbaustein, Motronic 268

Referenzkammer, λ-Sonde 312

Referenzleckverfahren, Diagnose 274

Referenzpegel, Klopfregelung 355

Regeneriereinrichtung, ECOTRONIC 112

Regeneriergasstrom, Kraftstoffverdunstungs-Rückhaltesystem 286

Regeneriergasstrom, Mono-Jetronic 221

Regenerierventil, Kraftstoffverdunstungs-Rückhaltesystem 286

Registervergaser 27, 103

Reinigen der Zündkerze 395

Relaiskombination, L-Jetronic 141

Relais, Mono-Jetronic 222

Reserve, Vergaser 36, 75

Resonanzaufladung, Motronic 262

Ringspaltzumessung, Einspritzventil 290

Rollenzellenpumpe, Elektrokraftstoffpumpe 280

Rotierende Hochspannungsverteilung, Zündsysteme 320

Rücklauffreies System, Motronic 232

Rücknahmehebel, Vergaser 83

Rückschlagventil, Elektrokraftstoffpumpe 279

Rückschlagventile, Vergaser 19

Ruhende Verteilung, Zündsysteme 320

S

SAE-Anschlussmutter, Zündkerzen 372

Sauerstoffpumpzelle, λ-Sonde 312

Sauerstoff-Referenzkammer, λ-Sonde 312

Saugrohrbeheizung, Vergaser 61

Saugrohrdruckabhängige Wandfilmmenge, Mono-Jetronic 215

Saugrohrdruckfühler, D-Jetronic 124

Saugrohrdruckmessung, Motronic 241

Saugrohrdrucksensor 235, 304

Schadstoffemission, Zündsysteme 320

Schaftverteiler, Konventionelle Spulenzündung 326

Schalt-Ansaugsysteme, Motronic 262

Schaltgerät, Hochspannungs-Kondensatorzündung 358

Schaltgerät, Transistor-Spulenzündung 336, 339

Schaltplan, Transistor-Spulenzündung 340

Schaltsignale, Mono-Jetronic 208

Schiebebetrieb, Jetronic 127, 156, 219

Schiebebetrieb, Gemischbildung im Ottomotor 10

Schließbeginn, Motronic 243

Schließende, Motronic 243

Schließwinkelkennfeld, Elektronische Zündung 346

Schließwinkelkennfeld, Motronic 243

Schließwinkel, Konventionelle Spulenzündung 327

Schließwinkelregelung, Transistor-Spulenzündung 334, 338

Schließwinkelsteuerung, Motronic 243

Schließzeit, Zündsysteme 315

Schmierung der Gewindegänge, Zündkerzen 392

Schnarrprüfung, K-Jetronic 176

Schnellleerlaufdrehzahl, Vergaser 53, 62

Schnellleerlauf, Vergaser 53

Schnellstartgeberrad, Motronic 248

Schnellstart, Motronic 248

Schnittstellen zu anderen Systemen, Motronic 263

Schrägstromvergaser 26

Schreib-Lese-Specher, Steuergerät Mono-Jetronic 209

Schrumpfprozess, Zündkerzen 373

Schubabschalten, ECOTRONIC 111

Schubabschalten, Gemischbildung im Ottomotor 10

Schubabschalten, LH-Jetronic 156

Schubabschalten, L-Jetronic 149

Schubabschalten, Motronic 251

Schubabschaltung, KE-Jetronic 192

Schubabschaltung, K-Jetronic 172

Schub, Mono-Jetronic 219

Schubstangenantrieb, Vergaser 16

Schubstellung, Vergaser 55

Schwebekörperprinzip, K-Jetronic 160

Schwingsaugrohraufladung, Motronic 261

Schwimmerausführungen, Vergaser 43

Schwimmereinrichtung, Vergaser 40

Schwimmerkammerbelüftung, Vergaser 40, 43

Schwimmerkammer-Umschalt-belüftung, Vergaser 44

Schwimmerkammer, Vergaser 23, 40

Schwimmernadelventil, Vergaser 40

Schwimmer, Vergaser 40

Sechskant, Zündkerzen 373

Segmentzeit, Motronic 238

Seismische Masse, Klopfsensor 308

Seitenelektrode, Zündkerzen 375

Seitenkanalpumpe, Elektrokraftstoff-pumpe 280

Sekundärlufteinblasung, Motronic 249

Sekundärlufteinblasung, Diagnose 275

Sekundär-Messwertgeber, Zündungs-test 366

Selbstadaption, Mono-Jetronic 210

Selbstzündung, Zündkerzen 383

Sensoren 299

Sensormesszelle, Luftmassenmesser 303

Sequentielle Einspritzung, Motronic 243

Serielle Datenübertragung, Motronic 264

Serienfertigung, D-Jetronic 130

Sicherheitsabstand, Klopfregelung 353

Sicherheitsmodus, Klopfregelung 357

Sicherheitsschaltung, Jetronic 129, 150, 175, 180, 195

Sicherheitsschaltung, Elektrokraft-stoffpumpe 282

Signalaufbereitung, Motronic 267

Signalauflösung, Drosselklappen-potentiometer Mono-Jetronic 206

Signalausgabe, Motronic 269

Signalverarbeitung, Elektronische Zündung 345

Signalverarbeitung, Motronic 268

Silber-Mittelelektrode, Zündkerzen 376

Simultane Einspritzung, Motronic 242

Single Point Injection, Gemisch-bildung im Ottomotor 13

Skinner Union, Gleichdruckvergaser 88

Solex-Vergaser vor 1950, Vergaser 74

Sollmoment, Motronic 246

Soll-Primärstrom, Motronic 243

Spannungsbedarf, Vollelektronische Zündung 350

Spannungskompensation, L-Jetronic 144

Spannungskompensation, Mono-Jetronic 220

Spannungskorrekturschaltung, D-Jetronic 129

Spannungsreserve, Zündsysteme 316

Spannungsstabilisierung, KE-Jetronic 185

Spannungsverteilung, Vollelektro-nische Zündung 348

Spannungsverteilung, Zündsysteme 320

Spartrafo, Konventionelle Spulen-zündung 326

Sparvorrichtung, Vergaser 45

Spätverstellsystem, Konventionelle Spulenzündung 329

Speicherkondensator, Hochspan-nungs-Kondensatorzündung 358

Spezialzündkerzen 391

Spritzdüsenvergaser 23

Spritzlochscheibe, Einspritzventil 289, 291

Spritzzapfen, Einspritzventil 288, 292

Standard-Hauptdüsensystem, Vergaser 77

Standardisierung, CAN 265

Startautomatik, Gleichdruckvergaser 95

Startautomatik, Vergaser 52

Startdauer, Gemischanpassung Mono-Jetronic 212

Startdrehzahl, Gemischanpassung Mono-Jetronic 212

Start, ECOTRONIC 110

Starteinrichtungen, Vergaser 47

Starteinrichtung, Gleichdruck-vergaser 93

Starteinrichtung, Vergaser 56

Startendedrehzahl, Gemischanpas-sung Mono-Jetronic 212

Starteranreicherungsventil, Gleichdruckvergaser 96

Starterdeckel, Vergaser 56

Starterdrehschieber, Gleichdruck-vergaser 94

Starterdrehschieber, Vergaser 47

Starterhebel, Vergaser 53

Starterklappe, Vergaser 50

Starterklappenspalt, Vergaser 54

Starterknopf, Vergaser 48

Starterkolben, Vergaser 47

Starterkraftstoffdüse, Vergaser 48

Starterkraftstoff, Gleichdruck-vergaser 94

Starterluftbohrung, Vergaser 48

Starterluftdüse, Vergaser 48

Starterluftventil, Vergaser 48

Starterschieber, Gleichdruckvergaser 95

Startertauchrohr, Vergaser 48

Starterverbindungsstange, Vergaser 53

Startgemischkanal, Vergaser 47

Startmodus, Gemischanpassung Mono-Jetronic 212

Startphase, Gemischanpassung Mono-Jetronic 211

Startphase, Motronic 247

Startstellung, Vergaser 55

Startsteuerung, L-Jetronic 145

Startsysteme, Vergaser 47

Startventil, Vergaser 47, 48

Startvorgang, Vergaser 48, 53

Startzeit, Gemischanpassung Mono-Jetronic 212

Statische Menge, Einspritzventil 293

Stauklappe, L-Jetronic 139

Stauscheibe, K-Jetronic 160

Stauscheiben-Potentiometer, KE-Jetronic 189

Steckbuchsen, Verbindungsmittel Zündsysteme 360

Stecker, Verbindungsmittel Zündsysteme 360

Steckverbindung, Verbindungsmittel Zündsysteme 360

Steigrohr, Vergaser 37, 87

Steigstrom-Luftmengenmesser, K-Jetronic 160

Steigstromvergaser 26

Stelleingriffe, Motronic 252

Stellglieddiagnose, Diagnose 276

Stetige λ-Regelung, Abgasreinigung 405

Steuerdruck, K-Jetronic 163, 168

Steuergerät, D-Jetronic 128

Steuergerät, ECOTRONIC 112

Steuergerät, Elektronische Zündung 346

Steuergerät, KE-Jetronic 184

Steuergerät, Klopfregelung 354

Steuergerät, L3-Jetronic 152

Steuergerät, L-Jetronic 141

Steuergerät, Mono-Jetronic 208

Steuergerät, Motronic 266

Steuergerät, Vollelektronische Zündung 352

Steuerkolben, K-Jetronic 161

Steuerkolben, Vergaser 56

Steuerschlitze, K-Jetronic 161

Steuersystem, L-Jetronic 136

Steuerung des Regeneriergasstroms, Mono-Jetronic 221

Stickoxide, Abgaszusammensetzung 400

Stöchiometrisches Gemisch, Vergaser 24

Stöchiometrisches Verhältnis, Gemischbildung im Ottomotor 8

Stöpsel, Zündkerzen 373

Stößelpumpe, Vergaser 16

Strahlbeurteilung, K-Jetronic 176

Strahlbild, Einspritzventil 289

Stromberg-CD-Vergaser, Gleichdruckvergaser 88

Stromregelphase, Transistor-Spulenzündung 335

Stromregelung, Transistor-Spulenzündung 334, 338

Strömungsgeschwindigkeit, Gemischanpassung Mono-Jetronic 212

Strömungspumpen, Elektrokraftstoffpumpe 280

Strömungsrichtung, Vergaser 26

Stufen-Pulldown, Vergaser 54

Stufenscheibe, Vergaser 52

Stufenstarter, Vergaser 48

Stützfunke, Vollelektronische Zündung 352

Stützfunke, Zündsysteme 320

Summierer, KE-Jetronic 185

SUPER 4 Zündkerze 388

SUPER Zündkerze 387

SU-Vergaser, Gleichdruckvergaser 88

Systemadapterleitung, Mono-Jetronic 224

Systemdruck, KE-Jetronic 182

Systemdruckregler, KE-Jetronic 179, 182

Systemdruckregler, K-Jetronic 162

System mit Rücklauf, Motronic 232

Systemübersicht, D-Jetronic 120

Systemübersicht, KE-Jetronic 178

Systemübersicht, K-Jetronic 158

Systemübersicht, LH-Jetronic 154

Systemübersicht, L-Jetronic 132

Systemübersicht, L3-Jetronic 151

T

Tamper-Proof, Vergaser 69

Tankeinbaueinheit, Elektrokraftstoffpumpe 282

Tanksystem, Diagnose 273

Tastverhältnisbereich, Leerlaufdrehsteller 298

Teilchenverbundwerkstoffe, Zündkerzen 376

Teillastbereich, Vergaser 73

Teillast, Lastanpassung L-Jetronic 146

Teilstrom-Messkanal, Luftmassenmesser 303

Temperaturfehler, D-Jetronic 129

Temperatur-Kompensationswiderstand, Luftmassenmesser 300

Temperaturmessung, Zündkerzen 382

Temperatur-Messzündkerze 382

Temperaturprofil, Heißfilm-Luftmassenmesser 304

Temperatursensor 299

Temperatursensor, Vergaser 109

Theoretischer Luftbedarf, Gemischbildung im Ottomotor 8

Thermische Belastbarkeit, Zündkerzen 380

Thermische Entflammung, Zündkerzen 383

Thermo-Nebenschluss-Starter, Vergaser 56

Thermoschalter 293

Thermoschalter, D-Jetronic 126

Thermoschalter, Vergaser 58

Thermostartventil, Vergaser 70

Thermoventil 58, 97

Thermoverzögerungsventil, Gleichdruckvergaser 96

Thermozeitschalter, Komponenten 293

Thermozeitschalter, Jetronic 126, 146, 167, 175, 188, 194

Thermozeitventil, Vergaser 57

Thyristorzündung, Hochspannungs-Kondensatorzündung 358

TN-Starter, Vergaser 56

Top-feed-Einspritzventil 289

Transistor-Spulenzündanlagen, Kontaktgesteuerte Transistor-Spulenzündung 330

Transistor-Spulenzündung mit Hall-Geber, Zündsysteme 332

Transistor-Spulenzündung mit Induktionsgeber, Zündsysteme 337

Transistorzündung, Kontaktgesteuerte Transistor-Spulenzündung 330

Typenbezeichnungen, Vergaser 38

Typenvielfalt, Zündkerzen 369

Typformelschlüssel, Zündkerzen 391

U

Überfluten, Vergaser 18

Übergang, Gleichdruckvergaser 101

Übergangsbereich, Vergaser 73

Übergangskompensation, Gemischbildung im Ottomotor 10

Übergangskompensation, Mono-Jetronic 213

Übergangsverhalten, K-Jetronic 170

Übergangsverhalten, Motronic 250

Überlaufsysteme, Vergaser 45

Überschlagsspannung, Zündsysteme 316

Übersicht zur elektronischen Benzineinspritzung 118

Übertragungsgeschwindigkeit, CAN 264

Überwachungsfunktionen, Mono-Jetronic 221

Umgebungsdrucksensor, Motronic 235

Umgehungsleitung, Zusatzluftschieber 295

Umgemischkanal, Gleichdruckvergaser 99

Umgemisch-Regulierschraube,
Vergaser 67

Umluftkanal, Vergaser 67

Umluftregulierschraube, Vergaser 67

Umluftsysteme, Vergaser 66

Unabhängiger Leerlauf, Vergaser 64

Unbeheizte Fingersonde, λ-Sonde
309

Universal-Prüfadapter, KE-Jetronic
196

Universal-Prüfadapter, Mono-
Jetronic 224

Universal-Vielfachmessgerät,
KE-Jetronic 196

Unterbrecherkontakt, Konventionelle
Spulenzündung 328

Unterbrechernocken, Konventionelle
Spulenzündung 327

Unterdruckbegrenzerfunktion,
Mono-Jetronic 218

Unterdruckbetätigte Beschleunigungspumpe, Vergaser 81

Unterdruckverfahren, Diagnose 273

Unterdruck, Vergaser 23

Unterdruckzündversteller, Konventionelle Spulenzündung 328

Unterdruckzündverstellung, Vergaser
73

Unterer Totpunkt, Gemischbildung
im Ottomotor 7

Untere Teillast, Vergaser 73

Unterkammer, Kraftstoffdruckregler
Mono-Jetronic 203

V

Variable Saugrohrgeometrie,
Motronic 262

Ventildichtheit, Einspritzventil 289

Ventilfeder, Einspritzventil 289

Ventilgehäuse, Einspritzventil 288,
292

Ventilgruppe, Einspritzventil 292

Ventilkörper, Einspritzventil 288

Ventilkorrekturwert, Mono-Jetronic
220

Ventilkugel, Einspritzventil 288

Ventilnadel, Einspritzventil 288, 292

Ventilplatte, Kraftstoffdruckregler
Mono-Jetronic 203

Ventilprüfgerät, K-Jetronic 176

Ventilsteuerzeiten, Gemischbildung
im Ottomotor 7

Verbindungsmittel, Zündsysteme
323, 360

Verbrennungsaussetzer, Diagnose
271

Verbrennungsaussetzer,
Zündsysteme 318

Verbrennungsverlauf, Gemischbildung im Ottomotor 8

Verbundelektrode, Zündkerzen 374

Verdichtung, Gemischbildung im
Ottomotor 9

Verdichtungstakt, Gemischbildung
im Ottomotor 7

Verdichtungsverhältnis, Gemischbildung im Ottomotor 9

Verdrängerpumpen, Elektrokraftstoffpumpe 280

Vergaserbauarten 26

Vergaserbauteile 33

Vergaser für Kraftfahrzeuge 22

Vergasergehäuse 33

Vergaser ohne Starteinrichtung 59

Verteilerläufer, Konventionelle
Spulenzündung 327

Verzögerungsabmagerung, Gemischbildung im Ottomotor 10

Verzögerungsabmagerung, Mono-
Jetronic 214

Vibrationssensor, Klopfsensor 308

Viertaktverfahren, Gemischbildung
im Ottomotor 7

Vollautomatische Starteinrichtung,
Vergaser 55

Vollelektronische Zündung,
Zündsystem 348

Vollgeschirmte Zündkerzen 391

Volllastanreicherung, Jetronic 125,
156, 168, 190, 218

Volllastanreicherung über Steigrohr,
Vergaser 87

Volllastanreicherung, Vergaser 37

Volllasterkennung, D-Jetronic 125

Volllast, Gleichdruckvergaser 101

Volllast-Kennlinie, Elektronische
Zündung 343

Volllast, Lastanpassung L-Jetronic
147

Volllast, Mono-Jetronic 207

Volllast, Motronic 250

Vollstartstellung, Vergaser 51

Volumen-Pulldown, Vergaser 54

Vordrosselsteller, Vergaser 107

Vordrossel, Vergaser 106

Vorentflammungen, Zündkerzen 384

Vorgemischmenge, Vergaser 64

Vorlagerungswinkel, Motronic 243

Vorsteuerkennlinie, Mono-Jetronic
217

Vorsteuerkorrektur, Mono-Jetronic
218

Vorvolumen, Vergaser 18

Vorzerstäuber, Vergaser 34, 77

W

Wandbenetzung, Gemischbildung im
Ottomotor 9

Wandfilmaufbau, Mono-Jetronic 220

Wandfilm, Gemischbildung im Ottomotor 10

Wandfilm, Mono-Jetronic 212, 214

Wärmeaufnahmevermögen,
Zündkerzen 381

Wärmewertkennzahl, Zündkerzen
381

Wärmewertreserve, Zündkerzen 384

Wärmewert, Zündkerzen 380

Warmlaufanreicherung, D-Jetronic
127

Warmlaufanreicherung, Gemischbildung im Ottomotor 9

Warmlaufanreicherung, Jetronic
146, 155, 167, 188, 213

Warmlauf, D-Jetronic 127

Warmlauf, ECOTRONIC 110

Warmlauffaktor, Gemischanpassung
Mono-Jetronic 213

Warmlauf, Motronic 249

Warmlaufphase, D-Jetronic 127

Warmlaufphase, Gemischanpassung
Mono-Jetronic 212

Warmlaufphase, Gemischbildung im
Ottomotor 9

Warmlaufregler, K-Jetronic 167

Warmlauf, Vergaser 55, 59

Warmmontage, Zündkerzen 373

Warmschrumpfzone, Zündkerzen
373

Wartung, Zündkerzen 394

Wastegate, Motronic 256

Wechselintervall, Zündkerzen 395

Werkstattprüftechnik, KE-Jetronic
196

Werkstattprüftechnik, K-Jetronic
176

Werkstattprüftechnik, Mono-Jetronic
224

Werkstatttechnik, Zündkerzen 392

Wide-open-kick, Vergaser 55

Wiedereinsetzen, Motronic 251

X

X-Düsen, Vergaser 35

Z

Zahnlücke, Motronic 237

Zeitglied, D-Jetronic 123, 129

Zenith GB, Vergaser 88

Zenith NDIX-Vergaser, Vergaser 76

Zentraleinspritzanlage, Gemischbildung im Ottomotor 13

Zumessarten, Einspritzventil 290

Zündaussetzer, Zündsysteme 318

Zündendstufe, Elektronische
Zündung 347

Zündenergie, Zündsysteme 317

Zündfunken, Zündsysteme 316

Zündkerzen 368

Zündkerzen, Anforderungen 371

Zündkerzen, Anwendung 369

Zündkerzenausführungen 387

Zündkerzenauswahl 384

Zündkerzen, Funkentstörung Zündsysteme 364

Zündkerzen, Funktion 368

Zündkerzen für direkteinspritzende
Ottomotoren 390

Zündkerzengehäuse 373

Zündkerzengesichter 396

Zündkerzen im Motorsport 391

Zündkerzenkonzepte 377

Zündkerzen mit Edelmetall 389

Zündkerzen mit Widerstand 391

Zündkerzenmontage 392

Zündkerzenwirkungsgrad 388

Zündkerze von Bosch 387

Zündspannungsbedarf, Zündkerzen
377

Zündspannungsbedarf, Zündsysteme
316

Zündspannungsreserve, Zündkerzen
377

Zündspannung, Zündsysteme 316

Zündspule, Funkentstörung
Zündsysteme 364

Zündspule, Konventionelle Spulenzündung 325

Zündspule, Vollelektronische
Zündung 351

Zündsysteme 314

Zündtransformator, Hochspannungs-Kondensatorzündung 359

Zündung im Ottomotor 314

Zündung, Motronic 233

Zündungssteuerung, ECOTRONIC
112

Zündungstest 365

Zündunterbrecher, Konventionelle
Spulenzündung 327

Zündunterdruckverstellung, Vergaser
58

Zündversteller, Konventionelle
Spulenzündung 328

Zündverstellung, Vergaser 59

Zündverstellung, Zündsysteme 319

Zündverteiler, Funkentstörung
Zündsysteme 364

Zündverteiler, Konventionelle
Spulenzündung 326

Zündwinkelkennfeld, Elektronische
Zündung 342

Zündwinkelsteuerung, Motronic
243, 252

Zündzeitpunkt-Stroboskop,
Zündungstest 365

Zündzeitpunkt, Zündsysteme 316,
319

Zusatzeinrichtungen für den
Warmlauf, Vergaser 61

Zusatzeinrichtungen für
Leerlaufsysteme, Vergaser 69

Zusatzeinrichtungen, Vergaser 77

Zusatzfunktionen, Motronic 227

Zusatzgemisch-Mengenregulierschraube, Vergaser 67

Zusatzgemisch-Regulierschraube,
Gleichdruckvergaser 101

Zusatzgemisch-Regulierschraube,
Vergaser 67

Zusatzgemischsysteme, Vergaser 67

Zusatzgemischsystem, Gleichdruckvergaser 100

Zusatzgemisch, Vergaser 67

Zusatzkraftstoff-Regulierschraube,
Vergaser 68

Zusatzluft, D-Jetronic 127

Zusatzluftkanal, Zusatzluftschieber
294

Zusatzluftschieber, Komponenten
294

Zusatzluftschieber, Jetronic 127,
147, 172, 190

Zusatzluftschieber mit Ausdehnungselement 294

Zusatzluftschieber mit Bimetallfeder,
295

Zusatzluftschieber mit Bimetallspirale 295

Zweifunken-Zündspule, Vollelektronische Zündung 348, 351

Zweipunkt-λ-Regelung, Abgasreinigung 403

Zweipunkt-λ-Regelung, Motronic
253

Zweipunkt-λ-Sonde, Sensoren 309

Zweisondenregelung, Abgasreinigung
405

Zweisonden-λ-Regelung, Motronic
254

Zweistufige Strömungspumpe,
Elektrokraftstoffpumpe 281

Zweitaktmotoren mit Benzin-Direkteinspritzung, Historie der Benzineinspritzung 116

Zweivergaseranlage, Gleichdruckvergaser 99

Zweiwicklungsdrehsteller 298

Zylindererkennung, Motronic 247

Zylinderindividuelle Einspritzung,
Motronic 243